AF869997

708

5

第三版

Б.П.吉米多维奇

数学分析习题集题解

费定晖　周学圣　　编演
郭大钧　邵品琮　　主审

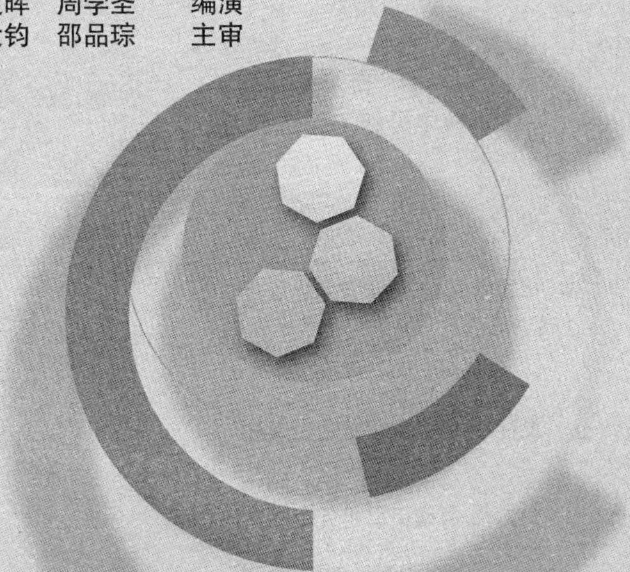

山东科学技术出版社

图书在版编目(CIP)数据

Б. П. 吉米多维奇数学分析习题集题解 (5)/费定晖 周学圣编演. —3版. —济南:山东科学技术出版社,2005.1(2012重印)
ISBN 978-7-5331-0103-9

Ⅰ.Б… Ⅱ.①费… ②周… Ⅲ.数学分析-高等学校-解题 Ⅳ.017-44

中国版本图书馆CIP数据核字(1999)第43956号

Б. П. 吉米多维奇
数学分析习题集题解
(5)
费定晖 周学圣 编演
郭大钧 邵品琮 主审

出版者:山东科学技术出版社
地址:济南市玉函路16号
邮编:250002 电话:(0531)82098088
网址:www.lkj.com.cn
电子邮件:sdkj@sdpress.com.cn
发行者:山东科学技术出版社
地址:济南市玉函路16号
邮编:250002 电话:(0531)82098071
印刷者:济南申汇印务有限责任公司
地址:济南市王官庄12号
邮编:250022 电话:(0531)87966822

开本:850mm×1168mm 1/32
印张:18
字数:444千字
版次:2012年4月第3版第23次印刷

ISBN 978-7-5331-0103-9
定价:23.00元

第三版前言

DISANBANQIANYAN

这套书自1979年出版发行以来,20余年一直畅销不衰,读者称其为学习数学分析“不可替代”之图书,我们对此倍感欣慰。

本次第三版主要做了如下改动:

第一,修正了部分题目的解法,使其更加注重了科学性、规范性和简明性。

第二,改正了第二版的个别印刷错误。

第三,在文字上进行了些润色,力求文字更加准确。

第四,对版面和开本进行了调整,突出了时代感。

这次的修改得到山东科学技术出版社的大力支持,责任编辑宋德万、胡新蓉等对该书的再版付出了艰辛的劳动,在此深表感谢。

在第三版修改过程中由费定晖逐章逐题予以校阅,不当之处恳请指正。

费 定 晖

2005.1

出版说明

CHUBANSHUOMING

吉米多维奇(Б. П. ДЕМИДОВИЧ)著《数学分析习题集》一书的中译本，自50年代初在我国翻译出版以来，引起了全国各大专院校广大师生的巨大反响。凡从事数学分析教学的师生，常以试解该习题集中的习题，作为检验掌握数学分析基本知识和基本技能的一项重要手段。二十多年来，对我国数学分析的教学工作是甚为有益的。

该书四千多道习题，数量多，内容丰富，由浅入深，部分题目难度大。涉及的内容有函数与极限，单变量函数的微分学，不定积分，定积分，级数，多变量函数的微分学，带参变量积分以及重积分与曲线积分、曲面积分等等，概括了数学分析的全部主题。当前，我国广大读者，特别是肯于刻苦自学的广大数学爱好者，在为四个现代化而勤奋学习的热潮中，迫切需要对一些疑难习题有一个较明确的回答。有鉴于此，我们特约作者，将全书4462题的所有解答汇辑成书，共分六册出版。本书可以作为高等院校的教学参考用书，同时也可作为广大读者在自学微积分过程中的参考用书。

众所周知，原习题集，题多难度大，其中不少习题如果认真习作的话，既可以深刻地巩固我们所学到的基本概念，又可以有效地提高我们的运算能力，特别是有些难题还可以迫使我们学会综合分析的思维方法。正由于这样，我们殷切期望初学数学分析的青年读者，一定要刻苦钻研，千万不要轻易查抄本书的解答，因为任何削弱独立思索的作法，都是违背我们出版此书的本意。何况所作解答并非一定标准，仅作参考而已。如有某些误解、差错也在所难免，一经发觉，恳请指正，不胜感谢。

本书蒙潘承洞教授对部分难题进行了审校。特请郭大钧教授、邵品琮教授对全书作了重要仔细的审校。其中相当数量的难度大的题，都是郭大钧、邵品琮亲自作的解答。

参加本册审校工作的还有张效先、徐沅同志。

参加编演工作的还有黄春朝同志。

本书在编审过程中，还得到山东大学、山东工业大学、山东师范大学和曲阜师范大学的领导和同志们的大力支持，特在此一并致谢。

目 录

MULU

第六章 多变量函数的微分法

§1. 多变量函数的极限. 连续性

1° 多变量函数的极限 设函数 $f(P)=f(x_1,x_2,\cdots,x_n)$在以 P_0 为聚点的集合 E 上有定义.若对于任何的 $\varepsilon>0$ 存在有 $\delta=\delta(\varepsilon,P_0)>0$,使得只要 $P\in E$ 及 $0<\rho(P,P_0)<\delta$[其中 $\rho(P,P_0)$为 P 和 P_0 二点间的距离],则

$$|f(P)-A|<\varepsilon,$$

我们就说

$$\lim_{P\to P_0} f(P)=A.$$

2° 连续性 若

$$\lim_{P\to P_0} f(P)=f(P_0),$$

则称函数 $f(P)$于 P_0 点是连续的.

若函数 $f(P)$于已知域内的每一点连续,则称函数 $f(P)$于此域内是连续的.

3° 一致连续性 若对于每一个 $\varepsilon>0$ 都存在仅与 ε 有关的$\delta>0$,使得对于域 G 中的任何点P',P'',只要是

$$\rho(P',P'')<\delta,$$

便有不等式

$$|f(P')-f(P'')|<\varepsilon$$

成立,则称函数 $f(P)$于域 G 内是一致连续的.

于有界闭域内的连续函数于此域内是一致连续的.

确定并绘出下列函数存在的域:

【3136】 $u=x+\sqrt{y}$.

解 存在域为半平面,

$$y\geqslant 0,$$

如图 6.1 阴影部分所示,包括整个 Ox 轴在内.

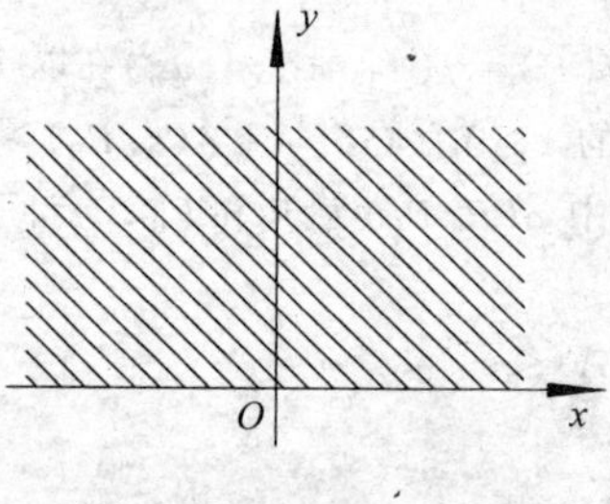

图 6.1

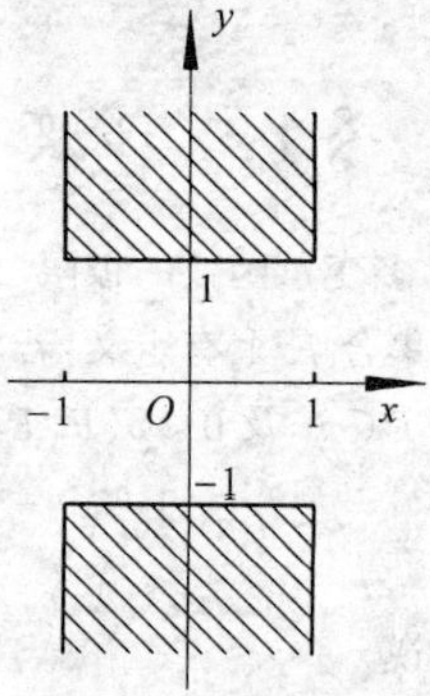

图 6.2

【3137】 $u=\sqrt{1-x^2}+\sqrt{y^2-1}$.

解 存在域为满足不等式 $|x|\leqslant 1, |y|\geqslant 1$ 的点集,如图 6.2阴影部分所示,包括边界(粗实线)在内.

【3138】 $u=\sqrt{1-x^2-y^2}$.

解 存在域为圆

$$x^2+y^2\leqslant 1,$$

如图 6.3 阴影部分所示,包括圆周在内.

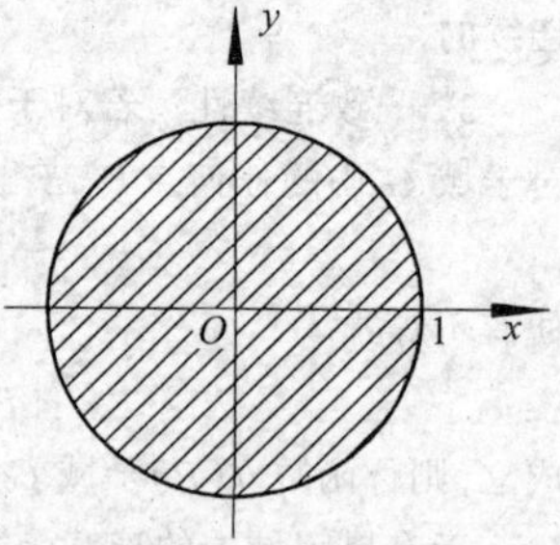

图 6.3

【3139】 $u=\dfrac{1}{\sqrt{x^2+y^2-1}}$.

解 存在域为满足不等式

$$x^2+y^2>1$$

的点集，即圆 $x^2+y^2=1$ 的外面，如图6.4所示，不包括圆周（虚线）在内.

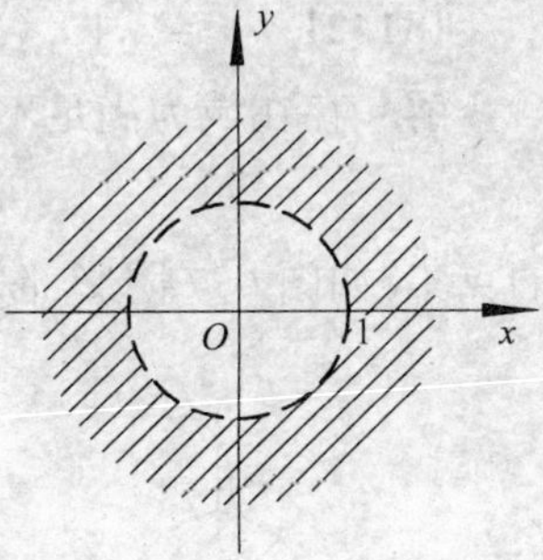

图 6.4

【3140】

$$u=\sqrt{(x^2+y^2-1)(4-x^2-y^2)}.$$

解 存在域为满足不等式

$$1\leqslant x^2+y^2\leqslant 4$$

的点集，如图 6.5 所示的环，包括边界在内.

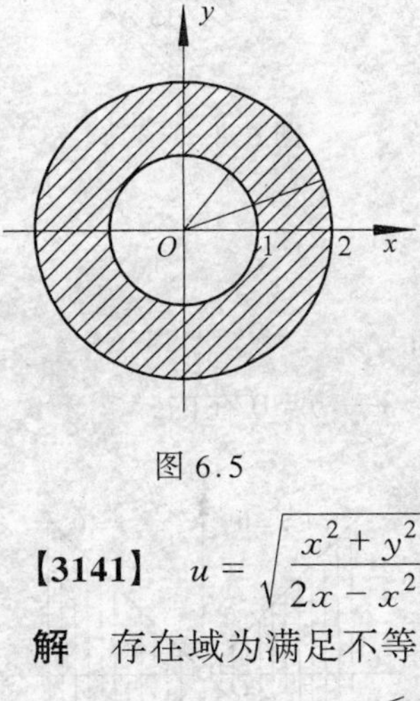

图 6.5

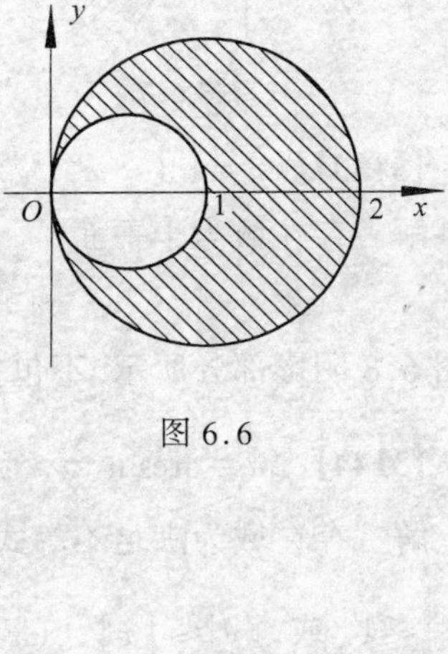

图 6.6

【3141】 $u=\sqrt{\dfrac{x^2+y^2-x}{2x-x^2-y^2}}.$

解 存在域为满足不等式

$$x\leqslant x^2+y^2<2x$$

的点集．由 $x^2+y^2\geqslant x$ 得出

$$\left(x-\frac{1}{2}\right)^2+y^2\geqslant\left(\frac{1}{2}\right)^2,$$

由 $x^2+y^2<2x$ 得出 $(x-1)^2+y^2<1$，两者组成一月形，如图6.6阴影部分所示.

【3142】 $u=\sqrt{1-(x^2+y)^2}$.

解 存在域为满足不等式

$$-1\leqslant x^2+y\leqslant 1$$

的点集,如图6.7阴影部分所示,包括边界在内.

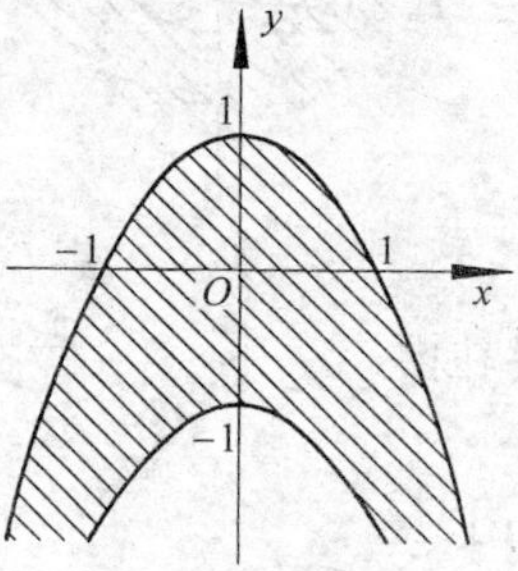

图6.7

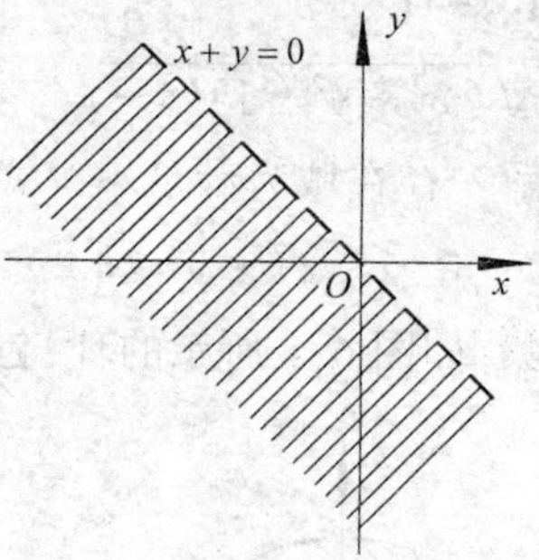

图6.8

【3143】 $u=\ln(-x-y)$.

解 存在域为半平面

$$x+y<0,$$

如图6.8阴影部分所示,不包括直线 $x+y=0$ 在内.

【3144】 $u=\arcsin\frac{y}{x}$.

解 存在域为满足不等式

$$\left|\frac{y}{x}\right|\leqslant 1 \quad \text{或} \quad |y|\leqslant|x| \quad (x\neq 0)$$

的点集,这是一对对顶的直角,如图6.9阴影部分所示,不包括原点在内.

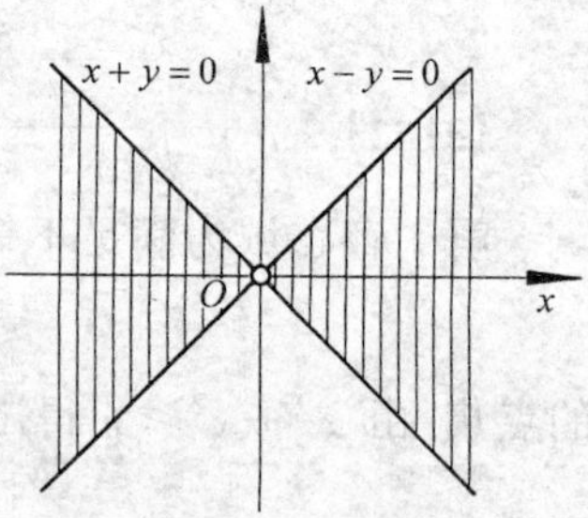

图6.9

【3145】 $u=\arccos\frac{x}{x+y}$.

解 存在域为满足不等式

$$\left|\frac{x}{x+y}\right|\leqslant 1$$

的点集，由 $\left|\frac{x}{x+y}\right|\leqslant 1$ 得 $|x|\leqslant|x+y|$ $(x\neq -y)$，即 $x^2\leqslant x^2+2xy+y^2$ 或 $y(y+2x)\geqslant 0$，也即

$$\begin{cases}y\geqslant 0,\\ y\geqslant -2x,\end{cases}\quad 或 \quad \begin{cases}y\leqslant 0,\\ y\leqslant -2x.\end{cases}$$

但 x，y 不能同时为零，这是由直线：$y=0$ 和 $y=-2x$ 所围成的一对对顶的角，如图 6.10 阴影部分所示，包括边界在内，但不包括公共顶点 $O(0,0)$ 在内．

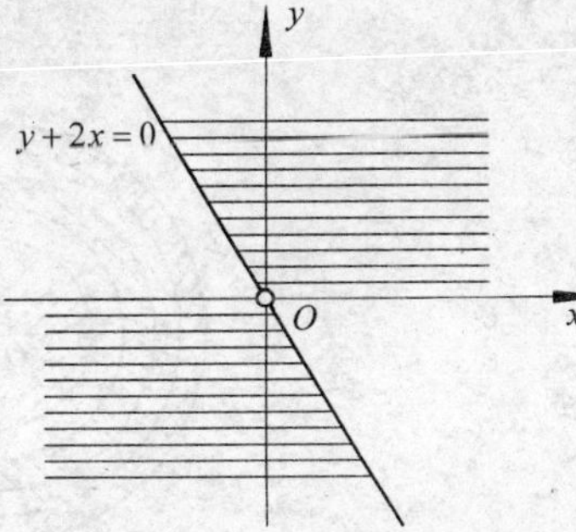

图 6.10

【3146】 $u=\arcsin\frac{x}{y^2}+\arcsin(1-y)$．

解 存在域为满足不等式

$$\left|\frac{x}{y^2}\right|\leqslant 1 \quad 及 \quad |1-y|\leqslant 1 \quad (y\neq 0)$$

的点集，即

$$\begin{cases}y^2\geqslant x,\\ 0<y\leqslant 2,\end{cases}\quad 和 \quad \begin{cases}y^2\geqslant -x,\\ 0<y\leqslant 2.\end{cases}$$

这是由抛物线：$y^2=x$，$y^2=-x$ 和直线 $y=2$ 所围成的的曲边三角形，如图 6.11 阴影部分所示，不包括原点在内．

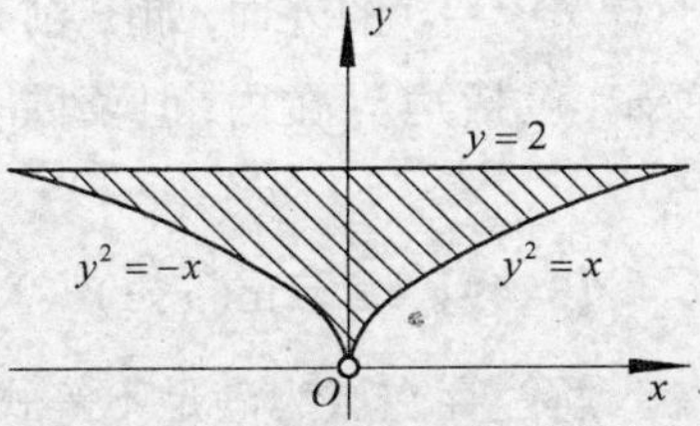

图 6.11

【3147】 $u=\sqrt{\sin(x^2+y^2)}$.

解 存在域为满足不等式

$$\sin(x^2+y^2)\geqslant 0 \quad 或 \quad 2k\pi\leqslant x^2+y^2\leqslant(2k+1)\pi$$

$(k=0,1,2,\cdots)$的点集，如图 6.12 所示的同心环族.

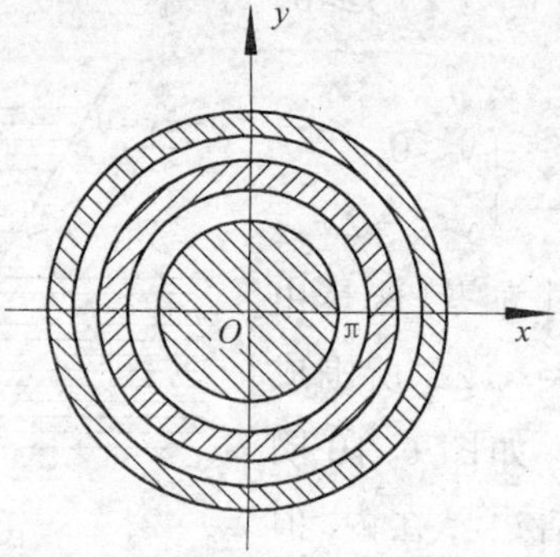

图 6.12

【3148】 $u=\arccos\dfrac{z}{\sqrt{x^2+y^2}}$.

解 存在域为满足不等式

$$\left|\frac{z}{\sqrt{x^2+y^2}}\right|\leqslant 1 \quad 或 \quad x^2+y^2-z^2\geqslant 0$$

$(x,y$ 不同时为零$)$的点集，这是圆锥 $x^2+y^2-z^2=0$ 的外面，如图 6.13 阴影部分所示，包括边界在内，但要除去圆锥的顶点.

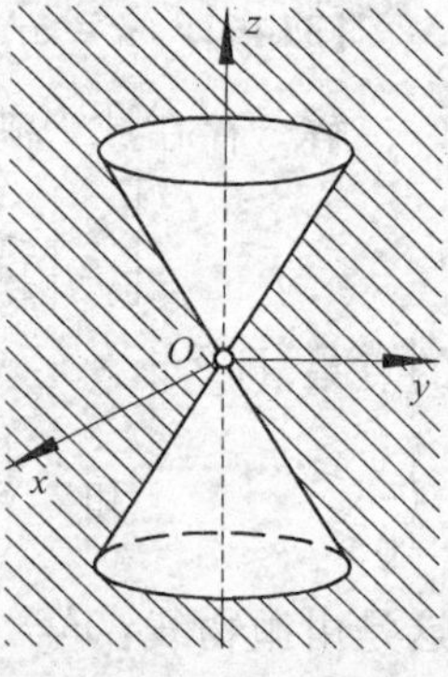

图 6.13

【3149】 $u=\ln(xyz)$.

解 存在域为满足不等式 $xyz>0$ 的点集，即

$$x>0,\ y>0,\ z>0; \quad 或 \quad x>0,\ y<0,\ z<0;$$

$$x<0,\ y<0,\ z>0; \quad 或 \quad x<0,\ y>0,\ z<0.$$

其图形为空间第一、第三、第六及第八卦限的总体，但不包括坐标面，由于图形为读者所熟知，故省略．以下有类似情况，不再说明．

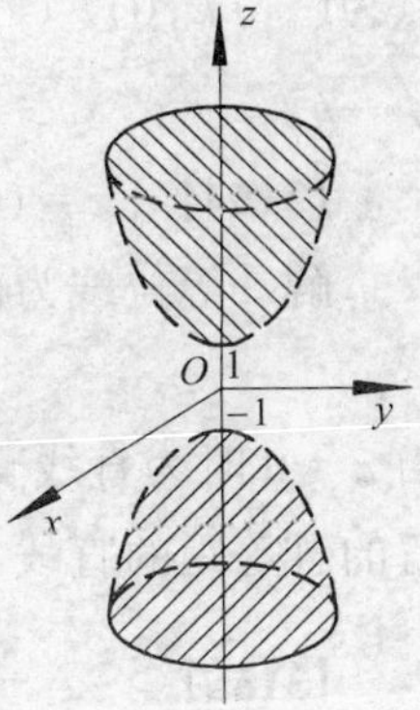

图 6.14

【3150】 $u=\ln(-1-x^2-y^2+z^2)$.

解 存在域为满足不等式

$$-x^2-y^2+z^2>1$$

的点集．这是双叶双曲面 $x^2+y^2-z^2=-1$ 的内部，如图 6.14 阴影部分所示，不包括界面在内．

作出下列函数的等位线：

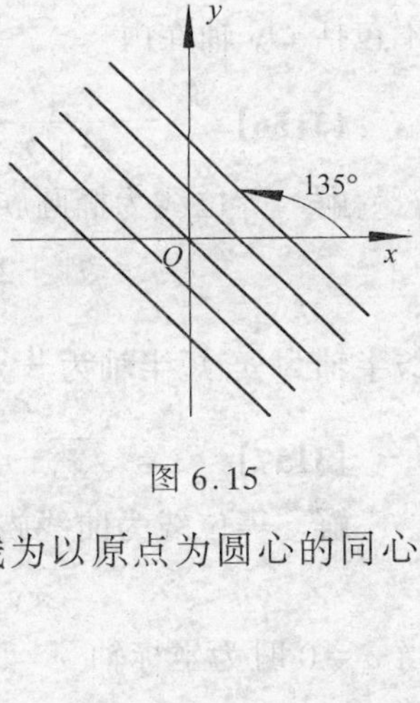

图 6.15

【3151】 $z=x+y$.

解 等位线为平行直线族

$$x+y=k,$$

其中 k 为一切实数，如图 6.15 所示．

【3152】 $z=x^2+y^2$.

解 等位线为曲线族

$$x^2+y^2=a^2 \quad (a\geqslant 0).$$

当 $a=0$ 时为原点；当 $a>0$ 时，等位线为以原点为圆心的同心圆族．

【3153】 $z=x^2-y^2$.

解 等位线为曲线族

$$x^2-y^2=k.$$

当 $k=0$ 时为两条互相垂直的直线：$y=x$，$y=-x$．当 $k\neq 0$ 时为以 $y=\pm x$ 为公共渐近线的等边双曲线族，其中当 $k>0$ 时顶点为$(-\sqrt{k},0)$, $(\sqrt{k},0)$, 当 $k<0$ 时顶点为$(0,-\sqrt{-k})$, $(0,\sqrt{-k})$.

【3154】 $z=(x+y)^2$.

解 等位线为曲线族

$$(x+y)^2=a^2 \quad (a\geqslant 0).$$

当 $a=0$ 时为直线 $x+y=0$. 当 $a\neq 0$ 时为与直线 $x+y=0$ 平行的且等距的直线 $x+y=\pm a$.

【3155】 $z=\dfrac{y}{x}$.

解 等位线为以坐标原点为束心的直线束

$$y=kx \quad (x\neq 0),$$

不包括 Oy 轴在内.

【3156】 $z=\dfrac{1}{x^2+2y^2}$.

解 等位线为椭圆族

$$x^2+2y^2=a^2 \quad (a>0).$$

长半轴为 a, 短半轴为$\dfrac{a}{\sqrt{2}}$, 焦点为$\left(-a\sqrt{\dfrac{3}{2}},0\right)$及$\left(a\sqrt{\dfrac{3}{2}},0\right)$.

【3157】 $z=\sqrt{xy}$.

解 等位线为曲线族

$$xy=a^2 \quad (a\geqslant 0).$$

当 $a=0$ 时为坐标轴 $x=0$ 及 $y=0$. 当 $a>0$ 时为以两坐标轴为公共渐近线且位于第一、第三象限内的等边双曲线族, 顶点为$(-a,-a)$及(a,a).

【3158】 $z=|x|+y$.

解 等位线为曲线族

$$|x|+y=k,$$

其中 k 为一切实数．当 $x\geqslant0$ 时为 $x+y=k$；当 $x<0$ 时为 $-x+y=k$．这是顶点在轴 Oy 上两支互相垂直的射线所构成的折线族，如图 6.16 所示．

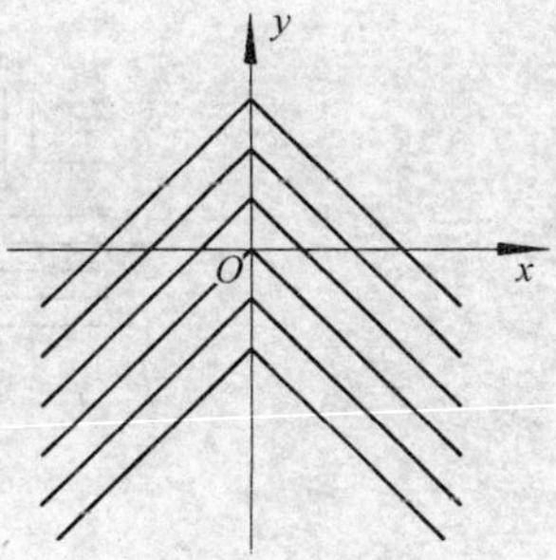

图 6.16

【3159】

$z=|x|+|y|-|x+y|$.

解 等位线为曲线族

$$|x|+|y|-|x+y|=a.$$

因为恒有 $|x|+|y|\geqslant|x+y|$，所以 $a\geqslant0$．当 $a=0$ 时，由 $|x|+|y|=|x+y|$ 两边平方即得

$$xy\geqslant0,$$

即为整个第一、第三象限，包括两坐标轴在内．

当 $a>0$ 时，$xy<0$ 分下面四组求解：

(1) $x>0,\ y<0,\ x+y\geqslant0,\ |x|+|y|-|x+y|=a$,

解之得 $y=-\dfrac{a}{2}$；

(2) $x>0,\ y<0,\ x+y\leqslant0,\ |x|+|y|-|x+y|=a$,

解之得 $x=\dfrac{a}{2}$；

(3) $x<0,\ y>0,\ x+y\geqslant0,\ |x|+|y|-|x+y|=a$,

解之得 $x=-\dfrac{a}{2}$；

(4) $x<0,\ y>0,\ x+y\leqslant0,\ |x|+|y|-|x+y|=a$,

解之得 $y=\dfrac{a}{2}$.

这是顶点位于直线 $x+y=0$ 上的两支互相垂直的折线族，它的各射线平行于坐标轴，如图 6.17 所示．

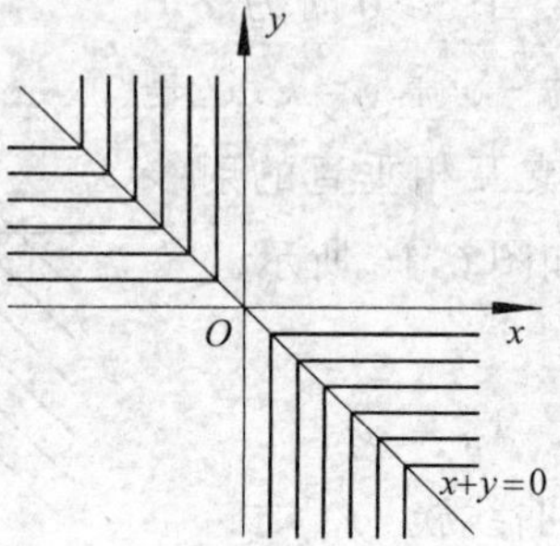

图 6.17

【3160】 $z=e^{\frac{2x}{x^2+y^2}}$.

解 等位线为曲线族

$$\frac{2x}{x^2+y^2}=k \quad (x,y\text{ 不同时为零}),$$

其中 k 为异于零的一切实数. 上式可变形为

$$\left(x-\frac{1}{k}\right)^2+y^2=\left(\frac{1}{k}\right)^2 (k\neq 0).$$

当 $k=0$ 时, 即得 $e^{\frac{2x}{x^2+y^2}}=1$, 从而等位线为 $x=0$ 即 Oy 轴, 但不包括原点.

当 $k\neq 0$ 时为中心在 Ox 轴上且经过坐标原点(但不包括原点在内)的圆束, 圆心在 $\left(\frac{1}{k},0\right)$ 半径为 $\left|\frac{1}{k}\right|$, 如图 6.18 所示.

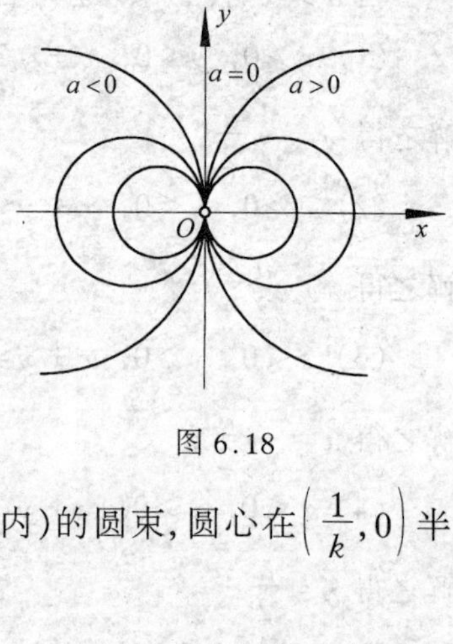

图 6.18

【3161】 $z=x^y \quad (x>0)$.

解 等位线为曲线族

$$x^y = a \quad (a>0).$$

当 $a=1$ 时为直线 $x=1$ 及 Ox 轴的正向半射线，但不包括原点在内．

当 $0<a<1$ 与 $a>1$ 时的图象如图 6.19 所示．

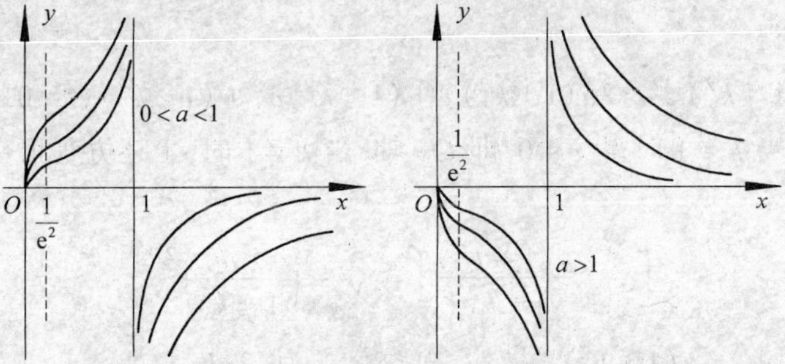

图 6.19

【3162】 $z = x^y e^{-x}$ $(x>0)$.

解 等位线为曲线族

$$x^y e^{-x} = a \quad (a>0),$$

即

$$y\ln x - x = \ln a.$$

当 $a=e^{-1}$ 时为直线 $x=1$ 和曲线 $y=\dfrac{x-1}{\ln x}$；当 $0<a<\dfrac{1}{e}$，$\dfrac{1}{e}<a<1$ 或 $a\geqslant 1$ 时图象布满整个右半平面，如图 6.20 所示，不包括 Oy 轴．

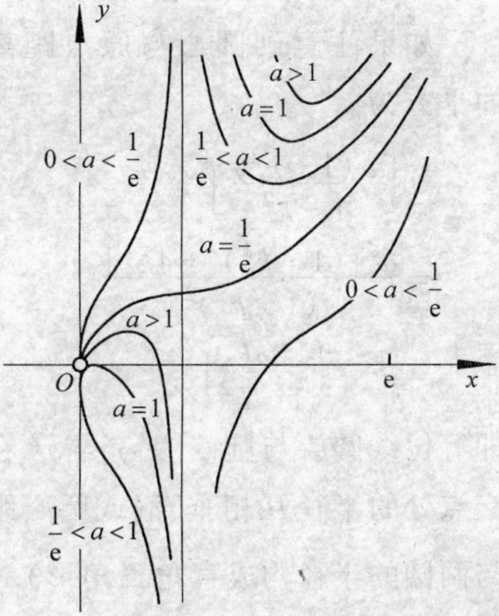

图 6.20

【3163】 $z=\ln\sqrt{\dfrac{(x-a)^2+y^2}{(x+a)^2+y^2}}\quad(a>0)$.

解 等位线为曲线族

$$\frac{(x-a)^2+y^2}{(x+a)^2+y^2}=k^2\quad(k>0).$$

整理得

$$(1-k^2)x^2-2a(1+k^2)x+(1-k^2)a^2+(1-k^2)y^2=0.$$

当 $k=1$ 时得 $x=0$,即 Oy 轴.当 $k\neq1$ 时,上述方程可变形为

$$\left[x-\frac{a(1+k^2)}{1-k^2}\right]^2+y^2=\left(\frac{2ak}{1-k^2}\right)^2,$$

这是以点$\left(\dfrac{a(1+k^2)}{1-k^2},0\right)$为圆心,半径为$\left|\dfrac{2ak}{1-k^2}\right|$的圆族.当 $0<k<1$ 时,圆分布在右半平面;当 $k>1$ 时,圆分布在左半平面.

如果注意到圆心与原点距离的平方为

$$\left[\frac{a(1+k^2)}{1-k^2}\right]^2=\frac{a^2[(1-k^2)^2+4k^2]}{(1-k^2)^2}=a^2+\left(\frac{2ak}{1-k^2}\right)^2,$$

即等位线圆族与圆 $x^2+y^2=a^2$ 在交点处的半径互相垂直(或圆心距与两圆的半径构成直角三角形),便知等位线圆族与圆 $x^2+y^2=a^2$ 成正交.如图 6.21 所示.

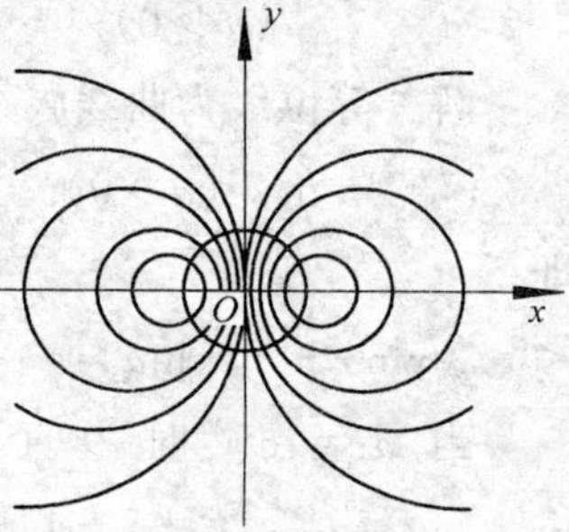

图 6.21

【3164】 $z=\arctan\dfrac{2ay}{x^2+y^2-a^2}\quad(a>0)$.

解 等位线为曲线族

$$\frac{2ay}{x^2+y^2-a^2}=k,$$

其中 k 为一切实数，但要除去点 $(-a,0)$ 及 $(a,0)$．当 $k=0$ 时，$y=0$，即为 Ox 轴，但不包括上述两点；当 $k\neq0$ 时，方程可变形为

$$x^2+\left(y-\frac{a}{k}\right)^2=a^2\left(1+\frac{1}{k^2}\right),$$

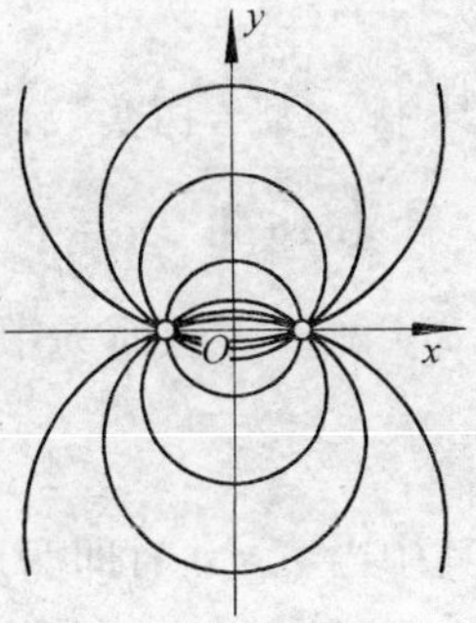

图 6.22

这是圆心在 Oy 轴上且经过点 $(-a,0)$ 及 $(a,0)$ 但不包括这两点在内的圆族，如图 6.22 所示．

【3165】 $z=\operatorname{sgn}(\sin x\sin y)$．

解 若 $z=0$，则 $\sin x\sin y=0$，此即直线族

$x=m\pi$ 和 $y=n\pi$

$(m,n=0,\pm1,\pm2,\cdots)$；

若 $z=-1$ 或 $z=1$，则 $\sin x\sin y<0$ 或 $\sin x\sin y>0$，此即正方形系

$$m\pi<x<(m+1)\pi,$$

$$n\pi<y<(n+1)\pi,$$

其中 $z=(-1)^{m+n}$．如图 6.23 所示，$z=0$ 时为图中网格直线；$z=1$ 为图中带斜线的正方形；$z=-1$ 为图中空白正方形，但后两者都不包括边界．

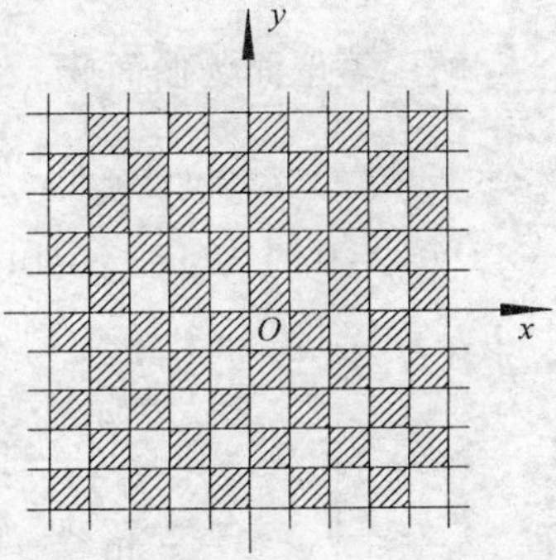

图 6.23

求下列函数的等位面：

【3166】 $u=x+y+z$．

解 等位面为平行平面族

$$x+y+z=k,$$

其中 k 为一切实数.

【3167】 $u=x^2+y^2+z^2$.

解 等位面为中心在原点的同心球族

$$x^2+y^2+z^2=a^2 \quad (a\geqslant 0),$$

其中当 $a=0$ 时即为原点.

【3168】 $u=x^2+y^2-z^2$.

解 当 $u=0$ 时等位面为圆锥 $x^2+y^2-z^2=0$;当 $u>0$ 时等位面为单叶双曲面族 $x^2+y^2-z^2=a^2(a>0)$;当 $u<0$ 时等位面为双叶双曲面族 $-x^2-y^2+z^2=a^2(a>0)$.

【3169】 $u=(x+y)^2+z^2$.

解 等位面为曲面族

$$(x+y)^2+z^2=a^2 \quad (a\geqslant 0).$$

当 $a=0$ 时为 $x+y=0$ 和 $z=0$. 当 $a>0$ 时作坐标变换

$$\begin{cases} x'=x\cos\frac{\pi}{4}+y\sin\frac{\pi}{4}=\frac{\sqrt{2}}{2}(x+y), \\ y'=-x\sin\frac{\pi}{4}+y\cos\frac{\pi}{4}=\frac{\sqrt{2}}{2}(-x+y), \\ z'=z. \end{cases}$$

这是旋转变换. 在新坐标系中原等位面方程转化为

$$2x'^2+z'^2=a^2, \quad 即 \quad \frac{x'^2}{\frac{a^2}{2}}+\frac{z'^2}{a^2}=1,$$

这是以 y'轴为公共轴的椭圆柱面，母线的方向平行于 y'轴，准线为 $y'=0$ 平面上的椭圆

$$\frac{x'^2}{\frac{a^2}{2}}+\frac{z'^2}{a^2}=1,$$

长半轴为 a（z'轴方向），短半轴为$\frac{a}{\sqrt{2}}$（x'轴方向）.

y'轴在新系 $O-x'y'z'$ 中的方程为

$$\begin{cases}x'=0,\\ z'=0,\end{cases}$$

而在旧系 $O-xyz$ 中的方程为

$$\begin{cases}x+y=0,\\ z=0,\end{cases}$$

即为所求的椭圆柱面族的公共对称轴.

【3170】 $u=\operatorname{sgn}\sin(x^2+y^2+z^2)$.

解 当 $u=0$ 时等位面为球心在原点的同心球族

$$x^2+y^2+z^2=n\pi \quad (n=0,1,2,\cdots).$$

当 $u=-1$ 或 $u=1$ 时等位面为球层族

$$n\pi<x^2+y^2+z^2<(n+1)\pi \quad (n=0,1,2,\cdots),$$

其中 $u=(-1)^n$.

根据曲面的已知方程研究其性质：

【3171】 $z=f(y-ax)$.

解 引入参数 t，s，将曲面方程 $z=f(y-ax)$表成参数方

程

$$\begin{cases} x = t, \\ y = at + s, \\ z = f(s). \end{cases}$$

今固定 s,得到以 t 为参数的直线方程,其方向数为 1, a, 0.因此,曲面为以 1, a, 0 为母线方向的一个柱面.令 $t=0$,可得

$$\begin{cases} x = 0, \\ y = s, \\ z = f(s), \end{cases} \quad 或 \quad \begin{cases} x = 0, \\ z = f(y), \end{cases}$$

这是 $x=0$ 平面上的一条曲线,也是柱面.

$$z = f(y - ax)$$

的一条准线.

【3172】 $z = f(\sqrt{x^2 + y^2})$.

解 这是绕 Oz 轴旋转的旋转曲面的标准形式.令 $y=0$,得曲线

$$\begin{cases} y = 0, \\ z = f(x) \quad (x \geqslant 0), \end{cases}$$

它是旋转曲线的一条母线.

【3173】 $z = xf\left(\dfrac{y}{x}\right)$.

解 引入参数 t, s,将曲面方程 $z = xf\left(\dfrac{y}{x}\right)$ 表成参数方程

$$\begin{cases} x = t, \\ y = st, \\ z = tf(s) \end{cases} \quad (t \neq 0).$$

今固定 s, 这是以 t 为参数的一条过原点的直线. 因此, 所给曲面方程为顶点在原点的一锥面, 但不包括原点在内. 令 $t=1$, 得曲线

$$\begin{cases} x=1, \\ y=s, \\ z=f(s). \end{cases} \quad \text{或} \quad \begin{cases} x=1, \\ z=f(y), \end{cases}$$

这是 $x=1$ 平面上的一条曲线, 也是锥面 $z=xf\left(\frac{y}{x}\right)$ 的一条准线.

【3174】+ * $z=f\left(\frac{y}{x}\right)$.

解 引入参数 t, s, 将曲面方程 $z=f\left(\frac{y}{x}\right)$ 表成参数方程

$$\begin{cases} x=t, \\ y=st, \\ z=f(s). \end{cases}$$

今固定 s, 这是一条过点 $(0, 0, f(s))$ 的直线, 方向数为 $1, s, 0$. 因此, 它与 Oz 轴垂直, 与 Oxy 平面平行, 且其方向与 s 有关. 从而得知, 曲面 $z=f\left(\frac{y}{x}\right)$ 表示一个直纹面. 一般说来, 它既不是柱面, 也不是锥面. 令 $t=1$, 得到直纹面的一条准线

$$\begin{cases} x=1, \\ z=f(y). \end{cases}$$

从此曲线上每一点引一条与 Oz 轴垂直相交的直线. 这样的直

---

* 题号右上角"+"号表示题解答案与原习题集中译本所附答案不一致, 以后不再说明. 中译本基本是按俄文第二版翻译的. 俄文第二版中有一些错误已在俄文第三版中改正.

线的全体，便构成由 $z=f\left(\frac{y}{x}\right)$ 所表示的直纹面.

【3175】 作出函数

$$F(t)=f(\cos t,\sin t)$$

的图形，式中

$$f(x,y)=\begin{cases}1, & 若\ y\geqslant x,\\ 0, & 若\ y<x.\end{cases}$$

解 按题设，当 $\sin t\geqslant\cos t$，即 $\frac{\pi}{4}+2k\pi\leqslant t\leqslant\frac{5\pi}{4}+2k\pi$ ($k=0,\pm1,\pm2,\cdots$) 时，$F(t)=1$；而当 $\sin t<\cos t$，即 $-\frac{3}{4}\pi+2k\pi<t<\frac{\pi}{4}+2k\pi$ 时，$F(t)=0$. 如图 6.24 所示.

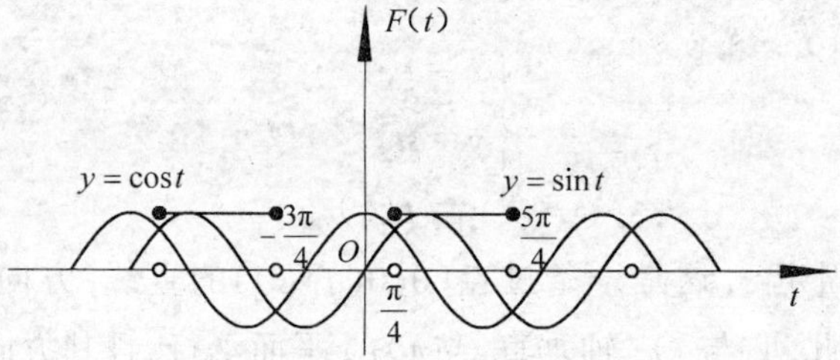

图 6.24

【3176】 若

$$f(x,y)=\frac{2xy}{x^2+y^2},$$

求 $f\left(1,\frac{y}{x}\right)$.

解 $f\left(1,\frac{y}{x}\right)=\dfrac{2\cdot1\cdot\frac{y}{x}}{1+\left(\frac{y}{x}\right)^2}=\frac{2xy}{x^2+y^2}=f(x,y).$

【3177】 若

$$f\left(\frac{y}{x}\right)=\frac{\sqrt{x^2+y^2}}{x}\quad(x>0),$$

求 $f(x)$.

解 由 $f\left(\frac{y}{x}\right)=\sqrt{1+\left(\frac{y}{x}\right)^2}$ 知 $f(x)=\sqrt{1+x^2}$.

【3178】 设

$$z=\sqrt{y}+f(\sqrt{x}-1).$$

若当 $y=1$ 时 $z=x$，求函数 f 和 z.

解 因为当 $y=1$ 时 $z=x$，所以

$$\begin{aligned}f(\sqrt{x}-1)&=x-1=(\sqrt{x}-1)(\sqrt{x}+1)\\&=(\sqrt{x}-1)[(\sqrt{x}-1)+2],\end{aligned}$$

从而得

$$f(t)=t(t+2)=t^2+2t,$$

且

$$z=\sqrt{y}+x-1\quad(x>0).$$

【3179】 设

$$z=x+y+f(x-y).$$

若当 $y=0$ 时，$z=x^2$. 求函数 f 及 z.

解 因为当 $y=0$ 时 $z=x^2$，所以，

$$x^2=x+f(x),\quad 即\quad f(x)=x^2-x,$$

且

$$z=x+y+(x-y)^2-(x-y)=2y+(x-y)^2.$$

【3180】 若 $f\left(x+y,\frac{y}{x}\right)=x^2-y^2$，求 $f(x,y)$.

解 因为

$$f\left(x+y,\frac{y}{x}\right)=x^2-y^2=(x+y)(x-y)$$

$$=(x+y)^2\frac{x-y}{x+y}=(x+y)^2\frac{1-\frac{y}{x}}{1+\frac{y}{x}},$$

所以,

$$f(x,y)=x^2\frac{1-y}{1+y}.$$

【3181】 证明:对于函数

$$f(x,y)=\frac{x-y}{x+y}$$

有

$$\lim_{x\to0}\{\lim_{y\to0}f(x,y)\}=1;\quad \lim_{y\to0}\{\lim_{x\to0}f(x,y)\}=-1,$$

从而$\lim\limits_{\substack{x\to0\\y\to0}}f(x,y)$不存在.

证 $\lim\limits_{x\to0}\{\lim\limits_{y\to0}f(x,y)\}=\lim\limits_{x\to0}\left\{\lim\limits_{y\to0}\frac{x-y}{x+y}\right\}=\lim\limits_{x\to0}\frac{x}{x}=1,$

$\lim\limits_{y\to0}\{\lim\limits_{x\to0}f(x,y)\}=\lim\limits_{y\to0}\left\{\lim\limits_{x\to0}\frac{x-y}{x+y}\right\}=\lim\limits_{y\to0}\frac{-y}{y}=-1,$

由于两个单极限都存在,而累次极限不等,故$\lim\limits_{\substack{x\to0\\y\to0}}f(x,y)$不存在.

【3182】 证明:对于函数

$$f(x,y)=\frac{x^2y^2}{x^2y^2+(x-y)^2}$$

有

$$\lim_{x\to0}\{\lim_{y\to0}f(x,y)\}=\lim_{y\to0}\{\lim_{x\to0}f(x,y)\}=0,$$

然而$\lim\limits_{\substack{x\to0\\x\to0}}f(x,y)$不存在.

证 $\lim\limits_{x\to0}\{\lim\limits_{y\to0}f(x,y)\}=\lim\limits_{x\to0}\left\{\lim\limits_{y\to0}\frac{x^2y^2}{x^2y^2+(x-y)^2}\right\}=\lim\limits_{x\to0}0=0,$

$$\lim_{y\to0}\{\lim_{x\to0}f(x,y)\}=\lim_{y\to0}\left\{\lim_{x\to0}\frac{x^2y^2}{x^2y^2+(x-y)^2}\right\}=\lim_{y\to0}0=0.$$

如果按 $y=kx\to0$ 的方向取极限，则有

$$\lim_{\substack{y=kx\\x\to0}}f(x,y)=\lim_{x\to0}\frac{x^4k^2}{x^4k^2+x^2(1-k)^2}.$$

特别地，分别取 $k=0$ 及 $k=1$，便得到不同的极限 0 及 1．因此，$\lim\limits_{\substack{x\to0\\y\to0}}f(x,y)$不存在．

【3183】 证明：对于函数

$$f(x,y)=(x+y)\sin\frac{1}{x}\sin\frac{1}{y}$$

累次极限 $\lim\limits_{x\to0}\{\lim\limits_{y\to0}f(x,y)\}$ 和 $\lim\limits_{y\to0}\{\lim\limits_{x\to0}f(x,y)\}$ 不存在，然而 $\lim\limits_{\substack{x\to0\\y\to0}}f(x,y)=0$．

证 由不等式

$$0\leqslant\left|(x+y)\sin\frac{1}{x}\sin\frac{1}{y}\right|\leqslant|x+y|\leqslant|x|+|y|$$

知

$$\lim_{\substack{x\to0\\y\to0}}f(x,y)=0.$$

但当 $x\neq\frac{1}{k\pi}$，$y\to0$ 时，$(x+y)\sin\frac{1}{x}\sin\frac{1}{y}$的极限不存在，因此，累次极限 $\lim\limits_{x\to0}\{\lim\limits_{y\to0}f(x,y)\}$不存在．同法可证累次极限 $\lim\limits_{y\to0}\{\lim\limits_{x\to0}f(x,y)\}$也不存在．

【3184】 求$\lim\limits_{x\to a}\{\lim\limits_{y\to b}f(x,y)\}$及$\lim\limits_{y\to b}\{\lim\limits_{x\to a}f(x,y)\}$，设：

(1) $f(x,y)=\dfrac{x^2+y^2}{x^2+y^4}$，$a=\infty$，$b=\infty$；

(2) $f(x,y)=\dfrac{x^y}{1+x^y},\ a=+\infty,\ b=+0$;

(3) $f(x,y)=\sin\dfrac{\pi x}{2x+y},\ a=\infty,\ b=\infty$;

(4) $f(x,y)=\dfrac{1}{xy}\tan\dfrac{xy}{1+xy},\ a=0,\ b=\infty$;

(5) $f(x,y)=\log_x(x+y),\ a=1,\ b=0$.

解

(1) $$\lim_{x\to\infty}\{\lim_{y\to\infty}f(x,y)\}=\lim_{x\to\infty}\left\{\lim_{y\to\infty}\frac{x^2+y^2}{x^2+y^4}\right\}=\lim_{x\to\infty}0=0,$$

$$\lim_{y\to\infty}\{\lim_{x\to\infty}f(x,y)\}=\lim_{y\to\infty}\left\{\lim_{x\to\infty}\frac{x^2+y^2}{x^2+y^4}\right\}=\lim_{y\to\infty}1=1;$$

(2) $$\lim_{x\to+\infty}\{\lim_{y\to+0}f(x,y)\}=\lim_{x\to+\infty}\left\{\lim_{y\to+0}\frac{x^y}{1+x^y}\right\}$$

$$=\lim_{x\to+\infty}\frac{1}{2}=\frac{1}{2},$$

$$\lim_{y\to+0}\{\lim_{x\to+\infty}f(x,y)\}=\lim_{y\to+0}\left\{\lim_{x\to+\infty}\frac{x^y}{1+x^y}\right\}=\lim_{y\to+0}1=1;$$

(3) $$\lim_{x\to\infty}\{\lim_{y\to\infty}f(x,y)\}=\lim_{x\to\infty}\left\{\lim_{y\to\infty}\sin\frac{\pi x}{2x+y}\right\}=\lim_{x\to\infty}0=0,$$

$$\lim_{y\to\infty}\{\lim_{x\to\infty}f(x,y)\}=\lim_{y\to\infty}\left\{\lim_{x\to\infty}\sin\frac{\pi x}{2x+y}\right\}=\lim_{y\to\infty}1=1;$$

(4) $$\lim_{x\to0}\{\lim_{y\to\infty}f(x,y)\}=\lim_{x\to0}\left\{\lim_{y\to\infty}\frac{1}{xy}\tan\frac{xy}{1+xy}\right\}$$

$$=\lim_{x\to0}\left\{\lim_{y\to\infty}\frac{1}{xy}\cdot\lim_{y\to\infty}\tan\frac{xy}{1+xy}\right\}=\lim_{x\to0}\{0\cdot\tan1\}=0,$$

$$\lim_{y\to\infty}\{\lim_{x\to0}f(x,y)\}=\lim_{y\to\infty}\left\{\lim_{x\to0}\frac{1}{xy}\tan\frac{xy}{1+xy}\right\}$$

$$=\lim_{y\to\infty}\left\{\lim_{x\to0}\frac{\tan\dfrac{xy}{1+xy}}{\dfrac{xy}{1+xy}}\cdot\lim_{x\to0}\frac{1}{1+xy}\right\}=\lim_{y\to\infty}1=1;$$

(5) $$\lim_{x\to1}\{\lim_{y\to0}f(x,y)\}=\lim_{x\to1}\{\lim_{y\to0}\log_x(x+y)\}$$
$$=\lim_{x\to1}\left\{\lim_{y\to0}\frac{\ln(x+y)}{\ln x}\right\}=\lim_{x\to1}\frac{\ln x}{\ln x}=1,$$
$$\lim_{y\to0}\{\lim_{x\to1}f(x,y)\}=\lim_{y\to0}\left\{\lim_{x\to1}\frac{\ln(x+y)}{\ln x}\right\}=\infty.$$

求下列极限：

【3185】 $\lim\limits_{\substack{x\to\infty\\y\to\infty}}\dfrac{x+y}{x^2-xy+y^2}$.

解 由不等式 $x^2+y^2\geqslant2|xy|$ 得

$$0\leqslant\left|\frac{x+y}{x^2-xy+y^2}\right|\leqslant\frac{|x+y|}{x^2+y^2-|xy|}\leqslant\frac{|x+y|}{|xy|}\leqslant\frac{1}{|x|}+\frac{1}{|y|},$$

而 $\lim\limits_{\substack{x\to\infty\\y\to\infty}}\left(\dfrac{1}{|x|}+\dfrac{1}{|y|}\right)=0$，故有 $\lim\limits_{\substack{x\to\infty\\y\to\infty}}\dfrac{x+y}{x^2-xy+y^2}=0$.

【3186】 $\lim\limits_{\substack{x\to\infty\\y\to\infty}}\dfrac{x^2+y^2}{x^4+y^4}$.

解 由不等式

$$0\leqslant\frac{x^2+y^2}{x^4+y^4}\leqslant\frac{x^2+y^2}{2x^2y^2}=\frac{1}{2}\left(\frac{1}{x^2}+\frac{1}{y^2}\right)$$

及

$$\lim_{\substack{x\to\infty\\y\to\infty}}\frac{1}{2}\left(\frac{1}{x^2}+\frac{1}{y^2}\right)=0,$$

即得 $\lim\limits_{\substack{x\to\infty\\y\to\infty}}\dfrac{x^2+y^2}{x^4+y^4}=0$.

【3187】 $\lim\limits_{\substack{x\to0\\y\to a}}\dfrac{\sin xy}{x}$.

解 $\lim\limits_{\substack{x\to0\\y\to a}}\dfrac{\sin xy}{x}=\lim\limits_{\substack{x\to0\\y\to a}}\left(\dfrac{\sin xy}{xy}y\right)=a$.

【3188】 $\lim\limits_{\substack{x\to+\infty\\y\to+\infty}}(x^2+y^2)\mathrm{e}^{-(x+y)}$.

解 $\lim\limits_{\substack{x\to+\infty\\y\to+\infty}}(x^2+y^2)\mathrm{e}^{-(x+y)}$

$$=\lim_{\substack{x\to+\infty\\y\to+\infty}}\left(\frac{(x+y)^2}{\mathrm{e}^{x+y}}-2\frac{x}{\mathrm{e}^x}\frac{y}{\mathrm{e}^y}\right)=0^{*)}.$$

*) 利用 564 题的结果.

【3189】 $\lim\limits_{\substack{x\to+\infty\\y\to+\infty}}\left(\frac{xy}{x^2+y^2}\right)^{x^2}$.

解 由不等式

$$0\leqslant\left(\frac{xy}{x^2+y^2}\right)^{x^2}\leqslant\left(\frac{1}{2}\right)^{x^2}\quad 及\quad \lim_{x\to+\infty}\left(\frac{1}{2}\right)^{x^2}=0,$$

即得 $\lim\limits_{\substack{x\to+\infty\\y\to+\infty}}\left(\frac{xy}{x^2+y^2}\right)^{x^2}=0$.

【3190】 $\lim\limits_{\substack{x\to0\\y\to0}}(x^2+y^2)^{x^2y^2}$.

解 由不等式

$$|x^2y^2\ln(x^2+y^2)|\leqslant\frac{(x^2+y^2)}{4}|\ln(x^2+y^2)|$$

及

$$\lim_{\substack{x\to0\\y\to0}}\frac{(x^2+y^2)^2}{4}\ln(x^2+y^2)=\lim_{t\to+0}\frac{1}{4}t^2\ln t=0,$$

即得 $\lim\limits_{\substack{x\to0\\y\to0}}(x^2+y^2)^{x^2y^2}=\lim\limits_{\substack{x\to0\\y\to0}}\mathrm{e}^{x^2y^2\ln(x^2+y^2)}=\mathrm{e}^0=1$.

【3191】 $\lim\limits_{\substack{x\to\infty\\y\to a}}\left(1+\frac{1}{x}\right)^{\frac{x^2}{x+y}}$.

解 $\lim\limits_{\substack{x\to\infty\\y\to a}}\left(1+\frac{1}{x}\right)^{\frac{x^2}{x+y}}=\lim\limits_{\substack{x\to\infty\\y\to a}}\left(1+\frac{1}{x}\right)^{x\frac{x}{x+y}}$

$$=\lim_{\substack{x\to\infty\\y\to a}} e^{[x\ln(1+\frac{1}{x})]\frac{x}{x+y}}=e^{[\lim\limits_{x\to\infty}x\ln(1+\frac{1}{x})][\lim\limits_{\substack{x\to\infty\\y\to a}}\frac{x}{x+y}]}=e^{1\cdot 1}=e.$$

【3192】 $\lim\limits_{\substack{x\to 1\\y\to 0}}\frac{\ln(x+e^y)}{\sqrt{x^2+y^2}}$.

解 $\lim\limits_{\substack{x\to 1\\y\to 0}}=\frac{\ln(x+e^y)}{\sqrt{x^2+y^2}}=\frac{\ln(1+e^0)}{1}=\ln 2$.

【3193】+ 若 $x=\rho\cos\varphi$，$y=\rho\sin\varphi$，问下列极限沿怎样的方向 φ 有确定的极限值存在：

(1) $\lim\limits_{\rho\to+0}e^{\frac{x}{x^2+y^2}}$； (2) $\lim\limits_{\rho\to+\infty}e^{x^2-y^2}\sin 2xy$.

解 (1) $\lim\limits_{\rho\to+0}e^{\frac{x}{x^2+y^2}}=\lim\limits_{\rho\to+0}e^{\frac{\cos\varphi}{\rho}}=\begin{cases}0, & 当\cos\varphi<0;\\ 1, & 当\cos\varphi=0;\\ +\infty, & 当\cos\varphi>0.\end{cases}$

于是，仅当 $\cos\varphi\leqslant 0$ 即 $\frac{\pi}{2}\leqslant\varphi\leqslant\frac{3\pi}{2}$ 时，所给的极限才有确定的值.

(2) $e^{x^2-y^2}\sin 2xy=e^{\rho^2\cos 2\varphi}\sin(\rho^2\sin 2\varphi)$.

当 $\rho\to+\infty$ 时，$\sin(\rho^2\sin 2\varphi)$ 有界，除 $\varphi=\frac{k\pi}{2}$ $(k=0,1,2,3)$ 外无极限，且

$$\lim_{\rho\to+\infty}e^{\rho^2\cos 2\varphi}=\begin{cases}0, & 当\cos 2\varphi<0;\\ 1, & 当\cos 2\varphi=0;\\ +\infty & 当\cos 2\varphi>0.\end{cases}$$

于是，仅当 $\frac{\pi}{4}<\varphi<\frac{3\pi}{4}$ 及 $\frac{5\pi}{4}<\varphi<\frac{7\pi}{4}$ 以及 $\varphi=0$，$\varphi=\pi$ 时才有确定的极限.

求下列函数的不连续点：

【3194】 $u=\dfrac{1}{\sqrt{x^2+y^2}}$.

解 函数 $u=\dfrac{1}{\sqrt{x^2+y^2}}$在点(0,0)无定义,故原点(0,0)为此函数的不连续点.以下各题类似情况,不再说明.

【3195】 $u=\dfrac{xy}{x+y}$.

解 直线 $x+y=0$ 上的一切点均为 $u=\dfrac{xy}{x+y}$的不连续点.

【3196】 $u=\dfrac{x+y}{x^3+y^3}$.

解 对于任意不等于零的实数 a,有

$$\lim_{\substack{x\to a\\ y\to -a}}\frac{x+y}{x^3+y^3}=\lim_{\substack{x\to a\\ y\to -a}}\frac{1}{x^2-xy+y^2}=\frac{1}{3a^2}.$$

于是,对于直线 $x+y=0$ 上除去原点 O 外的一切点均为可移去的不连续点.而原点 $O(0,0)$为无穷型不连续点.

【3197】 $u=\sin\dfrac{1}{xy}$.

解 $xy=0$ 上的一切点即两坐标轴上的诸点均为 $u=\sin\dfrac{1}{xy}$的不连续点.

【3198】 $u=\dfrac{1}{\sin x\sin y}$.

解 直线 $x=m\pi$ 及 $y=n\pi$ ($m,n=0,\pm1,\pm2,\cdots$)上的各点均为 $u=\dfrac{1}{\sin x\sin y}$的不连续点.

【3199】 $u=\ln(1-x^2-y^2)$.

解 圆周 $x^2+y^2=1$ 上各点是 $u=\ln(1-x^2-y^2)$的不连续点.

【3200】 $u=\dfrac{1}{xyz}$.

解 坐标面：$x=0$，$y=0$，$z=0$ 上各点均为 $u=\dfrac{1}{xyz}$ 的不连续点.

【3201】 $u=\ln\dfrac{1}{\sqrt{(x-a)^2+(y-b)^2+(z-c)^2}}$.

解 点(a,b,c)为

$$u=\ln\frac{1}{\sqrt{(x-a)^2+(y-b)^2+(z-c)^2}}$$

的不连续点.

【3202】 证明：函数

$$f(x,y)=\begin{cases}\dfrac{2xy}{x^2+y^2}, & 若\ x^2+y^2\neq 0;\\ 0, & 若\ x^2+y^2=0,\end{cases}$$

分别对于每一个变数 x 或 y(当另一变数的值固定时)是连续的，但并非对这些变数的总体是连续的.

证 先固定 $y=a\neq 0$，则得 x 的函数

$$g(x)=f(x,a)=\begin{cases}\dfrac{2ax}{x^2+a^2}, & x\neq 0;\\ 0, & x=0,\end{cases}$$

即 $g(x)=\dfrac{2ax}{x^2+a^2}$ $(-\infty<x<+\infty)$，它是处处有定义的有理函数．又当 $y=0$ 时，$f(x,0)\equiv 0$，它显然是连续的．于是，当变数 y 固定时，函数 $f(x,y)$对于变数 x 是连续的．同理可证，当变数 x 固定时，函数 $f(x,y)$对于变数 y 是连续的.

作为二元函数，$f(x,y)$虽在除点$(0,0)$外的各点均连续，但在点$(0,0)$不连续．事实上，当动点 $P(x,y)$沿射线 $y=kx$ 趋于

原点时，有

$$\lim_{\substack{x\to 0\\(y=kx)}} f(x,y)=\lim_{x\to 0}\frac{2kx^2}{x^2(1+k^2)}=\frac{2k}{1+k^2},$$

对于不同的 k 可得不同的极限值，从而知$\lim\limits_{\substack{x\to 0\\y\to 0}}f(x,y)$不存在. 因此，函数 $f(x,y)$在原点不是二元连续的.

【3203】 证明：函数

$$f(x,y)=\begin{cases}\dfrac{x^2y}{x^4+y^4}, & 若\ x^2+y^2\neq 0;\\ 0, & 若\ x^2+y^2=0,\end{cases}$$

在点 $O(0,0)$沿着此点的每一射线

$$x=t\cos\alpha,\qquad y=t\sin\alpha\ (0\leqslant t<+\infty)$$

连续，即

$$\lim_{t\to 0}f(t\cos\alpha,t\sin\alpha)=f(0,0);$$

但此函数在点(0,0)并非连续的.

证 当 $\sin\alpha=0$ 时，$\cos\alpha=1$ 或 -1. 于是，当 $t\neq 0$ 时，$f(t\cos\alpha,t\sin\alpha)=\dfrac{t^2\cdot 0}{t^4+0}=0$，而 $f(0,0)=0$，故有$\lim\limits_{t\to 0}f(t\cos\alpha,t\sin\alpha)=f(0,0)$.

当 $\sin\alpha\neq 0$ 时，有

$$\lim_{t\to 0}f(t\cos\alpha,t\sin\alpha)=\lim_{t\to 0}\frac{t^3\cos^2\alpha\sin\alpha}{t^4\cos^4\alpha+t^2\sin^2\alpha}$$

$$=\lim_{t\to 0}\frac{t\cos^2\alpha\sin\alpha}{t^2\cos^4\alpha+\sin^2\alpha}=\frac{0}{0+\sin^2\alpha}=0,$$

故 $\lim\limits_{t\to 0}f(t\cos\alpha,t\sin\alpha)=f(0,0)$.

其次，设动点 $P(x,y)$沿抛物线 $y=x^2$ 趋于原点，得

$$\lim_{\substack{x\to 0\\(y=x^2)}} f(x,y)=\lim_{x\to 0}\frac{x^4}{x^4+x^4}=\frac{1}{2}\neq f(0,0).$$

因此,函数 $f(x,y)$ 在点 $(0,0)$ 不连续.

【3204】 证明:函数

$$f(x,y)=x\sin\frac{1}{y},$$

若 $y\neq 0$ 及 $f(x,0)=0$ 的不连续点的集合不是封闭的.

证 当 $y_0\neq 0$ 时,函数 $f(x,y)$ 在点 (x_0,y_0) 显见是连续的,即 $f(x,y)$ 在除去 Ox 轴以外的一切点均连续.

又因 $|f(x,y)-f(0,0)|=|f(x,y)|\leqslant|x|$,故知 $f(x,y)$ 在原点也是连续的.

考虑当 $x_0\neq 0$ 时,对于点 $(x_0,0)$,由于极限

$$\lim_{y\to 0}f(x_0,y)=\lim_{y\to 0}x_0\sin\frac{1}{y}$$

不存在,故知 $f(x,y)$ 在点 $(x_0,0)$ 不连续.

这样,我们证明了,函数 $f(x,y)$ 的全部不连续点为 Ox 轴上除去原点外的一切点.显然,原点是不连续点集合的一个聚点,但它本身却不是 $f(x,y)$ 的不连续点.因此,$f(x,y)$ 的不连续点的集合不是封闭的.

【3205】 证明:若函数 $f(x,y)$ 在某域 G 内对变数 x 是连续的,而关于 x 对变数 y 是一致连续的,则此函数在所考虑的域内是连续的.

证 任意固定一点 $P_0(x_0,y_0)\in G$.

由于 $f(x,y)$ 关于 x 对变数 y 一致连续,故对任给的 $\varepsilon>0$,存在 $\delta_1=\delta_1(\varepsilon)>0$,使当 $(x,y')\in G$, $(x,y'')\in G$ 且 $|y'-y''|<\delta_1$ 时,就有

$$|f(x,y')-f(x,y'')|<\frac{\varepsilon}{2}.$$

又因 $f(x,y)$ 在点 (x_0,y_0) 关于变数 x 是连续的,故对上述

的 ε，存在 $\delta_2>0$，使当 $|x-x_0|<\delta_2$ 时，就有

$$|f(x,y_0)-f(x_0,y_0)|<\frac{\varepsilon}{2}.$$

取 $0<\delta\leqslant\min\{\delta_1,\delta_2\}$，并使点 (x_0,y_0) 的 δ 邻域全部包含在区域 G 内，则当点 $P(x,y)$ 属于点 (x_0,y_0) 的 δ 邻域，即 $|PP_0|<\delta$ 时，

$$|x-x_0|<\delta\leqslant\delta_2,\quad |y-y_0|<\delta\leqslant\delta_1.$$

从而有

$$|f(x,y)-f(x_0,y_0)|\leqslant|f(x,y)-f(x,y_0)|$$

$$+|f(x,y_0)-f(x_0,y_0)|<\frac{\varepsilon}{2}+\frac{\varepsilon}{2}=\varepsilon.$$

因此，$f(x,y)$ 在点 P_0 连续. 由 P_0 的任意性知，函数 $f(x,y)$ 在 G 内是连续的.

【3206】 证明：若在某域 G 内函数 $f(x,y)$ 对变数 x 是连续的，并满足对变数 y 的里普什兹条件，即

$$|f(x,y')-f(x,y'')|\leqslant L|y'-y''|,$$

式中 $(x,y')\in G$，$(x,y'')\in G$ 而 L 为常数，则此函数在已知域内是连续的.

证 由于 $f(x,y)$ 在 G 内满足对 y 的里普什兹条件，故知 $f(x,y)$ 在 G 内关于 x 对变数 y 是一致连续的.

因此，由 3205 题的结果即知，$f(x,y)$ 在 G 内是连续的.

【3207】 证明：若函数 $f(x,y)$ 分别地对每一个变数 x 和 y 是连续的并对于其中的一个是单调的，则此函数对两个变数的总体是连续的(尤格定理).

证 不妨设 $f(x,y)$ 关于 x 是单调的.

设 (x_0,y_0) 为函数 $f(x,y)$ 的定义域 G 内的任一点. 由于 $f(x,y)$ 关于 x 连续，故对任给的 $\varepsilon>0$，存在 $\delta_1>0$(假定 δ_1 足

够小，使我们所考虑的点都落在 G 内)，使当 $|x-x_0|<\delta_1$ 时，就有

$$|f(x,y_0)-f(x_0,y_0)|<\frac{\varepsilon}{2}.$$

对于点 $(x_0-\delta_1,y_0)$ 及 $(x_0+\delta_1,y_0)$，由于 $f(x,y)$ 关于 y 连续，故对上述的 ε，存在 $\delta_2>0$(也要求 δ_2 足够小，使所考虑的点落在 G 内)，使当 $|y-y_0|<\delta_2$ 时，就有

$$|f(x_0-\delta_1,y)-f(x_0-\delta_1,y_0)|<\frac{\varepsilon}{2}$$

及

$$|f(x_0+\delta_1,y)-f(x_0+\delta_1,y_0)|<\frac{\varepsilon}{2}.$$

令 $\delta=\min\{\delta_1,\delta_2\}$，则当 $|\Delta x|<\delta$，$|\Delta y|<\delta$ 时，由于 $f(x,y)$ 关于 x 单调，故有

$$\begin{aligned}&|f(x_0+\Delta x,\ y_0+\Delta y)-f(x_0,y_0)|\\ \leqslant&\max\{|f(x_0+\delta_1,\ y_0+\Delta y)-f(x_0,y_0)|,\\ &|f(x_0-\delta_1,\ y_0+\Delta y)-f(x_0,y_0)|\}.\end{aligned}$$

但是

$$\begin{aligned}&|f(x_0\pm\delta_1,\ y_0+\Delta y)-f(x_0,y_0)|\\ \leqslant&|f(x_0\pm\delta_1,\ y_0+\Delta y)-f(x_0\pm\delta_1,y_0)|\\ &+|f(x_0\pm\delta_1,\ y_0)-f(x_0,y_0)|\\ <&\frac{\varepsilon}{2}+\frac{\varepsilon}{2}=\varepsilon,\end{aligned}$$

故当 $|\Delta x|<\delta$，$|\Delta y|<\delta$ 时，就有

$$|f(x_0+\Delta x,\ y_0+\Delta y)-f(x_0,y_0)|<\varepsilon,$$

即 $f(x,y)$ 在点 (x_0,y_0) 是连续的．由点 (x_0,y_0) 的任意性知，$f(x,y)$ 是 G 内的二元连续函数．

【3208】 设函数 $f(x,y)$ 于域 $a\leqslant x\leqslant A$, $b\leqslant y\leqslant B$ 上是连续的,而函数叙列 $\varphi_n(x)$ $(n=1,2,\cdots)$ 在 $[a,A]$ 上一致收敛并满足条件 $b\leqslant\varphi_n(x)\leqslant B$. 证明:函数叙列

$$F_n(x)=f[x,\varphi_n(x)]\quad(n=1,2,\cdots)$$

也在 $[a,A]$ 上一致收敛.

证 由于 $b\leqslant\varphi_n(x)\leqslant B$, 故 $F_n(x)=f[x,\varphi_n(x)]$ 有意义.

由题设 $f(x,y)$ 在域 $a\leqslant x\leqslant A$, $b\leqslant y\leqslant B$ 上连续,故在此域上一致连续,即对任给的 $\varepsilon>0$, 存在 $\delta=\delta(\varepsilon)>0$, 使对于此域中的任意两点 (x_1,y_1), (x_2,y_2), 只要 $|x_1-x_2|<\delta$, $|y_1-y_2|<\delta$ 时,就有

$$|f(x_1,y_1)-f(x_2,y_2)|<\varepsilon.$$

特别地,当 $|y_1-y_2|<\delta$ 时,对于一切的 $x\in[a,A]$, 均有

$$|f(x,y_1)-f(x,y_2)|<\varepsilon.$$

对于上述的 $\delta>0$, 因为 $\varphi_n(x)$ 在 $[a,A]$ 上一致收敛,故存在自然数 N, 使当 $m>N$, $n>N$ 时,对于一切的 $x\in[a,A]$, 均有

$$|\varphi_n(x)-\varphi_m(x)|<\delta.$$

于是,对任给的 $\varepsilon>0$, 存在自然数 N, 使当 $m>N$, $n>N$ 时,对于一切的 $x\in[a,A]$, 均有

$$|F_n(x)-F_m(x)|=|f[x,\varphi_n(x)]-f[x,\varphi_m(x)]|<\varepsilon.$$

因此, $F_n(x)$ 在 $[a,A]$ 上一致收敛.

【3209】 设:1)函数 $f(x,y)$ 于域 $R(a<x<A;\ b<y<B)$ 内是连续的;2)函数 $\varphi(x)$ 于区间 (a,A) 内连续并有属于区间 (b,B) 内的值. 证明:函数

$$F(x)=f[x,\varphi(x)]$$

于区间(a,A)内是连续的．

证 设点(x_0,y_0)为域R中的任一点．由题设知函数$f(x,y)$于域R中连续，故对任给的$\varepsilon>0$，存在$\delta>0$，使当$|x-x_0|<\delta$，$|y-y_0|<\delta$ $((x,y)\in R)$时，就有

$$|f(x,y)-f(x_0,y_0)|<\varepsilon.$$

再由$\varphi(x)$在(a,A)中的连续性可知，对上述的$\delta>0$，存在$\eta>0$(可取$\eta<\delta$)，使当$|x-x_0|<\eta$ $(x\in(a,A))$时，恒有

$$|\varphi(x)-\varphi(x_0)|=|y-y_0|<\delta.$$

于是，

$$|f[x,\varphi(x)]-f[x_0,\varphi(x_0)]|<\varepsilon,$$

即

$$|F(x)-F(x_0)|<\varepsilon.$$

因此，$F(x)$在点x_0处连续．由点x_0的任意性知，函数$F(x)$在(a,A)内是连续的．

【3210】 设:1)函数$f(x,y)$于域$R(a<x<A;\ b<x<B)$内是连续的;2)函数$x=\varphi(u,v)$及$y=\psi(u,v)$于域$R'(a'<u<A';\ b'<v<B')$内是连续的并有分别属于区间(a,A)和(b,B)的值．证明:函数

$$F(u,v)=f[\varphi(u,v),\ \psi(u,v)]$$

于域R'内连续．

证 以下假定所取的δ或η足够小，使点的δ或η邻域都在所给的域内．

设点(x_0,y_0)为域R中的任一点，由于$f(x,y)$在R内连续，故对任给的$\varepsilon>0$，存在$\delta>0$，使当$|x-x_0|<\delta$，$|y-y_0|<\delta$时，就有

$$|f(x,y)-f(x_0,y_0)|<\varepsilon.$$

再由 φ 及 ψ 的连续性知，对于上述的 δ，存在 $\eta>0$，使当 $|u-u_0|<\eta$，$|v-v_0|<\eta$，时，就有

$$|x-x_0|<\delta,\quad |y-y_0|<\delta,$$

其中 $x_0=\varphi(u_0,v_0)$，$y_0=\psi(u_0,v_0)$.

于是，对任给的 $\varepsilon>0$，存在 $\eta>0$，使当 $|u-u_0|<\eta$，$|v-v_0|<\eta$ 时，就有

$$|f[\varphi(u,v),\ \psi(u,v)]-f[\varphi(u_0,v_0),\psi(u_0,v_0)]|<\varepsilon.$$

即

$$|F(u,v)-F(u_0,v_0)|<\varepsilon.$$

因此，$F(u,v)$在点(u_0,v_0)连续，由点(u_0,v_0)的任意性知，函数 $F(u,v)$于域 R' 内连续.

§2. 偏导函数．多变量函数的微分

1° 偏导函数　若所论及的多变数的函数的一切偏导函数是连续的，则微分的结果与微分的次序无关.

2° 多变量函数的微分　若自变数 x,y,z 的函数$f(x,y,z)$的全增量可写为下形

$$\Delta f(x,y,z)=A\Delta x+B\Delta y+C\Delta z+o(\rho),$$

式中 A,B,C 与$\Delta x,\Delta y,\Delta z$ 无关而$\rho=\sqrt{(\Delta x)^2+(\Delta y)^2+(\Delta z)^2}$，则称函数 $f(x,y,z)$可微分，而增量的线性主部 $A\Delta x+B\Delta y+C\Delta z$ 等于

$$df(x,y,z)=f'_x(x,y,z)dx+f'_y(x,y,z)dy+f'_z(x,y,z)dz,\qquad(1)$$

(其中 $dx=\Delta x$，$dy=\Delta y$，$dz=\Delta z$)称为此函数的微分.

当变数 x,y,z 为其他自变数的可微分的函数时，公式(1)仍有其意义.

若 x, y, z 为自变数，则对于高阶的微分，有符号公式

$$d^n f(x,y,z) = \left(dx \frac{\partial}{\partial x} + dy \frac{\partial}{\partial y} + dz \frac{\partial}{\partial z} \right)^n f(x,y,z).$$

3° 复合函数的导函数 若 $w = f(x,y,z)$，其中 $x = \varphi(u,v)$，$y = \psi(u,v)$，$z = \chi(u,v)$ 且函数 φ, ψ, χ 可微分，则

$$\frac{\partial w}{\partial u} = \frac{\partial w}{\partial x}\frac{\partial x}{\partial u} + \frac{\partial w}{\partial y}\frac{\partial y}{\partial u} + \frac{\partial w}{\partial z}\frac{\partial z}{\partial u},$$

$$\frac{\partial w}{\partial v} = \frac{\partial w}{\partial x}\frac{\partial x}{\partial v} + \frac{\partial w}{\partial y}\frac{\partial y}{\partial v} + \frac{\partial w}{\partial z}\frac{\partial z}{\partial v}.$$

计算函数 w 的二阶导函数时最好用下列符号公式：

$$\frac{\partial^2 w}{\partial u^2} = \left(P_1 \frac{\partial}{\partial x} + Q_1 \frac{\partial}{\partial y} + R_1 \frac{\partial}{\partial z} \right)^2 w + \frac{\partial P_1}{\partial u}\frac{\partial w}{\partial x} + \frac{\partial Q_1}{\partial u}\frac{\partial w}{\partial y} + \frac{\partial R_1}{\partial u}\frac{\partial w}{\partial z}$$

及

$$\frac{\partial^2 w}{\partial u \partial v} = \left(P_1 \frac{\partial}{\partial x} + Q_1 \frac{\partial}{\partial y} + R_1 \frac{\partial}{\partial z} \right)\left(P_2 \frac{\partial}{\partial x} + Q_2 \frac{\partial}{\partial y} + R_2 \frac{\partial}{\partial z} \right) w$$
$$+ \frac{\partial P_1}{\partial v}\frac{\partial w}{\partial x} + \frac{\partial Q_1}{\partial v}\frac{\partial w}{\partial y} + \frac{\partial R_1}{\partial v}\frac{\partial w}{\partial z},$$

其中

$$P_1 = \frac{\partial x}{\partial u}, \qquad Q_1 = \frac{\partial y}{\partial u}, \qquad R_1 = \frac{\partial z}{\partial u}$$

及

$$P_2 = \frac{\partial x}{\partial v}, \qquad Q_2 = \frac{\partial y}{\partial v}, \qquad R_2 = \frac{\partial z}{\partial v}.$$

4° 在已知方向上的导函数 若用方向余弦 $\{\cos\alpha, \cos\beta, \cos\gamma\}$ 表 $Oxyz$ 空间内的方向 l，且函数 $u = f(x,y,z)$ 可微分，则沿方向 l 的导函数按下式来计算

$$\frac{\partial u}{\partial l} = \frac{\partial u}{\partial x}\cos\alpha + \frac{\partial u}{\partial y}\cos\beta + \frac{\partial u}{\partial z}\cos\gamma.$$

在已知点函数增加最迅速的速度之大小与方向用矢量——函数的梯度

$$\operatorname{grad} u = \frac{\partial u}{\partial x}\vec{i} + \frac{\partial u}{\partial y}\vec{j} + \frac{\partial u}{\partial z}\vec{k}$$

来表示，它的大小等于

$$|\operatorname{grad} u| = \sqrt{\left(\frac{\partial u}{\partial x}\right)^2 + \left(\frac{\partial u}{\partial y}\right)^2 + \left(\frac{\partial u}{\partial z}\right)^2}.$$

【3211】 证明：

$$f'_x(x,b)=\frac{\mathrm{d}}{\mathrm{d}x}[f(x,b)].$$

证 令 $\varphi(x)=f(x,b)$，则

$$\frac{\mathrm{d}}{\mathrm{d}x}[f(x,b)]=\varphi'(x)=\lim_{\Delta x\to 0}\frac{\varphi(x+\Delta x)-\varphi(x)}{\Delta x}$$

$$=\lim_{\Delta x\to 0}\frac{f(x+\Delta x,b)-f(x,b)}{\Delta x}=f'_x(x,b).$$

注 在求某一固定点的导数及微分时，用本题的结果常可减少运算量．在本节中，我们就多次利用本题的结果来简化运算．

【3212】 设：

$$f(x,y)=x+(y-1)\arcsin\sqrt{\frac{x}{y}},$$

求 $f'_x(x,1)$.

解 由于 $f(x,1)=x$，故 $f'_x(x,1)=1$.

求下列函数的一阶和二阶偏导函数：

【3213】 $u=x^4+y^4-4x^2y^2$.

解 $\dfrac{\partial u}{\partial x}=4x^3-8xy^2,\quad \dfrac{\partial u}{\partial y}=4y^3-8x^2y,$

$\dfrac{\partial^2 u}{\partial x^2}=12x^2-8y^2,\quad \dfrac{\partial^2 u}{\partial y^2}=12y^2-8x^2,$

$\dfrac{\partial^2 u}{\partial x\partial y}=\dfrac{\partial^2 u}{\partial y\partial x}=-16xy$ *).

*) 以下各题不再写 $\dfrac{\partial^2 u}{\partial y\partial x}=\dfrac{\partial^2 u}{\partial x\partial y}$，而仅写 $\dfrac{\partial^2 u}{\partial x\partial y}$，因为当它们连续时是相等的，并且在今后各题中均把 $\dfrac{\partial^2 u}{\partial x\partial y}$ 理解为 $\dfrac{\partial}{\partial y}\left(\dfrac{\partial u}{\partial x}\right)$.

【3214】 $u=xy+\dfrac{x}{y}$.

解 $\frac{\partial u}{\partial x}=y+\frac{1}{y}$，$\frac{\partial u}{\partial y}=x-\frac{x}{y^2}$，

$\frac{\partial^2 u}{\partial x^2}=0$，$\frac{\partial^2 u}{\partial y^2}=\frac{2x}{y^3}$，$\frac{\partial^2 u}{\partial x\partial y}=1-\frac{1}{y^2}$.

【3215】 $u=\frac{x}{y^2}$.

解 $\frac{\partial u}{\partial x}=\frac{1}{y^2}$，$\frac{\partial u}{\partial y}=-\frac{2x}{y^3}$，

$\frac{\partial^2 u}{\partial x^2}=0$，$\frac{\partial^2 u}{\partial y^2}=\frac{6x}{y^4}$，$\frac{\partial^2 u}{\partial x\partial y}=-\frac{2}{y^3}$.

【3216】 $u=\frac{x}{\sqrt{x^2+y^2}}$.

解 $\frac{\partial u}{\partial x}=\frac{1}{\sqrt{x^2+y^2}}-\frac{2x\cdot x}{2(x^2+y^2)^{\frac{3}{2}}}=\frac{y^2}{(x^2+y^2)^{\frac{3}{2}}}$，

$\frac{\partial u}{\partial y}=-\frac{xy}{(x^2+y^2)^{\frac{3}{2}}}$，

$\frac{\partial^2 u}{\partial x^2}=-\frac{3}{2}y^2\frac{2x}{(x^2+y^2)^{\frac{5}{2}}}=-\frac{3xy^2}{(x^2+y^2)^{\frac{5}{2}}}$，

$\frac{\partial^2 u}{\partial y^2}=-\frac{x}{(x^2+y^2)^{\frac{3}{2}}}+\frac{3}{2}xy\frac{2y}{(x^2+y^2)^{\frac{5}{2}}}=\frac{x(2y^2-x^2)}{(x^2+y^2)^{\frac{5}{2}}}$，

$$\frac{\partial^2 u}{\partial x\partial y}=\frac{\partial}{\partial y}\left[\frac{y^2}{(x^2+y^2)^{\frac{3}{2}}}\right]=\frac{2y}{(x^2+y^2)^{\frac{3}{2}}}-\frac{3y^3}{(x^2+y^2)^{\frac{5}{2}}}$$

$$=\frac{y(2x^2-y^2)}{(x^2+y^2)^{\frac{5}{2}}}.$$

【3217】 $u=x\sin(x+y)$.

解 $\frac{\partial u}{\partial x}=\sin(x+y)+x\cos(x+y)$，

$\frac{\partial u}{\partial y}=x\cos(x+y)$，

$$\frac{\partial^2 u}{\partial x^2}=\cos(x+y)+\cos(x+y)-x\sin(x+y)$$

$$=2\cos(x+y)-x\sin(x+y),$$

$$\frac{\partial^2 u}{\partial y^2}=-x\sin(x+y),$$

$$\frac{\partial^2 u}{\partial x\partial y}=\cos(x+y)-x\sin(x+y).$$

【3218】 $u=\dfrac{\cos x^2}{y}$.

解 $\dfrac{\partial u}{\partial x}=-\dfrac{2x\sin x^2}{y},\quad \dfrac{\partial u}{\partial y}=-\dfrac{\cos x^2}{y^2},$

$$\frac{\partial^2 u}{\partial x^2}=-\frac{2\sin x^2+4x^2\cos x^2}{y},$$

$$\frac{\partial^2 u}{\partial y^2}=\frac{2\cos x^2}{y^3},\quad \frac{\partial^2 u}{\partial x\partial y}=\frac{2x\sin x^2}{y^2}.$$

【3219】 $u=\tan\dfrac{x^2}{y}$.

解 $\dfrac{\partial u}{\partial x}=\dfrac{2x}{y}\sec^2\dfrac{x^2}{y},\quad \dfrac{\partial u}{\partial y}=-\dfrac{x^2}{y^2}\sec^2\dfrac{x^2}{y},$

$$\frac{\partial^2 u}{\partial x^2}=\frac{2}{y}\sec^2\frac{x^2}{y}+\frac{2x}{y}\cdot 2\sec^2\frac{x^2}{y}\cdot\tan\frac{x^2}{y}\cdot\frac{2x}{y}$$

$$=\frac{2}{y}\sec^2\frac{x^2}{y}+\frac{8x^2}{y^2}\sec^3\frac{x^2}{y}\sin\frac{x^2}{y},$$

$$\frac{\partial^2 u}{\partial y^2}=\frac{2x^2}{y^3}\sec^2\frac{x^2}{y}+\frac{2x^4}{y^4}\sec^3\frac{x^2}{y}\sin\frac{x^2}{y},$$

$$\frac{\partial^2 u}{\partial x\partial y}=-\frac{2x}{y^2}\sec^2\frac{x^2}{y}-\frac{4x^3}{y^3}\sec^3\frac{x^2}{y}\sin\frac{x^2}{y}.$$

【3220】 $u=x^y$.

解 由 $u=x^y=e^{y\ln x}$即得

$$\frac{\partial u}{\partial x}=yx^{y-1},\quad \frac{\partial u}{\partial y}=e^{y\ln x}\cdot\ln x=x^y\ln x,$$

$$\frac{\partial^2 u}{\partial x^2}=y(y-1)x^{y-2},\quad \frac{\partial^2 u}{\partial y^2}=x^y\ln^2 x,$$

$$\frac{\partial^2 u}{\partial x\partial y}=x^{y-1}+yx^{y-1}\ln x=x^{y-1}(1+y\ln x)\quad (x>0).$$

【3221】 $u=\ln(x+y^2)$.

解 $\frac{\partial u}{\partial x}=\frac{1}{x+y^2},\quad \frac{\partial u}{\partial y}=\frac{2y}{x+y^2},\quad \frac{\partial^2 u}{\partial x^2}=-\frac{1}{(x+y^2)^2},$

$$\frac{\partial^2 u}{\partial y^2}=\frac{2}{x+y^2}-\frac{2y2y}{(x+y^2)^2}=\frac{2(x-y^2)}{(x+y^2)^2},$$

$$\frac{\partial^2 u}{\partial x\partial y}=-\frac{2y}{(x+y^2)^2}.$$

【3222】 $u=\arctan\frac{y}{x}$.

解 $\frac{\partial u}{\partial x}=\frac{1}{1+\left(\frac{y}{x}\right)^2}\left(-\frac{y}{x^2}\right)=-\frac{y}{x^2+y^2},$

$$\frac{\partial u}{\partial y}=\frac{1}{1+\left(\frac{y}{x}\right)^2}\cdot\frac{1}{x}=\frac{x}{x^2+y^2},$$

$$\frac{\partial^2 u}{\partial x^2}=\frac{2xy}{(x^2+y^2)^2},\quad \frac{\partial^2 u}{\partial y^2}=-\frac{2xy}{(x^2+y^2)^2},$$

$$\frac{\partial^2 u}{\partial x\partial y}=-\frac{1}{x^2+y^2}+\frac{y2y}{(x^2+y^2)^2}=-\frac{x^2-y^2}{(x^2+y^2)^2}.$$

【3223】 $u=\arctan\frac{x+y}{1-xy}$.

解 由 776 题知

$$\arctan\frac{x+y}{1-xy}=\arctan x+\arctan y-\varepsilon\pi,$$

其中 $\varepsilon=0,1$ 或 -1. 于是,

$$\frac{\partial u}{\partial x}=\frac{1}{1+x^2},\quad \frac{\partial u}{\partial y}=\frac{1}{1+y^2},$$

$$\frac{\partial^2 u}{\partial x^2}=-\frac{2x}{(1+x^2)^2},\quad \frac{\partial^2 u}{\partial y^2}=-\frac{2y}{(1+y^2)^2},$$

$$\frac{\partial^2 u}{\partial x\partial y}=0.$$

本题如不用 776 题的结果,直接求导数也可获解.例如,

$$\frac{\partial u}{\partial x}=\frac{1}{1+\left(\frac{x+y}{1-xy}\right)^2}\cdot\frac{1-xy+y(x+y)}{(1-xy)^2}=\frac{1}{1+x^2}.$$

【3224】 $u=\arcsin\frac{x}{\sqrt{x^2+y^2}}$.

解 $\frac{\partial u}{\partial x}=\frac{1}{\sqrt{1-\frac{x^2}{x^2+y^2}}}\left(\frac{x}{\sqrt{x^2+y^2}}\right)'_x$

$$=\frac{\sqrt{x^2+y^2}}{|y|}\cdot\frac{y^2}{(x^2+y^2)^{\frac{3}{2}}}{}^{*)}=\frac{|y|}{x^2+y^2},$$

$$\frac{\partial u}{\partial y}=\frac{1}{\sqrt{1-\frac{x^2}{x^2+y^2}}}\left(\frac{x}{\sqrt{x^2+y^2}}\right)'_y=\frac{\sqrt{x^2+y^2}}{|y|}\left[-\frac{xy}{(x^2+y^2)^{\frac{3}{2}}}\right]^{*)}$$

$$=-\frac{x}{x^2+y^2}\cdot\frac{y}{|y|}=-\frac{x\operatorname{sgn}y}{x^2+y^2},$$

$$\frac{\partial^2 u}{\partial x^2}=-\frac{2x|y|}{(x^2+y^2)^2},$$

$$\frac{\partial^2 u}{\partial y^2}=\frac{\partial}{\partial y}\left[-\frac{xy}{|y|(x^2+y^2)}\right]$$

$$=-\frac{x|y|(x^2+y^2)-xy\left[\frac{|y|}{y}(x^2+y^2)+2y|y|\right]}{y^2(x^2+y^2)^2}$$

$$=\frac{2x|y|}{(x^2+y^2)^2},$$

$$\frac{\partial^2 u}{\partial x\partial y}=\frac{\frac{|y|}{y}(x^2+y^2)-2y|y|}{(x^2+y^2)^2}=\frac{x^2\operatorname{sgn}y-y|y|}{(x^2+y^2)^2}$$

$$=\frac{(x^2-y^2)\operatorname{sgn}y}{(x^2+y^2)^2}\qquad (y\neq 0).$$

*) 利用 3216 题的结果.

【3225】 $u=\frac{1}{\sqrt{x^2+y^2+z^2}}$.

解 $\frac{\partial u}{\partial x}=-\frac{x}{(x^2+y^2+z^2)^{\frac{3}{2}}}$, $\frac{\partial u}{\partial y}=-\frac{y}{(x^2+y^2+z^2)^{\frac{3}{2}}}$,

$$\frac{\partial u}{\partial z}=-\frac{z}{(x^2+y^2+z^2)^{\frac{3}{2}}},$$

$$\frac{\partial^2 u}{\partial x^2}=-\frac{1}{(x^2+y^2+z^2)^{\frac{3}{2}}}+\frac{3x^2}{(x^2+y^2+z^2)^{\frac{5}{2}}}$$

$$=\frac{2x^2-y^2-z^2}{(x^2+y^2+z^2)^{\frac{5}{2}}},$$

$$\frac{\partial^2 u}{\partial x\partial y}=\frac{3xy}{(x^2+y^2+z^2)^{\frac{5}{2}}}.$$

利用对称性，即得

$$\frac{\partial^2 u}{\partial y^2}=\frac{2y^2-x^2-z^2}{(x^2+y^2+z^2)^{\frac{5}{2}}},\quad \frac{\partial^2 u}{\partial z^2}=\frac{2z^2-x^2-y^2}{(x^2+y^2+z^2)^{\frac{5}{2}}},$$

$$\frac{\partial^2 u}{\partial y\partial z}=\frac{3yz}{(x^2+y^2+z^2)^{\frac{5}{2}}},\quad \frac{\partial^2 u}{\partial z\partial x}=\frac{3xz}{(x^2+y^2+z^2)^{\frac{5}{2}}}.$$

【3226】 $u=\left(\frac{x}{y}\right)^z$.

解 $u=x^z y^{-z}$.

$$\frac{\partial u}{\partial x}=zx^{z-1}y^{-z}=\frac{z}{x}\left(\frac{x}{y}\right)^z,$$

$$\frac{\partial u}{\partial y}=-zx^{z}y^{-z-1}=-\frac{z}{y}\left(\frac{x}{y}\right)^{z},$$

$$\frac{\partial u}{\partial z}=\left(\frac{x}{y}\right)^{z}\ln\frac{x}{y},$$

$$\frac{\partial^2 u}{\partial x^2}=z(z-1)x^{z-2}y^{-z}=\frac{z(z-1)}{x^2}\left(\frac{x}{y}\right)^{z},$$

$$\frac{\partial^2 u}{\partial y^2}=(-z)(-z-1)x^{z}y^{-z-2}=\frac{z(z+1)}{y^2}\left(\frac{x}{y}\right)^{z},$$

$$\frac{\partial^2 u}{\partial z^2}=\left(\frac{x}{y}\right)^{z}\ln^2\frac{x}{y},$$

$$\frac{\partial^2 u}{\partial x\partial y}=\left(\frac{z}{x}u\right)'_y=\frac{z}{x}\left[-\frac{z}{y}\left(\frac{x}{y}\right)^{z}\right]=-\frac{z^2}{xy}\left(\frac{x}{y}\right)^{z},$$

$$\frac{\partial^2 u}{\partial y\partial z}=\left(-\frac{z}{y}u\right)'_z=-\frac{z}{y}\left(\frac{x}{y}\right)^{z}\ln\frac{x}{y}-\frac{1}{y}\left(\frac{x}{y}\right)^{z}$$

$$=-\frac{1+z\ln\frac{x}{y}}{y}\left(\frac{x}{y}\right)^{z},$$

$$\frac{\partial^2 u}{\partial z\partial x}=\left(u\ln\frac{x}{y}\right)'_x=\frac{z}{x}\left(\frac{x}{y}\right)^{z}\ln\frac{x}{y}+\frac{1}{x}\left(\frac{x}{y}\right)^{z}$$

$$=\frac{1+z\ln\frac{x}{y}}{x}\left(\frac{x}{y}\right)^{z}\qquad\left(\frac{x}{y}>0\right).$$

【3227】 $u=x^{\frac{y}{z}}$.

解 $$\frac{\partial u}{\partial x}=\frac{y}{z}x^{\frac{y}{z}-1}=\frac{yu}{xz},$$

$$\frac{\partial u}{\partial y}=\frac{1}{z}x^{\frac{y}{z}}\ln x=\frac{u\ln x}{z},$$

$$\frac{\partial u}{\partial z}=-\frac{y}{z^2}x^{\frac{y}{z}}\ln x=-\frac{yu\ln x}{z^2},$$

$$\frac{\partial^2 u}{\partial x^2}=\frac{xyz\frac{\partial u}{\partial x}-yzu}{x^2z^2}=\frac{y(y-z)u}{x^2z^2},$$

$$\frac{\partial^2 u}{\partial y^2}=\frac{\ln x}{z}\frac{\partial u}{\partial y}=\frac{u\ln^2 x}{z^2},$$

$$\frac{\partial^2 u}{\partial z^2}=-y\ln x\left[\frac{z^2\frac{\partial u}{\partial z}-2uz}{z^4}\right]=\frac{yu\ln x(2z+y\ln x)}{z^4},$$

$$\frac{\partial^2 u}{\partial x\partial y}=\frac{1}{xz}\left(u+y\frac{\partial u}{\partial y}\right)=\frac{u(z+y\ln x)}{xz^2},$$

$$\frac{\partial^2 u}{\partial y\partial z}=\ln x\left(\frac{1}{z}\frac{\partial u}{\partial z}-\frac{u}{z^2}\right)=-\frac{u\ln x(z+y\ln x)}{z^3},$$

$$\frac{\partial^2 u}{\partial z\partial x}=-\frac{y}{z^2}\left(\ln x\frac{\partial u}{\partial x}+\frac{u}{x}\right)=-\frac{yu(z+y\ln x)}{xz^3}.$$

【3228】 $u=x^{y^z}$.

解 $\frac{\partial u}{\partial x}=y^z x^{y^z-1}=\frac{uy^z}{x}$,

$$\frac{\partial u}{\partial y}=zy^{z-1}x^{y^z}\ln x=zuy^{z-1}\ln x,$$

$$\frac{\partial u}{\partial z}=x^{y^z}y^z\ln x\ln y=uy^z\ln x\ln y,$$

$$\frac{\partial^2 u}{\partial x^2}=y^z\left(-\frac{u}{x^2}+\frac{1}{x}\cdot\frac{\partial u}{\partial x}\right)=\frac{uy^z(y^z-1)}{x^2},$$

$$\frac{\partial^2 u}{\partial y^2}=z\ln x\left[y^{z-1}\frac{\partial u}{\partial y}+(z-1)y^{z-2}u\right]$$
$$=uzy^{z-2}\ln x(zy^z\ln x+z-1),$$

$$\frac{\partial^2 u}{\partial z^2}=\left(y^z\frac{\partial u}{\partial z}+uy^z\ln y\right)\ln x\ln y$$
$$=uy^z\ln x\ln^2 y(1+y^z\ln x),$$

$$\frac{\partial^2 u}{\partial x\partial y}=\frac{1}{x}\left(y^z\frac{\partial u}{\partial y}+uzy^{z-1}\right)=\frac{uzy^{z-1}(y^z\ln x+1)}{x},$$

$$\frac{\partial^2 u}{\partial y\partial z}=\left(y^{z-1}u+uzy^{z-1}\ln y+zy^{z-1}\frac{\partial u}{\partial z}\right)\ln x$$

$$= uy^{z-1}\ln x[1 + z\ln y(1 + y^z\ln x)],$$

$$\frac{\partial^2 u}{\partial z\partial x} = y^z\ln y\left(\frac{\partial u}{\partial x}\ln x + \frac{u}{x}\right) = \frac{uy^z\ln y(y^z\ln x + 1)}{x}$$

$$(x>0,\ y>0).$$

【3229】 设(1) $u = x^2 - 2xy - 3y^2$； (2) $u = x^{y^2}$；

(3) $u = \arccos\sqrt{\frac{x}{y}}$，验证等式

$$\frac{\partial^2 u}{\partial x\partial y} = \frac{\partial^2 u}{\partial y\partial x}.$$

证 (1) $\frac{\partial u}{\partial x} = 2x - 2y$， $\frac{\partial u}{\partial y} = -2x - 6y$，

$$\frac{\partial^2 u}{\partial x\partial y} = -2,\quad \frac{\partial^2 u}{\partial y\partial x} = -2,$$

于是，$\frac{\partial^2 u}{\partial x\partial y} = \frac{\partial^2 u}{\partial y\partial x}$.

(2) $\frac{\partial u}{\partial x} = y^2x^{y^2-1}$， $\frac{\partial u}{\partial y} = 2yx^{y^2}\ln x \quad (x>0)$，

$$\frac{\partial^2 u}{\partial x\partial y} = 2yx^{y^2-1} + 2y^3x^{y^2-1}\ln x,$$

$$\frac{\partial^2 u}{\partial y\partial x} = 2y^3x^{y^2-1}\ln x + 2yx^{y^2-1},$$

于是，$\frac{\partial^2 u}{\partial x\partial y} = \frac{\partial^2 u}{\partial y\partial x}$.

(3) 当 $0<x\leqslant y$ 时，我们有

$$u = \arccos\sqrt{\frac{x}{y}} = \arccos\frac{\sqrt{x}}{\sqrt{y}}.$$

$$\frac{\partial u}{\partial x} = -\frac{1}{\sqrt{1-\frac{x}{y}}}\cdot\frac{1}{2\sqrt{x}\sqrt{y}} = -\frac{1}{2\sqrt{x(y-x)}},$$

$$\frac{\partial u}{\partial y} = -\frac{1}{\sqrt{1-\frac{x}{y}}}\left(-\frac{\sqrt{x}}{2y^{\frac{3}{2}}}\right) = \frac{\sqrt{x}}{2\sqrt{y^2(y-x)}},$$

$$\frac{\partial^2 u}{\partial x\partial y}=\frac{1}{4\sqrt{x}(y-x)^{\frac{3}{2}}},$$

$$\frac{\partial^2 u}{\partial y\partial x}=\frac{1}{4\sqrt{x}\ \sqrt{y^2(y-x)}}+\frac{\sqrt{x}}{4y(y-x)^{\frac{3}{2}}}$$

$$=\frac{1}{4\sqrt{x}(y-x)^{\frac{3}{2}}},$$

于是，当 $0<x\leqslant y$ 时，有

$$\frac{\partial^2 u}{\partial x\partial y}=\frac{\partial^2 u}{\partial y\partial x}.$$

当 $y\leqslant x<0$ 时，$u=\arccos\frac{\sqrt{-x}}{\sqrt{-y}}$.

$$\frac{\partial u}{\partial x}=-\frac{1}{\sqrt{1-\frac{x}{y}}}\left(-\frac{1}{2\sqrt{-x}\ \sqrt{-y}}\right)=\frac{1}{2\sqrt{-x}\ \sqrt{x-y}},$$

$$\frac{\partial u}{\partial y}=-\frac{1}{\sqrt{1-\frac{x}{y}}}\left[\frac{\sqrt{-x}}{2(-y)^{\frac{3}{2}}}\right]=-\frac{\sqrt{-x}}{2\sqrt{xy^2-y^3}},$$

$$\frac{\partial^2 u}{\partial x\partial y}=\frac{1}{4\sqrt{-x}(x-y)^{\frac{3}{2}}},$$

$$\frac{\partial^2 u}{\partial y\partial x}=\frac{1}{4\sqrt{-x}\sqrt{xy^2-y^3}}+\frac{\sqrt{-x}}{4\sqrt{y^2}(x-y)^{\frac{3}{2}}}=\frac{1}{4\sqrt{-x}(x-y)^{\frac{3}{2}}},$$

于是，当 $y\leqslant x<0$ 时，也有

$$\frac{\partial^2 u}{\partial x\partial y}=\frac{\partial^2 u}{\partial y\partial x}.$$

仔细观察可以看到，在不同的区域上，一阶偏导数相差一个符号，但二阶混合偏导数却是相等的．

【3230】 设 $f(x,y)=xy\frac{x^2-y^2}{x^2+y^2}$，若 $x^2+y^2\neq 0$ 及 $f(0,0)=0$．证明：

$$f''_{xy}(0,0)\neq f''_{yx}(0,0).$$

证 由于

$$\lim_{x\to 0}\frac{f(x,y)-f(0,y)}{x}=\lim_{x\to 0}\frac{xy\dfrac{x^2-y^2}{x^2+y^2}-0}{x}=-y,$$

故 $f'_x(0,y)=-y$, 从而

$$f''_{xy}(0,0)=\frac{\mathrm{d}}{\mathrm{d}x}[f'_x(0,y)]\Big|_{y=0}=-1.$$

同法可求得 $f'_y(x,0)=x$,从而

$$f''_{yx}(0,0)=\frac{\mathrm{d}}{\mathrm{d}x}[f'_y(x,0)]\Big|_{x=0}=1.$$

于是,$f''_{xy}(0,0)\neq f''_{yx}(0,0)$.

【3231】 设 $u=f(x,y,z)$为 n 次齐次函数,就下列各题验证关于齐次函数的尤拉定理:

(1) $u=(x-2y+3z)^2$; (2) $u=\dfrac{x}{\sqrt{x^2+y^2+z^2}}$;

(3) $u=\left(\dfrac{x}{y}\right)^{\frac{y}{z}}$

证 关于 n 次齐次函数的尤拉定理如下:

设 n 次齐次函数 $f(x,y,z)$* 在域 A 中关于所有变数均有连续偏导函数,则下述等式成立

$$xf'_x(x,y,z)+yf'_y(x,y,z)+zf'_z(x,y,z)=nf(x,y,z).$$

(1)由于$(tx-2ty+3tz)^2=t^2u$,故 u 为二次齐次函数. 又因

$$\frac{\partial u}{\partial x}=2(x-2y+3z),\quad \frac{\partial u}{\partial y}=-4(x-2y+3z),$$

* 为了书写的简便,在这里我们仅限于讨论三个变量的情形.

$$\frac{\partial u}{\partial z}=6(x-2y+3z),$$

故得

$$x\frac{\partial u}{\partial x}+y\frac{\partial u}{\partial y}+z\frac{\partial u}{\partial z}$$
$$=(x-2y+3z)(2x-4y+6z)=2u,$$

即函数 u 满足尤拉定理．

(2) 由于对任何的 $t>0$,

$$\frac{tx}{\sqrt{(tx)^2+(ty)^2+(tz)^2}}=\frac{x}{\sqrt{x^2+y^2+z^2}}=t^0\cdot u,$$

故 u 为零次齐次函数．又因

$$\frac{\partial u}{\partial x}=\frac{y^2+z^2}{(x^2+y^2+z^2)^{\frac{3}{2}}},\quad \frac{\partial u}{\partial y}=-\frac{xy}{(x^2+y^2+z^2)^{\frac{3}{2}}},$$

$$\frac{\partial u}{\partial z}=-\frac{xz}{(x^2+y^2+z^2)^{\frac{3}{2}}},$$

故得

$$x\frac{\partial u}{\partial x}+y\frac{\partial u}{\partial y}+z\frac{\partial u}{\partial z}$$
$$=\frac{1}{(x^2+y^2+z^2)^{\frac{3}{2}}}(xy^2+xz^2-xy^2-xz^2)=0\cdot u,$$

即函数 u 满足尤拉定理．

(3)由于

$$\left(\frac{tx}{ty}\right)^{\frac{ty}{tz}}=\left(\frac{x}{y}\right)^{\frac{y}{z}}=t^0\cdot u\quad(t>0),$$

故函数 u 为零次齐次函数．又因

$$\frac{\partial u}{\partial x}=\frac{1}{y}\cdot\frac{y}{z}\left(\frac{x}{y}\right)^{\frac{y}{z}-1}=\frac{yu}{xz},$$

$$\frac{\partial u}{\partial y}=\left(e^{\frac{y}{z}\ln\frac{x}{y}}\right)'_y=\left(\frac{x}{y}\right)^{\frac{y}{z}}\left[\frac{1}{z}\ln\frac{x}{y}-\frac{y}{z}\frac{1}{y}\right]$$
$$=\frac{u}{z}\left(\ln\frac{x}{y}-1\right),$$
$$\frac{\partial u}{\partial z}=\left(\frac{x}{y}\right)^{\frac{y}{z}}\ln\frac{x}{y}\left(-\frac{y}{z^2}\right)=-\frac{yu}{z^2}\ln\frac{x}{y},$$

故得

$$x\frac{\partial u}{\partial x}+y\frac{\partial u}{\partial y}+z\frac{\partial u}{\partial z}$$
$$=x\frac{yu}{xz}+y\frac{u}{z}\left(\ln\frac{x}{y}-1\right)-z\frac{yu}{z^2}\ln\frac{x}{y}=0\cdot u,$$

即函数 u 满足尤拉定理.

【3232】 证明:若可微函数 $u=f(x,y,z)$满足方程式

$$x\frac{\partial u}{\partial x}+y\frac{\partial u}{\partial y}+z\frac{\partial u}{\partial z}=nu,$$

则它为 n 次齐次函数.

证 任意固定域中一点(x_0,y_0,z_0),考察下面 t 的函数($t>0$):

$$F(t)=\frac{f(tx_0,ty_0,tz_0)}{t^n},$$

它当 $t>0$ 时有定义且是可微的.应用复合函数的求导法则,对 t 求导数即得

$$F'(t)=\frac{1}{t^n}\{x_0f'_x(tx_0,ty_0,tz_0)+y_0f'_y(tx_0,ty_0,tz_0)$$
$$+z_0f'_z(tx_0,ty_0,tz_0)\}-\frac{n}{t^{n+1}}f(tx_0,ty_0,tz_0)$$
$$=\frac{1}{t^{n+1}}\{tx_0f'_x(tx_0,ty_0,tz_0)+ty_0f'_y(tx_0,ty_0,tz_0)$$
$$+tz_0f'_z(tx_0,ty_0,tz_0)-nf(tx_0,ty_0,tz_0)\},$$

由于

$$tx_0f'_x(tx_0, ty_0, tz_0) + ty_0f'_y(tx_0, ty_0, tz_0)$$
$$+ tz_0f'_z(tx_0, ty_0, tz_0) = nf(tx_0, ty_0, tz_0),$$

故

$$F'(t) = 0.$$

从而，当 $t>0$ 时，$F(t)=c$，其中 c 为常数．现在确定 c．为此，在定义 $F(t)$的等式中令 $t=1$，则得

$$c = f(x_0, y_0, z_0).$$

于是，

$$F(t) = \frac{f(tx_0, ty_0, tz_0)}{t^n} = f(x_0, y_0, z_0),$$

即

$$f(tx_0, ty_0, tz_0) = t^n f(x_0, y_0, z_0).$$

上式说明函数 $f(x, y, z)$为一个 n 次的齐次函数，这就是所要证明的．

【3233】 证明：若 $f(x, y, z)$是可微分的 n 次齐次函数，则其偏导函数$f'_x(x, y, z)$，$f'_y(x, y, z)$，$f'_z(x, y, z)$是$(n-1)$次的齐次函数．

证 由等式 $f(tx, ty, tz) = t^n f(x, y, z)$ 两端分别对 x, y, z 求偏导函数，则得

$$tf'_1(tx, ty, tz) = t^n f'_1(x, y, z),$$
$$tf'_2(tx, ty, tz) = t^n f'_2(x, y, z),$$
$$tf'_3(tx, ty, tz) = t^n f'_3(x, y, z).$$

其中 $f'_1(\cdot, \cdot, \cdot)$，$f'_2(\cdot, \cdot, \cdot)$，$f'_3(\cdot, \cdot, \cdot)$分别代表 $f(\cdot, \cdot, \cdot)$对第一个，第二个，第三个变量的偏导数．于是，

$$f'_1(tx, ty, tz) = t^{n-1} f'_1(x, y, z),$$

$$f'_2(tx,ty,tz)=t^{n-1}f'_2(x,y,z),$$

$$f'_3(tx,ty,tz)=t^{n-1}f'_3(x,y,z),$$

即偏导函数 $f'_x(x,y,z)$, $f'_y(x,y,z)$及 $f'_z(x,y,z)$均为$(n-1)$次的齐次函数.

【3234】 设 $u=f(x,y,z)$是可微分两次的 n 次齐次函数.证明:

$$\left(x\frac{\partial}{\partial x}+y\frac{\partial}{\partial y}+z\frac{\partial}{\partial z}\right)^2 u=n(n-1)u.$$

证 由 3233 题知:$\frac{\partial u}{\partial x}$, $\frac{\partial u}{\partial y}$及$\frac{\partial u}{\partial z}$均为$(n-1)$次齐次函数.应用尤拉定理,即得

$$\left(x\frac{\partial}{\partial x}+y\frac{\partial}{\partial y}+z\frac{\partial}{\partial z}\right)\frac{\partial u}{\partial x}=(n-1)\frac{\partial u}{\partial x},\tag{1}$$

$$\left(x\frac{\partial}{\partial x}+y\frac{\partial}{\partial y}+z\frac{\partial}{\partial z}\right)\frac{\partial u}{\partial y}=(n-1)\frac{\partial u}{\partial y},\tag{2}$$

$$\left(x\frac{\partial}{\partial x}+y\frac{\partial}{\partial y}+z\frac{\partial}{\partial z}\right)\frac{\partial u}{\partial z}=(n-1)\frac{\partial u}{\partial z}.\tag{3}$$

将(1)式两端乘以 x,(2)式两端乘以 y,(3)式两端乘以 z,然后相加,即得

$$\begin{aligned}&\left(x\frac{\partial}{\partial x}+y\frac{\partial}{\partial y}+z\frac{\partial}{\partial z}\right)^2 u\\&=(n-1)\left(x\frac{\partial u}{\partial x}+y\frac{\partial u}{\partial y}+z\frac{\partial u}{\partial z}\right)=n(n-1)u,\end{aligned}$$

这就是所要证明的等式.

求下列函数的一阶和二阶微分(x,y,z 为自变数):

【3235】 $u=x^my^n$.

解 $\mathrm{d}u=x^{m-1}y^{n-1}(my\mathrm{d}x+nx\mathrm{d}y)$,

$\mathrm{d}^2u=m(m-1)x^{m-2}y^n\mathrm{d}x^2+2mnx^{m-1}y^{n-1}\mathrm{d}x\mathrm{d}y$

$$+n(n-1)x^m y^{n-2}\mathrm{d}y^2$$
$$=x^{m-2}y^{n-2}[m(m-1)y^2\mathrm{d}x^2+2mnxy\mathrm{d}x\mathrm{d}y+n(n-1)x^2\mathrm{d}y^2].$$

【3236】 $u=\dfrac{x}{y}$.

解 $\mathrm{d}u=\dfrac{y\mathrm{d}x-x\mathrm{d}y}{y^2}$,

$$\mathrm{d}^2u=\frac{y^2(\mathrm{d}x\mathrm{d}y-\mathrm{d}x\mathrm{d}y)-2y\mathrm{d}y(y\mathrm{d}x-x\mathrm{d}y)}{y^4}=-\frac{2}{y^3}(y\mathrm{d}x-x\mathrm{d}y)\mathrm{d}y.$$

【3237】 $u=\sqrt{x^2+y^2}$.

解 $\mathrm{d}u=\dfrac{x\mathrm{d}x+y\mathrm{d}y}{\sqrt{x^2+y^2}}$,

$$\mathrm{d}^2u=\frac{\mathrm{d}(x\mathrm{d}x+y\mathrm{d}y)}{\sqrt{x^2+y^2}}+(x\mathrm{d}x+y\mathrm{d}y)\mathrm{d}\left(\frac{1}{\sqrt{x^2+y^2}}\right)$$
$$=\frac{\mathrm{d}x^2+\mathrm{d}y^2}{\sqrt{x^2+y^2}}-\frac{(x\mathrm{d}x+y\mathrm{d}y)^2}{(x^2+y^2)^{\frac{3}{2}}}=\frac{(y\mathrm{d}x-x\mathrm{d}y)^2}{(x^2+y^2)^{\frac{3}{2}}}.$$

【3238】 $u=\ln\sqrt{x^2+y^2}$.

解 $\mathrm{d}u=\dfrac{x\mathrm{d}x+y\mathrm{d}y}{x^2+y^2}$,

$$\mathrm{d}^2u=\frac{\mathrm{d}(x\mathrm{d}x+y\mathrm{d}y)}{x^2+y^2}-\frac{2(x\mathrm{d}x+y\mathrm{d}y)^2}{(x^2+y^2)^2}$$
$$=\frac{\mathrm{d}x^2+\mathrm{d}y^2}{x^2+y^2}-\frac{2(x\mathrm{d}x+y\mathrm{d}y)^2}{(x^2+y^2)^2}$$
$$=\frac{(y^2-x^2)(\mathrm{d}x^2-\mathrm{d}y^2)-4xy\mathrm{d}x\mathrm{d}y}{(x^2+y^2)^2}.$$

【3239】 $u=\mathrm{e}^{xy}$.

解 $\mathrm{d}u=\mathrm{e}^{xy}(y\mathrm{d}x+x\mathrm{d}y)$,

$$d^2u = e^{xy}[(ydx + xdy)^2 + 2dxdy]$$
$$= e^{xy}[y^2dx^2 + 2(1 + xy)dxdy + x^2dy^2].$$

【3240】 $u = xy + yz + zx$.

解 $du = (y + z)dx + (z + x)dy + (x + y)dz$,

$$d^2u = 2(dxdy + dydz + dzdx).$$

【3241】 $u = \dfrac{z}{x^2 + y^2}$.

解 $$du = -\frac{2z}{(x^2 + y^2)^2}(xdx + ydy) + \frac{dz}{x^2 + y^2}$$
$$= \frac{(x^2 + y^2)dz - 2z(xdx + ydy)}{(x^2 + y^2)^2},$$

$$d^2u = \frac{1}{(x^2 + y^2)^4}\{(x^2 + y^2)^2[2(xdx + ydy)dz - 2(xdx + ydy)dz - 2z(dx^2 + dy^2)] - 4(x^2 + y^2)(xdx + ydy)[(x^2 + y^2)dz - 2z(xdx + ydy)]\}$$

$$= \frac{1}{(x^2 + y^2)^3}\{2z[(3x^2 - y^2)dx^2 + 8xydxdy + (3y^2 - x^2)dy^2] - 4(x^2 + y^2)(xdx + ydy)dz\}.$$

【3242】 设 $f(x, y, z) = \sqrt[z]{\dfrac{x}{y}}$，求 $df(1,1,1)$ 及 $d^2f(1,1,1)$.

解 本题将采用分别先求一阶及二阶偏导函数，然后再合成以求一阶及二阶微分的方法.由于

$$f'_x(x,1,1) = 1, \quad f'_x(1,1,1) = 1,$$

$$f'_y(1,y,1) = -\frac{1}{y^2}, \quad f'_y(1,1,1) = -1,$$

$$f'_z(1,1,z) = 0, \quad f'_z(1,1,1) = 0,$$

故得

$$df(1,1,1) = f'_x(1,1,1)dx + f'_y(1,1,1)dy$$

$$+f'_z(1,1,1)\mathrm{d}z=\mathrm{d}x-\mathrm{d}y.$$

又因

$$f'_x(x,1,1)=1,\quad f''_{xx}(x,1,1)=0,\quad f''_{xx}(1,1,1)=0,$$

$$f'_x(1,y,1)=\frac{1}{y},\ f''_{xy}(1,y,1)=-\frac{1}{y^2},\ f''_{xy}(1,1,1)=-1,$$

$$f'_x(1,1,z)=\frac{1}{z},\ f''_{xz}(1,1,z)=-\frac{1}{z^2},\ f''_{xz}(1,1,1)=-1,$$

$$f'_y(1,y,1)=-\frac{1}{y^2},\quad f''_{yy}(1,y,1)=\frac{2}{y^3},\quad f''_{yy}(1,1,1)=2,$$

$$f'_y(1,1,z)=-\frac{1}{z},\quad f''_{yz}(1,1,z)=\frac{1}{z^2},\quad f''_{yz}(1,1,1)=1,$$

$$f'_z(1,1,z)=0,\quad f''_{zz}(1,1,z)=0,\quad f''_{zz}(1,1,1)=0,$$

故得

$$\mathrm{d}^2f(1,1,1)=f''_{xx}(1,1,1)\mathrm{d}x^2+f''_{yy}(1,1,1)\mathrm{d}y^2+f''_{zz}(1,1,1)\mathrm{d}z^2$$
$$+2f''_{xy}(1,1,1)\mathrm{d}x\mathrm{d}y+2f''_{yz}(1,1,1)\mathrm{d}y\mathrm{d}z+2f''_{xz}(1,1,1)\mathrm{d}x\mathrm{d}z$$
$$=2\mathrm{d}y^2-2\mathrm{d}x\mathrm{d}y+2\mathrm{d}y\mathrm{d}z-2\mathrm{d}x\mathrm{d}z=2(\mathrm{d}y-\mathrm{d}x)(\mathrm{d}y+\mathrm{d}z).$$

【3243】 证明：若

$$u=\sqrt{x^2+y^2+z^2},$$

则 $\mathrm{d}^2u\geqslant 0$.

证 $\mathrm{d}u=\dfrac{x\mathrm{d}x+y\mathrm{d}y+z\mathrm{d}z}{u}$,

$$\mathrm{d}^2u=\frac{1}{u^2}[u(\mathrm{d}x^2+\mathrm{d}y^2+\mathrm{d}z^2)-(x\mathrm{d}x+y\mathrm{d}y+z\mathrm{d}z)\mathrm{d}u]$$
$$=\frac{1}{u^3}[(x\mathrm{d}y-y\mathrm{d}x)^2+(y\mathrm{d}z-z\mathrm{d}y)^2+(z\mathrm{d}x-x\mathrm{d}z)^2].$$

由于 $u>0$(在原点处 $\mathrm{d}u$ 不存在)，故 $\mathrm{d}^2u\geqslant 0$.

【3244】 假定 x,y 的绝对值甚小，对下列各式推出近似公式：

(1) $(1+x)^m(1+y)^n$； (2) $\ln(1+x)\cdot\ln(1+y)$；

(3) $\arctan\dfrac{x+y}{1+xy}$.

解 (1) 设 $f(x,y)=(1+x)^m(1+y)^n$,则

$$f'_x(x,0)=m(1+x)^{m-1},\quad f'_x(0,0)=m,$$

$$f'_y(0,y)=n(1+y)^{n-1},\quad f'_y(0,0)=n.$$

于是,

$$f(x,y)\approx f(0,0)+f'_x(0,0)x+f'_y(0,0)y$$

$$=1+mx+ny,$$

即有近似公式 $(1+x)^m(1+y)^n\approx 1+mx+ny$.

(2) 设 $f(x,y)=\ln(1+x)\cdot\ln(1+y)$,则

$$f'_x(x,0)=0,\quad f'_x(0,0)=0,$$

$$f'_y(0,y)=0,\quad f'_y(0,0)=0,$$

$$f''_{xx}(x,0)=0,\quad f''_{xx}(0,0)=0,$$

$$f''_{yy}(0,y)=0,\quad f''_{yy}(0,0)=0,$$

$$f'_x(0,y)=\ln(1+y),\quad f''_{xy}(0,y)=\frac{1}{1+y},\quad f''_{xy}(0,0)=1.$$

于是,

$$f(x,y)\approx f(0,0)+f'_x(0,0)x+f'_y(0,0)y$$

$$+\frac{1}{2!}[f''_{xx}(0,0)x^2+2f''_{xy}(0,0)xy+f''_{yy}(0,0)y^2]$$

$$=xy,$$

即有近似公式

$$\ln(1+x)\cdot\ln(1+y)\approx xy.$$

本题如不用求偏导函数的方法,也可直接获解:

$$\ln(1+x)\cdot\ln(1+y)=[x+o(x)]\,[y+o(y)]\approx xy.$$

(3) 设 $f(x,y)=\arctan\dfrac{x+y}{1+xy}$,则

$$f'_x(x,0)=\frac{1}{1+x^2},\quad f'_x(0,0)=1,$$

$$f'_y(0,y)-\frac{1}{1+y^2},\quad f'_y(0,0)=1.$$

于是,

$$f(x,y)\approx f(0,0)+f'_x(0,0)x+f'_y(0,0)y=x+y,$$

即有近似公式 $\arctan\frac{x+y}{1+xy}\approx x+y$.

【3245】 用微分来代替函数的增量,近似地计算:

(1) $1.002\times2.003^2\times3.004^3$; (2) $\frac{1.03^2}{\sqrt[3]{0.98\sqrt[4]{1.05^3}}}$;

(3) $\sqrt{1.02^3+1.97^3}$; (4) $\sin29^\circ\tan46^\circ$;

(5) $0.97^{1.05}$.

解 (1) 设 $f(x,y,z)=(1+x)^m(1+y)^n(1+z)^l$, 则当 $|x|,|y|,|z|$甚小时,有近似公式(参阅 3244(1))

$$f(x,y,z)\approx1+mx+ny+lz.$$

利用上式即得

$$\begin{aligned}&1.002\times2.003^2\times3.004^3\\&=(1+0.002)\ 2^2\cdot\left(1+\frac{0.003}{2}\right)^2\ 3^3\cdot\left(1+\frac{0.004}{3}\right)^3\\&\approx1\cdot2^2\cdot3^3\left(1+0.002+2\ \frac{0.003}{2}+3\ \frac{0.004}{3}\right)\\&=108.972;\end{aligned}$$

(2) $$\begin{aligned}&\frac{1.03^2}{\sqrt[3]{0.98\sqrt[4]{1.05^3}}}\\&=(1+0.03)^2(1-0.02)^{-\frac{1}{3}}(1+0.05)^{-\frac{1}{4}}\\&\approx1+2\times0.03+\left(-\frac{1}{3}\right)(-0.02)+\left(-\frac{1}{4}\right)0.05\end{aligned}$$

≈ 1.054;

(3) $\sqrt{1.02^3+1.97^3}=(1.97)^{\frac{3}{2}}\left[1+\left(\frac{1.02}{1.97}\right)^3\right]^{\frac{1}{2}}$

$=2^{\frac{3}{2}}\left(1-\frac{0.03}{2}\right)^{\frac{3}{2}}\left[1+\left(\frac{1.02}{1.97}\right)^3\right]^{\frac{1}{2}}$

$\approx 2^{\frac{3}{2}}\left[1+\frac{3}{2}\left(-\frac{0.03}{2}\right)+\frac{1}{2}\left(\frac{1.02}{1.97}\right)^3\right]$

≈ 2.958;

(4) 设 $f(x,y)=\sin x\tan y$,则有近似公式

$$f(x,y)\approx\sin x_0\tan y_0+\cos x_0\tan y_0(x-x_0)+\frac{\sin x_0}{\cos^2 y_0}(y-y_0).$$

在本题中,令 $x_0=\frac{\pi}{6}$, $y_0=\frac{\pi}{4}$, $x-x_0=-\frac{\pi}{180}$, $y-y_0=\frac{\pi}{180}$,即得

$$\sin 29^\circ\tan 46^\circ\approx\sin\frac{\pi}{6}\tan\frac{\pi}{4}+\cos\frac{\pi}{6}\tan\frac{\pi}{4}\left(-\frac{\pi}{180}\right)$$

$$+\frac{\sin\frac{\pi}{6}}{\cos^2\frac{\pi}{4}}\left(\frac{\pi}{180}\right)\approx 0.502;$$

(5) 设 $f(x,y)=x^y$,由于

$$f'_x(1,1)=\frac{\mathrm{d}}{\mathrm{d}x}f(x,1)\Big|_{x=1}=1,$$

$$f'_y(1,1)=\frac{\mathrm{d}}{\mathrm{d}y}f(1,y)\Big|_{y=1}=0,$$

于是,$x^y\approx x$.所以,我们有 $0.97^{1.05}\approx 0.97$.

【3246】 设矩形的边 $x=6$(m)和 $y=8$(m),若第一个边增加 2(mm),而第二个边减少 5(mm),问矩形的对角线和面积变化多少?

解 面积 $A=xy$,对角线 $l=\sqrt{x^2+y^2}$.于是,

$$\Delta A \approx y\mathrm{d}x + x\mathrm{d}y, \quad \Delta l \approx \frac{x\mathrm{d}x + y\mathrm{d}y}{\sqrt{x^2+y^2}}.$$

以 $x=6000$, $y=8000$, $\mathrm{d}x=2$, $\mathrm{d}y=-5$ 代入上述二式,即得

$$\Delta A \approx 8000\cdot 2 + 6000(-5) = -14000(\mathrm{mm}^2) = -140(\mathrm{cm}^2),$$

$$\Delta l \approx \frac{6000\cdot 2 + 8000(-5)}{\sqrt{6000^2+8000^2}} \approx -2.8(\mathrm{mm}),$$

即对角线减少约 3(mm),面积减少约 140(cm^2).

【3247】 扇形的中心角 $\alpha=60°$ 增加 $\Delta\alpha=1°$. 为了使扇形的面积仍然不变,则应当把扇形的半径 $R=20$(cm)减少若干?

解 扇形的面积 $A=\frac{1}{2}R^2\alpha$. 于是,

$$\Delta A \approx \mathrm{d}A = R\alpha\mathrm{d}R + \frac{1}{2}R^2\mathrm{d}\alpha.$$

按题设,应有 $\Delta A=0$,即

$$20\ \frac{\pi}{3}\mathrm{d}R + \frac{1}{2}\ 20^2\ \frac{\pi}{180} \approx 0.$$

解之,得

$$\mathrm{d}R \approx -\frac{1}{6}(\mathrm{cm}) \approx -1.7(\mathrm{mm}),$$

即应当使半径减少约 1.7(mm).

【3248】 证明乘积的相对误差近似地等于乘数的相对误差的和.

证 设 $u=xy$,则 $\mathrm{d}u = x\mathrm{d}y + y\mathrm{d}x$,从而

$$\frac{\mathrm{d}u}{u} = \frac{\mathrm{d}x}{x} + \frac{\mathrm{d}y}{y}.$$

取绝对值,得

$$\left|\frac{\mathrm{d}u}{u}\right| \leqslant \left|\frac{\mathrm{d}x}{x}\right| + \left|\frac{\mathrm{d}y}{y}\right|,$$

上式各项均表示该量的相对误差,本题获证.

【3249】 当测量圆柱的底半径 R 和高 H 时所得的结果如下:

$$R=2.5\text{m}\pm0.1\text{m};\quad H=4.0\text{m}\pm0.2\text{m},$$

则计算出圆柱的体积可有怎样的绝对误差 Δ 和相对误差 δ?

解 体积 $V=\pi R^2H$.于是,

$$\Delta V\approx \mathrm{d}V=2\pi RH\mathrm{d}R+\pi R^2\mathrm{d}H.$$

以 $R=2.5$, $H=4.0$, $\mathrm{d}R=0.1$, $\mathrm{d}H=0.2$ 代入上式,即得

$$\Delta V\approx10.2\text{m}^3,\qquad \delta V=\left|\frac{\Delta V}{V}\right|\approx13\%.$$

【3250】 三角形的边 $a=200\text{m}\pm2\text{m}$, $b=300\text{m}\pm5\text{m}$,它们之间的角 $C=60^\circ\pm1^\circ$,则所计算出三角形的第三边 c 可有怎样的绝对误差?

解 按余弦定律,有

$$c^2=a^2+b^2-2ab\cos C,$$

微分之,即得

$$c\,\mathrm{d}c=a\,\mathrm{d}a+b\,\mathrm{d}b-b\cos C\,\mathrm{d}a-a\cos C\,\mathrm{d}b+ab\sin C\,\mathrm{d}C.$$

以 $a=200$, $b=300$, $c=\sqrt{200^2+300^2-2\cdot200\cdot300\cos60^\circ}$, $C=\frac{\pi}{3}$, $\mathrm{d}a=2$, $\mathrm{d}b=5$, $\mathrm{d}C=\frac{\pi}{180}$ 代入上式,即得

$$\mathrm{d}c\approx7.6\text{m}$$

故第三边 c 之绝对误差约为 7.6m.

【3251】 证明:在点(0,0)连续的函数

$$f(x,y)=\sqrt{|xy|}$$

于点(0,0)有两个偏导函数 $f'_x(0,0)$ 和 $f'_y(0,0)$,但在点(0,0)并非可微分的.

说明导函数 $f'_x(x,y)$ 和 $f'_y(x,y)$ 在点(0,0)的邻域中的性质.

解 $f'_x(0,0)=\frac{\mathrm{d}}{\mathrm{d}x}[f(x,0)]\Big|_{x=0}=0,$

$f'_y(0,0)=\frac{\mathrm{d}}{\mathrm{d}y}[f(0,y)]\Big|_{y=0}=0.$

考察极限

$$\lim_{\rho\to+0}\frac{f(x,y)-f(0,0)-f'_x(0,0)x-f'_y(0,0)y}{\rho}$$

$$=\lim_{\rho\to+0}\frac{\sqrt{|xy|}}{\sqrt{x^2+y^2}},$$

当动点 (x,y) 沿直线 $y=kx$ 趋于点(0,0)时，显然对不同的 k 有不同的极限值 $\frac{\sqrt{|k|}}{\sqrt{1+k^2}}$. 因此，上述极限不存在，即在点(0,0)，

$$f(x,y)-f(0,0)-f'_x(0,0)x-f'_y(0,0)y$$

不能表成 $o(\rho)$，其中 $\rho=\sqrt{x^2+y^2}$，故知 $\sqrt{|xy|}$ 在点(0,0)不可微分.

不难得到

$$f'_x(x,y)=\begin{cases}\frac{\sqrt{|xy|}}{2x}, & x\neq 0,\\ 0, & x^2+y^2=0,\\ \text{无意义}, & x=0,\ y\neq 0.\end{cases}$$

因此，$f'_x(x,y)$ 在点(0,0)的任何邻域中均有无意义之点及无界，$f'_y(x,y)$ 的性质类似.

【3252】 证明：函数

$$f(x,y)=\frac{xy}{\sqrt{x^2+y^2}},$$

若 $x^2+y^2\neq 0$ 及 $f(0,0)=0$，于点 $(0,0)$ 的邻域中连续且有有界的偏导函数 $f'_x(x,y)$ 和 $f'_y(x,y)$，但此函数于点 $(0,0)$ 不能微分.

证 函数 $f(x,y)$ 在 $x^2+y^2\neq 0$ 的点显然是连续的.由不等式

$$|f(x,y)|=\left|\frac{xy}{\sqrt{x^2+y^2}}\right|\leqslant\frac{x^2+y^2}{2\sqrt{x^2+y^2}}=\frac{\sqrt{x^2+y^2}}{2}$$

知

$$\lim_{\substack{x\to 0\\ y\to 0}}f(x,y)=0=f(0,0),$$

故 $f(x,y)$ 在点 $(0,0)$ 的邻域中连续.

$$f'_x(x,y)=\begin{cases}\dfrac{y^3}{(x^2+y^2)^{\frac{3}{2}}}, & x^2+y^2\neq 0,\\ 0, & x^2+y^2=0.\end{cases}$$

当 $x^2+y^2\neq 0$ 时，由于

$$|f'_x(x,y)|\leqslant\frac{|y^3|}{(y^2)^{\frac{3}{2}}}=1,$$

故 $f'_x(x,y)$ 在点 $(0,0)$ 的邻域内有界.同法可以证明 $f'_y(x,y)$ 在点 $(0,0)$ 的邻域内有界.

由于 $f'_x(0,0)=f'_y(0,0)=0$，且极限

$$\lim_{\rho\to+0}\frac{f(x,y)-f(0,0)-xf'_x(0,0)-yf'_y(0,0)}{\rho}=\lim_{\rho\to+0}\frac{xy}{x^2+y^2}$$

是不存在的，因此可知函数 $f(x,y)$ 在点 $(0,0)$ 不可微分.

【3253】 证明：函数

$$f(x,y)=(x^2+y^2)\sin\frac{1}{x^2+y^2}$$

若 $x^2+y^2\neq 0$ 和 $f(0,0)=0$ 于点(0,0)的邻域中有偏导函数 $f'_x(x,y)$和 $f'_y(x,y)$，这些偏导函数于点(0,0)是不连续的且在此点的任何邻域中是无界的；然而此函数于点(0,0)可微分．

证 当 $x^2+y^2\neq 0$ 时，$f'_x(x,y)$及 $f'_y(x,y)$均存在，且

$$f'_x(x,y)=2x\sin\frac{1}{x^2+y^2}-\frac{2x}{x^2+y^2}\cos\frac{1}{x^2+y^2},$$

$$f'_y(x,y)=2y\sin\frac{1}{x^2+y^2}-\frac{2y}{x^2+y^2}\cos\frac{1}{x^2+y^2},$$

又因

$$f'_x(0,0)=\lim_{x\to 0}\frac{f(x,0)-f(0,0)}{x}=\lim_{x\to 0}x\sin\frac{1}{x^2}=0,$$

$$f'_y(0,0)=\lim_{y\to 0}\frac{f(0,y)-f(0,0)}{y}=\lim_{y\to 0}y\sin\frac{1}{y^2}=0,$$

故知在点(0,0)的邻域内有偏导函数 $f'_x(x,y)$及 $f'_y(x,y)$．

考虑在点$\left(\frac{1}{\sqrt{2n\pi}},0\right)$的偏导函数 $f'_x(x,y)$

$$f'_x\left(\frac{1}{\sqrt{2n\pi}},0\right)=\frac{2}{\sqrt{2n\pi}}\sin 2n\pi-2\sqrt{2n\pi}\cos 2n\pi$$

$$=-2\sqrt{2n\pi}\to-\infty\quad(n\to\infty),$$

因此，$f'_x(x,y)$在点(0,0)的任何邻域内无界，由此又知 $f'_x(x,y)$在点(0,0)不连续．同法可证 $f'_y(x,y)$在(0,0)的任何邻域中也无界，从而 $f'_y(x,y)$在点(0,0)也不连续．

最后，我们证明 $f(x,y)$在点(0,0)可微分．事实上 $f'_x(0,0)=f'_y(0,0)=0$，且

$$\lim_{\rho\to 0}\frac{f(x,y)-f(0,0)-xf'_x(0,0)-yf'_y(0,0)}{\rho}$$

$$=\lim_{\rho\to 0}\sqrt{x^2+y^2}\,\sin\frac{1}{x^2+y^2}=0,$$

故得

$$f(x,y)=f(0,0)+xf'_x(0,0)+yf'_y(0,0)+o(\rho),$$

即函数 $f(x,y)$在点$(0,0)$可微分.

【3254】 证明:于某凸形的域 E 内有有界偏导函数$f'_x(x,y)$和 $f'_y(x,y)$的函数 $f(x,y)$于域 E 内一致连续.

证 由于$f'_x(x,y)$及$f'_y(x,y)$在 E 内有界,故存在 $L>0$,使当$(x,y)\in E$ 时,恒有

$$|f'_x(x,y)|\leqslant\frac{L}{2},$$

及
$$|f'_y(x,y)|\leqslant\frac{L}{2}.$$

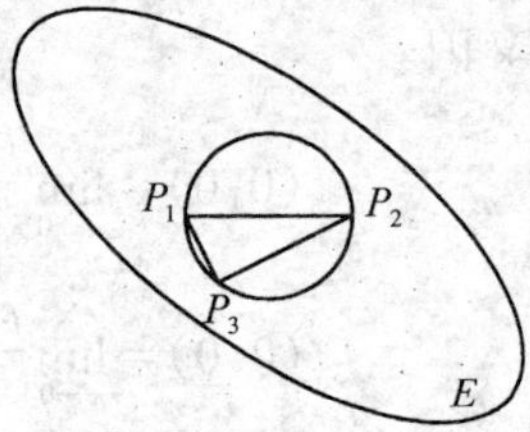

图 6.25

在 E 内任取两点$P_1(x_1,y_1)$及$P_2(x_2,y_2)$.

(1)如果以$|P_1P_2|$为直径的圆(包括圆周在内)都属于 E(图 6.25),则点 $P_3(x_1,x_2)$及线段 P_1P_3、P_2P_3 都在 E 内.于是,

$$\begin{aligned}&|f(x_1,y_1)-f(x_2,y_2)|\\ \leqslant&|f(x_1,y_1)-f(x_1,y_2)|+|f(x_1,y_2)-f(x_2,y_2)|\\ =&|f'_y(x_1,\xi)|\cdot|y_1-y_2|+|f'_x(\eta,y_2)|\cdot|x_1-x_2|,\end{aligned}$$

其中 ξ 介于y_1,y_2之间,η 介于x_1,x_2之间.由偏导函数的有界性,即得

$$|f(x_1,y_1)-f(x_2,y_2)|\leqslant\frac{L}{2}|y_1-y_2|+\frac{L}{2}|x_1-x_2|$$

$$\leqslant\frac{L}{2}\sqrt{(x_1-x_2)^2+(y_1-y_2)^2}+\frac{L}{2}\sqrt{(x_1-x_2)^2+(y_1-y_2)^2}$$

$$=L\sqrt{(x_1-x_2)^2+(y_1,y_2)^2},$$

或 $|f(P_1)-f(P_2)|\leqslant L|P_2P_2|$.

(2)如图 6.26 所示, $P_1\in E$, $P_2\in E$, 但点(x_1, y_2)和(x_2, y_1)都不一定属于 E. 由于 P_1 和 P_2 均为 E 的内点, 故存在 $R>0$, 使得分别以 P_1, P_2 为圆心, R 为半径的圆(包括圆周在内)都在 E 内. 作两圆的外公切线 Q_1Q_4 及 Q_2Q_3, 则由切点均在 E 内知, 矩形 $Q_1Q_2Q_3Q_4$ 整个落在 E 内.

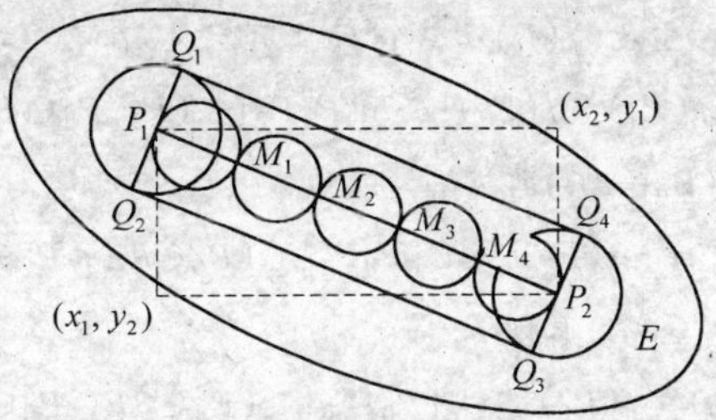

图 6.26

不难看出, 在直线段 P_1P_2 上可取足够多的分点: $P_1=M_0$, $M_1, M_2, \cdots, M_n=P_2$, 使

$$|M_{k-1}M_k|<2R \quad (k=1,2,\cdots,n),$$

则以$|M_{k-1}M_k|$为直径的圆全落在矩形内, 从而也在 E 内. 于是,

$$\begin{aligned}|f(P_1)-f(P_2)| &\leqslant \sum_{k=1}^{n}|f(M_k)-f(M_{k-1})| \\ &\leqslant \sum_{k=1}^{n}L|M_kM_{k-1}|=L\sum_{k=1}^{n}|M_kM_{k-1}| \\ &=L|P_1P_2|.\end{aligned}$$

这就证明了对 E 中任意两点, 函数 $f(P)$满足里普什兹条件.

对于任给的 $\varepsilon>0$, 取 $\delta=\frac{\varepsilon}{L}$, 则当 $P_1\in E$, $P_2\in E$, 且$|P_1P_2|<\delta$时, 就恒有

$$|f(P_1)-f(P_2)|\leqslant L|P_1P_2|<L\delta=\varepsilon$$

即函数 $f(x,y)$在 E 中一致连续.

注 用∂E 表区域E 的边界,$\overline{E}$ 表 E 加上∂E 所成的闭区域.在本题的假定下,还可证明 $f(x,y)$可开拓为 $\overline{E}$ 上的一致连续函数.事实上,对∂E 上任一点P_0,由柯西收敛准则知,当点 P 从E 内趋于P_0 时,$f(P)$的极限 A 存在(根据 $f(P)$在 E 有一致连续性易知它满足柯西收敛准则).我们规定 $f(P_0)=A$.于是,$f(P)$在整个 $\overline{E}$ 上有定义.在不等式

$$|f(P_1)-f(P_2)|\leqslant L|P_1P_2|\quad (P_1,P_2\in E)$$

两端让 $P_1\to P_0(P_0\in\partial E)$取极限,得

$$|f(P_0)-f(P_2)|\leqslant L|P_0P_2|\quad (P_0\in\partial E,\ P_2\in E),$$

再让 $P_2\to P_0'(P_0'\in\partial E)$取极限,得

$$|f(P_0)-f(P_0')|\leqslant L|P_0P'_0|\quad (P_0\in\partial E,\ P_0'\in\partial E).$$

由此可知,$f(P)$在 $\overline{E}$ 上满足里普什兹条件,从而,$f(P)$在 $\overline{E}$ 上一致连续.

【3255】 证明:若函数 $f(x,y)$对变数 x 是连续的(对每一个固定的值 y)且有对变数 y 的有界的导函数$f_y'(x,y)$,则此函数对变数 x 和 y 的总体是连续的.

证 设 $P_0(x_0,y_0)$是所论的开域 E 中任一点.取以 P_0 为中心的一个充分小的开球 G_0,使 G_0 完全含于 E 内.设在 G_0 内,有$|f_y'(x,y)|\leqslant L$.于是,当(x,y'),(x,y'')属于 G_0 时,有

$$|f(x,y')-f(x,y'')|=|f_y'(x,\xi)|\cdot|y'-y''|\leqslant L|y'-y''|,$$

其中 ξ 为介于y',y''之间的一个数,故 $f(x,y)$在 G_0 中满足里普什兹条件.因此,根据 3206 题的结果知 $f(x,y)$在 G_0 中连续,特别是在 P_0 点连续.由 P_0 点的任意性,即知 $f(x,y)$在 E 内连续,证毕.

注 从证明过程中很明显,本题只要假定 $f_y'(x,y)$在 E 中每一点的某邻域中有界即可.

在下列问题中求所指出的偏导函数：

【3256】 $\frac{\partial^4 u}{\partial x^4}$，$\frac{\partial^4 u}{\partial x^3 \partial y}$，$\frac{\partial^4 u}{\partial x^2 \partial y^2}$，若

$$u=x-y+x^2+2xy+y^2+x^3-3x^2y-y^3+x^4-4x^2y^2+y^4.$$

解 $\frac{\partial^2 u}{\partial x^2}=2+6x-6y+12x^2-8y^2$，　$\frac{\partial^3 u}{\partial x^3}=6+24x$.

于是，　$\frac{\partial^4 u}{\partial x^4}=24$，　$\frac{\partial^4 u}{\partial x^3 \partial y}=0$，　$\frac{\partial^4 u}{\partial x^2 \partial y^2}=-16$.

【3257】 $\frac{\partial^3 u}{\partial x^2 \partial y}$，若 $u=x\ln(xy)$.

解 $\frac{\partial u}{\partial x}=\ln(xy)+1$，　$\frac{\partial^2 u}{\partial x^2}=\frac{1}{x}$.

于是，$\frac{\partial^3 u}{\partial x^2 \partial y}=0$.

【3258】 $\frac{\partial^6 u}{\partial x^3 \partial y^3}$，若 $u=x^3\sin y+y^3\sin x$.

解 $\frac{\partial^3 u}{\partial x^3}=6\sin y+y^3\sin\left(x+\frac{3\pi}{2}\right)=6\sin y-y^3\cos x$.

于是，$\frac{\partial^6 u}{\partial x^3 \partial y^3}=6\sin\left(y+\frac{3\pi}{2}\right)-6\cos x=-6(\cos y+\cos x)$.

【3259】 $\frac{\partial^3 u}{\partial x \partial y \partial z}$，若 $u=\arctan\frac{x+y+z-xyz}{1-xy-xz-yz}$.

解 注意到

$$u=\arctan x+\arctan y+\arctan z+\varepsilon\pi \quad (\varepsilon=0, \pm 1),$$

即得 $\frac{\partial^3 u}{\partial x \partial y \partial z}=0$.

【3260】 $\frac{\partial^3 u}{\partial x \partial y \partial z}$，若 $u=e^{xyz}$.

解 $\frac{\partial u}{\partial x}=yze^{xyz}$，　$\frac{\partial^2 u}{\partial x \partial y}=ze^{xyz}+xyz^2e^{xyz}$. 于是，

$$\frac{\partial^3 u}{\partial x \partial y \partial z}=e^{xyz}+xyze^{xyz}+2xyze^{xyz}+x^2y^2z^2e^{xyz}$$

$$=\mathrm{e}^{xyz}(1+3xyz+x^2y^2z^2).$$

【3261】 $\dfrac{\partial^4 u}{\partial x\partial y\partial\xi\partial\eta}$，若 $u=\ln\dfrac{1}{\sqrt{(x-\xi)^2+(y-\eta)^2}}$.

解 设 $r=\sqrt{(x-\xi)^2+(y-\eta)^2}$,则 $u=-\ln r$.

$$\frac{\partial u}{\partial x}=-\frac{1}{r}\frac{\partial r}{\partial x}=-\frac{x-\xi}{r^2},$$

$$\frac{\partial^2 u}{\partial x\partial y}=\frac{2(x-\xi)(y-\eta)}{r^4},$$

$$\frac{\partial^3 u}{\partial x\partial y\partial\xi}=-\frac{2(y-\eta)}{r^4}+\frac{8(x-\xi)^2(y-\eta)}{r^6}.$$

于是,

$$\frac{\partial^4 u}{\partial x\partial y\partial\xi\partial\eta}=\frac{2}{r^4}-\frac{8(y-\eta)^2}{r^6}-\frac{8(x-\xi)^2}{r^6}+\frac{48(x-\xi)^2(y-\eta)^2}{r^8}$$

$$=-\frac{6}{r^4}+\frac{48(x-\xi)^2(y-\eta)^2}{r^8}.$$

【3262】 $\dfrac{\partial^{p+q}u}{\partial x^p\partial y^q}$，若 $u=(x-x_0)^p(y-y_0)^q$.

解 $\dfrac{\partial^p u}{\partial x^q}=p!\ (y-y_0)^q$. 于是,

$$\frac{\partial^{p+q}u}{\partial x^p\partial y^q}=p!\,q!\quad(p,q\text{ 均为自然数}).$$

【3263】 $\dfrac{\partial^{m+n}u}{\partial x^m\partial y^n}$，若 $u=\dfrac{x+y}{x-y}$.

解 $u=1+\dfrac{2y}{x-y}$，$\dfrac{\partial^m u}{\partial x^m}=(-1)^m m!\dfrac{2y}{(x-y)^{m+1}}$. 利用求高阶导数的莱布尼兹公式,即得

$$\frac{\partial^{m+n}u}{\partial x^m\partial y^n}=(-1)^m\cdot 2(m!)\left\{y\frac{\partial^n}{\partial y^n}\left[\frac{1}{(x-y)^{m+1}}\right]\right.$$

$$\left.+C_n^1\frac{\partial}{\partial y}(y)\cdot\frac{\partial^{n-1}}{\partial y^{n-1}}\left[\frac{1}{(x-y)^{m+1}}\right]\right\}$$

$$=2(-1)^m m!\left\{\frac{(m+1)(m+2)\cdots(m+n)y}{(x-y)^{m+n+1}}+\frac{n(m+1)(m+2)\cdots(m+n-1)}{(x-y)^{m+n}}\right\}$$

$$=\frac{2\cdot(-1)^m(m+n-1)!(nx+my)}{(x-y)^{m+n+1}}.$$

【3264】 $\dfrac{\partial^{m+n}u}{\partial x^m\partial y^n}$，若 $u=(x^2+y^2)e^{x+y}$.

解 $u=(x^2+y^2)e^{x+y}=x^2e^xe^y+y^2e^ye^x=u_1+u_2$.

显见$\dfrac{\partial^m u_2}{\partial x^m}=e^xy^2e^y$，利用求高阶导数的莱布尼兹公式，即得

$$\frac{\partial^{m+n}u_2}{\partial x^m\partial y^n}=\frac{\partial^n}{\partial y^n}\left(\frac{\partial^m u_2}{\partial x^m}\right)=\frac{\partial^n}{\partial y^n}(e^xy^2e^y)=e^x\frac{\partial^n}{\partial y^n}(y^2)e^y$$

$$=e^x\left\{y^2\frac{\partial^n}{\partial y^n}(e^y)+C_n^1\frac{\partial}{\partial y}(y^2)\frac{\partial^{n-1}}{\partial y^{n-1}}(e^y)+C_n^2\frac{\partial^2}{\partial y^2}(y^2)\frac{\partial^{n-2}}{\partial y^{n-2}}(e^y)\right\}$$

$$=e^{x+y}\{y^2+2ny+n(n-1)\}.$$

同法可求得

$$\frac{\partial^{m+n}u_1}{\partial x^m\partial y^n}=e^{x+y}\{x^2+2mx+m(m-1)\}.$$

于是，

$$\frac{\partial^{m+n}u}{\partial x^m\partial y^n}=\frac{\partial^{m+n}u_1}{\partial x^m\partial y^n}+\frac{\partial^{m+n}u_2}{\partial x^m\partial y^n}$$

$$=e^{x+y}[x^2+y^2+2mx+2ny+m(m-1)+n(n-1)].$$

【3265】$^+$ $\dfrac{\partial^{p+q+r}u}{\partial x^p\partial y^q\partial z^r}$，若 $u=xyze^{x+y+z}$.

解 $\dfrac{\partial^{p+q+r}u}{\partial x^p\partial y^q\partial z^r}=\dfrac{\partial^{p+q+r}u}{\partial x^p\partial y^q\partial z^r}(xe^xye^yze^z)$

$$=\frac{\partial^p}{\partial x^p}(xe^x)\cdot\frac{\partial^q}{\partial y^q}(ye^y)\cdot\frac{\partial^r}{\partial z^r}(ze^z)$$

$$=e^x(x+p)\cdot e^y(y+q)\cdot e^z(z+r)$$

$$=e^{x+y+z}(x+p)(y+q)(z+r).$$

【3266】 若 $f(x,y)=e^x\sin y$，求 $f_{x^my^n}^{(m+n)}(0,0)$.

解 $f_{x^my^n}^{(m+n)}(0,0)=e^x\sin\left(y+\dfrac{n\pi}{2}\right)\Bigg|_{\substack{x=0\\y=0}}=\sin\dfrac{n\pi}{2}$.

【3267】 证明：若 $u=f(xyz)$，则 $\dfrac{\partial^3 u}{\partial x\partial y\partial z}=F(t)$，式中 $t=xyz$，并求函数 F.

解 $\dfrac{\partial u}{\partial x}=yzf'(t)$，$\quad\dfrac{\partial^2 u}{\partial x\partial y}=yzf''(t)xz+zf'(t)$.

于是，

$$\begin{aligned}\frac{\partial^3 u}{\partial x\partial y\partial z}&=x^2y^2z^2f'''(t)+2xyzf''(t)+f'(t)+xyzf''(t)\\&=x^2y^2z^2f'''(t)+3xyzf''(t)+f'(t)\\&=t^2f'''(t)+3tf''(t)+f'(t)=F(t).\end{aligned}$$

【3268】 设 $u=x^4-2x^3y-2xy^3+y^4+x^3-3x^2y-3xy^2+y^3+2x^2-xy+2y^2+x+y+1$，求 d^4u.

导函数 $\dfrac{\partial^4 u}{\partial x^4}$，$\dfrac{\partial^4 u}{\partial x^3\partial y}$，$\dfrac{\partial^4 u}{\partial x^2\partial y^2}$，$\dfrac{\partial^4 u}{\partial x\partial y^3}$ 和 $\dfrac{\partial^4 u}{\partial y^4}$ 等于什么？

解
$$\begin{aligned}d^4u&=24dx^4-2C_4^1d^3(x^3)dy-2C_4^1dx\,d^3(y^3)+24dy^4\\&=24(dx^4-2dx^3dy-2dxdy^3+dy^4).\end{aligned}$$

由 $d^4u=(dx\dfrac{\partial}{\partial x}+dy\dfrac{\partial}{\partial y})^4u$，得

$$\frac{\partial^4 u}{\partial x^4}=24,\quad\frac{\partial^4 u}{\partial x^3\partial y}=-12,\quad\frac{\partial^4 u}{\partial x^2\partial y^2}=0,$$

$$\frac{\partial^4 u}{\partial x\partial y^3}=-12,\quad\frac{\partial^4 u}{\partial y^4}=24.$$

在下列各题中求所得出的阶的全微分：

【3269】 d^3u，若 $u=x^3+y^3-3xy(x-y)$.

解 $d^3u=6(dx^3+dy^3-3dx^2dy+3dxdy^2)$.

【3270】 d^3u 若 $u=\sin(x^2+y^2)$.

解
$$du=2x\cos(x^2+y^2)dx+2y\cos(x^2+y^2)dy$$
$$=2(xdx+ydy)\cos(x^2+y^2)$$
$$d^2u=-4\sin(x^2+y^2)(xdx+ydy)^2$$
$$+2\cos(x^2+y^2)(dx^2+dy^2).$$

于是，

$$d^3u=-8\cos(x^2+y^2)(xdx+ydy)^3$$
$$-8\sin(x^2+y^2)(xdx+ydy)(dx^2+dy^2)$$
$$-4\sin(x^2+y^2)(xdx+ydy)(dx^2+dy^2)$$
$$=-8(xdx+ydy)^3\cos(x^2+y^2)$$
$$-12(xdx+ydy)(dx^2+dy^2)\sin(x^2+y^2).$$

【3271】 $d^{10}u$，若 $u=\ln(x+y)$.

解 $du=\dfrac{dx+dy}{x+y}$. 于是，

$$d^{10}u=-\frac{9!(dx+dy)^{10}}{(x+y)^{10}}.$$

【3272】 d^6u，若 $u=\cos x\,\text{ch}y$.

解
$$d^6u=\left(dx\frac{\partial}{\partial x}+dy\frac{\partial}{\partial y}\right)^6u$$
$$=-\cos x\,\text{ch}y\,dx^6-6\sin x\,\text{sh}y\,dx^5dy$$
$$+15\cos x\,\text{ch}y\,dx^4dy^2+20\sin x\,\text{sh}y\,dx^3dy^3$$
$$-15\cos x\,\text{ch}y\,dx^2dy^4-6\sin x\,\text{sh}y\,dxdy^5+\cos x\,\text{ch}y\,dy^6$$
$$=-(dx^6-15dx^4dy^2+15dx^2dy^4-dy^6)\cos x\,\text{ch}y$$
$$-2dxdy(3dx^4-10dx^2dy^2+3dy^4)\sin x\,\text{sh}y.$$

【3273】 d^3u，若 $u=xyz$.

解 注意到 $d^2x=d^2y=d^2z=0$，即得

$$d^3u = d^3(xyz) = C_3^1 dx\, d^2(yz) = 3dx(C_2^1 dy dz) = 6dx dy dz.$$

【3274】 d^4u，若 $u = \ln(x^x y^y z^z)$.

解 由于 $u = x\ln x + y\ln y + z\ln z$,故

$$d^4u = (x\ln x)^{(4)}dx^4 + (y\ln y)^{(4)}dy^4 + (z\ln z)^{(4)}dz^4$$
$$= 2\left(\frac{dx^4}{x^3} + \frac{dy^4}{y^3} + \frac{dz^4}{z^3}\right).$$

【3275】 d^nu，若 $u = e^{ax+by}$.

解 注意到 $d^2(ax+by)=0$,即得

$$d^nu = d^n(e^{ax+by}) = e^{ax+by}[d(ax+by)]^n$$
$$= e^{ax+by}(a\,dx + b\,dy)^n.$$

【3276】 d^nu，若 $u = X(x)Y(y)$.

解 $$d^nu = \sum_{k=0}^{n} C_n^k d^{n-k}X(x)d^kY(y)$$
$$= \sum_{k=0}^{n} C_n^k X^{(n-k)}(x)Y^{(k)}(y)dx^{n-k}dy^k.$$

【3277】 d^nu，若 $u = f(x+y+z)$.

解 注意到 $d^2(x+y+z)=0$,即得

$$d^nu = f^{(n)}(x+y+z)(dx+dy+dz)^n.$$

【3278】 d^nu，若 $u = e^{ax+by+cz}$.

解 注意到 $d^2(ax+by+cz)=0$,即得

$$d^nu = e^{ax+by+cz}(a\,dx + b\,dy + c\,dz)^n.$$

【3279】 $P_n(x,y,z)$为 n 次齐次多项式.证明：

$$d^nP_n(x,y,z) = n!\,P_n(dx,dy,dz).$$

证 $P_n(x,y,z)$可表示为形如 $Ax^py^qz^r$ 的单项式之和,其中 A 为常数,p、q、r 为非负整数,且 $p+q+r=n$.

由于微分运算对加法及乘以常数是线性的(可交换的),因

此要证

$$d^nP_n(x,y,z)=n!\,P_n(dx,dy,dz),$$

只要证明 $d^n(x^py^qz^r)=n!\,dx^pdy^qdz^r$ 就可以了 . 事实上,

$$d^n(x^py^qz^r)=C_n^{p+q}d^{p+q}(x^py^q)d^r(z^r)$$

$$=\frac{n!}{r!(p+q)}[C_{p+q}^{p}d^p(x^p)d^q(y^q)d^r(z^r)]$$

$$=\frac{n!}{r!(p+q)}\cdot\frac{(p+q)!}{p!\,q!}\ p!\,q!\,r!\,dx^pdy^qdz^r$$

$$=n!\,dx^pdy^qdz^r.$$

【3280】 设:

$$Au=x\frac{\partial u}{\partial x}+y\frac{\partial u}{\partial y}.$$

求 Au 和 $A^2u=A(Au)$,若

(1) $u=\dfrac{x}{x^2+y^2}$; (2) $u=\ln\sqrt{x^2+y^2}$.

解 (1) $\dfrac{\partial u}{\partial x}=\dfrac{y^2-x^2}{(x^2+y^2)^2}$, $\dfrac{\partial u}{\partial y}=-\dfrac{2xy}{(x^2+y^2)^2}$. 于是,

$$Au=\frac{x(y^2-x^2)}{(x^2+y^2)^2}-\frac{2xy^2}{(x^2+y^2)^2}=-\frac{x}{x^2+y^2}=-u,$$

$$A^2u=A(Au)=A(-u)=-Au=u.$$

(2) $\dfrac{\partial u}{\partial x}=\dfrac{x}{x^2+y^2}$, $\dfrac{\partial u}{\partial y}=\dfrac{y}{x^2+y^2}$. 于是,

$$Au=\frac{x^2}{x^2+y^2}+\frac{y^2}{x^2+y^2}=1,\quad A^2u=A(Au)=0.$$

【3281】 设:

$$\Delta u=\frac{\partial^2u}{\partial x^2}+\frac{\partial^2u}{\partial y^2}.$$

求 Δu,若(1) $u=\sin x\,\mathrm{ch}\,y$; (2) $u=\ln\sqrt{x^2+y^2}$.

解 (1) $\frac{\partial^2 u}{\partial x^2}=-\sin x\,\mathrm{ch}y$, $\frac{\partial^2 u}{\partial y^2}=\sin x\,\mathrm{ch}y$. 于是,

$$\Delta u=-\sin\mathrm{ch}y+\sin x\,\mathrm{ch}y=0.$$

(2) $\frac{\partial u}{\partial x}=\frac{x}{x^2+y^2}$, $\frac{\partial^2 u}{\partial x^2}=\frac{y^2-x^2}{(x^2+y^2)^2}$, 由对称性知

$$\frac{\partial^2 u}{\partial y^2}=\frac{x^2-y^2}{(x^2+y^2)^2}.$$

于是, $$\Delta u=\frac{y^2-x^2}{(x^2+y^2)^2}+\frac{x^2-y^2}{(x^2+y^2)}=0.$$

【3282】 设: $\Delta_1 u=\left(\frac{\partial u}{\partial x}\right)^2+\left(\frac{\partial u}{\partial y}\right)^2+\left(\frac{\partial u}{\partial z}\right)^2$

及

$$\Delta_2 u=\frac{\partial^2 u}{\partial x^2}+\frac{\partial^2 u}{\partial y^2}+\frac{\partial^2 u}{\partial z^2}.$$

求 $\Delta_1 u$ 和 $\Delta_2 u$, 若

(1) $u=x^3+y^3+z^3-3xyz$; (2) $u=\frac{1}{\sqrt{x^2+y^2+z^2}}$.

解 (1) $\Delta_1 u=9[(x^2-yz)^2+(y^2-zx)^2+(z^2-xy)^2]$,

$$\Delta_2 u=6(x+y+z).$$

(2) 令 $r=\sqrt{x^2+y^2+z^2}$, 则 $u=\frac{1}{r}$.

$$\frac{\partial u}{\partial x}=-\frac{1}{r^2}\frac{\partial r}{\partial x}=-\frac{x}{r^3},$$

$$\frac{\partial^2 u}{\partial x^2}=-\frac{1}{r^3}+\frac{3x}{r^4}\frac{\partial r}{\partial x}=-\frac{1}{r^3}+\frac{3x^2}{r^5}.$$

由对称性即知

$$\Delta_1 u=\frac{x^2+y^2+z^2}{r^6}=\frac{1}{r^4}=\frac{1}{(x^2+y^2+z^2)^2},$$

$$\Delta_2 u=\left(-\frac{1}{r^3}+\frac{3x^2}{r^5}\right)+\left(-\frac{1}{r^3}+\frac{3y^2}{r^5}\right)+\left(-\frac{1}{r^3}+\frac{3z^2}{r^5}\right)=0.$$

求下列复合函数的一阶和二阶导函数：

【3283】 $u=f(x^2+y^2+z^2)$.

解 $\frac{\partial u}{\partial x}=2xf'(x^2+y^2+z^2)$,

$$\frac{\partial^2 u}{\partial x^2}=2f'(x^2+y^2+z^2)+4x^2f''(x^2+y^2+z^2),$$

$$\frac{\partial^2 u}{\partial x\partial y}=4xyf''(x^2+y^2+z^2).$$

由对称性即知

$$\frac{\partial u}{\partial y}=2yf'(x^2+y^2+z^2),$$

$$\frac{\partial u}{\partial z}=2zf'(x^2+y^2+z^2),$$

$$\frac{\partial^2 u}{\partial y^2}=2f'(x^2+y^2+z^2)+4y^2f''(x^2+y^2+z^2),$$

$$\frac{\partial^2 u}{\partial z^2}=2f'(x^2+y^2+z^2)+4z^2f''(x^2+y^2+z^2),$$

$$\frac{\partial^2 u}{\partial y\partial z}=4yzf''(x^2+y^2+z^2),$$

$$\frac{\partial^2 u}{\partial z\partial x}=4xzf''(x^2+y^2+z^2).$$

【3284】 $u=f\left(x,\frac{x}{y}\right)$.

解 $\frac{\partial u}{\partial x}=f'_1\left(x,\frac{x}{y}\right)+\frac{1}{y}f'_2\left(x,\frac{x}{y}\right)$,

$$\frac{\partial u}{\partial y}=-\frac{x}{y^2}f'_2\left(x,\frac{x}{y}\right),$$

$$\frac{\partial^2 u}{\partial x^2}=f''_{11}\left(x,\frac{x}{y}\right)+\frac{2}{y}f''_{12}+\frac{1}{y^2}f''_{22}\left(x,\frac{x}{y}\right),$$

$$\frac{\partial^2 u}{\partial y^2}=\frac{2x}{y^3}f'_2\left(x,\frac{x}{y}\right)+\frac{x^2}{y^4}f''_{22}\left(x,\frac{x}{y}\right),$$

$$\frac{\partial^2 u}{\partial x\partial y}=-\frac{x}{y^2}f''_{12}\left(x,\frac{x}{y}\right)-\frac{1}{y^2}f'_2\left(x,\frac{x}{y}\right)$$

$$-\frac{x}{y^3}f''_{22}\left(x,\frac{x}{y}\right)^{*)}.$$

*) f'_1, f'_2, f''_{11}, f''_{22}均系按其下标的次序分别对第一、第二个中间变量求导函数，以下各题均同，不再说明.

【3285】 $u=f(x,xy,xyz)$.

解 $\frac{\partial u}{\partial x}=f'_1(x,xy,xyz)+yf'_2(x,xy,xyz)$

$+yzf'_3(x,xy,xyz)$.

将 $f'_1(x,xy,xyz)$, $f'_2(x,xy,xyz)$, $f'_3(x,xy,xyz)$，简记为 f'_1, f'_2, f'_3，以后不再说明. 于是，

$$\frac{\partial u}{\partial x}=f'_1+yf'_2+yzf'_3,\quad \frac{\partial u}{\partial y}=xf'_2+xzf'_3,\quad \frac{\partial u}{\partial z}=xyf'_3,$$

$$\frac{\partial^2 u}{\partial x^2}=f''_{11}+yf''_{12}+yzf''_{13}+y(f''_{21}+yf''_{22}+yzf''_{23})$$

$$+yz(f''_{31}+yf''_{32}+yzf''_{33}).$$

由于 $f''_{12}=f''_{21}$, $f''_{13}=f''_{31}$, $f''_{23}=f''_{32}$(以下各题均同)，故

$$\frac{\partial^2 u}{\partial x^2}=f''_{11}+y^2f''_{22}+y^2z^2f''_{33}+2yf''_{12}+2yzf''_{13}+2y^2zf''_{23}.$$

同法可求得

$$\frac{\partial^2 u}{\partial y^2}=x^2f''_{22}+x^2zf''_{23}+x^2zf''_{32}+x^2z^2f''_{33}$$

$$=x^2f''_{22}+2x^2zf''_{23}+x^2z^2f''_{33},$$

$$\frac{\partial^2 u}{\partial z^2}=x^2y^2f''_{33},$$

$$\frac{\partial^2 u}{\partial x\partial y}=xf''_{12}+xzf''_{13}+f'_2+xyf''_{22}+xyzf''_{23}$$

$$+zf'_3+xyzf''_{32}+xyz^2f''_{33}$$
$$=xyf''_{22}+xyz^2f''_{33}+xf''_{12}+xzf''_{13}$$
$$+2xyzf''_{23}+f'_2+zf'_3,$$

$$\frac{\partial^2 u}{\partial x\partial z}=xyf''_{13}+xy^2f''_{23}+xy^2zf''_{33}+yf'_3,$$

$$\frac{\partial^2 u}{\partial y\partial z}=x^2yf''_{23}+x^2yzf''_{33}+xf'_3.$$

【3286】 设 $u=f(x+y,xy)$,求$\frac{\partial^2 u}{\partial x\partial y}$.

解 $\frac{\partial u}{\partial x}=f'_1+yf'_2$. 于是,

$$\frac{\partial^2 u}{\partial x\partial y}=f''_{11}+xf''_{12}+yf''_{21}+xyf''_{22}+f'_2$$
$$=f''_{11}+(x+y)f''_{12}+xyf''_{22}+f'_2.$$

【3287】 设 $u=f(x+y+z,x^2+y^2+z^2)$,求

$$\Delta u=\frac{\partial^2 u}{\partial x^2}+\frac{\partial^2 u}{\partial y^2}+\frac{\partial^2 u}{\partial z^2}.$$

解 $\frac{\partial u}{\partial x}=f'_1+2xf'_2$,

$$\frac{\partial^2 u}{\partial x^2}=f''_{11}+2xf''_{12}+2f'_2+2xf''_{21}+4x^2f''_{22}$$
$$=f''_{11}+4xf''_{12}+4x^2f''_{22}+2f'_2.$$

由对称性即得

$$\frac{\partial^2 u}{\partial y^2}=f''_{11}+4yf''_{12}+4y^2f''_{22}+2f'_2,$$

$$\frac{\partial^2 u}{\partial z^2}=f''_{11}+4zf''_{12}+4z^2f''_{22}+2f'_2.$$

于是,

$$\Delta u=3f''_{11}+4(x+y+z)f''_{12}+4(x^2+y^2+z^2)f''_{22}+6f'_2.$$

求下列复合函数的一阶和二阶全微分(x,y 及 z 为自变量):

【3288】 $u=f(t)$，其中 $t=x+y$.

解 $du=f'(t)(dx+dy)$, $d^2u=f''(t)(dx+dy)^2$.

【3289】 $u=f(t)$，其中 $t=\frac{y}{x}$.

解 $du=f'(t)\frac{x dy-y dx}{x^2}$,

$$d^2u=f''(t)\frac{(x dy-y dx)^2}{x^4}-2f'(t)\frac{dx(x dy-y dx)}{x^3}.$$

【3290】 $u=f(\sqrt{x^2+y^2})$.

解 $du=f'\frac{x dx+y dy}{\sqrt{x^2+y^2}}$,

$$d^2u=f''\frac{(x dx+y dy)^2}{x^2+y^2}+f'\frac{(y dx-x dy)^2}{(x^2+y^2)^{\frac{3}{2}}}.$$

【3291】 $u=f(t)$，其中 $t=xyz$.

解 $du=f'(t)(yz dx+xz dy+xy dz)$,

$$d^2u=f''(t)(yz dx+xz dy+xy dz)^2+2f'(t)(z dx dy+y dx dz+x dy dz).$$

【3292】 $u=f(x^2+y^2+z^2)$.

解 $du=2f'\cdot(x dx+y dy+z dz)$,

$$d^2u=4f''\cdot(x dx+y dy+z dz)^2+2f'\cdot(dx^2+dy^2+dz^2).$$

【3293】 $u=f(\xi,\eta)$，其中 $\xi=ax$，$\eta=by$.

解 $du=af'_1 dx+bf'_2 dy$,

$$d^2u=a^2f''_{11}dx^2+2abf''_{12}dx dy+b^2f''_{22}dy^2.$$

【3294】 $u=f(\xi,\eta)$，其中 $\xi=x+y$，$\eta=x-y$.

解 $du=f'_1\cdot(dx+dy)+f'_2\cdot(dx-dy)$,

$$d^2u=f''_{11}\cdot(dx+dy)^2+2f''_{12}\cdot(dx^2-dy^2)+f''_{22}\cdot(dx-dy)^2.$$

【3295】 $u=f(\xi,\eta)$，其中 $\xi=xy$，$\eta=\dfrac{x}{y}$.

解 $du=f'_1\cdot(ydx+xdy)+f'_2\dfrac{ydx-xdy}{y^2}$，

$$d^2u=f''_{11}\cdot(ydx+xdy)^2+f''_{22}\frac{(ydx-xdy)^2}{y^4}+2f''_{12}\frac{y^2dx^2-x^2dy^2}{y^2}+2f'_1dxdy-2f'_2\frac{(ydx-xdy)dy}{y^3}.$$

【3296】 $u=f(x+y,z)$.

解 $du=f'_1\cdot(dx+dy)+f'_2dz$，

$$d^2u=f''_{11}\cdot(dx+dy)^2+2f''_{12}\cdot(dx+dy)dz+f''_{22}dz^2.$$

【3297】 $u=f(x+y+z,\ x^2+y^2+z^2)$.

解 $du=f'_1\cdot(dx+dy+dz)+2f''_2\cdot(xdx+ydy+zdz)$，

$$d^2u=f''_{11}\cdot(dx+dy+dz)^2+4f''_{12}\cdot(dx+dy+dz)\cdot(xdx+ydy+zdz)+4f''_{22}\cdot(xdx+ydy+zdz)^2+2f'_2\cdot(dx^2+dy^2+dz^2).$$

【3298】 $u=f\left(\dfrac{x}{y},\dfrac{y}{z}\right)$.

解 $du=f'_1\dfrac{ydx-xdy}{y^2}+f'_2\dfrac{zdy-ydz}{z^2}$，

$$d^2u=f''_{11}\frac{(ydx-xdy)^2}{y^4}+f''_{22}\frac{(zdy-ydz)^2}{z^4}+2f''_{12}\frac{(ydx-xdy)(zdy-ydz)}{y^2z^2}-2f'_1\frac{(ydx-xdy)dy}{y^3}-2f'_2\frac{(zdy-ydz)dz}{z^3}.$$

【3299】 $u=f(x,y,z)$，其中 $x=t$，$y=t^2$，$z=t^3$.

解 $du=(f_1'+2tf_2'+3t^2f_3')dt,$

$$d^2u=(f_{11}''+4t^2f_{22}''+9t^4f_{33}''+4tf_{12}''+6t^2f_{13}''+12^3f_{23}''+2f_2'+6tf_3')dt^2.$$

【3300】 $u=f(\xi,\eta,\zeta)$，其中 $\xi=ax$，$\eta=by$，$\zeta=cz$.

解 $du=af_1'dx+bf_2'dy+cf_3'dz,$

$$d^2u=a^2f_{11}''dx^2+b^2f_{22}''dy^2+c^2f_{33}''dz^2+2abf_{12}''dxdy+2acf_{13}''dxdz+2bcf_{23}''dydz.$$

【3301】 $u=f(\xi,\eta,\zeta)$，其中

$$\xi=x^2+y^2,\quad \eta=x^2-y^2,\quad \zeta=2xy.$$

解 $du=2f_1'\cdot(xdx+ydy)+2f_2'\cdot(xdx-ydy)+2f_3'\cdot(ydx+xdy),$

$$\begin{aligned}d^2u&=4f_{11}''\cdot(xdx+ydy)^2+4f_{22}''\cdot(xdx-ydy)^2\\&+4f_{33}''\cdot(ydx+xdy)^2+8f_{12}''\cdot(x^2dx^2-y^2dy^2)\\&+8f_{13}''\cdot(xdx+ydy)(ydx+xdy)\\&+8f_{23}''\cdot(xdx-ydy)(ydx+xdy)\\&+2f_1'\cdot(dx^2+dy^2)+2f_2'\cdot(dx^2-dy^2)\\&+4f_3'dxdy.\end{aligned}$$

求 d^nu，设：

【3302】 $u=f(ax+by+cz)$.

解 $d^nu=f^{(n)}(ax+by+cz)(adx+bdy+cdz)^n.$

【3303】 $u=f(ax,by,cz)$.

解 $d^nu=\left(adx\dfrac{\partial}{\partial\xi}+bdy\dfrac{\partial}{\partial\eta}+cdz\dfrac{\partial}{\partial\zeta}\right)^nf(\xi,\eta,\zeta)$，其中

$$\xi=ax,\quad \eta=by,\quad \zeta=cz.$$

【3304】 $u=f(\xi,\eta,\zeta)$，其中

$$\xi = a_1x + b_1y + c_1z, \qquad \eta = a_2x + b_2y + c_2z,$$

$$\zeta = a_3x + b_3y + c_3z.$$

解 $$d^n u = \left[(a_1dx + b_1dy + c_1dz)\frac{\partial}{\partial \xi} + (a_2dx + b_2dy + c_2dz)\frac{\partial}{\partial \eta} + (a_3dx + b_3dy + c_3dz)\frac{\partial}{\partial \zeta}\right]^n f(\xi, \eta, \zeta)$$

$$= \left[dx\left(a_1\frac{\partial}{\partial \xi} + a_2\frac{\partial}{\partial \eta} + a_3\frac{\partial}{\partial \zeta}\right) + dy\left(b_1\frac{\partial}{\partial \xi} + b_2\frac{\partial}{\partial \eta} + b_3\frac{\partial}{\partial \zeta}\right) + dz\left(c_1\frac{\partial}{\partial \xi} + c_2\frac{\partial}{\partial \eta} + c_3\frac{\partial}{\partial \zeta}\right)\right]^n f(\xi, \eta, \zeta).$$

【3305】 设 $u = f(r)$，其中 $r = \sqrt{x^2 + y^2 + z^2}$ 和 f 为可微分两次的函数．证明：

$$\Delta u = F(r),$$

其中 $\Delta u = \frac{\partial^2 u}{\partial x^2} + \frac{\partial^2 u}{\partial y^2} + \frac{\partial^2 u}{\partial z^2}$，$\Delta$ 为拉普拉斯算子，并求函数 F．

解 $$\frac{\partial u}{\partial x} = f'(r)\frac{x}{r},$$

$$\frac{\partial^2 u}{\partial x^2} = f''(r)\frac{x^2}{r^2} + f'(r)\frac{r^2 - x^2}{r^3}.$$

由对称性即得

$$\frac{\partial^2 u}{\partial y^2} = f''(r)\frac{y^2}{r^2} + f'(r)\frac{r^2 - y^2}{r^3},$$

$$\frac{\partial^2 u}{\partial z^2} = f''(r)\frac{z^2}{r^2} + f'(r)\frac{r^2 - z^2}{r^3}.$$

于是，

$$\Delta u = \frac{\partial^2 u}{\partial x^2} + \frac{\partial^2 u}{\partial y^2} + \frac{\partial^2 u}{\partial z^2} = f''(r) + 2f'(r)\frac{1}{r} = F(r).$$

【3306】 设 u 和 v 为可微分两次的函数而 Δ 为拉普拉斯算子（参阅 3305 题）．证明：

$$\Delta(uv)=u\Delta v+v\Delta u+2\Delta(u,v),$$

其中 $\Delta(u,v)=\frac{\partial u}{\partial x}\frac{\partial v}{\partial x}+\frac{\partial u}{\partial y}\frac{\partial v}{\partial y}+\frac{\partial u}{\partial z}\frac{\partial v}{\partial z}$.

证
$$\begin{aligned}\Delta(uv)&=\frac{\partial^2(uv)}{\partial x^2}+\frac{\partial^2(uv)}{\partial y^2}+\frac{\partial^2(uv)}{\partial z^2}\\&=\left(u\frac{\partial^2 v}{\partial x^2}+v\frac{\partial^2 u}{\partial x^2}+2\frac{\partial u}{\partial x}\frac{\partial v}{\partial x}\right)\\&\quad+\left(u\frac{\partial^2 v}{\partial y^2}+v\frac{\partial^2 u}{\partial y^2}+2\frac{\partial u}{\partial y}\frac{\partial v}{\partial y}\right)\\&\quad+\left(u\frac{\partial^2 v}{\partial z^2}+v\frac{\partial^2 u}{\partial z^2}+2\frac{\partial u}{\partial z}\frac{\partial v}{\partial z}\right)\\&=u\Delta v+v\Delta u+2\Delta(u,v),\end{aligned}$$

这就是所要证明的.

【3307】 证明:函数

$$u=\ln\sqrt{(x-a)^2+(y-b)^2}$$

(a 和 b 为常数)满足拉普拉斯方程

$$\frac{\partial^2 u}{\partial x^2}+\frac{\partial^2 u}{\partial y^2}=0.$$

证
$$\frac{\partial u}{\partial x}=\frac{x-a}{(x-a)+(y-b)^2},$$

$$\frac{\partial^2 u}{\partial x^2}=\frac{(y-b)^2-(x-a)^2}{[(x-a)^2+(y-b)^2]^2}.$$

由对称性即得

$$\frac{\partial^2 u}{\partial y^2}=\frac{(x-a)^2-(y-b)^2}{[(x-a)^2+(y-b)^2]^2}.$$

于是, $\frac{\partial^2 u}{\partial x^2}+\frac{\partial^2 u}{\partial y^2}=0$.

【3308】 证明:若函数 $u=u(x,y)$满足拉普拉斯方程(参阅 3307 题),则函数

$$v=u\left(\frac{x}{x^2+y^2},\frac{y}{x^2+y^2}\right)$$

也满足这方程.

证 设 $\xi=\dfrac{x}{x^2+y^2}$, $\eta=\dfrac{y}{x^2+y^2}$, 则 $v(x,y)=u(\xi,\eta)$.

从而

$$v''_{xx}=u''_{\xi\xi}\cdot(\xi'_x)^2+u''_{\eta\eta}\cdot(\eta'_x)^2+2u''_{\xi\eta}\xi'_x\eta'_x+u'_\xi\xi''_{xx}+u'_\eta\eta''_{xx},$$

$$v''_{yy}=u''_{\xi\xi}\cdot(\xi'_y)^2+u''_{\eta\eta}\cdot(\eta'_y)^2+2u''_{\xi\eta}\xi'_y\eta'_y+u'_\xi\xi''_{yy}+u'_\eta\eta''_{yy},$$

由于

$$\xi'_x=\frac{y^2-x^2}{(x^2+y^2)^2}=-\eta'_y,\quad \xi'_y=-\frac{2xy}{(x^2+y^2)^2}=\eta'_x,$$

$$\xi''_{yy}=(\xi'_y)'_y=(\eta'_x)'_y=(\eta'_y)'_x=-\xi''_{xx},$$

$$\eta''_{yy}=(\eta'_y)'_y=(-\xi'_x)'_y=-(\xi'_y)'_x=-\eta''_{xx}$$

及

$$u''_{\xi\xi}(\xi,\eta)+u''_{\eta\eta}(\xi,\eta)=0,$$

故

$$\begin{aligned}\Delta v&=v''_{xx}v''_{yy}=u''_{\xi\xi}\cdot(\xi'_x)^2+u''_{\eta\eta}\cdot(\eta'_x)^2+2u''_{\xi\eta}\xi'_x\eta'_x+u'_\xi\xi''_{xx}\\&\quad+u'_\eta\eta''_{xx}+u''_{\xi\xi}\cdot(\eta'_x)^2+u''_{\eta\eta}\cdot(-\xi'_x)^2+2u''_{\xi\eta}\eta'_x\cdot(-\xi'_x)^2\\&\quad+u'_\xi\cdot(-\xi''_{xx})+u'_\eta\cdot(-\eta''_{xx})\\&=(u''_{\xi\xi}+u''_{\eta\eta})[(\xi'_x)^2+(\eta'_x)^2]=0,\end{aligned}$$

即函数 v 也满足拉普拉斯方程.

【3309】 证明:函数

$$u=\frac{1}{2a\sqrt{\pi t}}\mathrm{e}^{-\frac{(x-b)^2}{4a^2t}}$$

(a 和 b 为常数)满足热传导方程

$$\frac{\partial u}{\partial t}=a^2\frac{\partial^2u}{\partial x^2}.$$

证 $\frac{\partial u}{\partial t}=\frac{1}{8a^3t^2\sqrt{\pi t}}\mathrm{e}^{-\frac{(x-b)^2}{4a^2t}}\cdot[(x-b)^2-2a^2t]$,

$$\frac{\partial u}{\partial x}=-\frac{x-b}{4a^3t\sqrt{\pi t}}\mathrm{e}^{-\frac{(x-b)^2}{4a^2t}},$$

$$\frac{\partial^2 u}{\partial x^2}=\frac{1}{8a^5t^2\sqrt{\pi t}}\mathrm{e}^{-\frac{(x-b)^2}{4a^2t}}\cdot[(x-b)^2-2a^2t].$$

将$\frac{\partial u}{\partial t}$与$\frac{\partial^2 u}{\partial x^2}$比较即得$\frac{\partial u}{\partial t}=a^2\frac{\partial^2 u}{\partial x^2}$,即函数 u 满足热传导方程.

【3310】 证明:若函数 $u=u(x,t)$满足热传导方程(参阅3309 题),则函数

$$v=\frac{1}{a\sqrt{t}}\mathrm{e}^{-\frac{x^2}{4a^2t}}\cdot u\left(\frac{x}{a^2t},-\frac{1}{a^4t}\right)\quad(t>0)$$

也满足该方程.

证 设 $w=w(x,t)=\frac{1}{a\sqrt{t}}\mathrm{e}^{-\frac{x^2}{4a^2t}}$,此函数即 3309 题中的函数 u 乘以 $2\sqrt{\pi}$,并令 $b=0$ 后得到.因此,它满足热传导方程

$$\frac{\partial w}{\partial t}=a^2\frac{\partial^2 w}{\partial x^2}.$$

显然有

$$\frac{\partial w}{\partial x}=-\frac{2x}{4a^2t}w=-\frac{xw}{2a^2t}.$$

令 $\xi=\xi(x,t)=\frac{x}{a^2t}$, $\eta=\eta(t)=-\frac{1}{a^4t}$,则

$$\xi'_x=\frac{1}{a^2t},\ \xi''_{xx}=0,\ \xi'_t=-\frac{x^2}{a^2t^2},\ \eta'_t=\frac{1}{a^4t^2}.$$

由于 $v=w(x,t)u(\xi,\eta)$及 $u'_\eta=a^2u''_{\xi\xi}$,故

$$v'_t=w'_tu+w\cdot(u'_\xi\xi'_t+u'_\eta\eta'_t)$$

$$= a^2 w''_{xx} u + w \cdot \left[u'_\xi \cdot \left(-\frac{x^2}{a^2 t^2} \right) + a^2 u''_{\xi\xi} \cdot \left(\frac{1}{a^4 t^2} \right) \right],$$

$$v'_x = w'_x u + w u'_\xi \xi'_x,$$

$$v''_{xx} = w''_{xx} u + 2 w'_x u'_\xi \xi'_x + w u''_{\xi\xi} \cdot (\xi'_x)^2 + w u'_\xi \xi''_{xx}$$

$$= w''_{xx} u + 2\left(-\frac{xw}{2a^2 t} \right) u'_\xi \left(\frac{x}{a^2 t} \right) + w u''_{\xi\xi} \left(\frac{1}{a^2 t} \right)^2$$

$$= w''_{xx} u - \frac{x^2 w}{a^4 t^2} u'_\xi + \frac{w}{a^4 t^2} u''_{\xi\xi}.$$

将 v'_t 与 v''_{xx} 比较即得 $v'_t = a^2 v''_{xx}$，即函数 v 也满足热传导方程.

【3311】 证明：函数

$$u = \frac{1}{r}$$

（式中 $r = \sqrt{(x-a)^2 + (y-b)^2 + (z-c)^2}$）当 $r \neq 0$ 时，满足拉普拉斯方程

$$\Delta u \equiv \frac{\partial^2 u}{\partial x^2} + \frac{\partial^2 u}{\partial y^2} + \frac{\partial^2 u}{\partial z^2} = 0.$$

证 本题证法与 3282 题(2)的证法完全类似，只要将该题中的 x, y, z 换成 $x-a$，$y-b$，$z-b$ 即可. 事实上，

$$\frac{\partial^2 u}{\partial x^2} = -\frac{1}{r^3} + \frac{3(x-a)^2}{r^5},$$

$$\frac{\partial^2 u}{\partial y^2} = -\frac{1}{r^3} + \frac{3(y-b)^2}{r^5},$$

$$\frac{\partial^2 u}{\partial z^2} = -\frac{1}{r^3} + \frac{3(z-c)^2}{r^5}.$$

将上述三式相加，即证得

$$\Delta\left(\frac{1}{r} \right) = 0.$$

【3312】 证明：若函数 $u = u(x, y, z)$ 满足拉普拉斯方程

(参阅 3311 题),则函数

$$v=\frac{1}{r}u\left(\frac{k^2x}{r^2},\frac{k^2y}{r^2},\frac{k^2z}{r^2}\right)$$

(式中 k 为常数及 $r=\sqrt{x^2+y^2+z^2}$)也满足该方程.

证 证法 1:

设 $S=S(x,y,z)=\frac{1}{r}$,则由 3282 题(2)知

$$\Delta S=S''_{xx}+S''_{yy}+S''_{zz}=0,$$

$$(S'_x)^2+(S'_y)^2+(S'_z)^2=\frac{1}{r^4}=S^4.$$

$$S'_x=-\frac{x}{r^3}=-S^3x,\quad S'_y=-S^3y,\quad S'_z=-S^3z.$$

记 $v=\frac{1}{r}u\left(\frac{k^2x}{r^2},\frac{k^2y}{r^2},\frac{k^2z}{r^2}\right)=Su(k^2S^2x,k^2S^2y,k^2S^2z)$

$$=Sw(x,y,z,S)=F(x,y,z,S).$$

于是,

$$v'_x=F'_x+F'_sS'_x.$$

注意到 F'_x 和 F'_s 也是自变量 x,y,z 和中间变量 S 的函数,即得

$$v''_{xx}=F''_{xx}+2F''_{xs}S'_x+F''_{ss}\cdot(S'_x)^2+F'_sS''_{xx}.$$

由对称性得

$$v''_{yy}=F''_{yy}+2F''_{ys}S'_y+F''_{ss}\cdot(S'_y)^2+F'_sS''_{yy},$$

$$v''_{zz}=F''_{zz}+2F''_{zs}S'_z+F''_{ss}\cdot(S'_z)^2+F'_sS''_{zz}.$$

于是,

$$\Delta v=(F''_{xx}+F''_{yy}+F''_{zz})+F'_s\cdot(S''_{xx}+S''_{yy}+S''_{zz})$$
$$+\{2(F''_{xs}S'_x+F''_{ys}S'_y+F''_{ys}S'_z)$$
$$+F''_{ss}\cdot[(S'_x)^2+(S'_y)^2+(S'_z)^2]\}.$$

显然第二个括弧为零,也不难验证第一个括弧为零.事实上,

$$F''_{xx}+F''_{yy}+F''_{zz}=k^4S^5\cdot(u''_{11}+u''_{22}+u''_{33})=0.$$

现在来计算最后一个括弧.注意到

$$\begin{aligned}Sw'_s&=2k^2S^2xu'_1+2k^2S^2yu'_2+2k^2S^2zu'_3\\&=2xw'_x+2yw'_y+2zw'_z,\end{aligned}$$

即得

$$\begin{aligned}&F''_{ss}\cdot[(S'_x)^2+(S'_y)^2+(S'_z)^2]=(Sw)''_{ss}S^4=(w+Sw'_s)'_sS^4\\&=(w+2xw'_x+2yw'_y+2zw'_z)'_zS^4\\&=S^4w'_s+2xS^4w''_{xs}+2yS^4w''_{ys}+2zS^4w''_{zs}.\end{aligned}\qquad(1)$$

而

$$\begin{aligned}&2(F''_{xs}S'_x+F''_{ys}S'_y+F''_{zs}S'_z)\\&=2(Sw)''_{xs}(-S^3x)+2(Sw)''_{ys}(-S^3y)+2(Sw)''_{zs}(-S^3z)\\&=-2S^3x\cdot(Sw'_x)'_s-2S^3y\cdot(Sw'_y)'_s-2S^3z\cdot(Sw'_z)'_s\\&=-2S^3x\cdot(w'_x+Sw''_{xs})-2S^3y\cdot(w'_y+Sw''_{ys})-2S^3z\cdot(w'_z+Sw''_{zs})\\&=-S^3\cdot(2xw'_x+2yw'_y+2zw'_z)-2xS^4w''_{xs}-2yS^4w''_{ys}-2zS^4w''_{zs}\\&=-S^4w'_s-2xS^4w''_{xs}-2yS^4w''_{ys}-2zS^4w''_{zs}.\end{aligned}\qquad(2)$$

比较(1)式和(2)式即知第三个括弧也为零.于是,最后证得

$$\Delta v=0$$

证法 2:

本题也可直接求出$\frac{\partial^2u}{\partial x^2}$、$\frac{\partial^2u}{\partial y^2}$、$\frac{\partial^2u}{\partial z^2}$,进而证得 $\Delta v=0$.事实上,设

$$\frac{k^2x}{r^2}=t_1,\quad\frac{k^2y}{r^2}=t_2,\quad\frac{k^2z}{r^2}=t_3,$$

利用 3306 题的结果即得

$$\Delta v=\frac{1}{r}\left[\frac{\partial^2(t_1,t_2,t_3)}{\partial x^2}+\frac{\partial^2u(t_1,t_2,t_3)}{\partial y^2}+\frac{\partial^2u(t_1,t_2,t_3)}{\partial z^2}\right]$$

$$+u(t_1,t_2,t_3)\Delta\left(\frac{1}{r}\right)+2\left[\frac{\partial u(t_1,t_2,t_3)}{\partial x}\frac{\partial\left(\frac{1}{r}\right)}{\partial x}\right.$$

$$\left.+\frac{\partial u(t_1,t_2,t_3)}{\partial y}\frac{\partial\left(\frac{1}{r}\right)}{\partial y}+\frac{\partial u(t_1,t_2,t_3)}{\partial z}\frac{\partial\left(\frac{1}{r}\right)}{\partial z}\right].\qquad(1)$$

为书写简便起见,记 $u(t_1,t_2,t_3)=u$.分别求 u 及$\frac{1}{r}$对 x、y、z 的一阶偏导函数

$$\frac{\partial u}{\partial x}=k^2\left[\frac{\partial u}{\partial t_1}\left(\frac{r^2-2x^2}{r^4}\right)+\frac{\partial u}{\partial t_2}\left(-\frac{2xy}{r^4}\right)+\frac{\partial u}{\partial t_3}\left(-\frac{2xz}{r^4}\right)\right],$$

$$\frac{\partial u}{\partial y}=k^2\left[\frac{\partial u}{\partial t_1}\left(-\frac{2xy}{r^4}\right)+\frac{\partial u}{\partial t_2}\left(\frac{r^2-2y^2}{r^4}\right)+\frac{\partial u}{\partial t_3}\left(-\frac{2yz}{r^4}\right)\right],$$

$$\frac{\partial u}{\partial z}=k^2\left[\frac{\partial u}{\partial t_1}\left(-\frac{2xz}{r^4}\right)+\frac{\partial u}{\partial t_2}\left(-\frac{2yz}{r^4}\right)+\frac{\partial u}{\partial t_3}\left(\frac{r^2-2z^2}{r^4}\right)\right];$$

$$\frac{\partial\left(\frac{1}{r}\right)}{\partial x}=-\frac{x}{r^3},\quad\frac{\partial\left(\frac{1}{r}\right)}{\partial y^3}=-\frac{y}{r^3},\quad\frac{\partial\left(\frac{1}{r}\right)}{\partial z}=-\frac{z}{r^3}.$$

从而得

$$\frac{\partial^2 u}{\partial x^2}$$

$$=k^4\left[\frac{\partial^2 u}{\partial t_1^2}\left(\frac{r^2-2x^2}{r^4}\right)+\frac{\partial^2 u}{\partial t_1\partial t_2}\left(-\frac{2xy}{r^4}\right)+\frac{\partial^2 u}{\partial t_1\partial t_3}\left(-\frac{2xz}{r^4}\right)\right]$$

$$\cdot\left(\frac{r^2-2x^2}{r^4}\right)+k^2\frac{\partial u}{\partial t_1}\left[\frac{-2xr^4-4xr^2(r^2-2x^2)}{r^8}\right]$$

$$+k^4\left[\frac{\partial^2 u}{\partial t_2\partial t_1}\left(\frac{r^2-2x^2}{r^4}\right)+\frac{\partial^2 u}{\partial t_2^2}\left(-\frac{2xy}{r^4}\right)+\frac{\partial^2 u}{\partial t_2\partial t_3}\left(-\frac{2xz}{r^4}\right)\right]$$

$$\cdot\left(-\frac{2xy}{r^4}\right)+k^2\frac{\partial u}{\partial t_2}\left[\frac{-2yr^4-4xr^2(-2xy)}{r^8}\right]$$

$$+k^4\left[\frac{\partial^2 u}{\partial t_3\partial t_1}\left(\frac{r^2-2x^2}{r^4}\right)+\frac{\partial^2 u}{\partial t_3\partial t_2}\left(\frac{-2xy}{r^4}\right)+\frac{\partial^2 u}{\partial t_3^2}\left(-\frac{2xz}{r^4}\right)\right]$$

$$\cdot\left(-\frac{2xz}{r^4}\right)+k^2\frac{\partial u}{\partial t_3}\left[\frac{-2zr^4-4xr^2(-2xz)}{r^8}\right],$$

$$\frac{\partial^2 u}{\partial y^2}$$

$$=k^4\left[\frac{\partial^2 u}{\partial t_1^2}\left(-\frac{2xy}{r^4}\right)+\frac{\partial^2 u}{\partial t_1\partial t_2}\left(\frac{r^2-2y^2}{r^4}\right)+\frac{\partial^2 u}{\partial t_1\partial t_3}\left(-\frac{2yz}{r^4}\right)\right]$$

$$\cdot\left(-\frac{2xy}{r^4}\right)+k^2\frac{\partial u}{\partial t_1}\left[\frac{-2xr^4-4yr^2(-2xy)}{r^8}\right]$$

$$+k^4\left[\frac{\partial^2 u}{\partial t_2\partial t_1}\left(-\frac{2xy}{r^4}\right)+\frac{\partial^2 u}{\partial t_2^2}\left(\frac{r^2-2y^2}{r^4}\right)+\frac{\partial^2 u}{\partial t_2\partial t_3}\left(-\frac{2yz}{r^4}\right)\right]$$

$$\cdot\left(\frac{r^2-2y^2}{r^4}\right)+k^2\frac{\partial u}{\partial t_2}\left[\frac{-2yr^4-4yr^2(r^2-2y^2)}{r^8}\right]$$

$$+k^4\left[\frac{\partial^2 u}{\partial t_3\partial t_1}\left(-\frac{2xy}{r^4}\right)+\frac{\partial^2 u}{\partial t_3\partial t_2}\left(\frac{r^2-2y^2}{r^4}\right)+\frac{\partial^2 u}{\partial t_3^2}\left(-\frac{2yz}{r^4}\right)\right]$$

$$\cdot\left(-\frac{2yz}{r^4}\right)+k^2\frac{\partial u}{\partial t_3}\left[\frac{-2zr^4-4yr^2(-2yz)}{r^8}\right],$$

$$\frac{\partial^2 u}{\partial z^2}$$

$$=k^4\left[\frac{\partial^2 u}{\partial t_1^2}\left(-\frac{2xz}{r^4}\right)+\frac{\partial^2 u}{\partial t_1\partial t_2}\left(-\frac{2yz}{r^4}\right)+\frac{\partial^2 u}{\partial t_1\partial t_3}\left(\frac{r^2-2z^2}{r^4}\right)\right]$$

$$\cdot\left(-\frac{2xz}{r^4}\right)+k^2\frac{\partial u}{\partial t_1}\left[\frac{-2xr^4-4zr^2(-2xz)}{r^8}\right]$$

$$+k^4\left[\frac{\partial^2 u}{\partial t_2\partial t_1}\left(-\frac{2xz}{r^4}\right)+\frac{\partial^2 u}{\partial t_2^2}\left(-\frac{2yz}{r^4}\right)+\frac{\partial^2 u}{\partial t_2\partial t_3}\left(\frac{r^2-2z^2}{r^4}\right)\right]$$

$$\cdot\left(-\frac{2yz}{r^4}\right)+k^2\frac{\partial u}{\partial t_2}\left[\frac{-2yr^4-4zr^2(-2yz)}{r^8}\right]$$

$$+k^4\left[\frac{\partial^2 u}{\partial t_3\partial t_1}\left(-\frac{2xz}{r^4}\right)+\frac{\partial^2 u}{\partial t_3\partial t_2}\left(-\frac{2yz}{r^4}\right)+\frac{\partial^2 u}{\partial t_3^2}\left(\frac{r^2-2z^2}{r^4}\right)\right]$$

$$\cdot\left(\frac{r^2-2z^2}{r^4}\right)+k^2\frac{\partial u}{\partial t_3}\left[\frac{-2zr^4-4zr^2(r^2-2z^2)}{r^8}\right].$$

将$\frac{\partial u}{\partial x}$, $\frac{\partial u}{\partial y}$, $\frac{\partial u}{\partial z}$, $\frac{\partial\left(\frac{1}{r}\right)}{\partial x}$, $\frac{\partial\left(\frac{1}{r}\right)}{\partial y}$, $\frac{\partial\left(\frac{1}{r}\right)}{\partial z}$及$\frac{\partial^2 u}{\partial x^2}$, $\frac{\partial^2 u}{\partial y^2}$, $\frac{\partial^2 u}{\partial z^2}$代入(1)式,合并整理,并注意到

$$\Delta\left(\frac{1}{r}\right)=0 \quad 及 \quad \frac{\partial^2 u}{\partial t_1^2}+\frac{\partial^2 u}{\partial t_2^2}+\frac{\partial^2 u}{\partial t_3^2}=0,$$

即得

$$\Delta v=\frac{1}{r}\left[\frac{k^4}{r^4}\left(\frac{\partial^2 u}{\partial t_1^2}+\frac{\partial^2 u}{\partial t_2^2}+\frac{\partial^2 u}{\partial t_3^2}\right)-\frac{2k^2}{r^4}\left(x\frac{\partial u}{\partial t_1}+y\frac{\partial u}{\partial t_2}+z\frac{\partial u}{\partial t_3}\right)\right.$$
$$\left.+0\cdot\sum_{\substack{i,j=1\\(i\neq j)}}^{n}\frac{\partial^2 u}{\partial t_i\partial t_j}\right]+u\cdot 0+\frac{2k^2}{r^5}\left(x\frac{\partial u}{\partial t_1}+y\frac{\partial u}{\partial t_2}+z\frac{\partial u}{\partial t_3}\right)=0,$$

上式说明函数 $v=v(x,y,z)$也满足拉普拉斯方程.

【3313】 证明:函数

$$u=\frac{C_1 e^{-ar}+C_2 e^{ar}}{r}$$

(式中 $r=\sqrt{x^2+y^2+z^2}$及 C_1, C_2 为常数)满足爱尔木戈尔兹方程

$$\frac{\partial^2 u}{\partial x^2}+\frac{\partial^2 u}{\partial y^2}+\frac{\partial^2 u}{\partial z^2}=a^2 u.$$

证 设 $v=\frac{1}{r}e^{-ar}$, $w=\frac{1}{r}e^{ar}$则有

$u=C_1 v+C_2 w$.

$$v'_x=v'_r r'_x=e^{-ar}\left(-\frac{1}{r^2}-\frac{a}{r}\right)\frac{x}{r}=-xv\cdot\left(\frac{1}{r^2}+\frac{a}{r}\right),$$

$$v'_{xx}=-v'_x\cdot\left(\frac{1}{r^2}+\frac{a}{r}\right)x-v\cdot\left(-\frac{2}{r^3}-\frac{a}{r^2}\right)\frac{x}{r}x-v\cdot\left(\frac{1}{r^2}+\frac{a}{r}\right)$$
$$=x^2v\cdot\left(\frac{1}{r^2}+\frac{a}{r}\right)^2+x^2v\frac{1}{r}\left(\frac{2}{r^3}+\frac{a}{r^2}\right)-v\cdot\left(\frac{1}{r^2}+\frac{a}{r}\right)$$
$$=v\cdot\left[\left(\frac{3}{r^4}+\frac{3a}{r^3}+\frac{a^2}{r^2}\right)x^2-\frac{1}{r^2}-\frac{a}{r}\right].$$

利用对称性，即得

$$\Delta v = v\cdot\left[\left(\frac{3}{r^4}+\frac{3a}{r^3}+\frac{a^2}{r^2}\right)(x^2+y^2+z^2)-\frac{3}{r^2}-\frac{3a}{r}\right]=a^2 v.$$

记 $b=-a$，则 $w=\frac{1}{r}e^{-br}$．仿上述证明，有

$$\Delta w = b^2 w = a^2 w.$$

于是，

$$\begin{aligned}\Delta u &= \Delta(C_1 v + C_2 w) = C_1\Delta v + C_2\Delta w\\ &= C_1 a^2 v + C_2 a^2 w = a^2 u,\end{aligned}$$

即 $\Delta u = a^2 u$．

【3314】 设函数 $u_1=u_1(x,y,z)$ 及 $u_2=u_2(x,y,z)$ 满足拉普拉斯方程 $\Delta u=0$．证明：函数

$$v=u_1(x,y,z)+(x^2+y^2+z^2)u_2(x,y,z)$$

满足二重调和方程 $\Delta(\Delta v)=0$．

证 利用3306题的结果，即得

$$\begin{aligned}\Delta v &= \Delta u_1+(x^2+y^2+z^2)\Delta u_2+u_2\Delta(x^2+y^2+z^2)\\ &\quad +2\left(2x\frac{\partial u_2}{\partial x}+2y\frac{\partial u_2}{\partial y}+2z\frac{\partial u_2}{\partial z}\right)\\ &=6u_2+4\left(x\frac{\partial u_2}{\partial x}+y\frac{\partial u_2}{\partial y}+z\frac{\partial u_2}{\partial z}\right).\end{aligned}$$

重复应用同一结果于 Δv，得

$$\begin{aligned}\Delta(\Delta v)&=6\Delta u_2+4\left\{x\Delta\left(\frac{\partial u_2}{\partial x}\right)+y\Delta\left(\frac{\partial u_2}{\partial y}\right)+z\Delta\left(\frac{\partial u_2}{\partial z}\right)\right.\\ &\quad\left.+\frac{\partial u_2}{\partial x}\Delta x+\frac{\partial u_2}{\partial y}\Delta y+\frac{\partial u_2}{\partial z}\Delta z+2\left(\frac{\partial^2 u_2}{\partial x^2}+\frac{\partial^2 u_2}{\partial y^2}+\frac{\partial^2 u_2}{\partial z^2}\right)\right\}.\end{aligned}$$

由于

$$\Delta\left(\frac{\partial u_2}{\partial x}\right)=\frac{\partial^2}{\partial x^2}\left(\frac{\partial u_2}{\partial x}\right)+\frac{\partial^2}{\partial y^2}\left(\frac{\partial u_2}{\partial x}\right)+\frac{\partial^2}{\partial z^2}\left(\frac{\partial u_2}{\partial x}\right)$$

$$=\frac{\partial}{\partial x}\left(\frac{\partial^2 u_2}{\partial x^2}+\frac{\partial^2 u_2}{\partial y^2}+\frac{\partial^2 u_2}{\partial z^2}\right)=\frac{\partial}{\partial x}(\Delta u_2)=0,$$

$$\Delta\left(\frac{\partial u_2}{\partial y}\right)=0,\quad \Delta\left(\frac{\partial u_2}{\partial z}\right)=0,$$

故最后证得　$\Delta(\Delta v)=0.$

【3315】　设 $f(x,y,z)$是可微分 m 次的 n 次齐次函数. 证明:

$$\left(x\frac{\partial}{\partial x}+y\frac{\partial}{\partial y}+z\frac{\partial}{\partial z}\right)^m f(x,y,z)$$

$$=n(n-1)\cdots(n-m+1)f(x,y,z).$$

证　证法1:

根据齐次函数的定义知,函数 $f(x,y,z)$满足

$$f(tx,ty,tz)=t^n f(x,y,z).\tag{1}$$

在(1)式两端分别对 t 求 m 次导数. 首先考察$\frac{\mathrm{d}^m f}{\mathrm{d}t^m}$. 由求全导数的公式知

$$\frac{\mathrm{d}f}{\mathrm{d}t}=x\frac{\partial f}{\partial(xt)}+y\frac{\partial f}{\partial(yt)}+z\frac{\partial f}{\partial(zt)}$$

$$=t^{n-1}\left(x\frac{\partial}{\partial x}+y\frac{\partial}{\partial y}+z\frac{\partial}{\partial z}\right)f(x,y,z.).$$

$$\frac{\mathrm{d}^2 f}{\mathrm{d}t^2}=\frac{\mathrm{d}}{\mathrm{d}t}\left(\frac{\mathrm{d}f}{\mathrm{d}t}\right)$$

$$=x\left\{x\frac{\partial^2 f}{\partial(xt)^2}+y\frac{\partial^2 f}{\partial(xt)\partial(yt)}+z\frac{\partial^2 f}{\partial(xt)\partial(zt)}\right\}$$

$$+y\left\{x\frac{\partial^2 f}{\partial(yt)\partial(xt)}+y\frac{\partial^2 f}{\partial(yt)^2}+z\frac{\partial^2 f}{\partial(yt)\partial(zt)}\right\}$$

$$+z\left\{x\frac{\partial^2 f}{\partial(zt)\partial(xt)}+y\frac{\partial^2 f}{\partial(zt)\partial(yt)}+z\frac{\partial^2 f}{\partial(zt)^2}\right\}$$

$$=x^2\frac{\partial^2 f}{\partial(xt)^2}+y^2\frac{\partial^2 f}{\partial(yt)^2}+z^2\frac{\partial^2 f}{\partial(zt)^2}$$

$$+2xy\frac{\partial^2 f}{\partial(xt)\partial(yt)}+2yz\frac{\partial^2 f}{\partial(yt)\partial(zt)}+2zx\frac{\partial^2 f}{\partial(zt)\partial(xt)}$$

$$=t^{n-2}\left(x\frac{\partial}{\partial x}+y\frac{\partial}{\partial y}+z\frac{\partial}{\partial z}\right)^2 f(x,y,z).$$

一般地，由数学归纳法可得

$$\frac{\mathrm{d}^m f}{\mathrm{d}t^m}=\sum_{a_1+a_2+a_3=m} C_{a_1,a_2,a_3}\frac{\partial^m f}{\partial(xt)^{a_1}\partial(yt)^{a_2}\partial(zt)^{a_3}}x^{a_1}y^{a_2}z^{a_3}$$

$$=t^{n-m}\left(x\frac{\partial}{\partial x}+y\frac{\partial}{\partial y}+z\frac{\partial}{\partial z}\right)^m f(x,y,z),\qquad(2)$$

其中总和是关于 $a_1+a_2+a_3=m$ 的非负整数 a_1,a_2,a_3的一切可能组合而取的，且

$$C_{a_1,a_2,a_3}=\frac{m!}{a_1!\,a_2!\,a_3!}.$$

而(1)式右端对 t 求 m 次导数，得

$$[t^n f(x,y,z)]^{(m)}$$

$$=n(n-1)\cdots(n-m+1)t^{n-m}f(x,y,z).\qquad(3)$$

比较(2)式和(3)式，令 $t=1$，即证得

$$\left(x\frac{\partial}{\partial x}+y\frac{\partial}{\partial y}+z\frac{\partial}{\partial z}\right)^m f(x,y,z)$$

$$=n(n-1)\cdots(n-m+1)f(x,y,z).$$

证法 2：

当 $m=1$ 时，由 $f(tx,ty,tz)=t^n f(x,y,z)$ 两端对 t 求导，可得

$$x\frac{\partial f(tx,ty,tz)}{\partial(tx)}+y\frac{\partial f(tx,ty,tz)}{\partial(ty)}+z\frac{\partial f(tx,ty,tz)}{\partial(tz)}$$

$$=nt^{n-1}f(x,y,z)\qquad(t>0).$$

令 $t=1$，即有

$$\left(x\frac{\partial}{\partial x}+y\frac{\partial}{\partial y}+z\frac{\partial}{\partial z}\right)^1 f=nf.$$

当 $m=2$ 时，由 3234 题的结果知

$$\left(x\frac{\partial}{\partial x}+y\frac{\partial}{\partial y}+z\frac{\partial}{\partial z}\right)^2 f=n(n-1)f.$$

在 3233 题中已证得 $f'_x(x,y,z)$，$f'_y(x,y,z)$，$f'_z(x,y,z)$ 为$(n-1)$次的齐次函数.

今设 $m=k-1$ 时命题为真. 对 f'_x, f'_y, f'_z，用数学归纳法的假设，即

$$\left(x\frac{\partial}{\partial x}+y\frac{\partial}{\partial y}+z\frac{\partial}{\partial z}\right)^{k-1} f'_x=(n-1)(n-2)\cdots(n-k+1)f'_x, \tag{4}$$

$$\left(x\frac{\partial}{\partial x}+y\frac{\partial}{\partial y}+z\frac{\partial}{\partial z}\right)^{k-1} f'_y=(n-1)(n-2)\cdots(n-k+1)f'_y, \tag{5}$$

$$\left(x\frac{\partial}{\partial x}+y\frac{\partial}{\partial y}+z\frac{\partial}{\partial z}\right)^{k-1} f'_z=(n-1)(n-2)\cdots(n-k+1)f'_z, \tag{6}$$

将(4)两端乘以 x，(5)式两端乘以 y，(6)式两端乘以 z，然后相加，即得

$$\left(x\frac{\partial}{\partial x}+y\frac{\partial}{\partial y}+z\frac{\partial}{\partial z}\right)^{k} f(x,y,z)$$

$$=(n-1)(n-2)\cdots(n-k+1)\left(x\frac{\partial}{\partial x}+y\frac{\partial}{\partial y}+z\frac{\partial}{\partial z}\right)f(x,y,z)$$

$$=n(n-1)(n-2)\cdots(n-k+1)f(x,y,z).$$

即当 $m=k$ 时命题也为真.

于是，命题对于一切自然数 m 为真，即

$$\left(x\frac{\partial}{\partial x}+y\frac{\partial}{\partial y}+z\frac{\partial}{\partial z}\right)^{m} f=n(n-1)\cdots(n-m+1)f.$$

【3316】 若

$$z=\sin y+f(\sin x-\sin y),$$

其中 f 为可微分的函数.简化式子

$$\sec x\frac{\partial z}{\partial x}+\sec y\frac{\partial z}{\partial y}.$$

解 $\sec x\dfrac{\partial z}{\partial x}+\sec y\dfrac{\partial z}{\partial y}$

$$=\sec x\cos xf'+\sec y(\cos y-\cos yf')=f'+1-f'=1,$$

即 $\sec x\dfrac{\partial z}{\partial x}+\sec y\dfrac{\partial z}{\partial y}=1.$

【3317】 证明:函数

$$z=x^nf\left(\frac{y}{x^2}\right)$$

(其中 f 为任意的可微分函数)满足方程

$$x\frac{\partial z}{\partial x}+2y\frac{\partial z}{\partial y}=nz.$$

证 $x\dfrac{\partial z}{\partial x}+2y\dfrac{\partial z}{\partial y}$

$$=x\left\{nx^{n-1}f\left(\frac{y}{x^2}\right)-\frac{2x^ny}{x^3}f'\left(\frac{y}{x^2}\right)\right\}+2y\frac{x^n}{x^2}f'\left(\frac{y}{x^2}\right)$$

$$=nx^nf\left(\frac{y}{x^2}\right)=nz,$$

即 $x\dfrac{\partial z}{\partial x}+2y\dfrac{\partial z}{\partial y}=nz.$

【3318】 证明:

$$z=yf(x^2-y^2)$$

(其中 f 为任意的可微分函数)满足方程

$$y^2\frac{\partial z}{\partial x}+xy\frac{\partial z}{\partial y}=xz.$$

证 $y^2\dfrac{\partial z}{\partial x}+xy\dfrac{\partial z}{\partial y}=y^2 2xyf'+xy(f-2y^2f')$

$=xyf=xz,$

即 $y^2\dfrac{\partial z}{\partial x}+xy\dfrac{\partial z}{\partial y}=xz.$

【3319】 若

$$u=\frac{1}{12}x^4-\frac{1}{6}x^3(y+z)+\frac{1}{2}x^2yz+f(y-x,z-x),$$

式中 f 为可微分的函数.简化式子

$$\frac{\partial u}{\partial x}+\frac{\partial u}{\partial y}+\frac{\partial u}{\partial z}.$$

解 $\dfrac{\partial u}{\partial x}=\dfrac{1}{3}x^3-\dfrac{1}{2}x^2(y+z)+xyz-f_1'-f_2',$

$\dfrac{\partial u}{\partial y}=-\dfrac{1}{6}x^3+\dfrac{1}{2}x^2z+f_1',$

$\dfrac{\partial u}{\partial z}=-\dfrac{1}{6}x^3+\dfrac{1}{2}x^2y+f_2'.$

将上述三式相加,即得 $\dfrac{\partial u}{\partial x}+\dfrac{\partial u}{\partial y}+\dfrac{\partial u}{\partial z}=xyz.$

【3320】 设: $x^2=vw$, $y^2=uw$, $z^2=uv$ 及

$$f(x,y,z)=F(u,v,w).$$

证明:

$$xf'_x+yf'_y+zf'_z=uF'_u+vF'_v+wF'_w.$$

证 把 u,v,w 当作自变量*),故

$$uF'_u=uf'_xx'_u+uf'_yy'_u+uf'_zz'_u,$$

$$vF'_v=vf'_xx'_v+vf'_yy'_v+vf'_zz'_v,$$

$$wF'_w=wf'_xx'_w+wf'_yy'_w+wf'_zz'_w.$$

将上述三式相加,得

$$uF'_u+vF'_v+wF'_w=(ux'_u+vx'_v+wx'_w)f'_x$$

$$+(uy'_u+vy'_v+wy'_w)f'_y+(uz'_u+vz'_v+wz'_w)f'_z. \qquad (1)$$

由题设得 $2x\dfrac{\partial x}{\partial u}=0$.因为 x 不恒等于零,所以$\dfrac{\partial x}{\partial u}=0$.同法可得 $\dfrac{\partial y}{\partial v}=0$, $\dfrac{\partial z}{\partial w}=0$.

再由题设,得

$$2x\frac{\partial x}{\partial w}=v,\quad 2x\frac{\partial x}{\partial v}=w,\quad 2y\frac{\partial y}{\partial u}=w,$$

$$2y\frac{\partial y}{\partial w}=u,\quad 2x\frac{\partial z}{\partial u}=v,\quad 2x\frac{\partial z}{\partial v}=u.$$

将上述结果代入(1)式,得

$$\begin{aligned}&uF'_u+cF'_v+wF'_w\\&=\left(\frac{vw}{2x}+\frac{wv}{2x}\right)f'_x+\left(\frac{uw}{2y}+\frac{wu}{2y}\right)f'_y+\left(\frac{uv}{2z}+\frac{vu}{2z}\right)f'_z\\&=xf'_x+yf'_y+zf'_z.\end{aligned}$$

即 $uF'_u+vF'_v+wF'_w=xf'_x+yf'_y+zf'_z$.

*) 如果把 x,y,z 当作自变量,也可以证明本题的结果.

假定任意函数 φ,ψ 等等为可微分足够多次的函数,验证下列等式:

【3321】 $y\dfrac{\partial z}{\partial x}-x\dfrac{\partial z}{\partial y}=0$, 若 $z=\varphi(x^2+y^2)$.

证 由于

$$y\frac{\partial z}{\partial x}=y\cdot 2x\varphi'(x^2+y^2),\quad x\frac{\partial z}{\partial y}=x\cdot 2y\varphi'(x^2+y^2),$$

所以 $y\dfrac{\partial z}{\partial x}-x\dfrac{\partial z}{\partial y}=0$.

【3322】 $x^2\dfrac{\partial z}{\partial x}-xy\dfrac{\partial z}{\partial y}+y^2=0$, 若 $z=\dfrac{y^2}{3x}+\varphi(xy)$.

证 $x^2\dfrac{\partial z}{\partial x}-xy\dfrac{\partial z}{\partial y}+y^2=x^2\left[-\dfrac{y^2}{3x^2}+y\varphi'(x,y)\right]$

$$-xy\left(\frac{2y}{3x}+x\varphi'(xy)\right)+y^2=0.$$

【3323】 $(x^2-y^2)\dfrac{\partial z}{\partial x}+xy\dfrac{\partial z}{\partial y}=xyz$，若 $z=e^y\varphi\left(ye^{\frac{x^2}{2y^2}}\right)$.

证 $(x^2-y^2)\dfrac{\partial z}{\partial x}+xy\dfrac{\partial z}{\partial y}=(x^2-y^2)e^y\dfrac{x\varphi'}{y^2}ye^{\frac{x^2}{2y^2}}$

$$+xy\left[e^y\varphi+e^y\varphi'\left(e^{\frac{x^2}{2y^2}}-\frac{x^2}{y^3}ye^{\frac{x^2}{2y^2}}\right)\right]=xye^y\varphi=xyz.$$

【3324】 $x\dfrac{\partial u}{\partial x}+\alpha y\dfrac{\partial u}{\partial y}+\beta z\dfrac{\partial u}{\partial z}=nu$，若 $u=x^n\varphi\left(\dfrac{y}{x^\alpha},\dfrac{z}{x^\beta}\right)$.

证 $x\dfrac{\partial u}{\partial x}+\alpha y\dfrac{\partial u}{\partial y}+\beta z\dfrac{\partial u}{\partial z}=nx^n\varphi-\alpha x^{n-\alpha}y\varphi_1'$

$$-\beta x^{n-\beta}z\varphi_2'+\alpha yx^{n-\alpha}\varphi_1'+\beta zx^{n-\beta}\varphi_2'=nx^n\varphi=nu.$$

【3325】 $x\dfrac{\partial u}{\partial x}+y\dfrac{\partial u}{\partial y}+z\dfrac{\partial u}{\partial z}=u+\dfrac{xy}{z}$，若

$$u=\frac{xy}{z}\ln x+x\varphi\left(\frac{y}{x},\frac{z}{x}\right).$$

证 $x\dfrac{\partial u}{\partial x}=\dfrac{xy}{z}\ln x+\dfrac{xy}{z}+x\varphi-y\varphi_1'-z\varphi_2'$,

$y\dfrac{\partial u}{\partial y}=\dfrac{xy}{z}\ln x+y\varphi_1'$,

$z\dfrac{\partial u}{\partial z}=-\dfrac{xy}{z}\ln x+z\varphi_2'$.

将上述三式相加,即得

$$x\frac{\partial u}{\partial x}+y\frac{\partial u}{\partial y}+z\frac{\partial u}{\partial z}=u+\frac{xy}{z}.$$

【3326】 $\dfrac{\partial^2 u}{\partial t^2}=a^2\dfrac{\partial^2 u}{\partial x^2}$，若 $u=\varphi(x-at)+\psi(x+at)$.

证 $\dfrac{\partial^2 u}{\partial t^2}=a^2\varphi''+a^2\psi''$,　$\dfrac{\partial^2 u}{\partial x^2}=\varphi''+\psi''$.

将上述二式比较,即得　$\dfrac{\partial^2 u}{\partial t^2}=a^2\dfrac{\partial^2 u}{\partial x^2}$.

【3327】 $\frac{\partial^2 u}{\partial x^2}-2\frac{\partial^2 u}{\partial x\partial y}+\frac{\partial^2 u}{\partial y^2}=0$，若

$$u=x\varphi(x+y)+y\psi(x+y).$$

证 $\frac{\partial u}{\partial x}=\varphi+y\psi'+x\varphi'$，　$\frac{\partial u}{\partial y}=x\varphi'+\psi+y\psi'$，

$$\frac{\partial^2 u}{\partial x}=2\varphi'+y\psi''+x\varphi'', \tag{1}$$

$$\frac{\partial^2 u}{\partial x\partial y}=\varphi'+\psi'+y\psi''+x\varphi'', \tag{2}$$

$$\frac{\partial^2 u}{\partial y^2}=x\varphi''+2\psi'+y\psi''. \tag{3}$$

(1)－2×(2)＋(3)，即得

$$\frac{\partial^2 u}{\partial x^2}-2\frac{\partial^2 u}{\partial x\partial y}+\frac{\partial^2 u}{\partial y^2}=0.$$

【3328】 $x^2\frac{\partial^2 u}{\partial x^2}+2xy\frac{\partial^2 u}{\partial x\partial y}+y^2\frac{\partial^2 u}{\partial y^2}=0$，若

$$u=\varphi\left(\frac{y}{x}\right)+x\psi\left(\frac{y}{x}\right).$$

证 $u_1=\varphi\left(\frac{y}{x}\right)$为零次齐次函数，$u_2=x\psi\left(\frac{y}{x}\right)$为一次齐次函数．由 3234 题的结果(对于二元更成立)知

$$\left(x\frac{\partial}{\partial x}+y\frac{\partial}{\partial y}\right)^2 u_1=0,\qquad \left(x\frac{\partial}{\partial x}+y\frac{\partial}{\partial y}\right)^2 u_2=0.$$

于是，

$$x^2\frac{\partial^2 u}{\partial x^2}+2xy\frac{\partial^2 u}{\partial x\partial y}+y^2\frac{\partial^2 u}{\partial y^2}=\left(x\frac{\partial}{\partial x}+y\frac{\partial}{\partial y}\right)^2(u_1+u_2)$$

$$=\left(x\frac{\partial}{\partial x}+y\frac{\partial}{\partial y}\right)^2 u_1+\left(x\frac{\partial}{\partial x}+y\frac{\partial}{\partial y}\right)^2 u_2=0+0=0.$$

注 也可不用 3234 题的结果，求出偏导数直接验证．

【3329】 $x^2\frac{\partial^2 u}{\partial x^2}+2xy\frac{\partial^2 u}{\partial x\partial y}+y^2\frac{\partial^2 u}{\partial y^2}=n(n-1)u$，若

$$u=x^n\varphi\left(\frac{y}{x}\right)+x^{1-n}\psi\left(\frac{y}{x}\right).$$

证 $u_1=x^n\varphi\left(\frac{y}{x}\right)$为 n 次齐次函数，$u_2=x^{1-n}\psi\left(\frac{y}{x}\right)$为 $1-n$次齐次函数.由 3234 题的结果知

$$\left(x\frac{\partial}{\partial x}+y\frac{\partial}{\partial y}\right)^2u_1=n(n-1)u_1,$$

$$\left(x\frac{\partial}{\partial x}+y\frac{\partial}{\partial y}\right)^2u_2=(1-n)(1-n-1)u_2=n(n-1)u_2.$$

于是，

$$x^2\frac{\partial^2 u}{\partial x^2}+2xy\frac{\partial^2 u}{\partial x\partial y}+y^2\frac{\partial^2 u}{\partial y^2}=\left(x\frac{\partial}{\partial x}+y\frac{\partial}{\partial y}\right)^2(u_1+u_2)$$

$$=n(n-1)(u_1+u_2)=n(n-1)u.$$

值得注意的是，3328 题即为本题的特殊情形： $n=0$.

【3330】 $\frac{\partial u}{\partial x}\frac{\partial^2 u}{\partial x\partial y}=\frac{\partial u}{\partial y}\frac{\partial^2 u}{\partial x^2}$，若 $u=\varphi[x+\psi(y)]$.

证 $\frac{\partial u}{\partial x}=\varphi'$，$\frac{\partial^2 u}{\partial x\partial y}=\varphi''\psi'$，$\frac{\partial u}{\partial y}=\varphi'\psi'$，$\frac{\partial^2 u}{\partial x^2}=\varphi''$. 于是，

$$\frac{\partial u}{\partial x}\frac{\partial^2 u}{\partial x\partial y}=\frac{\partial u}{\partial y}\frac{\partial^2 u}{\partial x^2}.$$

用逐次微分的方法消去任意函数 φ 和 ψ：

【3331】 $z=x+\varphi(xy)$.

解 $\frac{\partial z}{\partial x}=1+y\varphi'$， $\frac{\partial z}{\partial y}=x\varphi'$. 于是，

$$x\frac{\partial z}{\partial x}-y\frac{\partial z}{\partial y}=x.$$

【3332】 $z=x\varphi\left(\frac{x}{y^2}\right)$.

解 $\frac{\partial z}{\partial x}=\varphi+\frac{x}{y^2}\varphi'$, $\frac{\partial z}{\partial y}=-\frac{2x^2}{y^3}\varphi'$. 于是,

$$2x\frac{\partial z}{\partial x}+y\frac{\partial z}{\partial y}=2x\varphi+\frac{2x^2}{y^2}\varphi'-\frac{2x^2}{y^2}\varphi'=2x\varphi=2z,$$

即 $2x\frac{\partial z}{\partial x}+y\frac{\partial z}{\partial y}=2z$.

【3333】 $z=\varphi(\sqrt{x^2+y^2})$.

解 $\frac{\partial z}{\partial x}=\frac{x\varphi'}{\sqrt{x^2+y^2}}$, $\frac{\partial z}{\partial y}=\frac{y\varphi'}{\sqrt{x^2+y^2}}$. 于是,

$$y\frac{\partial z}{\partial x}-x\frac{\partial z}{\partial y}=0.$$

【3334】 $u=\varphi(x-y,y-z)$.

解 $\frac{\partial u}{\partial x}=\varphi_1'$, $\frac{\partial u}{\partial y}=-\varphi_1'+\varphi_2'$, $\frac{\partial u}{\partial z}=-\varphi_2'$. 于是,

$$\frac{\partial u}{\partial x}+\frac{\partial u}{\partial y}+\frac{\partial u}{\partial z}=0.$$

【3335】 $u=\varphi\left(\frac{x}{y},\frac{y}{z}\right)$.

解 $\frac{\partial u}{\partial x}=\frac{1}{y}\varphi_1'$, $\frac{\partial u}{\partial y}=-\frac{x}{y^2}\varphi_1'+\frac{1}{z}\varphi_2'$, $\frac{\partial u}{\partial z}=-\frac{y}{z^2}\varphi_2'$. 于是,

$$x\frac{\partial u}{\partial x}+y\frac{\partial u}{\partial y}+z\frac{\partial u}{\partial z}=0^{*)}.$$

*) 注意到 $\varphi(\frac{x}{y},\frac{y}{z})$为零次齐次函数，本题即 3315 题的特殊情形：$n=0$.

【3336】 $z=\varphi(x)+\psi(y)$.

解 $\frac{\partial z}{\partial x}=\varphi'(x)$. 于是, $\frac{\partial^2 z}{\partial x\partial y}=0$.

【3337】 $z=\varphi(x)\psi(y)$.

解 $\frac{\partial z}{\partial x}=\varphi'\psi,\quad \frac{\partial z}{\partial y}=\varphi\psi',\quad \frac{\partial^2 z}{\partial x\partial y}=\varphi'\psi'$. 于是,

$$z\frac{\partial^2 z}{\partial x\partial y}=\frac{\partial z}{\partial x}\frac{\partial z}{\partial y}.$$

【3338】 $z=\varphi(x+y)+\psi(x-y)$.

解 $\frac{\partial z}{\partial x}=\varphi'+\psi',\quad \frac{\partial z}{\partial y}=\varphi'-\psi',\quad \frac{\partial^2 z}{\partial x^2}=\varphi''+\psi''$,

$\frac{\partial^2 z}{\partial y^2}=\varphi''+\psi''$. 于是,

$$\frac{\partial^2 z}{\partial x^2}=\frac{\partial^2 z}{\partial y^2}.$$

【3339】 $z=x\varphi\left(\frac{x}{y}\right)+y\psi\left(\frac{x}{y}\right)$.

解 注意到函数 z 为一次齐次函数,由 3315 题知

$$x\frac{\partial z}{\partial x}+y\frac{\partial z}{\partial y}=z.$$

【3340】 $z=\varphi(xy)+\psi\left(\frac{x}{y}\right)$.

解 设 $z_1=\varphi(xy)$,则由 3331 题知

$$x\frac{\partial z_1}{\partial x}-y\frac{\partial z_1}{\partial y}=0.$$

又 $z_2=\psi\left(\frac{x}{y}\right)$ 为零次齐次函数,且函数 $x\frac{\partial z_2}{\partial x}-y\frac{\partial z_2}{\partial y}=\frac{2x}{y}\psi'$ 也为零次齐次函数.从而,函数

$$u=x\frac{\partial z}{\partial x}-y\frac{\partial z}{\partial y}=\left(x\frac{\partial z_1}{\partial x}-y\frac{\partial z_1}{\partial y}\right)+\left(x\frac{\partial z_2}{\partial x}-y\frac{\partial z_2}{\partial y}\right)$$

是零次齐次函数.于是,由 3315 题知 $x\frac{\partial u}{\partial x}+y\frac{\partial u}{\partial x}=0$.但是,

$$x\frac{\partial u}{\partial x}+y\frac{\partial u}{\partial y}=x\frac{\partial}{\partial x}\left(x\frac{\partial z}{\partial x}-y\frac{\partial z}{\partial y}\right)+y\frac{\partial}{\partial y}\left(x\frac{\partial z}{\partial x}-y\frac{\partial z}{\partial y}\right)$$

$$=x^2\frac{\partial^2 z}{\partial x^2}+x\frac{\partial z}{\partial x}-xy\frac{\partial^2 z}{\partial x\partial y}+xy\frac{\partial^2 z}{\partial x\partial y}-y\frac{\partial z}{\partial y}-y^2\frac{\partial^2 z}{\partial y^2}$$

$$=x^2\frac{\partial^2 z}{\partial x^2}-y^2\frac{\partial^2 z}{\partial y^2}+x\frac{\partial z}{\partial x}-y\frac{\partial z}{\partial y},$$

故得

$$x^2\frac{\partial^2 z}{\partial x^2}-y^2\frac{\partial^2 z}{\partial y^2}+x\frac{\partial z}{\partial x}-y\frac{\partial z}{\partial y}=0.$$

【3341】 求函数

$$z=x^2-y^2$$

在点 $M(1,1)$沿与 Ox 轴的正向组成角 $\alpha=60^\circ$ 的方向 l 上的导函数.

解 $\left.\frac{\partial z}{\partial x}\right|_{\substack{x=1\\y=1}}=2,\quad \left.\frac{\partial z}{\partial y}\right|_{\substack{x=1\\y=1}}=-2.$

$$\cos\alpha=\cos60^\circ=\frac{1}{2},\quad \cos\beta=\cos30^\circ=\frac{\sqrt{3}}{2}.$$

于是,

$$\left.\frac{\partial z}{\partial l}\right|_{\substack{x=1\\y=1}}=2\,\frac{1}{2}+(-2)\,\frac{\sqrt{3}}{2}=1-\sqrt{3}.$$

【3342】 求函数

$$x=x^2-xy+y^2$$

在点 $M(1,1)$沿与 Ox 轴的正向组成 α 角的方向 l 上的导函数. 在怎样的方向上此导函数有:(1)最大的值;(2)最小的值;(3)等于 0.

解 $\left.\frac{\partial z}{\partial x}\right|_{\substack{x=1\\y=1}}=1,\quad \left.\frac{\partial z}{\partial y}\right|_{\substack{x=1\\y=1}}=1.$ 于是,

$$\left.\frac{\partial z}{\partial l}\right|_{\substack{x=1\\y=1}}=\cos\alpha+\cos(90^\circ-\alpha)=\cos\alpha+\sin\alpha=\sqrt{2}\sin\left(\alpha+\frac{\pi}{4}\right).$$

(1) 当 $\sin\left(\alpha+\frac{\pi}{4}\right)=1$，即 $\alpha=\frac{\pi}{4}$ 时，$\frac{\partial z}{\partial l}$ 最大；

(2) 当 $\sin\left(\alpha+\frac{\pi}{4}\right)=-1$，即 $\alpha=\frac{5\pi}{4}$ 时，$\frac{\partial z}{\partial l}$ 最小；

(3) 当 $\sin\left(\alpha+\frac{\pi}{4}\right)=0$，即 $\alpha=\frac{3\pi}{4}$ 或 $\alpha=\frac{7\pi}{4}$ 时，$\frac{\partial z}{\partial l}=0$.

【3343】 求函数

$$z=\ln(x^2+y^2)$$

在点 $M_0(x_0,y_0)$沿与过此点的等位线成垂直的方向上的导数.

解 与等位线垂直的方向即梯度的方向或与梯度相反的方向.于是

$$\left.\frac{\partial z}{\partial l}\right|_{\substack{x=x_0\\y=y_0}}=\pm\left.|\mathrm{grad}\,z|\right|_{\substack{x=x_0\\y=y_0}}=\pm\left.\sqrt{\left(\frac{\partial z}{\partial x}\right)^2+\left(\frac{\partial z}{\partial y}\right)^2}\right|_{\substack{x=x_0\\y=y_0}}$$

$$=\pm\sqrt{\left(\frac{2x_0}{x_0^2+y_0^2}\right)^2+\left(\frac{2y_0}{x_0^2+y_0^2}\right)^2}=\pm\frac{2}{\sqrt{x_0^2+y_0^2}}.$$

【3344】 求函数

$$z=1-\left(\frac{x^2}{a^2}+\frac{y^2}{b^2}\right)$$

在点 $M\left(\frac{a}{\sqrt{2}},\frac{b}{\sqrt{2}}\right)$沿曲线$\frac{x^2}{a^2}+\frac{y^2}{b^2}=1$ 在此点的内法线方向上的导数.

解 曲线$\frac{x^2}{a^2}+\frac{y^2}{b^2}=1$是函数 z 的一条等位线.随着 x,y 的绝对值增大,z 是减少的,因此,曲线的内法线方向即梯度方向.于是,

$$\left.\frac{\partial z}{\partial l}\right|_{\substack{x=\frac{a}{\sqrt{2}}\\y=\frac{b}{\sqrt{2}}}}=\left.|\mathrm{grad}\,z|\right|_{\substack{x=\frac{a}{\sqrt{2}}\\y=\frac{b}{\sqrt{2}}}}=\left.\sqrt{\frac{4x^2}{a^4}+\frac{4y^2}{b^4}}\right|_{\substack{x=\frac{a}{\sqrt{2}}\\y=\frac{b}{\sqrt{2}}}}$$

$$=\frac{\sqrt{2(a^2+b^2)}}{ab} \qquad (a>0,\ b>0).$$

【3345】 求函数

$$u=xyz$$

在点 $M(1,1,1)$ 沿方向 $l\{\cos\alpha,\cos\beta,\cos\gamma\}$ 上的导数．函数在该点的梯度的大小等于什么？

解 $\left.\frac{\partial u}{\partial l}\right|_{\substack{x=1\\y=1\\z=1}}=\cos\alpha+\cos\beta+\cos\gamma.$

$$|\operatorname{grad}u|\Bigg|_{\substack{x=1\\y=1\\z=1}}=\sqrt{\left(\frac{\partial u}{\partial x}\right)^2+\left(\frac{\partial u}{\partial y}\right)^2+\left(\frac{\partial u}{\partial z}\right)^2}\Bigg|_{\substack{x=1\\y=1\\z=1}}=\sqrt{3}.$$

【3346】 求函数

$$u=\frac{1}{r}$$

(式中 $r=\sqrt{x^2+y^2+z^2}$)在点 $M_0(x_0,y_0,z_0)$ 处梯度的大小和方向．

解 $\frac{\partial u}{\partial x}=-\frac{x}{r^3},\ \frac{\partial u}{\partial y}=-\frac{y}{r^3},\ \frac{\partial u}{\partial z}=-\frac{z}{r^3}$. 于是，

$$\operatorname{grad}u=-\frac{1}{r^3}(x\vec{i}+y\vec{j}+z\vec{k})$$

或简记成

$$\operatorname{grad}u=\left\{-\frac{x}{r^3},-\frac{y}{r^3},-\frac{z}{r^3}\right\}.$$

在点 M_0 处的梯度为

$$\operatorname{grad}u=\left\{-\frac{x_0}{r_0^3},-\frac{y_0}{r_0^3},-\frac{z_0}{r_0^3}\right\},$$

其中 $r_0=\sqrt{x_0^2+y_0^2+z_0^2}$. 从而得

$$|\text{grad}u| = \sqrt{\left(-\frac{x_0}{r_0^3}\right)^2 + \left(-\frac{y_0}{r_0^3}\right)^2 + \left(-\frac{z_0}{r_0^3}\right)^2} = \frac{1}{r_0^2},$$

$$\cos(\text{grad}\ u \widehat{,} x) = \frac{-\dfrac{x_0}{r_0^3}}{\dfrac{1}{r_0^2}} = -\frac{x_0}{r_0},$$

$$\cos(\text{grad}\ u \widehat{,} y) = \frac{-\dfrac{y_0}{r_0^3}}{\dfrac{1}{r_0^2}} = -\frac{y_0}{r_0},$$

$$\cos(\text{grad}\ u \widehat{,} z) = \frac{-\dfrac{z_0}{r_0^3}}{\dfrac{1}{r_0^2}} = -\frac{z_0}{r_0},$$

【3347】 求函数

$$u = x^2 + y^2 - z^2$$

在点 $A(\varepsilon,0,0)$及 $B(0,\varepsilon,0)$二点的梯度之间的角度.

解 $\text{grad}u = \left\{\frac{\partial u}{\partial x}, \frac{\partial u}{\partial y}, \frac{\partial u}{\partial z}\right\} = \{2x, 2y, -2z\}$. 若以 $\text{grad}u_A$ 及 $\text{grad}u_B$ 分别表示在A 点及B 点的梯度,则有

$$\text{grad}u_A = \{2\varepsilon, 0, 0\}, \quad \text{grad}u_B = \{0, 2\varepsilon, 0\}.$$

由于

$$\text{grad}u_A \text{grad}u_B = 2\varepsilon \cdot 0 + 0 \cdot 2\varepsilon + 0 \cdot 0 = 0,$$

故知 $\text{grad}u_A \perp \text{grad}u_B$, 即在点 A 及点B 二点的梯度之间的夹角为

$$(\text{grad}\ u_A \widehat{,} \text{grad}u_B) = \frac{\pi}{2}.$$

【3348】+ 在点 $M(1,2,2)$处,函数

$$u = x + y + z$$

的梯度之大小与函数

$$v = x + y + z + 0.001\sin(10^6\pi\sqrt{x^2 + y^2 + z^2})$$

的梯度之大小相差若干?

解 $\text{grad}u = \{1,1,1\}$, $|\text{grad}u| = \sqrt{3}$.

令 $r = \sqrt{x^2 + y^2 + z^2}$,则

$$\frac{\partial v}{\partial x} = 1 - 1000\pi\frac{x}{r}\cos(10^6\pi r),$$

$$\frac{\partial v}{\partial y} = 1 - 1000\pi\frac{y}{r}\cos(10^6\pi r),$$

$$\frac{\partial v}{\partial z} = 1 - 1000\pi\frac{z}{r}\cos(10^6\pi r).$$

在点 $M(1,2,2)$处

$$\frac{\partial v}{\partial x} = \frac{1000\pi}{3} + 1 \approx \frac{1000\pi}{3},$$

$$\frac{\partial v}{\partial y} = \frac{2000\pi}{3} + 1 \approx \frac{2000\pi}{3},$$

$$\frac{\partial v}{\partial z} = \frac{2000\pi}{3} + 1 \approx \frac{2000\pi}{3},$$

$$|\text{grad}v| \approx 1000\pi\sqrt{\left(\frac{1}{3}\right)^2 + \left(\frac{2}{3}\right)^2 + \left(\frac{2}{3}\right)^2} = 1000\pi.$$

于是,两梯度之大小相差为

$$|\text{grad}v| - |\text{grad}u| \approx 1000\pi - \sqrt{3} \approx 3140.$$

【3349】 证明:在点 $M_0(x_0, y_0, z_0)$处函数

$$u = ax^2 + by^2 + cz^2$$

及

$$v = ax^2 + by^2 + cz^2 + 2mx + 2ny + 2pz$$

$(a, b, c, m, n, p$ 为常数且$a^2 + b^2 + c^2 \neq 0)$二者的梯度之间的

角度当点 M_0 无限远移时趋于零.

证 本题的题设条件"点 $M_0(x_0, y_0, z_0)$ 无限远移"应该理解为"$x_0\to\infty$, $y_0\to\infty$, $z_0\to\infty$ 同时成立"(此时 $\sqrt{(ax_0)^2+(by_0)+(cz_0)^2}\to+\infty$). 否则,本题的结论不成立.

显见有

$$\mathrm{grad}u=\{2ax_0,2by_0,2cz_0\},$$
$$\mathrm{grad}v=\{2ax_0+2m,2by_0+2n,2cz_0+2p\},$$

令 $\alpha=ax_0$, $\beta=by_0$, $\gamma=cz_0$;

$\alpha_1=ax_0+m=\alpha+m,\beta_1=by_0+n=\beta+n,\gamma_1=cz_0+p=\gamma+p.$

于是, $\mathrm{grad}u$ 与 $\mathrm{grad}v$ 的夹角 θ 满足

$$\cos\theta=\frac{\alpha\alpha_1+\beta\beta_1+\gamma\gamma_1}{\sqrt{\alpha^2+\beta^2+\gamma^2}\cdot\sqrt{\alpha_1^2+\beta_1^2+\gamma_1^2}}$$

或

$$\begin{aligned}\sin^2\theta&=1-\cos^2\theta\\&=\frac{(\alpha^2+\beta^2+\gamma^2)(\alpha_1^2+\beta_1^2+\gamma_1^2)-(\alpha\alpha_1+\beta\beta_1+\gamma\gamma_1)^2}{(\alpha^2+\beta^2+\gamma^2)(\alpha_1^2+\beta_1^2+\gamma_1^2)}\\&=\frac{(\alpha\beta_1-\alpha_1\beta)^2+(\alpha\gamma_1-\alpha_1\gamma)^2+(\beta\gamma_1-\beta_1\gamma)^2}{(\alpha^2+\beta^2+\gamma^2)(\alpha_1^2+\beta_1^2+\gamma_1^2)}\\&=\frac{(n\alpha-m\beta)^2+(p\alpha-m\gamma)^2+(p\beta-n\gamma)^2}{(\alpha^2+\beta^2+\gamma^2)(\alpha_1^2+\beta_1^2+\gamma_1^2)}\end{aligned}$$

令 $\delta=\max(|ax_0|,|by_0|,|cz_0|)=\max(|\alpha|,|\beta|,|\gamma|)$, 则

$$\delta\leqslant\sqrt{\alpha^2+\beta^2+\gamma^2}\leqslant\sqrt{3}\delta.$$

于是, 当 $\sqrt{\alpha^2+\beta^2+\gamma^2}\to+\infty$ 时, $\delta\to+\infty$.

再令 $q=\max(|m|,|n|,|p|)$, 则下述不等式显然成立:

$$0\leqslant\sin^2\theta=\frac{(n\alpha-m\beta)^2+(p\alpha-m\gamma)^2+(p\beta-n\gamma)^2}{(\alpha^2+\beta^2+\gamma^2)(\alpha_1^2+\beta_1^2+\gamma_1^2)}$$

$$\leqslant\frac{(2q\delta)^2+(2q\delta)^2+(2q\delta)^2}{\delta^2(\delta^2-6\delta q-3q^2)}=\frac{12q^2}{\delta^2-6\delta q-3q^2}\to 0$$

（当 $\delta\to+\infty$ 时）.

于是，当 $\sqrt{\alpha^2+\beta^2+\gamma^2}\to+\infty$ 时，$\sin^2\theta\to 0$，即当 $\sqrt{\alpha^2+\beta^2+\gamma^2}\to+\infty$，$\theta\to 0$. 证毕.

【3350】 设 $u=f(x,y,z)$ 为可微分两次的函数. 若 $\cos\alpha$，$\cos\beta$，$\cos\gamma$ 为方向 l 的方向余弦，求 $\frac{\partial^2 u}{\partial l^2}=\frac{\partial}{\partial l}\left(\frac{\partial u}{\partial l}\right)$.

解 $\frac{\partial u}{\partial l}=\frac{\partial u}{\partial x}\cos\alpha+\frac{\partial u}{\partial y}\cos\beta+\frac{\partial u}{\partial z}\cos\gamma$，

$$\begin{aligned}\frac{\partial^2 u}{\partial l^2}&=\left(\frac{\partial^2 u}{\partial x^2}\cos\alpha+\frac{\partial^2 u}{\partial y\partial x}\cos\beta+\frac{\partial^2 u}{\partial z\partial x}\cos\gamma\right)\cos\alpha\\&\quad+\left(\frac{\partial^2 u}{\partial x\partial y}\cos\alpha+\frac{\partial^2 u}{\partial y^2}\cos\beta+\frac{\partial^2 u}{\partial z\partial y}\cos\gamma\right)\cos\beta\\&\quad+\left(\frac{\partial^2 u}{\partial x\partial z}\cos\alpha+\frac{\partial^2 u}{\partial y\partial z}\cos\beta+\frac{\partial^2 u}{\partial z^2}\cos\gamma\right)\cos\gamma\\&=\frac{\partial^2 u}{\partial x^2}\cos^2\alpha+\frac{\partial^2 u}{\partial y^2}\cos^2\beta+\frac{\partial^2 u}{\partial z^2}\cos^2\gamma+2\frac{\partial^2 u}{\partial x\partial y}\cos\alpha\cos\beta\\&\quad+2\frac{\partial^2 u}{\partial y\partial z}\cos\beta\cos\gamma+2\frac{\partial^2 u}{\partial z\partial x}\cos\gamma\cos\alpha.\end{aligned}$$

【3351】 设 $u=f(x,y,z)$ 为可微分两次的函数及

$$l_1\{\cos\alpha_1,\cos\beta_1,\cos\gamma_1\},$$
$$l_2\{\cos\alpha_2,\cos\beta_2,\cos\gamma_2\},$$
$$l_3\{\cos\alpha_3,\cos\beta_3,\cos\gamma_3\}$$

为三个互相垂直的方向. 证明：

(1) $\left(\frac{\partial u}{\partial l_1}\right)^2+\left(\frac{\partial u}{\partial l_2}\right)^2+\left(\frac{\partial u}{\partial l_3}\right)^2=\left(\frac{\partial u}{\partial x}\right)^2+\left(\frac{\partial u}{\partial y}\right)^2+\left(\frac{\partial u}{\partial z}\right)^2$；

(2) $\frac{\partial^2 u}{\partial l_1^2}+\frac{\partial^2 u}{\partial l_2^2}+\frac{\partial^2 u}{\partial l_3^2}=\frac{\partial^2 u}{\partial x^2}+\frac{\partial^2 u}{\partial y^2}+\frac{\partial^2 u}{\partial z^2}$.

证 (1) $$\left(\frac{\partial u}{\partial l_1}\right)^2+\left(\frac{\partial u}{\partial l_2}\right)^2+\left(\frac{\partial u}{\partial l_3}\right)^2$$

$$=\sum_{i=1}^{3}\left(\frac{\partial u}{\partial x}\cos\alpha_i+\frac{\partial u}{\partial y}\cos\beta_i+\frac{\partial u}{\partial z}\cos\gamma_i\right)^2$$

$$=\left(\frac{\partial u}{\partial x}\right)^2\sum_{i=1}^{3}\cos^2\alpha_i+\left(\frac{\partial u}{\partial y}\right)^2\sum_{i=1}^{3}\cos^2\beta_i$$

$$+\left(\frac{\partial u}{\partial z}\right)^2\sum_{i=1}^{3}\cos^2\gamma_i+2\frac{\partial u}{\partial x}\frac{\partial u}{\partial y}\sum_{i=1}^{3}\cos\alpha_i\cos\beta_i$$

$$+2\frac{\partial u}{\partial y}\frac{\partial u}{\partial z}\sum_{i=1}^{3}\cos\beta_i\cos\gamma_i$$

$$+2\frac{\partial u}{\partial z}\frac{\partial u}{\partial x}\sum_{i=1}^{3}\cos\gamma_i\cos\alpha_i. \tag{1}$$

由于 l_1,l_2,l_3 是互相垂直的三个单位矢量,故

$$\sum_{i=1}^{3}\cos\alpha_i\cos\beta_i=0,\quad\sum_{i=1}^{3}\cos\beta_i\cos\gamma_i=0,\quad\sum_{i=1}^{3}\cos\gamma_i\cos\alpha_i=0,$$

$$\sum_{i=1}^{3}\cos^2\alpha_i=1,\quad\sum_{i=1}^{3}\cos^2\beta_i=1,\quad\sum_{i=1}^{3}\cos^2\gamma_i=1. \tag{2}$$

将上述诸等式(2)代入(1)式,即得

$$\left(\frac{\partial u}{\partial l_1}\right)^2+\left(\frac{\partial u}{\partial l_2}\right)^2+\left(\frac{\partial u}{\partial l_3}\right)^2=\left(\frac{\partial u}{\partial x}\right)^2+\left(\frac{\partial u}{\partial y}\right)^2+\left(\frac{\partial u}{\partial z}\right)^2.$$

(2) 利用 3350 题的结果,得

$$\sum_{i=1}^{3}\frac{\partial^2 u}{\partial l_i^2}=\frac{\partial^2 u}{\partial x^2}\sum_{i=1}^{3}\cos^2\alpha_i+\frac{\partial^2 u}{\partial y^2}\sum_{i=1}^{3}\cos^2\beta_i+\frac{\partial^2 u}{\partial z^2}\sum_{i=1}^{3}\cos^2\gamma_i$$

$$+2\frac{\partial u}{\partial x}\frac{\partial u}{\partial y}\sum_{i=1}^{3}\cos\alpha_i\cos\beta_i+2\frac{\partial u}{\partial y}\frac{\partial u}{\partial z}\sum_{i=1}^{3}\cos\beta_i\cos\gamma_i$$

$$+2\frac{\partial u}{\partial z}\frac{\partial u}{\partial x}\sum_{i=1}^{3}\cos\gamma_i\cos\alpha_i. \tag{3}$$

将诸等式(2)代入(3)式,即得

$$\frac{\partial^2 u}{\partial l_1^2}+\frac{\partial^2 u}{\partial l_2^2}+\frac{\partial^2 u}{\partial l_3^2}=\frac{\partial^2 u}{\partial x^2}+\frac{\partial^2 u}{\partial y^2}+\frac{\partial^2 u}{\partial z^2}.$$

【3352】 设 $u=u(x,y)$为可微分两次的函数且当 $y=x^2$ 时有：

$$u(x,y)=1 \quad 及 \quad \frac{\partial u}{\partial x}=x.$$

求当 $y=x^2$时的 $\frac{\partial u}{\partial y}$.

解 $\frac{\mathrm{d}}{\mathrm{d}x}u(x,x^2)=\frac{\partial u}{\partial x}+\frac{\partial u}{\partial y}\frac{\mathrm{d}y}{\mathrm{d}x}$.

当 $y=x^2$，$u(x,y)=u(x,x^2)=1$，故$\frac{\mathrm{d}u(x,x^2)}{\mathrm{d}x}=0$，且有$\frac{\partial u}{\partial x}=x$，$\frac{\mathrm{d}y}{\mathrm{d}x}=2x$.将这些结果代入上式，即得

$$x+2x\frac{\partial u}{\partial y}=0.$$

于是，$\frac{\partial u}{\partial y}=-\frac{1}{2}\quad(x\neq 0)$.

【3353】 设函数 $u=u(x,y)$满足方程

$$\frac{\partial^2 u}{\partial x^2}-\frac{\partial^2 u}{\partial y^2}=0$$

以及下列条件：

$$u(x,2x)=x,\quad u'_x(x,2x)=x^2.$$

求：$u''_{xx}(x,2x)$，$u''_{xy}(x,2x)$，$u''_{yy}(x,2x)$.

解 由于 $u(x,2x)=x$，故

$$u'_x(x,2x)+2u'_y(x,2x)=1. \tag{1}$$

又因 $u'_x(x,2x)=x^2$，故由(1)式即得

$$u'_y(x,2x)=\frac{1-x^2}{2}. \tag{2}$$

将(2)式两端对求 x 导数，有

$$u''_{yx}(x,2x)+2u''_{yy}(x,2x)=-x; \tag{3}$$

由 $u'_x(x,2x)=x^2$ 两端对 x 求导数,有

$$u''_{xx}(x,2x)+2u''_{xy}(x,2x)=2x. \qquad (4)$$

联立(3)式和(4)式并利用题设条件 $u''_{xx}=u''_{yy}$,解之即得

$$u''_{xx}(x,2x)=u''_{yy}(x,2x)=-\frac{4}{3}x,$$

$$u''_{xy}(x,2x)=\frac{5}{3}x.$$

假定 $z=z(x,y)$,解下列方程:

【3354】 $\dfrac{\partial^2 z}{\partial x^2}=0.$

解 $\dfrac{\partial z}{\partial x}=\varphi(y),\quad z=x\varphi(y)+\psi(y).$

【3355】 $\dfrac{\partial^2 z}{\partial x\partial y}=0.$

解 $\dfrac{\partial z}{\partial x}=\psi_1(x),\ z=\displaystyle\int_0^x\varphi_1(t)\mathrm{d}t+\psi(y)=\varphi(x)+\psi(y).$

【3356】 $\dfrac{\partial^n z}{\partial y^n}=0.$

解 $\dfrac{\partial^{n-1}z}{\partial y^{n-1}}=\bar{\varphi}_{n-1}(x),\ \dfrac{\partial^{n-2}z}{\partial y^{n-2}}=y\bar{\varphi}_{n-1}(x)+\bar{\varphi}_{n-2}(x)$,累次积分 n 次,最后得

$$z=y^{n-1}\varphi_{n-1}(x)+y^{n-2}\varphi_{n-2}(x)+\cdots+y\varphi_1(x)+\varphi_0(x).$$

【3357】 假定 $u=u(x,y,z)$,解方程

$$\frac{\partial^3 u}{\partial x\partial y\partial z}=0.$$

解 $\dfrac{\partial^2 u}{\partial x\partial y}=\varphi_1(x,y),\quad \dfrac{\partial u}{\partial x}=\varphi_2(x,y)+\psi_1(x,z),$

$$u=\varphi(x,y)+\psi(x,z)+\chi(y,z).$$

【3358】 求方程

$$\frac{\partial z}{\partial y}=x^2+2y$$

的满足条件 $z(x,x^2)=1$ 的解 $z=z(x,y)$.

解 由$\frac{\partial z}{\partial y}=x^2+2y$,得

$$z=x^2y+y^2+\varphi(x).$$

又因 $z(x,x^2)=1$,故 $1=x^4+x^4+\varphi(x)$,从而有

$$\varphi(x)=1-2x^4.$$

最后得 $z=1+x^2y+y^2-2x^4$.

【3359】 求方程

$$\frac{\partial^2 z}{\partial y^2}=2$$

的满足条件 $z(x,0)=1$, $z'_y(x,0)=x$ 的解 $z=z(x,y)$.

解 由$\frac{\partial^2 z}{\partial y^2}=2$ 得

$$\frac{\partial z}{\partial y}=2y+\varphi(x).$$

又因 $z'_y(x,0)=x$,所以 $x=0+\varphi(x)$ 或 $x=\varphi(x)$. 从而有

$$\frac{\partial z}{\partial y}=2y+x.$$

由此得

$$z=y^2+xy+\varphi_1(x).$$

又因 $z(x,0)=1$,故 $1=0+0+\varphi_1(x)$ 或 $1=\varphi_1(x)$. 最后得

$$z=1+xy+y^2.$$

【3360】 求方程

$$\frac{\partial^2 z}{\partial x\partial y}=x+y.$$

的满足条件 $z(x,0)=x$, $z(0,y)=y^2$ 的解 $z=z(x,y)$.

解 由 $\frac{\partial^2 z}{\partial x\partial y}=x+y$ 得

$$\frac{\partial z}{\partial x}=xy+\frac{1}{2}y^2+\varphi_1(x),$$

$$z=\frac{1}{2}x^2y+\frac{1}{2}xy^2+\varphi(x)+\psi(y).$$

现确定 $\varphi(x)$ 及 $\psi(y)$. 由于 $z(x,0)=x$, $z(0,y)=y^2$, 故有

$$x=\varphi(x)+\psi(0),\quad y^2=\varphi(0)+\psi(y),$$

于是,

$$z=x+y^2+\frac{1}{2}x^2y+\frac{1}{2}xy^2-[\varphi(0)+\psi(0)].$$

又因 $z(0,0)=0$, 故 $\varphi(0)+\psi(0)=0$. 最后得

$$z=x+y^2+\frac{1}{2}xy(x+y).$$

§3. 隐函数的微分法

1° 存在定理 设:1)函数 $F(x,y,z)$在某点 $\hat{A}(x_0,y_0,z_0)$等于零;2) $F(x,y,z)$和 $F'_z(x,y,z)$在点 $\hat{A}_0$ 的邻域内有定义并且是连续的; 3)$F'_z(x_0,y_0,z_0)\neq 0$, 则在点 $A_0(x_0,y_0)$的某充分小的邻域内存在惟一的连续函数

$$z=f(x,y) \tag{1}$$

满足方程 $F(x,y,z)=0$ 而且是 $z_0=f(x_0,y_0)$.

2° 隐函数的可微分性 设除了上面的条件外，4)如果函数 $F(x,y,z)$在点$\widehat{A}_0(x_0,y_0,z_0)$的邻域内可微分，则函数(1)在点 $A_0(x_0,y_0)$的邻域内也可微分并且它的导函数$\frac{\partial z}{\partial x}$和$\frac{\partial z}{\partial y}$可从方程

$$\frac{\partial F}{\partial x}+\frac{\partial F}{\partial z}\frac{\partial z}{\partial x}=0,\quad \frac{\partial F}{\partial y}+\frac{\partial F}{\partial z}\frac{\partial z}{\partial y}=0 \tag{2}$$

求得.若函数 $F(x,y,z)$可微分任意多次，则用逐次微分方程(2)的方法也可计算函数 z 的高阶导函数.

3° 由方程组定义的隐函数 设函数 $F_i(x_1,\cdots,x_m;\ y_1,\cdots,y_n)(i=1,2,\cdots,n)$满足下列条件：

(ⅰ) 于点$\widehat{A}_0(x_{10},\cdots,x_{m0};\ y_{10},\cdots,y_{n0})$变成为零；

(ⅱ) 在点$\widehat{A}_0$ 的邻域内可微分；

(ⅲ) 在点$\widehat{A}_0$ 函数行列式$\frac{\partial(F_1,\cdots,F_n)}{\partial(y_1,\cdots,y_n)}\neq 0$.

在这种情况下，方程组

$$F_i(x_1,\cdots,x_m;\ y_1,\cdots,y_n)=0\quad(i=1,2,\cdots,n) \tag{3}$$

在点 $A_0(x_{10},\cdots,x_{m0})$的邻域内惟一地确定出一组可微分的函数：

$$y_i=f_i(x_1,\cdots,x_m)\quad(i=1,2,\cdots,n).$$

这些方程满足方程(3)及原始条件

$$f_i(x_{10},\cdots,x_{m0})=y_{i0}\quad(i=1,2,\cdots,n).$$

这些隐函数的微分可由方程组

$$\sum_{j=1}^{m}\frac{\partial F_i}{\partial x_j}dx_j+\sum_{k=1}^{n}\frac{\partial F_i}{\partial y_k}dy_k=0\quad(i=1,2,\cdots,n)^{*}\text{求得}.$$

【3361】 证明：在每一点都不连续的迪里黑里函数

$$y=\begin{cases}1, & \text{若 } x \text{ 为有理数；}\\ 0, & \text{若 } x \text{ 为无理数}\end{cases}$$

---

* 这一段在简明陈述大多数的问题时无条件地假定隐函数和它们的对应导函数存在的条件满足.

满足方程

$$y^2-y=0.$$

证 当 x 为有理数时，$y^2-y=1-1=0$；当 x 为无理数时，$y^2-y=0-0=0$. 因此，不论 x 为任何实数 x，均有

$$y^2-y=0.$$

【3362】 设函数 $f(x)$ 定义于区间 (a,b) 内. 问在怎样的情况下方程

$$f(x)y=0$$

当 $a<x<b$ 时才有惟一连续的解 $y=0$?

解 函数 $f(x)$ 的非零点的集合在区间 (a,b) 内是处处稠密的，即 $f(x)$ 的零点的集合不能充满区间 (a,b) 的任意一个子区间 $(\alpha,\beta)\subset(a,b)$. 此时，方程 $f(x)y=0$ 有惟一连续的解 $y=0$. 事实上，设 $y=y(x)$ 为方程 $f(x)y=0$ 的一个连续解，$x_0\in(a,b)$ 则

(1) 当 $f(x_0)\neq 0$ 时，显然有 $y(x_0)=0$；

(2) 当 $f(x_0)=0$ 时，由 $f(x)$ 的非零点的稠密性知：存在叙列 $\{x_n\}$，满足 $x_n\to x_0$ 及 $f(x_n)\neq 0$ $(n=1,2,\cdots)$. 于是，$y(x_n)=0$. 由 $y(x)$ 的连续性即得

$$y(x_0)=y(\lim_{n\to\infty}x_n)=\lim_{n\to\infty}y(x_n)=0.$$

于是，当 $a<x<b$ 时，$y\equiv 0$.

反之，若方程 $f(x)y=0$ 在 (a,b) 只有惟一的连续解 $y=0$，则 $f(x)$ 的零点集必不能充满 (a,b) 的任何子区间. 事实上，设在 (a,b) 的某子区间 (α,β) 上 $f(x)\equiv 0$. 定义 (a,b) 上的函数 $y_0(x)$ 如下：

$$y_0(x)=\begin{cases}0, & \text{当 } a<x<\alpha+\dfrac{\beta-\alpha}{4} \text{ 时;}\\ \dfrac{4}{\beta-\alpha}\left(x-\alpha-\dfrac{\beta-\alpha}{4}\right), & \text{当 } \alpha+\dfrac{\beta-\alpha}{4}\leqslant x<\alpha+\dfrac{\beta-\alpha}{2} \text{ 时;}\\ -\dfrac{4}{\beta-\alpha}\left[x-\alpha-\dfrac{3(\beta-\alpha)}{4}\right], & \text{当 } \alpha+\dfrac{\beta-\alpha}{2}\leqslant x\leqslant\alpha+\dfrac{3}{4}(\beta-\alpha) \text{ 时;}\\ 0, & \text{当 } \alpha+\dfrac{3}{4}(\beta-\alpha)<x<b \text{ 时.}\end{cases}$$

如图 6.27 所示,图中

$$c_1=\alpha+\frac{\beta-\alpha}{4},\quad c_0=\alpha+\frac{\beta-\alpha}{2},\quad c_2=\alpha+\frac{3(\beta-\alpha)}{4}.$$

显然,$y_0(x)\not\equiv 0$,但 $y=y_0(x)$是方程 $f(x)y=0$ 在(a,b)上的一个连续解.

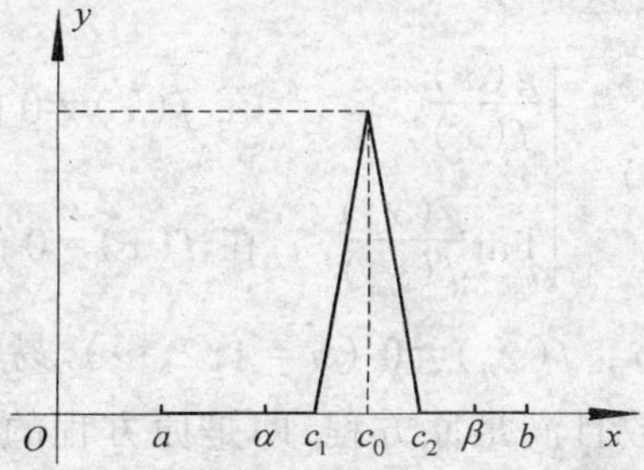

图 6.27

【3363】 设函数 $f(x)$和 $g(x)$于区间(a,b)内有定义且连续.问在怎样的情况下,方程

$$f(x)y=g(x)$$

于区间(a,b)内才有惟一连续的解.

解 下面三个条件显然是必要的:

(1) $f(x)$的零点必须是$g(x)$的零点,否则y无解;

(2) $f(x)$的非零点集合必须在(a,b)内稠密.否则,存在$(\alpha,\beta)\subset(a,b)$,当$x\in(\alpha,\beta)$时,恒有$f(x)=g(x)=0$.从而当$x\in(\alpha,\beta)$时,任意改变原方程一个连续解$y(x)$的函数值(但保持连续性)就得出原方程的另一个连续解(参看3362题的图),此与原方程连续解的惟一性矛盾.

(3) 如果$f(x_0)=0$,则对任一点列$x_n\to x_0$, $f(x_n)\neq 0$ $(n=1,2,\cdots)$均有

$$\lim_{n\to\infty}\frac{g(x_n)}{f(x_n)}=y_0 \quad (y_0\text{是有限数且只与}x_0\text{有关}).$$

显然,如果上述极限不存在或对不同的叙列取不同的值均导致y不连续.

反之,若上述三个条件满足,我们证明原方程的连续解存在且惟一.事实上,这时令

$$y_0(x)=\begin{cases}\dfrac{g(x)}{f(x)}, & \text{在} f(x)\neq 0 \text{的点};\\ \lim\limits_{n\to\infty}\dfrac{g(x_n)}{f(x_n)}, & \text{在} f(x)=0 \text{的点},\end{cases}$$

这里任取$x_n\to x$, $f(x_n)\neq 0$ $(n=1,2,\cdots)$.易知$y_0(x)$是(a,b)内的连续函数且满足原方程,即是原方程的一个连续解.现若原方程在(a,b)内还有一连续解$y=y_1(x)$,则

$$f(x)y_1(x)=g(x),\quad f(x)y_0(x)=g(x)\quad (a<x<b).$$

对任何$x_0\in(a,b)$,若$f(x_0)\neq 0$,则$y_1(x_0)=\dfrac{g(x_0)}{f(x_0)}=y_0(x_0)$;若$f(x_0)=0$,取$x_n\to x_0$, $f(x_n)\neq 0$ $(n=1,2,\cdots)$则根

据 $y_1(x)$的连续性,得

$$y_1(x_0)=\lim_{n\to\infty}y_1(x_n)=\lim_{n\to\infty}\frac{g(x_n)}{f(x_n)}=y_0(x_0).$$

于是,$y_1(x)\equiv y_0(x)$ $(a<x<b)$,惟一性获证.

【3364】 设已知方程

$$x^2+y^2=1 \tag{1'}$$

及

$$y=y(x)\quad(-1\leqslant x\leqslant 1) \tag{2'}$$

为满足方程(1′)的单值函数.

(1) 问有多少单值函数(2′)满足方程(1′)?

(2) 问有多少单值连续函数(2′)满足方程(1′)?

(3) 设:(ⅰ)$y(0)=1$;(ⅱ)$y(1)=0$,问有多少单值连续函数(2′)满足方程(1′)?

解 (1) 无限个.例如,令

$$y_n(x)=\begin{cases}\sqrt{1-x^2}, & \text{当}-1\leqslant x\leqslant 1\text{ 且 }x\neq\dfrac{1}{n}\text{时};\\ -\sqrt{1-x^2}, & \text{当 }x=\dfrac{1}{n}\quad(n=1,2,3,\cdots)\text{时},\end{cases}$$

则显然 $y=y_n(x)$ $(n=1,2,3,\cdots)$都是满足方程(1′)的单值函数.

(2) 二个:$y=-\sqrt{1-x^2}$及 $y=\sqrt{1-x^2}$.

(3) (ⅰ)满足条件 $y(0)=1$ 的仅 $y=\sqrt{1-x^2}$这一个连续函数;(ⅱ)满足条件 $y(1)=0$ 的有 $y=-\sqrt{1-x^2}$及 $y=\sqrt{1-x^2}$这二个连续函数.

【3365】 设已知方程

$$x^2=y^2 \tag{1'}$$

及

$$y = y(x) \quad (-\infty < x < +\infty) \qquad (2')$$

是满足方程(1′)的单值函数.

(1) 问有多少单值函数(2′)满足方程(1′)?

(2) 问有多少单值连续函数(2′)满足方程(1′)?

(3) 问有多少单值可微分的函数(2′)满足方程(1′)?

(4) 设:(ⅰ)$y(1)=1$;(ⅱ)$y(0)=0$,问有多少单值连续函数(2′)满足方程(1′)?

(5) 设 $y(1)=1$ 及 δ 为充分小的数,问有多少单值连续函数$y=y(x)$ $(1-\delta<x<1+\delta)$满足方程(1′)?

解

(1) 无限个.例如, $y_n(x)=\begin{cases}|x|, x\neq\dfrac{1}{n}\\ -|x|, x=\dfrac{1}{n},\end{cases}$ $(n=1,2,\cdots)$

都是.

(2) 四个:$y=-x$.$y=x$,$y=|x|$和 $y=-|x|$.

(3) 二个:$y=-x$ 和 $y=x$.

(4) (ⅰ)二个:$y=x$ 和 $y=|x|$;(ⅱ)四个:即(2)中之四个.

(5) 一个:$y=x$.

【3366】⁺ 方程

$$x^2+y^2=x^4+y^4$$

是定义 y 为 x 的多值函数.问这个函数在怎样的域内,(1)单值,(2)有二个值,(3)有三个值,(4)有四个值?求此函数的各枝点及它的单值连续的各枝.

解 由 $x^2+y^2=x^4+y^4$ 得 $y^4-y^2+(x^4-x^2)=0$.解之,

得 $y^2=\frac{1}{2}\pm\sqrt{\frac{1}{4}+x^2-x^4}$. 一共有单值连续的六支,其中当 $\frac{1}{4}+x^2-x^4\geqslant0$ 即 $|x|\leqslant\sqrt{\frac{1+\sqrt{2}}{2}}$ 时有二支:

$$y_1=\sqrt{\frac{1}{2}+\sqrt{\frac{1}{4}+x^2-x^4}},\qquad |x|\leqslant\sqrt{\frac{1+\sqrt{2}}{2}};$$

$$y_2=-\sqrt{\frac{1}{2}+\sqrt{\frac{1}{4}+x^2-x^4}},\qquad |x|\leqslant\sqrt{\frac{1+\sqrt{2}}{2}}.$$

而当 $0\leqslant\frac{1}{4}+x^2-x^4\leqslant\left(\frac{1}{2}\right)^2$ 即 $1\leqslant x^2\leqslant\frac{1+\sqrt{2}}{2}$ 时有四支:

$$y_3=\sqrt{\frac{1}{2}-\sqrt{\frac{1}{4}+x^2-x^4}},\quad 1\leqslant x\leqslant\sqrt{\frac{1+\sqrt{2}}{2}};$$

$$y_4=\sqrt{\frac{1}{2}-\sqrt{\frac{1}{4}+x^2-x^4}},\quad -\sqrt{\frac{1+\sqrt{2}}{2}}\leqslant x\leqslant-1;$$

$$y_5=-\sqrt{\frac{1}{2}-\sqrt{\frac{1}{4}+x^2-x^4}},\quad 1\leqslant x\leqslant\sqrt{\frac{1+\sqrt{2}}{2}};$$

$$y_6=-\sqrt{\frac{1}{2}-\sqrt{\frac{1}{4}+x^2-x^4}},\quad -\sqrt{\frac{1+\sqrt{2}}{2}}\leqslant x\leqslant-1.$$

此外还有一个孤立点(0,0)(参看1542题的图形). 考虑上述六支的公共定义域知:

(1) 没有单值区域.

(2) 双值区域为 $0<|x|<1$ 及 $x=\pm\sqrt{\frac{1+\sqrt{2}}{2}}$.

(3) 三值区域为 $x=0$ 及 $x=\pm1$.

(4) 四值区域为 $1<|x|<\sqrt{\frac{1+\sqrt{2}}{2}}$. 枝点的必要条件为 $[y^4-y^2+(x^4-x^2)]'_y=0$, 即 $4y^3-2y=0$. 于是, $y=0$ 及 $y=\pm\frac{1}{\sqrt{2}}$. 由 $y=0$ 解得 $x=0$ 及 $x=\pm1$; 而由 $y=\pm\frac{1}{\sqrt{2}}$ 解得

$x=\pm\sqrt{\dfrac{1+\sqrt{2}}{2}}$.经验证,得六个枝点:

$$(-1,0),\qquad (1,0),\qquad \left(\sqrt{\frac{1+\sqrt{2}}{2}},\frac{1}{\sqrt{2}}\right),$$
$$\left(\sqrt{\frac{1+\sqrt{2}}{2}},-\frac{1}{\sqrt{2}}\right),\quad \left(-\sqrt{\frac{1+\sqrt{2}}{2}},\frac{1}{\sqrt{2}}\right),\quad \left(-\sqrt{\frac{1+\sqrt{2}}{2}},-\frac{1}{\sqrt{2}}\right).$$

【3367】 求由方程

$$(x^2+y^2)^2=x^2-y^2$$

所定义的多值函数 y 的各枝点和单值连续的各枝

$$y=y(x)\qquad(-1\leqslant x\leqslant 1).$$

解 由$(x^2+y^2)^2=x^2-y^2$ 得

$$y^2=\frac{-(1+2x^2)\pm\sqrt{8x^2+1}}{2}.$$

因为当$|x|\leqslant 1$ 时,$\sqrt{8x^2+1}\geqslant 1+2x^2$,故单值连续的各枝为(共有四枝)

$$y=\varepsilon(x)\sqrt{\frac{\sqrt{8x^2+1}-(1+2x^2)}{2}}\quad(-1\leqslant x\leqslant 1),$$

其中 $\varepsilon(x)$分别为 1, -1, $\operatorname{sgn}x$, $-\operatorname{sgn}x$.

下面再求枝点:

$$[(x^2+y^2)^2-x^2+y^2]'_y=2(x^2+y^2)2y+2y=0,$$

解之得 $y=0$,从而得 $x=0$ 及 $x=\pm 1$. 经验证得枝点为

$$(0,0),\ (1,0)\quad 及\quad (-1,0).$$

【3368】 设函数 $f(x)$当 $a<x<b$ 时连续,并且函数$\varphi(y)$当 $c<y<d$ 时单调增加而且连续.问在怎样的条件下方程

$$\varphi(y)=f(x)$$

定义出单值函数

$$y=\varphi^{-1}[f(x)]?$$

研究例子:(ⅰ)$\sin y+\operatorname{sh}y=x$; (ⅱ)$e^{-y}=-\sin^2 x$.

解 根据 $\varphi(y)$的严格增加性以及 $\varphi(y)$、$f(x)$的连续性可知,若存在(x_0,y_0)满足 $\varphi(y_0)=f(x_0)$,则在 x_0 近旁由方程 $\varphi(y)=f(x)$可惟一地确定 y 为x 的单值连续函数

$$y=\varphi^{-1}[f(x)] \quad (满足\ y_0=\varphi^{-1}[f(x_0)]); \qquad (1)$$

若更设满足不等式

$$\lim_{y\to c+0}\varphi(y)<f(x)<\lim_{y\to d-0}\varphi(x) \quad (a<x<b), \qquad (2)$$

则显然函数(1)是整个 $a<x<b$ 上定义的连续函数.

(ⅰ)设 $\varphi(y)=\sin y+\operatorname{sh}y(-\infty<y<+\infty)$, $f(x)=x(-\infty<x<+\infty)$.由于 $\varphi'(y)=\cos y+\operatorname{ch}y>0$ $(-\infty<y<+\infty)$,故 $\varphi(y)$是$-\infty<y<+\infty$上的严格增函数,又显然有

$$\lim_{y\to-\infty}\varphi(y)=-\infty, \quad \lim_{y\to+\infty}\varphi(y)=+\infty,$$

故不等式(2)满足.于是,由方程 $\sin y+\operatorname{sh}y=x$ 惟一确定 y 为x 的连续函数,它定义在整个数轴:$-\infty<x<+\infty$上.

(ⅱ)$\varphi(y)=e^{-y}$及$f(x)=-\sin^2 x$ 虽然也满足题设条件,但此方程是矛盾的($e^{-y}>0$, $-\sin^2 x\leqslant 0$),即不存在点(x_0,y_0),使有 $e^{-y_0}=-\sin x_0$.因此,不能定义 y 为x 的单值函数.

【3369】 设

$$x=y+\varphi(y), \qquad (1)$$

其中 $\varphi(0)=0$ 且当$-a<y<a$ 时$\varphi'(y)$连续并满足$|\varphi'(y)|\leqslant k<1$.证明:当$-\varepsilon<x<\varepsilon$ 时存在惟一的可微分函数$y=y(x)$满足方程(1)且 $y(0)=0$.

证 设 $F(x,y)=x-y-\varphi(y)$,则

(ⅰ)由于 $\varphi(0)=0$,故 $F(0,0)=0$;

(ⅱ) 当 $-\infty<x<+\infty$, $-a<y<a$ 时, $F(x,y)$, $F'_x(x,y)$ 及 $F'_y(x,y)=-1-\varphi'(y)$ 均连续;

(ⅲ) $F'_y(0,0)=-1-\varphi'(0)<0$, 当然 $F'_y(0,0)\neq 0$.

于是,由隐函数的存在及可微性定理知:存在 $\varepsilon>0$, 使当 $-\varepsilon<x<\varepsilon$ 时, 存在惟一的可微分函数 $y=y(x)$ 满足方程 $x=y+\varphi(y)$ 及 $y(0)=0$.

【3370】 设 $y=y(x)$ 为由方程 $x=ky+\varphi(y)$ 所定义的隐函数,其中常数 $k\neq 0$ 且 $\varphi(y)$ 为以 ω 为周期的可微周期函数,且 $|\varphi'(y)|<|k|$. 证明:

$$y=\frac{x}{k}+\psi(x),$$

其中 $\psi(x)$ 为以 $|k|\omega$ 为周期的周期函数.

证 由于 $x=ky+\varphi(y)$, 故 $\frac{dx}{dy}=k+\varphi'(y)$. 又因 $|\varphi'(y)|<|k|$, 故 $\frac{dx}{dy}$ 与 k 同号, 即 x 为 y 的严格单调函数, 且为连续的. 由于 $\varphi(y)$ 是连续的以 ω 为周期的函数, 故有界, 从而当 $k>0$ 时,

$$\lim_{y\to-\infty}x=-\infty,\quad \lim_{y\to+\infty}x=+\infty;$$

当 $k<0$ 时,

$$\lim_{y\to-\infty}x=+\infty,\quad \lim_{y\to+\infty}x=-\infty;$$

由此可知, 其反函数 $y=y(x)$ 存在惟一, 且是 $-\infty<x<+\infty$ 上有定义的严格单调可微函数. 令

$$y(x)-\frac{x}{k}=\psi(x)\quad(-\infty<x<+\infty),\tag{1}$$

则由 $x=ky(x)+\varphi[y(x)]$, $\varphi[y(x)+\omega]=\varphi[y(x)]$ 知,

$x+k\omega=ky(x)+\varphi[y(x)]+k\omega=k[y(x)+\omega]+\varphi[y(x)+\omega]$.

从而,根据反函数的惟一性,得

$$y(x+k\omega)=y(x)+\omega \quad (-\infty<x<+\infty). \qquad (2)$$

由(1)式与(2)式,得

$$\psi(x+k\omega)=y(x+k\omega)-\frac{x+k\omega}{k}=y(x)-\frac{x}{k}$$
$$=\psi(x) \quad (-\infty<x<+\infty).$$

同理可证

$$\psi(x-k\omega)=\psi(x) \quad (-\infty<x<+\infty),$$

故 $\psi(x)$是以$|k|\omega$ 为周期的可微周期函数. 由(1)得

$$y=y(x)=\frac{1}{k}x+\psi(x).$$

证毕.

对于下列各方程式所定义的函数 y,求出 y' 和 y'':

【3371】 $x^2+2xy-y^2=a^2$.

解 用求导及微分两种方法解之.

解法 1:

等式两端分别对 x 求导数,得 $2x+2y+2xy'-2yy'=0$,故有

$$y'=\frac{y+x}{y-x}.$$

再对上式求导数,得

$$y''=\frac{(y-x)(y'+1)-(y+x)(y'-1)}{(y-x)^2}$$
$$=\frac{2y-2xy'}{(y-x)^2}=\frac{2y(y-x)-2x(y+x)}{(y-x)^3}$$
$$=\frac{2(y^2-2xy-x^2)}{(y-x)^3}=-\frac{2a^2}{(y-x)^3}=\frac{2a^2}{(x-y)^3}.$$

解法 2:

等式两端分别微分，得

$$2x\mathrm{d}x+2x\mathrm{d}y+2y\mathrm{d}x-2y\mathrm{d}y=0, \tag{1}$$

故有 $\dfrac{\mathrm{d}y}{\mathrm{d}x}=\dfrac{y+x}{y-x}$.

对(1)式两端再微分一次，并注意 $\mathrm{d}^2x=0$，得

$$\mathrm{d}x^2+2\mathrm{d}x\mathrm{d}y-\mathrm{d}y^2+(x-y)\mathrm{d}^2y=0,$$

故有

$$\frac{\mathrm{d}^2y}{\mathrm{d}x^2}=\frac{1+2\dfrac{\mathrm{d}y}{\mathrm{d}x}-\left(\dfrac{\mathrm{d}y}{\mathrm{d}x}\right)^2}{y-x}=\frac{1+\dfrac{2(y+x)}{y-x}-\left(\dfrac{y+x}{y-x}\right)^2}{y-x}$$

$$=\frac{2a^2}{(x-y)^3}.$$

【3372】 $\ln\sqrt{x^2+y^2}=\arctan\dfrac{y}{x}$.

解 解法 1：

等式两端对 x 求导数，得 $\dfrac{x+yy'}{x^2+y^2}=\dfrac{xy'-y}{x^2+y^2}$. 解之即得

$$y'=\frac{x+y}{x-y}.$$

将上式再对 x 求导，得

$$y''=\frac{(x-y)(1+y')-(x+y)(1-y')}{(x-y)^2}=\frac{2(xy'-y)}{(x-y)^2}$$

$$=\frac{2x(x+y)-2y(x-y)}{(x-y)^3}=\frac{2(x^2+y^2)}{(x-y)^3}.$$

解法 2：

等式两端分别微分，得 $\dfrac{x\mathrm{d}x+y\mathrm{d}y}{x^2+y^2}=\dfrac{x\mathrm{d}y-y\mathrm{d}x}{x^2+y^2}$. 解之即得

$$\frac{\mathrm{d}y}{\mathrm{d}x}=\frac{x+y}{x-y}.$$

对 $x\mathrm{d}x+y\mathrm{d}y=x\mathrm{d}y-y\mathrm{d}x$ 再微分一次，得

$$\mathrm{d}x^2+\mathrm{d}y^2+y\mathrm{d}^2y=x\mathrm{d}y^2,$$

故有

$$\frac{\mathrm{d}^2y}{\mathrm{d}x^2}=\frac{1}{x-y}\left[1+\left(\frac{\mathrm{d}y}{\mathrm{d}x}\right)^2\right]=\frac{(x-y)^2+(x+y)^2}{(x-y)^3}=\frac{2(x^2+y^2)}{(x-y)^3}.$$

【3373】 $y \quad \varepsilon\sin y=x \quad (0<\varepsilon<1)$.

解 等式两端对 x 求导数，得 $y'-\varepsilon y'\cos y=1$，故有

$$y'=\frac{1}{1-\varepsilon\cos y}.$$

将上式再对 x 求导数，得

$$y''=-\frac{\varepsilon y'\sin y}{(1-\varepsilon\cos y)^2}=-\frac{\varepsilon\sin y}{(1-\varepsilon\cos y)^3}.$$

【3374】 $x^y=y^x \quad (x\neq y)$.

解 取对数得

$$y\ln x=x\ln y \quad 或 \quad \frac{\ln x}{x}=\frac{\ln y}{y} \quad (x>0,\ y>0).$$

两端对 x 求导数，得 $\dfrac{1-\ln x}{x^2}=\dfrac{y'(1-\ln y)}{y^2}$，故有

$$y'=\frac{y^2(1-\ln x)}{x^2(1-\ln y)}.$$

将上式再对 x 求导数，得

$$y''=\frac{1}{x^4(1-\ln y)^2}\left\{x^2(1-\ln y)\left[2yy'(1-\ln x)-\frac{y^2}{x}\right]\right.$$

$$\left.-y^2(1-\ln x)\left[2x-2x\ln y-\frac{x^2y'}{y}\right]\right\}$$

$$=\frac{1}{x^4(1-\ln y)^3}\left\{y^2\left[y(1-\ln x)^2\right.\right.$$

$$-2(x-y)(1-\ln x)(1-\ln y)-x(1-\ln y)^2\Big]\Big\}.$$

【3375】 $y=2x\arctan\dfrac{y}{x}$.

解 $\dfrac{y}{x}=2\arctan\dfrac{y}{x}$, 显然$\dfrac{y}{x}\neq 1$. 两端微分, 得

$$\mathrm{d}\left(\frac{y}{x}\right)=\frac{2\mathrm{d}\left(\frac{y}{x}\right)}{1+\left(\frac{y}{x}\right)^2}.$$

于是, $\mathrm{d}\left(\dfrac{y}{x}\right)=0$, 即$\dfrac{x\mathrm{d}y-y\mathrm{d}x}{x^2}=0$, 故有

$$\frac{\mathrm{d}y}{\mathrm{d}x}=\frac{y}{x}.$$

将上式对 x 求导数, 即得

$$\frac{\mathrm{d}^2y}{\mathrm{d}x^2}=\frac{x\frac{\mathrm{d}y}{\mathrm{d}x}-y}{x^2}=0.$$

【3376】 证明:当 $1+xy=k(x-y)$ (式中 k 为常数)时, 有等式

$$\frac{\mathrm{d}x}{1+x^2}=\frac{\mathrm{d}y}{1+y^2}.$$

证 将等式 $1+xy=k(x-y)$两端微分, 得

$$x\mathrm{d}y+y\mathrm{d}x=k(\mathrm{d}x-\mathrm{d}y),$$

故

$$(x-y)(x\mathrm{d}y+y\mathrm{d}x)=k(x-y)(\mathrm{d}x-\mathrm{d}y)=(1+xy)(\mathrm{d}x-\mathrm{d}y),$$

简化即得 $\dfrac{\mathrm{d}x}{1+x^2}=\dfrac{\mathrm{d}y}{1+y^2}$. 证毕.

【3377】 证明:若

$$x^2y^2+x^2+y^2-1=0,$$

则当 $xy>0$ 时有等式

$$\frac{dx}{\sqrt{1-x^4}}+\frac{dy}{\sqrt{1-y^4}}=0.$$

证 将所给等式两端微分，得

$$2xy^2dx+2x^2ydy+2xdx+2ydy=0,$$

即

$$x(y^2+1)dx+y(x^2+1)dy=0. \qquad (1)$$

由 $x^2y^2+x^2+y^2-1=0$ 可解得

$$x=\pm\sqrt{\frac{1-y^2}{1+y^2}}, \quad y=\pm\sqrt{\frac{1-x^2}{1+x^2}}. \qquad (2)$$

因为 $xy>0$，故知 x,y 应同取正号或同取负号．不论取什么符号，当用(2)式代入(1)式后，均可得

$$\frac{dx}{\sqrt{1-x^4}}+\frac{dy}{\sqrt{1-y^4}}=0.$$

【3378】 证明：方程

$$(x^2+y^2)^2=a^2(x^2-y^2) \quad (a\neq0)$$

在点 $x=0,y=0$ 的邻域中定义两个可微分的函数：$y=y_1(x)$ 和 $y=y_2(x)$．求 $y_1'(0)$ 及 $y_2'(0)$．

解 $(x^2+y^2)^2=a(x^2-y^2)$ *) 即

$$y^4+(2x^2+a^2)y^2-(a^2x^2-x^4)=0.$$

解之得

$$y^2=\frac{-(2x^2+a^2)+\sqrt{8a^2x^2+a^4}}{2}$$

(根号前取正号是由于 $y^2\geqslant0$)．记

$$y=\pm\sqrt{\frac{\sqrt{8a^2x^2+a^4}-2x^2-a^2}{2}}=\pm f(x^2).$$

不难看出(0,0)为枝点.从点(0,0)出发,有单值连续的四个分枝:

$$y_1=f(x^2),\qquad 0\leqslant x\leqslant\delta;$$

$$y_2=f(x^2),\qquad -\delta\leqslant x\leqslant 0;$$

$$y_3=-f(x^2),\qquad 0\leqslant x\leqslant\delta$$

$$y_4=-f(x^2),\qquad -\delta\leqslant x\leqslant 0.$$

这几个单值分枝能否组成$(-\delta,\delta)$上的可微分函数,主要是看组成的函数在 $x=0$ 是否可微.为此,研究各分枝在点 $x=0$ 处的单侧导数.

$$\begin{aligned}y'_{1+}(0)&=\lim_{x\to+0}\frac{y_1(x)-y_1(0)}{x-0}=\lim_{x\to+0}\frac{f(x^2)}{x}\\&=\lim_{x\to+0}\frac{1}{x}\sqrt{\frac{\sqrt{8a^2x^2+a^4}-2x^2-a^2}{2}}\\&=\lim_{x\to+0}\sqrt{\frac{\sqrt{8a^2x^2+a^4}-2x^2-a^2}{2x^2}}\\&=\lim_{x\to+0}\sqrt{\frac{8a^2x^2+a^4-(2x^2+a^2)^2}{2x^2(\sqrt{8a^2x^2+a^4}+2x^2+a^2)}}\\&=\lim_{x\to+0}\sqrt{\frac{4a^2-4x^2}{2(\sqrt{8a^2x^2+a^4}+2x^2+a^2)}}=1.\end{aligned}$$

同法可得

$$y'_{2-}(0)=\lim_{x\to-0}\frac{f(x^2)}{x}=-1,$$

$$y'_{3+}(0)=\lim_{x\to+0}\frac{-f(x^2)}{2}=-1,$$

$$y'_{4-}(0)=\lim_{x\to-0}\frac{-f(x^2)}{2}=1.$$

由上可以看出

$$y_1(x)=\begin{cases} f(x^2), & 0\leqslant x<\delta, \\ -f(x^2), & -\delta<x<0, \end{cases}$$

及

$$y_2(x)=\begin{cases} -f(x^2), & 0\leqslant x<\delta, \\ f(x^2), & -\delta<x<0 \end{cases}$$

是仅有的两个过点(0,0)的可微分函数,且

$$y_1'(0)=1 \quad 及 \quad y_2'(0)=-1.$$

*) 此方程的图象系双纽线(图 6.28),它的极坐标方程为 $r^2=a^2\cos2\theta$. 以上作法及结论由图很容易看出.

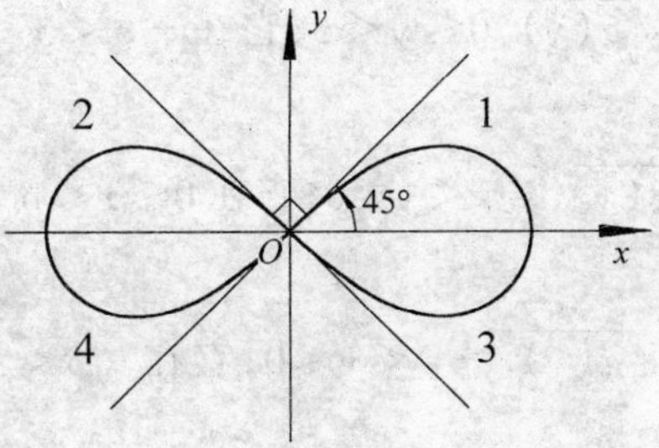

图 6.28

【3379】 设:

$$(x^2+y^2)^2=3x^2y-y^3,$$

求 y' 当 $x=0$ 和 $y=0$ 时的值.

解 本题讨论方法与 3378 题类似,但由于不能直接解出 $y=f(x)$,故只能用隐函数表示.由 $(x^2+y^2)^2=3x^2y-y^{3}$*) 得

$$x^4+(2y^2-3y)x^2+y^4+y^3=0.$$

解之得

$$x^2=\frac{(3y-2y^2)\pm\sqrt{9y^2-16y^3}}{2}.$$

令

$$g(y)=\frac{3y-2y^2+\sqrt{9y^2-16y^3}}{2},$$

$$h(y)=\frac{3y-2y^2-\sqrt{9y^2-16y^3}}{2},$$

则不难验证:在 $y=0$ 的邻域内均有 $g(y)\geqslant 0$;而仅当 $y\geqslant 0$ 时才有 $h(y)\geqslant 0$.于是,点(0,0)为枝点,且从该点出发,有六个单值连续枝:

1. $x_1=\sqrt{g(y)}, 0\leqslant y<\varepsilon$;它在 $0\leqslant x<\delta$ 上定义隐函数 $y=f_1(x)$.

2. $x_2=-\sqrt{g(y)}, 0\leqslant y<\varepsilon$;它在 $-\delta<x\leqslant 0$ 上定义隐函数 $y=f_2(x)$.

3. $x_3=\sqrt{g(y)}, -\varepsilon<y\leqslant 0$;它在 $0\leqslant x<\delta$ 上定义隐函数 $y=f_3(x)$.

4. $x_4=-\sqrt{g(y)}, -\varepsilon<y\leqslant 0$;它在 $-\delta<x\leqslant 0$ 上定义隐函数 $y=f_4(x)$.

5. $x_5=\sqrt{h(y)}, 0\leqslant y<\varepsilon$;它在 $0\leqslant x<\delta$ 上定义隐函数 $y=f_5(x)$.

6. $x_6=-\sqrt{h(y)}, 0\leqslant y<\varepsilon$ 它在 $-\delta<x\leqslant 0$ 上定义隐函数 $y=f_6(x)$.

上述隐函数的存在性,易从对右端 y 的表达式求导数而导数不为零获证.因此,只要求上述六枝在原点的单侧导数.

$$f'_{1+}(0)=\lim_{x\to+0}\frac{f_1(x)-f_1(0)}{x-0}=\lim_{y\to+0}\frac{y}{\sqrt{g(y)}}$$
$$=\lim_{y\to+0}\sqrt{\frac{2y^2}{3y-2y^2+\sqrt{9y^2-16y^3}}}$$

$$=\lim_{y\to+0}\sqrt{\frac{2y}{3-2y+\sqrt{9-16y}}}=0.$$

$$f'_{2-}(0)=\lim_{x\to-0}\frac{f_2(x)-f_2(0)}{x-0}=\lim_{x\to+0}\frac{y}{-\sqrt{g(y)}}=0.$$

$$f'_{3+}(0)=\lim_{x\to+0}\frac{f_3(x)-f_3(0)}{x-0}=\lim_{y\to-0}\frac{y}{g(y)}=\lim_{z\to+0}\frac{-z}{\sqrt{g(-z)}}$$

$$=-\lim_{x\to+0}\sqrt{\frac{2z^2}{\sqrt{9zx^2+16z^3}-3z-2z^2}}$$

$$=-\lim_{z\to+0}\sqrt{\frac{2z^2(\sqrt{9z^2+16z^3}+3z+2z^2)}{(9z^2+16z^3)-(3z+2z^2)^2}}$$

$$=-\lim_{z\to+0}\sqrt{\frac{2(\sqrt{9+16z}+3+2z)}{4-4z}}=-\sqrt{3}.$$

$$f'_{4-}(0)=\lim_{x\to-0}\frac{f_4(x)}{x}=\lim_{y\to-0}\frac{y}{-\sqrt{g(y)}}=-(-\sqrt{3})=\sqrt{3}.$$

$$f'_{5+}(0)=\lim_{x\to+0}\frac{f_5(x)}{x}=\lim_{y\to+0}\frac{y}{\sqrt{h(y)}}$$

$$=\lim_{y\to+0}\sqrt{\frac{2y^2}{3y-2y^2-\sqrt{9y^2-16y^3}}}$$

$$=\lim_{y\to+0}\sqrt{\frac{2y^2(3y-2y^2+\sqrt{9y^2-16y^3})}{(3y-2y^2)^2-(9y^2-16y^3)}}$$

$$=\lim_{y\to+0}\sqrt{\frac{2(3-2y+\sqrt{9y^2-16y^3})}{4+4y}}=\sqrt{3}.$$

$$f'_{6-}(0)=\lim_{x\to-0}\frac{f_6(x)}{x}=\lim_{y\to+0}\frac{y}{-\sqrt{h(y)}}=-\sqrt{3}.$$

于是,上述六个单值连续枝可组成三个$(-\delta,\delta)$上的可微函数 $y=y_i(x)\ (i=1,2,3)$:

$$y_1(x)=\begin{cases}f_1(x), & x\geqslant 0\\ f_2(x), & x<0\end{cases},\quad y_1'(0)=0;$$

$$y_2(x)=\begin{cases}f_3(x), & x\geqslant 0\\ f_6(x), & x<0\end{cases},\quad y_2'(0)=-\sqrt{3};$$

$$y_3(x)=\begin{cases}f_5(x), & x\geqslant 0\\ f_4(x), & x<0\end{cases},\quad y_3'(0)=\sqrt{3}.$$

*) 此方程的图象为三瓣玫瑰线(图 6.29),它的极坐标方程为

$$r=a\sin 3\theta.$$

以上作法及结论,由图很容易看出.

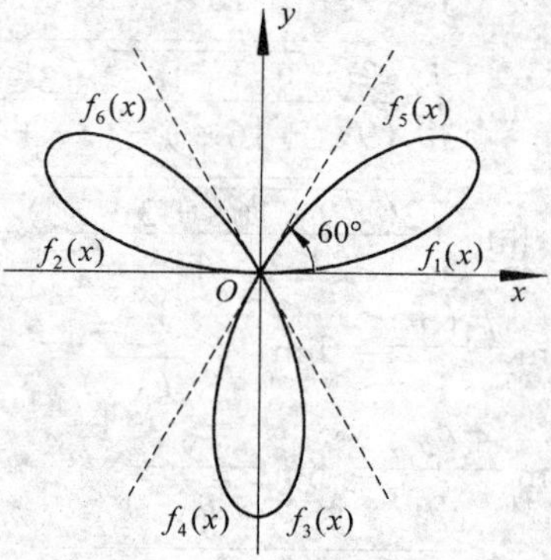

图 6.29

【3380】 设 $x^2+xy+y^2=3$,求 y',y''及y'''.

解 等式两端对 x 求导数,得 $2x+y+xy'+2yy'=0$. 于是,

$$y'=-\frac{2x+y}{x+2y}.$$

再对上式求导数,得

$$y''=-\frac{1}{(x+2y)^2}\{(2+y')(x+2y)-(1+2y')(2x+y)\}$$

$$=-\frac{18}{(x+2y)^3};$$

$$y'''=\frac{54}{(x+2y)^4}(1+2y')=-\frac{162x}{(x+2y)^5}.$$

【3381】 设

$$x^2-xy+2y^2+x-y-1=0,$$

求 y', y'' 及 y''' 当 $x=0$, $y=1$ 时的值.

解 等式两端对 x 求导数,得

$$2x-y-xy'+4yy'+1-y'=0. \qquad (1)$$

以 $x=0,y=1$ 代入(1)式,得

$$y'\Big|_{\substack{x=0\\y=1}}=0.$$

将(1)式再对 x 求导数,得

$$2-y'-y'-xy''+4y'^2+4yy''-y''=0. \qquad (2)$$

以 $x=0,y=1,y'=0$ 代入(2)式,得

$$y''\Big|_{\substack{x=0\\y=1}}=-\frac{2}{3}.$$

将(2)式再对 x 求导数,得

$$-3y''-xy'''+12y'y''+4yy'''-y'''=0. \qquad (3)$$

以 $x=0$, $y=1$, $y'=0$, $y''=-\dfrac{2}{3}$ 代入(3)式,得

$$y'''\Big|_{\substack{x=0\\y=1}}=-\frac{2}{3}.$$

【3382】 证明:对于二次曲线

$$ax^2+2bxy+cy^2+2dx+2ey+f=0,$$

等式 $\dfrac{d^3}{dx^3}[(y'')^{-\frac{2}{3}}]=0$ 为真.

证 原题中的二次曲线应是非退化的,即

$$\Delta=\begin{vmatrix} a & b & d\\ b & c & e\\ d & e & f\end{vmatrix}\neq 0,$$

由 $\Delta\neq 0$ 保证 $y''\neq 0$.

等式两端对 x 求导数, 得

$$2ax+2by+2bxy'+2cyy'+2d+2ey'=0. \qquad (1)$$

于是,

$$y'=-\frac{ax+by+d}{bx+cy+e}.$$

(1)式除以 2 后, 等式两端再对 x 求导数, 得

$$a+2by'+cy'^2+(bx+cy+e)y''=0.$$

于是,

$$y''=-\frac{a+2by'+cy'^2}{bx+cy+e}=-\frac{1}{(bx+cy+e)^3}\{a(bx+cy+e)^2$$
$$-2b(bx+cy+e)(ax+by+d)+c(ax+by+d)^2\}$$
$$=\frac{\Delta}{(bx+cy+e)^3},$$

$$(y'')^{-\frac{2}{3}}=\Delta^{-\frac{2}{3}}(bx+cy+e)^2$$
$$=\Delta^{-\frac{2}{3}}[b^2x^2+c(cy^2+2bxy+2ey)+e^2+2bex]$$
$$=\Delta^{-\frac{2}{3}}[b^2x^2-c(ax^2+2dx+f)+2bex+e^2]$$
$$=\Delta^{-\frac{2}{3}}[(b^2-ac)x^2+2(be-cd)x+e^2-cf],$$

即 $(y'')^{-\frac{2}{3}}$ 是关于 x 的二次三项式, 故

$$\frac{d^3}{dx^3}[(y'')^{-\frac{2}{3}}]=0.$$

对于函数 $z=z(x,y)$ 求一阶和二阶的偏导函数, 设:

【3383】 $x^2+y^2+z^2=a^2$.

解 等式两端微分, 得

$$2x\,dx+2y\,dy+2z\,dz=0, \qquad (1)$$

$$dx^2+dy^2+dz^2+z\,d^2z=0. \tag{2}$$

由(1)得 $dz=-\frac{x}{z}dx-\frac{y}{z}dy$，故有

$$\frac{\partial z}{\partial x}=-\frac{x}{z},\quad \frac{\partial z}{\partial y}=-\frac{y}{z}.$$

由(2)得

$$\begin{aligned}d^2z&=-\frac{1}{z}(dx^2+dy^2+dz^2)\\&=-\frac{1}{z}dx^2-\frac{1}{z}dy^2-\frac{1}{z}\left(\frac{x}{z}dx+\frac{y}{z}dy\right)^2\\&=-\frac{1}{z}\left(1+\frac{x^2}{z^2}\right)dx^2-\frac{2xy}{z^3}dx\,dy-\frac{1}{z}\left(1+\frac{y^2}{z^2}\right)dy^2,\end{aligned}$$

故有

$$\frac{\partial^2 z}{\partial x^2}=-\frac{1}{z}\left(1+\frac{x^2}{z^2}\right)=-\frac{z^2+x^2}{z^3},$$

$$\frac{\partial^2 z}{\partial x\partial y}=-\frac{xy}{z^3},\quad \frac{\partial^2 z}{\partial y^2}=-\frac{z^2+y^2}{z^3}.$$

【3384】 $z^3-3xyz=a^3$.

解 等式两端对 x 求偏导函数，得

$$3z^2\frac{\partial z}{\partial x}-3yz-3xy\frac{\partial z}{\partial x}=0, \tag{1}$$

于是，$\frac{\partial z}{\partial x}=\frac{yz}{z^2-xy}$. 同法可得

$$\frac{\partial z}{\partial y}=\frac{xz}{z^2-xy}.$$

(1)式除以 3 后再分别对 x 及对 y 求偏导函数，得

$$2z\left(\frac{\partial z}{\partial x}\right)^2+z^2\frac{\partial^2 z}{\partial x^2}-2y\frac{\partial z}{\partial x}-xy\frac{\partial^2 z}{\partial x^2}=0,$$

$$\left(2z\frac{\partial z}{\partial y}-x\right)\frac{\partial z}{\partial x}+(z^2-xy)\frac{\partial^2 z}{\partial x\partial y}-z-y\frac{\partial z}{\partial y}=0.$$

将 $\frac{\partial z}{\partial x}$ 及 $\frac{\partial z}{\partial y}$ 代入上述两式,化简整理得

$$\frac{\partial^2 z}{\partial x^2}=-\frac{2xy^3z}{(z^2-xy)^3};\qquad \frac{\partial^2 z}{\partial x\partial y}=\frac{z(z^4-2xyz^2-x^2y^2)}{(z^2-xy)^3}.$$

同法可得

$$\frac{\partial^2 z}{\partial y^2}=-\frac{2x^3yz}{(z^2-xy)^3}.$$

【3385】 $x+y+z=e^z$.

解 等式两端微分,得

$$dx+dy+dz=e^z dz,\tag{1}$$

故有

$$dz=\frac{1}{e^z-1}(dx+dy)=\frac{1}{x+y+z-1}(dx+dy).$$

于是, $\frac{\partial z}{\partial x}=\frac{\partial z}{\partial y}=\frac{1}{x+y+z-1}$. 再将(1)式微分一次,得

$$d^2z=e^z d^2z+e^z dz^2,$$

故有

$$d^2z=-\frac{e^z}{e^z-1}(dz)^2=-\frac{e^z}{(e^z-1)^3}(dx^2+2dxdy+dy^2).$$

于是,

$$\frac{\partial^2 z}{\partial x^2}=\frac{\partial^2 z}{\partial x\partial y}=\frac{\partial^2 z}{\partial y^2}=-\frac{e^z}{(e^z-1)^3}=-\frac{x+y+z}{(x+y+z-1)^3}.$$

【3386】 $z=\sqrt{x^2-y^2}\tan\frac{z}{\sqrt{x^2-y^2}}$.

解 设 $r=\sqrt{x^2-y^2}$,则$\frac{z}{r}=\tan\frac{z}{r}$,

$$d\left(\frac{z}{r}\right)=\frac{d\left(\frac{z}{r}\right)}{1+\left(\frac{z}{r}\right)^2}.$$

从而有 $\mathrm{d}\left(\frac{z}{r}\right)=0$，或 $r\mathrm{d}z-z\mathrm{d}r=0$，即

$$\mathrm{d}z=\frac{z}{r^2}(x\mathrm{d}x-y\mathrm{d}y). \tag{1}$$

于是，$\frac{\partial z}{\partial x}=\frac{zx}{r^2}=\frac{xz}{x^2-y^2}$，　$\frac{\partial z}{\partial y}=-\frac{yz}{r^2}=-\frac{yz}{x^2-y^2}$. 由(1)得

$$(x^2-y^2)\mathrm{d}z=xz\mathrm{d}x-yz\mathrm{d}y. \tag{2}$$

(2)式再微分一次，得

$$\begin{aligned}
&(x^2-y^2)\mathrm{d}^2z\\
&=-(2x\mathrm{d}x-2y\mathrm{d}y)\mathrm{d}z+x\mathrm{d}x\mathrm{d}z+z\mathrm{d}x^2-y\mathrm{d}y\mathrm{d}z-z\mathrm{d}y^2\\
&=-(x\mathrm{d}x-y\mathrm{d}y)\left[\frac{z(x\mathrm{d}x-y\mathrm{d}y)}{x^2-y^2}\right]+z\mathrm{d}x^2-z\mathrm{d}y^2\\
&=\frac{z}{x^2-y^2}[-x^2\mathrm{d}x^2+2xy\mathrm{d}x\mathrm{d}y-y^2\mathrm{d}y^2\\
&\quad+(x^2-y^2)\mathrm{d}x^2-(x^2-y^2)\mathrm{d}y^2]\\
&=\frac{z(-y^2\mathrm{d}x^2+2xy\mathrm{d}x\mathrm{d}y-x^2\mathrm{d}y^2)}{x^2-y^2}
\end{aligned}$$

于是，

$$\frac{\partial^2 z}{\partial x^2}=-\frac{y^2z}{(x^2-y^2)^2},\quad \frac{\partial^2 z}{\partial x\partial y}=\frac{xyz}{(x^2-y^2)^2},\quad \frac{\partial^2 z}{\partial y^2}=-\frac{x^2z}{(x^2-y^2)^2}.$$

【3387】 $x+y+z=\mathrm{e}^{-(x+y+z)}$.

解 等式两端对 x 求偏导函数，得

$$1+\frac{\partial z}{\partial x}=\mathrm{e}^{-(x+y+z)}\left(-1-\frac{\partial z}{\partial x}\right).$$

于是，$\frac{\partial z}{\partial x}=-1$. 利用对称性，得

$$\frac{\partial z}{\partial y}=-1$$

显见 $\frac{\partial^2 z}{\partial x^2}=\frac{\partial^2 z}{\partial x\partial y}=\frac{\partial^2 z}{\partial y^2}=0$.

【3388】 设:

$$x^2+y^2+z^2-3xyz=0 \tag{1}$$

及

$$f(x,y,z)=xy^2z^3.$$

求:(ⅰ)$f'_x(1,1,1)$,设 $z=z(x,y)$是由方程(1)所定义的隐函数,(ⅱ)$f'_x(1,1,1)$,设 $y=y(x,z)$是由方程(1)所定义的隐函数.说明为什么这些导数相异.

解 (ⅰ)记 $F(x,y,z)=x^2+y^2+z^2-3xyz=0$,则由方程(1)所定义的隐函数 $z=z(x,y)$的偏导函数 $z'_x(x,y)$在(1,1)点的值为

$$z'_x(1,1)=-\frac{F'_x(1,1,1)}{F'_z(1,1,1)}=-\frac{\left.\frac{\mathrm{d}}{\mathrm{d}x}F(x,1,1)\right|_{x=1}}{\left.\frac{\mathrm{d}}{\mathrm{d}z}F(1,1,z)\right|_{z=1}}$$

$$=-\frac{\left.\frac{\mathrm{d}}{\mathrm{d}x}(x^2+2-3x)\right|_{x=1}}{\left.\frac{\mathrm{d}}{\mathrm{d}x}(2+z^2-3z)\right|_{z=1}}=-1.$$

于是,

$$\left.\frac{\partial}{\partial x}[f(x,y,z(x,y))]\right|_{(1,1,1)}$$

$$=\left.\frac{\mathrm{d}}{\mathrm{d}x}f(x,1,1)\right|_{x=1}+\left.\frac{\partial}{\partial z}f(1,1,z)\right|_{z=1}z'_x(1,1)$$

$$=1+3(-1)=-2.$$

(ⅱ) $$y'_x(1,1)=-\frac{F'_x(1,1,1)}{F'_y(1,1,1)}=-\frac{\left.\frac{\mathrm{d}}{\mathrm{d}x}F(x,1,1)\right|_{x=1}}{\left.\frac{\mathrm{d}}{\mathrm{d}y}F(1,y,1)\right|_{y=1}}=-1.$$

于是,

$$\frac{\partial}{\partial x}[f(x,y(x,z)z)]\Big|_{(1,1,1)}$$
$$=\frac{\mathrm{d}}{\mathrm{d}x}f(x,1,1)\Big|_{x=1}+\frac{\mathrm{d}}{\mathrm{d}y}f(1,y,1)\Big|_{y=1}y'_x(1,1)$$
$$=1+2(-1)=-1.$$

由(ⅰ)与(ⅱ)所求得的对 x 的偏导函数在(1,1,1)点的值不相等,可说明如下:

方程 $F(x,y,z)=0$ 代表一个空间曲面,而 $f(x,y,z)$ 表示定义在这个曲面上的一个函数.函数 $G(x,y)=f(x,y,z(x,y))$ 表示把原曲面上的点射影到 Oxy 平面上后,原曲面上的函数看成在 Oxy 平面上定义的一个函数,$G'_x(x,y)$ 表示此函数在 Ox 轴方向的变化率,它不仅包含了原来函数在 Ox 轴方向的变化率,还包含了原来函数在 Oz 轴方向的变化率的一部分.同样地,$H(x,z)=f(x,y(x,z),z)$ 表示把原曲面上的点射影到 Oxz 平面上后,原曲面上的函数看成在 Oxz 平面上定义的函数,$H'_x(x,z)$ 表示此函数在 Ox 轴方向的变化率,它不仅包含了原来函数在 Ox 轴方向的变化率,还包含了原来函数在 Oy 轴方向的变化率的一部分.一般地,原来函数在 Oy 轴和 Oz 轴方向的变化率的那两部份是不相等的.

【3389】 设 $x^2+2y^2+3z^2+xy-z-9=0$,求 $\frac{\partial^2 z}{\partial x^2}$,$\frac{\partial^2 z}{\partial x\partial y}$,$\frac{\partial^2 z}{\partial y^2}$ 当 $x=1,y=-2,z=1$ 时的值.

解 等式两端微分一次,得

$$2x\mathrm{d}x+4y\mathrm{d}y+6z\mathrm{d}z+x\mathrm{d}y+y\mathrm{d}x-\mathrm{d}z=0.$$

即

$$(1-6z)\mathrm{d}z=(2x+y)\mathrm{d}x+(4y+x)\mathrm{d}y. \qquad (1)$$

再微分一次，得

$$(1-6z)\mathrm{d}^2z=6\mathrm{d}z^2+2\mathrm{d}x^2+2\mathrm{d}x\mathrm{d}y+4\mathrm{d}y^2. \qquad (2)$$

以 $x=1$, $y=-2$, $z=1$ 代入(1)式，得 $\mathrm{d}z=\frac{7}{5}\mathrm{d}y$. 再以 $z=1$, $\mathrm{d}z=\frac{7}{5}\mathrm{d}y$, 代入(2)式，得

$$\mathrm{d}^2z=-\frac{2}{5}\mathrm{d}x^2-\frac{2}{5}\mathrm{d}x\mathrm{d}y-\frac{394}{125}\mathrm{d}y^2.$$

于是，当 $x=1$, $y=-2$, $z=1$ 时，

$$\frac{\partial^2 z}{\partial x^2}=-\frac{2}{5},\quad \frac{\partial^2 z}{\partial x\partial y}=-\frac{1}{5},\quad \frac{\partial^2 z}{\partial y^2}=-\frac{394}{125}.$$

求 $\mathrm{d}z$ 和 d^2z，设：

【3390】 $\frac{x^2}{a^2}+\frac{y^2}{b^2}+\frac{z^2}{c^2}=1$.

解 等式两端微分一次，得

$$\frac{2x}{a^2}\mathrm{d}x+\frac{2y}{b^2}\mathrm{d}y+\frac{2z}{c^2}\mathrm{d}z=0.$$

于是，$\mathrm{d}z=-\frac{c^2}{z}\left(\frac{x\mathrm{d}x}{a^2}+\frac{y\mathrm{d}y}{c^2}\right)$. 再将 $\mathrm{d}z$ 微分一次，得

$$\begin{aligned}\mathrm{d}^2z&=-\frac{c^2}{z^2}\left[z\left(\frac{\mathrm{d}x^2}{a^2}+\frac{\mathrm{d}y^2}{b^2}\right)-\left(\frac{x\mathrm{d}x}{a^2}+\frac{y\mathrm{d}y}{b^2}\right)\mathrm{d}z\right]\\&=-\frac{c^4}{z^3}\left[\left(\frac{x^2}{a^2}+\frac{z^2}{c^2}\right)\frac{\mathrm{d}x^2}{a^2}+\frac{2xy}{a^2b^2}\mathrm{d}x\mathrm{d}y+\left(\frac{y^2}{b^2}+\frac{z^2}{c^2}\right)\frac{\mathrm{d}y^2}{b^2}\right].\end{aligned}$$

【3391】 $xyz=x+y+z$.

解 等式两端微分一次，得

$$yz\mathrm{d}x+xz\mathrm{d}y+xy\mathrm{d}z=\mathrm{d}x+\mathrm{d}y+\mathrm{d}z. \qquad (1)$$

于是，

$$\mathrm{d}z=-\frac{(1-yz)\mathrm{d}x+(1-xz)\mathrm{d}y}{1-xy}. \qquad (2)$$

对(1)式再微分一次,得

$$2z\mathrm{d}x\mathrm{d}y+2x\mathrm{d}y\mathrm{d}z+2y\mathrm{d}x\mathrm{d}z+xy\mathrm{d}^2z=\mathrm{d}^2z. \qquad (3)$$

以(2)式代入(3)式,化简整理得

$$\mathrm{d}^2z=-\frac{2}{(1-xy)^2}\{y(1-yz)\mathrm{d}x^2+[x+y-z(1+xy)\mathrm{d}x\mathrm{d}y+x(1-xz)\mathrm{d}y^2\}$$

$$=-\frac{2\{y(1-yz)\mathrm{d}x^2-2z\mathrm{d}x\mathrm{d}y+x(1-xz)\mathrm{d}y^2\}}{(1-xy)^2}.$$

【3392】 $\frac{x}{z}=\ln\frac{z}{y}$.

解 等式两端微分一次,得 $\frac{z\mathrm{d}x-x\mathrm{d}z}{z^2}=\frac{\mathrm{d}z}{z}-\frac{\mathrm{d}y}{y}$. 于是,

$$\mathrm{d}z=\frac{z(y\mathrm{d}x+z\mathrm{d}y)}{y(x+z)}.$$

对 $(x+z)\mathrm{d}z=z\mathrm{d}x+\frac{z^2}{y}\mathrm{d}y$ 再微分一次,得

$$(x+z)\mathrm{d}^2z=-(\mathrm{d}x+\mathrm{d}z)\mathrm{d}z+\mathrm{d}z\mathrm{d}x+\frac{2z}{y}\mathrm{d}z\mathrm{d}y-\frac{z^2}{y^2}\mathrm{d}y^2$$

$$=-\mathrm{d}z^2+\frac{2z}{y}\mathrm{d}y\mathrm{d}z-\frac{z^2}{y^2}\mathrm{d}y^2=-\left(\mathrm{d}z-\frac{z}{y}\mathrm{d}y\right)^2$$

$$=-\frac{z^2[(y\mathrm{d}x+z\mathrm{d}y)-(x+z)\mathrm{d}y]^2}{y^2(x+z)^2}=-\frac{z^2(y\mathrm{d}x-x\mathrm{d}y)^2}{y^2(x+z)^2}.$$

于是,

$$\mathrm{d}^2z=-\frac{z^2(y\mathrm{d}x-x\mathrm{d}y)^2}{y^2(x+z)^3}.$$

【3393】 $z=x+\arctan\frac{y}{z-x}$.

解 等式两端微分一次,得

$$\mathrm{d}z=\mathrm{d}x+\frac{1}{1+\frac{y^2}{(z-x)^2}}\cdot\frac{(z-x)\mathrm{d}y-y(\mathrm{d}z-\mathrm{d}x)}{(z-x)^2}.$$

化简整理,得

$$dz = dx + \frac{z-x}{(z-x)^2+y(y+1)}dy.$$

再对上式微分一次,得

$$d^2z = \frac{1}{[(z-x)^2+y(y+1)]^2}\{[(z-x)^2+y(y+1)]dy(dz - dx) - (z-x)dy[2(z-x)(dz-dx)+2ydy+dy]\}.$$

将 dz 代入化简整理,即有

$$d^2z = \frac{2(x-z)(y+1)[(x-z)^2+y^2]}{[(x-z)^2+y(y+1)]^3}dy^2.$$

【3394】 设 $u^3-3(x+y)u^2+z^3=0$,求 du.

解 等式两端微分,得

$$3u^2du-3u^2(dx+dy)-6u(x+y)du+3z^2dz=0.$$

于是,

$$du = \frac{u^2(dx+dy)-z^2dz}{u[u-2(x+y)]}.$$

【3395】 设 $F(x+y+z, x^2+y^2+z^2)=0$, 求$\frac{\partial^2 z}{\partial x\partial y}$.

解 等式两端对 x 求偏导函数,得

$$F'_1\cdot\left(1+\frac{\partial z}{\partial x}\right)+F'_2\cdot\left(2x+2z\frac{\partial z}{\partial x}\right)=0.$$

于是,

$$\frac{\partial z}{\partial x} = -\frac{F'_1+2xF'_2}{F'_1+2zF'_2}. \qquad (1)$$

同法可得$\frac{\partial z}{\partial y} = -\frac{F'_1+2yF'_2}{F'_1+2zF'_2}$. (1)式两端对 y 求偏导函数,得

$$\frac{\partial^2 z}{\partial x\partial y} = -\frac{1}{(F'_1+2zF'_2)^2}\{(F'_1+2zF'_2)[(F'_1)'_y+2x(F'_2)'_y] - (F'_1+2xF'_2)[(F'_1)'_y+2z(F'_2)'_y+2z'_y\cdot F'_2]\}$$

$$= -\frac{1}{(F_1'+2zF_2')^2}\{2(x-z)F_1'\cdot(F_2')_y'$$

$$+2(z-x)F_2'(F_1')_y'-2[F_1'F_2'+x(F_2')^2]z_y'\}$$

$$= -\frac{2(x-z)}{(F_1'+2zF_2')^2}\{F_1'(F_2')_y'-F_2'(F_1')_y'\}$$

$$-\frac{2F_2'(F_1'+2xF_2')(F_1'+2yF_2')}{(F_1'+2zF_2')^3}$$

现分别求$(F_1')_y'$及$(F_2')_y'$:

$$(F_1')_y'=F_{11}''\cdot(1+z_y')+F_{12}''\cdot(2y+2zz_y'),$$

$$(F_2')_y'=F_{21}''\cdot(1+z_y')+F_{22}''\cdot(2y+2zz_y').$$

注意到

$$1+z_y'=\frac{2(z-y)F_2'}{F_1'+2zF_2'},\quad 2y+2zz_y'=\frac{2(y-z)F_1'}{F_1'+2zF_2'},$$

即得

$$F_1'(F_2')_y'-F_2'(F_1')_y'=F_1'F_{21}''\frac{2(z-y)F_2'}{F_1'+2zF_2'}$$

$$+F_1'F_{22}''\frac{2(y-z)F_1'}{F_1'+2zF_2'}-F_2'F_{11}''\frac{2(z-y)F_2'}{F_1'+2zF_2'}-F_2'F_{12}''\frac{2(y-z)F_1'}{F_1'+2zF_2'}$$

$$=\frac{2(y-z)}{F_1'+2zF_2'}\{(F_1')^2F_{22}''-2F_1'F_2'F_{12}''+(F_2')^2F_{11}''\}.$$

于是,

$$\frac{\partial^2 z}{\partial x\partial y}=-\frac{4(x-z)(y-z)}{(F_1'+2zF_2')^3}\{(F_1')^2F_{22}''-2F_1'F_2'F_{12}''+(F_2')^2F_{11}''\}$$

$$-\frac{2F_2'(F_1'+2xF_2')(F_1'+2yF_2')}{(F_1'+2zF_2')^3}.$$

【3396】 设$F(x-y,y-z,z-x)=0$,求$\frac{\partial z}{\partial x}$和$\frac{\partial z}{\partial y}$.

解 等式两端对x求偏导函数,得

$$F_1'+F_2'\cdot\left(-\frac{\partial z}{\partial x}\right)+F_3'\cdot\left(\frac{\partial z}{\partial x}-1\right)=0.$$

于是，$\frac{\partial z}{\partial x}=\frac{F_1'-F_3'}{F_2'-F_3'}$. 同法可得

$$\frac{\partial z}{\partial y}=\frac{F_2'-F_1'}{F_2'-F_3'}.$$

【3397】 设 $F(x,x+y,x+y+z)=0$，求$\frac{\partial z}{\partial x}$，$\frac{\partial z}{\partial y}$ 和 $\frac{\partial^2 z}{\partial x^2}$.

解 等式两端分别对 x 及对 y 求偏导函数，得

$$F_1'+F_2'+F_3'\left(1+\frac{\partial z}{\partial x}\right)=0,\qquad F_2'+F_3'\left(1+\frac{\partial z}{\partial y}\right)=0.$$

于是，

$$\frac{\partial z}{\partial x}=-\left(1+\frac{F_1'+F_2'}{F_3'}\right),\qquad \frac{\partial z}{\partial y}=-\left(1+\frac{F_2'}{F_3'}\right).$$

再将$\frac{\partial z}{\partial x}$对 x 求偏导函数，得

$$\frac{\partial^2 z}{\partial x^2}=-\frac{1}{(F_3')^2}\left\{F_3'\left[F_{11}''+F_{12}''+F_{13}''\left(1+\frac{\partial z}{\partial x}\right)+F_{21}''+F_{22}''\right.\right.$$

$$\left.\left.+F_{23}''\left(1+\frac{\partial z}{\partial x}\right)\right]-(F_1'+F_2')\left[F_{31}''+F_{32}''+F_{33}''\left(1+\frac{\partial z}{\partial x}\right)\right]\right\}.$$

将$\frac{\partial z}{\partial x}$代入化简整理得

$$\frac{\partial^2 z}{\partial x^2}=-\frac{1}{(F_3')^3}\{(F_3')^2(F_{11}''+2F_{12}''+F_{22}'')$$

$$-2(F_1'+F_2')F_3'(F_{13}''+F_{23}'')+(F_1'+F_2')^2F_{33}''\}.$$

【3398】 设 $F(xz,yz)=0$，求$\frac{\partial^2 z}{\partial x^2}$.

解 等式两端对 x 求偏导函数，得

$$F_1'\cdot\left(z+x\frac{\partial z}{\partial x}\right)+F_2'y\frac{\partial z}{\partial x}=0.$$

于是，$\frac{\partial z}{\partial x}=-\frac{zF_1'}{xF_1'+yF_2'}$. 将 $\frac{\partial z}{\partial x}$ 再对 x 求偏导函数，得

$$\frac{\partial^2 z}{\partial x^2}=-\frac{1}{(xF_1'+xF_2'')^2}\left\{(xF_1'+yF_2')\left[F_1'\frac{\partial z}{\partial x}+z\left(F_{11}''\cdot\left(z+x\frac{\partial z}{\partial x}\right)\right.\right.\right.$$

$$\left.\left.+F_{12}''y\frac{\partial z}{\partial x}\right)\right]-\left[F_1'+x\left(F_{11}''\cdot\left(z+x\frac{\partial z}{\partial x}\right)+F_{12}''y\frac{\partial z}{\partial x}\right)\right.$$

$$\left.\left.+y\left(F_{21}''\cdot\left(z+x\frac{\partial z}{\partial x}\right)+F_{22}''y\frac{\partial z}{\partial x}\right)\right]zF_1'\right\}.$$

将 $\frac{\partial z}{\partial x}$ 代入化简整理得

$$\frac{\partial^2 z}{\partial x^2}=-\frac{1}{(xF_1'+yF_2')^3}\{y^2z^2[(F_1')^2F_{22}''-2F_1'F_2'F_{12}''$$

$$+(F_2')^2F_{11}'']-2z(F_1')^2(xF_1'+yF_2')\}.$$

【3399】 设(ⅰ)$F(x+z,y+z)=0$;(ⅱ)$F\left(\frac{x}{z},\frac{y}{z}\right)=0$,求 d^2z.

解 (ⅰ)等式两端微分,得

$$F_1'\cdot(dx+dz)+F_2'\cdot(dy+dz)=0. \qquad (1)$$

于是,

$$dz=-\frac{F_1'dx+F_2'dy}{F_1'+F_2'},$$

$$dx+dz=\frac{F_2'\cdot(dx-dy)}{F_1'+F_2'},$$

$$dy+dz=-\frac{F_1'\cdot(dx-dy)}{F_1'+F_2'}.$$

对(1)式再求一次微分,得

$$F_{11}''\cdot(dx+dz)^2+2F_{12}''\cdot(dx+dz)(dy+dz)$$

$$+F_{22}''\cdot(dy+dz)^2+(F_1'+F_2')d^2z=0.$$

于是,

$$d^2z=-\frac{1}{F_1'+F_2'}[F_{11}''\cdot(dx+dz)^2+2F_{12}''\cdot(dx+dz)(dy+dz)$$

$$+F''_{22}\cdot(\mathrm{d}y+\mathrm{d}z)^2]$$

$$=-\frac{1}{(F'_1+F'_2)^3}[F''_{11}(F'_2)^2-2F'_1F'_2F''_{12}+F''_{22}(F'_1)^2](\mathrm{d}x-\mathrm{d}y)^2.$$

(ⅱ)等式两端微分，得

$$F'_1\frac{z\mathrm{d}x-x\mathrm{d}z}{z^2}+F'_2\frac{z\mathrm{d}y-y\mathrm{d}z}{z^2}=0. \tag{2}$$

于是，

$$\mathrm{d}z=\frac{z(F'_1\mathrm{d}x+F'_2\mathrm{d}y)}{xF'_1+yF'_2},$$

$$z\mathrm{d}x-x\mathrm{d}z=\frac{zF'_2\cdot(y\mathrm{d}x-x\mathrm{d}y)}{xF'_1+yF'_2},$$

$$z\mathrm{d}y-y\mathrm{d}z=-\frac{zF'_1\cdot(y\mathrm{d}x-x\mathrm{d}y)}{xF'_1+yF'_2}.$$

(2)式乘以 z^2 后再微分一次，得

$$F''_{11}\frac{(z\mathrm{d}x-x\mathrm{d}z)^2}{z^2}+2F''_{12}\frac{(z\mathrm{d}x-x\mathrm{d}z)(z\mathrm{d}y-y\mathrm{d}z)}{z^2}$$

$$+F''_{22}\frac{(z\mathrm{d}y-y\mathrm{d}z)^2}{z^2}-(xF'_1+yF'_2)\mathrm{d}^2z=0.$$

于是，

$$\mathrm{d}^2z=\frac{1}{z^2(xF'_1+yF'_2)}[F''_{11}\cdot(z\mathrm{d}x-x\mathrm{d}z)^2+2F''_{12}\cdot(z\mathrm{d}x-x\mathrm{d}z)$$

$$\cdot(z\mathrm{d}y-y\mathrm{d}z)+F''_{22}\cdot(z\mathrm{d}y-y\mathrm{d}z)^2]$$

$$=\frac{(y\mathrm{d}x-x\mathrm{d}y)^2}{(xF'_1+yF'_2)^3}[F''_{11}(F'_2)^2-2F'_1F'_2F''_{12}+F''_{22}(F'_1)^2].$$

【3400】 设 $x=x(y,z)$, $y=y(x,z)$, $z=z(x,y)$，为由方程 $F(x,y,z)=0$ 所定义的函数. 证明：

$$\frac{\partial x}{\partial y}\cdot\frac{\partial y}{\partial z}\cdot\frac{\partial z}{\partial x}=-1$$

证 根据隐函数求导法，有

$$\frac{\partial x}{\partial y}=-\frac{\dfrac{\partial F}{\partial y}}{\dfrac{\partial F}{\partial x}},\qquad \frac{\partial y}{\partial z}=-\frac{\dfrac{\partial F}{\partial z}}{\dfrac{\partial F}{\partial y}},\qquad \frac{\partial z}{\partial x}=-\frac{\dfrac{\partial F}{\partial x}}{\dfrac{\partial F}{\partial z}}.$$

三式相乘即得

$$\frac{\partial x}{\partial y}\cdot\frac{\partial y}{\partial z}\cdot\frac{\partial z}{\partial x}=-1.$$

【3401】 设 $x+y+z=0$, $x^2+y^2+z^2=1$,求 $\frac{\mathrm{d}x}{\mathrm{d}z}$ 和 $\frac{\mathrm{d}y}{\mathrm{d}z}$.

解 对 z 求导数,得

$$\begin{cases}\dfrac{\mathrm{d}x}{\mathrm{d}z}+\dfrac{\mathrm{d}y}{\mathrm{d}z}+1=0,\\[2ex] 2x\,\dfrac{\mathrm{d}x}{\mathrm{d}z}+2y\,\dfrac{\mathrm{d}y}{\mathrm{d}z}+2z=0.\end{cases}$$

联立求解,得

$$\frac{\mathrm{d}x}{\mathrm{d}z}=\frac{y-z}{x-y},\qquad \frac{\mathrm{d}y}{\mathrm{d}z}=\frac{z-x}{x-y}.$$

【3402】 设 $x^2+y^2=\frac{1}{2}z^2$, $x+y+z=2$, 求 $\frac{\mathrm{d}x}{\mathrm{d}z}$, $\frac{\mathrm{d}y}{\mathrm{d}z}$, $\frac{\mathrm{d}^2x}{\mathrm{d}z^2}$ 和 $\frac{\mathrm{d}^2y}{\mathrm{d}z^2}$ 当 $x=1$, $y=-1$, $z=2$ 时的值.

解 对 z 求导数,得

$$\begin{cases}2x\,\dfrac{\mathrm{d}x}{\mathrm{d}z}+2y\,\dfrac{\mathrm{d}y}{\mathrm{d}z}=z, & (1)\\[2ex] \dfrac{\mathrm{d}x}{\mathrm{d}z}+\dfrac{\mathrm{d}y}{\mathrm{d}z}+1=0, & (2)\end{cases}$$

$$\begin{cases}2\left(\dfrac{\mathrm{d}x}{\mathrm{d}z}\right)^2+2x\,\dfrac{\mathrm{d}^2x}{\mathrm{d}z^2}+2\left(\dfrac{\mathrm{d}y}{\mathrm{d}z}\right)^2+2y\,\dfrac{\mathrm{d}^2y}{\mathrm{d}z^2}=1, & (3)\\[2ex] \dfrac{\mathrm{d}^2x}{\mathrm{d}z^2}+\dfrac{\mathrm{d}^2y}{\mathrm{d}z^2}=0. & (4)\end{cases}$$

将 $x=1$, $y=-1$, $z=2$ 代入(1),(2),解得

$$\frac{dx}{dz}=0,\qquad \frac{dy}{dz}=-1.$$

将上述结果及 x, y, z 值联同由(4)式所决定的式子 $\frac{d^2x}{dz^2}=-\frac{d^2y}{dz^2}$ 一起代入(3)式,即得

$$\frac{d^2x}{dz^2}=-\frac{1}{4},\qquad \frac{d^2y}{dz^2}=\frac{1}{4}.$$

【3403】 设 $xu-yv=0$, $yu+xv=1$,求 $\frac{\partial u}{\partial x}$, $\frac{\partial u}{\partial y}$, $\frac{\partial v}{\partial x}$ 和 $\frac{\partial v}{\partial y}$.

解 微分得

$$\begin{cases} x\,du-y\,dv=v\,dy-u\,dx, \\ y\,du+x\,dv=-v\,dx-u\,dy. \end{cases}$$

于是,

$$du=\frac{1}{x^2+y^2}[-(xu+yv)dx+(xv-yu)dy],$$

$$\frac{\partial u}{\partial x}=-\frac{xu+yv}{x^2+y^2},\qquad \frac{\partial u}{\partial y}=\frac{xv-yu}{x^2+y^2}.$$

同法可得

$$\frac{\partial v}{\partial x}=\frac{yu-xv}{x^2+y^2},\quad \frac{\partial v}{\partial y}=-\frac{xu+yv}{x^2+y^2}\quad (x^2+y^2>0).$$

【3404】 设 $u+v=x+y$, $\frac{\sin u}{\sin v}=\frac{x}{y}$,求 du, dv, d^2u 和 d^2v.

解 将原式改写为

$$\begin{cases} u+v=x+y, \\ y\sin u=x\sin v. \end{cases}$$

微分得

$$\begin{cases} du + dv = dx + dy, & (1) \\ \sin u\, dy + y\cos u\, du = \sin v\, dx + x\cos v\, dv. & (2) \end{cases}$$

联立求解,得

$$du = \frac{1}{x\cos v + y\cos u}[(\sin v + x\cos v)dx - (\sin u - x\cos v)dy],$$

$$dv = \frac{1}{x\cos v + y\cos u}[-(\sin v - y\cos u)dx + (\sin u + y\cos u)dy].$$

对(1),(2)两式再微分一次,得

$$\begin{cases} d^2u + d^2v = 0, \\ y\cos u\, d^2u + 2\cos u\, dy du - y\sin u\, du^2 = x\cos v\, d^2v \\ \qquad + 2\cos v\, dx dv - x\sin v\, dv^2. \end{cases}$$

联立求解,得

$$d^2u = -d^2v = \frac{1}{x\cos v + y\cos u}[(2\cos v\, dx - x\sin v\, dv)dv - (2\cos u\, dy - y\sin u\, du)du].$$

【3405】 设:

$$e^{\frac{u}{x}}\cos\frac{v}{y} = \frac{x}{\sqrt{2}}, \qquad e^{\frac{u}{x}}\sin\frac{v}{y} = \frac{y}{\sqrt{2}}.$$

求 du, dv, d^2u 和 d^2v 当 $x=1$, $y=1$, $u=0$, $v=\frac{\pi}{4}$时的表达式.

解 将所给二式相除及平方相加,分别得

$$\begin{cases} \tan\frac{v}{y} = \frac{y}{x}, & (1) \\ e^{\frac{2u}{x}} = \frac{x^2+y^2}{2}. & (2) \end{cases}$$

微分(1)式:

$$\sec^2\frac{v}{y}\cdot\frac{y\,dv - v\,dy}{y^2} = \frac{x\,dy - y\,dx}{x^2}. \qquad (3)$$

以 $x=1$, $y=1$, $v=\frac{\pi}{4}$ 代入(3)式,得

$$\mathrm{d}v=\frac{\pi}{4}\mathrm{d}y-\frac{1}{2}(\mathrm{d}x-\mathrm{d}y).$$

微分(3)式:

$$2\sec^2\frac{v}{y}\tan\frac{v}{y}\left(\frac{y\mathrm{d}v-v\mathrm{d}y}{y^2}\right)^2+\sec^2\frac{v}{y}\cdot\frac{y^2\mathrm{d}^2v-2(y\mathrm{d}v-v\mathrm{d}y)\mathrm{d}y}{y^3}$$

$$=\frac{-2(x\mathrm{d}y-y\mathrm{d}x)\mathrm{d}x}{x^3}. \tag{4}$$

以 $x=1$, $y=1$, $v=\frac{\pi}{4}$ 及 $\mathrm{d}v$ 值代入(4)式,得

$$\mathrm{d}^2v=\frac{1}{2}(\mathrm{d}x-\mathrm{d}y)^2.$$

微分(2)式:

$$2e^{\frac{2u}{x}}\frac{x\mathrm{d}u-u\mathrm{d}x}{x^2}=x\mathrm{d}x+y\mathrm{d}y. \tag{5}$$

以 $x=1$, $y=1$, $u=0$ 代入(5)式,得

$$\mathrm{d}u=\frac{\mathrm{d}x+\mathrm{d}y}{2}.$$

微分(5)式:

$$4e^{\frac{2u}{x}}\left(\frac{x\mathrm{d}u-u\mathrm{d}x}{x^2}\right)^2+2e^{\frac{2u}{x}}\frac{x^2\mathrm{d}^2u-2(x\mathrm{d}u-u\mathrm{d}x)\mathrm{d}x}{x^3}$$

$$=\mathrm{d}x^2+\mathrm{d}y^2. \tag{6}$$

以 $x=1$, $y=1$, $u=0$ 及 $\mathrm{d}u$ 代入(6)式,得

$$\mathrm{d}^2u=\mathrm{d}x^2.$$

【3406】 设:

$$x=t+t^{-1},\quad y=t^2+t^{-2},\quad z=t^3+t^{-3}.$$

求 $\frac{\mathrm{d}y}{\mathrm{d}x}$, $\frac{\mathrm{d}z}{\mathrm{d}x}$, $\frac{\mathrm{d}^2y}{\mathrm{d}x^2}$ 和 $\frac{\mathrm{d}^2z}{\mathrm{d}x^2}$.

解 $$\frac{dy}{dx}=\frac{\frac{dy}{dt}}{\frac{dx}{dt}}=\frac{2t-\frac{2}{t^3}}{1-\frac{1}{t^2}}=2\left(t+\frac{1}{t}\right);$$

$$\frac{dz}{dx}=\frac{\frac{dz}{dt}}{\frac{dx}{dt}}=\frac{3t^2-\frac{3}{t^4}}{1-\frac{1}{t^2}}=3\left(t^2+\frac{1}{t^2}+1\right);$$

$$\frac{d^2y}{dx^2}=\frac{\frac{d}{dt}\left(\frac{dy}{dx}\right)}{1-\frac{1}{t^2}}=\frac{2\left(1-\frac{1}{t^2}\right)}{1-\frac{1}{t^2}}=2;$$

$$\frac{d^2z}{dx^2}=\frac{\frac{d}{dt}\left(\frac{dz}{dx}\right)}{\frac{dx}{dt}}=\frac{3\left(2t-\frac{2}{t^3}\right)}{1-\frac{1}{t^2}}=6\left(t+\frac{1}{t}\right).$$

注 本题也可消去 t 以求 $\frac{dy}{dx}$, $\frac{dz}{dx}$, $\frac{d^2y}{dx^2}$ 和 $\frac{d^2z}{dx^2}$. 事实上,

$$y=\left(t+\frac{1}{t}\right)^2-2=x^2-2,$$

$$z=\left(t+\frac{1}{t}\right)\left(t^2-1+\frac{1}{t^2}\right)=x(x^2-3)=x^3-3x.$$

于是, $$\frac{dy}{dx}=2x,\quad \frac{dz}{dx}=3x^2-3,\quad \frac{d^2y}{dx^2}=2,\quad \frac{d^2z}{dx^2}=6x.$$

再将 $x=t+\frac{1}{t}$ 代入上述结果,即得

$$\frac{dy}{dx}=2\left(t+\frac{1}{t}\right),\qquad \frac{dz}{dx}=3\left(t^2+\frac{1}{t^2}+1\right),$$

$$\frac{d^2y}{dx^2}=2,\qquad \frac{d^2z}{dx^2}=6\left(t+\frac{1}{t}\right).$$

【3407】 在 Oxy 平面上怎样的域内方程组

$$x=u+v,\quad y=u^2+v^2,\quad z=u^3+v^3$$

(式中参数 u 和 v 取一切可能的实数值)定义 z 为变数 x 和 y

的函数？求导函数$\frac{\partial z}{\partial x}$和$\frac{\partial z}{\partial y}$.

解 由 $u+v=x$，$u^2+v^2=y$ 解得

$$u=\frac{x\pm\sqrt{2y-x^2}}{2},\qquad v=\frac{x\mp\sqrt{2y-x^2}}{4},$$

其中 $2y-x^2\geqslant0$ 或 $y\geqslant\frac{x^2}{2}$,此即所求之域.

再由 $x=u+v$ 及 $y=u^2+v^2$ 分别对 x 求偏导函数,得

$$1=\frac{\partial u}{\partial x}+\frac{\partial v}{\partial x},\qquad 0=2u\frac{\partial u}{\partial x}+2v\frac{\partial v}{\partial x}.$$

联立求解得

$$\frac{\partial u}{\partial x}=\frac{v}{v-u},\qquad \frac{\partial v}{\partial x}=-\frac{u}{v-u}\quad(u\neq v).$$

又由 $z=u^3+v^3$ 对 x 求偏导函数,即可得

$$\frac{\partial z}{\partial x}=3u^2\frac{\partial u}{\partial x}+3v^2\frac{\partial v}{\partial x}=3u^2\frac{v}{v-u}-3v^2\frac{u}{v-u}=-3uv.$$

同法求得

$$\frac{\partial z}{\partial y}=\frac{3}{2}(u+v).$$

注 本题也可消去 u,v 求$\frac{\partial z}{\partial x}$及$\frac{\partial z}{\partial y}$.事实上,

$$x^2-y=2uv,$$

$$z=(u+v)(u^2-uv+v^2)=x\left(\frac{3}{2}y-\frac{x^2}{2}\right)=\frac{x}{2}(3y-x^2).$$

于是 $$\frac{\partial z}{\partial x}=\frac{3}{2}y-\frac{3}{2}x^2=-3uv,\qquad \frac{\partial z}{\partial y}=\frac{3}{2}x=\frac{3}{2}(u+v)$$

但一般说来,用参数表示的函数和消去参数后的函数,它们的定义域是不同的.

【3408】 设 $x=\cos\varphi\cos\psi$，$y=\cos\varphi\sin\psi$，$z=\sin\varphi$,求$\frac{\partial^2 z}{\partial x^2}$.

解 由 $x=\cos\varphi\cos\psi$，$y=\cos\varphi\sin\psi$ 对 x 求偏导函数,得

$$\begin{cases}1=-\sin\varphi\cos\psi\dfrac{\partial\varphi}{\partial x}-\cos\varphi\sin\psi\dfrac{\partial\psi}{\partial x},\\ 0=-\sin\varphi\sin\psi\dfrac{\partial\varphi}{\partial x}+\cos\varphi\cos\psi\dfrac{\partial\psi}{\partial x}\end{cases}$$

联立求解,得$\dfrac{\partial\varphi}{\partial x}=-\dfrac{\cos\psi}{\sin\varphi}$, $\dfrac{\partial\psi}{\partial x}=-\dfrac{\sin\psi}{\cos\varphi}$.于是,

$$\frac{\partial z}{\partial x}=\cos\varphi\frac{\partial\varphi}{\partial x}=-\cot\varphi\cos\psi,$$

$$\begin{aligned}\frac{\partial^2 z}{\partial x^2}&=\frac{\partial}{\partial\varphi}\left(\frac{\partial z}{\partial x}\right)\frac{\partial\varphi}{\partial x}+\frac{\partial}{\partial\psi}\left(\frac{\partial z}{\partial x}\right)\frac{\partial\psi}{\partial x}\\&=\frac{\cos\psi}{\sin^2\varphi}\left(-\frac{\cos\psi}{\sin\varphi}\right)+\cot\varphi\sin\psi\left(-\frac{\sin\psi}{\cos\varphi}\right)\\&=-\frac{\cos^2\psi+\sin^2\psi\sin^2\varphi}{\sin^3\varphi}=-\frac{\sin^2\varphi+\cos^2\varphi\cos^2\psi}{\sin^3\varphi}.\end{aligned}$$

注 本题也可消去 φ,ψ 求$\dfrac{\partial^2 z}{\partial x^2}$.事实上,

$$x^2+y^2+z^2=\cos^2\varphi\cos^2\psi+\cos^2\varphi\sin^2\psi+\sin^2\varphi=\cos^2\varphi+\sin^2\varphi=1.$$

于是, $2x+2z\dfrac{\partial z}{\partial x}=0$, $\dfrac{\partial z}{\partial x}=-\dfrac{x}{z}$,

$$\frac{\partial^2 z}{\partial x^2}=-\frac{z-x\dfrac{\partial z}{\partial x}}{z^2}=-\frac{z^2+x^2}{z^3}=-\frac{\sin^2\varphi+\cos^2\varphi\cos^2\psi}{\sin^3\varphi}.$$

【3409】 设 $x=u\cos v$, $y=u\sin v$, $z=v$,求

$$\frac{\partial^2 z}{\partial x^2},\quad\frac{\partial^2 z}{\partial x\partial y}\quad 及\quad\frac{\partial^2 z}{\partial y^2}.$$

解 本题求微分,可将所有的二阶偏导函数一起求出.

$$dx=\cos v\,du-u\sin v\,dv,\qquad dy=\sin v\,du+u\cos v\,dv.$$

联立求解,得

$$du=\cos v\,dx+\sin v\,dy,$$

$$dv=\frac{1}{u}(-\sin v\,dx+\cos v\,dy),$$

$$u\mathrm{d}v=-\sin v\mathrm{d}x+\cos v\mathrm{d}y.$$

再对上式微分一次,得

$$u\mathrm{d}^2v+\mathrm{d}u\mathrm{d}v=-\cos v\mathrm{d}v\mathrm{d}x-\sin v\mathrm{d}v\mathrm{d}y=-\mathrm{d}u\mathrm{d}v,$$

于是,

$$\begin{aligned}\mathrm{d}^2z&=\mathrm{d}^2v=-\frac{2}{u}\mathrm{d}u\mathrm{d}v\\&=-\frac{2}{u^2}(\cos v\mathrm{d}x+\sin v\mathrm{d}y)(-\sin v\mathrm{d}x+\cos v\mathrm{d}y)\\&=\frac{2}{u^2}(\sin v\cos v\mathrm{d}x^2-\cos 2v\mathrm{d}x\mathrm{d}y-\sin v\cos v\mathrm{d}y^2),\end{aligned}$$

从而有

$$\frac{\partial^2z}{\partial x^2}=\frac{2\sin v\cos v}{u^2}=\frac{\sin 2v}{u^2},\quad\frac{\partial^2z}{\partial x\partial y}=-\frac{\cos 2v}{u^2},\quad\frac{\partial^2z}{\partial y^2}=-\frac{\sin 2v}{u^2}.$$

注 本题也可消去 u,v,由 $z=v=\arctan\dfrac{y}{x}$ 获解.

【3410】 设 $z=z(x,y)$为由方程组:

$$x=\mathrm{e}^{u+v},\qquad y=\mathrm{e}^{u-v},\qquad z=uv$$

(u 及 v 为参数)所定义的函数,求当 $u=0$ 及 $v=0$ 时的 $\mathrm{d}z$ 及 d^2z.

解 $$\mathrm{d}x\Big|_{\substack{u=0\\v=0}}=\mathrm{e}^{u+v}(\mathrm{d}u+\mathrm{d}v)\Big|_{\substack{u=0\\v=0}}=\mathrm{d}u+\mathrm{d}v,$$

$$\mathrm{d}y\Big|_{\substack{u=0\\v=0}}=\mathrm{e}^{u-v}(\mathrm{d}u+\mathrm{d}v)\Big|_{\substack{u=0\\v=0}}=\mathrm{d}u-\mathrm{d}v.$$

于是,当 $u=0$ 及 $v=0$ 时,

$$\mathrm{d}u=\frac{1}{2}(\mathrm{d}x+\mathrm{d}y),\quad\mathrm{d}v=\frac{1}{2}(\mathrm{d}x-\mathrm{d}y),\quad\mathrm{d}z=u\mathrm{d}v+v\mathrm{d}u=0;$$

$$\mathrm{d}^2z=u\mathrm{d}^2v+2\mathrm{d}u\mathrm{d}v+v\mathrm{d}^2u=2\mathrm{d}u\mathrm{d}v=2\left(\frac{\mathrm{d}x+\mathrm{d}y}{2}\right)\left(\frac{\mathrm{d}x-\mathrm{d}y}{2}\right)$$

$$=\frac{1}{2}(\mathrm{d}x^2-\mathrm{d}y^2).$$

【3411】 设 $z=x^2+y^2$,其中 $y=y(x)$为由方程 x^2-xy

$+y^2=1$ 所定义的函数,求 $\frac{dz}{dx}$ 及 $\frac{d^2z}{dx^2}$.

解 先由 $x^2-xy+y^2=1$ 求 $\frac{dy}{dx}$ 及 $\frac{d^2y}{dx^2}$.

$$2x-y-xy'-2yy'=0,$$

$$2-2y'-xy''+2y'^2+2yy''=0. \qquad (1)$$

于是,

$$y'=\frac{2x-y}{x-2y}, \qquad y''=\frac{6(x^2-xy+y^2)}{(x-2y)^3}=\frac{6}{(x-2y)^3}.$$

下面求 $\frac{dz}{dx}$ 及 $\frac{d^2z}{dx^2}$.

$$\frac{dz}{dx}=2x+2yy'=2x+2y\frac{2x-y}{x-2y}=\frac{2(x^2-y^2)}{x-2y},$$

$$\frac{d^2z}{dx^2}=2+2y'^2+2y''y=2y'+xy''=\frac{2(2x-y)}{x-2y}+\frac{6x}{(x-2y)^3}.$$

【3412】 设 $u=\frac{x+z}{y+z}$,其中 z 为由方程式 $ze^z=xe^x+ye^y$ 所定义的函数,求 $\frac{\partial u}{\partial x}$ 及 $\frac{\partial u}{\partial y}$.

解 将 $ze^z=xe^x+ye^y$ 两端微分,得

$$e^z(1+z)dz=e^x(1+x)dx+e^y(1+y)dy.$$

又因

$$du=\frac{1}{(y+z)^2}[(y+z)dx+(y+z)dz-(x+z)dy$$
$$-(x+z)dz]$$
$$=\frac{1}{(y+z)^2}[(y+z)dx-(x+z)dy+(y-x)dz]$$
$$=\frac{1}{(y+z)^2}\Big[(y+z)dx-(x+z)dy$$

$$+\frac{(y-x)e^{x}(1+x)}{e^{z}(1+z)}dx+\frac{(y-x)e^{y}(1+y)}{e^{z}(1+z)}dy\Bigg],$$

故得

$$\frac{\partial u}{\partial x}=\frac{1}{y+z}+\frac{(x+1)(y-x)}{(z+1)(y+z)^{2}}e^{x-z},$$

$$\frac{\partial u}{\partial y}=-\frac{x+z}{(y+z)^{2}}+\frac{(y+1)(y-x)}{(z+1)(y+z)}e^{y-z}.$$

【3413】 设方程:

$$x=\varphi(u,v),\qquad y=\psi(u,v,)\qquad z=\chi(u,v)$$

定义 z 为 x 和 y 的函数.求 $\frac{\partial z}{\partial x}$ 和 $\frac{\partial z}{\partial y}$.

解 对 x 求偏导函数,得

$$1=\frac{\partial \varphi}{\partial u}\frac{\partial u}{\partial x}+\frac{\partial \varphi}{\partial v}\frac{\partial v}{\partial x},\tag{1}$$

$$0=\frac{\partial \psi}{\partial u}\frac{\partial u}{\partial x}+\frac{\partial \psi}{\partial v}\frac{\partial v}{\partial x},\tag{2}$$

$$\frac{\partial z}{\partial x}=\frac{\partial \chi}{\partial u}\frac{\partial u}{\partial x}+\frac{\partial \chi}{\partial v}\frac{\partial v}{\partial x}.\tag{3}$$

由(1)及(2)解得

$$\frac{\partial u}{\partial x}=\frac{1}{I}\frac{\partial \psi}{\partial v},\quad \frac{\partial v}{\partial x}=-\frac{1}{I}\frac{\partial \psi}{\partial u},\tag{4}$$

其中

$$I=\begin{vmatrix}\frac{\partial \varphi}{\partial u} & \frac{\partial \varphi}{\partial v}\\ \frac{\partial \psi}{\partial u} & \frac{\partial \psi}{\partial v}\end{vmatrix}=\frac{\partial \varphi}{\partial u}\frac{\partial \psi}{\partial v}-\frac{\partial \psi}{\partial u}\frac{\partial \varphi}{\partial v}.$$

再将(4)的结果代入(3),即得

$$\frac{\partial z}{\partial x}=-\frac{1}{I}\left(\frac{\partial \psi}{\partial u}\frac{\partial \chi}{\partial v}-\frac{\partial \psi}{\partial v}\frac{\partial \chi}{\partial u}\right).$$

同法求得

$$\frac{\partial z}{\partial y}=-\frac{1}{I}\left(\frac{\partial \varphi}{\partial v}\frac{\partial \chi}{\partial u}-\frac{\partial \varphi}{\partial u}\frac{\partial \chi}{\partial v}\right).$$

【3414】 设:

$$x=\varphi(u,v),\qquad y=\psi(u,v).$$

求反函数:$u=u(x,y)$和 $v=v(x,y)$的一阶和二阶偏导函数.

解 微分二次,得

$$dx=\varphi_1'du+\varphi_2'dv, \tag{1}$$

$$dy=\psi_1'du+\psi_2'dv, \tag{2}$$

$$0=\varphi_{11}''du^2+2\varphi_{12}''du\,dv+\varphi_{22}''dv^2+\varphi_1'd^2u+\varphi_2'd^2v, \tag{3}$$

$$0=\psi_{11}''du^2+2\psi_{12}''du\,dv+\psi_{22}''dv^2+\psi_1'd^2u+\psi_2'd^2v. \tag{4}$$

其中右下角标号 1,2 分别代表对 u, v 的偏导函数,余类推.

令 $I=\varphi_1'\psi_2'-\varphi_2'\psi_1'$,则由(1),(2)可解得

$$du=\frac{1}{I}(\psi_1'dx-\varphi_2'dy), \tag{5}$$

$$dv=\frac{1}{I}(\varphi_1'dy-\psi_1'dx). \tag{6}$$

于是,

$$\frac{\partial u}{\partial x}=\frac{1}{I}\psi_2'=\frac{1}{I}\frac{\partial \psi}{\partial v},\qquad \frac{\partial u}{\partial y}=-\frac{1}{I}\frac{\partial \varphi}{\partial v},$$

$$\frac{\partial v}{\partial x}=-\frac{1}{I}\frac{\partial \psi}{\partial u},\qquad \frac{\partial v}{\partial y}=\frac{1}{I}\frac{\partial \varphi}{\partial u}.$$

由(3),(4)解出 d^2u, d^2v,并把(5),(6)的结果代入,即得

$$\begin{aligned}d^2u&=\frac{1}{I}[\varphi_2'(\psi_{11}''du^2+2\psi_{12}''du\,dv+\psi_{22}''dv^2)\\&\quad-\psi_2'(\varphi_{11}''du^2+2\varphi_{12}''du\,dv+\varphi_{22}''dv^2)]\\&=\frac{1}{I^3}[(\varphi_2'\psi_{11}''-\psi_2'\varphi_{11}'')(\psi_2'dx-\varphi_2'dy)^2\end{aligned}$$

$$+2(\varphi_2'\psi_{12}''-\psi_2'\varphi_{12}'')(\psi_2'\mathrm{d}x-\varphi_2'\mathrm{d}y)(\varphi_1'\mathrm{d}y-\psi_1'\mathrm{d}x)+(\varphi_2'\psi_{22}''-\psi_2'\varphi_{22}'')(\varphi_1'\mathrm{d}y-\psi_1'\mathrm{d}x)^2]$$

$$=\frac{\partial^2 u}{\partial x^2}\mathrm{d}x^2+2\frac{\partial^2 u}{\partial x\partial y}\mathrm{d}x\mathrm{d}y+\frac{\partial^2 u}{\partial y^2}\mathrm{d}y^2.$$

比较上式两端的系数,即得

$$\frac{\partial^2 u}{\partial x^2}=\frac{1}{I^3}\left[\left(\frac{\partial\varphi}{\partial v}\frac{\partial^2\psi}{\partial u^2}-\frac{\partial\psi}{\partial v}\frac{\partial^2\varphi}{\partial u^2}\right)\left(\frac{\partial\psi}{\partial v}\right)^2-2\left(\frac{\partial\varphi}{\partial v}\frac{\partial^2\psi}{\partial u\partial v}-\frac{\partial\psi}{\partial v}\frac{\partial^2\varphi}{\partial u\partial v}\right)\cdot\frac{\partial\psi}{\partial u}\frac{\partial\psi}{\partial v}+\left(\frac{\partial\varphi}{\partial v}\frac{\partial^2\psi}{\partial v^2}-\frac{\partial\psi}{\partial v}\frac{\partial^2\varphi}{\partial v^2}\right)\left(\frac{\partial\psi}{\partial u}\right)^2\right]$$

$$\frac{\partial^2 u}{\partial x\partial y}=\frac{1}{I^3}\left[\left(\frac{\partial\psi}{\partial v}\frac{\partial^2\varphi}{\partial u^2}-\frac{\partial\varphi}{\partial v}\frac{\partial^2\psi}{\partial u^2}\right)\frac{\partial\varphi}{\partial v}\frac{\partial\psi}{\partial v}-\left(\frac{\partial\psi}{\partial v}\frac{\partial^2\varphi}{\partial u\partial v}-\frac{\partial\varphi}{\partial v}\frac{\partial^2\psi}{\partial u\partial v}\right)\cdot\left(\frac{\partial\varphi}{\partial u}\frac{\partial\psi}{\partial v}+\frac{\partial\varphi}{\partial v}\frac{\partial\psi}{\partial u}\right)+\left(\frac{\partial\psi}{\partial v}\frac{\partial^2\varphi}{\partial v^2}-\frac{\partial\varphi}{\partial v}\frac{\partial^2\psi}{\partial v^2}\right)\frac{\partial\varphi}{\partial u}\frac{\partial\psi}{\partial u}\right]$$

$$\frac{\partial^2 u}{\partial y^2}=\frac{1}{I^3}\left[\left(\frac{\partial\varphi}{\partial v}\frac{\partial^2\psi}{\partial u^2}-\frac{\partial\psi}{\partial v}\frac{\partial^2\varphi}{\partial u^2}\right)\left(\frac{\partial\varphi}{\partial v}\right)^2-2\left(\frac{\partial\varphi}{\partial v}\frac{\partial^2\psi}{\partial u\partial v}-\frac{\partial\psi}{\partial v}\frac{\partial^2\varphi}{\partial u\partial v}\right)\cdot\frac{\partial\varphi}{\partial u}\frac{\partial\varphi}{\partial v}+\left(\frac{\partial\varphi}{\partial v}\frac{\partial^2\psi}{\partial v^2}-\frac{\partial\psi}{\partial v}\frac{\partial^2\varphi}{\partial v^2}\right)\left(\frac{\partial\varphi}{\partial u}\right)^2\right].$$

同法可求得 $\mathrm{d}^2 v$ 和 $\frac{\partial^2 v}{\partial x^2}$, $\frac{\partial^2 v}{\partial x\partial y}$, $\frac{\partial^2 v}{\partial y^2}$.

【3415】 设(1) $x=u\cos\frac{v}{u}$, $y=u\sin\frac{v}{u}$;

(2) $x=\mathrm{e}^u+u\sin v$, $y=\mathrm{e}^u-u\cos v$,

求$\frac{\partial u}{\partial x}$, $\frac{\partial u}{\partial y}$, $\frac{\partial v}{\partial x}$, $\frac{\partial v}{\partial y}$.

解 利用 3414 题的结果求之.

(1) $\varphi(u,v)=u\cos\frac{v}{u}$, $\psi(u,v)=u\sin\frac{v}{u}$. 于是,

$$\frac{\partial\varphi}{\partial u}=\cos\frac{v}{u}+\frac{v}{u}\sin\frac{v}{u},\qquad \frac{\partial\varphi}{\partial v}=-\sin\frac{v}{u},$$

$$\frac{\partial\psi}{\partial u}=\sin\frac{v}{u}-\frac{v}{u}\cos\frac{v}{u},\qquad \frac{\partial\psi}{\partial v}=\cos\frac{v}{u},$$

$$I=\frac{\partial\varphi}{\partial u}\frac{\partial\psi}{\partial v}-\frac{\partial\varphi}{\partial v}\frac{\partial\psi}{\partial u}=\left(\cos\frac{v}{u}+\frac{v}{u}\sin\frac{v}{u}\right)\cos\frac{v}{u}$$

$$-\left(-\sin\frac{v}{u}\right)\left(\sin\frac{v}{u}-\frac{v}{u}\cos\frac{v}{u}\right)=1.$$

从而得

$$\frac{\partial u}{\partial x}=\frac{1}{I}\frac{\partial\psi}{\partial v}=\cos\frac{v}{u},\quad \frac{\partial u}{\partial y}=-\frac{1}{I}\frac{\partial\varphi}{\partial v}=\sin\frac{v}{u},$$

$$\frac{\partial v}{\partial x}=-\frac{1}{I}\frac{\partial\psi}{\partial u}=\frac{v}{u}\cos\frac{v}{u}-\sin\frac{v}{u},$$

$$\frac{\partial v}{\partial y}=\frac{1}{I}\frac{\partial\varphi}{\partial u}=\frac{v}{u}\sin\frac{v}{u}+\cos\frac{v}{u}.$$

(2) $\varphi(u,v)=e^u+u\sin v$，$\psi(u,v)=e^u-u\cos v$. 于是，

$$\frac{\partial\varphi}{\partial u}=e^u+\sin v,\qquad \frac{\partial\varphi}{\partial v}=u\cos v,$$

$$\frac{\partial\psi}{\partial u}=e^u-\cos v,\qquad \frac{\partial\psi}{\partial v}=u\sin v,$$

$$I=(e^u+\sin v)u\sin v-(e^u-\cos v)u\cos v$$

$$=u[e^u(\sin v-\cos v)+1].$$

从而得

$$\frac{\partial u}{\partial x}=\frac{\sin v}{e^u(\sin v-\cos v)+1},$$

$$\frac{\partial u}{\partial y}=-\frac{\cos v}{e^u(\sin v-\cos v)+1},$$

$$\frac{\partial v}{\partial x}=-\frac{e^u-\cos v}{u[e^u(\sin v-\cos v)+1]},$$

$$\frac{\partial v}{\partial y}=\frac{e^u+\sin v}{u[e^u(\sin v-\cos v)+1]}.$$

【3416】 函数 $u=u(x)$由方程组

$$u=f(x,y,z),\quad g(x,y,z)=0,\quad h(x,y,z)=0$$

定义.求$\dfrac{du}{dx}$和$\dfrac{d^2u}{dx^2}$.

解 微分得

$$du = f'_x dx + f'_y dy + f'_z dz = \left(dx\frac{\partial}{\partial x} + dy\frac{\partial}{\partial y} + dz\frac{\partial}{\partial z}\right) f, \quad (1)$$

$$0 = g'_x dx + g'_y dy + g'_z dz = \left(dx\frac{\partial}{\partial x} + dy\frac{\partial}{\partial y} + dz\frac{\partial}{\partial z}\right) g, \quad (2)$$

$$0 = h'_x dx + h'_y dy + h'_z dz = \left(dx\frac{\partial}{\partial x} + dy\frac{\partial}{\partial y} + dz\frac{\partial}{\partial z}\right) h. \quad (3)$$

令$\dfrac{\partial(g,h)}{\partial(y,z)} = I_1$，$\dfrac{\partial(g,h)}{\partial(z,x)} = I_2$，$\dfrac{\partial(g,h)}{\partial(x,y)} = I_3$，则由(2),(3)可解得

$$dy = \frac{I_2}{I_1}dx, \qquad dz = \frac{I_3}{I_1}dx.$$

将 dy，dz 代入(1),得

$$\begin{aligned} du &= f'_x dx + f'_y\frac{I_2}{I_1}dx + f'_z\frac{I_3}{I_1}dx \\ &= \frac{1}{I_1}(I_1 f'_x + I_2 f'_y + I_3 f'_z)dx = \frac{I}{I_1}dx, \end{aligned}$$

其中 $I = \dfrac{D(f,g,h)}{D(x,y,z)}$.于是,$\dfrac{du}{dx} = \dfrac{I}{I_1}$.

对(1),(2),(3)再求一次微分,得

$$d^2u = \left(dx\frac{\partial}{\partial x} + dy\frac{\partial}{\partial y} + dz\frac{\partial}{\partial z}\right)^2 f + f'_y d^2y + f'_z d^2z, \quad (4)$$

$$0 = \left(dx\frac{\partial}{\partial x} + dy\frac{\partial}{\partial y} + dz\frac{\partial}{\partial z}\right)^2 g + g'_y d^2y + g'_z d^2z, \quad (5)$$

$$0 = \left(dx\frac{\partial}{\partial x} + dy\frac{\partial}{\partial y} + dz\frac{\partial}{\partial z}\right)^2 h + h'_y d^2y + h'_z d^2z, \quad (6)$$

于是,

$$d^2y = \frac{1}{I_1}\Big[g'_z\left(dx\frac{\partial}{\partial x} + dy\frac{\partial}{\partial y} + dz\frac{\partial}{\partial z}\right)^2 h$$

$$-h'_z\left(dx\frac{\partial}{\partial x}+dy\frac{\partial}{\partial y}+dz\frac{\partial}{\partial z}\right)^2 g\Big]$$

$$d^2z=\frac{1}{I_1}\Big[h'_y\left(dx\frac{\partial}{\partial x}+dy\frac{\partial}{\partial y}+dz\frac{\partial}{\partial z}\right)^2 g$$

$$-g'_y\left(dx\frac{\partial}{\partial x}+dy\frac{\partial}{\partial y}+dz\frac{\partial}{\partial z}\right)^2 h\Big].$$

令 $\frac{\partial(h,f)}{\partial(y,z)}=I_4$，$\frac{\partial(f,g)}{\partial(y,z)}=I_5$，并将 d^2y 及 d^2z 代入(4),即得

$$d^2u=\frac{1}{I_1}\Big[I_1\left(dx\frac{\partial}{\partial x}+dy\frac{\partial}{\partial y}+dz\frac{\partial}{\partial z}\right)^2 f$$

$$+I_4\left(dx\frac{\partial}{\partial x}+dy\frac{\partial}{\partial y}+dz\frac{\partial}{\partial z}\right)^2 g$$

$$+I_5\left(dx\frac{\partial}{\partial x}+dy\frac{\partial}{\partial y}+dz\frac{\partial}{\partial z}\right)^2 h\Big],$$

再以 $dy=\frac{I_2}{I_1}dx$ 及 $dz=\frac{I_3}{I_1}dx$ 代入上式,即得

$$\frac{d^2u}{dx^2}=\frac{1}{I_1^3}\Big[I_1\left(I_1\frac{\partial}{\partial x}+I_2\frac{\partial}{\partial y}+I_3\frac{\partial}{\partial z}\right)^2 f$$

$$+I_4\left(I_1\frac{\partial}{\partial x}+I_2\frac{\partial}{\partial y}+I_3\frac{\partial}{\partial z}\right)^2 g$$

$$+I_5\left(I_1\frac{\partial}{\partial x}+I_2\frac{\partial}{\partial y}+I_3\frac{\partial}{\partial z}\right)^2 h\Big].$$

【3417】 函数 $u=u(x,y)$ 由方程组

$$u=f(x,y,z,t),\quad g(y,z,t)=0,\quad h(z,t)=0$$

定义.求 $\frac{\partial u}{\partial x}$ 和 $\frac{\partial u}{\partial y}$.

解 微分得

$$du=f'_x dx+f'_y dy+f'_z dz+f'_t dt,\tag{1}$$

$$0=g'_y dy+g'_z dz+g'_t dt,\tag{2}$$

$$0=h'_z dz+h'_t dt.\tag{3}$$

令 $I_1=\dfrac{\partial(g,h)}{\partial(z,t)}$,则由(2),(3)可解得

$$dz=\frac{1}{I_1}(-g'_y h'_t)dy,\quad dt=\frac{1}{I_1}(g'_y h'_z)dy.$$

将 dz 及 dt 代入(1)式,得

$$du=f'_x dx+f'_y dy-\frac{g'_y}{I_1}(f'_z h'_t-f'_t h'_z)dy.$$

于是,

$$\frac{\partial u}{\partial x}=f'_x,\qquad \frac{\partial u}{\partial y}=f'_y+g'_y\frac{I_2}{I_1},$$

其中 $I_2=\dfrac{\partial(h,f)}{\partial(z,t)}$.

【3418】 设:

$$x=f(u,v,w),\quad y=g(u,v,w),\quad z=h(u,v,w).$$

求$\dfrac{\partial u}{\partial x}$, $\dfrac{\partial u}{\partial y}$和$\dfrac{\partial u}{\partial z}$.

解 微分得

$$dx=f'_u du+f'_v dv+f'_w dw,$$
$$dy=g'_u du+g'_v dv+g'_w dw,$$
$$dz=h'_u du+h'_v dv+h'_w dw.$$

令 $I=\dfrac{D(f,g,h)}{D(u,v,w)}$,则有

$$du=\frac{1}{I}\begin{vmatrix} dx & f'_v & f'_w \\ dy & g'_v & g'_w \\ dz & h'_v & h'_w \end{vmatrix}=\frac{I_1}{I}dx+\frac{I_2}{I}dy+\frac{I_3}{I}dz,$$

其中 $I_1=\dfrac{\partial(g,h)}{\partial(v,w)}$, $I_2=\dfrac{\partial(h,f)}{\partial(v,w)}$, $I_3=\dfrac{\partial(f,g)}{\partial(v,w)}$. 于是,

$$\frac{\partial u}{\partial x}=\frac{I_1}{I},\qquad \frac{\partial u}{\partial y}=\frac{I_2}{I},\qquad \frac{\partial u}{\partial z}=\frac{I_3}{I}.$$

【3419】 设函数 $z=z(x,y)$满足方程组

$$f(x,y,z,t)=0,\qquad g(x,y,z,t)=0,$$

式中 t 为参变数.求 $\mathrm{d}z$.

解 微分得

$$f'_x\mathrm{d}x+f'_y\mathrm{d}y+f'_z\mathrm{d}z+f'_t\mathrm{d}t=0,$$

$$g'_x\mathrm{d}x+g'_y\mathrm{d}y+g'_z\mathrm{d}z+g'_t\mathrm{d}t=0.$$

把 $\mathrm{d}z$, $\mathrm{d}t$ 看作未知数,其他为系数.解之得

$$\begin{aligned}\mathrm{d}z&=\frac{1}{I_3}[f'_t(g'_x\mathrm{d}x+g'_y\mathrm{d}y)-g'_t(f'_x\mathrm{d}x+f'_y\mathrm{d}y)]\\&=\frac{1}{I_3}[(f'_tg'_x-g'_tf'_x)\mathrm{d}x+(f'_tg'_y-g'_tf'_y)\mathrm{d}y]\\&=-\frac{I_1\mathrm{d}x+I_2\mathrm{d}y}{I_3},\end{aligned}$$

其中 $I_1=\dfrac{\partial(f,g)}{\partial(x,t)}$, $I_2=\dfrac{\partial(f,g)}{\partial(y,t)}$, $I_3=\dfrac{\partial(f,g)}{\partial(z,t)}$.

【3420】 设 $u=f(z)$,其中 z 为由方程式 $z=x+y\varphi(z)$所定义的为变数 x 和 y 的隐函数.证明拉格朗日公式

$$\frac{\partial^n u}{\partial y^n}=\frac{\partial^{n-1}}{\partial x^{n-1}}\left\{[\varphi(z)]^n\frac{\partial u}{\partial x}\right\}.$$

证 $\mathrm{d}z=\mathrm{d}x+\varphi(z)\mathrm{d}y+y\varphi'(z)\mathrm{d}z$,于是,

$$\frac{\partial z}{\partial x}=\frac{1}{1-y\varphi'(z)},\qquad \frac{\partial z}{\partial y}=\frac{\varphi(z)}{1-y\varphi'(z)}=\varphi(z)\frac{\partial z}{\partial x}.$$

从而得

$$\frac{\partial u}{\partial y}=f'(z)\frac{\partial z}{\partial y}=f'(z)\frac{\partial z}{\partial x}=\varphi(z)\frac{\partial u}{\partial x},$$

即当 $n=1$ 时,拉格朗日公式为真.

对于任意可微函数 $g(z)$,有

$$\frac{\partial}{\partial y}\left[g(z)\frac{\partial u}{\partial x}\right]=g'(z)\frac{\partial z}{\partial y}\frac{\partial u}{\partial x}+g(z)\frac{\partial^2 u}{\partial x\partial y}$$

$$= \varphi(z)g'(z)\frac{\partial z}{\partial x}\frac{\partial u}{\partial x} + g(z)\frac{\partial}{\partial x}\left(\frac{\partial u}{\partial y}\right)$$
$$= \varphi(z)g'(z)\frac{\partial z}{\partial x}\frac{\partial u}{\partial x} + g(z)\frac{\partial}{\partial x}\left[\varphi(x)\frac{\partial u}{\partial x}\right]$$
$$= \varphi(z)g'(z)\frac{\partial z}{\partial x}\frac{\partial u}{\partial x} + \varphi'(z)g(z)\frac{\partial z}{\partial x}\frac{\partial u}{\partial x} + \varphi(z)g(z)\frac{\partial^2 u}{\partial x^2}$$
$$= \frac{\partial}{\partial x}\left[\varphi(z)g(z)\frac{\partial u}{\partial x}\right].$$

令 $g(z)=\varphi(z)$，得

$$\frac{\partial^2 u}{\partial y^2} = \frac{\partial}{\partial y}\left(\frac{\partial u}{\partial y}\right) = \frac{\partial}{\partial y}\left[\varphi(z)\frac{\partial u}{\partial x}\right] = \frac{\partial}{\partial x}\left[\varphi^2(z)\frac{\partial u}{\partial x}\right],$$

即当 $n=2$ 时，拉格朗日公式也为真. 设当 $n=k$ 时，公式为真，即有

$$\frac{\partial^k u}{\partial y^k} = \frac{\partial^{k-1}}{\partial x^{k-1}}\left[\varphi^k(z)\frac{\partial u}{\partial x}\right].$$

于是，

$$\frac{\partial^{k+1} u}{\partial y^{k+1}} = \frac{\partial}{\partial y}\left\{\frac{\partial^{k-1}}{\partial x^{k-1}}\left[\varphi^k(z)\frac{\partial u}{\partial x}\right]\right\} = \frac{\partial^{k-1}}{\partial x^{k-1}}\left\{\frac{\partial}{\partial y}\left[\varphi^k(x)\frac{\partial u}{\partial x}\right]\right\}$$
$$= \frac{\partial^{k-1}}{\partial x^{k-1}}\left\{\frac{\partial}{\partial x}\left[\varphi^{k+1}(z)\frac{\partial u}{\partial x}\right]\right\} = \frac{\partial^k}{\partial x^k}\left[\varphi^{k+1}(z)\frac{\partial u}{\partial x}\right],$$

即当 $n=k+1$ 时，拉格朗日公式也为真. 于是，对于一切自然数 n，均有

$$\frac{\partial^n u}{\partial y^n} = \frac{\partial^{n-1}}{\partial x^{n-1}}\left[\varphi^n(z)\frac{\partial u}{\partial x}\right].$$

【3421】 证明：由方程

$$\Phi(x-az, y-bz)=0 \qquad (1)$$

(其中 $\Phi(u,v)$是变数 u,v 的任意可微分函数，a 和 b 为常数) 所定义的函数 $z=z(x,y)$为方程

$$a\frac{\partial z}{\partial x} + b\frac{\partial z}{\partial y} = 1$$

的解.说明曲面(1)的几何性质.

解 由于

$$\Phi_1'\cdot\left(1-a\frac{\partial z}{\partial x}\right)-b\Phi_2'\frac{\partial z}{\partial x}=0,$$

$$-\Phi_1'a\frac{\partial z}{\partial y}+\Phi_2'\cdot\left(1-b\frac{\partial z}{\partial y}\right)=0,$$

故有

$$\frac{\partial z}{\partial x}=\frac{\Phi_1'}{a\Phi_1'+b\Phi_2'},\qquad\frac{\partial z}{\partial y}=\frac{\Phi_2'}{a\Phi_1'+b\Phi_2'}.$$

将上面二个等式依次乘以 a,b,然后相加,即得

$$a\frac{\partial z}{\partial x}+b\frac{\partial z}{\partial y}=1,$$

这就说明 $z=z(x,y)$为方程 $a\frac{\partial z}{\partial x}+b\frac{\partial z}{\partial y}=1$ 的解.

等式 $a\frac{\partial z}{\partial x}+b\frac{\partial z}{\partial y}-1=0$ 表示曲面(1)上任一点 $P_1(x_1, y_1, z_1)$ 的法向量 $\vec{n}_1=\left\{\frac{\partial z}{\partial x}\bigg|_{P_1},\ \frac{\partial z}{\partial y}\bigg|_{P_1},\ -1\right\}$ 皆与向量 $\vec{r}_1=\{a,b,1\}$垂直.过点 P_1 作平行于$\vec{r}_1$ 的直线 l_1:

$$\frac{x-x_1}{a}=\frac{y-y_1}{b}=\frac{z-z_1}{1}.$$

易知 l_1 上的点皆在曲面(1)上.于是,曲面(1)是母线平行于$\vec{r}_1$ 的柱面.

【3422】 证明:由方程

$$\Phi\left(\frac{x-x_0}{z-z_0},\frac{y-y_0}{z-z_0}\right)=0\tag{2}$$

(其中 $\Phi(u,v)$是变数 u 和 v 的任意可微分函数)所定义的函数 $z=z(x,y)$满足方程式

$$(x-x_0)\frac{\partial z}{\partial x}+(y-y_0)\frac{\partial z}{\partial y}=z-z_0.$$

说明曲面(2)的几何性质.

解 由于

$$\Phi_1'\frac{z-z_0-(x-x_0)\dfrac{\partial z}{\partial x}}{(z-z_0)^2}-\Phi_2'\frac{(y-y_0)\dfrac{\partial z}{\partial x}}{(z-z_0)^2}=0,$$

$$-\Phi_1'\frac{(x-x_0)\dfrac{\partial z}{\partial y}}{(z-z_0)^2}+\Phi_2'\frac{z-z_0-(y-y_0)\dfrac{\partial z}{\partial y}}{(z-z_0)^2}=0,$$

故有

$$\frac{\partial z}{\partial x}=\frac{(z-z_0)\Phi_1'}{(x-x_0)\Phi_1'+(y-y_0)\Phi_2'},$$

$$\frac{\partial z}{\partial y}=\frac{(z-z_0)\Phi_2'}{(x-x_0)\Phi_1'+(y-y_0)\Phi_2'}.$$

将上面二个等式依次乘以 $x-x_0$ 及 $y-y_0$,然后相加,即得

$$(x-x_0)\frac{\partial z}{\partial x}+(y-y_0)\frac{\partial z}{\partial y}=z-z_0,$$

本题获证.

等式$(x-x_0)\dfrac{\partial z}{\partial x}+(y-y_0)\dfrac{\partial z}{\partial y}-(z-z_0)=0$ 表示曲面(2)在其上任一点 $P_2(x_2,y_2,z_2)$的法向量$\vec{n}_2=\left\{\dfrac{\partial z}{\partial x}\bigg|_{P_2},\ \dfrac{\partial z}{\partial y}\bigg|_{P_2},\ -1\right\}$与向量$\vec{r}_2=\{x_2-x_0,y_2-y_0,z_2-z_0\}$垂直. 作过点 $P_0(x_0,y_0,z_0)$、$P_2(x_2,y_2,z_2)$的直线 l_2:

$$\frac{x-x_0}{x_2-x_0}=\frac{y-y_0}{y_2-y_0}=\frac{z-z_0}{z_2-z_0}.$$

易知 l_2 上的任一点皆在曲面(2)上. 于是,曲面(2)是顶点在 P_0 的锥面.

【3423】 证明:由方程

$$ax+by+cz=\Phi(x^2+y^2+z^2) \qquad (3)$$

[其中 $\Phi(u)$是变数 u 的任意可微分函数, a, b 和 c 为常数]所定义的函数 $z=z(x,y)$满足方程

$$(cy-bz)\frac{\partial z}{\partial x}+(az-cx)\frac{\partial z}{\partial y}=bx-ay.$$

说明曲面(3)的几何性质.

解　由于

$$a+c\frac{\partial z}{\partial x}=\Phi'\cdot\left(2x+2z\frac{\partial z}{\partial x}\right),$$

$$b+c\frac{\partial z}{\partial y}=\Phi'\cdot\left(2y+2z\frac{\partial z}{\partial y}\right),$$

故有

$$\frac{\partial z}{\partial x}=\frac{2x\Phi'-a}{c-2z\Phi'},\qquad \frac{\partial z}{\partial y}=\frac{2y\Phi'-b}{c-2z\Phi'}.$$

将上面二个等式依次乘以$(cy-bz)$及$(az-cx)$,然后相加,即得

$$\begin{aligned}&(cy-bz)\frac{\partial z}{\partial x}+(az-cx)\frac{\partial z}{\partial y}\\&=\frac{(2x\Phi'-a)(cy-bz)+(2y\Phi'-b)(az-cx)}{c-2z\Phi'}\\&=\frac{(c-2z\Phi')(bx-ay)}{c-2z\Phi'}=bx-ay,\end{aligned}$$

本题获证.

设 $P_3(x_3,y_3,z_3)$是曲面(3)上任意一点,并记$\vec{r}_3=\{a,b,c\}$. 由于曲面(3)在点 P_3 的法向量为 $\vec{n}_3=\left\{\left.\frac{\partial z}{\partial x}\right|_{P_3},\left.\frac{\partial z}{\partial y}\right|_{P_3},-1\right\}$,故由方程

$$(cy-bz)\frac{\partial z}{\partial x}+(az-cx)\frac{\partial z}{\partial y}-(bx-ay)=0$$

知 $\vec{n}_3 \perp (\vec{P}_3 \times \vec{r}_3)$，其中$\vec{P}_3 = \{x_3, y_3, z_3\}$.

设由原点到 P_3 的距离为 d，即 $x_3^2 + y_3^2 + z_3^2 = \mathrm{d}^2$. 考虑平面

$$\Pi: ax + by + cz = d$$

和过点 P_3 的球面

$$S: x^2 + y^2 + z^2 = d^2,$$

并设平面 Π 与球面 S 的交线为 C，则

1° 由点 P_3 在曲面(3)上可知

$$ax_3 + by_3 + cz_3 = \Phi(x_3^2 + y_3^2 + z_3^2),$$

即 $d = \Phi(d^2)$. 这表明曲线 C 上的点的坐标皆满足方程(3)，即曲线 C 位于曲面(3)上.

2° 由 Π 为平面，S 为球面知交线 C 为一圆周曲线.

3° 圆 C 的圆心 Q 即为由原点到平面 Π 的垂足，故点 Q 位于过原点且与平面 Π 垂直的直线 l 上.

综上所述，可见曲面(3)是以直线 l: $\frac{x}{a} = \frac{y}{b} = \frac{z}{c}$ 为旋转轴的旋转曲面.

【3424】 函数 $z = z(x, y)$ 由方程

$$x^2 + y^2 + z^2 = yf\left(\frac{z}{y}\right)$$

所给出. 证明：

$$(x^2 - y^2 - z^2)\frac{\partial z}{\partial x} + 2xy\frac{\partial z}{\partial y} = 2xz.$$

证 由于 $2x + 2z\frac{\partial z}{\partial x} = f'\left(\frac{z}{y}\right)\frac{\partial z}{\partial x}$，故有

$$\frac{\partial z}{\partial x} = \frac{2x}{f'\left(\frac{z}{y}\right) - 2z}.$$

同法可求得 $\dfrac{\partial z}{\partial y}=\dfrac{x^2-y^2+z^2-zf'\left(\dfrac{z}{y}\right)}{2yz-yf'\left(\dfrac{z}{y}\right)}$. 于是,

$$\begin{aligned}
&(x^2-y^2-z^2)\frac{\partial z}{\partial x}+2xy\frac{\partial z}{\partial y}\\
&=\frac{2xy(y^2+z^2-x^2)+2xy(x^2-y^2+z^2-zf')}{y(2z-f')}\\
&=\frac{2xyz(2z-f')}{y(2z-f')}=2xz,
\end{aligned}$$

本题获证.

【3425】 函数 $z=z(x,y)$ 由方程

$$F(x+zy^{-1},y+zx^{-1})=0$$

所给出. 证明: $x\dfrac{\partial z}{\partial x}+y\dfrac{\partial z}{\partial y}=z-xy$.

证 由于

$$F_1'\cdot\left(1+\frac{1}{y}\frac{\partial z}{\partial x}\right)+F_2'\cdot\left(\frac{x\dfrac{\partial z}{\partial x}-z}{x^2}\right)=0,$$

$$F_1'\cdot\left(\frac{y\dfrac{\partial z}{\partial y}-z}{y^2}\right)+F_2'\cdot\left(1+\frac{1}{x}\frac{\partial z}{\partial y}\right)=0,$$

故有

$$\frac{\partial z}{\partial x}=\frac{yzF_2'-x^2yF_1'}{x(xF_1'+yF_2')},\qquad \frac{\partial z}{\partial y}=\frac{xzF_1'-xy^2F_2'}{y(xF_1'+yF_2')}.$$

于是,

$$\begin{aligned}
x\frac{\partial z}{\partial x}+y\frac{\partial z}{\partial y}&=\frac{yzF_2'-x^2yF_1'+xzF_1'-xy^2F_2'}{xF_1'+yF_2'}\\
&=\frac{(z-xy)(xF_1'+yF_2')}{xF_1'+yF_2'}=z-xy,
\end{aligned}$$

本题获证.

【3426】 证明:由方程组

$$\left.\begin{aligned} x\cos\alpha + y\sin\alpha + \ln z = f(\alpha), \\ -x\sin\alpha + y\cos\alpha = f'(\alpha) \end{aligned}\right\}$$

[其中 $\alpha=\alpha(x,y)$为参变数及 $f(\alpha)$为任意可微分的函数]所定义的函数 $z=z(x,y)$满足方程式

$$\left(\frac{\partial z}{\partial x}\right)^2+\left(\frac{\partial z}{\partial y}\right)^2=z^2.$$

证 由 $x\cos\alpha+y\sin\alpha+\ln z=f(\alpha)$两端对 x 求偏导函数,得

$$\cos\alpha - x\sin\alpha\frac{\partial\alpha}{\partial x}+y\cos\alpha\frac{\partial\alpha}{\partial x}+\frac{1}{z}\frac{\partial z}{\partial x}=f'(\alpha)\frac{\partial\alpha}{\partial x}.$$

由于 $-x\sin\alpha+y\cos\alpha=f'(\alpha)$,代入上式,即得

$$\cos\alpha+\frac{1}{z}\frac{\partial z}{\partial x}=0 \quad 或 \quad \frac{\partial z}{\partial x}=-z\cos\alpha \tag{1}$$

同法可求得

$$\frac{\partial z}{\partial y}=-z\sin\alpha. \tag{2}$$

将(1),(2)两式依次平方,然后相加,即得

$$\left(\frac{\partial z}{\partial x}\right)^2+\left(\frac{\partial z}{\partial y}\right)^2=z^2,$$

本题获证.

【3427】 证明:由方程组

$$\left.\begin{aligned} z=\alpha x+\frac{y}{\alpha}+f(\alpha), \\ 0=x-\frac{y}{\alpha^2}+f'(\alpha) \end{aligned}\right\}$$

所给出的函数 $z=z(x,y)$满足方程

$$\frac{\partial z}{\partial x}\frac{\partial z}{\partial y}=1.$$

证 由于

$$dz=\alpha dx+\frac{1}{\alpha}dy+\left[x-\frac{y}{\alpha^2}+f'(\alpha)\right]d\alpha=\alpha dx+\frac{1}{\alpha}dy,$$

故有 $\frac{\partial z}{\partial x}=\alpha$, $\frac{\partial z}{\partial y}=\frac{1}{\alpha}$. 于是,

$$\frac{\partial z}{\partial x}\frac{\partial z}{\partial y}=\alpha\cdot\frac{1}{\alpha}=1,$$

本题获证.

【3428】 证明:由方程组

$$\left.\begin{array}{l}[z-f(\alpha)]^2=x^2(y^2-\alpha^2),\\ [z-f(\alpha)]f'(\alpha)=\alpha x^2\end{array}\right\}$$

所定义的函数 $z=z(x,y)$满足方程

$$\frac{\partial z}{\partial x}\frac{\partial z}{\partial y}=xy.$$

证 $2[z-f(\alpha)][dz-f'(\alpha)d\alpha]$

$$=(y^2-\alpha^2)2x dx+x^2(2y dy-2\alpha d\alpha).$$

于是,

$$\begin{aligned}&[z-f(\alpha)]dz\\ &=x(y^2-\alpha^2)dx+x^2y dy-\{\alpha x^2-[z-f(\alpha)]f'(\alpha)\}d\alpha\\ &=x(y^2-\alpha^2)dx+x^2y dy,\end{aligned}$$

$$\frac{\partial z}{\partial x}=\frac{x(y^2-\alpha^2)}{z-f(\alpha)},\qquad \frac{\partial z}{\partial y}=\frac{x^2y}{z-f(\alpha)}.$$

从而得

$$\frac{\partial z}{\partial x}\frac{\partial z}{\partial y}=\frac{x^3y(y^2-\alpha^2)}{[z-f(\alpha)]^2}=xy\frac{x^2(y^2-\alpha^2)}{[z-f(\alpha)]^2}=xy,$$

本题获证.

【3429】 证明:由方程组

$$\left.\begin{array}{l}z=\alpha x+y\varphi(\alpha)+\psi(\alpha),\\ 0=x+y\varphi'(\alpha)+\psi'(\alpha)\end{array}\right\}$$

所给出的函数 $z=z(x,y)$满足方程

$$\frac{\partial^2 z}{\partial x^2}\frac{\partial^2 z}{\partial y^2}-\left(\frac{\partial^2 z}{\partial x\partial y}\right)^2=0.$$

证 $\frac{\partial z}{\partial x}=\alpha+x\frac{\partial \alpha}{\partial x}+y\varphi'(\alpha)\frac{\partial \alpha}{\partial x}+\psi'(\alpha)\frac{\partial \alpha}{\partial x}$

$$=\alpha+[x+y\varphi'(\alpha)+\psi'(\alpha)]\frac{\partial \alpha}{\partial x}=\alpha,$$

$$\frac{\partial^2 z}{\partial x^2}=\frac{\partial \alpha}{\partial x},\qquad \frac{\partial^2 z}{\partial x\partial y}=\frac{\partial \alpha}{\partial y}.$$

又

$$\frac{\partial z}{\partial y}=x\frac{\partial \alpha}{\partial y}+\varphi(\alpha)+y\varphi'(\alpha)\frac{\partial \alpha}{\partial y}+\psi'(\alpha)\frac{\partial \alpha}{\partial y}=\varphi(\alpha),$$

$$\frac{\partial^2 z}{\partial y^2}=\varphi'(\alpha)\frac{\partial \alpha}{\partial y},\qquad \frac{\partial^2 z}{\partial y\partial x}=\varphi'(\alpha)\frac{\partial \alpha}{\partial x}.$$

而

$$\frac{\partial^2 z}{\partial x^2}\frac{\partial^2 z}{\partial y^2}-\left(\frac{\partial^2 z}{\partial x\partial y}\right)^2=\frac{\partial \alpha}{\partial x}\frac{\partial \alpha}{\partial y}\varphi'(\alpha)-\left(\frac{\partial \alpha}{\partial y}\right)^2$$

$$=\frac{\partial \alpha}{\partial y}\left[\varphi'(\alpha)\frac{\partial \alpha}{\partial x}-\frac{\partial \alpha}{\partial y}\right],$$

由于 $\frac{\partial^2 z}{\partial x\partial y}=\frac{\partial^2 z}{\partial y\partial x}$,故 $\frac{\partial \alpha}{\partial y}=\varphi'(\alpha)\frac{\partial \alpha}{\partial x}$.于是,

$$\frac{\partial^2 z}{\partial x^2}\frac{\partial^2 z}{\partial y^2}-\left(\frac{\partial^2 z}{\partial x\partial y}\right)^2=0^{*)},$$

本题获证.

*) 此题也可由原方程组第二式两端分别对 x 和 y 求偏导函数而获得.

【3430】 证明:由方程

$$y=x\varphi(z)+\psi(z)$$

所定义的隐函数 $z=z(x,y)$满足方程

$$\left(\frac{\partial z}{\partial y}\right)^2\frac{\partial^2 z}{\partial x^2}-2\frac{\partial z}{\partial x}\frac{\partial z}{\partial y}\frac{\partial^2 z}{\partial x\partial y}+\left(\frac{\partial z}{\partial x}\right)^2\frac{\partial^2 z}{\partial y^2}=0.$$

证 记$\frac{\partial z}{\partial x}=p$，$\frac{\partial z}{\partial y}=q$，$\frac{\partial^2 z}{\partial x^2}=r$，$\frac{\partial^2 z}{\partial x\partial y}=s$，$\frac{\partial^2 z}{\partial y^2}=t$.

将所给方程两端分别对 x 和对 y 逐次求偏导数，得

$$\varphi(z)+[x\varphi'(z)+\psi'(z)]p=0,\quad [x\varphi'(z)+\psi'(z)]q=1;$$

$$2\varphi'(z)p+[x\varphi''(z)+\psi''(z)]p^2+[x\varphi'(z)+\psi'(z)]r=0,\tag{1}$$

$$\varphi'(z)q+[x\varphi''(z)+\psi''(z)]pq+[x\varphi'(z)+\psi'(z)]s=0,\tag{2}$$

$$[x\varphi''(z)+\psi''(z)]q^2+[x\varphi'(z)+\psi'(z)]t=0.\tag{3}$$

将(1),(2),(3)三式依次乘以 q^2，$(-2pq)$及 p^2，然后相加，并注意到 $x\varphi'(z)+\psi'(z)\neq 0$(因为$[x\varphi'(z)+\psi'(z)]q=1$)，即得

$$rq^2-2pqs+tp^2=0,$$

此即所要证明的.

§4. 变量代换

1° 在含有导函数的式子中的变量代换． 设于式

$$A=\Phi(x,y,y'_x,y''_{xx},\cdots)$$

中需要把 x,y 换为新的变量：t(自变量)及 u(函数)，这些变量由方程

$$x=f(t,u),\qquad y=g(t,u)\tag{1}$$

与原来的变量 x 和 y 联系起来.

把方程式(1)微分，便有：

$$y'_x=\frac{\frac{\partial g}{\partial t}+\frac{\partial g}{\partial u}u'_t}{\frac{\partial f}{\partial t}+\frac{\partial f}{\partial u}u'_t}.$$

同样地可表示出高阶的导函数 $y''_{xx},\cdots$因此我们得：

$$A=\Phi_1(t,u,u_t',u_{tt}'',\cdots).$$

2° 在含有偏导函数的式子中自变量的代换. 若于下式中

$$B=F\left(x,y,z,\frac{\partial z}{\partial x},\frac{\partial z}{\partial y},\frac{\partial^2 z}{\partial x^2},\frac{\partial^2 z}{\partial x\partial y},\frac{\partial^2 z}{\partial y^2},\cdots\right)$$

令

$$x=f(u,v),\qquad y=g(u,v),\tag{2}$$

其中 u 和 v 为新的自变量,则挨次的偏导函数 $\frac{\partial z}{\partial x}$, $\frac{\partial z}{\partial y}$, …由下列方程所确定:

$$\frac{\partial z}{\partial u}=\frac{\partial z}{\partial x}\frac{\partial f}{\partial u}+\frac{\partial z}{\partial y}\frac{\partial g}{\partial u},\qquad \frac{\partial z}{\partial v}=\frac{\partial z}{\partial x}\frac{\partial f}{\partial v}+\frac{\partial z}{\partial y}\frac{\partial g}{\partial v},$$

等等.

3° 在含有偏导函数的式子中自变量和函数的代换. 在一般的情况下,设有方程

$$x=f(u,v,w),\quad y=g(u,v,w),\quad z=h(u,v,w),\tag{3}$$

其中 u,v 为新的自变量及 $w=w(u,v)$ 为新的函数,则对于偏导函数 $\frac{\partial z}{\partial x}$, $\frac{\partial z}{\partial y}$,…得到这样的方程:

$$\frac{\partial z}{\partial x}\left(\frac{\partial f}{\partial u}+\frac{\partial f}{\partial w}\frac{\partial w}{\partial u}\right)+\frac{\partial z}{\partial y}\left(\frac{\partial g}{\partial u}+\frac{\partial g}{\partial w}\frac{\partial w}{\partial u}\right)=\frac{\partial h}{\partial u}+\frac{\partial h}{\partial w}\frac{\partial w}{\partial u},$$

$$\frac{\partial z}{\partial x}\left(\frac{\partial f}{\partial v}+\frac{\partial f}{\partial w}\frac{\partial w}{\partial v}\right)+\frac{\partial z}{\partial y}\left(\frac{\partial g}{\partial v}+\frac{\partial g}{\partial w}\frac{\partial w}{\partial v}\right)=\frac{\partial h}{\partial v}+\frac{\partial h}{\partial w}\frac{\partial w}{\partial v},$$

等等.

在某些情况下,使用全微分法进行变量代换是方便的.

【3431】 把 y 看作新的自变量,变换方程

$$y'y'''-3y''^2=x.$$

解 函数 $y=y(x)$ 的各阶导函数 $y',y'',y''',\cdots$与其反函数 $x=x(y)$的各阶导函数 $x',x'',x''',\cdots$之间有下述关系.

$$y'=\frac{1}{x'}\qquad\text{公式 1}$$

$$y''=(y')'=\left(\frac{1}{x'}\right)'_y\cdot y'_x=-\frac{x''}{x'^2}\frac{1}{x'}=-\frac{x''}{(x')^3}\qquad\text{公式 2}$$

$$y'''=(y'')'=-\left[\frac{x''}{(x')^3}\right]'_y y'_x=\frac{3(x'')^2-x'x'''}{(x')^5}.\qquad 公式3$$

以公式 1、2、3 代入所给方程，化简整理即得

$$x'''+x(x')^5=0.$$

【3432】 用同样的方法变换方程

$$(y')^2(y)^{(4)}-10y'y''y'''+15(y'')^3=0.$$

解 解法 1：

由公式 3 可得

$$y^{(4)}=(y''')'=\left[\frac{3(x'')^2-x'x'''}{(x')^5}\right]'_y y'_x$$

$$=\frac{6x'x''x'''-(x')^2x^{(4)}-x'x''x'''-5[(3x'')^2-x'x''']x''}{(x')^6}\ \frac{1}{x'}$$

$$=\frac{10x'x''x'''-(x')^2x^{(4)}-15(x'')^3}{(x')^7}.\qquad 公式4$$

以公式 1、2、3、4 代入所给方程，化简整理得

$$x^{(4)}=0.$$

解法 2：

由公式 4 可看出

$$x^{(4)}=\frac{10y'y''y'''-(y')^2y^{(4)}-15(y'')^3}{(y')^7}.$$

因此，所给方程可改写为 $-x^{(4)}(y')^7=0$. 由于 $y'\neq0$，故得

$$x^{(4)}=0.$$

【3433】 取 x 作函数，$t=xy$ 作自变量，变换方程

$$y''+\frac{2}{x}y'+y=0.$$

解 将 $t=t(x)$ 看作 x 的函数. 对 $t=xy$ 两端分别求 x 的一阶、二阶导数，得

$$\frac{dt}{dx}=y+xy', \tag{1}$$

$$\frac{d^2t}{dx^2}=2y'+xy''. \tag{2}$$

由于$\frac{dx}{dt}=\frac{1}{\frac{dt}{dx}}$,故由(1)式得

$$y'=\frac{1-y\frac{dx}{dt}}{x\frac{dx}{dt}}. \tag{3}$$

由公式 2 及(2)式可得

$$-\frac{\frac{d^2x}{dt^2}}{\left(\frac{dx}{dt}\right)^3}=2y'+xy'',\quad y''=-\frac{\frac{d^2x}{dt^2}}{x\left(\frac{dx}{dt}\right)^3}-\frac{2y'}{x}. \tag{4}$$

将(4)式代入所给方程,得

$$-\frac{d^2x}{dt^2}+xy\left(\frac{dx}{dt}\right)^3=0\quad 或\quad \frac{d^2x}{dt^2}-t\left(\frac{dx}{dt}\right)^3=0.$$

引入新变量,变换下列常微分方程:

【3434】 $x^2y''+xy'+y=0$,若 $x=e^t$.

解 当函数 y 不变,只作自变量的代换 $x=x(t)$时,注意到对$\frac{dt}{dx}$,$\frac{d^2t}{dx^2}$运用公式 1 及 2,即得

$$y'=\frac{dy}{dt}\frac{dt}{dx}=\frac{\frac{dy}{dt}}{\frac{dx}{dt}}, \qquad 公式 5$$

$$y''=\frac{d}{dx}\left(\frac{dy}{dt}\frac{dt}{dx}\right)=\frac{d^2y}{dt^2}\left(\frac{dt}{dx}\right)^2+\frac{dy}{dt}\frac{d^2t}{dx^2}=\frac{\frac{d^2y}{dt^2}\frac{dx}{dt}-\frac{dy}{dt}\frac{d^2x}{dt^2}}{\left(\frac{dx}{dt}\right)^3}.$$

公式 6

在本题中, $x=e^t$, 故有

$$\frac{dx}{dt}=e^t=x, \qquad \frac{d^2x}{dt^2}=e^t=x,$$

从而有

$$y'=\frac{\frac{dy}{dt}}{x}, \qquad y''=\frac{x\frac{d^2y}{dt^2}-x\frac{dy}{dt}}{x^3}=\frac{1}{x^2}\left(\frac{d^2y}{dt^2}-\frac{dy}{dt}\right)$$

将 y' 及 y'' 代入所给方程, 即得

$$\frac{d^2y}{dt^2}+y=0.$$

【3435】 $y'''=\frac{6y}{x^3}$, 若 $t=\ln|x|$.

解 应用复合函数求导公式, 有

$$y'=\frac{dy}{dt}\frac{dt}{dx}=\frac{1}{x}\frac{dy}{dt},$$

$$y''=\frac{d}{dx}\left(\frac{1}{x}\frac{dy}{dt}\right)=\frac{1}{x^2}\left(x\frac{d^2y}{dt^2}\frac{dt}{dx}-\frac{dy}{dt}\right)=\frac{\frac{d^2y}{dt^2}-\frac{dy}{dt}}{x^2},$$

$$y'''=\frac{1}{x^4}\left[x^2\left(\frac{d^3y}{dt^3}-\frac{d^2y}{dt^2}\right)\frac{dt}{dx}-2x\left(\frac{d^2y}{dt^2}-\frac{dy}{dt}\right)\right]$$
$$=\frac{1}{x^3}\left(\frac{d^3y}{dt^3}-3\frac{d^2y}{dt^2}+2\frac{dy}{dt}\right).$$

将 y''' 代入所给方程, 即得

$$\frac{d^3y}{dt^3}-3\frac{d^2y}{dt^2}+2\frac{dy}{dt}-6y=0.$$

【3436】 $(1-x^2)y''-xy'+n^2y=0$, 若 $x=\cos t$.

解 注意到 $\frac{dx}{dt}=-\sin t$, $\frac{d^2x}{dt^2}=-\cos t$, 用公式 5 及 6, 就

有

$$y' = -\frac{\frac{dy}{dt}}{\sin t}, \qquad y'' = \frac{-\sin t\,\frac{d^2y}{dt^2} + \cos t\,\frac{dy}{dt}}{-\sin^3 t}.$$

将 y', y''及 x 代入所给方程,即得

$$\frac{d^2y}{dt^2} + n^2y = 0.$$

【3437】 $y'' + y'\text{th}x + \frac{m^2}{\text{ch}^2 x}y = 0$, 若 $x = \ln\tan\frac{t}{2}$.

解 仍用公式 5 及 6,注意到

$$\frac{dx}{dt} = \frac{1}{\sin t}, \qquad \frac{d^2x}{dt^2} = -\frac{\cos t}{\sin^2 t},$$

$$\text{ch}x = \frac{1}{\sin t}, \qquad \text{th}x = -\cos t,$$

就有

$$y' = \sin t\,\frac{dy}{dt}, \qquad y'' = \sin^2 t\,\frac{d^2y}{dt^2} + \sin t\cos t\,\frac{dy}{dt}.$$

将 y', y'', $\text{ch}x$ 及 $\text{th}x$ 代入所给方程,即得

$$\frac{d^2y}{dt^2} + m^2y = 0.$$

【3438】 $y'' + p(x)y' + q(x)y = 0$, 令 $y = ue^{-\frac{1}{2}\int_{x_0}^{x}p(\xi)d\xi}$.

解 $y' = \frac{du}{dx}e^{-\frac{1}{2}\int_{x_0}^{x}p(\xi)d\xi} - \frac{1}{2}up(x)e^{-\frac{1}{2}\int_{x_0}^{x}p(\xi)d\xi}$,

$$y'' = \frac{d^2u}{dx^2}e^{-\frac{1}{2}\int_{x_0}^{x}p(\xi)d\xi} - p(x)\frac{du}{dx}e^{-\frac{1}{2}\int_{x_0}^{x}p(\xi)d\xi}$$

$$+ \frac{1}{4}up^2(x)e^{-\frac{1}{2}\int_{x_0}^{x}p(\xi)d\xi} - \frac{1}{2}up'(x)e^{-\frac{1}{2}\int_{x_0}^{x}p(\xi)d\xi}.$$

将 y', y''代入所给方程,化简整理即得

$$\frac{d^2u}{dx^2}+\left[q(x)-\frac{1}{4}p^2(x)-\frac{1}{2}p'(x)\right]u=0.$$

【3439】 $x^4y''+xyy'-2y^2=0$. 令

$$x=e^t,\qquad y=ue^{2t},$$

其中 $$u=u(t).$$

解 $$y'=\frac{\frac{dy}{dt}}{\frac{dx}{dt}}=\frac{e^{2t}(2u+u')}{e^t}=e^t(2u+u'),$$

$$y''=\frac{\frac{dy'}{dt}}{\frac{dx}{dt}}=\frac{e^t(u''+3u'+2u)}{e^t}=u''+3u'+2u,$$

其中 u' 及 u'' 表示 u 对 t 的一阶及二阶导函数，以下各题类似，不再说明.

将 y', y'' 及 x, y 代入所给方程，化简整理即得

$$u''+(u+3)u'+2u=0.$$

【3440】 $(1+x^2)^2y''=y$，若

$$x=\tan t,\qquad y=\frac{u}{\cos t},$$

其中 $u=u(t)$.

解 $$y'=\frac{\frac{u'\cos t+u\sin t}{\cos^2 t}}{\frac{1}{\cos^2 t}}=u'\cos t+u\sin t,$$

$$y''=\frac{u''\cos t+u\cos t}{\frac{1}{\cos^2 t}}=(u''+u)\cos^3 t.$$

将 y', y'' 及 x, y 代入所给方程，化简整理即得 $u''=0$.

【3441】 $(1-x^2)^2y''=-y$，若

$$x=\text{th}t,\qquad y=\frac{u}{\text{ch}t},$$

其中 $u=u(t)$.

解 $y'=\dfrac{\dfrac{u'\text{ch}t-u\text{sh}t}{\text{ch}^2t}}{\dfrac{1}{\text{ch}^2t}}=u'\text{ch}t-u\text{sh}t,$

$$y''=\frac{u''\text{ch}t-u\text{ch}t}{\dfrac{1}{\text{ch}^2t}}=(u''-u)\text{ch}^3t.$$

将 y'' 及 x,y 代入所给方程,化简整理即得 $u''=0$.

【3442】 $y''+(x+y)(1+y')^3=0$, 若 $x=u+t$, $y=u-t$, 其中 $u=u(t)$.

解 $y'=\dfrac{u'-1}{u'+1},$

$$y''=\frac{\dfrac{u''(u'+1)-u''(u'-1)}{(u'+1)^2}}{u'+1}=\frac{2u''}{(u'+1)^3}.$$

将 y',y'' 及 x,y 代入所给方程,化简整理即得

$$u''+8u(u')^3=0.$$

【3443】 $y'''-x^3y''+xy'-y=0$,若 $x=\dfrac{1}{t}$ 及 $y=\dfrac{u}{t}$,其中 $u=u(t)$.

解 $y'=\dfrac{\dfrac{u't-u}{t^2}}{-\dfrac{1}{t^2}}=u-tu',$

$$y''=\frac{-tu''}{-\dfrac{1}{t^2}}=t^3u'',$$

$$y'''=\frac{3t^2u''+t^3u'''}{-\dfrac{1}{t^2}}=-t^4(3u''+tu''').$$

将 y', y'', y''' 及 x, y 代入所给方程，化简整理即得

$$t^5 u''' + (3t^4 + 1)u'' + u' = 0.$$

【3444】 假定

$$u = \frac{y}{x-b}, \qquad t = \ln\left|\frac{x-a}{x-b}\right|,$$

并取 u 作为变量 t 的函数，以变换斯托克斯方程

$$y'' = \frac{Ay}{(x-a)^2(x-b)^2}.$$

解 由于 $t = \ln|x-a| - \ln|x-b|$，故有

$$\frac{dt}{dx} = \frac{1}{x-a} - \frac{1}{x-b} = \frac{a-b}{(x-a)(x-b)}$$

或
$$\frac{dx}{dt} = \frac{(x-a)(x-b)}{a-b} \tag{1}$$

又因 $u = \dfrac{y}{x-b}$，故 $y = u(x-b)$，

$$y' = (x-b)\frac{du}{dx} + u = \frac{\frac{du}{dt}}{\frac{dx}{xt}}(x-b) + u = \frac{(a-b)u'}{x-a} + u, \tag{2}$$

$$y'' = \frac{\frac{dy'}{dt}}{\frac{dx}{dt}} = \left[\frac{(a-b)u''}{x-a} + u' - \frac{(a-b)u'}{(x-a)^2}\frac{dx}{dt}\right]$$

$$\cdot \frac{a-b}{(x-a)(x-b)} = \frac{(a-b)^2(u''-u')}{(x-a)^2(x-b)}. \tag{3}$$

将(3)式代入所给方程，即得

$$u'' - u' = \frac{Au}{(a-b)^2} \quad (a \neq b).$$

【3445】 证明：若方程

$$\frac{d^2y}{dx^2} + p(x)\frac{dy}{dx} + q(x)y = 0,$$

由代换 $x=\varphi(\xi)$变换为方程

$$\frac{d^2y}{d\xi^2}+P(\xi)\frac{dy}{d\xi}+Q(\xi)y=0,$$

则

$$[2P(\xi)Q(\xi)+Q'(\xi)][Q(\xi)]^{-\frac{3}{2}}$$
$$=[2p(x)q(x)+q'(x)][q(x)]^{-\frac{3}{2}}.$$

证 $\frac{dx}{d\xi}=\varphi'(\xi)$, $\frac{d^2x}{d\xi^2}=\varphi''(\xi)$. 由公式 5 及 6, 得

$$\frac{dy}{dx}=\frac{\frac{dy}{d\xi}}{\varphi'(\xi)}, \quad \frac{d^2y}{dx^2}=\frac{1}{[\varphi'(\xi)]^2}\frac{d^2y}{d\xi^2}-\frac{\varphi''(\xi)}{[\varphi'(\xi)]^3}\frac{dy}{d\xi}.$$

代入原方程, 两端同乘$[\varphi'(\xi)]^2$, 即得

$$\frac{d^2y}{d\xi^2}+\left\{p[\varphi(\xi)]\varphi'(\xi)-\frac{\varphi''(\xi)}{\varphi'(\xi)}\right\}\frac{dy}{d\xi}+q[\varphi(\xi)][\varphi'(\xi)]^2y=0.$$

于是,

$$P(\xi)=p\varphi'-\frac{\varphi''}{\varphi'}, \qquad Q(\xi)=q\cdot(\varphi')^2;$$

$$Q'(\xi)=q'\cdot(\varphi')^3+2q\varphi'\varphi''.$$

从而得知

$$[2P(\xi)Q(\xi)+Q'(\xi)][Q(\xi)]^{-\frac{3}{2}}$$
$$=\left\{2\left(p\varphi'-\frac{\varphi''}{\varphi'}\right)q\cdot(\varphi')^2+q'\cdot(\varphi')^3+2q\varphi'\varphi''\right\}[q\cdot(\varphi')2]^{-\frac{3}{2}}$$
$$=\{2pq\cdot(\varphi')^3+q'\cdot(\varphi')^3\}q^{-\frac{3}{2}}\cdot(\varphi')^{-3}$$
$$=[2p(x)q(x)+q'(x)][q(x)]^{-\frac{3}{2}},$$

本题获证.

【3446】 在方程

$$\Phi(y, y', y'')=0$$

(其中 Φ 为变量 y, y', y'' 的齐次函数)中令 $y=e^{\int_{x_0}^{x} u\mathrm{d}x}$.

解 $y'=ue^{\int_{x_0}^{x} u\mathrm{d}x}$, $y''=(u'+u^2)e^{\int_{x_0}^{x} u\mathrm{d}x}$.

代入方程 $\Phi(y, y', y'')=0$, 由于 Φ 关于 y, y', y'' 是齐次的, 因此, 各项含有的因式 $e^{\int_{x_0}^{x} u\mathrm{d}x}$ 均可约去, 最后得

$$\Phi(1, u, u'+u^2)=0.$$

【3447】 在方程

$$F(x^2y'', xy', y)=0$$

(其中 F 为其变量的齐次函数)中令 $u=x\dfrac{y'}{y}$.

解 $y'=\dfrac{yu}{x}$, $y''=\dfrac{x(u'y+y'u)-yu}{x^2}=\dfrac{y[xu'+(u^2-u)]}{x^2}$.

于是,

$$xy'=uy, \qquad x^2y''=y[xu'+(u^2-u)].$$

由于 F 为其变量的齐次函数, 因此, 各项含有的因子 y 均可约去, 最后得

$$F(xu'+u^2-u, u, 1)=0.$$

【3448】 证明:经射影变换

$$x=\frac{a_1\xi+b_1\eta+c_1}{a\xi+b\eta+c}, \qquad y=\frac{a_2\xi+b_2\eta+c_2}{a\xi+b\eta+c},$$

方程式

$$y'''(1+y'^2)-3y'y''^2=0$$

不变其形状.

证 本题似有误. 事实上, 作压缩变换

$$x=\xi, \qquad y=a\eta \quad (a\neq 0)$$

(它是射影变换的特例),则原方程变为

$$a\eta'''(1+a\eta'^2)-3a^3\eta'\eta''^2=0,$$

显然形式已改变.

【3449】 证明:

$$S[x(t)]=\frac{x'''(t)}{x'(t)}-\frac{3}{2}\left[\frac{x''(t)}{x'(t)}\right]^2$$

对于线性分式变换

$$y=\frac{ax(t)+b}{cx+d}\quad(ad-bc\neq0),$$

其值不变.

证 已知的变换

$$y=\frac{ax+b}{cx+d}=\frac{a\left(x+\frac{d}{c}\right)+\left(b-\frac{ad}{c}\right)}{cx+d}=\frac{a}{c}+\frac{bc-ad}{c(cx+d)}$$

可由下述变换所构成:

$$y=\alpha+\beta y_2,\quad y_2=\frac{1}{y_1},\quad y_1=cx+d.$$

只要证明在上述各种变换下 S 的值不变即可.

1° 令 $y_1=cx+d$, 则 $y_1'(t)=cx'(t)$, $y_1''(t)=cx''(t)$, $y_1'''(t)=cx'''(t)$. 于是,

$$S[y_1(t)]=\frac{y_1'''(t)}{y_1'(t)}-\frac{3}{2}\left[\frac{y_1''(t)}{y_1'(t)}\right]^2=\frac{x'''(t)}{x'(t)}-\frac{3}{2}\left[\frac{x''(t)}{x'(t)}\right]^2$$
$$=S[x(t)];$$

2° 令 $y_2=\dfrac{1}{y_1}$, 则 $y_2'(t)=-\dfrac{y_1'}{y_1^2}$, $y_2''(t)=-\dfrac{y_1y_1''-2y_1'^2}{y_1^3}$,

$y_2'''(t)=-\dfrac{y_1'''y_1^2-6y_1''y_1'y_1+6y_1'^3}{y_1^4}$. 于是,

$$S[y_2(t)]=\frac{y_2'''(t)}{y_2'(t)}-\frac{3}{2}\left[\frac{y_2''(t)}{y_2'(t)}\right]^2=\frac{\dfrac{y_1'''y_1^2-6y_1''y_1'y_1+6y_1'^3}{y_1^4}}{\dfrac{y_1'}{y_1^2}}$$

$$-\frac{3}{2}\left(\frac{\dfrac{y_1y_1''-2y_1'^2}{y_1^3}}{\dfrac{y_1'}{y_1^2}}\right)^2=\frac{y_1'''}{y_1'}-\frac{6y_1''}{y_1}+\frac{6y_1'^2}{y_1^2}-\frac{3}{2}\left(\frac{y_1''}{y_1'}-\frac{2y_1'}{y_1}\right)^2$$

$$=\frac{y_1'''}{y_1'}-\frac{3}{2}\left(\frac{y_1''}{y_1'}\right)^2=S[y_1(t)]=S[x(t)];$$

3° 由 1°及 2°即知

$$S[y(t)]=S[\alpha+\beta y_2]=\frac{(\alpha+\beta y_2)'''}{(\alpha+\beta y_2)'}-\frac{3}{2}\left\{\frac{(\alpha+\beta y_2)''}{(\alpha+\beta y_2)'}\right\}^2$$

$$=\frac{y_2'''}{y_2'}-\frac{3}{2}\left(\frac{y_2''}{y_2'}\right)^2=S[y_2(t)]=S[x(t)].$$

证毕.

将下列方程式改变为极坐标 r 与 φ 所表示的方程,即令

$$x=r\cos\varphi,\qquad y=r\sin\varphi:$$

【3450】 $\dfrac{\mathrm{d}y}{\mathrm{d}x}=\dfrac{x+y}{x-y}$.

解 当 $x=r\cos\varphi$, $y=r\sin\varphi$ 时,

$$\frac{\mathrm{d}x}{\mathrm{d}\varphi}=\cos\varphi\frac{\mathrm{d}r}{\mathrm{d}\varphi}-r\sin\varphi,\qquad\frac{\mathrm{d}y}{\mathrm{d}\varphi}=\sin\varphi\frac{\mathrm{d}r}{\mathrm{d}\varphi}+r\cos\varphi,$$

$$\frac{\mathrm{d}^2x}{\mathrm{d}\varphi^2}=\cos\varphi\frac{\mathrm{d}^2r}{\mathrm{d}\varphi^2}-2\sin\varphi\frac{\mathrm{d}r}{\mathrm{d}\varphi}-r\cos\varphi,$$

$$\frac{\mathrm{d}^2y}{\mathrm{d}\varphi^2}=\sin\varphi\frac{\mathrm{d}^2r}{\mathrm{d}\varphi^2}+2\cos\varphi\frac{\mathrm{d}r}{\mathrm{d}\varphi}-r\sin\varphi.$$

由公式 5 及 6,即得

$$\frac{dy}{dx}=\frac{\frac{dy}{d\varphi}}{\frac{dx}{d\varphi}}=\frac{\sin\varphi\frac{dr}{d\varphi}+r\cos\varphi}{\cos\varphi\frac{dr}{d\varphi}-r\sin\varphi},\qquad\text{公式 7}$$

$$\frac{d^2y}{dx^2}=\frac{\frac{d^2y}{d\varphi^2}\frac{dx}{d\varphi}-\frac{dy}{d\varphi}\frac{d^2x}{d\varphi^2}}{\left(\frac{dx}{d\varphi}\right)^3}=\frac{r^2+2\left(\frac{dr}{d\varphi}\right)^2-r\frac{d^2r}{d\varphi^2}}{\left(\cos\varphi\frac{dr}{d\varphi}-r\sin\varphi\right)^3}.\qquad\text{公式 8}$$

将公式 7 及 x,y 代入所给方程,化简整理即得

$$\frac{dr}{d\varphi}=r\quad\text{或}\quad r'=r.$$

以下各题,$\frac{dr}{d\varphi}$ 及 $\frac{d^2r}{d\varphi^2}$ 均简记为 r' 及 r''.

【3451】 $(xy'-y)^2=2xy(1+y'^2)$.

解 $xy'-y=r\cos\varphi\dfrac{r'\sin\varphi+r\cos\varphi}{r'\cos\varphi-r\sin\varphi}-r\sin\varphi$

$$=\frac{r(r'\sin\varphi\cos\varphi+r\cos^2\varphi-r'\sin\varphi\cos\varphi+r\sin^2\varphi)}{r'\cos\varphi-r\sin\varphi}$$

$$=\frac{r^2}{r'\cos\varphi-r\sin\varphi},$$

$$1+y'^2=1+\left(\frac{r'\sin\varphi+r\cos\varphi}{r'\cos\varphi-r\sin\varphi}\right)^2=\frac{r'^2+r^2}{(r'\cos\varphi-r\sin\varphi)^2}.$$

将 $xy'-y$, $1+y'^2$ 及 x,y 代入所给方程,化简整理即得

$$r'^2=\frac{1-\sin2\varphi}{\sin2\varphi}r^2.$$

【3452】 $(x^2+y^2)^2y''=(x+yy')^3$.

解 $x+yy'=r\cos\varphi+r\sin\varphi\dfrac{r'\sin\varphi+r\cos\varphi}{r'\cos\varphi-r\sin\varphi}$

$$=\frac{rr'\cos^2\varphi-r^2\sin\varphi\cos\varphi+rr'\sin^2\varphi+r^2\sin\varphi\cos\varphi}{r'\cos\varphi-r\sin\varphi}$$

$$=\frac{rr'}{r'\cos\varphi-r\sin\varphi}.$$

将公式 8, $x+yy'$ 及 x, y 代入所给方程, 化简整理即得

$$r(r^2+2r'^2-rr'')=r'^3.$$

【3453】 把式子

$$\frac{x+yy'}{xy'-y}$$

变换为极坐标的式子.

解 将 3451 题中 $xy'-y$ 的结果及 3452 题中 $x+yy'$ 的结果代入所给式子, 即得

$$\frac{x+yy'}{xy'-y}=\frac{r'}{r}.$$

【3454】 把平面曲线的曲率

$$K=\frac{|y''_{xx}|}{(1+y_x'^2)^{\frac{3}{2}}}$$

用极坐标 r 及 φ 表示之.

解 将 3451 题中 $1+y'^2$ 的结果及公式 8 代入, 化简整理即得

$$K=\frac{|r^2+2r'^2-rr''|}{(r^2+r'^2)^{\frac{3}{2}}}.$$

【3455】 将方程组

$$\frac{dx}{dt}=y+kx(x^2+y^2),$$

$$\frac{dy}{dt}=-x+ky(x^2+y^2)$$

改变为极坐标方程.

解 由原方程组得

$$\cos\varphi\frac{\mathrm{d}r}{\mathrm{d}t}-r\sin\varphi\frac{\mathrm{d}\varphi}{\mathrm{d}t}=r\sin\varphi+kr^3\cos\varphi,$$

$$\sin\varphi\frac{\mathrm{d}r}{\mathrm{d}t}+r\cos\varphi\frac{\mathrm{d}\varphi}{\mathrm{d}t}=-r\cos\varphi+kr^3\sin\varphi.$$

联立解之,即得

$$\frac{\mathrm{d}r}{\mathrm{d}t}=\frac{1}{r}[r\cos\varphi(r\sin\varphi+kr^3\cos\varphi)-(-r\sin\varphi)(-r\cos\varphi+kr^3\sin\varphi)]$$

$$=kr^3,$$

$$\frac{\mathrm{d}\varphi}{\mathrm{d}t}=\frac{1}{r}[\cos\varphi(-r\cos\varphi+kr^3\sin\varphi)-\sin\varphi(r\sin\varphi+kr^3\cos\varphi)]=-1,$$

即原方程组转化为

$$\begin{cases}\dfrac{\mathrm{d}r}{\mathrm{d}t}=kr^3,\\[2ex]\dfrac{\mathrm{d}\varphi}{\mathrm{d}t}=-1.\end{cases}$$

【3456】 引用新函数 $r=\sqrt{x^2+y^2}$, $\varphi=\arctan\dfrac{y}{x}$,变换式子

$$W=x\frac{\mathrm{d}^2y}{\mathrm{d}t^2}-y\frac{\mathrm{d}^2x}{\mathrm{d}t^2}.$$

解 由 $r=\sqrt{x^2+y^2}$两端微分,得

$$\mathrm{d}r=\frac{x\mathrm{d}x+y\mathrm{d}y}{\sqrt{x^2+y^2}}=\frac{x}{r}\mathrm{d}x+\frac{y}{r}\mathrm{d}y$$

或

$$r\mathrm{d}r=x\mathrm{d}x+y\mathrm{d}y. \qquad (1)$$

由 $\varphi=\arctan\dfrac{y}{x}$两端微分,得

$$\mathrm{d}\varphi=\frac{x\mathrm{d}y-y\mathrm{d}x}{x^2+y^2}=\frac{x}{r^2}\mathrm{d}y-\frac{y}{r^2}\mathrm{d}x$$

或

$$r^2\mathrm{d}\varphi=x\mathrm{d}y-y\mathrm{d}x. \qquad (2)$$

于是,由(1)及(2)可得

$$xr\mathrm{d}r - yr^2\mathrm{d}\varphi = (x^2\mathrm{d}x + xy\mathrm{d}y) - (xy\mathrm{d}y - y^2\mathrm{d}x)$$
$$= (x^2 + y^2)\mathrm{d}x = r^2\mathrm{d}x,$$

$$\mathrm{d}x = \frac{x}{r}\mathrm{d}r - y\mathrm{d}\varphi. \quad (3)$$

同理可得

$$\mathrm{d}y = \frac{y}{r}\mathrm{d}r + x\mathrm{d}\varphi. \quad (4)$$

从而由(3)及(4),得

$$x\mathrm{d}^2y - y\mathrm{d}^2x = x\left(\frac{y}{r}\mathrm{d}^2r - \frac{y}{r^2}\mathrm{d}r^2 + \frac{1}{r}\mathrm{d}r\mathrm{d}y + \mathrm{d}x\mathrm{d}\varphi + x\mathrm{d}^2\varphi\right)$$
$$- y\left(\frac{x}{r}\mathrm{d}^2r - \frac{x}{r^2}\mathrm{d}r^2 + \frac{1}{r}\mathrm{d}x\mathrm{d}r - \mathrm{d}y\mathrm{d}\varphi - y\mathrm{d}^2\varphi\right)$$
$$= \frac{\mathrm{d}r}{r}(x\mathrm{d}y - y\mathrm{d}x) + (x\mathrm{d}x + y\mathrm{d}y)\mathrm{d}\varphi + (x^2 + y^2)\mathrm{d}^2\varphi$$
$$= \frac{\mathrm{d}r}{r}(r^2\mathrm{d}\varphi) + (r\mathrm{d}r)\mathrm{d}\varphi + r^2\mathrm{d}^2\varphi = 2r\mathrm{d}r\mathrm{d}\varphi + r^2\mathrm{d}^2\varphi,$$

于是,

$$W = x\frac{\mathrm{d}^2y}{\mathrm{d}t^2} - y\frac{\mathrm{d}^2x}{\mathrm{d}t^2} = 2r\frac{\mathrm{d}r}{\mathrm{d}t}\frac{\mathrm{d}\varphi}{\mathrm{d}t} + r^2\frac{\mathrm{d}^2\varphi}{\mathrm{d}t^2} = \frac{\mathrm{d}}{\mathrm{d}t}\left(r^2\frac{\mathrm{d}\varphi}{\mathrm{d}t}\right).$$

【3457】 在勒襄德变换中曲线 $y = y(x)$ 的每一点 (x, y) 对应于点 (X, Y),其中

$$X = y', \qquad Y = xy' - y.$$

求 Y', Y'' 及 Y'''.

解 $$Y' = \frac{\mathrm{d}Y}{\mathrm{d}X} = \frac{\mathrm{d}Y}{\mathrm{d}x}\frac{\mathrm{d}x}{\mathrm{d}X} = \frac{xy''}{\frac{\mathrm{d}X}{\mathrm{d}x}} = \frac{xy''}{y''} = x;$$

$$Y'' = \frac{\frac{\mathrm{d}Y'}{\mathrm{d}x}}{\frac{\mathrm{d}X}{\mathrm{d}x}} = \frac{1}{y''};$$

$$Y''' = \frac{\dfrac{dY''}{dx}}{\dfrac{dX}{dx}} = \frac{-\dfrac{y'''}{y''^2}}{y''} = -\frac{y'''}{y''^3}.$$

引入新变量 ξ 及 η，解下列方程：

【3458】 $\dfrac{\partial z}{\partial x} = \dfrac{\partial z}{\partial y}$，令 $\xi = x + y$，$\eta = x - y$.

解 当仅作自变量代换，引入新自变量

$$\xi = \xi(x, y), \qquad \eta = \eta(x, y)$$

这个最简单的情形时，只要把 ξ，η 看作中间变量，用复合函数求偏导函数的公式，即可求出

$$\frac{\partial z}{\partial x} = \frac{\partial z}{\partial \xi}\frac{\partial \xi}{\partial x} + \frac{\partial z}{\partial \eta}\frac{\partial \eta}{\partial x}, \qquad \frac{\partial z}{\partial y} = \frac{\partial z}{\partial \xi}\frac{\partial \xi}{\partial y} + \frac{\partial z}{\partial \eta}\frac{\partial \eta}{\partial y}.$$

代入原方程，即得变换后的方程，本题中，

$$\frac{\partial \xi}{\partial x} = \frac{\partial \xi}{\partial y} = \frac{\partial \eta}{\partial x} = 1, \qquad \frac{\partial \eta}{\partial y} = -1.$$

于是，$\dfrac{\partial z}{\partial x} = \dfrac{\partial z}{\partial \xi} + \dfrac{\partial z}{\partial \eta}$，$\dfrac{\partial z}{\partial y} = \dfrac{\partial z}{\partial \xi} - \dfrac{\partial z}{\partial \eta}$，代入原方程，得

$$\frac{\partial z}{\partial \xi} + \frac{\partial z}{\partial \eta} = \frac{\partial z}{\partial \xi} - \frac{\partial z}{\partial \eta} \quad 或 \quad \frac{\partial z}{\partial \eta} = 0,$$

即 $z = \varphi(\xi) = \varphi(x + y)$，其中 φ 为任意的函数.

【3459】 $y\dfrac{\partial z}{\partial x} - x\dfrac{\partial z}{\partial y} = 0$，令 $\xi = x$，$\eta = x^2 + y^2$.

解 $\dfrac{\partial \xi}{\partial x} = 1$，$\dfrac{\partial \xi}{\partial y} = 0$，$\dfrac{\partial \eta}{\partial x} = 2x$，$\dfrac{\partial \eta}{\partial y} = 2y$.

于是，

$$\frac{\partial z}{\partial x} = \frac{\partial z}{\partial \xi} + 2x\frac{\partial z}{\partial \eta}, \qquad \frac{\partial z}{\partial y} = 2y\frac{\partial z}{\partial \eta}.$$

代入原方程，得

$$y\left(\frac{\partial z}{\partial \xi}+2x\frac{\partial z}{\partial \eta}\right)-2xy\frac{\partial z}{\partial \eta}=0 \quad 或 \quad y\frac{\partial z}{\partial \xi}=0.$$

由于 $y\neq 0$,故 $\frac{\partial z}{\partial \xi}=0$, 即

$$z=\varphi(\eta)=\varphi(x^2+y^2),$$

其中 φ 为任意的函数.

【3460】 $a\frac{\partial z}{\partial x}+b\frac{\partial z}{\partial y}=1\ (a\neq 0)$,令 $\xi=x,\ \eta=y-bz$.

解 当变量间的变换关系比较复杂时,用全微分法较好.首先,根据新旧变元之间的关系,求出它们微分之间的关系

$$d\xi=dx, \qquad d\eta=dy-b\,dz. \tag{1}$$

其次,将所求得的微分式代入表示新变元关系的全微分式,并按旧变元关系重新整理.

$$dz=\frac{\partial z}{\partial \xi}d\xi+\frac{\partial z}{\partial \eta}d\eta=\frac{\partial z}{\partial \xi}dx+\frac{\partial z}{\partial \eta}(dy-b\,dz),$$

$$\left(1+b\frac{\partial z}{\partial \eta}\right)dz=\frac{\partial z}{\partial \xi}dx+\frac{\partial z}{\partial \eta}dy,$$

$$dz=\frac{\frac{\partial z}{\partial \xi}}{1+b\frac{\partial z}{\partial \eta}}dx+\frac{\frac{\partial z}{\partial \eta}}{1+b\frac{\partial z}{\partial \eta}}dy.$$

把整理后的式子与表示旧变元的全微分式 $dz=\frac{\partial z}{\partial x}dx+\frac{\partial z}{\partial y}dy$ 比较,即得

$$\frac{\partial z}{\partial x}=\frac{\frac{\partial z}{\partial \xi}}{1+b\frac{\partial z}{\partial \eta}}, \qquad \frac{\partial z}{\partial y}=\frac{\frac{\partial z}{\partial \eta}}{1+b\frac{\partial z}{\partial \eta}}.$$

代入原方程,得

$$a\frac{\partial z}{\partial \xi}+b\frac{\partial z}{\partial \eta}=1+b\frac{\partial z}{\partial \eta} \quad 或 \quad \frac{\partial z}{\partial \xi}=\frac{1}{a}.$$

于是,

$$z=\frac{\xi}{a}+\varphi(\eta)=\frac{x}{a}+\varphi(y-bz).$$

【3461】 $x\frac{\partial z}{\partial x}+y\frac{\partial z}{\partial y}=z$, 令 $\xi=x$ 及 $\eta=\frac{y}{x}$.

解 $\frac{\partial \xi}{\partial x}=1,\quad \frac{\partial \xi}{\partial y}=0,\quad \frac{\partial \eta}{\partial x}=-\frac{y}{x^2},\quad \frac{\partial \eta}{\partial y}=\frac{1}{x}.$

$$\frac{\partial z}{\partial x}=\frac{\partial z}{\partial \xi}-\frac{y}{x^2}\frac{\partial z}{\partial \eta},\quad \frac{\partial z}{\partial y}=\frac{1}{x}\frac{\partial z}{\partial \eta}.$$

代入原方程,得 $x\left(\frac{\partial z}{\partial \xi}-\frac{y}{x^2}\frac{\partial z}{\partial \eta}\right)+\frac{y}{x}\frac{\partial z}{\partial \eta}=z$,

$$x\frac{\partial z}{\partial \xi}=z \quad 或 \quad \xi\frac{\partial z}{\partial \xi}=z.$$

解之,得

$$z=\xi\varphi(\eta)=x\varphi\left(\frac{y}{x}\right).$$

取 u 与 v 作新的自变量,变换下列方程式:

【3462】 $x\frac{\partial z}{\partial x}+\sqrt{1+y^2}\frac{\partial z}{\partial y}=xy$, 若

$$u=\ln x,\qquad v=\ln(y+\sqrt{1+y^2}).$$

解 $\frac{\partial u}{\partial x}=\frac{1}{x},\quad \frac{\partial u}{\partial y}=0,\quad \frac{\partial v}{\partial x}=0,\quad \frac{\partial v}{\partial y}=\frac{1}{\sqrt{1+y^2}}.$

$$\frac{\partial z}{\partial x}=\frac{1}{x}\frac{\partial z}{\partial u},\qquad \frac{\partial z}{\partial y}=\frac{1}{\sqrt{1+y^2}}\frac{\partial z}{\partial v}.$$

注意到 $x=e^u$ 及 $y=\operatorname{sh}v$,代入原方程,即得

$$\frac{\partial z}{\partial u}+\frac{\partial z}{\partial v}=e^u\operatorname{sh}v.$$

【3463】 $(x+y)\frac{\partial z}{\partial x}-(x-y)\frac{\partial z}{\partial y}=0$,若

$$u=\ln\sqrt{x^2+y^2},\qquad v=\arctan\frac{y}{x}.$$

解 $\dfrac{\partial u}{\partial x}=\dfrac{x}{x^2+y^2},\qquad \dfrac{\partial u}{\partial y}=\dfrac{y}{x^2+y^2},$

$$\frac{\partial v}{\partial x}=-\frac{y}{x^2+y^2},\qquad \frac{\partial v}{\partial y}=\frac{x}{x^2+y^2}.$$

$$\frac{\partial z}{\partial x}=\frac{x}{x^2+y^2}\frac{\partial z}{\partial u}-\frac{y}{x^2+y^2}\frac{\partial z}{\partial v},$$

$$\frac{\partial z}{\partial y}=\frac{y}{x^2+y^2}\frac{\partial z}{\partial u}+\frac{x}{x^2+y^2}\frac{\partial z}{\partial v}.$$

代入原方程,得

$$\frac{x+y}{x^2+y^2}\left(x\frac{\partial z}{\partial u}-y\frac{\partial z}{\partial v}\right)-\frac{x-y}{x^2+y^2}\left(y\frac{\partial z}{\partial u}+x\frac{\partial z}{\partial v}\right)=0,$$

$$\frac{\partial z}{\partial u}-\frac{\partial z}{\partial v}=0 \quad 或 \quad \frac{\partial z}{\partial u}=\frac{\partial z}{\partial v}.$$

【3464】 $x\dfrac{\partial z}{\partial x}+y\dfrac{\partial z}{\partial y}=z+\sqrt{x^2+y^2+z^2}$，若

$$u=\frac{y}{x},\qquad v=z+\sqrt{x^2+y^2+z^2}.$$

解 本题用微分法较好.

$$\mathrm{d}u=\frac{x\mathrm{d}y-y\mathrm{d}x}{x^2},$$

$$\mathrm{d}v=\mathrm{d}z+\frac{x\mathrm{d}x+y\mathrm{d}y+z\mathrm{d}z}{\sqrt{x^2+y^2+z^2}}=\mathrm{d}z+\frac{x\mathrm{d}x+y\mathrm{d}y+z\mathrm{d}z}{r}$$

$$(r=\sqrt{x^2+y^2+z^2}).$$

$$\begin{aligned}\mathrm{d}z&=\frac{\partial z}{\partial u}\mathrm{d}u+\frac{\partial z}{\partial v}\mathrm{d}v\\&=\frac{\partial z}{\partial u}\left(\frac{\mathrm{d}y}{x}-\frac{y\mathrm{d}x}{x^2}\right)+\frac{\partial z}{\partial v}\left(\mathrm{d}z+\frac{x}{r}\mathrm{d}x+\frac{y}{r}\mathrm{d}y+\frac{z}{r}\mathrm{d}z\right).\end{aligned}$$

于是,

$$\left(1-\frac{\partial z}{\partial v}-\frac{z}{r}\frac{\partial z}{\partial v}\right)\mathrm{d}z=\left(-\frac{y}{x^2}\frac{\partial z}{\partial u}+\frac{x}{r}\frac{\partial z}{\partial v}\right)\mathrm{d}x$$

$$+\left(\frac{1}{x}\frac{\partial z}{\partial u}+\frac{y}{r}\frac{\partial z}{\partial v}\right)\mathrm{d}y,$$

$$\frac{\partial z}{\partial x}=\left(-\frac{y}{x^2}\frac{\partial z}{\partial u}+\frac{x}{r}\frac{\partial z}{\partial v}\right)\left(1-\frac{\partial z}{\partial v}-\frac{z}{r}\frac{\partial z}{\partial v}\right)^{-1},$$

$$\frac{\partial z}{\partial y}=\left(\frac{1}{x}\frac{\partial z}{\partial u}+\frac{y}{r}\frac{\partial z}{\partial v}\right)\left(1-\frac{\partial z}{\partial v}-\frac{z}{r}\frac{\partial z}{\partial v}\right)^{-1}.$$

代入原方程，得

$$x\left(-\frac{y}{x^2}\frac{\partial z}{\partial u}+\frac{x}{r}\frac{\partial z}{\partial v}\right)+y\left(\frac{1}{x}\frac{\partial z}{\partial u}+\frac{y}{r}\frac{\partial z}{\partial v}\right)$$

$$=(z+r)\left(1-\frac{\partial z}{\partial v}-\frac{z}{r}\frac{\partial z}{\partial v}\right),$$

$$2(z+r)\frac{\partial z}{\partial v}=z+r.$$

如果 $z+r=0$，则可推得 $x^2+y^2=0$，但由于 $x\neq0$，所以，x^2+y^2 不可能为零. 于是，$z+r\neq0$. 从而，得

$$\frac{\partial z}{\partial v}=\frac{1}{2}.$$

【3465】 $x\dfrac{\partial z}{\partial x}+y\dfrac{\partial z}{\partial y}=\dfrac{x}{z}$，若 $u=2x-z^2$，$v=\dfrac{y}{z}$.

解 $\mathrm{d}u=2\mathrm{d}x-2z\mathrm{d}z$，　　$\mathrm{d}v=\dfrac{\mathrm{d}y}{z}-\dfrac{y}{z^2}\mathrm{d}z$.

$$\mathrm{d}z=\frac{\partial z}{\partial u}\mathrm{d}u+\frac{\partial z}{\partial v}\mathrm{d}v=\frac{\partial z}{\partial u}(2\mathrm{d}x-2z\mathrm{d}z)+\frac{\partial z}{\partial v}\left(\frac{1}{z}\mathrm{d}y-\frac{y}{z^2}\mathrm{d}z\right).$$

于是，

$$\left(1+2z\frac{\partial z}{\partial u}+\frac{y}{z^2}\frac{\partial z}{\partial v}\right)\mathrm{d}z=2\frac{\partial z}{\partial u}\mathrm{d}x+\frac{1}{z}\frac{\partial z}{\partial v}\mathrm{d}y,$$

$$\frac{\partial z}{\partial x}=2\frac{\partial z}{\partial u}\left(1+2z\frac{\partial z}{\partial u}+\frac{y}{z^2}\frac{\partial z}{\partial v}\right)^{-1},$$

$$\frac{\partial z}{\partial y}=\frac{1}{z}\frac{\partial z}{\partial v}\left(1+2z\frac{\partial z}{\partial u}+\frac{y}{z^2}\frac{\partial z}{\partial v}\right)^{-1}.$$

代入原方程,得

$$2x\frac{\partial z}{\partial u}+y\frac{1}{z}\frac{\partial z}{\partial v}=\frac{x}{z}\left(1+2z\frac{\partial z}{\partial u}+\frac{y}{z^2}\frac{\partial z}{\partial v}\right),$$

$$\left(\frac{y}{z}-\frac{xy}{z^3}\right)\frac{\partial z}{\partial v}=\frac{x}{z}.$$

再以 $y=zv$, $x=\frac{1}{2}(u+z^2)$代入上式,最后得

$$\frac{\partial z}{\partial v}=\frac{z}{v}\frac{z^2+u}{z^2-u}.$$

【3466】$^+$ $(x+z)\frac{\partial z}{\partial x}+(y+z)\frac{\partial z}{\partial y}=x+y+z$,若

$$u=x+z,\qquad v=y+z.$$

解 $dz=\frac{\partial z}{\partial u}du+\frac{\partial z}{\partial v}dv=\frac{\partial z}{\partial u}(dx+dz)+\frac{\partial z}{\partial v}(dy+dz)$.

于是,

$$\left(1-\frac{\partial z}{\partial u}-\frac{\partial z}{\partial v}\right)dz=\frac{\partial z}{\partial u}dx+\frac{\partial z}{\partial v}dy,$$

$$\frac{\partial z}{\partial x}=\frac{\partial z}{\partial u}\left(1-\frac{\partial z}{\partial u}-\frac{\partial z}{\partial v}\right)^{-1},$$

$$\frac{\partial z}{\partial y}=\frac{\partial z}{\partial v}\left(1-\frac{\partial z}{\partial u}-\frac{\partial z}{\partial v}\right)^{-1}.$$

将$\frac{\partial z}{\partial x}$及$\frac{\partial z}{\partial y}$代入原方程,并注意到 $x+y+z=u+v-z$,即得

$$u\frac{\partial z}{\partial u}+v\frac{\partial z}{\partial u}=(u+v-z)\left(1-\frac{\partial z}{\partial u}-\frac{\partial z}{\partial v}\right)$$

$$(2u+v-z)\frac{\partial z}{\partial u}+(2v+u-z)\frac{\partial z}{\partial v}=u+v-z.$$

【3467】 取

$$\xi = y + z e^{-x}, \qquad \eta = x + z e^{-y}$$

作为新的自变量,变换式子

$$(z + e^{x})\frac{\partial z}{\partial x} + (z + e^{y})\frac{\partial z}{\partial y} - (z^{2} - e^{x+y}).$$

解 $\mathrm{d}z = \frac{\partial z}{\partial \xi}\mathrm{d}\xi + \frac{\partial z}{\partial \eta}\mathrm{d}\eta = \frac{\partial z}{\partial \xi}(\mathrm{d}y + e^{-x}\mathrm{d}z - z e^{-x}\mathrm{d}x)$

$$+ \frac{\partial z}{\partial \eta}(\mathrm{d}x + e^{-y}\mathrm{d}z - z e^{-y}\mathrm{d}y).$$

于是,

$$\left(1 - e^{-x}\frac{\partial z}{\partial \xi} - e^{-y}\frac{\partial z}{\partial \eta}\right)\mathrm{d}z$$

$$= \left(\frac{\partial z}{\partial \eta} - z e^{-x}\frac{\partial z}{\partial \xi}\right)\mathrm{d}x + \left(\frac{\partial z}{\partial \xi} - z e^{-y}\frac{\partial z}{\partial \eta}\right)\mathrm{d}y,$$

$$\frac{\partial z}{\partial x} = \left(\frac{\partial z}{\partial \eta} - z e^{-x}\frac{\partial z}{\partial \xi}\right)\left(1 - e^{-x}\frac{\partial z}{\partial \xi} - e^{-y}\frac{\partial z}{\partial \eta}\right)^{-1},$$

$$\frac{\partial z}{\partial y} = \left(\frac{\partial z}{\partial \xi} - z e^{-y}\frac{\partial z}{\partial \eta}\right)\left(1 - e^{-x}\frac{\partial z}{\partial \xi} - e^{-y}\frac{\partial z}{\partial \eta}\right)^{-1}.$$

代入原式,化简整理即得

$$\text{原式} = \frac{e^{x+y} - z^{2}}{1 - e^{-x}\frac{\partial z}{\partial \xi} - e^{-y}\frac{\partial z}{\partial \eta}}.$$

【3468】 假定

$$x = uv, \qquad y = \frac{1}{2}(u^{2} - v^{2})$$

变换式子

$$\left(\frac{\partial z}{\partial x}\right)^{2} + \left(\frac{\partial z}{\partial y}\right)^{2}.$$

解 $\mathrm{d}x = v\mathrm{d}u + u\mathrm{d}v$, $\mathrm{d}y = u\mathrm{d}u - v\mathrm{d}v$. 解之,得

$$\mathrm{d}u = \frac{v\mathrm{d}x + u\mathrm{d}y}{u^{2} + v^{2}}, \qquad \mathrm{d}v = \frac{u\mathrm{d}x - v\mathrm{d}y}{u^{2} + v^{2}}.$$

于是,

$$dz=\frac{\partial z}{\partial u}du+\frac{\partial z}{\partial v}dv=\frac{1}{u^2+v^2}\left[\frac{\partial z}{\partial u}(vdx+udy)+\frac{\partial z}{\partial v}(udx-vdy)\right]$$

$$=\frac{1}{u^2+v^2}\left[\left(v\frac{\partial z}{\partial u}+u\frac{\partial z}{\partial v}\right)dx+\left(u\frac{\partial z}{\partial u}-v\frac{\partial z}{\partial v}\right)dy\right],$$

$$\left(\frac{\partial z}{\partial x}\right)^2+\left(\frac{\partial z}{\partial y}\right)^2=\frac{1}{(u^2+v^2)^2}\left[\left(v\frac{\partial z}{\partial u}+u\frac{\partial z}{\partial v}\right)^2+\left(u\frac{\partial z}{\partial u}-v\frac{\partial z}{\partial v}\right)^2\right]$$

$$=\frac{1}{u^2+v^2}\left[\left(\frac{\partial z}{\partial u}\right)^2+\left(\frac{\partial z}{\partial v}\right)^2\right].$$

【3469】 于方程

$$\frac{\partial u}{\partial x}+\frac{\partial u}{\partial y}+\frac{\partial u}{\partial z}=0$$

中,令 $\xi=x$, $\eta=y-x$, $\zeta=z-x$.

解 $\frac{\partial u}{\partial x}=\frac{\partial u}{\partial \xi}\frac{\partial \xi}{\partial x}+\frac{\partial u}{\partial \eta}\frac{\partial \eta}{\partial x}+\frac{\partial u}{\partial \zeta}\frac{\partial \zeta}{\partial x}=\frac{\partial u}{\partial \xi}-\frac{\partial u}{\partial \eta}-\frac{\partial u}{\partial \zeta}$,

$\frac{\partial u}{\partial y}=\frac{\partial u}{\partial \eta}$, $\frac{\partial u}{\partial z}=\frac{\partial u}{\partial \zeta}$.

三式相加即得 $\frac{\partial u}{\partial \xi}=0$.

【3470】 取 x 作为函数,而 y 和 z 作为自变量,变换方程

$$(x-z)\frac{\partial z}{\partial x}+y\frac{\partial z}{\partial y}=0.$$

解 $dx=\frac{\partial x}{\partial y}dy+\frac{\partial x}{\partial z}dz$, $dz=\frac{1}{\frac{\partial x}{\partial z}}dx-\frac{\frac{\partial x}{\partial y}}{\frac{\partial x}{\partial z}}dy$.

于是,

$$\frac{\partial z}{\partial x}=\frac{1}{\frac{\partial x}{\partial z}},\qquad \frac{\partial z}{\partial y}=-\frac{\frac{\partial x}{\partial y}}{\frac{\partial x}{\partial z}}.$$

代入原方程，得

$$(x-z)\frac{1}{\frac{\partial x}{\partial z}}-y\frac{\frac{\partial x}{\partial y}}{\frac{\partial x}{\partial z}}=0,$$

即

$$\frac{\partial x}{\partial y}=\frac{x-z}{y}\quad (y\neq 0).$$

【3471】 取 x 作为函数，而 $u=y-z$，$v=y+z$ 作为自变量，变换方程

$$(y-z)\frac{\partial z}{\partial x}+(y+z)\frac{\partial z}{\partial y}=0.$$

解 $du=dy-dz$，　　$dv=dy+dz$.

$$dx=\frac{\partial x}{\partial u}du+\frac{\partial x}{\partial v}dv=\frac{\partial x}{\partial u}(dy-dz)+\frac{\partial x}{\partial v}(dy+dz).$$

于是，

$$\left(\frac{\partial x}{\partial u}-\frac{\partial x}{\partial v}\right)dz=-dx+\left(\frac{\partial x}{\partial u}+\frac{\partial x}{\partial v}\right)dy,$$

$$\frac{\partial z}{\partial x}=-\frac{1}{\frac{\partial x}{\partial u}-\frac{\partial x}{\partial v}},\qquad \frac{\partial z}{\partial y}=\frac{\frac{\partial x}{\partial u}+\frac{\partial x}{\partial v}}{\frac{\partial x}{\partial u}-\frac{\partial x}{\partial v}}.$$

代入原方程，去分母，即得

$$\frac{\partial x}{\partial u}+\frac{\partial x}{\partial v}=\frac{u}{v}\quad (v\neq 0).$$

【3472】[+] 取 x 作为函数及 $u=xz$，$v=yz$ 作为自变量，变换式子

$$A=\left(\frac{\partial z}{\partial x}\right)^2+\left(\frac{\partial z}{\partial y}\right)^2.$$

解 $du=xdz+zdx$，　$dv=ydz+zdy$.

$$dx=\frac{\partial x}{\partial u}du+\frac{\partial x}{\partial v}dv=\frac{\partial x}{\partial u}(x\,dz+z\,dx)+\frac{\partial x}{\partial v}(y\,dz+z\,dy).$$

于是,

$$\left(x\frac{\partial x}{\partial u}+y\frac{\partial x}{\partial v}\right)dz=\left(1-z\frac{\partial x}{\partial u}\right)dx-z\frac{\partial x}{\partial v}dy,$$

$$\frac{\partial z}{\partial x}=\frac{1-z\dfrac{\partial x}{\partial u}}{x\dfrac{\partial x}{\partial u}+y\dfrac{\partial x}{\partial v}},\qquad \frac{\partial z}{\partial y}=-\frac{z\dfrac{\partial x}{\partial v}}{x\dfrac{\partial x}{\partial u}+y\dfrac{\partial x}{\partial v}}.$$

代入原式,即得

$$\begin{aligned}A&=\frac{\left(1-z\dfrac{\partial x}{\partial u}\right)^2+z^2\left(\dfrac{\partial x}{\partial v}\right)^2}{\left(x\dfrac{\partial x}{\partial u}+y\dfrac{\partial x}{\partial v}\right)^2}\\&=\frac{1-2z\dfrac{\partial x}{\partial u}+z^2\left[\left(\dfrac{\partial x}{\partial u}\right)^2+\left(\dfrac{\partial x}{\partial v}\right)^2\right]}{\left(x\dfrac{\partial x}{\partial u}+y\dfrac{\partial x}{\partial v}\right)^2}\\&=\frac{1-2\dfrac{u}{x}\dfrac{\partial x}{\partial u}+\left(\dfrac{u}{x}\right)^2\left[\left(\dfrac{\partial x}{\partial u}\right)^2+\left(\dfrac{\partial x}{\partial v}\right)^2\right]}{x^2\left(\dfrac{\partial x}{\partial u}+\dfrac{v}{u}\dfrac{\partial x}{\partial v}\right)^2}\\&=\frac{x^2-2xu\dfrac{\partial x}{\partial u}+u^2\left[\left(\dfrac{\partial x}{\partial u}\right)^2+\left(\dfrac{\partial x}{\partial v}\right)^2\right]}{x^4\left(u\dfrac{\partial x}{\partial u}+v\dfrac{\partial x}{\partial v}\right)^2}.\end{aligned}$$

【3473】 于方程

$$(y+z+u)\frac{\partial u}{\partial x}+(x+z+u)\frac{\partial u}{\partial y}+(x+y+u)\frac{\partial u}{\partial z}=x+y+z$$

中,令: $e^{\xi}=x-u$, $e^{\eta}=y-u$, $e^{\zeta}=z-u$.

解 $du=\dfrac{\partial u}{\partial \xi}d\xi+\dfrac{\partial u}{\partial \eta}d\eta+\dfrac{\partial u}{\partial \zeta}d\zeta=\dfrac{\partial u}{\partial \xi}e^{-\xi}(dx-du)$

$$+\frac{\partial u}{\partial \eta}e^{-\eta}(dy-du)+\frac{\partial u}{\partial \zeta}e^{-\zeta}(dz-du).$$

于是,

$$\left(1+e^{-\xi}\frac{\partial u}{\partial \xi}+e^{-\eta}\frac{\partial u}{\partial \eta}+e^{-\zeta}\frac{\partial u}{\partial \zeta}\right)du$$

$$=e^{-\xi}\frac{\partial u}{\partial \xi}dx+e^{-\eta}\frac{\partial u}{\partial \eta}dy+e^{-\zeta}\frac{\partial u}{\partial \zeta}dz.$$

将由上式所确定的$\frac{\partial u}{\partial x}$, $\frac{\partial u}{\partial y}$及$\frac{\partial u}{\partial z}$代入原方程,即得

$$(y+z+u)e^{-\xi}\frac{\partial u}{\partial \xi}+(x+z+u)e^{-\eta}\frac{\partial u}{\partial \eta}+(x+y+u)e^{-\zeta}\frac{\partial u}{\partial \zeta}$$

$$=(x+y+z)\left(1+e^{-\xi}\frac{\partial u}{\partial \xi}+e^{-\eta}\frac{\partial u}{\partial \eta}+e^{-\zeta}\frac{\partial u}{\partial \zeta}\right).$$

消去同类项,得

$$(x-u)e^{-\xi}\frac{\partial u}{\partial \xi}+(y-u)e^{-\eta}\frac{\partial u}{\partial \eta}+(z-u)e^{-\zeta}\frac{\partial u}{\partial \zeta}$$

$$+(x+y+z)=0$$

即

$$\frac{\partial u}{\partial \xi}+\frac{\partial u}{\partial \eta}+\frac{\partial u}{\partial \zeta}+3u+e^{\xi}+e^{\eta}+e^{\zeta}=0.$$

于下列方程中,代入新的变量 u, v, w, 其中 $w=w(u, v)$:

【3474】 $y\frac{\partial z}{\partial x}-x\frac{\partial z}{\partial y}=(y-x)z$, 令

$$u=x^2+y^2,\quad v=\frac{1}{x}+\frac{1}{y},\quad w=\ln z-(x+y).$$

解 $du=2x\,dx+2y\,dy,\quad dv=-\frac{1}{x^2}dx-\frac{1}{y^2}dy,$

$$dw=\frac{1}{z}dz-dx-dy.$$

另一方面, $dw=\frac{\partial w}{\partial u}du+\frac{\partial w}{\partial v}dv$, 故有

$$\frac{1}{z}\mathrm{d}z-\mathrm{d}x-\mathrm{d}y=\frac{\partial w}{\partial u}(2x\mathrm{d}x+2y\mathrm{d}y)+\frac{\partial w}{\partial v}\left(-\frac{1}{x^2}\mathrm{d}x-\frac{1}{y^2}\mathrm{d}y\right).$$

整理得

$$\mathrm{d}z=\left(2xz\frac{\partial w}{\partial u}-\frac{z}{x^2}\frac{\partial w}{\partial v}+z\right)\mathrm{d}x+\left(2yz\frac{\partial w}{\partial u}-\frac{z}{y^2}\frac{\partial w}{\partial v}+z\right)\mathrm{d}y.$$

将由上式所确定的$\frac{\partial z}{\partial x}$及$\frac{\partial z}{\partial y}$代入原方程,得

$$yz\left(2x\frac{\partial w}{\partial u}-\frac{1}{x^2}\frac{\partial w}{\partial v}+1\right)-xz\left(2y\frac{\partial w}{\partial u}-\frac{1}{y^2}\frac{\partial w}{\partial v}+1\right)=(y-x)z,$$

即

$$\frac{\partial w}{\partial v}=0.$$

【3475】 $x^2\frac{\partial z}{\partial x}+y^2\frac{\partial z}{\partial y}=z^2$，令

$$u=x,\quad v=\frac{1}{y}-\frac{1}{x},\quad w=\frac{1}{z}-\frac{1}{x}.$$

解 $\mathrm{d}u=\mathrm{d}x$，$\mathrm{d}v=\frac{1}{x^2}\mathrm{d}x-\frac{1}{y^2}\mathrm{d}y$，$\mathrm{d}w=\frac{1}{x^2}\mathrm{d}x-\frac{1}{z^2}\mathrm{d}z$.

于是,

$$\frac{1}{x^2}\mathrm{d}x-\frac{1}{z^2}\mathrm{d}z=\frac{\partial w}{\partial u}\mathrm{d}x+\frac{\partial w}{\partial v}\left(\frac{1}{x^2}\mathrm{d}x-\frac{1}{y^2}\mathrm{d}y\right),$$

$$\mathrm{d}z=z^2\left(\frac{1}{x^2}-\frac{\partial w}{\partial u}-\frac{1}{x^2}\frac{\partial w}{\partial v}\right)\mathrm{d}x+\frac{z^2}{y^2}\frac{\partial w}{\partial v}\mathrm{d}y,$$

$$\frac{\partial z}{\partial x}=z^2\left(\frac{1}{x^2}-\frac{\partial w}{\partial u}-\frac{1}{x^2}\frac{\partial w}{\partial v}\right),\qquad\frac{\partial z}{\partial y}=\frac{z^2}{y^2}\frac{\partial w}{\partial v}.$$

代入原方程,得

$$z^2\left(1-x^2\frac{\partial w}{\partial u}-\frac{\partial w}{\partial v}\right)+z^2\frac{\partial w}{\partial v}=z^2\quad\text{或}\quad x^2z^2\frac{\partial w}{\partial u}=0.$$

由于 $z\neq0$，$x\neq0$. 故得

$$\frac{\partial w}{\partial u}=0.$$

【3476】 $(xy+z)\frac{\partial z}{\partial x}+(1-y^2)\frac{\partial z}{\partial y}=x+yz$,设

$$u=yz-x,\quad v=xz-y,\quad w=xy-z.$$

解 $\mathrm{d}w=y\mathrm{d}x+x\mathrm{d}y-\mathrm{d}z$

$$=\frac{\partial w}{\partial u}(z\mathrm{d}y+y\mathrm{d}z-\mathrm{d}x)+\frac{\partial w}{\partial v}(z\mathrm{d}x+x\mathrm{d}z-\mathrm{d}y).$$

整理得

$$\left(1+x\frac{\partial w}{\partial v}+y\frac{\partial w}{\partial u}\right)\mathrm{d}z$$

$$=\left(y+\frac{\partial w}{\partial u}-z\frac{\partial w}{\partial v}\right)\mathrm{d}x+\left(x+\frac{\partial w}{\partial v}-z\frac{\partial w}{\partial u}\right)\mathrm{d}y.$$

于是,

$$\frac{\partial z}{\partial x}=\left(y+\frac{\partial w}{\partial u}-z\frac{\partial w}{\partial v}\right)\left(1+x\frac{\partial w}{\partial v}+y\frac{\partial w}{\partial u}\right)^{-1},$$

$$\frac{\partial z}{\partial y}=\left(x+\frac{\partial w}{\partial v}-z\frac{\partial w}{\partial u}\right)\left(1+x\frac{\partial w}{\partial v}+y\frac{\partial w}{\partial u}\right)^{-1}.$$

代入方程,得

$$(xy+z)\left(y+\frac{\partial w}{\partial u}-z\frac{\partial w}{\partial v}\right)+(1-y^2)\left(x+\frac{\partial w}{\partial v}-z\frac{\partial w}{\partial u}\right)$$

$$=(x+yz)\left(1+x\frac{\partial w}{\partial v}+y\frac{\partial w}{\partial u}\right),$$

即

$$(1-x^2-y^2-z^2-2xyz)\frac{\partial w}{\partial v}=0.$$

不难验证,由方程 $1-x^2-y^2-z^2-2xyz=0$ 所确定的隐函数不是原方程的解(证略).于是,

$$\frac{\partial w}{\partial v}=0.$$

【3477】 $\left(x\frac{\partial z}{\partial x}\right)^2+\left(y\frac{\partial z}{\partial y}\right)^2=z^2\frac{\partial z}{\partial x}\frac{\partial z}{\partial y}$,令

$$x=u\mathrm{e}^w,\qquad y=v\mathrm{e}^w,\qquad z=w\mathrm{e}^w.$$

解 $dx = e^w du + ue^w dw$, $\quad dy = e^w dv + ve^w dw$,

$dz = e^w(1+w)dw$.

于是,有

$$e^w dw = \frac{1}{1+w}dz,$$

$$e^w du = dx - ue^w dw = dx - \frac{u}{1+w}dz,$$

$$e^w dv = dy - ve^w dw = dy - \frac{v}{1+w}dz.$$

在全微分式 $dw = \frac{\partial w}{\partial u}du + \frac{\partial w}{\partial v}dv$ 的两端都乘以 e^w,并将上述结果代入,得

$$\frac{dz}{1+w} = \frac{\partial w}{\partial u}\left(dx - \frac{u}{1+w}dz\right) + \frac{\partial w}{\partial v}\left(dy - \frac{v}{1+w}dz\right)$$

或

$$\left(1 + u\frac{\partial w}{\partial u} + v\frac{\partial w}{\partial v}\right)dz = (1+w)\frac{\partial w}{\partial u}dx + (1+w)\frac{\partial w}{\partial v}dy.$$

将由上式确定的 $\frac{\partial z}{\partial x}$ 及 $\frac{\partial z}{\partial y}$ 代入原方程,得

$$\left[ue^w(1+w)\frac{\partial w}{\partial u}\right]^2 + \left[ve^w(1+w)\frac{\partial w}{\partial v}\right]^2$$

$$= (we^w)^2(1+w)^2\frac{\partial w}{\partial u}\frac{\partial w}{\partial v}.$$

消去$[e^w(1+w)]^2$,即得

$$u^2\left(\frac{\partial w}{\partial u}\right)^2 + v^2\left(\frac{\partial w}{\partial v}\right)^2 = w^2\frac{\partial w}{\partial u}\frac{\partial w}{\partial v}.$$

【3478】 假定 $u = \ln\sqrt{x^2+y^2}$, $v = \arctan z$, $w = x + y + z$,其中 $w = w(u, v)$,变换式子

$$(x-y):\left(\frac{\partial z}{\partial x} - \frac{\partial z}{\partial y}\right).$$

解 $$\mathrm{d}w=\mathrm{d}x+\mathrm{d}y+\mathrm{d}z=\frac{\partial w}{\partial u}\mathrm{d}u+\frac{\partial w}{\partial v}\mathrm{d}v$$
$$=\frac{\partial w}{\partial u}\left(\frac{x\mathrm{d}x+y\mathrm{d}y}{x^2+y^2}\right)+\frac{\partial w}{\partial v}\left(\frac{\mathrm{d}z}{1+z^2}\right).$$

于是,
$$\left(1-\frac{1}{1+z^2}\frac{\partial w}{\partial v}\right)\mathrm{d}z$$
$$=\left(\frac{x}{x^2+y^2}\frac{\partial w}{\partial u}-1\right)\mathrm{d}x+\left(\frac{y}{x^2+y^2}\frac{\partial w}{\partial u}-1\right)\mathrm{d}y.$$

将由上式确定的 $\frac{\partial z}{\partial x}$ 及 $\frac{\partial z}{\partial y}$ 代入所给式子,即得
$$\frac{x-y}{\frac{\partial z}{\partial x}-\frac{\partial z}{\partial y}}=\frac{(x-y)\left(1-\frac{1}{1+z^2}\frac{\partial w}{\partial v}\right)}{\frac{x-y}{x^2+y^2}\frac{\partial w}{\partial u}}=\frac{\left(1-\cos^2 v\frac{\partial w}{\partial v}\right)\mathrm{e}^{2u}}{\frac{\partial w}{\partial u}}.$$

【3479】 假定 $u=x\mathrm{e}^z$, $v=y\mathrm{e}^z$, $w=z\mathrm{e}^z$, 其中 $w=w(u,v)$. 变换式子
$$A=\frac{\partial z}{\partial x}:\frac{\partial z}{\partial y}.$$

解 $$\mathrm{d}w=\mathrm{e}^z(1+z)\mathrm{d}z=\frac{\partial w}{\partial u}\mathrm{d}u+\frac{\partial w}{\partial v}\mathrm{d}v$$
$$=\frac{\partial w}{\partial u}(\mathrm{e}^z\mathrm{d}x+x\mathrm{e}^z\mathrm{d}z)+\frac{\partial w}{\partial v}(\mathrm{e}^z\mathrm{d}y+y\mathrm{e}^z\mathrm{d}z).$$

于是,
$$\left(1+z-x\frac{\partial w}{\partial u}-y\frac{\partial w}{\partial v}\right)\mathrm{d}z=\frac{\partial w}{\partial u}\mathrm{d}x+\frac{\partial w}{\partial v}\mathrm{d}y,$$
$$\frac{\partial z}{\partial x}=\frac{\frac{\partial w}{\partial u}}{1+z-x\frac{\partial w}{\partial u}-y\frac{\partial w}{\partial v}},$$
$$\frac{\partial z}{\partial y}=\frac{\frac{\partial w}{\partial v}}{1+z-x\frac{\partial w}{\partial u}-y\frac{\partial w}{\partial v}}$$

$$A=\frac{\partial z}{\partial x}:\frac{\partial z}{\partial y}=\frac{\partial w}{\partial u}:\frac{\partial w}{\partial v}.$$

【3480】 在方程

$$x\frac{\partial u}{\partial x}+y\frac{\partial u}{\partial y}+z\frac{\partial u}{\partial z}=u+\frac{xy}{z}$$

中令：$\xi=\frac{x}{z}$，$\eta=\frac{y}{z}$，$\zeta=z$，$w=\frac{u}{z}$，其中

$$w=w(\xi,\eta,\zeta).$$

解 $\mathrm{d}w=\frac{z\mathrm{d}u-u\mathrm{d}z}{z^2}=\frac{\partial w}{\partial \xi}\mathrm{d}\xi+\frac{\partial w}{\partial \eta}\mathrm{d}\eta+\frac{\partial w}{\partial \zeta}\mathrm{d}\zeta$

$$=\frac{\partial w}{\partial \xi}\left(\frac{z\mathrm{d}x-x\mathrm{d}z}{z^2}\right)+\frac{\partial w}{\partial \eta}\left(\frac{z\mathrm{d}y-y\mathrm{d}z}{z^2}\right)+\frac{\partial w}{\partial \zeta}\mathrm{d}z.$$

两端同乘 z^2，整理得

$$z\mathrm{d}u=z\frac{\partial w}{\partial \xi}\mathrm{d}x+z\frac{\partial w}{\partial \eta}\mathrm{d}y+\left(u-x\frac{\partial w}{\partial \xi}-y\frac{\partial w}{\partial \eta}+z^2\frac{\partial w}{\partial \zeta}\right)\mathrm{d}z.$$

将由上式所确定的 $\frac{\partial u}{\partial x}$，$\frac{\partial u}{\partial y}$ 及 $\frac{\partial u}{\partial z}$ 代入原方程，得

$$x\frac{\partial w}{\partial \xi}+y\frac{\partial w}{\partial \eta}+\left(u-x\frac{\partial w}{\partial \xi}-y\frac{\partial w}{\partial \eta}+z^2\frac{\partial w}{\partial \zeta}\right)=u+\frac{xy}{z},$$

即

$$\frac{\partial w}{\partial \zeta}=\frac{xy}{z^3}=\frac{\xi\eta}{\zeta}.$$

假定 $x=r\cos\varphi$，$y=r\sin\varphi$，改变下列各式为极坐标 r 和 φ 所表示的式子.

【3481】 $w=x\frac{\partial u}{\partial y}-y\frac{\partial u}{\partial x}$.

解 $\mathrm{d}x=\cos\varphi\mathrm{d}r-r\sin\varphi\mathrm{d}\varphi$，$\mathrm{d}y=\sin\varphi\mathrm{d}r+r\cos\varphi\mathrm{d}\varphi$. 联立解之，得

$$\mathrm{d}r=\frac{x}{r}\mathrm{d}x+\frac{y}{r}\mathrm{d}y,\qquad \mathrm{d}\varphi=\frac{x}{r^2}\mathrm{d}y-\frac{y}{r^2}\mathrm{d}x.$$

于是，
$$\begin{aligned}du &= \frac{\partial u}{\partial r}dr + \frac{\partial u}{\partial \varphi}d\varphi \\ &= \left(\frac{x}{r}\frac{\partial u}{\partial r} - \frac{y}{r^2}\frac{\partial u}{\partial \varphi}\right)dx + \left(\frac{y}{r}\frac{\partial u}{\partial r} + \frac{x}{r^2}\frac{\partial u}{\partial \varphi}\right)dy,\end{aligned}$$

$$\begin{cases}\dfrac{\partial u}{\partial x} = \dfrac{x}{r}\dfrac{\partial u}{\partial r} - \dfrac{y}{r^2}\dfrac{\partial u}{\partial \varphi}, \\ \dfrac{\partial u}{\partial y} = \dfrac{y}{r}\dfrac{\partial u}{\partial r} + \dfrac{x}{r^2}\dfrac{\partial u}{\partial \varphi}\end{cases} \qquad \text{公式 9}$$

将公式 9 代入原式，即得

$$w = x\left(\frac{y}{r}\frac{\partial u}{\partial r} + \frac{x}{r^2}\frac{\partial u}{\partial \varphi}\right) - y\left(\frac{x}{r}\frac{\partial u}{\partial r} - \frac{y}{r^2}\frac{\partial u}{\partial \varphi}\right) = \frac{\partial u}{\partial \varphi}.$$

【3482】 $w = x\dfrac{\partial u}{\partial x} + y\dfrac{\partial u}{\partial y}$.

解 将公式 9 代入，即得

$$w = x\left(\frac{x}{r}\frac{\partial u}{\partial r} - \frac{y}{r^2}\frac{\partial u}{\partial \varphi}\right) + y\left(\frac{y}{r}\frac{\partial u}{\partial r} + \frac{x}{r^2}\frac{\partial u}{\partial \varphi}\right) = r\frac{\partial u}{\partial r}.$$

【3483】 $w = \left(\dfrac{\partial u}{\partial x}\right)^2 + \left(\dfrac{\partial u}{\partial y}\right)^2$.

解
$$\begin{aligned}w &= \left(\frac{x}{r}\frac{\partial u}{\partial r} - \frac{y}{r^2}\frac{\partial u}{\partial \varphi}\right)^2 + \left(\frac{y}{r}\frac{\partial u}{\partial r} + \frac{x}{r^2}\frac{\partial u}{\partial \varphi}\right)^2 \\ &= \left(\frac{\partial u}{\partial r}\right)^2 + \frac{1}{r^2}\left(\frac{\partial u}{\partial \varphi}\right)^2.\end{aligned}$$

【3484】 $w = \dfrac{\partial^2 u}{\partial x^2} + \dfrac{\partial^2 u}{\partial y^2}$.

解 先导出极坐标变换的所有二阶偏导函数的变换式，将 r, φ 看作中间变量，x, y 看作自变量. 由于

$$\begin{aligned}d^2 r &= d(dr) = d\left(\frac{x}{r}dx + \frac{y}{r}dy\right) = \frac{1}{r}(dx^2 + dy^2) - \frac{x\,dx + y\,dy}{r^2}dr \\ &= \frac{1}{r}(dx^2 + dy^2) - \frac{1}{r^3}(x\,dx + y\,dy)^2 = \frac{1}{r^3}(y\,dx - x\,dy)^2,\end{aligned}$$

$$\mathrm{d}^2\varphi = \mathrm{d}(\mathrm{d}\varphi) = \mathrm{d}\left(\frac{x}{r^2}\mathrm{d}y - \frac{y}{r^2}\mathrm{d}x\right) = -\frac{2(x\mathrm{d}y - y\mathrm{d}x)}{r^3}\mathrm{d}r$$

$$= \quad \frac{2}{r^4}(x\mathrm{d}y \quad y\mathrm{d}x)(x\mathrm{d}x + y\mathrm{d}y),$$

故有

$$\mathrm{d}^2 u = \frac{\partial^2 u}{\partial r^2}\mathrm{d}r^2 + 2\frac{\partial^2 u}{\partial r\partial\varphi}\mathrm{d}r\mathrm{d}\varphi + \frac{\partial^2 u}{\partial\varphi^2}\mathrm{d}\varphi^2 + \frac{\partial u}{\partial r}\mathrm{d}^2 r + \frac{\partial u}{\partial\varphi}\mathrm{d}^2\varphi$$

$$= \frac{\partial^2 u}{\partial r^2}\left(\frac{x\mathrm{d}x + y\mathrm{d}y}{r}\right)^2 + 2\frac{\partial^2 u}{\partial r\partial\varphi}\left(\frac{x\mathrm{d}x + y\mathrm{d}y}{r}\right)\left(\frac{x\mathrm{d}y - y\mathrm{d}x}{r^2}\right)$$

$$+ \frac{\partial^2 u}{\partial\varphi^2}\left(\frac{x\mathrm{d}y - y\mathrm{d}x}{r^2}\right)^2 + \frac{\partial u}{\partial r}\frac{(y\mathrm{d}x - x\mathrm{d}y)^2}{r^3}$$

$$+ \frac{\partial u}{\partial\varphi}\left(-\frac{2}{r^4}\right)(x\mathrm{d}y - y\mathrm{d}x)(x\mathrm{d}x + y\mathrm{d}y).$$

将上式右端按 $\mathrm{d}x^2$, $\mathrm{d}x\mathrm{d}y$, $\mathrm{d}y^2$ 合并同类项,并与全微分式

$$\mathrm{d}^2 u = \frac{\partial^2 u}{\partial x^2}\mathrm{d}x^2 + 2\frac{\partial^2 u}{\partial x\partial y}\mathrm{d}x\mathrm{d}y + \frac{\partial^2 u}{\partial y^2}\mathrm{d}y^2$$

比较,即得

$$\begin{cases} \dfrac{\partial^2 u}{\partial x^2} = \dfrac{x^2}{r^2}\dfrac{\partial^2 u}{\partial r^2} - \dfrac{2xy}{r^3}\dfrac{\partial^2 u}{\partial r\partial\varphi} + \dfrac{y^2}{r^4}\dfrac{\partial^2 u}{\partial\varphi^2} \\ \qquad\qquad + \dfrac{y^2}{r^3}\dfrac{\partial u}{\partial r} + \dfrac{2xy}{r^4}\dfrac{\partial u}{\partial\varphi}, \\ \dfrac{\partial^2 u}{\partial y^2} = \dfrac{y^2}{r^2}\dfrac{\partial^2 u}{\partial r^2} + \dfrac{2xy}{r^3}\dfrac{\partial^2 u}{\partial r\partial\varphi} + \dfrac{x^2}{r^4}\dfrac{\partial^2 u}{\partial\varphi^2} \\ \qquad\qquad + \dfrac{x^2}{r^3}\dfrac{\partial u}{\partial r} - \dfrac{2xy}{r^4}\dfrac{\partial u}{\partial\varphi}, \\ \dfrac{\partial^2 u}{\partial x\partial y} = \dfrac{xy}{r^2}\dfrac{\partial^2 u}{\partial r^2} + \dfrac{x^2 - y^2}{r^3}\dfrac{\partial^2 u}{\partial r\partial\varphi} - \dfrac{xy}{r^4}\dfrac{\partial^2 u}{\partial\varphi^2} \\ \qquad\qquad - \dfrac{xy}{r^3}\dfrac{\partial u}{\partial r} - \dfrac{x^2 - y^2}{r^4}\dfrac{\partial u}{\partial\varphi}. \end{cases} \qquad \text{公式 10}$$

将公式 10 代入原式,即得

$$w=\frac{\partial^2 u}{\partial r^2}+\frac{1}{r^2}\frac{\partial^2 u}{\partial \varphi^2}+\frac{1}{r}\frac{\partial u}{\partial r}.$$

【3485】 $w=x^2\frac{\partial^2 u}{\partial x^2}+2xy\frac{\partial^2 u}{\partial x\partial y}+y^2\frac{\partial^2 u}{\partial y^2}.$

解 将公式 10 代入原式,化简整理得

$$w=r^2\frac{\partial^2 u}{\partial r^2}.$$

【3486】 $w=y^2\frac{\partial^2 z}{\partial x^2}-2xy\frac{\partial^2 z}{\partial x\partial y}+x^2\frac{\partial^2 z}{\partial y^2}-\left(x\frac{\partial z}{\partial x}+y\frac{\partial z}{\partial y}\right).$

解 将公式 10 中的 u 换成 z,然后代入原式,化简整理得

$$w=\frac{\partial^2 z}{\partial \varphi^2}.$$

【3487】 在式子

$$I=\frac{\partial u}{\partial x}\frac{\partial v}{\partial y}-\frac{\partial u}{\partial y}\frac{\partial v}{\partial x}$$

中,令 $x=r\cos\varphi,\ y=r\sin\varphi.$

解 对函数 u 及 v 分别用公式 9,即得

$$\begin{aligned}I&=\left(\frac{x}{r}\frac{\partial u}{\partial r}-\frac{y}{r^2}\frac{\partial u}{\partial \varphi}\right)\left(\frac{y}{r}\frac{\partial v}{\partial r}+\frac{x}{r^2}\frac{\partial v}{\partial \varphi}\right)\\&\quad-\left(\frac{y}{r}\frac{\partial u}{\partial r}+\frac{x}{r^2}\frac{\partial u}{\partial \varphi}\right)\left(\frac{x}{r}\frac{\partial v}{\partial r}-\frac{y}{r^2}\frac{\partial v}{\partial \varphi}\right)\\&=\frac{1}{r}\left(\frac{\partial u}{\partial r}\frac{\partial v}{\partial \varphi}-\frac{\partial u}{\partial \varphi}\frac{\partial v}{\partial r}\right).\end{aligned}$$

【3488】 引用新的自变量

$$\xi=x-at,\qquad \eta=x+at$$

解方程

$$\frac{\partial^2 u}{\partial t^2}=a^2\frac{\partial^2 u}{\partial x^2}.$$

解 $\frac{\partial u}{\partial t}=\frac{\partial u}{\partial \xi}\frac{\partial \xi}{\partial t}+\frac{\partial u}{\partial \eta}\frac{\partial \eta}{\partial t}=-a\frac{\partial u}{\partial \xi}+a\frac{\partial u}{\partial \eta}$,

$$\frac{\partial u}{\partial x}=\frac{\partial u}{\partial \xi}\frac{\partial \xi}{\partial x}+\frac{\partial u}{\partial \eta}\frac{\partial \eta}{\partial x}=\frac{\partial u}{\partial \xi}+\frac{\partial u}{\partial \eta},$$

$$\frac{\partial^2 u}{\partial t^2}=\frac{\partial}{\partial t}\left(-a\frac{\partial u}{\partial \xi}+a\frac{\partial u}{\partial \eta}\right)=a^2\frac{\partial^2 u}{\partial \xi^2}-2a^2\frac{\partial^2 u}{\partial \xi\partial \eta}+a^2\frac{\partial^2 u}{\partial \eta^2},$$

$$\frac{\partial^2 u}{\partial x^2}=\frac{\partial}{\partial x}\left(\frac{\partial u}{\partial \xi}+\frac{\partial u}{\partial \eta}\right)=\frac{\partial^2 u}{\partial \xi^2}+2\frac{\partial^2 u}{\partial \xi\partial \eta}+\frac{\partial^2 u}{\partial \eta^2}.$$

于是,由 $\frac{\partial^2 u}{\partial t^2}=a^2\frac{\partial^2 u}{\partial x^2}$ 得 $\frac{\partial^2 u}{\partial \xi\partial \eta}=0$. 解之,得 $\frac{\partial u}{\partial \xi}=f(\xi)$,从而,

$$u=\varphi(\xi)+\psi(\eta)=\varphi(x-at)+\psi(x+at),$$

其中 φ 及 ψ 为任意的函数.

取 u 及 v 作新的自变量,变换下列方程:

【3489】 $2\frac{\partial^2 z}{\partial x^2}+\frac{\partial^2 z}{\partial x\partial y}-\frac{\partial^2 z}{\partial y^2}+\frac{\partial z}{\partial x}+\frac{\partial z}{\partial y}=0$, 设

$$u=x+2y+2 \quad 及 \quad v=x-y-1.$$

解 $\frac{\partial z}{\partial x}=\frac{\partial z}{\partial u}\frac{\partial u}{\partial x}+\frac{\partial z}{\partial v}\frac{\partial v}{\partial x}=\frac{\partial z}{\partial u}+\frac{\partial z}{\partial v}$,

$$\frac{\partial z}{\partial y}=2\frac{\partial z}{\partial u}-\frac{\partial z}{\partial v},$$

$$\frac{\partial^2 z}{\partial x^2}=\frac{\partial^2 z}{\partial u^2}+2\frac{\partial^2 z}{\partial u\partial v}+\frac{\partial^2 z}{\partial v^2},$$

$$\frac{\partial^2 z}{\partial x\partial y}=\frac{\partial}{\partial y}\left(\frac{\partial z}{\partial x}\right)=2\frac{\partial^2 z}{\partial u^2}+\frac{\partial^2 z}{\partial u\partial v}-\frac{\partial^2 z}{\partial v^2},$$

$$\frac{\partial^2 z}{\partial y^2}=4\frac{\partial^2 z}{\partial u^2}-4\frac{\partial^2 z}{\partial u\partial v}+\frac{\partial^2 z}{\partial v^2}.$$

代入原方程,化简整理即得

$$3\frac{\partial^2 z}{\partial u\partial v}+\frac{\partial z}{\partial u}=0.$$

【3490】 $(1+x^2)\frac{\partial^2 z}{\partial x^2}+(1+y^2)\frac{\partial^2 z}{\partial y^2}+x\frac{\partial z}{\partial x}+y\frac{\partial z}{\partial y}=0$，设

$$u=\ln(x+\sqrt{1+x^2}) \quad 及 \quad v=\ln(y+\sqrt{1+y^2}).$$

解 $\frac{\partial z}{\partial x}=\frac{\partial z}{\partial u}\frac{\partial u}{\partial x}=\frac{1}{\sqrt{1+x^2}}\frac{\partial z}{\partial u}$,

$\frac{\partial z}{\partial y}=\frac{1}{\sqrt{1+y^2}}\frac{\partial z}{\partial v}$,

$\frac{\partial^2 z}{\partial x^2}=\frac{\partial}{\partial x}\left(\frac{1}{\sqrt{1+x^2}}\frac{\partial z}{\partial u}\right)=-\frac{x}{(1+x^2)^{\frac{3}{2}}}\frac{\partial z}{\partial u}+\frac{1}{1+x^2}\frac{\partial^2 z}{\partial v^2}$,

$\frac{\partial^2 z}{\partial y^2}=-\frac{y}{(1+y^2)^{\frac{3}{2}}}\frac{\partial z}{\partial v}+\frac{1}{1+y^2}\frac{\partial^2 z}{\partial v^2}$.

代入原方程,化简整理即得

$$\frac{\partial^2 z}{\partial u^2}+\frac{\partial^2 z}{\partial v^2}=0.$$

【3491】[+] $ax^2\frac{\partial^2 z}{\partial x^2}+2bxy\frac{\partial^2 z}{\partial x\partial y}+cy^2\frac{\partial^2 z}{\partial y^2}=0$ (a,b,c 为常数),设

$$u=\ln x \qquad v=\ln y.$$

解 $\frac{\partial z}{\partial x}=\frac{1}{x}\frac{\partial z}{\partial u}$, $\frac{\partial z}{\partial y}=\frac{1}{y}\frac{\partial z}{\partial v}$, $\frac{\partial^2 z}{\partial x\partial y}=\frac{1}{xy}\frac{\partial^2 z}{\partial u\partial v}$,

$\frac{\partial^2 z}{\partial x^2}=-\frac{1}{x^2}\frac{\partial z}{\partial u}+\frac{1}{x^2}\frac{\partial^2 z}{\partial u^2}$, $\frac{\partial^2 z}{\partial y^2}=-\frac{1}{y^2}\frac{\partial z}{\partial v}+\frac{1}{y^2}\frac{\partial^2 z}{\partial v^2}$.

代入原方程,化简整理得

$$a\left(\frac{\partial^2 z}{\partial u^2}-\frac{\partial z}{\partial u}\right)+2b\frac{\partial^2 z}{\partial u\partial v}+c\left(\frac{\partial^2 z}{\partial v^2}-\frac{\partial z}{\partial v}\right)=0.$$

【3492】 $\frac{\partial^2 z}{\partial x^2}+\frac{\partial^2 z}{\partial y^2}=0$,设 $u=\frac{x}{x^2+y^2}$, $v=-\frac{y}{x^2+y^2}$

解 $\frac{\partial z}{\partial x}=\frac{\partial z}{\partial u}\frac{\partial u}{\partial x}+\frac{\partial z}{\partial v}\frac{\partial v}{\partial x},\qquad \frac{\partial z}{\partial y}=\frac{\partial z}{\partial u}\frac{\partial u}{\partial y}+\frac{\partial z}{\partial v}\frac{\partial v}{\partial y},$

$$\begin{cases}\frac{\partial^2 z}{\partial x^2}=\frac{\partial^2 z}{\partial u^2}\left(\frac{\partial u}{\partial x}\right)^2+2\frac{\partial^2 z}{\partial u\partial v}\frac{\partial u}{\partial x}\frac{\partial v}{\partial x}\\ \quad+\frac{\partial^2 z}{\partial v^2}\left(\frac{\partial v}{\partial x}\right)^2+\frac{\partial z}{\partial u}\frac{\partial^2 u}{\partial x^2}+\frac{\partial z}{\partial v}\frac{\partial^2 v}{\partial x^2},\\ \frac{\partial^2 z}{\partial y^2}=\frac{\partial^2 z}{\partial u^2}\left(\frac{\partial u}{\partial y}\right)^2+2\frac{\partial^2 z}{\partial u\partial v}\frac{\partial u}{\partial y}\frac{\partial v}{\partial y}\\ \quad+\frac{\partial^2 z}{\partial v^2}\left(\frac{\partial v}{\partial y}\right)^2+\frac{\partial z}{\partial u}\frac{\partial^2 u}{\partial y^2}+\frac{\partial z}{\partial v}\frac{\partial^2 v}{\partial y^2}.\end{cases}\qquad \text{公式 11}$$

本题中,

$$\frac{\partial u}{\partial x}=\frac{y^2-x^2}{(x^2+y^2)^2},\qquad \frac{\partial v}{\partial x}=\frac{2xy}{(x^2+y^2)^2},$$

$$\frac{\partial u}{\partial y}=-\frac{2xy}{(x^2+y^2)^2}=-\frac{\partial v}{\partial x},\quad \frac{\partial v}{\partial y}=\frac{y^2-x^2}{(x^2+y^2)^2}=\frac{\partial u}{\partial x},$$

$$\frac{\partial^2 u}{\partial x^2}=\frac{\partial}{\partial x}\left(\frac{\partial v}{\partial y}\right)=\frac{\partial}{\partial y}\left(\frac{\partial v}{\partial x}\right)=\frac{\partial}{\partial y}\left(-\frac{\partial u}{\partial y}\right)=-\frac{\partial^2 u}{\partial y^2},$$

同法可得

$$\frac{\partial^2 u}{\partial x\partial y}=-\frac{\partial^2 v}{\partial x^2}=\frac{\partial^2 v}{\partial y^2}.$$

注意到

$$\left(\frac{\partial u}{\partial x}\right)^2+\left(\frac{\partial u}{\partial y}\right)^2=\left(\frac{\partial v}{\partial x}\right)^2+\left(\frac{\partial v}{\partial y}\right)^2,$$

$$\frac{\partial u}{\partial x}\frac{\partial v}{\partial x}=-\frac{\partial u}{\partial y}\frac{\partial v}{\partial y},\qquad \frac{\partial^2 u}{\partial x^2}+\frac{\partial^2 u}{\partial y^2}=\frac{\partial^2 v}{\partial x^2}+\frac{\partial^2 v}{\partial y^2}=0,$$

则由公式 11,即得

$$\frac{\partial^2 z}{\partial x^2}+\frac{\partial^2 z}{\partial y^2}=\left[\left(\frac{\partial u}{\partial x}\right)^2+\left(\frac{\partial u}{\partial y}\right)^2\right]\left(\frac{\partial^2 z}{\partial u^2}+\frac{\partial^2 z}{\partial v^2}\right)=0.$$

由于$\left(\frac{\partial u}{\partial x}\right)^2+\left(\frac{\partial u}{\partial y}\right)^2\neq 0$,故得变换后的方程

$$\frac{\partial^2 z}{\partial u^2}+\frac{\partial^2 z}{\partial v^2}=0.$$

【3493】 $\frac{\partial^2 z}{\partial x^2}+\frac{\partial^2 z}{\partial y^2}+m^2 z=0$，设 $x=e^u\cos v$，$y=e^u\sin v$.

解 由于 $x=e^u\cos v$，$y=e^u\sin v$，故有

$$x^2+y^2=e^{2u},\quad u=\ln\sqrt{x^2+y^2},\quad \tan v=\frac{y}{x},\quad v=\operatorname{Arctan}\frac{y}{x}$$

(v 的多值性不影响求导所得的结果). 于是,

$$\frac{\partial u}{\partial x}=\frac{x}{x^2+y^2}=\frac{\partial v}{\partial y},\qquad \frac{\partial u}{\partial y}=\frac{y}{x^2+y^2}=-\frac{\partial v}{\partial x}.$$

由 3492 题得

$$\frac{\partial^2 z}{\partial x^2}+\frac{\partial^2 z}{\partial y^2}+m^2 z=\left[\left(\frac{\partial u}{\partial x}\right)^2+\left(\frac{\partial u}{\partial y}\right)^2\right]\left(\frac{\partial^2 z}{\partial u^2}+\frac{\partial^2 z}{\partial v^2}\right)+m^2 z$$

$$=\left[\frac{x^2}{(x^2+y^2)^2}+\frac{y^2}{(x^2+y^2)^2}\right]\left(\frac{\partial^2 z}{\partial u^2}+\frac{\partial^2 z}{\partial v^2}\right)+m^2 z$$

$$=e^{-2u}\left(\frac{\partial^2 z}{\partial u^2}+\frac{\partial^2 z}{\partial v^2}\right)+m^2 z=0,$$

即

$$\frac{\partial^2 z}{\partial u^2}+\frac{\partial^2 z}{\partial v^2}+m^2 e^{2u} z=0.$$

【3494】 $\frac{\partial^2 z}{\partial x^2}-y\frac{\partial^2 z}{\partial y^2}=\frac{1}{2}\frac{\partial z}{\partial y}$ $(y>0)$，设

$$u=x-2\sqrt{y}\quad 及\quad v=x+2\sqrt{y}.$$

解 $\frac{\partial u}{\partial x}=1,\quad \frac{\partial v}{\partial x}=1,\quad \frac{\partial u}{\partial y}=-\frac{1}{\sqrt{y}},\quad \frac{\partial v}{\partial y}=\frac{1}{\sqrt{y}},$

$$\frac{\partial^2 u}{\partial x^2}=\frac{\partial^2 v}{\partial x^2}=0,\quad \frac{\partial^2 u}{\partial y^2}=\frac{1}{2y^{\frac{3}{2}}},\quad \frac{\partial^2 v}{\partial y^2}=-\frac{1}{2y^{\frac{3}{2}}}.$$

由公式 11 得

$$\frac{\partial^2 z}{\partial x^2}=\frac{\partial^2 z}{\partial u^2}+2\frac{\partial^2 z}{\partial u\partial v}+\frac{\partial^2 z}{\partial v^2},$$

$$\frac{\partial^2 z}{\partial y^2}-\frac{1}{2y^{\frac{3}{2}}}\frac{\partial z}{\partial u}-\frac{1}{2y^{\frac{3}{2}}}\frac{\partial z}{\partial v}+\frac{1}{y}\frac{\partial^2 z}{\partial u^2}-\frac{2}{y}\frac{\partial^2 z}{\partial u\partial v}+\frac{1}{y}\frac{\partial^2 z}{\partial v^2},$$

$$\frac{\partial z}{\partial y}=-\frac{1}{\sqrt{y}}\frac{\partial z}{\partial u}+\frac{1}{\sqrt{y}}\frac{\partial z}{\partial v}.$$

代入原方程,化简整理得 $\frac{\partial^2 z}{\partial u\partial v}=0.$

【3495】 $x^2\frac{\partial^2 z}{\partial x^2}-y^2\frac{\partial^2 z}{\partial y^2}=0$,设 $u=xy$, $v=\frac{x}{y}$.

解 $\frac{\partial u}{\partial x}=y,\quad \frac{\partial v}{\partial x}=\frac{1}{y},\quad \frac{\partial u}{\partial y}=x,$

$$\frac{\partial v}{\partial y}=-\frac{x}{y^2},\quad \frac{\partial^2 u}{\partial x^2}=0,\quad \frac{\partial^2 v}{\partial x^2}=0,$$

$$\frac{\partial^2 u}{\partial y^2}=0,\quad \frac{\partial^2 v}{\partial y^2}=\frac{2x}{y^3}.$$

由公式 11 得

$$\frac{\partial^2 z}{\partial x^2}=y^2\frac{\partial^2 z}{\partial u^2}+2\frac{\partial^2 z}{\partial u\partial v}+\frac{1}{y^2}\frac{\partial^2 z}{\partial v^2},$$

$$\frac{\partial^2 z}{\partial y^2}=x^2\frac{\partial^2 z}{\partial u^2}-\frac{2x^2}{y^2}\frac{\partial^2 z}{\partial u\partial v}+\frac{x^2}{y^4}\frac{\partial^2 z}{\partial v^2}+\frac{2x}{y^3}\frac{\partial z}{\partial v}.$$

代入原方程,化简整理得 $\frac{\partial^2 z}{\partial u\partial v}=\frac{1}{2u}\frac{\partial z}{\partial v}.$

【3496】 $x^2\frac{\partial^2 z}{\partial x^2}-(x^2+y^2)\frac{\partial^2 z}{\partial x\partial y}+y^2\frac{\partial^2 z}{\partial y^2}=0$,设

$$u=x+y,\qquad v=\frac{1}{x}+\frac{1}{y}.$$

解 $\frac{\partial z}{\partial x}=\frac{\partial z}{\partial u}-\frac{1}{x^2}\frac{\partial z}{\partial v},\quad \frac{\partial z}{\partial y}=\frac{\partial z}{\partial u}-\frac{1}{y^2}\frac{\partial z}{\partial v}.$

$$\frac{\partial^2 z}{\partial x^2}=\frac{\partial^2 z}{\partial u^2}-\frac{2}{x^2}\frac{\partial^2 z}{\partial u\partial v}+\frac{1}{x^4}\frac{\partial^2 z}{\partial v^2}+\frac{2}{x^3}\frac{\partial z}{\partial v},$$

$$\frac{\partial^2 z}{\partial y^2}=\frac{\partial^2 z}{\partial u^2}-\frac{2}{y^2}\frac{\partial^2 z}{\partial u\partial v}+\frac{1}{y^4}\frac{\partial^2 z}{\partial v^2}+\frac{2}{y^3}\frac{\partial z}{\partial v},$$

$$\frac{\partial^2 z}{\partial x\partial y}=\frac{\partial^2 z}{\partial u^2}-\left(\frac{1}{x^2}+\frac{1}{y^2}\right)\frac{\partial^2 z}{\partial u\partial v}+\frac{1}{x^2y^2}\frac{\partial^2 z}{\partial v^2}.$$

代入原方程,得

$$\frac{(x^2-y^2)^2}{x^2y^2}\frac{\partial^2 z}{\partial u\partial v}+2\left(\frac{1}{x}+\frac{1}{y}\right)\frac{\partial z}{\partial v}=0.$$

注意到 $v=\frac{1}{x}+\frac{1}{y}=\frac{x+y}{xy}=\frac{u}{xy}$,即 $xy=\frac{u}{v}$,于是,

$$\frac{(x^2-y^2)^2}{x^2y^2}=\frac{(x+y)^2}{x^2y^2}(x-y)^2=\left(\frac{1}{x}+\frac{1}{y}\right)^2[(x+y)^2-4xy]$$

$$=v^2\left(u^2-4\frac{u}{v}\right)=uv(uv-4).$$

从而得变换后的方程

$$\frac{\partial^2 z}{\partial u\partial v}=\frac{2}{u(4-uv)}\frac{\partial z}{\partial v}.$$

【3497】 $xy\frac{\partial^2 z}{\partial x^2}-(x^2+y^2)\frac{\partial^2 z}{\partial x\partial y}+xy\frac{\partial^2 z}{\partial y^2}+y\frac{\partial z}{\partial x}+x\frac{\partial z}{\partial y}=0,$

设 $u=\frac{1}{2}(x^2+y^2)$ 及 $v=xy$.

解 $\frac{\partial z}{\partial x}=x\frac{\partial z}{\partial u}+y\frac{\partial z}{\partial v},\quad \frac{\partial z}{\partial y}=y\frac{\partial z}{\partial u}+x\frac{\partial z}{\partial v},$

$$\frac{\partial^2 z}{\partial x^2}=x^2\frac{\partial^2 z}{\partial u^2}+2xy\frac{\partial^2 z}{\partial u\partial v}+y^2\frac{\partial^2 z}{\partial v^2}+\frac{\partial z}{\partial u},$$

$$\frac{\partial^2 z}{\partial y^2}=y^2\frac{\partial^2 z}{\partial u^2}+2xy\frac{\partial^2 z}{\partial u\partial v}+x^2\frac{\partial^2 z}{\partial v^2}+\frac{\partial z}{\partial u},$$

$$\frac{\partial^2 z}{\partial x\partial y}=xy\left(\frac{\partial^2 z}{\partial u^2}+\frac{\partial^2 z}{\partial v^2}\right)+(x^2+y^2)\frac{\partial^2 z}{\partial u\partial v}+\frac{\partial z}{\partial v}.$$

代入原方程,得

$$[(x^2+y^2)^2-4x^2y^2]\frac{\partial^2 z}{\partial u\partial v}=4xy\frac{\partial z}{\partial u},$$

即

$$(u^2-v^2)\frac{\partial^2 z}{\partial u\partial v}=v\frac{\partial z}{\partial u}.$$

【3498】[+] $x^2\frac{\partial^2 z}{\partial x^2}-2x\sin y\frac{\partial^2 z}{\partial x\partial y}+\sin^2 y\frac{\partial^2 z}{\partial y^2}=0$，设

$$u=x\tan\frac{y}{2},\qquad v=x.$$

解 $\frac{\partial z}{\partial x}=\tan\frac{y}{2}\frac{\partial z}{\partial u}+\frac{\partial z}{\partial v}$，$\frac{\partial z}{\partial y}=\frac{x}{2}\sec^2\frac{y}{2}\frac{\partial z}{\partial u}$，

$$\frac{\partial^2 z}{\partial x^2}=\tan^2\frac{y}{2}\frac{\partial^2 z}{\partial u^2}+2\tan\frac{y}{2}\frac{\partial^2 z}{\partial u\partial v}+\frac{\partial^2 z}{\partial v^2},$$

$$\frac{\partial^2 z}{\partial y^2}=\frac{x}{2}\sec^2\frac{y}{2}\tan\frac{y}{2}\frac{\partial z}{\partial u}+\frac{x^2}{4}\sec^4\frac{y}{2}\frac{\partial^2 z}{\partial u^2},$$

$$\frac{\partial^2 z}{\partial x\partial y}=\frac{1}{2}\sec^2\frac{y}{2}\frac{\partial z}{\partial u}+\frac{x}{2}\sec^2\frac{y}{2}\tan\frac{y}{2}\frac{\partial^2 z}{\partial u^2}+\frac{x}{2}\sec^2\frac{y}{2}\frac{\partial^2 z}{\partial u\partial v}.$$

代入原方程，得

$$\begin{aligned}x^2\frac{\partial^2 z}{\partial v^2}&=\left(x\sin y\sec^2\frac{y}{2}-\frac{x}{2}\sin^2 y\sec^2\frac{y}{2}\tan\frac{y}{2}\right)\frac{\partial z}{\partial u}\\&=\left(2x\tan\frac{y}{2}-2x\tan\frac{y}{2}\sin^2\frac{y}{2}\right)\frac{\partial z}{\partial u}\\&=2x\tan\frac{y}{2}\cos^2\frac{y}{2}\frac{\partial z}{\partial u}=\frac{2x\tan\frac{y}{2}}{1+\tan^2\frac{y}{2}}\frac{\partial z}{\partial u},\end{aligned}$$

即

$$\frac{\partial^2 z}{\partial v^2}=\frac{2u}{u^2+v^2}\frac{\partial z}{\partial u}.$$

【3499】 $x\frac{\partial^2 z}{\partial x^2}-y\frac{\partial^2 z}{\partial y^2}=0\ (x>0,y>0)$，设

$$x=(u+v)^2\quad 及\quad y=(u-v)^2.$$

解 由 $x=(u+v)^2$ 及 $y=(u-v)^2$ 分别对 x 及对 y 求偏导函数,得

$$\begin{cases}1=2(u+v)\left(\dfrac{\partial u}{\partial x}+\dfrac{\partial v}{\partial x}\right),\\ 0=2(u-v)\left(\dfrac{\partial u}{\partial x}-\dfrac{\partial v}{\partial x}\right);\end{cases}\qquad \begin{cases}0=2(u+v)\left(\dfrac{\partial u}{\partial y}+\dfrac{\partial v}{\partial y}\right),\\ 1=2(u-v)\left(\dfrac{\partial u}{\partial y}-\dfrac{\partial v}{\partial y}\right).\end{cases}$$

解得

$$\frac{\partial u}{\partial x}=\frac{\partial v}{\partial x}=\frac{1}{4(u+v)},\quad \frac{\partial u}{\partial y}=-\frac{\partial v}{\partial y}=\frac{1}{4(u-v)}.$$

于是,

$$\frac{\partial z}{\partial x}=\frac{\partial z}{\partial u}\frac{\partial u}{\partial x}+\frac{\partial z}{\partial v}\frac{\partial v}{\partial x}=\frac{1}{4(u+v)}\left(\frac{\partial z}{\partial u}+\frac{\partial z}{\partial v}\right),$$

$$\frac{\partial z}{\partial y}=\frac{1}{4(u-v)}\left(\frac{\partial z}{\partial u}-\frac{\partial z}{\partial v}\right),$$

$$\begin{aligned}\frac{\partial^2 z}{\partial x^2}&=-\frac{1}{4(u+v)^2}\left(\frac{\partial u}{\partial x}+\frac{\partial v}{\partial x}\right)\left(\frac{\partial z}{\partial u}+\frac{\partial z}{\partial v}\right)\\&\quad+\frac{1}{4(u+v)}\left(\frac{\partial^2 z}{\partial u^2}\frac{\partial u}{\partial x}+\frac{\partial^2 z}{\partial u\partial v}\frac{\partial v}{\partial x}+\frac{\partial^2 z}{\partial u\partial v}\frac{\partial u}{\partial x}+\frac{\partial^2 z}{\partial v^2}\frac{\partial v}{\partial x}\right)\\&=-\frac{1}{8(u+v)^3}\left(\frac{\partial z}{\partial u}+\frac{\partial z}{\partial v}\right)+\frac{1}{16(u+v)^2}\left(\frac{\partial^2 z}{\partial u^2}+2\frac{\partial^2 z}{\partial u\partial v}+\frac{\partial^2 z}{\partial v^2}\right).\end{aligned}$$

同法可求得

$$\frac{\partial^2 z}{\partial y^2}=-\frac{1}{8(u-v)^3}\left(\frac{\partial z}{\partial u}-\frac{\partial z}{\partial v}\right)+\frac{1}{16(u-v)^2}\left(\frac{\partial^2 z}{\partial u^2}-2\frac{\partial^2 z}{\partial u\partial v}+\frac{\partial^2 z}{\partial v^2}\right).$$

代入原方程,得

$$\begin{aligned}&x\frac{\partial^2 z}{\partial x^2}-y\frac{\partial^2 z}{\partial y^2}\\&=-\frac{1}{8(u+v)}\left(\frac{\partial z}{\partial u}+\frac{\partial z}{\partial v}\right)+\frac{1}{16}\left(\frac{\partial^2 z}{\partial u^2}+2\frac{\partial^2 z}{\partial u\partial v}+\frac{\partial^2 z}{\partial v^2}\right)\\&\quad+\frac{1}{8(u-v)}\left(\frac{\partial z}{\partial u}-\frac{\partial z}{\partial v}\right)-\frac{1}{16}\left(\frac{\partial^2 z}{\partial u^2}-2\frac{\partial^2 z}{\partial u\partial v}+\frac{\partial^2 z}{\partial v^2}\right)\end{aligned}$$

$$=\frac{1}{16}\left(\frac{4v}{u^2-v^2}\frac{\partial z}{\partial u}-\frac{4u}{u^2-v^2}\frac{\partial z}{\partial v}+4\frac{\partial^2 z}{\partial u\partial v}\right)=0,$$

即

$$\frac{\partial^2 z}{\partial u\partial v}+\frac{1}{u^2-v^2}\left(v\frac{\partial z}{\partial u}-u\frac{\partial z}{\partial v}\right)=0.$$

【3500】 $\frac{\partial^2 z}{\partial x\partial y}=\left(1+\frac{\partial z}{\partial y}\right)^3$，设 $u=x$，$v=y+z$.

解 由 $u=x$，$v=y+z$ 得

$$du=dx,\qquad dv=dy+dz,$$

$$dz=\frac{\partial z}{\partial u}du+\frac{\partial z}{\partial v}dv=\frac{\partial z}{\partial u}dx+\frac{\partial z}{\partial v}(dy+dz).$$

于是，

$$\left(1-\frac{\partial z}{\partial v}\right)dz=\frac{\partial z}{\partial u}dx+\frac{\partial z}{\partial v}dy,\quad \frac{\partial z}{\partial x}=\frac{\frac{\partial z}{\partial u}}{1-\frac{\partial z}{\partial v}},\quad \frac{\partial z}{\partial y}=\frac{\frac{\partial z}{\partial v}}{1-\frac{\partial z}{\partial v}}.$$

$$1+\frac{\partial z}{\partial y}=1+\frac{\frac{\partial z}{\partial v}}{1-\frac{\partial z}{\partial v}}=\frac{1}{1-\frac{\partial z}{\partial v}}.\tag{1}$$

又

$$\frac{\partial^2 z}{\partial x\partial y}=\frac{\partial}{\partial x}\left(1+\frac{\partial z}{\partial y}\right)=\frac{\partial}{\partial x}\left(\frac{1}{1-\frac{\partial z}{\partial v}}\right)=\frac{1}{\left(1-\frac{\partial z}{\partial v}\right)^2}\frac{\partial}{\partial x}\left(\frac{\partial z}{\partial v}\right)$$

$$=\frac{1}{\left(1-\frac{\partial z}{\partial v}\right)^2}\left(\frac{\partial^2 z}{\partial u\partial v}\frac{\partial u}{\partial x}+\frac{\partial^2 z}{\partial v^2}\frac{\partial v}{\partial x}\right)$$

$$=\frac{1}{\left(1-\frac{\partial z}{\partial v}\right)^2}\left(\frac{\partial^2 z}{\partial u\partial v}+\frac{\partial^2 z}{\partial v^2}\frac{\partial z}{\partial x}\right)$$

$$=\frac{1}{\left(1-\frac{\partial z}{\partial v}\right)^3}\left[\frac{\partial^2 z}{\partial u\partial v}\left(1-\frac{\partial z}{\partial v}\right)+\frac{\partial^2 z}{\partial v^2}\frac{\partial z}{\partial u}\right].\tag{2}$$

将(1)式和(2)式代入原方程,去分母即得

$$\left(1-\frac{\partial z}{\partial v}\right)\frac{\partial^2 z}{\partial u\partial v}+\frac{\partial z}{\partial u}\frac{\partial^2 z}{\partial v^2}=1.$$

【3501】 利用线性变换 $\xi=x+\lambda_1 y,\eta=x+\lambda_2 y$ 变换方程

$$A\frac{\partial^2 u}{\partial x^2}+2B\frac{\partial^2 u}{\partial x\partial y}+C\frac{\partial^2 u}{\partial y^2}=0,\tag{1}$$

(其中 A,B 和 C 为常数及 $C\neq 0$, $AC-B^2<0$)为下面的形状

$$\frac{\partial^2 u}{\partial\xi\partial\eta}=0.$$

求满足方程(1)的函数的普遍形状.

解 $\frac{\partial u}{\partial x}=\frac{\partial u}{\partial\xi}+\frac{\partial u}{\partial\eta}$, $\frac{\partial u}{\partial y}=\lambda_1\frac{\partial u}{\partial\xi}+\lambda_2\frac{\partial u}{\partial\eta}$,

$$\frac{\partial^2 u}{\partial x^2}=\frac{\partial^2 u}{\partial\xi^2}+2\frac{\partial^2 u}{\partial\xi\partial\eta}+\frac{\partial^2 u}{\partial\eta^2},$$

$$\frac{\partial^2 u}{\partial x\partial y}=\lambda_1\frac{\partial^2 u}{\partial\xi^2}+(\lambda_1+\lambda_2)\frac{\partial^2 u}{\partial\xi\partial\eta}+\lambda_2\frac{\partial^2 u}{\partial\eta^2},$$

$$\frac{\partial^2 u}{\partial y^2}=\lambda_1^2\frac{\partial^2 u}{\partial\xi^2}+2\lambda_1\lambda_2\frac{\partial^2 u}{\partial\xi\partial\eta}+\lambda_2^2\frac{\partial^2 u}{\partial\eta^2}.$$

将上述结果代入原方程,得

$$(A+2B\lambda_1+C\lambda_1^2)\frac{\partial^2 u}{\partial\xi^2}+2[A+B(\lambda_1+\lambda_2)+C\lambda_1\lambda_2]\frac{\partial^2 u}{\partial\xi\partial\eta}$$

$$+(A+2B\lambda_2+C\lambda_2^2)\frac{\partial^2 u}{\partial\eta^2}=0.$$

当 $A+2B\lambda_1+C\lambda_1^2$ 及 $A+2B\lambda_2+C\lambda_2^2=0$. 即 λ_1 与 λ_2 为方程 $A+2B\lambda+C\lambda^2=0$ 的根时(注意,由假定 $C\neq 0$, $AC-B^2<0$,故此方程恰有两个相异的实根),原方程变换为

$$[A+B(\lambda_1+\lambda_2)+C\lambda_1\lambda_2]\frac{\partial^2 u}{\partial\xi\partial\eta}=0.$$

由根与系数的关系得：$\lambda_1+\lambda_2=-\frac{2B}{C}$，$\lambda_1\lambda_2=\frac{A}{C}$. 于是,

$$A+B(\lambda_1+\lambda_2)+C\lambda_1\lambda_2=\frac{2(AC-B^2)}{C}\neq 0.$$

从而必有 $\frac{\partial^2 u}{\partial\xi\partial\eta}=0$. 此时, $\frac{\partial^2 u}{\partial\xi\partial\eta}=\frac{\partial}{\partial\eta}\left(\frac{\partial u}{\partial\xi}\right)=0$，故$\frac{\partial u}{\partial\xi}=f(\xi)$ 且

$$\begin{aligned}u&=\int f(\xi)\mathrm{d}\xi+\psi(\eta)=\varphi(\xi)+\psi(\eta)\\&=\varphi(x+\lambda_1 y)+\psi(x+\lambda_2 y).\end{aligned}$$

【3502】 证明:拉普拉斯方程

$$\Delta z=\frac{\partial^2 z}{\partial x^2}+\frac{\partial^2 z}{\partial y^2}=0$$

在满足条件$\frac{\partial\varphi}{\partial u}=\frac{\partial\psi}{\partial v}$，$\frac{\partial\varphi}{\partial v}=-\frac{\partial\psi}{\partial u}$的非退化的变数代换

$$x=\varphi(u,v),\qquad y=\psi(u,v)$$

下形式不变.

证 $$\begin{cases}\mathrm{d}x=\frac{\partial\varphi}{\partial u}\mathrm{d}u+\frac{\partial\varphi}{\partial v}\mathrm{d}v,\\ \mathrm{d}y=\frac{\partial\psi}{\partial u}\mathrm{d}u+\frac{\partial\psi}{\partial v}\mathrm{d}v=-\frac{\partial\varphi}{\partial v}\mathrm{d}u+\frac{\partial\varphi}{\partial u}\mathrm{d}v.\end{cases}$$

令 $I=\left(\frac{\partial\varphi}{\partial u}\right)^2+\left(\frac{\partial\varphi}{\partial v}\right)^2$. 由于变换是非退化的,故知

$$\frac{D(x,y)}{D(u,v)}=\begin{vmatrix}\frac{\partial\varphi}{\partial u}&\frac{\partial\varphi}{\partial v}\\ \frac{\partial\psi}{\partial u}&\frac{\partial\psi}{\partial v}\end{vmatrix}=\left(\frac{\partial\varphi}{\partial u}\right)^2+\left(\frac{\partial\varphi}{\partial v}\right)^2=I\neq 0.$$

由上述方程组解得

$$\mathrm{d}u=\frac{1}{I}\left(\frac{\partial\varphi}{\partial u}\mathrm{d}x-\frac{\partial\varphi}{\partial v}\mathrm{d}y\right),\qquad \mathrm{d}v=\frac{1}{I}\left(\frac{\partial\varphi}{\partial v}\mathrm{d}x+\frac{\partial\varphi}{\partial u}\mathrm{d}y\right).$$

于是,

$$\frac{\partial u}{\partial x}=\frac{1}{I}\frac{\partial \varphi}{\partial u}=\frac{\partial v}{\partial y},\qquad \frac{\partial u}{\partial y}=-\frac{1}{I}\frac{\partial \varphi}{\partial v}=-\frac{\partial v}{\partial x}.$$

由 3492 题的证明及公式 11,并考虑到

$$\left(\frac{\partial u}{\partial x}\right)^2+\left(\frac{\partial u}{\partial y}\right)^2=\frac{1}{I^2}\left[\left(\frac{\partial \varphi}{\partial u}\right)^2+\left(\frac{\partial \varphi}{\partial v}\right)^2\right]=\frac{1}{I},$$

即得

$$\Delta z\equiv\frac{\partial^2 z}{\partial x^2}+\frac{\partial^2 z}{\partial y^2}=\left[\left(\frac{\partial u}{\partial x}\right)^2+\left(\frac{\partial u}{\partial y}\right)^2\right]\left(\frac{\partial^2 z}{\partial u^2}+\frac{\partial^2 z}{\partial v^2}\right)$$

$$=\frac{1}{I}\left(\frac{\partial^2 z}{\partial u^2}+\frac{\partial^2 z}{\partial v^2}\right)=0,$$

或

$$\frac{\partial^2 z}{\partial u^2}+\frac{\partial^2 z}{\partial v^2}=0,$$

即形式是不变的.

【3503】 假定 $u=f(r)$,其中 $r=\sqrt{x^2+y^2}$,改变方程

(1) $\Delta u\equiv\frac{\partial^2 u}{\partial x^2}+\frac{\partial^2 u}{\partial y^2}=0$; (2) $\Delta(\Delta u)=0$.

解 (1) $\frac{\partial u}{\partial x}=f'(r)\frac{\partial r}{\partial x}=f'(r)\frac{x}{r}$, $\frac{\partial u}{\partial y}=f'(r)\frac{\partial y}{\partial r}$.

于是,

$$\frac{\partial^2 u}{\partial x^2}=\frac{\partial}{\partial x}\left[f'(r)\frac{x}{r}\right]=\frac{f'(r)}{r}+\frac{x^2}{r^2}f''(r)+xf'(r)\left(-\frac{x}{r^3}\right)$$

$$=\frac{x^2}{r^2}f''(r)+\frac{y^2}{r^3}f'(r).$$

同法可得 $\frac{\partial^2 u}{\partial y^2}=\frac{y^2}{r^2}f''(r)+\frac{x^2}{r^3}f'(r)$. 于是,

$$\Delta u=f''(r)+\frac{1}{r}f'(r)=\frac{d^2 u}{dr^2}+\frac{1}{r}\frac{du}{dr}=0,$$

也可写成 $\Delta u=\frac{1}{r}\frac{\mathrm{d}}{\mathrm{d}r}\left(r\frac{\mathrm{d}u}{\mathrm{d}r}\right)=0$.

$$(2)\Delta(\Delta u)=\frac{1}{r}\frac{\mathrm{d}}{\mathrm{d}r}\left[r\frac{\mathrm{d}}{\mathrm{d}r}(\Delta u)\right]=\frac{1}{r}\frac{\mathrm{d}}{\mathrm{d}r}\left[r\frac{\mathrm{d}}{\mathrm{d}r}\left(\frac{\mathrm{d}^2u}{\mathrm{d}r^2}+\frac{1}{r}\frac{\mathrm{d}u}{\mathrm{d}r}\right)\right]$$

$$=\frac{1}{r}\frac{\mathrm{d}}{\mathrm{d}r}\left[r\frac{\mathrm{d}^3u}{\mathrm{d}r^3}+\frac{\mathrm{d}^2u}{\mathrm{d}r^2}-\frac{1}{r}\frac{\mathrm{d}u}{\mathrm{d}r}\right]$$

$$=\frac{\mathrm{d}^4u}{\mathrm{d}r^4}+\frac{2}{r}\frac{\mathrm{d}^3u}{\mathrm{d}r^3}-\frac{1}{r^2}\frac{\mathrm{d}^2u}{\mathrm{d}r^2}+\frac{1}{r^3}\frac{\mathrm{d}u}{\mathrm{d}r}=0.$$

【3504】 若令 $w=f(u)$, 其中

$$u=(x-x_0)(y-y_0),$$

方程 $\frac{\partial^2 w}{\partial x\partial y}+cw=0$ 变成怎样的形状?

解 $\frac{\partial w}{\partial x}=(y-y_0)\frac{\mathrm{d}w}{\mathrm{d}u}$, $\frac{\partial^2 w}{\partial x\partial y}=\frac{\mathrm{d}w}{\mathrm{d}u}+u\frac{\mathrm{d}^2w}{\mathrm{d}u^2}$, 于是,方程 $\frac{\partial^2 w}{\partial x\partial y}+cw=0$ 变换成

$$u\frac{\mathrm{d}^2w}{\mathrm{d}u^2}+\frac{\mathrm{d}w}{\mathrm{d}u}+cw=0.$$

【3505】 假定 $x+y=X$, $y=XY$, 变换式子

$$A=x\frac{\partial^2 u}{\partial x^2}+y\frac{\partial^2 u}{\partial x\partial y}+\frac{\partial u}{\partial x}.$$

解 $X=x+y$, $Y=\frac{y}{X}=\frac{y}{x+y}=1-\frac{x}{x+y}$. 于是,

$$\frac{\partial X}{\partial x}=1,\ \frac{\partial X}{\partial y}=1,\ \frac{\partial Y}{\partial x}=-\frac{y}{(x+y)^2},\ \frac{\partial Y}{\partial y}=\frac{x}{(x+y)^2},$$

$$\frac{\partial u}{\partial x}=\frac{\partial u}{\partial X}-\frac{y}{(x+y)^2}\frac{\partial u}{\partial Y},$$

$$\frac{\partial^2 u}{\partial x^2}=\frac{\partial^2 u}{\partial X^2}-\frac{2y}{(x+y)^2}\frac{\partial^2 u}{\partial X\partial Y}+\frac{y^2}{(x+y)^4}\frac{\partial^2 u}{\partial Y^2}$$

$$+\frac{2y}{(x+y)^3}\frac{\partial u}{\partial Y},$$

$$\frac{\partial^2 u}{\partial x \partial y} = \frac{\partial^2 u}{\partial X^2} + \frac{x-y}{(x+y)^2}\frac{\partial^2 u}{\partial X \partial Y} - \frac{xy}{(x+y)^4}\frac{\partial^2 u}{\partial Y^2}$$

$$-\frac{x-y}{(x+y)^3}\frac{\partial u}{\partial Y}.$$

代入所给式子,得

$$A = X\frac{\partial^2 u}{\partial X^2} - Y\frac{\partial^2 u}{\partial X \partial Y} + \frac{\partial u}{\partial X}.$$

【3506】 证明:方程

$$\frac{\partial^2 z}{\partial x^2} + 2xy^2\frac{\partial z}{\partial x} + 2(y-y^3)\frac{\partial z}{\partial y} + x^2y^2z^2 = 0$$

在变换 $x = uv$ 及 $y = \frac{1}{v}$ 下形状不变.

证 $v = \frac{1}{y}$, $u = \frac{x}{v} = xy$. 于是,

$$\frac{\partial z}{\partial x} = \frac{\partial z}{\partial u}\frac{\partial u}{\partial x} + \frac{\partial z}{\partial v}\frac{\partial v}{\partial x} = y\frac{\partial z}{\partial u},$$

$$\frac{\partial z}{\partial y} = \frac{\partial z}{\partial u}\frac{\partial u}{\partial y} + \frac{\partial z}{\partial v}\frac{\partial v}{\partial y} = x\frac{\partial z}{\partial u} - \frac{1}{y^2}\frac{\partial z}{\partial v},$$

$$\frac{\partial^2 z}{\partial x^2} = \frac{\partial}{\partial x}\left(\frac{\partial z}{\partial x}\right) = \frac{\partial}{\partial x}\left(y\frac{\partial z}{\partial u}\right) = y^2\frac{\partial^2 z}{\partial u^2}.$$

代入原方程,得

$$y^2\frac{\partial^2 z}{\partial u^2} + 2xy^3\frac{\partial z}{\partial u} + 2x(y-y^3)\frac{\partial z}{\partial u}$$

$$-2(y-y^3)\frac{1}{y^2}\frac{\partial z}{\partial v} + x^2y^2z^2 = 0.$$

即

$$\frac{\partial^2 z}{\partial u^2} + 2uv^2\frac{\partial z}{\partial u} + 2(v-v^3)\frac{\partial z}{\partial v} + u^2v^2z^2 = 0,$$

故其形状不变.

【3507】 证明:方程

$$\frac{\partial^2 z}{\partial x^2}+2\frac{\partial^2 z}{\partial x\partial y}+\frac{\partial^2 z}{\partial y^2}=0$$

在变换 $u=x+z$ 及 $v=y+z$ 下形状不变.

证 将 u,v 作中间变量,x,y 作自变量,微分得

$$du=dx+dz,\quad dv=dy+dz,\quad d^2u=d^2v=d^2z.$$

于是,

$$dz=\frac{\partial z}{\partial u}du+\frac{\partial z}{\partial v}dv=\left(\frac{\partial z}{\partial u}+\frac{\partial z}{\partial v}\right)dz+\frac{\partial z}{\partial u}dx+\frac{\partial z}{\partial v}dy.$$

令 $A=1-\frac{\partial z}{\partial u}-\frac{\partial z}{\partial v}$,则有 $dz=\frac{1}{A}\frac{\partial z}{\partial u}dx+\frac{1}{A}\frac{\partial z}{\partial v}dy$,且

$$\frac{\partial z}{\partial x}=\frac{1}{A}\frac{\partial z}{\partial u},\qquad \frac{\partial z}{\partial y}=\frac{1}{A}\frac{\partial z}{\partial v}.$$

从而有

$$du=dx+dz=\frac{1-\frac{\partial z}{\partial v}}{A}dx+\frac{\frac{\partial z}{\partial v}}{A}dy,$$

$$dv=dy+dz=\frac{\frac{\partial z}{\partial u}}{A}dx+\frac{1-\frac{\partial z}{\partial u}}{A}dy,$$

$$d^2z=\frac{\partial^2 z}{\partial u^2}du^2+2\frac{\partial^2 z}{\partial u\partial v}du\,dv+\frac{\partial^2 z}{\partial v^2}dv^2+\frac{\partial z}{\partial u}d^2u+\frac{\partial z}{\partial v}d^2v.$$

上面最后一个等式即

$$A\,d^2z=\frac{1}{A^2}\left\{\frac{\partial^2 z}{\partial u^2}\left[\left(1-\frac{\partial z}{\partial v}\right)dx+\frac{\partial z}{\partial v}dy\right]^2\right.$$

$$+2\frac{\partial^2 z}{\partial u\partial v}\left[\left(1-\frac{\partial z}{\partial v}\right)dx+\frac{\partial z}{\partial v}dy\right]\left[\frac{\partial z}{\partial u}dx+\left(1-\frac{\partial z}{\partial u}\right)dy\right]$$

$$\left.+\frac{\partial^2 z}{\partial v^2}\left[\frac{\partial z}{\partial u}dx+\left(1-\frac{\partial z}{\partial u}\right)dy\right]^2\right\}.$$

于是,

$$\frac{\partial^2 z}{\partial x^2}=\frac{1}{A^3}\left[\left(1-\frac{\partial z}{\partial v}\right)^2\frac{\partial^2 z}{\partial u^2}+2\left(1-\frac{\partial z}{\partial v}\right)\frac{\partial z}{\partial u}\frac{\partial^2 z}{\partial u\partial v}+\left(\frac{\partial z}{\partial u}\right)^2\frac{\partial^2 z}{\partial u^2}\right],$$

$$\frac{\partial^2 z}{\partial x\partial y}=\frac{1}{A^3}\left[\frac{\partial z}{\partial v}\left(1-\frac{\partial z}{\partial v}\right)\frac{\partial^2 z}{\partial u^2}+\frac{\partial z}{\partial u}\frac{\partial z}{\partial v}\frac{\partial^2 z}{\partial u\partial v}\right.$$

$$\left.+\left(1-\frac{\partial z}{\partial u}\right)\left(1-\frac{\partial z}{\partial v}\right)\frac{\partial^2 z}{\partial u\partial v}+\frac{\partial z}{\partial u}\left(1-\frac{\partial z}{\partial u}\right)\frac{\partial^2 z}{\partial v^2}\right],$$

$$\frac{\partial^2 z}{\partial y^2}=\frac{1}{A^3}\left[\left(\frac{\partial z}{\partial v}\right)^2\frac{\partial^2 z}{\partial u^2}+2\frac{\partial z}{\partial v}\left(1-\frac{\partial z}{\partial u}\right)\frac{\partial^2 z}{\partial u\partial v}+\left(1-\frac{\partial z}{\partial u}\right)^2\frac{\partial^2 z}{\partial v^2}\right].$$

代入原方程,化简整理即得

$$\frac{\partial^2 z}{\partial u^2}+2\frac{\partial^2 z}{\partial u\partial v}+\frac{\partial^2 z}{\partial v^2}=0,$$

故其形状不变.

【3508】 假定

$$x=\eta\zeta,\qquad y=\xi\zeta,\qquad z=\xi\eta,$$

变换方程 $xy\dfrac{\partial^2 u}{\partial x\partial y}+yz\dfrac{\partial^2 u}{\partial y\partial z}+xz\dfrac{\partial^2 u}{\partial x\partial z}=0.$

解 由于

$$\begin{cases}1=\zeta\dfrac{\partial\eta}{\partial x}+\eta\dfrac{\partial\zeta}{\partial x},\\[2mm]0=\zeta\dfrac{\partial\xi}{\partial x}+\xi\dfrac{\partial\zeta}{\partial x},\\[2mm]0=\eta\dfrac{\partial\xi}{\partial x}+\xi\dfrac{\partial\eta}{\partial x}\end{cases}$$

故有

$$\frac{\partial\xi}{\partial x}=-\frac{\xi}{2\eta\zeta},\qquad\frac{\partial\eta}{\partial x}=\frac{1}{2\zeta},\qquad\frac{\partial\zeta}{\partial x}=\frac{1}{2\eta}.$$

同法求得

$$\frac{\partial\xi}{\partial y}=\frac{1}{2\zeta},\qquad\frac{\partial\eta}{\partial y}=-\frac{\eta}{2\xi\zeta},\qquad\frac{\partial\zeta}{\partial y}=\frac{1}{2\xi}.$$

于是,

$$\frac{\partial u}{\partial x}=\frac{\partial u}{\partial \xi}\frac{\partial \xi}{\partial x}+\frac{\partial u}{\partial \eta}\frac{\partial \eta}{\partial x}+\frac{\partial u}{\partial \zeta}\frac{\partial \zeta}{\partial x}=-\frac{\xi}{2\eta\zeta}\frac{\partial u}{\partial \xi}+\frac{1}{2\zeta}\frac{\partial u}{\partial \eta}+\frac{1}{2\eta}\frac{\partial u}{\partial \zeta},$$

$$\frac{\partial^2 u}{\partial x\partial y}=\frac{\partial}{\partial y}\left(\frac{\partial u}{\partial x}\right)=-\frac{\partial}{\partial y}\left(\frac{\xi}{2\eta\zeta}\right)\frac{\partial u}{\partial \xi}-\frac{\xi}{2\eta\zeta}\frac{\partial}{\partial y}\left(\frac{\partial u}{\partial \xi}\right)+\frac{\partial}{\partial y}\left(\frac{1}{2\zeta}\right)\frac{\partial u}{\partial \eta}$$

$$+\frac{1}{2\zeta}\frac{\partial}{\partial y}\left(\frac{\partial u}{\partial \eta}\right)+\frac{\partial}{\partial y}\left(\frac{1}{2\eta}\right)\frac{\partial u}{\partial \zeta}+\frac{1}{2\eta}\frac{\partial}{\partial y}\left(\frac{\partial u}{\partial \zeta}\right)$$

$$=-\frac{1}{4\eta\zeta^2}\frac{\partial u}{\partial \xi}-\frac{\xi}{4\eta\zeta^2}\frac{\partial^2 u}{\partial \xi^2}-\frac{1}{4\xi\zeta^2}\frac{\partial u}{\partial \eta}-\frac{\eta}{4\xi\zeta^2}\frac{\partial^2 u}{\partial \eta^2}+\frac{1}{4\xi\eta\zeta}\frac{\partial u}{\partial \zeta}$$

$$+\frac{1}{4\xi\eta}\frac{\partial^2 u}{\partial \zeta^2}+\frac{1}{2\zeta^2}\frac{\partial^2 u}{\partial \xi\partial \eta}. \tag{1}$$

同法可求得

$$\frac{\partial^2 u}{\partial y\partial z}=\frac{1}{4\xi\eta\zeta}\frac{\partial u}{\partial \xi}+\frac{1}{4\eta\zeta}\frac{\partial^2 u}{\partial \xi^2}-\frac{1}{4\xi^2\zeta}\frac{\partial u}{\partial \eta}-\frac{\eta}{4\xi^2\zeta}\frac{\partial^2 u}{\partial \eta^2}-\frac{1}{4\xi^2\eta}\frac{\partial u}{\partial \zeta}$$

$$-\frac{\zeta}{4\xi^2\eta}\frac{\partial^2 u}{\partial \zeta^2}+\frac{1}{2\xi^2}\frac{\partial^2 u}{\partial \eta\partial \zeta}, \tag{2}$$

$$\frac{\partial^2 u}{\partial z\partial x}=-\frac{1}{4\eta^2\zeta}\frac{\partial u}{\partial \xi}-\frac{\xi}{4\eta^2\zeta}\frac{\partial^2 u}{\partial \xi^2}+\frac{1}{4\xi\eta\zeta}\frac{\partial u}{\partial \eta}+\frac{1}{4\xi\zeta}\frac{\partial^2 u}{\partial \eta^2}$$

$$-\frac{1}{4\eta^2\xi}\frac{\partial u}{\partial \zeta}-\frac{\zeta}{4\eta^2\xi}\frac{\partial^2 u}{\partial \zeta^2}+\frac{1}{2\eta^2}\frac{\partial^2 u}{\partial \zeta\partial \xi}. \tag{3}$$

将(1),(2),(3)三式连同 x, y, z 一起代入原方程,化简整理得

$$\xi\frac{\partial u}{\partial \xi}+\eta\frac{\partial u}{\partial \eta}+\zeta\frac{\partial u}{\partial \zeta}+\xi^2\frac{\partial^2 u}{\partial \xi^2}+\eta^2\frac{\partial^2 u}{\partial \eta^2}+\zeta^2\frac{\partial^2 u}{\partial \zeta^2}$$

$$=2\left(\xi\eta\frac{\partial^2 u}{\partial \xi\partial \eta}+\eta\zeta\frac{\partial_u}{\partial \eta\partial \zeta}+\zeta\xi\frac{\partial^2 u}{\partial \zeta\partial \xi}\right),$$

即

$$\xi\frac{\partial}{\partial \xi}\left(\xi\frac{\partial u}{\partial \xi}\right)+\eta\frac{\partial}{\partial \eta}\left(\eta\frac{\partial u}{\partial \eta}\right)+\zeta\frac{\partial}{\partial \zeta}\left(\zeta\frac{\partial u}{\partial \zeta}\right)$$

$$=2\left(\xi\eta\frac{\partial^2 u}{\partial \xi\partial \eta}+\eta\zeta\frac{\partial^2 u}{\partial \eta\partial \zeta}+\zeta\xi\frac{\partial^2 u}{\partial \zeta\partial \xi}\right).$$

【3509】 假定

$$y_1=x_2+x_3-x_1,\quad y_2=x_1+x_3-x_2,\quad y_3=x_1+x_2-x_3,$$

变换方程

$$\frac{\partial^2 z}{\partial x_1^2}+\frac{\partial^2 z}{\partial x_2^2}+\frac{\partial^2 z}{\partial x_3^2}+\frac{\partial^2 z}{\partial x_1\partial x_2}+\frac{\partial^2 z}{\partial x_1\partial x_3}+\frac{\partial^2 z}{\partial x_2\partial x_3}=0.$$

解 不难看出

$$\frac{\partial z}{\partial x_1}=\left(-\frac{\partial}{\partial y_1}+\frac{\partial}{\partial y_2}+\frac{\partial}{\partial y_3}\right)z,$$

$$\frac{\partial z}{\partial x_2}=\left(\frac{\partial}{\partial y_1}-\frac{\partial}{\partial y_2}+\frac{\partial}{\partial y_3}\right)z,$$

$$\frac{\partial z}{\partial x_3}=\left(\frac{\partial}{\partial y_1}+\frac{\partial}{\partial y_2}-\frac{\partial}{\partial y_3}\right)z.$$

把上述结果代入所给的方程的左端,即得

$$\begin{aligned}&\frac{\partial^2 z}{\partial x_1^2}+\frac{\partial^2 z}{\partial x_2^2}+\frac{\partial^2 z}{\partial x_3^2}+\frac{\partial^2 z}{\partial x_1\partial x_2}+\frac{\partial^2 z}{\partial x_1\partial x_3}+\frac{\partial^2 z}{\partial x_2\partial x_3}\\&=\frac{\partial}{\partial x_1}\left(\frac{\partial z}{\partial x_1}+\frac{\partial z}{\partial x_2}\right)+\frac{\partial}{\partial x_2}\left(\frac{\partial z}{\partial x_2}+\frac{\partial z}{\partial x_3}\right)+\frac{\partial}{\partial x_3}\left(\frac{\partial z}{\partial x_3}+\frac{\partial z}{\partial x_1}\right)\\&=\frac{\partial}{\partial x_1}\left(2\frac{\partial z}{\partial y_3}\right)+\frac{\partial}{\partial x_2}\left(2\frac{\partial z}{\partial y_1}\right)+\frac{\partial}{\partial x_3}\left(2\frac{\partial z}{\partial y_2}\right)\\&=2\left[\left(-\frac{\partial}{\partial y_1}+\frac{\partial}{\partial y_2}+\frac{\partial}{\partial y_3}\right)\frac{\partial z}{\partial y_3}+\left(\frac{\partial}{\partial y_1}-\frac{\partial}{\partial y_2}+\frac{\partial}{\partial y_3}\right)\frac{\partial z}{\partial y_1}\right.\\&\quad\left.+\left(\frac{\partial}{\partial y_1}+\frac{\partial}{\partial y_2}-\frac{\partial}{\partial y_3}\right)\frac{\partial}{\partial y_2}\right]=2\left(\frac{\partial^2 z}{\partial y_1^2}+\frac{\partial^2 z}{\partial y_2^2}+\frac{\partial^2 z}{\partial y_3^2}\right).\end{aligned}$$

从而,原方程变换为

$$\frac{\partial^2 z}{\partial y_1^2}+\frac{\partial^2 z}{\partial y_2^2}+\frac{\partial^2 z}{\partial y_3^2}=0.$$

【3510】 假定

$$\xi=\frac{y}{x},\qquad \eta=\frac{z}{x},\qquad \zeta=y-z,$$

变换方程

$$x^2\frac{\partial^2 u}{\partial x^2}+y^2\frac{\partial^2 u}{\partial y^2}+z^2\frac{\partial^2 u}{\partial z^2}+2xy\frac{\partial^2 u}{\partial x\partial y}$$

$$+2xz\frac{\partial^2 u}{\partial x\partial z}+2yz\frac{\partial^2 u}{\partial y\partial z}=0.$$

解　定义算子 A：$Au=\left(x\frac{\partial}{\partial x}+y\frac{\partial}{\partial y}+z\frac{\partial}{\partial z}\right)u$，则有

$$\begin{aligned}A^2u&=A(Au)=x\frac{\partial}{\partial x}(Au)+y\frac{\partial}{\partial y}(Au)+z\frac{\partial}{\partial z}(Au)\\&=x\left(x\frac{\partial^2}{\partial x^2}+y\frac{\partial^2}{\partial x\partial y}+z\frac{\partial^2}{\partial x\partial z}+\frac{\partial}{\partial x}\right)u\\&\quad+y\left(x\frac{\partial^2}{\partial x\partial y}+y\frac{\partial^2}{\partial y^2}+z\frac{\partial^2}{\partial y\partial z}+\frac{\partial}{\partial y}\right)u\\&\quad+z\left(x\frac{\partial^2}{\partial x\partial z}+y\frac{\partial^2}{\partial y\partial z}+z\frac{\partial^2}{\partial z^2}+\frac{\partial}{\partial z}\right)u\\&=\left(x\frac{\partial}{\partial x}+y\frac{\partial}{\partial y}+z\frac{\partial}{\partial z}\right)^2u+Au.\end{aligned}$$

于是,原方程可改写成

$$\left(x\frac{\partial}{\partial x}+y\frac{\partial}{\partial y}+z\frac{\partial}{\partial z}\right)^2u=0\quad 或\quad A^2u-Au=0.$$

但是,

$$\begin{aligned}Au&=x\frac{\partial u}{\partial x}+y\frac{\partial u}{\partial y}+z\frac{\partial u}{\partial z}\\&=x\left(-\frac{y}{x^2}\frac{\partial u}{\partial\xi}-\frac{z}{x^2}\frac{\partial u}{\partial\eta}\right)+y\left(\frac{1}{x}\frac{\partial u}{\partial\xi}+\frac{\partial u}{\partial\zeta}\right)+z\left(\frac{1}{x}\frac{\partial u}{\partial\eta}-\frac{\partial u}{\partial\zeta}\right)\\&=(y-z)\frac{\partial u}{\partial\zeta}=\zeta\frac{\partial u}{\partial\zeta},\end{aligned}$$

$$A^2u=A(Au)=\left(\zeta\frac{\partial}{\partial\zeta}\right)Au=\zeta\frac{\partial}{\partial\zeta}\left(\zeta\frac{\partial u}{\partial\zeta}\right)=\zeta^2\frac{\partial^2 u}{\partial\zeta^2}+\zeta\frac{\partial u}{\partial\zeta},$$

从而,$A^2u-Au=\zeta^2\frac{\partial^2 u}{\partial\zeta^2}$.由于 $\zeta\neq0$,故原方程变换为

$$\frac{\partial^2 u}{\partial \zeta^2}=0.$$

【3511】 假定

$$x=r\sin\theta\cos\varphi,\quad y=r\sin\theta\sin\varphi,\quad z=r\cos\theta,$$

变换式子 $\Delta_1 u=\left(\frac{\partial u}{\partial x}\right)^2+\left(\frac{\partial u}{\partial y}\right)^2+\left(\frac{\partial u}{\partial z}\right)^2$

及 $\Delta_2 u=\frac{\partial^2 u}{\partial x^2}+\frac{\partial^2 u}{\partial y^2}+\frac{\partial^2 u}{\partial z^2}$

为球坐标所表的式子.

解 先作变换

$$x=R\cos\varphi,\qquad y=R\sin\varphi,\qquad z=z,$$

它相当于对 x,y 坐标作一次极坐标变换.

利用3483题及3484题的结果,对新变元 R,φ,z 有

$$\Delta_1 u=\left(\frac{\partial u}{\partial x}\right)^2+\left(\frac{\partial u}{\partial y}\right)^2+\left(\frac{\partial u}{\partial z}\right)^2=\left(\frac{\partial u}{\partial R}\right)^2+\frac{1}{R^2}\left(\frac{\partial u}{\partial \varphi}\right)^2+\left(\frac{\partial u}{\partial z}\right)^2,$$

$$\Delta_2 u=\frac{\partial^2 u}{\partial x^2}+\frac{\partial^2 u}{\partial y^2}+\frac{\partial^2 u}{\partial z^2}=\frac{\partial^2 u}{\partial R^2}+\frac{1}{R^2}\frac{\partial^2 u}{\partial \varphi^2}+\frac{1}{R}\frac{\partial u}{\partial R}+\frac{\partial^2 u}{\partial z^2}.$$

所作变换

$$R=r\sin\theta,\qquad \varphi=\varphi,\qquad z=r\cos\theta.$$

它相当于对 R,z 坐标又作一次极坐标变换,其中 R 相当于公式9中的 y, θ 相当于公式9中的 φ. 于是,

$$\frac{\partial u}{\partial R}=\frac{R}{r}\frac{\partial u}{\partial r}+\frac{z}{r^2}\frac{\partial u}{\partial \varphi}=\sin\theta\frac{\partial u}{\partial r}+\frac{\cos\theta}{r}\frac{\partial u}{\partial \theta}.$$

再利用3483题及3484题的结果,得

$$\begin{aligned}\Delta_1 u&=\left(\frac{\partial u}{\partial R}\right)^2+\frac{1}{R^2}\left(\frac{\partial u}{\partial \varphi}\right)^2+\left(\frac{\partial u}{\partial z}\right)^2\\&=\left(\frac{\partial u}{\partial r}\right)^2+\frac{1}{r^2}\left(\frac{\partial u}{\partial \theta}\right)^2+\frac{1}{r^2\sin^2\theta}\left(\frac{\partial u}{\partial \varphi}\right)^2,\end{aligned}$$

$$\begin{aligned}\Delta_2 u &= \frac{\partial^2 u}{\partial R^2}+\frac{1}{R^2}\frac{\partial^2 u}{\partial \varphi^2}+\frac{1}{R}\frac{\partial u}{\partial R}+\frac{\partial^2 u}{\partial z^2}\\ &=\frac{\partial^2 u}{\partial r^2}+\frac{1}{r^2}\frac{\partial^2 u}{\partial \theta^2}+\frac{1}{r}\frac{\partial u}{\partial r}+\frac{1}{r^2\sin^2\theta}\frac{\partial^2 u}{\partial \varphi^2}\\ &\quad+\frac{1}{r\sin\theta}\left(\sin\theta\frac{\partial u}{\partial r}+\frac{\cos\theta}{r}\frac{\partial u}{\partial \theta}\right)\\ &=\frac{\partial^2 u}{\partial r^2}+\frac{1}{r^2}\frac{\partial^2 u}{\partial \theta^2}+\frac{2}{r}\frac{\partial u}{\partial r}+\frac{1}{r^2\sin^2\theta}\frac{\partial^2 u}{\partial \varphi^2}+\frac{1}{r^2\tan\theta}\frac{\partial u}{\partial \theta}\\ &=\frac{1}{r^2}\left[\frac{\partial}{\partial r}\left(r^2\frac{\partial u}{\partial r}\right)+\frac{1}{\sin\theta}\frac{\partial}{\partial \theta}\left(\sin\theta\frac{\partial u}{\partial \theta}\right)+\frac{1}{\sin^2\theta}\frac{\partial^2 u}{\partial \varphi^2}\right].\end{aligned}$$

注意到两次变换的乘积就是所给的变换,因此,最后得到 $\Delta_1 u$ 及 $\Delta_2 u$ 的结果即为所求.

【3512】 在方程

$$z\left(\frac{\partial^2 z}{\partial x^2}+\frac{\partial^2 z}{\partial y^2}\right)=\left(\frac{\partial z}{\partial x}\right)^2+\left(\frac{\partial z}{\partial y}\right)^2$$

中引入新函数 w,假定 $w=z^2$.

解 $\frac{\partial z}{\partial x}=\frac{\mathrm{d}z}{\mathrm{d}w}\frac{\partial w}{\partial x}=\frac{1}{2z}\frac{\partial w}{\partial x}$, $\frac{\partial z}{\partial y}=\frac{1}{2z}\frac{\partial w}{\partial y}$,

$$\frac{\partial^2 z}{\partial x^2}=\frac{\partial}{\partial x}\left(\frac{\partial z}{\partial x}\right)=\frac{\partial}{\partial x}\left(\frac{1}{2z}\frac{\partial w}{\partial x}\right)$$

$$=\frac{1}{2z}\frac{\partial^2 w}{\partial x^2}-\frac{1}{2z^2}\frac{\partial z}{\partial x}\frac{\partial w}{\partial x}=\frac{1}{2z}\frac{\partial^2 w}{\partial x^2}-\frac{1}{4z^3}\left(\frac{\partial w}{\partial x}\right)^2,$$

$$\frac{\partial^2 z}{\partial y^2}=\frac{1}{2z}\frac{\partial^2 w}{\partial y^2}-\frac{1}{4z^3}\left(\frac{\partial w}{\partial y}\right)^2.$$

代入原方程,化简整理即得

$$w\left(\frac{\partial^2 w}{\partial x^2}+\frac{\partial^2 w}{\partial y^2}\right)=\left(\frac{\partial w}{\partial x}\right)^2+\left(\frac{\partial w}{\partial y}\right)^2,$$

即形式是不变的.

取 u 和 v 为新的自变量及 $w=w(u,v)$ 为新函数,变换下列方程:

【3513】 $y\frac{\partial^2 z}{\partial y^2}+2\frac{\partial z}{\partial y}=\frac{2}{x}$，设 $u=\frac{x}{y}$，$v=x$，$w=xz-y$.

解 从 3513 题到 3522 题均属作变换

$$u=u(x,y),\quad v=v(x,y),\quad w=w(x,y,z)$$

的类型.我们来导出一般公式，顺便指出一般方法.

将 u，v 看作中间变量，x，y 看作自变量，则有

$$\mathrm{d}u=\frac{\partial u}{\partial x}\mathrm{d}x+\frac{\partial u}{\partial y}\mathrm{d}y,\qquad \mathrm{d}v=\frac{\partial v}{\partial x}\mathrm{d}x+\frac{\partial v}{\partial y}\mathrm{d}y,$$

$$\mathrm{d}w=\frac{\partial w}{\partial x}\mathrm{d}x+\frac{\partial w}{\partial y}\mathrm{d}y+\frac{\partial w}{\partial z}\mathrm{d}z.$$

$$\mathrm{d}^2u=\frac{\partial^2 u}{\partial x^2}\mathrm{d}x^2+2\frac{\partial^2 u}{\partial x\partial y}\mathrm{d}x\mathrm{d}y+\frac{\partial^2 u}{\partial y^2}\mathrm{d}y^2,$$

$$\mathrm{d}^2v=\frac{\partial^2 v}{\partial x^2}\mathrm{d}x^2+2\frac{\partial^2 v}{\partial x\partial y}\mathrm{d}x\mathrm{d}y+\frac{\partial^2 v}{\partial y^2}\mathrm{d}y^2.$$

$$\mathrm{d}^2w=\frac{\partial^2 w}{\partial x^2}\mathrm{d}x^2+\frac{\partial^2 w}{\partial y^2}\mathrm{d}y^2+\frac{\partial^2 w}{\partial z^2}\mathrm{d}z^2$$
$$+2\frac{\partial^2 w}{\partial x\partial y}\mathrm{d}x\mathrm{d}y+2\frac{\partial^2 w}{\partial y\partial z}\mathrm{d}y\mathrm{d}z+2\frac{\partial^2 w}{\partial z\partial x}\mathrm{d}z\mathrm{d}x+\frac{\partial w}{\partial z}\mathrm{d}^2z.$$

将 $\mathrm{d}w$，$\mathrm{d}u$ 及 $\mathrm{d}v$ 代入全微分式 $\mathrm{d}w=\frac{\partial w}{\partial u}\mathrm{d}u+\frac{\partial w}{\partial v}\mathrm{d}v$，化简整理得

$$\frac{\partial w}{\partial z}\mathrm{d}z=\left(\frac{\partial w}{\partial u}\frac{\partial u}{\partial x}+\frac{\partial w}{\partial v}\frac{\partial v}{\partial x}-\frac{\partial w}{\partial x}\right)\mathrm{d}x$$
$$+\left(\frac{\partial w}{\partial u}\frac{\partial u}{\partial y}+\frac{\partial w}{\partial v}\frac{\partial v}{\partial y}-\frac{\partial w}{\partial y}\right)\mathrm{d}y.$$

于是，

$$\begin{cases}\frac{\partial z}{\partial x}=\left(\frac{\partial w}{\partial z}\right)^{-1}\left(\frac{\partial w}{\partial u}\frac{\partial u}{\partial x}+\frac{\partial w}{\partial v}\frac{\partial v}{\partial x}-\frac{\partial w}{\partial x}\right),\\ \frac{\partial z}{\partial y}=\left(\frac{\partial w}{\partial z}\right)^{-1}\left(\frac{\partial w}{\partial u}\frac{\partial u}{\partial y}+\frac{\partial w}{\partial v}\frac{\partial v}{\partial y}-\frac{\partial w}{\partial y}\right),\end{cases}\qquad \text{公式 12}$$

其中$\frac{\partial z}{\partial x}$及$\frac{\partial z}{\partial y}$是原方程中旧变元间的偏导函数，而$\frac{\partial w}{\partial u}$及$\frac{\partial w}{\partial v}$是

变换后新变元间的偏导函数，其他均为由已给变换导出的已知关系式.

把上面求得的 d^2w, du, dv, d^2u, d^2v 代入表示新变元关系的二阶全微分式：

$$d^2w=\frac{\partial^2 w}{\partial u^2}du^2+2\frac{\partial^2 w}{\partial u\partial v}du\,dv+\frac{\partial^2 w}{\partial v^2}dv^2+\frac{\partial w}{\partial u}d^2u+\frac{\partial w}{\partial v}d^2v,$$

再把式中的 dz 表成已求得的 $\frac{\partial z}{\partial x}dx+\frac{\partial z}{\partial y}dy$，按 $dx^2, dx\,dy$ 及 dy^2 合并同类项，最后把所得的结果与表示旧变元关系的全微分式：

$$d^2z=\frac{\partial^2 z}{\partial x^2}dx^2+2\frac{\partial^2 z}{\partial x\partial y}dx\,dy+\frac{\partial^2 z}{\partial y^2}dy^2$$

相比较，即得

$$\frac{\partial^2 z}{\partial x^2}=\left(\frac{\partial w}{\partial z}\right)^{-1}\left[\frac{\partial^2 w}{\partial u^2}\left(\frac{\partial u}{\partial x}\right)^2+2\frac{\partial^2 w}{\partial u\partial v}\frac{\partial u}{\partial x}\frac{\partial v}{\partial x}+\frac{\partial^2 w}{\partial v^2}\left(\frac{\partial v}{\partial x}\right)^2\right.$$
$$\left.+\frac{\partial w}{\partial u}\frac{\partial^2 u}{\partial x^2}+\frac{\partial w}{\partial v}\frac{\partial^2 v}{\partial x^2}-\frac{\partial^2 w}{\partial x^2}-\frac{\partial^2 w}{\partial z^2}\left(\frac{\partial z}{\partial x}\right)^2-2\frac{\partial^2 w}{\partial x\partial z}\frac{\partial z}{\partial x}\right],$$

$$\frac{\partial^2 z}{\partial x\partial y}=\left(\frac{\partial w}{\partial z}\right)^{-1}\left[\frac{\partial^2 w}{\partial u^2}\frac{\partial u}{\partial x}\frac{\partial u}{\partial y}+\frac{\partial^2 w}{\partial u\partial v}\left(\frac{\partial u}{\partial x}\frac{\partial v}{\partial y}+\frac{\partial u}{\partial y}\frac{\partial v}{\partial x}\right)\right.$$
$$+\frac{\partial^2 w}{\partial v^2}\frac{\partial v}{\partial x}\frac{\partial v}{\partial y}+\frac{\partial w}{\partial u}\frac{\partial^2 u}{\partial x\partial y}+\frac{\partial w}{\partial v}\frac{\partial^2 v}{\partial x\partial y}-\frac{\partial^2 w}{\partial x\partial y}$$
$$\left.-\frac{\partial^2 w}{\partial z^2}\frac{\partial z}{\partial x}\frac{\partial z}{\partial y}-\frac{\partial^2 z}{\partial x\partial z}\frac{\partial z}{\partial y}-\frac{\partial^2 z}{\partial y\partial z}\frac{\partial z}{\partial x}\right],$$

$$\frac{\partial^2 z}{\partial y^2}=\left(\frac{\partial w}{\partial z}\right)^{-1}\left[\frac{\partial^2 w}{\partial u^2}\left(\frac{\partial u}{\partial y}\right)^2+2\frac{\partial^2 w}{\partial u\partial v}\frac{\partial u}{\partial y}\frac{\partial v}{\partial y}+\frac{\partial^2 w}{\partial v^2}\left(\frac{\partial v}{\partial y}\right)^2\right.$$
$$\left.+\frac{\partial w}{\partial u}\frac{\partial^2 u}{\partial y^2}+\frac{\partial w}{\partial v}\frac{\partial^2 v}{\partial y^2}-\frac{\partial^2 w}{\partial y^2}-\frac{\partial^2 w}{\partial z^2}\left(\frac{\partial z}{\partial y}\right)^2-2\frac{\partial^2 w}{\partial y\partial z}\frac{\partial z}{\partial y}\right].$$

公式 13

公式 13 太复杂, 一般不直接应用. 本题用求偏导数法较方便. 由于

$$\frac{\partial w}{\partial y}=x\frac{\partial z}{\partial y}-1 \quad 及 \quad \frac{\partial w}{\partial y}=\frac{\partial w}{\partial u}\frac{\partial u}{\partial y}+\frac{\partial w}{\partial v}\frac{\partial v}{\partial y}=-\frac{x}{y^2}\frac{\partial w}{\partial u},$$

故得

$$\frac{\partial z}{\partial y}=\frac{1}{x}-\frac{1}{y^2}\frac{\partial w}{\partial u}.$$

于是,

$$y\frac{\partial^2 z}{\partial y^2}+2\frac{\partial z}{\partial y}=\frac{1}{y}\left(y^2\frac{\partial^2 z}{\partial y^2}+2y\frac{\partial z}{\partial y}\right)=y^{-1}\frac{\partial}{\partial y}\left(y^2\frac{\partial z}{\partial y}\right)$$

$$=y^{-1}\frac{\partial}{\partial y}\left[y^2\left(\frac{1}{x}-\frac{1}{y^2}\frac{\partial w}{\partial u}\right)\right]=y^{-1}\frac{\partial}{\partial y}\left(\frac{y^2}{x}\right)-y^{-1}\frac{\partial}{\partial y}\left(\frac{\partial w}{\partial u}\right)$$

$$=\frac{2}{x}-y^{-1}\left[\frac{\partial}{\partial u}\left(\frac{\partial w}{\partial u}\right)\frac{\partial u}{\partial y}+\frac{\partial}{\partial v}\left(\frac{\partial w}{\partial u}\right)\frac{\partial v}{\partial y}\right]=\frac{2}{x}+\frac{x}{y^3}\frac{\partial^2 w}{\partial u^2}=\frac{2}{x}.$$

由于$\frac{x}{y^3}\neq0$, 故原方程变换为 $\frac{\partial^2 w}{\partial u^2}=0$.

【3514】 $\frac{\partial^2 z}{\partial x^2}-2\frac{\partial^2 z}{\partial x\partial y}+\frac{\partial^2 z}{\partial y^2}=0$, 设

$$u=x+y,\quad v=\frac{y}{x},\quad w=\frac{z}{x}.$$

解 $\frac{\partial u}{\partial x}=\frac{\partial u}{\partial y}=1,\quad \frac{\partial v}{\partial x}=-\frac{y}{x^2},\quad \frac{\partial v}{\partial y}=\frac{1}{x},$

$$\frac{\partial w}{\partial x}=-\frac{z}{x^2},\quad \frac{\partial w}{\partial y}=0,\quad \frac{\partial w}{\partial z}=\frac{1}{x}.$$

代入公式 12, 得

$$\frac{\partial z}{\partial x}=x\left(\frac{\partial w}{\partial u}-\frac{y}{x^2}\frac{\partial w}{\partial v}+\frac{z}{x^2}\right)=x\frac{\partial w}{\partial u}-\frac{y}{x}\frac{\partial w}{\partial v}+\frac{z}{x},$$

$$\frac{\partial z}{\partial y}=x\left(\frac{\partial w}{\partial u}+\frac{1}{x}\frac{\partial w}{\partial v}\right)=x\frac{\partial w}{\partial u}+\frac{\partial w}{\partial v}.$$

令 $R=\frac{\partial z}{\partial x}-\frac{\partial z}{\partial y}=-\frac{y}{x}\frac{\partial w}{\partial v}+\frac{z}{x}-\frac{\partial w}{\partial v}=w-(1+v)\frac{\partial w}{\partial v}$. 于是,

$$\frac{\partial^2 z}{\partial x^2}-2\frac{\partial^2 z}{\partial x\partial y}+\frac{\partial^2 z}{\partial y^2}=\left(\frac{\partial^2 z}{\partial x^2}-\frac{\partial^2 z}{\partial x\partial y}\right)-\left(\frac{\partial^2 z}{\partial x\partial y}-\frac{\partial^2 z}{\partial y^2}\right)$$

$$=\frac{\partial}{\partial x}\left(\frac{\partial z}{\partial x}-\frac{\partial z}{\partial y}\right)-\frac{\partial}{\partial y}\left(\frac{\partial z}{\partial x}-\frac{\partial z}{\partial y}\right)=\frac{\partial R}{\partial x}-\frac{\partial R}{\partial y}$$

$$=\frac{\partial R}{\partial u}\frac{\partial u}{\partial x}+\frac{\partial R}{\partial v}\frac{\partial v}{\partial x}-\frac{\partial R}{\partial u}\frac{\partial u}{\partial y}-\frac{\partial R}{\partial v}\frac{\partial v}{\partial y}$$

$$=\frac{\partial}{\partial v}\left[w-(1+v)\frac{\partial w}{\partial v}\right]\left(-\frac{y}{x^2}-\frac{1}{x}\right)$$

$$=\left[\frac{\partial w}{\partial v}-\frac{\partial w}{\partial v}-(1+v)\frac{\partial^2 w}{\partial v^2}\right]\left[-\frac{1}{x}(1+v)\right]$$

$$=\frac{1}{x}(1+v)^2\frac{\partial^2 w}{\partial v^2}=0,$$

由于 $x\neq0$, $1+v\neq0$, 故原方程变为 $\frac{\partial^2 w}{\partial v^2}=0$.

【3515】 $\frac{\partial^2 z}{\partial x^2}+2\frac{\partial^2 z}{\partial x\partial y}+\frac{\partial^2 z}{\partial y^2}=0$, 设

$$u=x+y,\qquad v=x-y,\qquad w=xy-z.$$

解 $\frac{\partial u}{\partial x}=\frac{\partial u}{\partial y}=\frac{\partial v}{\partial x}=1,\qquad \frac{\partial v}{\partial y}=-1,$

$$\frac{\partial w}{\partial x}=y,\qquad \frac{\partial w}{\partial y}=x,\qquad \frac{\partial w}{\partial z}=-1.$$

代入公式 12, 得

$$\frac{\partial z}{\partial x}=y-\frac{\partial w}{\partial u}-\frac{\partial w}{\partial v},\qquad \frac{\partial z}{\partial y}=x-\frac{\partial w}{\partial u}+\frac{\partial w}{\partial v}.$$

令 $R=\frac{\partial z}{\partial x}+\frac{\partial z}{\partial y}=x+y-2\frac{\partial w}{\partial u}=u-2\frac{\partial w}{\partial u}$. 于是,

$$\frac{\partial^2 z}{\partial x^2}+2\frac{\partial^2 z}{\partial x\partial y}+\frac{\partial^2 z}{\partial y^2}=\frac{\partial}{\partial x}\left(\frac{\partial z}{\partial x}+\frac{\partial z}{\partial y}\right)+\frac{\partial}{\partial y}\left(\frac{\partial z}{\partial x}+\frac{\partial z}{\partial y}\right)$$

$$=\frac{\partial R}{\partial x}+\frac{\partial R}{\partial y}=\frac{\partial R}{\partial u}\left(\frac{\partial u}{\partial x}+\frac{\partial u}{\partial y}\right)+\frac{\partial R}{\partial v}\left(\frac{\partial v}{\partial x}+\frac{\partial v}{\partial y}\right)$$

$$=2\frac{\partial}{\partial u}\left(u-2\frac{\partial w}{\partial u}\right)=2-4\frac{\partial^2 w}{\partial u^2}=0,$$

原方程变换为

$$\frac{\partial^2 w}{\partial u^2}=\frac{1}{2}.$$

【3516】 $\frac{\partial^2 z}{\partial x^2}+\frac{\partial^2 z}{\partial x\partial y}+\frac{\partial z}{\partial x}=z$，设

$$u=\frac{x+y}{2},\qquad v=\frac{x-y}{2},\qquad w=ze^y.$$

解 $\frac{\partial u}{\partial x}=\frac{\partial u}{\partial y}=\frac{\partial v}{\partial x}=\frac{1}{2}=-\frac{\partial v}{\partial y}$,

$\frac{\partial w}{\partial x}=0,\quad \frac{\partial w}{\partial y}=z\mathrm{e}^y,\quad \frac{\partial w}{\partial z}=\mathrm{e}^y.$

代入公式 12，得

$$\frac{\partial z}{\partial x}=\frac{1}{2}\mathrm{e}^{-y}\left(\frac{\partial w}{\partial u}+\frac{\partial w}{\partial v}\right),\qquad \frac{\partial z}{\partial y}=\frac{1}{2}\mathrm{e}^{-y}\left(\frac{\partial w}{\partial u}-\frac{\partial w}{\partial v}\right)-z.$$

于是，

$$\frac{\partial^2 z}{\partial x^2}+\frac{\partial^2 z}{\partial x\partial y}+\frac{\partial z}{\partial x}=\frac{\partial}{\partial x}\left(\frac{\partial z}{\partial x}+\frac{\partial z}{\partial y}+z\right)=\frac{\partial}{\partial x}\left(\mathrm{e}^{-y}\frac{\partial w}{\partial u}\right)$$

$$=\mathrm{e}^{-y}\frac{\partial}{\partial x}\left(\frac{\partial w}{\partial u}\right)=\mathrm{e}^{-y}\left(\frac{\partial^2 w}{\partial u^2}\frac{\partial u}{\partial x}+\frac{\partial^2 w}{\partial u\partial v}\frac{\partial v}{\partial x}\right)$$

$$=\frac{1}{2}\mathrm{e}^{-y}\left(\frac{\partial^2 w}{\partial u^2}+\frac{\partial^2 w}{\partial u\partial v}\right)=z.$$

原方程变换为

$$\frac{\partial^2 w}{\partial u^2}+\frac{\partial^2 w}{\partial u\partial v}=2z\mathrm{e}^y=2w.$$

【3517】 $\frac{\partial^2 z}{\partial x^2}-2\frac{\partial^2 z}{\partial x\partial y}+\left(1+\frac{y}{x}\right)\frac{\partial^2 z}{\partial y^2}=0$，设

$$u=x,\quad v=x+y,\quad w=x+y+z.$$

解 由公式 12 不难求出

$$\frac{\partial z}{\partial x}=\frac{\partial w}{\partial u}+\frac{\partial w}{\partial v}-1,\qquad \frac{\partial z}{\partial y}=\frac{\partial w}{\partial v}-1.$$

于是,$\frac{\partial z}{\partial x}-\frac{\partial z}{\partial y}=\frac{\partial w}{\partial u}$. 同 3514 题的方法可求得

$$\frac{\partial^2 z}{\partial x^2}-2\frac{\partial^2 z}{\partial x\partial y}+\frac{\partial^2 z}{\partial y^2}=\left(\frac{\partial}{\partial x}-\frac{\partial}{\partial y}\right)\left(\frac{\partial z}{\partial x}-\frac{\partial z}{\partial y}\right)$$

$$=\frac{\partial}{\partial u}\left(\frac{\partial w}{\partial u}\right)\left(\frac{\partial u}{\partial x}-\frac{\partial u}{\partial y}\right)+\frac{\partial}{\partial v}\left(\frac{\partial w}{\partial u}\right)\left(\frac{\partial v}{\partial x}-\frac{\partial v}{\partial y}\right)=\frac{\partial^2 w}{\partial u^2},$$

$$\frac{y}{x}\frac{\partial^2 z}{\partial y^2}=\left(\frac{v}{u}-1\right)\frac{\partial}{\partial y}\left(\frac{\partial w}{\partial v}-1\right)$$

$$=\left(\frac{v}{u}-1\right)\left[\frac{\partial}{\partial u}\left(\frac{\partial w}{\partial v}\right)\frac{\partial u}{\partial y}+\frac{\partial}{\partial v}\left(\frac{\partial w}{\partial v}\right)\frac{\partial v}{\partial y}\right]=\left(\frac{v}{u}-1\right)\frac{\partial^2 w}{\partial v^2}.$$

将上述结果代入原方程,即得

$$\frac{\partial^2 w}{\partial u^2}+\left(\frac{v}{u}-1\right)\frac{\partial^2 w}{\partial v^2}=0.$$

【3518】 $(1-x^2)\frac{\partial^2 z}{\partial x^2}+(1-y^2)\frac{\partial^2 z}{\partial y^2}=x\frac{\partial z}{\partial x}+y\frac{\partial z}{\partial y}$, 设

$$x=\sin u,\qquad y=\sin v,\qquad z=e^w.$$

解 $\frac{\partial z}{\partial x}=\frac{\partial z}{\partial w}\frac{\partial w}{\partial u}\frac{\partial u}{\partial x}=\frac{e^w}{\cos u}\frac{\partial w}{\partial u},\qquad \frac{\partial z}{\partial y}=\frac{e^w}{\cos v}\frac{\partial w}{\partial v},$

$$\frac{\partial^2 z}{\partial x^2}=\frac{\partial}{\partial x}\left(\frac{e^w}{\cos u}\frac{\partial w}{\partial u}\right)=\frac{\partial}{\partial u}\left(\frac{e^w}{\cos u}\frac{\partial w}{\partial u}\right)\frac{du}{dx}$$

$$=\frac{1}{\cos u}\left[\frac{e^w}{\cos u}\left(\frac{\partial w}{\partial u}\right)^2+\frac{e^w}{\cos u}\frac{\partial^2 w}{\partial u^2}+\frac{e^w\sin u}{\cos^2 u}\frac{\partial w}{\partial u}\right]$$

$$=\frac{e^w}{\cos^2 u}\left[\left(\frac{\partial w}{\partial u}\right)^2+\frac{\partial^2 w}{\partial u^2}+\tan u\frac{\partial w}{\partial u}\right],$$

$$\frac{\partial^2 z}{\partial y^2}=\frac{e^w}{\cos^2 v}\left[\left(\frac{\partial w}{\partial v}\right)^2+\frac{\partial^2 w}{\partial v^2}+\tan v\frac{\partial w}{\partial v}\right].$$

将上述结果代入原方程,并注意到

$$1-x^2=\cos^2 u,\qquad 1-y^2=\cos^2 v,$$

化简整理即得

$$\frac{\partial^2 w}{\partial u^2}+\frac{\partial^2 w}{\partial v^2}+\left(\frac{\partial w}{\partial u}\right)^2+\left(\frac{\partial w}{\partial v}\right)^2=0.$$

【3519】 $(1-x^2)\frac{\partial^2 z}{\partial x^2}-\frac{\partial^2 z}{\partial y^2}-2x\frac{\partial z}{\partial x}-\frac{1}{4}z=0\ (|x|<1)$，设

$u=\frac{1}{2}(y+\arccos x)$， $v=\frac{1}{2}(y-\arccos x)$， $w=z\sqrt[4]{1-x^2}$.

解 由公式 12 不难求出

$$\frac{\partial z}{\partial x}=\frac{1}{2(1-x^2)^{\frac{3}{4}}}\left(\frac{\partial w}{\partial v}-\frac{\partial w}{\partial u}\right)+\frac{xz}{2(1-x^2)},$$

$$\frac{\partial z}{\partial y}=\frac{1}{2(1-x^2)^{\frac{1}{4}}}\left(\frac{\partial w}{\partial u}+\frac{\partial w}{\partial v}\right).$$

于是,

$$(1-x^2)\frac{\partial^2 z}{\partial x^2}-2x\frac{\partial z}{\partial x}=\frac{\partial}{\partial x}\left[(1-x^2)\frac{\partial z}{\partial x}\right]$$

$$=\frac{\partial}{\partial x}\left[\frac{(1-x^2)^{\frac{1}{4}}}{2}\left(\frac{\partial w}{\partial v}-\frac{\partial w}{\partial u}\right)+\frac{xz}{2}\right]$$

$$=-\frac{x}{4(1-x^2)^{\frac{3}{4}}}\left(\frac{\partial w}{\partial v}-\frac{\partial w}{\partial u}\right)+\frac{z}{2}+\frac{x}{2}\frac{\partial z}{\partial x}$$

$$+\frac{(1-x^2)^{\frac{1}{4}}}{2}\frac{\partial}{\partial x}\left(\frac{\partial w}{\partial v}-\frac{\partial w}{\partial u}\right)$$

$$=\frac{z}{2}+\frac{x^2 z}{4(1-x^2)}+\frac{(1-x^2)^{\frac{1}{4}}}{2}\left[\frac{\partial}{\partial u}\left(\frac{\partial w}{\partial v}-\frac{\partial w}{\partial u}\right)\frac{\partial u}{\partial x}\right.$$

$$\left.+\frac{\partial}{\partial v}\left(\frac{\partial w}{\partial v}-\frac{\partial w}{\partial u}\right)\frac{\partial v}{\partial x}\right]$$

$$=\frac{z}{4}+\frac{z}{4(1-x^2)}+\frac{1}{4(1-x^2)^{\frac{1}{4}}}\left(\frac{\partial^2 w}{\partial u^2}-2\frac{\partial^2 w}{\partial u\partial v}+\frac{\partial^2 w}{\partial v^2}\right),$$

$$\frac{\partial^2 z}{\partial y^2}=\frac{\partial}{\partial y}\left(\frac{\partial z}{\partial y}\right)$$

$$=\frac{1}{2(1-x^2)^{\frac{1}{4}}}\left[\frac{\partial}{\partial u}\left(\frac{\partial w}{\partial u}+\frac{\partial w}{\partial v}\right)\frac{\partial u}{\partial y}+\frac{\partial}{\partial v}\left(\frac{\partial w}{\partial u}+\frac{\partial w}{\partial v}\right)\frac{\partial v}{\partial y}\right]$$

$$=\frac{1}{4(1-x^2)^{\frac{1}{4}}}\left(\frac{\partial^2 w}{\partial u^2}+2\frac{\partial^2 w}{\partial u\partial v}+\frac{\partial^2 w}{\partial v^2}\right).$$

将上述结果代入原方程,并注意到

$$\arccos x=u-v,\quad x=\cos(u-v),\quad 1-x^2=\sin^2(u-v),$$

化简整理即得

$$\frac{\partial^2 w}{\partial u\partial v}=\frac{w}{4\sin^2(u-v)}.$$

【3520】 $\frac{\partial^2 z}{\partial x^2}+\frac{\partial^2 z}{\partial y^2}=2\frac{x\frac{\partial z}{\partial x}-y\frac{\partial z}{\partial y}}{x^2-y^2}-\frac{3(x^2+y^2)z}{(x^2-y^2)^2}$ ($|x|>|y|$),设 $u=x+y$, $v=x-y$, $w=\frac{z}{\sqrt{x^2-y^2}}$.

解 原方程可改写为

$$\frac{1}{x^2-y^2}\frac{\partial^2 z}{\partial x^2}+\frac{1}{x^2-y^2}\frac{\partial^2 z}{\partial y^2}-\frac{2x}{(x^2-y^2)^2}\frac{\partial z}{\partial x}$$

$$+\frac{2y}{(x^2-y^2)^2}\frac{\partial z}{\partial y}=-\frac{3(x^2+y^2)z}{(x^2-y^2)^3}$$

或

$$\frac{\partial}{\partial x}\left(\frac{1}{x^2-y^2}\frac{\partial z}{\partial y}\right)+\frac{\partial}{\partial y}\left(\frac{1}{x^2-y^2}\frac{\partial z}{\partial y}\right)=-\frac{3(x^2+y^2)z}{(x^2-y^2)^3}. \qquad (1)$$

由公式 12 不难求出

$$\frac{\partial z}{\partial x}=\sqrt{x^2-y^2}\left(\frac{\partial w}{\partial u}+\frac{\partial w}{\partial v}\right)+\frac{xz}{x^2-y^2},$$

$$\frac{\partial z}{\partial y}=\sqrt{x^2-y^2}\left(\frac{\partial w}{\partial u}-\frac{\partial w}{\partial v}\right)-\frac{yz}{x^2-y^2}.$$

于是,

$$\frac{\partial}{\partial x}\left(\frac{1}{x^2-y^2}\frac{\partial z}{\partial x}\right)=\frac{\partial}{\partial x}\left[\frac{1}{\sqrt{x^2-y^2}}\left(\frac{\partial w}{\partial u}+\frac{\partial w}{\partial v}\right)+\frac{xz}{(x^2-y^2)^2}\right]$$

$$=-\frac{x}{(x^2-y^2)^{\frac{3}{2}}}\left(\frac{\partial w}{\partial u}+\frac{\partial w}{\partial v}\right)+\frac{x}{(x^2-y^2)^2}\frac{\partial z}{\partial x}+\frac{z}{(x^2-y^2)^2}$$

$$-\frac{4x^2z}{(x^2-y^2)^3}+\frac{1}{\sqrt{x^2-y^2}}\frac{\partial}{\partial x}\left(\frac{\partial w}{\partial u}+\frac{\partial w}{\partial v}\right)$$

$$=\frac{z}{(x^2-y^2)^2}-\frac{3x^2z}{(x^2-y^2)^3}+\frac{1}{\sqrt{x^2-y^2}}\left[\frac{\partial}{\partial u}\left(\frac{\partial w}{\partial u}+\frac{\partial w}{\partial v}\right)\frac{\partial u}{\partial x}\right.$$

$$\left.+\frac{\partial}{\partial v}\left(\frac{\partial w}{\partial u}+\frac{\partial w}{\partial v}\right)\frac{\partial v}{\partial x}\right]$$

$$=\frac{z}{(x^2-y^2)^2}-\frac{3x^2z}{(x^2-y^2)^3}+\frac{1}{\sqrt{x^2-y^2}}\left(\frac{\partial^2 w}{\partial u^2}+2\frac{\partial^2 w}{\partial u\partial v}+\frac{\partial^2 w}{\partial v^2}\right).$$

同法可求得

$$\frac{\partial}{\partial y}\left(\frac{1}{x^2-y^2}\frac{\partial z}{\partial y}\right)=\frac{\partial}{\partial y}\left[\frac{1}{\sqrt{x^2-y^2}}\left(\frac{\partial w}{\partial u}-\frac{\partial w}{\partial v}\right)-\frac{yz}{(x^2-y^2)^2}\right]$$

$$=-\frac{z}{(x^2-y^2)^2}-\frac{3y^2z}{(x^2-y^2)^3}+\frac{1}{\sqrt{x^2-y^2}}\left(\frac{\partial^2 w}{\partial u^2}-2\frac{\partial^2 w}{\partial u\partial v}+\frac{\partial^2 w}{\partial v^2}\right).$$

将上述结果代入方程(1),化简整理即得

$$\frac{\partial^2 w}{\partial u^2}+\frac{\partial^2 w}{\partial v^2}=0.$$

【3521】 证明:任何方程

$$\frac{\partial^2 z}{\partial x\partial y}+a\frac{\partial z}{\partial x}+b\frac{\partial z}{\partial y}+cz=0\quad(a,b,c\text{ 为常数})$$

用代换 $z=u\mathrm{e}^{\alpha x+\beta y}$[其中 α 与 β 为常量, $u=u(x,y)$]可以化为下面的形状

$$\frac{\partial^2 u}{\partial x\partial y}+c_1u=0\quad(c_1=\text{常数}).$$

证 $\frac{\partial z}{\partial x}=\mathrm{e}^{\alpha x+\beta y}\left(\alpha u+\frac{\partial u}{\partial x}\right)$, $\quad\frac{\partial z}{\partial y}=\mathrm{e}^{\alpha x+\beta y}\left(\beta u+\frac{\partial u}{\partial y}\right)$,

$$\frac{\partial^2 z}{\partial x\partial y}=\mathrm{e}^{\alpha x+\beta y}\left(\alpha\beta u+\beta\frac{\partial u}{\partial x}+\alpha\frac{\partial u}{\partial y}+\frac{\partial^2 u}{\partial x\partial y}\right).$$

将上述结果代入所给方程,得

$$\frac{\partial^2 u}{\partial x\partial y}+(\beta+a)\frac{\partial u}{\partial x}+(\alpha+b)\frac{\partial u}{\partial y}+(\alpha\beta+\alpha a+b\beta+c)u=0.$$

按题意,需 $\beta+a=0$ 及 $\alpha+b=0$,即 $\beta=-a,\alpha=-b$,这是可能的.事实上,只需取代换 $z=u\mathrm{e}^{-(bx+ay)}$,原方程即变换为

$$\frac{\partial^2 u}{\partial x\partial y}+c_1u=0 \quad (c_1\text{ 为常数}).$$

【3522】 证明:方程

$$\frac{\partial^2 u}{\partial x^2}=\frac{\partial u}{\partial y}$$

对于变量代换

$$x'=\frac{x}{y},\quad y'=-\frac{1}{y},\quad u=\frac{u'}{\sqrt{y}}\mathrm{e}^{-\frac{x^2}{4y}}$$

(u'为变量 x'与 y'的函数)其形状不变.

证 $\mathrm{d}x'=\frac{\mathrm{d}x}{y}-\frac{x}{y^2}\mathrm{d}y,\qquad \mathrm{d}y'=\frac{1}{y^2}\mathrm{d}y,$

$$\ln u'=\ln u+\frac{1}{2}\ln y+\frac{x^2}{4y},$$

$$\mathrm{d}u'=\frac{u'}{u}\mathrm{d}u+\frac{u'}{2y}\mathrm{d}y+\frac{xu'}{2y}\mathrm{d}x-\frac{x^2u'}{4y^2}\mathrm{d}y.$$

把上面三个微分式代入 $\mathrm{d}u'=\frac{\partial u'}{\partial x'}\mathrm{d}x'+\frac{\partial u'}{\partial y'}\mathrm{d}y'$,得

$$\frac{u'}{u}\mathrm{d}u+\frac{u'}{2y}\mathrm{d}y+\frac{xu'}{2y}\mathrm{d}x-\frac{x^2u'}{4y^2}\mathrm{d}y$$

$$=\frac{\partial u'}{\partial x'}\left(\frac{1}{y}\mathrm{d}x-\frac{x}{y^2}\mathrm{d}y\right)+\frac{\partial u'}{\partial y'}\,\frac{\mathrm{d}y}{y^2},$$

整理得

$$\mathrm{d}u=\left(\frac{u}{yu'}\,\frac{\partial u'}{\partial x'}-\frac{xu}{2y}\right)\mathrm{d}x+\left(\frac{u}{y^2u'}\,\frac{\partial u'}{\partial y'}-\frac{xu}{y^2u'}\,\frac{\partial u'}{\partial x'}+\frac{x^2u}{4y^2}-\frac{u}{2y}\right)\mathrm{d}y.$$

于是,

$$\frac{\partial u}{\partial x}=\frac{u}{yu'}\,\frac{\partial u'}{\partial x'}-\frac{xu}{2y},$$

$$\frac{\partial u}{\partial y}=\frac{u}{y^2u'}\frac{\partial u'}{\partial y'}-\frac{xu}{y^2u'}\frac{\partial u'}{\partial x'}+\frac{x^2u}{4y^2}-\frac{u}{2y},\qquad(1)$$

$$\frac{\partial^2 u}{\partial x^2}=\frac{\partial}{\partial x}\left(\frac{u}{yu'}\frac{\partial u'}{\partial x'}-\frac{xu}{2y}\right)$$

$$=\frac{u}{yu'}\frac{\partial^2 u'}{\partial x'^2}\frac{\partial x'}{\partial x}+\frac{1}{yu'}\frac{\partial u'}{\partial x'}\frac{\partial u}{\partial x}-\frac{u}{yu'^2}\left(\frac{\partial u'}{\partial x'}\right)^2\frac{\partial x'}{\partial x}-\frac{u}{2y}-\frac{x}{2y}\frac{\partial u}{\partial x}$$

$$=\frac{u}{y^2u'}\frac{\partial^2 u'}{\partial x'^2}+\left(\frac{1}{yu'}\frac{\partial u'}{\partial x'}-\frac{x}{2y}\right)\left(\frac{u}{yu'}\frac{\partial u'}{\partial x'}-\frac{xu}{2y}\right)-\frac{u}{y^2u'^2}\left(\frac{\partial u'}{\partial x'}\right)^2-\frac{u}{2y}$$

$$=\frac{u}{y^2u'}\frac{\partial^2 u'}{\partial x'^2}-\frac{xu}{y^2u'}\frac{\partial u'}{\partial x'}+\frac{x^2u}{4y^2}-\frac{u}{2y}.\qquad(2)$$

将(1)式和(2)式代入原方程,得

$$\frac{\partial^2 u'}{\partial x'^2}=\frac{\partial u'}{\partial y'},$$

即方程的形式不变.

【3523】 在方程

$$q(1+q)\frac{\partial^2 z}{\partial x^2}-(1+p+q+2pq)\frac{\partial^2 z}{\partial x\partial y}+p(1+p)\frac{\partial^2 z}{\partial y^2}=0$$

(其中 $p=\frac{\partial z}{\partial x}$, $q=\frac{\partial z}{\partial y}$)中令 $u=x+z$, $v=y+z$, $w=x+y+z$, 假定 $w=w(u,v)$.

解 本题用全微分法解较好.由

$dz=p\,dx+q\,dy$ 及 $u=x+z$, $v=y+z$, $w=x+y+z$

可得

$$du=dx+dz=(1+p)dx+q\,dy,$$
$$dv=dy+dz=p\,dx+(1+q)dy,$$
$$d^2u=d^2v=d^2w=d^2z.$$

把上述结果代入新变元的全微分式

$$d^2w=\frac{\partial^2 w}{\partial u^2}du^2+2\frac{\partial^2 w}{\partial u\partial v}du\,dv+\frac{\partial^2 w}{\partial v^2}dv^2+\frac{\partial w}{\partial u}d^2u+\frac{\partial w}{\partial v}d^2v,$$

并记 $S=1-\frac{\partial w}{\partial u}-\frac{\partial w}{\partial v}$，即得

$$Sd^2z=\frac{\partial^2 w}{\partial u^2}[(p+1)dx+qdy]^2+2\frac{\partial^2 w}{\partial u\partial v}[(p+1)dx+qdy]$$
$$\cdot[pdx+(q+1)dy]+\frac{\partial^2 w}{\partial v^2}[pdx+(q+1)dy]^2.$$

将上式与

$$d^2z=\frac{\partial^2 z}{\partial x^2}dx^2+2\frac{\partial^2 z}{\partial x\partial y}dxdy+\frac{\partial^2 z}{\partial y^2}dy^2$$

比较，可得

$$\frac{\partial^2 z}{\partial x^2}=\frac{1}{S}\left[(1+p)^2\frac{\partial^2 w}{\partial u^2}+2p(1+p)\frac{\partial^2 w}{\partial u\partial v}+p^2\frac{\partial^2 w}{\partial v^2}\right],$$

$$\frac{\partial^2 z}{\partial x\partial y}=\frac{1}{S}\left[q(p+1)\frac{\partial^2 w}{\partial u^2}+(1+p+q+2pq)\frac{\partial^2 w}{\partial u\partial v}+p(q+1)\frac{\partial^2 w}{\partial v^2}\right],$$

$$\frac{\partial^2 z}{\partial y^2}=\frac{1}{S}\left[q^2\frac{\partial^2 w}{\partial u^2}+2q(q+1)\frac{\partial^2 w}{\partial u\partial v}+(q+1)^2\frac{\partial^2 w}{\partial v^2}\right].$$

代入原方程，并注意到

$$q(1+q)(1+p)^2-(1+p+q+2pq)q(p+1)+p(1+p)q^2$$
$$=q(1+p)[(1+p)(1+q)-(1+p+q+2pq)+pq]=0,$$
$$p^2q(1+q)-(1+p+q+2pq)p(q+1)+p(1+p)(q+1)^2=0$$

及

$$2p(1+p)q(1+q)-(1+p+q+2pq)^2$$
$$+2q(q+1)p(1+p)=-(1+p+q)^2,$$

原方程变换为

$$-\frac{(1+p+q)^2}{S}\frac{\partial^2 w}{\partial u\partial v}=0 \quad 或 \quad \frac{\partial^2 w}{\partial u\partial v}=0.$$

【3524】 在方程

$$x^2\frac{\partial^2 u}{\partial x^2}+y^2\frac{\partial^2 u}{\partial y^2}+z^2\frac{\partial^2 u}{\partial z^2}=\left(x\frac{\partial u}{\partial x}\right)^2+\left(y\frac{\partial u}{\partial y}\right)^2+\left(z\frac{\partial u}{\partial z}\right)^2$$

中令 $x=e^{\xi}$, $y=e^{\eta}$, $z=e^{\zeta}$, $u=e^{w}$,其中 $w=w(\xi,\eta,\zeta)$.

解 $\frac{\partial u}{\partial x}=\frac{du}{dw}\frac{\partial w}{\partial \xi}\frac{d\xi}{dx}=\frac{e^{w}}{x}\frac{\partial w}{\partial \xi}$,

$$x\frac{\partial u}{\partial x}=e^{w}\frac{\partial w}{\partial \xi}, \tag{1}$$

$$y\frac{\partial u}{\partial y}=e^{w}\frac{\partial w}{\partial \eta},\qquad z\frac{\partial u}{\partial z}=e^{w}\frac{\partial w}{\partial \zeta}.$$

(1) 式两端对 x 求偏导函数,得

$$x\frac{\partial^2 u}{\partial x^2}+\frac{\partial u}{\partial x}=e^{w}\left(\frac{\partial w}{\partial \xi}\right)^2\frac{d\xi}{dx}+e^{w}\frac{\partial^2 w}{\partial \xi^2}\frac{d\xi}{dx}.$$

两端同乘 x,整理得

$$x^2\frac{\partial^2 u}{\partial x^2}=e^{w}\left(\frac{\partial w}{\partial \xi}\right)^2+e^{w}\frac{\partial^2 w}{\partial \xi^2}-e^{w}\frac{\partial w}{\partial \xi}. \tag{2}$$

同法可得

$$y^2\frac{\partial^2 u}{\partial y^2}=e^{w}\left(\frac{\partial w}{\partial \eta}\right)^2+e^{w}\frac{\partial^2 w}{\partial \eta^2}-e^{w}\frac{\partial w}{\partial \eta}, \tag{3}$$

$$z^2\frac{\partial^2 u}{\partial z^2}=e^{w}\left(\frac{\partial w}{\partial \zeta}\right)^2+e^{w}\frac{\partial^2 w}{\partial \zeta^2}-e^{w}\frac{\partial w}{\partial \zeta} \tag{4}$$

将(2),(3),(4)三式代入原方程,化简整理即得

$$\frac{\partial^2 w}{\partial \xi^2}+\frac{\partial^2 w}{\partial \eta^2}+\frac{\partial^2 w}{\partial \zeta^2}=(e^{w}-1)\left[\left(\frac{\partial w}{\partial \xi}\right)^2+\left(\frac{\partial w}{\partial \eta}\right)^2+\left(\frac{\partial w}{\partial \zeta}\right)^2\right]+\frac{\partial w}{\partial \xi}+\frac{\partial w}{\partial \eta}+\frac{\partial w}{\partial \zeta}.$$

【3525】 证明:方程

$$\frac{\partial^2 z}{\partial x^2}\frac{\partial^2 z}{\partial y^2}-\left(\frac{\partial^2 z}{\partial x\partial y}\right)^2=0$$

的形状与变量 x, y 和 z 所分别担任的角色无关.

证 令 $p=\frac{\partial z}{\partial x}$, $q=\frac{\partial z}{\partial y}$,则 $dz=p\,dx+q\,dy$.若以 x 作为新函数,则有

$$d^2x=\frac{\partial^2 x}{\partial y^2}dy^2+2\frac{\partial^2 x}{\partial y\partial z}dydz+\frac{\partial^2 x}{\partial z^2}dz^2+\frac{\partial x}{\partial y}d^2y+\frac{\partial x}{\partial z}d^2z.$$

今以作为旧变元的关系:

$$d^2x=0,\qquad d^2y=0,\qquad dz=p\,dx+q\,dy$$

代入上式,可得

$$d^2z=-\frac{1}{\frac{\partial x}{\partial z}}\left[\frac{\partial^2 x}{\partial y^2}dy^2+2\frac{\partial^2 x}{\partial y\partial z}dy(p\,dx+q\,dy)\right.$$
$$\left.+\frac{\partial^2 x}{\partial z^2}(p\,dx+q\,dy)^2\right].$$

于是,

$$\frac{\partial^2 z}{\partial x^2}=-p\left(p^2\frac{\partial^2 x}{\partial z^2}\right),\tag{1}$$

$$\frac{\partial^2 z}{\partial x\partial y}=-p\left(p\frac{\partial^2 x}{\partial y\partial z}+pq\frac{\partial^2 x}{\partial z^2}\right),\tag{2}$$

$$\frac{\partial^2 z}{\partial y^2}=-p\left(\frac{\partial^2 x}{\partial y^2}+2q\frac{\partial^2 x}{\partial y\partial z}+q^2\frac{\partial^2 x}{\partial z^2}\right).\tag{3}$$

代入原方程,得

$$\frac{\partial^2 z}{\partial x^2}\frac{\partial^2 z}{\partial y^2}-\left(\frac{\partial^2 z}{\partial x\partial y}\right)^2=p^2\left(p^2\frac{\partial^2 x}{\partial z^2}\right)\left(\frac{\partial^2 x}{\partial y^2}+2q\frac{\partial^2 x}{\partial y\partial z}+q^2\frac{\partial^2 x}{\partial z^2}\right)$$
$$-p^2\left(p\frac{\partial^2 x}{\partial y\partial z}+pq\frac{\partial^2 x}{\partial z^2}\right)^2=p^4\left[\frac{\partial^2 x}{\partial y^2}\frac{\partial^2 x}{\partial z^2}-\left(\frac{\partial^2 x}{\partial y\partial z}\right)^2\right]=0,$$

即

$$\frac{\partial^2 x}{\partial y^2}\frac{\partial^2 x}{\partial z^2}-\left(\frac{\partial^2 x}{\partial y\partial z}\right)^2=0.$$

类似地,若以 y 作为函数,则也有

$$\frac{\partial^2 y}{\partial x^2}\frac{\partial^2 y}{\partial z^2}-\left(\frac{\partial^2 y}{\partial x\partial z}\right)^2=0,$$

即方程的形状与变量 x,y 和 z 所分别担任的角色无关.

【3526】 取 x 作为变量 y 和 z 的函数,解方程

$$\left(\frac{\partial z}{\partial y}\right)^2\frac{\partial^2 z}{\partial x^2}-2\frac{\partial z}{\partial x}\frac{\partial z}{\partial y}\frac{\partial^2 z}{\partial x\partial y}+\left(\frac{\partial z}{\partial x}\right)^2\frac{\partial^2 z}{\partial y^2}=0.$$

解 将3525题中的(1),(2),(3)三式及 $p=\frac{\partial z}{\partial x}, q=\frac{\partial z}{\partial y}$ 代入,得

$$\begin{aligned}&q^2\left(-p^3\frac{\partial^2 x}{\partial z^2}\right)+2pq\left(p^2\frac{\partial^2 x}{\partial y\partial z}+p^2q\frac{\partial^2 x}{\partial z^2}\right)\\&\quad-p^2\left(p\frac{\partial^2 x}{\partial y^2}+2pq\frac{\partial^2 x}{\partial y\partial z}+pq^2\frac{\partial^2 x}{\partial z^2}\right)\\&=-p^3\frac{\partial^2 x}{\partial y^2}=0,\end{aligned}$$

即 $\frac{\partial^2 x}{\partial y^2}=0$ 或 $p=0$. 由 $\frac{\partial^2 x}{\partial y^2}=0$ 解之,得原方程的解为

$$x=\varphi(z)y+\psi(z),$$

其中 φ,ψ 为任意函数;由 $p=0$ 解之,得 $z=f(y)$(f 为任意函数),它也是原方程的解.

【3527】[+] 运用勒襄德变换

$$X=\frac{\partial z}{\partial x},\quad Y=\frac{\partial z}{\partial y},\quad Z=x\frac{\partial z}{\partial x}+y\frac{\partial z}{\partial y}-z,$$

其中 $Z=Z(X,Y)$,变换方程

$$A\left(\frac{\partial z}{\partial x},\frac{\partial z}{\partial y}\right)\frac{\partial^2 z}{\partial x^2}+2B\left(\frac{\partial z}{\partial x},\frac{\partial z}{\partial y}\right)\frac{\partial^2 z}{\partial x\partial y}+C\left(\frac{\partial z}{\partial x},\frac{\partial z}{\partial y}\right)\frac{\partial^2 z}{\partial y^2}=0.$$

解 $\mathrm{d}Z=\mathrm{d}\left(x\frac{\partial z}{\partial x}+y\frac{\partial z}{\partial y}-z\right)$

$$=\frac{\partial z}{\partial x}\mathrm{d}x+\frac{\partial z}{\partial y}\mathrm{d}y-\mathrm{d}z+x\mathrm{d}X+y\mathrm{d}Y=x\mathrm{d}X+y\mathrm{d}Y.$$

于是,

$$\frac{\partial Z}{\partial X}=x,\qquad \frac{\partial Z}{\partial Y}=y.$$

微分上式,得

$$\begin{cases} dx=\dfrac{\partial^2 Z}{\partial X^2}dX+\dfrac{\partial^2 Z}{\partial X\partial Y}dY, \\ dy=\dfrac{\partial^2 Z}{\partial X\partial Y}dX+\dfrac{\partial^2 Z}{\partial Y^2}dY. \end{cases} \tag{1}$$

又由 $X=\dfrac{\partial z}{\partial x}$, $Y=\dfrac{\partial z}{\partial y}$,微分得

$$\begin{cases} dX=\dfrac{\partial^2 z}{\partial x^2}dx+\dfrac{\partial^2 z}{\partial x\partial y}dy, \\ dY=\dfrac{\partial^2 z}{\partial x\partial y}dx+\dfrac{\partial^2 z}{\partial y^2}dy. \end{cases} \tag{2}$$

由(1)式与(2)式,得

$$\begin{pmatrix} dx \\ dy \end{pmatrix}=\begin{pmatrix} \dfrac{\partial^2 Z}{\partial X^2} & \dfrac{\partial^2 Z}{\partial X\partial Y} \\ \dfrac{\partial^2 Z}{\partial X\partial Y} & \dfrac{\partial^2 Z}{\partial Y^2} \end{pmatrix}\begin{pmatrix} dX \\ dY \end{pmatrix}$$

$$=\begin{pmatrix} \dfrac{\partial^2 Z}{\partial X^2} & \dfrac{\partial^2 Z}{\partial X\partial Y} \\ \dfrac{\partial^2 Z}{\partial X\partial Y} & \dfrac{\partial^2 Z}{\partial Y^2} \end{pmatrix}\begin{pmatrix} \dfrac{\partial^2 z}{\partial x^2} & \dfrac{\partial^2 z}{\partial x\partial y} \\ \dfrac{\partial^2 z}{\partial x\partial y} & \dfrac{\partial^2 z}{\partial y^2} \end{pmatrix}=\begin{pmatrix} dx \\ dy \end{pmatrix}$$

由此可知

$$\begin{pmatrix} \dfrac{\partial^2 Z}{\partial X^2} & \dfrac{\partial^2 Z}{\partial X\partial Y} \\ \dfrac{\partial^2 Z}{\partial X\partial Y} & \dfrac{\partial^2 Z}{\partial Y^2} \end{pmatrix}\begin{pmatrix} \dfrac{\partial^2 z}{\partial x^2} & \dfrac{\partial^2 z}{\partial x\partial y} \\ \dfrac{\partial^2 z}{\partial x\partial y} & \dfrac{\partial^2 z}{\partial y^2} \end{pmatrix}=\begin{pmatrix} 1 & 0 \\ 0 & 1 \end{pmatrix},$$

从而,

$$\begin{vmatrix} \dfrac{\partial^2 Z}{\partial X^2} & \dfrac{\partial^2 Z}{\partial X \partial Y} \\ \dfrac{\partial^2 Z}{\partial X \partial Y} & \dfrac{\partial^2 Z}{\partial Y^2} \end{vmatrix} \begin{vmatrix} \dfrac{\partial^2 z}{\partial x^2} & \dfrac{\partial^2 z}{\partial x \partial y} \\ \dfrac{\partial^2 z}{\partial x \partial y} & \dfrac{\partial^2 z}{\partial y^2} \end{vmatrix} = 1,$$

因此

$$I = \begin{vmatrix} \dfrac{\partial^2 Z}{\partial X^2} & \dfrac{\partial^2 Z}{\partial X \partial Y} \\ \dfrac{\partial^2 Z}{\partial X \partial Y} & \dfrac{\partial^2 Z}{\partial Y^2} \end{vmatrix} \neq 0.$$

于是,由(1)式解之,得

$$\begin{cases} \mathrm{d}X = I^{-1}\left(\dfrac{\partial^2 Z}{\partial Y^2}\mathrm{d}x - \dfrac{\partial^2 Z}{\partial X \partial Y}\mathrm{d}y\right), \\ \mathrm{d}Y = I^{-1}\left(-\dfrac{\partial^2 Z}{\partial X \partial Y}\mathrm{d}x + \dfrac{\partial^2 Z}{\partial X^2}\mathrm{d}y\right). \end{cases} \qquad (3)$$

比较(2)式与(3)式,得

$$\frac{\partial^2 z}{\partial x^2} = I^{-1}\frac{\partial^2 Z}{\partial Y^2}, \quad \frac{\partial^2 z}{\partial x \partial y} = -I^{-1}\frac{\partial^2 Z}{\partial X \partial Y}, \quad \frac{\partial^2 z}{\partial y^2} = I^{-1}\frac{\partial^2 Z}{\partial X^2}.$$

代入原方程,即得

$$A(X, Y)\frac{\partial^2 Z}{\partial Y^2} - 2B(X, Y)\frac{\partial^2 Z}{\partial X \partial Y} + C(X, Y)\frac{\partial^2 Z}{\partial X^2} = 0.$$

§5. 几何上的应用

1° 切线和法平面 在曲线

$$x=\varphi(t), \qquad y=\psi(t), \qquad z=\chi(t)$$

上的一点 $M(x,y,z)$的切线方程为

$$\frac{X-x}{\frac{dx}{dt}}=\frac{Y-y}{\frac{dy}{dt}}=\frac{Z-z}{\frac{dz}{dt}}.$$

在此点的法平面方程为

$$\frac{dx}{dt}(X-x)+\frac{dy}{dt}(Y-y)+\frac{dz}{dt}(Z-z)=0.$$

2° 切平面和法线 曲面 $z=f(x,y)$上点 $M(x,y,z)$处的切平面方程为

$$Z-z=\frac{\partial z}{\partial x}(X-x)+\frac{\partial z}{\partial y}(Y-y).$$

在 M 点处的法线方程为

$$\frac{X-x}{\frac{\partial z}{\partial x}}=\frac{Y-y}{\frac{\partial z}{\partial y}}=\frac{Z-z}{-1}.$$

若曲面的方程给成隐函数的形状 $F(x,y,z)=0$,则切平面方程为:

$$\frac{\partial F}{\partial x}(X-x)+\frac{\partial F}{\partial y}(Y-y)+\frac{\partial F}{\partial z}(Z-z)=0,$$

法线方程为

$$\frac{X-x}{\frac{\partial F}{\partial x}}=\frac{Y-y}{\frac{\partial F}{\partial y}}=\frac{Z-z}{\frac{\partial F}{\partial z}}.$$

3° 平面曲线族的包线 含一个参数的曲线族 $f(x,y,\alpha)=0$ (α 为参数)的包线满足方程组:

$$f(x,y,\alpha)=0, \qquad f'_{\alpha}(x,y,\alpha)=0.$$

4° 曲面族的包面 含一个参数的曲面族 $F(x,y,z,\alpha)=0$ 的包面满足方程组:

$$F(x,y,z,\alpha)=0, \qquad F'_{\alpha}(x,y,z,\alpha)=0.$$

在含两个参数的曲面 $\Phi(x,y,z,\alpha,\beta)=0$ 族的情形，其包面满足下面的方程组：

$$\Phi(x,y,z,\alpha,\beta)=0,\quad \Phi'_{\alpha}(x,y,z,\alpha,\beta)=0,\quad \Phi'_{\beta}(x,y,z,\alpha,\beta)=0.$$

对下列曲线写出在已知点的切线和法平面方程：

【3528】 $x=a\cos\alpha\cos t$, $y=a\sin\alpha\cos t$, $z=a\sin t$；在点 $t=t_0$.

解 曲线 $x=x(t)$, $y=y(t)$, $z=z(t)$ 在点 $t=t_0$ 的切向量为 $\vec{v}\{x'(t_0),y'(t_0),z'(t_0)\}$.

本题中，当 $t=t_0$ 时曲线上点的坐标及曲线在该点的切向量分别为

$$x_0=x(t_0)=a\cos\alpha\cos t_0,\quad y_0=y(t_0)=a\sin\alpha\cos t_0,$$

$$z_0=z(t_0)=a\sin t_0,$$

$$\vec{v}(t_0)=\{-a\cos\alpha\sin t_0,-a\sin\alpha\sin t_0,a\cos t_0\}.$$

于是，切线方程为

$$\frac{x-x_0}{-a\cos\alpha\sin t_0}=\frac{y-y_0}{-a\sin\alpha\sin t_0}=\frac{z-z_0}{a\cos t_0},$$

即

$$\frac{x-x_0}{-\cos\alpha\sin t_0}=\frac{y-y_0}{-\sin\alpha\sin t_0}=\frac{z-z_0}{\cos t_0};$$

法平面方程为

$$(-a\cos\alpha\sin t_0)(x-x_0)+(-a\sin\alpha\sin t_0)(y-y_0)$$
$$+(a\cos t_0)(z-z_0)=0,$$

以 x_0,y_0,z_0 的值代入上式，化简整理得

$$x\cos\alpha\sin t_0+y\sin\alpha\sin t_0-z\cos t_0=0,$$

即法平面过原点.

【3529】 $x=a\sin^2 t$, $y=b\sin t\cos t$, $z=c\cos^2 t$；在点 $t=\frac{\pi}{4}$.

解 $x_0=a\sin^2\frac{\pi}{2}=\frac{a}{2},\quad y_0=\frac{b}{2},\quad z_0=\frac{c}{2};$

$\vec{v}\left(\frac{\pi}{4}\right)=\{a,0,-c\}$

于是,切线方程为

$$\begin{cases}\dfrac{x-\frac{a}{2}}{a}=\dfrac{z-\frac{c}{2}}{-c},\\ y=\dfrac{b}{2};\end{cases}\quad 或\quad \begin{cases}\dfrac{x}{a}+\dfrac{z}{c}=1,\\ y=\dfrac{b}{2};\end{cases}$$

法平面方程为

$$a\left(x-\frac{a}{2}\right)+(-c)\left(z-\frac{c}{2}\right)=0,$$

即 $ax-cz=\frac{1}{2}(a^2-c^2).$

【3530】 $y=x,\ z=x^2$; 在点 $M(1,1,1)$.

解 设 $x=t$, 则 $y=t,\ z=t^2$. 于是,$\vec{v}(1)=\{1,1,2\}$, 切线方程为

$$\frac{x-1}{1}=\frac{y-1}{1}=\frac{z-1}{2};$$

法平面方程为

$(x-1)+(y-1)+2(z-1)=0$ 或 $x+y+2z=4$.

【3531】 $x^2+z^2=10,\ y^2+z^2=10$; 在点 $M(1,1,3)$.

解 当曲线以两个曲面方程

$$F_1(x,y,z)=0,\qquad F_2(x,y,z)=0$$

交线形式给出时,可先求出两曲面在交点处的法向量:

$\vec{n}_1=\{F'_{1x},F'_{1y},F'_{1z}\},\qquad \vec{n}_2=\{F'_{2x},F'_{2y},F'_{2z}\},$

则曲线在该点的切向量为

$$\vec{v}=\vec{n}_1\times\vec{n}_2=\left\{\begin{vmatrix}F'_{1y}F'_{1z}\\F'_{2y}F'_{2z}\end{vmatrix},\begin{vmatrix}F'_{1z}F'_{1x}\\F'_{2z}F'_{2x}\end{vmatrix},\begin{vmatrix}F'_{1x}F'_{1y}\\F'_{2x}F'_{2y}\end{vmatrix}\right\}.$$

本题中,

$$\vec{n}_1=\{2,0,6\},\qquad \vec{n}_2=\{0,2,6\},$$

$$\vec{v}=\{1,0,3\}\times\{0,1,3\}=\{-3,-3,1\}.$$

于是,切线方程为

$$\frac{x-1}{-3}=\frac{y-1}{-3}=\frac{z-3}{1}\quad 或\quad \frac{x-1}{3}=\frac{y-1}{3}=\frac{z-3}{-1};$$

法平面方程为

$$-3(x-1)-3(y-1)+(z-3)=0,$$

即

$$3x+3y-z=3.$$

【3532】 $x^2+y^2+z^2=6,\ x+y+z=0$;在点 $M(1,-2,1)$.

解 $F_1=x^2+y^2+z^2-6=0,\ F_2=x+y+z=0.$

$$\vec{n}_1=2\{1,-2,1\},\qquad n_2=\{1,1,1\},$$

$$\vec{v}=\{1,-2,1\}\times\{1,1,1\}=-3\{1,0,-1\}.$$

于是,切线方程为

$$\begin{cases}\dfrac{x-1}{1}=\dfrac{z-1}{-1},\\ y=-2;\end{cases}\quad 或\quad \begin{cases}x+z=2,\\ y+2=0;\end{cases}$$

法平面方程为

$$(x-1)-(z-1)=0\quad 或\quad x-z=0.$$

【3533】 在曲线 $x=t,\ y=t^2,\ z=t^3$ 上求出一点,此点的切线是平行于平面 $x+2y+z=4$ 的.

解 $\vec{v}=\{1,2t,3t^2\}$,平面法向量 $\vec{n}=\{1,2,1\}$. 按题设,应有

$$\vec{v}\cdot\vec{n}=1+4t+3t^2=0.$$

解之,得 $t=-1$ 或 $t=-\frac{1}{3}$.于是,所求的点为

$$M_1(-1,1,-1),\qquad M_2\left(-\frac{1}{3},\frac{1}{9},-\frac{1}{27}\right).$$

【3534】 证明:螺旋线 $x=a\cos t$, $y=a\sin t$, $z=bt$ 的切线与 Oz 轴形成定角.

证 $\frac{\mathrm{d}x}{\mathrm{d}t}=-a\sin t$, $\frac{\mathrm{d}y}{\mathrm{d}t}=a\cos t$, $\frac{\mathrm{d}z}{\mathrm{d}t}=b$.于是,切线与 Oz 轴形成之角 γ 的余弦

$$\cos\gamma=\frac{\frac{\mathrm{d}z}{\mathrm{d}t}}{\sqrt{\left(\frac{\mathrm{d}x}{\mathrm{d}t}\right)^2+\left(\frac{\mathrm{d}y}{\mathrm{d}t}\right)^2+\left(\frac{\mathrm{d}z}{\mathrm{d}t}\right)^2}}=\frac{b}{\sqrt{a^2+b^2}}.$$

由于 $\cos\gamma$ 为常数,故知切线与 Oz 轴形成定角.

【3535】 证明:曲线

$$x=a\mathrm{e}^t\cos t,\qquad y=a\mathrm{e}^t\sin t,\qquad z=a\mathrm{e}^t$$

与锥面 $x^2+y^2=z^2$ 的各母线相交的角度相同.

证 圆锥 $x^2+y^2=z^2$ 的顶点在原点,过圆锥上任一点 $P(x,y,z)$的母线也过原点.因此,母线的方向向量为 $\vec{v}_1=\{x,y,z\}$.

曲线在点 P 的切向量为 $\vec{v}_2=\{x',y',z'\}=\{a\mathrm{e}^t(\cos t-\sin t),a\mathrm{e}^t(\sin t+\cos t),a\mathrm{e}^t\}=\{x-y,x+y,z\}$.

注意到 $x^2+y^2=z^2$,即得

$$\cos(\widehat{\vec{v}_1,\vec{v}_2})=\frac{\vec{v}_1\cdot\vec{v}_2}{|\vec{v}_1||\vec{v}_2|}$$

$$=\frac{x(x-y)+y(x+y)+z^2}{\sqrt{x^2+y^2+z^2}\sqrt{(x-y)^2+(x+y)^2+z^2}}$$

$$= \frac{2z^2}{\sqrt{2z^2}\sqrt{3z^2}} = \frac{2}{\sqrt{6}},$$

于是,交角相同.

【3536】 证明:斜驶线

$$\tan\left(\frac{\pi}{2} + \frac{\psi}{2}\right) = e^{k\varphi} \quad (k = \text{常数}),$$

(其中 φ—地球上点的经度, ψ—地球上点的纬度)与地球的一切子午线相交成定角.

解 取直角坐标系如下:赤道平面为 Oxy 平面,球心为坐标原点,Ox 轴正向过 $0°$ 子午线,Oz 轴正向过北极,并取 $Oxyz$ 坐标系为右手系.

下面我们先确定斜驶线和子午线在直角坐标系中的方程.为此,假定讨论地球上的点的经度为 $\varphi(0 \leqslant \varphi \leqslant 2\pi)$,纬度为 $\psi(-\frac{\pi}{2} \leqslant \psi \leqslant \frac{\pi}{2})$,则它在上述坐标系下的坐标为

$$\begin{cases} x = R\cos\psi\cos\varphi, \\ y = R\cos\psi\sin\varphi, \\ z = R\sin\psi, \end{cases}$$

其中 R 为地球半径.

对 $\tan(\frac{\pi}{4} + \frac{\psi}{2}) = e^{k\varphi}$的两端微分,得

$$\frac{d\psi}{2\cos^2\left(\frac{\pi}{4} + \frac{\psi}{2}\right)} = k e^{k\varphi} d\varphi = k\tan\left(\frac{\pi}{4} + \frac{\psi}{2}\right) d\varphi.$$

于是,

$$\frac{d\varphi}{d\psi} = \left[2\cos^2\left(\frac{\pi}{2} + \frac{\psi}{2}\right) k\tan\left(\frac{\pi}{4} + \frac{\psi}{2}\right)\right]^{-1}$$

$$= \left[k\sin\left(\frac{\pi}{2} + \psi \right) \right]^{-1} = \frac{1}{k\cos\psi}.$$

今将斜驶线方程看作决定 φ 为 ψ 的隐函数. 因此, 对斜驶线来说, 在(φ_0, ψ_0)点, 有

$$\frac{\mathrm{d}x}{\mathrm{d}\psi} = -R\sin\psi_0\cos\varphi_0 - R\cos\psi_0\sin\varphi_0 \frac{\mathrm{d}\varphi}{\mathrm{d}\psi}$$

$$= -R\left(\sin\psi_0\cos\varphi_0 + \frac{\sin\varphi_0}{k} \right),$$

$$\frac{\mathrm{d}y}{\mathrm{d}\psi} = -R\sin\psi_0\sin\varphi_0 + R\cos\psi_0\cos\varphi_0 \frac{\mathrm{d}\varphi}{\mathrm{d}\psi}$$

$$= -R\left(\sin\psi_0\sin\varphi_0 - \frac{\cos\varphi_0}{k} \right),$$

$$\frac{\mathrm{d}z}{\mathrm{d}\psi} = R\cos\psi_0.$$

于是, 可取斜驶线切向量

$$\vec{v}_1 = \left\{ \sin\psi_0\cos\varphi_0 + \frac{\sin\varphi_0}{k}, \sin\psi_0\sin\varphi_0 - \frac{\cos\varphi_0}{k}, -\cos\psi_0 \right\}.$$

当 φ 为常数时即得子午线, 故其参数方程为

$$\begin{cases} x = R\cos\psi\cos\varphi_0, \\ y = R\cos\psi\sin\varphi_0, \\ z = R\sin\psi. \end{cases}$$

于是, 子午线在点(φ_0, ψ_0)的切向量为

$$\vec{v}_2 = \{ \sin\psi_0\cos\varphi_0, \sin\psi_0\sin\varphi_0, -\cos\psi_0 \}.$$

从而得

$$\cos(\widehat{\vec{v}_1, \vec{v}_2}) = \frac{\vec{v}_1 \cdot \vec{v}_2}{|\vec{v}_1||\vec{v}_2|} = \frac{1}{\sqrt{1 + \frac{1}{k_2}}} = \text{常数},$$

即斜驶线与子午线相交成定角.

【3537】 已知曲线

$$z=f(x,y),\qquad \frac{x-x_0}{\cos\alpha}=\frac{y-y_0}{\sin\alpha},$$

其中 f 为可微分函数. 求曲线上 $M_0(x_0,y_0)$ 点的切线与 Oxy 平面所成角的正切.

解 解法 1:

将曲线看作由参数方程 $x=x$, $y=\varphi(x)=y_0+(x-x_0)\tan\alpha$, $z=\psi(x)=f[x,\varphi(x)]$ 给出, 则切向量为

$$\begin{aligned}\vec{v}&=\{1,\varphi'(x_0),\psi'(x_0)\}\\&=\{1,\tan\alpha,f'_x[x_0,\varphi(x_0)]+f'_y[x_0,\varphi(x_0)]\varphi'(x_0)\}\\&=\{1,\tan\alpha,f'_x(x_0,y_0)+\tan\alpha f'_y(x_0,y_0)\}.\end{aligned}$$

于是, 曲线上 M_0 点的切线与 Oxy 平面所成角 φ 的正切为

$$\begin{aligned}\tan\varphi&=\frac{\psi'(x_0)}{\sqrt{1+\varphi'^2(x_0)}}=\frac{f'_x(x_0,y_0)+\tan\alpha f'_y(x_0,y_0)}{\sqrt{1+\tan^2\alpha}}\\&=f'_x(x_0,y_0)\cos\alpha+f'_y(x_0,y_0)\sin\alpha.\end{aligned}$$

解法 2:

将曲线看作两条曲线的交线, 则所给曲线在 M_0 点的切线方程为

$$\frac{x-x_0}{\begin{vmatrix}f'_y(x_0,y_0)&-1\\-\dfrac{1}{\sin\alpha}&0\end{vmatrix}}=\frac{y-y_0}{\begin{vmatrix}-1&f'_x(x_0,y_0)\\0&\dfrac{1}{\cos\alpha}\end{vmatrix}}=\frac{z-z_0}{\begin{vmatrix}f'_x(x_0,y_0)&f'_y(x_0,y_0)\\\dfrac{1}{\cos\alpha}&-\dfrac{1}{\sin\alpha}\end{vmatrix}},$$

即

$$\frac{x-x_0}{\cos\alpha}=\frac{y-y_0}{\sin\alpha}=\frac{z-z_0}{f'_x(x_0,y_0)\cos\alpha+f'_y(x_0,y_0)\sin\alpha},$$

因此, 切线与 Oxy 平面所成角 φ 的正切为

$$\tan\varphi=\frac{f'_x(x_0,y_0)\varphi\cos\alpha+f'_y(x_0,y_0)\sin\alpha}{\sqrt{\cos^2\alpha+\sin^2\alpha}}$$
$$=f'_x(x_0,y_0)\cos\alpha+f'_y(x_0,y_0)\sin\alpha.$$

【3538】 求函数

$$u=\frac{x}{\sqrt{x^2+y^2+z^2}}$$

在点 $M(1,2,-2)$沿曲线

$$x=t,\qquad y=2t^2,\qquad z=-2t^4$$

在此点的切线方向上的导函数.

解 $\dfrac{\partial u}{\partial x}=\dfrac{y^2+z^2}{(x^2+y^2+z^2)^{\frac{3}{2}}}$,

$\dfrac{\partial u}{\partial y}=-\dfrac{xy}{(x^2+y^2+z^2)^{\frac{3}{2}}}$,

$\dfrac{\partial u}{\partial z}=-\dfrac{xz}{(x^2+y^2+z^2)^{\frac{3}{2}}}$.

在点 $M(1,2,-2)$它们的值分别为$\dfrac{8}{27}$, $-\dfrac{2}{27}$, $\dfrac{2}{27}$

又曲线在该点的切线的方向余弦为$\dfrac{1}{9}$, $\dfrac{4}{9}$, $-\dfrac{8}{9}$. 于是,所求的导数为

$$\left.\frac{\partial u}{\partial l}\right|_M=\frac{8}{27}\frac{1}{9}+\left(-\frac{2}{27}\right)\frac{4}{9}+\frac{2}{27}\left(-\frac{8}{9}\right)=-\frac{16}{243}.$$

写出下列曲面上已知点的切平面和法线方程:

【3539】 $z=x^2+y^2$; 在点 $M_0(1,2,5)$.

解 当曲面由方程 $F(x,y,z)=0$ 给出时,法向量为 $\vec{n}=\left\{\dfrac{\partial F}{\partial x},\dfrac{\partial F}{\partial y},\dfrac{\partial F}{\partial z}\right\}$,特别是曲面由显式方程 $z=f(x,y)$给出时,法向量为$\vec{n}=\{f'_x,f'_y,-1\}$. 本题中,$\vec{n}=\{2x,2y,-1\}_{M_0}$

$=\{2,4,-1\}$. 于是，切平面方程为

$$2(x-1)+4(y-2)-(z-5)=0, \quad 或 \quad 2x+4y-z=5;$$

法线方程为

$$\frac{x-1}{2}=\frac{y-2}{4}=\frac{z-5}{-1}.$$

【3540】 $x^2+y^2+z^2=169$; 在点 $M_0(3,4,12)$.

解 设 $F(x,y,z)=x^2+y^2+z^2-169=0$, 则在点 M_0 处 $\vec{n}$ $=\{2x,2y,2z\}_{M_0}=\{6,8,24\}=2\{3,4,12\}$. 于是，切平面方程为

$$3(x-3)+4(y-4)+12(z-12)=0$$

或

$$3x+4y+12z=169;$$

法线方程为

$$\frac{x-3}{3}=\frac{y-4}{4}=\frac{z-12}{12} \quad 或 \quad \frac{x}{3}=\frac{y}{4}=\frac{z}{12}.$$

【3541】 $z=\arctan\frac{y}{x}$; 在点 $M_0(1,1,\frac{\pi}{4})$.

解 $\vec{n}=\left\{\frac{-y}{x^2+y^2},\frac{x}{x^2+y^2},-1\right\}_{M_0}=\left\{-\frac{1}{2},\frac{1}{2},-1\right\}$.

于是，切平面方程为

$$z-\frac{\pi}{4}=-\frac{1}{2}(x-1)+\frac{1}{2}(y-1) \quad 或 \quad z=\frac{\pi}{4}-\frac{1}{2}(x-y);$$

法线方程为

$$\frac{x-1}{1}=\frac{y-1}{-1}=\frac{z-\frac{\pi}{4}}{2}.$$

【3542】 $ax^2+by^2+cz^2=1$; 在点 $M_0(x_0,y_0,z_0)$.

解 $\vec{n}=2\{ax_0,by_0,cz_0\}$. 于是，切平面方程为

$$ax_0(x-x_0)+by_0(y-y_0)+cz_0(z-z_0)=0,$$

注意到 $ax_0^2+by_0^2+cz_0^2=1$，上述方程即化为

$$ax_0x+by_0y+cz_0z=1;$$

法线方程为

$$\frac{x-x_0}{ax_0}=\frac{y-y_0}{by_0}=\frac{z-z_0}{cz_0}.$$

【3543】 $z=y+\ln\frac{x}{z}$；在点 $M_0(1,1,1)$.

解 $F(x,y,z)=y+\ln x-\ln z-z=0$.

$$\vec{n}=\left\{\frac{1}{x},1,-\frac{1}{z}-1\right\}_{M_0}=\{1,1,-2\}.$$

于是，切平面方程为

$$(x-1)+(y-1)-2(z-1)=0 \quad 或 \quad x+y-2z=0;$$

法线方程为

$$\frac{x-1}{1}=\frac{y-1}{1}=\frac{z-1}{-2}.$$

【3544】 $2^{\frac{x}{z}}+2^{\frac{y}{z}}=8$；在点 $M_0(2,2,1)$.

解 $F(x,y,z)=2^{\frac{x}{z}}+2^{\frac{y}{z}}-8$,

$$\vec{n}=\left\{\frac{1}{z}2^{\frac{x}{z}}\ln 2,\frac{1}{z}2^{\frac{y}{z}}\ln 2,(x2^{\frac{x}{z}}+y2^{\frac{y}{z}})\left(-\frac{1}{z^2}\ln 2\right)\right\}_{M_0}$$

$$=4\ln 2\{1,1,-4\}.$$

于是，切平面方程为

$$(x-2)+(y-2)-4(z-1)=0 \quad 或 \quad x+y-4z=0;$$

法线方程为

$$\frac{x-2}{1}=\frac{y-2}{1}=\frac{z-1}{-4}.$$

【3545】 $x=a\cos\psi\cos\varphi$，$y=b\cos\psi\sin\varphi$，$z=c\sin\psi$；在点 $M_0(\varphi_0,\psi_0)$.

解 当曲面由参数方程

$$x=x(u,v),\quad y=y(u,v),\quad z=z(u,v)$$

给出时,曲面上分别令 $u=u_0$, $v=v_0$ 得到的两条曲线的切向量分别为

$$\vec{v}_1=\left\{\frac{\partial x}{\partial u},\frac{\partial y}{\partial u},\frac{\partial z}{\partial u}\right\},\qquad \vec{v}_2=\left\{\frac{\partial x}{\partial v},\frac{\partial y}{\partial v},\frac{\partial z}{\partial v}\right\},$$

则切面的法向量为

$$\vec{n}=\vec{v}_1\times\vec{v}_2=\left\{\begin{vmatrix}\frac{\partial y}{\partial u} & \frac{\partial z}{\partial u}\\ \frac{\partial y}{\partial v} & \frac{\partial z}{\partial v}\end{vmatrix},\begin{vmatrix}\frac{\partial z}{\partial u} & \frac{\partial x}{\partial u}\\ \frac{\partial z}{\partial v} & \frac{\partial x}{\partial v}\end{vmatrix},\begin{vmatrix}\frac{\partial x}{\partial u} & \frac{\partial y}{\partial u}\\ \frac{\partial x}{\partial v} & \frac{\partial y}{\partial v}\end{vmatrix}\right\}.$$

本题中,

$$\begin{aligned}\vec{v}_1&=\left\{\frac{\partial x}{\partial \varphi},\frac{\partial y}{\partial \varphi},\frac{\partial z}{\partial \varphi}\right\}_{M_0}=\{-a\cos\psi_0\sin\varphi_0,b\cos\psi_0\cos\varphi_0,0\}\\&=\cos\psi_0\{-a\sin\varphi_0,b\cos\varphi_0,0\},\end{aligned}$$

$$\vec{v}_2=\left\{\frac{\partial x}{\partial \psi},\frac{\partial y}{\partial \psi},\frac{\partial z}{\partial \psi}\right\}_{M_0}=\{-a\sin\psi_0\cos\varphi_0,-b\sin\psi_0\sin\varphi_0,c\cos\psi_0\},$$

$$\vec{n}=\vec{v}_1\times\vec{v}_2=abc\left\{\frac{\cos\psi_0\cos\varphi_0}{a},\frac{\cos\psi_0\sin\varphi_0}{b},\frac{\sin\psi_0}{c}\right\}.$$

于是,切平面方程为

$$\begin{aligned}&\frac{\cos\psi_0\cos\varphi_0}{a}(x-a\cos\psi_0\cos\varphi_0)\\&\quad+\frac{\cos\psi_0\sin\varphi_0}{b}(y-b\cos\psi_0\sin\varphi_0)+\frac{\sin\psi_0}{c}(z-c\sin\psi_0)=0,\end{aligned}$$

即

$$\frac{x}{a}\cos\psi_0\cos\varphi_0+\frac{y}{b}\cos\psi_0\sin\varphi_0+\frac{z}{c}\sin\psi_0=1;$$

法线方程为

$$\frac{x-a\cos\psi_0\cos\varphi_0}{\frac{\cos\psi_0\cos\varphi_0}{a}}=\frac{y-b\cos\psi_0\sin\varphi_0}{\frac{\cos\psi_0\sin\varphi_0}{b}}=\frac{z-c\sin\psi_0}{\frac{\sin\psi_0}{c}},$$

即

$$\frac{x\sec\psi_0\sec\varphi_0-a}{bc}=\frac{y\sec\psi_0\csc\varphi_0-b}{ac}=\frac{z\csc\psi_0-c}{ab}.$$

【3546】 $x=r\cos\varphi, y=r\sin\varphi, z=r\cot\alpha$;在点 $M_0(\varphi_0, r_0)$.

解 $\vec{v}_1=\left\{\frac{\partial x}{\partial\varphi},\frac{\partial y}{\partial\varphi},\frac{\partial z}{\partial\varphi}\right\}_{M_0}=r_0\{-\sin\varphi_0,\cos\varphi_0,0\}$,

$\vec{v}_2=\left\{\frac{\partial x}{\partial r},\frac{\partial y}{\partial r},\frac{\partial z}{\partial r}\right\}_{M_0}=\{\cos\varphi_0,\sin\varphi_0,\cot\alpha\}$,

$\vec{n}=\vec{v}_1\times\vec{v}_2=r_0\{\cos\varphi_0\cot\alpha,\sin\varphi_0\cot\alpha,-1\}$.

于是,切平面方程为

$$\cos\varphi_0\cot\alpha(x-r_0\cos\varphi_0)+\sin\varphi_0\cot\alpha(y-r_0\sin\varphi_0)-(z-r_0\cot\alpha)=0.$$

即

$$x\cos\varphi_0+y\sin\varphi_0-z\tan\alpha=0;$$

法线方程为

$$\frac{x-r_0\cos\varphi_0}{\cos\varphi_0\cot\alpha}=\frac{y-r_0\sin\varphi_0}{\sin\varphi_0\cot\alpha}=\frac{z-r_0\cot\alpha}{-1}$$

或 $$\frac{x-r_0\cos\varphi_0}{\cos\varphi_0}=\frac{y-r_0\sin\varphi_0}{\sin\varphi_0}=\frac{z-r_0\cot\alpha}{-\tan\alpha}.$$

【3547】 $x=u\cos v, y=u\sin v, z=av$;在点 $M_0(u_0, v_0)$.

解 $\vec{v}_1=\left\{\frac{\partial x}{\partial u},\frac{\partial y}{\partial u},\frac{\partial z}{\partial u}\right\}_{M_0}=\{\cos v_0,\sin v_0,0\}$,

$\vec{v}_2=\left\{\frac{\partial x}{\partial v},\frac{\partial y}{\partial v},\frac{\partial z}{\partial v}\right\}_{M_0}=\{-u_0\sin v_0,u_0\cos v_0,a\}$,

$\vec{n}=\vec{v}_1\times\vec{v}_2=\{a\sin v_0,-a\cos v_0,u_0\}$.

于是,切平面方程为

$$a\sin v_0(x-u_0\cos v_0)-a\cos v_0(y-u_0\sin v_0)+u_0(z-av_0)=0,$$

即

$$ax\sin v_0-ay\cos v_0+u_0z=au_0v_0;$$

法线方程为

$$\frac{x-u_0\cos v_0}{a\sin v_0}=\frac{y-u_0\sin v_0}{-a\cos v_0}=\frac{z-av_0}{u_0}.$$

【3548】 求曲面

$$x=u+v,\quad y=u^2+v^2,\quad z=u^3+v^2$$

的切平面当切点 $M(u,v)(u\neq v)$无限接近于曲面的边界线 $u=v$上的点$M_0(u_0,v_0)$时的极限位置.

解 $\vec{n}(u,v)=\{1.2u,3u^2\}\{1,2v,3v^2\}$

$$=(v-u)\{6uv,-3(u+v),2\}$$

则$\vec{n}$方向上的单位向量为

$$\vec{n}^{\circ}(u,v)=\left\{\frac{6uv}{l},-\frac{3(u+v)}{l},\frac{2}{l}\right\},$$

其中 $l=\sqrt{36u^2v^2+9(u+v)^2+4}$.于是,

$$\lim_{\substack{u\to u_0\\ v\to v_0}}\vec{n}^{\circ}=\left\{\frac{6u_0^2}{l_0},-\frac{6u_0}{l_0},\frac{2}{l_0}\right\},$$

其中 $l_0=\sqrt{36u_0^4+36u_0^2+4}$.而 $M_0(u_0,v_0)=(2u_0,2u_0^2,2u_0^3)$,故知切面在 M_0 点的极限位置为

$$3u_0^2x-3u_0y+z=3u_0^2(2u_0)-3u_0(2u_0^2)+2u_0^3=2u_0^3,$$

或

$$\frac{3x}{u_0}-\frac{3y}{u_0^2}+\frac{z}{u_0^3}=2.$$

【3549】 在曲面 $x^2+2y^2+3z^2+2xy+2xz+4yz=8$ 上求出切平面平行于坐标平面的诸切点.

解 $\vec{n}=\{2(x+y+z),2(x+2y+2z),2(x+2y+3z)\}$当

$$\begin{cases}x+y+z=0,\\x+2y+2z=0,\\x+2y+3z=\lambda.\end{cases}$$

时,$\vec{n}$与$\vec{k}=\{0,0,1\}$平行,即切平面平行于 Oxy 平面.解之,得 $x=0$, $y=-\lambda$, $z=\lambda$.将求得的 x,y,z 值代入所给的曲面方程,得$\lambda=\pm2\sqrt{2}$.于是,切平面平行于 Oxy 坐标面的切点为 $(0,\pm2\sqrt{2},\mp2\sqrt{2})$.同法可求得切平面平行于 Oyz 坐标面及 Oxz 坐标面的诸切点分别为$(\pm4,\mp2,0)$及$(\pm2,\mp4,\pm2)$.

【3550】 在椭球面

$$\frac{x^2}{a^2}+\frac{y^2}{b^2}+\frac{z^2}{c^2}=1$$

上怎样的点,椭球面的法线与坐标轴成等角?

解 $\vec{n}=2\left\{\frac{x}{a^2},\frac{y}{b^2},\frac{z}{c^2}\right\}$.按题设,应有

$$\frac{\frac{x}{a^2}}{l}=\frac{\frac{y}{b^2}}{l}=\frac{\frac{z}{c^2}}{l}\qquad\left(l=\sqrt{\frac{x^2}{a^4}+\frac{y^2}{b^4}+\frac{z^2}{c^4}}\right),$$

即

$$\frac{x}{a^2}=\frac{y}{b^2}=\frac{z}{c^2}=\lambda.$$

将上式代入椭球面方程,得 $\lambda=\pm\frac{1}{\sqrt{a^2+b^2+c^2}}$.

于是,所求的点为 $x=\pm\frac{a^2}{d}$, $y=\pm\frac{b^2}{d}$, $x=\pm\frac{c^2}{d}$,其中

$$d=\sqrt{a^2+b^2+c^2}.$$

【3551】 求曲面 $x^2+2y^2+3z^2=21$ 的平行于平面

$$x+4y+6z=0$$

的各切平面.

解 $\vec{n}=2\{x,2y,3z\}$. 按题设,应有

$$x=\lambda,\qquad 2y=4\lambda,\qquad 3z=6\lambda,$$

解之,得 $x=\lambda, y=2\lambda, z=2\lambda$. 将它们代入方程 $x^2+2y^2+3z^2=21$, 得 $\lambda=\pm1$, 故切点为$(\pm1,\pm2,\pm2)$. 于是,所求的切平面方程为

$$(x\mp1)+4(y\mp2)+6(z\mp2)=0,$$

即

$$x+4y+6z=\pm21.$$

【3552】 证明:曲面 $xyz=a^3(a>0)$的切平面与坐标面形成体积一定的四面体.

证 在曲面上任取一点 $P_0(x_0,y_0,z_0)$,则曲面在该点的切平面方程为

$$y_0z_0(x-x_0)+x_0z_0(y-y_0)+x_0y_0(z-z_0)=0,$$

它与各坐标面的交点为 $A(3x_0,0,0)$, $B(0,3y_0,0)$, $C(0,0,3z_0)$. 注意到各坐标轴的垂直关系,即知以 A、B、C、O 诸点为顶点的四面体的体积为

$$V_{ABCO}=\frac{1}{3}OC\left(\frac{1}{2}OA\cdot OB\right)=\frac{1}{6}3z_03x_03y_0=\frac{9}{2}x_0y_0z_0$$

$$=\frac{9}{2}a^3,$$

它为一个常数,本题获证.

【3553】 证明:曲面

$$\sqrt{x}+\sqrt{y}+\sqrt{z}=\sqrt{a}\quad(a>0)$$

的切平面在坐标轴上割下的诸线段,其和为常量.

证 在曲面上任取一点 $P_0(x_0,y_0,z_0)$,则曲面在该点的切平面方程为

$$\frac{1}{2\sqrt{x_0}}(x-x_0)+\frac{1}{2\sqrt{y_0}}(y-y_0)+\frac{1}{2\sqrt{z_0}}(z-z_0)=0,$$

即

$$\sqrt{y_0z_0}(x-x_0)+\sqrt{x_0z_0}(y-y_0)+\sqrt{x_0y_0}(z-z_0)=0.$$

此切面在坐标轴上所割下的诸线段分别为

$$\sqrt{ax_0},\quad \sqrt{ay_0},\quad \sqrt{az_0},$$

其和为 $\sqrt{a}(\sqrt{x_0}+\sqrt{y_0}+\sqrt{z_0})=\sqrt{a}\sqrt{a}=a$,它是常数,本题获证.

【3554】 证明:锥面

$$z=xf\left(\frac{y}{x}\right)$$

的切平面经过其顶点.

证 $\frac{\partial z}{\partial x}=f\left(\frac{y}{x}\right)-\frac{y}{x}f'\left(\frac{y}{x}\right)$, $\frac{\partial z}{\partial y}=f'\left(\frac{y}{x}\right)$. 于是,锥面在任一点 $P_0(x_0,y_0,z_0)$的切面方程为

$$z-z_0=\left[f\left(\frac{y_0}{x_0}\right)-\frac{y_0}{x_0}f'\left(\frac{y_0}{x_0}\right)\right](x-x_0)+f'\left(\frac{y_0}{x_0}\right)(y-y_0),$$

化简整理得

$$z=\left[f\left(\frac{y_0}{x_0}\right)-\frac{y_0}{x_0}f'\left(\frac{y_0}{x_0}\right)\right]x+f'\left(\frac{y_0}{x_0}\right)y,$$

它显然通过锥面 $z=xf\left(\frac{y}{x}\right)$ 的顶点(0,0,0).

【3555】 证明:旋转面

$$z=f(\sqrt{x^2+y^2})\quad (f'\neq 0)$$

的法线与旋转轴相交.

证 在旋转面上任取一点 $P_0(x_0, y_0, z_0)$，其中 $z_0 = f(\sqrt{x_0^2+y_0^2})$，则曲面在该点的法向量为

$$\vec{n} = \left\{\frac{\partial f}{\partial x}, \frac{\partial f}{\partial y}, -1\right\}_{P_0} = \frac{1}{\sqrt{x_0^2+y_0^2}}\left\{x_0 f', y_0 f', -\sqrt{x_0^2+y_0^2}\right\}.$$

于是,法线方程为

$$\frac{x-x_0}{x_0 f'} = \frac{y-y_0}{y_0 f'} = \frac{z-z_0}{-\sqrt{x_0^2+y_0^2}},$$

显然,法线通过 Oz 轴上的点

$$\left((0, 0, f(\sqrt{x_0^2+y_0^2}) + \frac{\sqrt{x_0^2+y_0^2}}{f'(\sqrt{x_0^2+y_0^2})}\right),$$

即法线和 Oz 轴相交.

【3556】 求椭球面

$$x^2+y^2+z^2-xy=1$$

在坐标面上的射影.

解 先考虑椭球面 $x^2+y^2+z^2-xy=1$ 在 Oxy 平面上的射影.该射影即通过所给曲面上的每一点向 Oxy 平面作垂线所得到的垂足的全体,它是 Oxy 平面上的一个区域,这个区域的边界由曲面上这样的点的投影构成:这一点向 Oxy 平面所作的垂线在它的切面内(这里用到了椭球面的凸性),即该点的法线与 Oxy 平面平行.注意到该点的法向量为 $\{2x-y, 2y-x, 2z\}$.因此,该点的坐标满足

$$\begin{cases} 2z = 0, \\ x^2+y^2+z^2-xy=1. \end{cases}$$

这些点的投影为

$$\begin{cases} z=0, \\ x^2+y^2-xy=1, \end{cases}$$

它即椭球面在 Oxy 平面上射影的边界.

同法可考虑切面与 Oxz 平面垂直,则有 $2y-x=0$.因此,对 Oxz 平面投影为边界点的椭球面上的点应满足方程

$$\begin{cases} 2y-x=0, \\ x^2+y^2+z^2-xy=1. \end{cases}$$

这是椭球面与平面的交线,将它改写为柱面与平面的交线

$$\begin{cases} 2y-x=0, \\ \dfrac{3x^2}{4}+z^2=1. \end{cases}$$

于是,椭球面在 Oxz 平面上射影的边界由方程

$$\begin{cases} y=0, \\ \dfrac{3x^2}{4}+z^2=1 \end{cases}$$

所确定.

同法可确定椭球面在 Oyz 平面上射影的边界由方程

$$\begin{cases} x=0, \\ \dfrac{3y^2}{4}+z^2=1 \end{cases}$$

所确定.

于是,椭球面 $x^2+y^2+z^2-xy=1$ 在 Oxy 平面上的射影为圆:$x^2+y^2-xy\leqslant 1$, $z=0$;在 Oyz 平面上的射影为椭圆:$\dfrac{3}{4}y^2+z^2\leqslant 1$, $x=0$;在 Oxz 平面上的射影为椭圆$\dfrac{3}{4}x^2+z^2\leqslant 1$, $y=0$.

【3557】 分正方形$\{0\leqslant x\leqslant 1,\ 0\leqslant y\leqslant 1\}$为直径$\leqslant\delta$的有限个部分$\sigma$.若曲面

$$z=1-x^2-y^2$$

在属于同一部分σ的任何两点$P(x,y)$及$P_1(x_1,y_1)$的法线方向相差小于1°,求数δ的上界.

解 记曲面在点$P(x,y)$及$P_1(x_1,y_1)$的法向量为$\vec{n}$及$\vec{n}_1$,则$\vec{n}=\{2x,2y,1\}$, $|\vec{n}|\geqslant 1$, $\vec{n}_1=\{2x_1,2y_1,1\}$, $|\vec{n}_1|\geqslant 1$,且有

$$\vec{n}\times\vec{n}_1=\{2(y-y_1),2(x_1-x),4(xy_1-x_1y)\},$$

$$\sin(\widehat{\vec{n},\vec{n}_1})=\frac{\vec{n}\times\vec{n}_1}{|\vec{n}||\vec{n}_1|}\leqslant|\vec{n}\times\vec{n}_1|$$

$$=2\sqrt{(y-y_1)^2+(x-x_1)^2+4(xy_1-x_1y)^2}.$$

注意到 $$(xy_1-x_1y)^2=[x(y_1-y)+y(x-x_1)]^2$$

$$\leqslant 2[x^2(y_1-y)^2+y^2(x-x_1)^2]$$

$$\leqslant 2[(y-y_1)^2+(x-x_1)^2],$$

并记$\rho=\sqrt{(y-y_1)^2+(x-x_1)^2}$,即有

$$(\widehat{\vec{n},\vec{n}_1})\leqslant 2\sqrt{\rho^2+4\cdot 2\rho^2}=6\rho.$$

当$\varphi=(\widehat{\vec{n},\vec{n}_1})<1°$时,$\varphi\approx\sin(\widehat{\vec{n},\vec{n}_1})$.于是,要$\varphi<\frac{\pi}{180}$,只要$6\rho<\frac{\pi}{180}$,即$\rho<\frac{\pi}{1080}\approx 0.003$即可.从而得$\delta<0.003$.

【3558】 设

$$z=f(x,y),\qquad 其中(x,y)\in D \tag{1}$$

为曲面的方程,$\varphi(P_1,P)$为曲面(1)在点$P(x,y)\in D$及$P_1(x_1,y_1)\in D$二点的法线之间的夹角.

证明:若域 D 有界且为封闭的,函数 $f(x,y)$ 在域 D 内有有界的二阶导函数,则李雅甫诺夫不等式

$$\varphi(P_1,P)<C\rho(P_1,P) \tag{2}$$

成立.其中 C 为常数,$\rho(P_1,P)$ 为点 P 与 P_1 之间的距离

证 本题应加区域是凸的这个条件,否则结论就不成立.例如,

$$z=\begin{cases}0, & 当\ y\leqslant 0,\ x^2+y^2\leqslant 1,\\ y^3, & 当\ y>0,\ x\geqslant y^4,\ x^2+y^2\leqslant 1,\\ -y^3, & 当\ y>0,\ x\leqslant -y^4,\ x^2+y^2\leqslant 1,\end{cases}$$

如图 6.30 所示,函数 z 在单位圆内缺一个角的闭区域内定义,且有连续的二阶偏导函数,取 $P_n(\frac{1}{n^3},\frac{1}{n})$ 与 $P_n'(-\frac{1}{n^3},\frac{1}{n})$,则

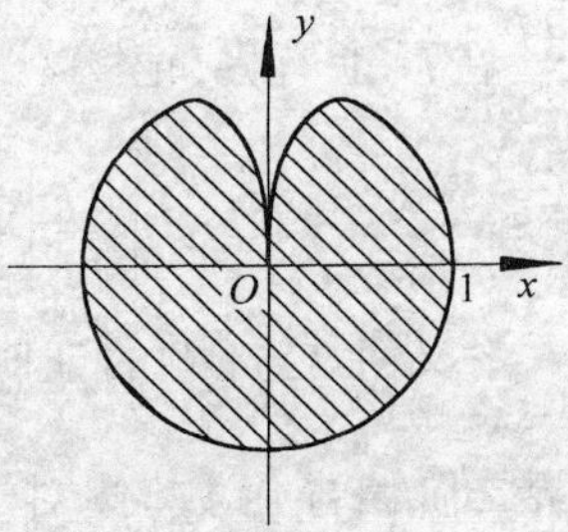

图 6.30

$$\vec{n}=\vec{n}(P_n)=\{0,3y^2,-1\}_{P_n}$$
$$=\left\{0,\frac{3}{n^2},-1\right\},$$

$$\vec{n}'=\vec{n}(P_n')=\{0,-3y^2,-1\}_{P_n'}=\left\{0,-\frac{3}{n^2},-1\right\},$$

$$\vec{n}\times\vec{n}'=\left\{-\frac{6}{n^2},0,0\right\},$$

$$\sin\varphi_n=\frac{|\vec{n}\times\vec{n}'|}{|\vec{n}||\vec{n}'|}=\frac{\frac{6}{n^2}}{1+\frac{9}{n^4}}\to 0\quad(n\to\infty).$$

又因 $\rho_n(P_n,P_n')=\dfrac{2}{n^3}$,

$$\lim_{n\to\infty}\frac{\varphi_n}{\rho_n}=\lim_{n\to\infty}\left(\frac{\sin\varphi_n}{\rho_n}\ \frac{\varphi_n}{\sin\varphi_n}\right)=\lim_{n\to\infty}\frac{\sin\varphi_n}{\rho_n}=\lim_{n\to\infty}\frac{\dfrac{\dfrac{6}{n^2}}{1+\dfrac{9}{n^4}}}{\dfrac{2}{n^3}}=+\infty,$$

故不存在常数 C，使 $\varphi_n < C\,\rho_n$

下面证明当 D 为凸的有界闭域时，不等式(2)为真.

由 3255 题知：当 $f(x,y)$ 在 D 内有二阶连续的偏导函数时，$\frac{\partial f}{\partial x}$ 及 $\frac{\partial f}{\partial y}$ 在 D 内是二元连续的. 又因 D 是有界闭域，故 $\frac{\partial f}{\partial x}$ 及 $\frac{\partial f}{\partial y}$ 在 D 上有界，记

$$\left|\frac{\partial f}{\partial x}\right|<M,\qquad \left|\frac{\partial f}{\partial y}\right|<M.$$

又由 3254 题的证明过程可知：当 D 是凸域，$f(x,y)$ 有有界二阶偏导函数时，对 D 中任意两点 P 及 P_1，$\frac{\partial f}{\partial x}$ 及 $\frac{\partial f}{\partial y}$ 满足里普什兹条件，即存在常数 L，使有

$$\left|\frac{\partial f(P)}{\partial x}-\frac{\partial f(P_1)}{\partial x}\right|<L\rho(P_1,P),$$

$$\left|\frac{\partial f(P)}{\partial y}-\frac{\partial f(P_1)}{\partial y}\right|<L\rho(P_1,P).$$

由

$$\vec{n}(P_1)=\left\{\frac{\partial f(P_1)}{\partial x},\frac{\partial f(P_1)}{\partial y},-1\right\}\text{ 及 }\vec{n}(P)=\left\{\frac{\partial f(P)}{\partial x},\frac{\partial f(P)}{\partial y},-1\right\}$$

知：对于 $\varphi=\varphi(P_1,P)$ 有下列不等式

$$\sin^2\varphi=\frac{|\vec{n}(P_1)\times\vec{n}(P)|^2}{|\vec{n}(P_1)|^2|\vec{n}(P)|^2}\leqslant|\vec{n}(P_1)\times\vec{n}(P)|^2$$

$$=\left[\frac{\partial f(P)}{\partial y}-\frac{\partial f(P_1)}{\partial y}\right]^2+\left[\frac{\partial f(P)}{\partial x}-\frac{\partial f(P_1)}{\partial x}\right]^2$$

$$+\left[\frac{\partial f(P_1)}{\partial x}\frac{\partial f(P)}{\partial y}-\frac{\partial f(P_1)}{\partial y}\frac{\partial f(P)}{\partial x}\right]^2$$

$$<L^2\rho^2+L^2\rho^2+2\left[\frac{\partial f(P_1)}{\partial x}\right]^2\left[\frac{\partial f(P)}{\partial y}-\frac{\partial f(P_1)}{\partial y}\right]^2$$

$$+2\left[\frac{\partial f(P_1)}{\partial y}\right]^2\left[\frac{\partial f(P_1)}{\partial x}-\frac{\partial f(P)}{\partial x}\right]^2$$

$$<2L^2\rho^2+2M^2L^2\rho^2+2M^2L^2\rho^2=2L^2\rho^2(1+2M^2).$$

于是，$\sin\varphi<C_1\rho(P_1,P)$，其中 $C_1^2=2L^2(1+2M^2)$，从而得

$$\varphi(P_1,P)<\frac{\pi}{2}\sin\varphi^{*)}<\frac{\pi}{2}C_1\rho(P_1,P)=C\rho(P_1,P).$$

其中 $C=\frac{\pi}{2}C_1$ 为常数，本题获证.

*) 利用 1290 题的结果.

【3559】 圆柱 $x^2+y^2=a^2$ 与曲面 $bz=xy$ 在公共点 $M_0(x_0,y_0,z_0)$ 相交成怎样的角？

解 二曲面在 M_0 点的法向量为

$$\vec{n}_1=\{y_0,x_0,-b\} \quad 及 \quad \vec{n}_2=\{2x_0,2y_0,0\}.$$

于是，交角 φ 满足

$$\cos\varphi=\frac{\vec{n}_1\cdot\vec{n}_2}{|\vec{n}_1||\vec{n}_2|}=\frac{2x_0y_0+2x_0y_0+0}{\sqrt{x_0^2+y_0^2+b^2}\sqrt{4x_0^2+4y_0^2}}$$

$$=\frac{4bz_0}{\sqrt{a^2+b^2}\,2a}=\frac{2bz_0}{a\sqrt{a^2+b^2}}.$$

【3560】 证明：球坐标的坐标曲面 $x^2+y^2+z^2=r^2$，$y=x\tan\varphi$，$x^2+y^2=z^2\tan^2\theta$ 两两直交.

证 各曲面在其交点 $P(x,y,z)$ 处的法向量分别为

$$\vec{n}_1=\{2x,2y,2z\},\qquad \vec{n}_2=\{\tan\varphi,-1,0\},$$

$$\vec{n}_3=\{2x,2y,-2z\tan^2\theta\}.$$

由于

$$\vec{n}_1\cdot\vec{n}_2=2x\tan\varphi-2y=2y-2y=0,$$

$$\vec{n}_1\cdot\vec{n}_3=4x^2+4y^2-4z^2\tan^2\theta=4z^2\tan^2\theta-4z^2\tan^2\theta=0,$$

$$\vec{n}_2\cdot\vec{n}_3=2x\tan\varphi-2y=0,$$

故知这些曲面在其交点处分别两两直交.

【3561】 证明:球 $x^2+y^2+z^2=2ax$, $x^2+y^2+z^2=2by$, $x^2+y^2+z^2=2cz$,形成三直交系.

证 设球 $x^2+y^2+z^2=2ax$ 与球 $x^2+y^2+z^2=2by$ 交于 $P_0(x_0,y_0,z_0)$点,则它们在 P_0 点的法向量为

$$\vec{n}_1=\{2(x_0-a),2y_0,2z_0\},\quad \vec{n}_2=\{2x_0,2(y_0-b),2z_0\}.$$

由于

$$\begin{aligned}\vec{n}_1\cdot\vec{n}_2&=4[x_0(x_0-a)+y_0(y_0-b)+z_0^2]\\&=2[2x_0^2+2y_0^2+2z_0^2-2ax_0-2by_0]\\&=2[(x_0^2+y_0^2+z_0^2-2ax_0)+(x_0^2+y_0^2+z_0^2-2by_0)]=0,\end{aligned}$$

故知这二球在其交点处直交,同法可证其他球的两两直交性.

【3562】 当 $\lambda=\lambda_1$, $\lambda=\lambda_2$, $\lambda=\lambda_3$ 时,经过每一点 $M(x,y,z)$有三个二次曲面:

$$\frac{x^2}{a^2-\lambda^2}+\frac{y^2}{b^2-\lambda^2}+\frac{z^2}{c^2-\lambda^2}=-1\quad(a>b>c>0).$$

证明这些曲面是直交的.

证 先证 $\lambda_i(i=1,2,3)$的存在性.考虑 λ^2 的多项式

$$\begin{aligned}F(\lambda^2)&=x^2(b^2-\lambda^2)(c^2-\lambda^2)+y^2(a^2-\lambda^2)(c^2-\lambda^2)\\&+z^2(a^2-\lambda^2)(b^2-\lambda^2)+(a^2-\lambda^2)(b^2-\lambda^2)(c^2-\lambda^2).\end{aligned}$$

显然有

$$F(a^2)=x^2(b^2-a^2)(c^2-a^2)>0,$$
$$F(b^2)=y^2(a^2-b^2)(c^2-b^2)<0,$$
$$F(c^2)=z^2(a^2-c^2)(b^2-c^2)>0,$$
$$\lim_{\lambda\to\infty}F(\lambda^2)=-\infty.$$

因此，$F(\lambda^2)=0$ 在 $(a^2,+\infty)$，(b^2,a^2) 及 (c^2,b^2) 内各有一根，记为 $\lambda_1^2,\lambda_2^2,\lambda_3^2$. 但 $F(\lambda^2)$ 是关于 λ^2 的三次多项式，因此，也仅有三个实根 $\lambda_i^2(i=1,2,3)$，且知 $\lambda_i\neq\lambda_j(i\neq j;\ i,j=1,2,3)$. 由 $F(\lambda_i^2)=0$ 不难推得

$$\frac{x^2}{a^2-\lambda_i^2}+\frac{y^2}{b^2-\lambda_i^2}+\frac{z^2}{c^2-\lambda_i^2}=-1\quad(i=1,2,3).$$

下面再证明这三个二次曲面是两两直交的. 由于

$$\vec{n}_i=\left\{\frac{2x}{a^2-\lambda_i^2},\frac{2y}{b^2-\lambda_i^2},\frac{2z}{c^2-\lambda_i^2}\right\}\quad(i=1,2,3),$$

及当 $i\neq j$ 时，

$$\begin{aligned}\vec{n}_i\cdot\vec{n}_j&=\frac{4x^2}{(a^2-\lambda_i^2)(a^2-\lambda_j^2)}+\frac{4y^2}{(b^2-\lambda_i^2)(b^2-\lambda_j^2)}\\&\quad+\frac{4z^2}{(c^2-\lambda_i^2)(c^2-\lambda_j^2)}\\&=\frac{4}{\lambda_i^2-\lambda_j^2}\left[\left(\frac{x^2}{a^2-\lambda_i^2}+\frac{y^2}{b^2-\lambda_i^2}+\frac{z^2}{c^2-\lambda_i^2}\right)\right.\\&\quad\left.-\left(\frac{x^2}{a^2-\lambda_j^2}+\frac{y^2}{b^2-\lambda_j^2}+\frac{z^2}{c^2-\lambda_j^2}\right)\right]\\&=\frac{4}{\lambda_i^2-\lambda_j^2}[(-1)-(-1)]=0,\end{aligned}$$

故本题获证.

【3563】 求函数 $u=x+y+z$ 在沿球面 $x^2+y^2+z^2=1$ 上 $M_0(x_0,y_0,z_0)$ 点的外法线方向上的导函数.

在球面上怎样的点使得上述的导函数有:(1)最大值,(2)最小值,(3)等于零?

解 $r_0=\sqrt{x_0^2+y_0^2+z_0^2}=1$,则在 M_0 点处球面的外法线单位向量为$\left\{\frac{x_0}{r_0},\frac{y_0}{r_0},\frac{z_0}{r_0}\right\}=\{x_0,y_0,z_0\}$.于是,

$$\frac{\partial u}{\partial n}=\left\{\frac{\partial u}{\partial x},\frac{\partial u}{\partial y},\frac{\partial u}{\partial z}\right\}\{x_0,y_0,z_0\}=\{1,1,1\}\{x_0,y_0,z_0\}$$
$$=x_0+y_0+z_0.$$

(1) 利用 1294 题的结果,得

$$x_0+y_0+z_0=1x_0+1y_0+1z_0\leqslant\sqrt{3}\ \sqrt{x_0^2+y_0^2+z_0^2}=\sqrt{3}.$$

当 $x_0=y_0=z_0=\frac{1}{\sqrt{3}}$时,上述等式成立,此点恰在球面上.因此,在$\left\{\frac{1}{\sqrt{3}},\frac{1}{\sqrt{3}},\frac{1}{\sqrt{3}}\right\}$点$\frac{\partial u}{\partial n}$取得最大值.

(2) 同法可得

$$-(x_0+y_0+z_0)=(-1)x_0+(-1)y_0+(-1)z_0\leqslant\sqrt{3},$$

或

$$x_0+y_0+z_0\geqslant-\sqrt{3}.$$

故在点$\left(-\frac{1}{\sqrt{3}},-\frac{1}{\sqrt{3}},-\frac{1}{\sqrt{3}}\right)$,$\frac{\partial u}{\partial n}$取得最小值.

(3) 当 $x+y+z=0$ 及 $x^2+y^2+z^2=1$ 时$\frac{\partial u}{\partial n}=0$.因此,所求的点为由方程

$$\begin{cases}x+y+z=0,\\ x^2+y^2+z^2=1\end{cases}$$

所确定的解(x,y,z),它在单位球面与过圆心的平面 $x+y+z=0$ 的交线——圆上面.

【3564】 求函数 $u=x^2+y^2+z^2$ 在沿椭球面 $\frac{x^2}{a^2}+\frac{y^2}{b^2}+\frac{z^2}{c^2}=1$ 上 $M_0(x_0,y_0,z_0)$ 点的外法线方向上的导函数.

解 $\vec{n}=\left\{\frac{2x_0}{a^2},\frac{2y_0}{b^2},\frac{2z_0}{c^2}\right\}$, 此法向量的单位向量为 $\vec{n}^\circ=\left\{\frac{x_0}{a^2\Delta},\frac{y_0}{b^2\Delta},\frac{z_0}{c^2\Delta}\right\}$, 其中 $\Delta=\sqrt{\frac{x_0^2}{a^4}+\frac{y_0^2}{b^4}+\frac{z_0^2}{c^4}}$. 于是,

$$\left.\frac{\partial u}{\partial n}\right|_{M_0}=\frac{x_0}{a^2\Delta}2x_0+\frac{y_0}{b^2\Delta}2y_0+\frac{z_0}{c^2\Delta}2z_0$$

$$=\frac{2}{\Delta}\left(\frac{x_0^2}{a^2}+\frac{y_0^2}{b^2}+\frac{z_0^2}{c^2}\right)=\frac{2}{\Delta}=\frac{2}{\sqrt{\frac{x_0^2}{a^4}+\frac{y_0^2}{b^4}+\frac{z_0^2}{c^4}}}.$$

【3565】 设 $\frac{\partial u}{\partial n}$ 和 $\frac{\partial v}{\partial n}$ 为函数 u 和 v 在沿曲面 $F(x,y,z)=0$ 上的点的法线方向上的导函数, 证明:

$$\frac{\partial}{\partial n}(uv)=u\frac{\partial v}{\partial n}+v\frac{\partial u}{\partial n}.$$

证 $$\frac{\partial}{\partial n}(uv)=\frac{\partial}{\partial x}(uv)\cos\alpha+\frac{\partial}{\partial y}(uv)\cos\beta+\frac{\partial}{\partial z}(uv)\cos\gamma$$

$$=u\left(\frac{\partial v}{\partial x}\cos\alpha+\frac{\partial v}{\partial y}\cos\beta+\frac{\partial v}{\partial z}\cos\gamma\right)$$

$$+v\left(\frac{\partial u}{\partial x}\cos\alpha+\frac{\partial u}{\partial y}\cos\beta+\frac{\partial u}{\partial z}\cos\gamma\right)$$

$$=u\frac{\partial v}{\partial n}+v\frac{\partial u}{\partial n}.$$

求含一个参变数的平面曲线族的包线:

【3566】 $x\cos\alpha+y\sin\alpha=p$ （$p=$常数).

解 $$\begin{cases}f(x,y,\alpha)=x\cos\alpha+y\sin\alpha-p=0,\\ f'_\alpha(x,y,\alpha)=-x\sin\alpha+y\cos\alpha=0.\end{cases}$$

消去 α, 得

$$x^2+y^2=p^2. \tag{1}$$

由于原曲线没有奇点，且(1)也不是原曲线族中的某一支，故(1)为原曲线族的包线方程.

【3567】 $(x-a)^2+y^2=\dfrac{a^2}{2}$.

解 $\begin{cases}(x-a)^2+y^2-\dfrac{a^2}{2}=0,\\ 2(x-a)+a=0.\end{cases}$

消去 a，得 $y=\pm x$，同 3566 题的理由可知，它是包线方程.

【3568】 $y=kx+\dfrac{a}{k}$ （$a=$ 常数）.

解 $\begin{cases}kx-y+\dfrac{a}{k}=0,\\ x-\dfrac{a}{k^2}=0.\end{cases}$

消去 k，得 $y^2=4ax$，同 3566 题的理由可知，它是包线方程.

【3569】 $y^2=2px+p^2$.

解 $\begin{cases}2px-y^2+p^2=0,\\ x+p=0.\end{cases}$

消去 p，得 $x^2+y^2=0$，它仅为一点(0,0). 于是，原曲线族无包线.

【3570】 设有长为 l 的线段，其两端点沿坐标轴滑动，求如此产生的线段族的包线.

解 如图 6.31 所示，直线方程为

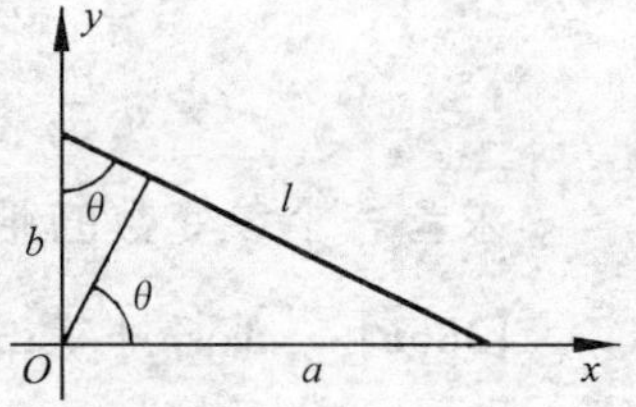

图 6.31

$$\frac{x}{a}+\frac{y}{b}=1.$$

但是 $a=l\sin\theta$，$b=l\cos\theta$，所以，

$$\frac{x}{\sin\theta}+\frac{y}{\cos\theta}=l. \tag{1}$$

对 θ 求导数，得

$$-\frac{x}{\sin^2\theta}\cos\theta+\frac{y}{\cos^2\theta}\sin\theta=0 \quad 或 \quad \frac{x}{\sin^3\theta}=\frac{y}{\cos^3\theta}. \tag{2}$$

由(1)，(2)消去 θ，得 $x^{\frac{2}{3}}+y^{\frac{2}{3}}=l^{\frac{2}{3}}$，同 3566 题的理由可知，它是包线方程.

【3571】 求椭圆族 $\frac{x^2}{a^2}+\frac{y^2}{b^2}=1$ 的包线，已知此族中椭圆中的面积 S 为常数.

解 由题设 $\pi ab=S$，得 $a=\frac{S}{\pi b}$，且

$$\frac{\pi^2b^2x^2}{S^2}+\frac{y^2}{b^2}=1. \tag{1}$$

对 b 求导数，得

$$\frac{2\pi^2bx^2}{S^2}-\frac{2y^2}{b^3}=0. \tag{2}$$

由(2)式 $b^4=\frac{y^2S^2}{\pi^2x^2}$ 或 $b^2=\pm\frac{yS}{\pi x}$，再代入(1)，得 $\pm\frac{\pi xy}{S}\pm\frac{\pi xy}{S}=1$，即

$$|xy|=\frac{S}{2\pi},$$

同 3566 题的理由可知，它是包线方程.

【3572】 炮弹在真空中以初速度 v_0 射出，当投射角 α 在铅垂平面中变化下，求炮弹轨道的包线.

解 炮弹轨道方程为

$$y=x\tan\alpha-\frac{gx^2}{2v_0^2\cos^2\alpha}. \tag{1}$$

对 α 求导数，得

$$0=\frac{x}{\cos^2\alpha}-\frac{gx^2\sin\alpha}{v_0^2\cos^3\alpha}. \qquad (2)$$

由(2)式得 $\tan\alpha=\frac{v_0^2}{xg}$. 代入(1)式，得

$$y=x\tan\alpha-\frac{gx^2}{2v_0^2\cos^2\alpha}=x\frac{v_0^2}{xg}-\frac{gx^2}{2v_0^2}\left(1+\frac{v_0^2}{x^2g^2}\right)=\frac{v_0^2}{2g}-\frac{gx^2}{2v_0^2},$$

同 3566 题的理由可知，它是包线方程.

【3573】 证明：平面曲线的法线的包线是此曲线的渐屈线.

证 这里我们仅就由显式 $y=f(x)$ 所给出的平面曲线情形加以证明.

曲线 $y=f(x)$ 在点 $P(x,y)$ 的法线方程为

$$(X-x)+y'(Y-y)=0. \qquad (1)$$

对 x 求导数，得

$$-1+y''(Y-y)-y'^2=0 \quad 或 \quad y''(Y-y)=1+y'^2. \qquad (2)$$

由(1)，(2)解得

$$\begin{cases} X=x-\dfrac{y'(1+y'^2)}{y''}, \\ Y=y+\dfrac{1+y'^2}{y''}, \end{cases}$$

此即 $y=f(x)$ 的渐屈线方程(参看第二章§14 前言 3°).

同 3566 题的理由可知，它是平面曲线的法线的包线方程.

【3574】 研究下列曲线族的判别曲线的性质(c——参变数)：

(1) 立方抛物线 $y=(x-c)^3$；

(2) 半立方抛物线 $y^2=(x-c)^3$；

(3) 奈尔半立方抛物线 $y^3=(x-c)^2$；

(4) 环索线$(y-c)^2=x^2\frac{a-x}{a+x}$.

解 (1) $\begin{cases} f(x,y,c)=y-(x-c)^3=0, \\ f'_c(x,y,c)=3(x-c)^2=0. \end{cases}$

消去 c,得 $y=0$,它为判别曲线的方程.

原曲线无奇点,且 $y=0$ 也不是原曲线族的某一支,因此,它是包线.此包线与原曲线族在$(c,0)$点相切,且$(c,0)$点是曲线的拐点,即它又是原曲线族拐点的轨迹.如图 6.32(1)所示.

(2) $\begin{cases} y^2-(x-c)^3=0, \\ 3(x-c)^2=0. \end{cases}$ 消去 c,得判别曲线 $y=0$.

原曲线的奇点为$(c,0)$,因此它是奇点的轨迹.要看是否为包线,还要看在奇点的两支是否与判别曲线相切.事实上,两支分别为 $y_1=(x-c)^{\frac{3}{2}}$, $y_2=-(x-c)^{\frac{3}{2}}$,均有 $y_1'(c)=0$, $y_2'(c)=0$.因此,$y=0$ 为原曲线族的包线.如图 6.32(2)所示.

(3) $\begin{cases} y^3-(x-c)^2=0, \\ 2(x-c)=0. \end{cases}$ 消去 c,得判别曲线 $y=0$.

原曲线的奇点为$(c,0)$.由于 $y=(x-c)^{\frac{2}{3}}$在 $x=c$ 处的导数为无穷,因此,它与 $y=0$ 不相切,从而,它无包线.奇点$(c,0)$为尖点.如图 6.32(3)所示.

(4) $\begin{cases} (y-c)^2-x^2\frac{a-x}{a+x}=0, \\ -2(y-c)=0. \end{cases}$

消去 c,得 $x^2(a-x)=0$,即判别曲线为直线 $x=0$ 及 $x=a$.

显然 $x=0$ 为原曲线族奇点的轨迹,用§6.的方法可判别出它是二重点的轨迹.事实上,

$$A=f''_{xx}(0,c)=2,\qquad B=f''_{xy}(0,c)=0,$$

$$C=f''_{yy}(0,c)=-2,\quad AC-B^2=-4<0.$$

从而知 $x=0$ 不是包线.

但是,在 $x=a$ 处 $f'_x(a,y)\neq 0\ (a\neq 0)$. 因此 $x=a$ 不是原曲线族奇点的轨迹,同时它又不是原曲线族的某一支. 因此, $x=a$ 是原曲线族的包线,如图 6.32(4)所示.

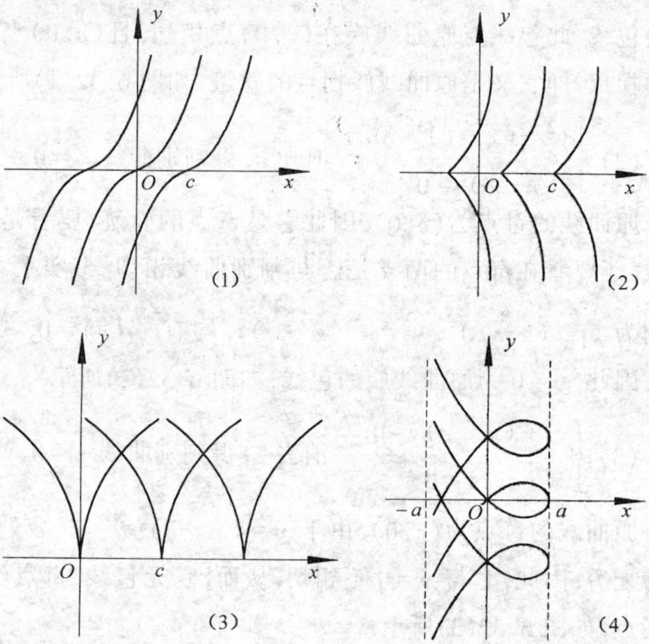

图 6.32

【3575】 求半径为 r, 中心在圆周 $x=R\cos t$, $y=R\sin t$, $z=0$(t - 参数, $R>r$)上的球族的包面.

解
$$\begin{cases}(X-R\cos t)^2+(Y-R\sin t)^2+Z^2=r^2, & (1)\\ 2R\sin t(X-R\cos t)-2R\cos t(Y-R\sin t)=0. & (2)\end{cases}$$

(2)式化简得 $X\sin t-Y\cos t=0$. 于是,

$$\tan t=\frac{Y}{X},\quad \cos t=\pm\frac{X}{\sqrt{X^2+Y^2}},\quad \sin t=\pm\frac{Y}{\sqrt{X^2+Y^2}},\qquad (3)$$

将(3)式代入(1)式,得

$$(X^2+Y^2)\left(1\pm\frac{R}{\sqrt{X^2+Y^2}}\right)^2+Z^2=r^2.$$

当取"+"号时,由于 $R^2>r^2$,故它不代表任何点(不是虚的)的轨迹.

当取"-"号时,由于原曲面族无奇点,且$(\sqrt{X^2+Y^2}-R)^2+Z^2=r^2$ 不是原曲面族的某一个,因此,它是原曲面族的包面(圆环).

【3576】 求球族

$$(x-t\cos\alpha)^2+(y-t\cos\beta)^2+(z-t\cos\gamma)^2=1$$

(其中 $\cos^2\alpha+\cos^2\beta+\cos^2\gamma=1$ 及 t－参变数)的包面.

解

$$\begin{cases}(x-t\cos\alpha)^2+(y-t\cos\beta)^2+(z-t\cos\gamma)^2-1=0, & (1)\\ -2\cos\alpha(x-t\cos\alpha)-2\cos\beta(y-t\cos\beta)-2\cos\gamma(z-t\cos\gamma)=0. & (2)\end{cases}$$

由(2)得

$$t=x\cos\alpha+y\cos\beta+z\cos\gamma\qquad (3)$$

将(3)式代入(1)式,化简整理得

$$x^2+y^2+z^2-(x\cos\alpha+y\cos\beta+z\cos\gamma)^2=1.\qquad (4)$$

由于原曲面族的奇点均不在此方程所表示的曲面上,并且曲面(4)也不是原曲面族中的某一个,因此,曲面(4)为原曲面族的包面.

【3577】 求椭球面族$\frac{x^2}{a^2}+\frac{y^2}{b^2}+\frac{z^2}{c^2}=1$ 的包面,这些椭球的体积 V 是常数.

解 引入辅助函数

$$F(x,y,z,a,b,c)=\frac{x^2}{a^2}+\frac{y^2}{b^2}+\frac{z^2}{c^2}+\lambda\left(abc-\frac{3V}{4\pi}\right),$$

则包面的方程由方程组

$$\begin{cases}\dfrac{x^2}{a^2}+\dfrac{y^2}{b^2}+\dfrac{z^2}{c^2}=1, & (1)\\ abc=\dfrac{3V}{4\pi}, & (2)\\ F'_a=-\dfrac{2x^2}{a^3}+\lambda bc=0, & (3)\\ F'_b=-\dfrac{2y^2}{b^3}+\lambda ac=0, & (4)\\ F'_c=-\dfrac{2z^2}{c^3}+\lambda ab=0 & (5)\end{cases}$$

确定.

由(3)、(4)、(5)可解得

$$\frac{x^2}{a^2}=\frac{y^2}{b^2}=\frac{z^2}{c^2}=\frac{\lambda abc}{2}=\mu. \quad (6)$$

将(6)式代入(1)式,得$\frac{x^2}{a^2}=\frac{y^2}{b^2}=\frac{z^2}{c^2}=\mu=\frac{1}{3}$. 于是,

$$a=\sqrt{3}|x|,\quad b=\sqrt{3}|y|,\quad c=\sqrt{3}|z|. \quad (7)$$

将(7)式代入(2)式,得

$$|xyz|=\frac{V}{4\pi\sqrt{3}}. \quad (8)$$

由于原曲面族无奇点,且曲面(8)也不是原曲面族中的某一个,故知曲面(8)为原曲面族的包面.

【3578】 求半径为 ρ,中心在圆锥面 $x^2+y^2=z^2$ 上的球族的包面.

解 设球心为(a,b,c),则球的方程为

$$(x-a)^2+(y-b)^2+(z-c)^2=\rho^2,$$

其中 $a^2+b^2=c^2$.

引入辅助函数

$$\begin{aligned}&F(x,y,z,a,b,c)\\&=(x-a)^2+(y-b)^2+(z-c)^2+\lambda(a^2+b^2-c^2),\end{aligned}$$

则包面方程由方程组

$$\begin{cases}(x-a)^2+(y-b)^2+(z-c)^2=\rho^2, & (1)\\ a^2+b^2=c^2, & (2)\\ F'_a=-2(x-a)+2\lambda a=0, & (3)\\ F'_b=-2(y-b)+2\lambda b=0, & (4)\\ F'_c=-2(z-c)+2\lambda c=0, & (5)\end{cases}$$

确定.

由(3)、(4)、(5)可得

$$\frac{x}{a}-1=\frac{y}{b}-1=-\frac{z}{c}+1=\lambda.$$

引入记号$\frac{1}{\mu}=\frac{x}{a}=\frac{y}{b}=2-\frac{z}{c}$,则有

$$a=\mu x,\quad b=\mu y,\quad c=\frac{\mu z}{2\mu-1}. \tag{6}$$

将(6)式代入(1),(2)两式,得

$$\begin{cases}x^2+y^2+\dfrac{z^2}{(2\mu-1)^2}=\dfrac{\rho^2}{(\mu-1)^2}, & (7)\\ x^2+y^2-\dfrac{z^2}{(2\mu-1)^2}=0. & (8)\end{cases}$$

(7)+(8)得

$$2(x^2+y^2)=\frac{\rho^2}{(\mu-1)^2} \quad 或 \quad \sqrt{2}\rho=\sqrt{x^2+y^2}\,|2\mu-2|. \tag{9}$$

由(8)得
$$2\mu-1=\pm\frac{z}{\sqrt{x^2+y^2}}. \tag{10}$$

将(10)代入(9),整理得

$$\sqrt{2}\rho=|\sqrt{x^2+y^2}\pm z|. \tag{11}$$

由于原曲面族无奇点,且曲面(11)也不是原曲面族的某一个.因此,曲面(11)为原曲面族的包面.

【3579】 有一发光点位于坐标原点.若 $x_0^2+y_0^2+z_0^2>R^2$,求由球

$$(x-x_0)^2+(y-y_0)^2+(z-z_0)^2\leqslant R^2$$

投影所生成的阴影圆锥.

解 解法1:

所求的阴影圆锥的表面,可看作是一个过原点的平面族的包面,此平面族的方程为 $ax+bx+cz=0$,其中 a,b,c 满足约束条件

$$\begin{cases} ax_0+by_0+cz_0=\pm R, \\ a^2+b^2+c^2=1. \end{cases}$$

引进辅助函数

$$F(x,y,z,a,b,c)=ax+by+cz+\lambda(ax_0+by_0+cz_0\mp R)+\mu(a^2+b^2+c^2-1),$$

则包面方程由方程组

$$\begin{cases} ax+by+cz=0, & (1)\\ a^2+b^2+c^2=1, & (2)\\ ax_0+by_0+cz_0=\pm R, & (3)\\ F'_a=x+\lambda x_0+2\mu a=0, & (4)\\ F'_b=y+\lambda y_0+2\mu b=0, & (5)\\ F'_c=z+\lambda z_0+2\mu c=0 & (6)\end{cases}$$

确定.

方程(4)、(5)、(6)要能解出 λ、μ,其中 a、b、c 必须满足关系式

$$\begin{vmatrix} x & x_0 & a\\ y & y_0 & b\\ z & z_0 & c\end{vmatrix}=0. \tag{7}$$

记

$$r_1=\begin{vmatrix} y & y_0\\ z & z_0\end{vmatrix},\quad r_2=\begin{vmatrix} z & z_0\\ x & x_0\end{vmatrix},\quad r_3=\begin{vmatrix} x & x_0\\ y & y_0\end{vmatrix},$$

则上述关系式可记为

$$ar_1+br_2+cr_3=0. \tag{8}$$

由(1)、(3)、(8)可解得

$$a=\frac{\begin{vmatrix} 0 & y & z\\ \pm R & y_0 & z_0\\ 0 & r_2 & r_3\end{vmatrix}}{\begin{vmatrix} x & y & z\\ x_0 & y_0 & z_0\\ r_1 & r_2 & r_3\end{vmatrix}}=\frac{\pm R(zr_2-yr_3)}{(r_1^2+r_2^2+r_3^2)}$$

或

$$a^2=\frac{R^2(zr_2-yr_3)^2}{(r_1^2+r_2^2+r_3^2)^2},\ b^2=\frac{R^2(xr_3-zr_1)^2}{(r_1^2+r_2^2+r_3^2)^2},\ c^2=\frac{R^2(xr_2-yr_1)^2}{(r_1^2+r_2^2+r_3^2)^2}. \tag{9}$$

将(9)式代入(2)式，即得

$$(r_1^2+r_2^2+r_3^2)^2=R^2[(yr_3-zr_2)^2+(xr_3-zr_1)^2+(xr_2-yr_1)^2]$$
$$=R^2[(r_1^2+r_2^2+r_3^2)(x^2+y^2+z^2)-(xr_1+yr_2+zr_3)^2]$$
$$=R^2(r_1^2+r_2^2+r_3^2)(x^2+y^2+z^2).$$

(其中利用了 $xr_1+yr_2+zr_3=0$，这是不难验证的.)于是，有

$$r_1^2+r_2^2+r_3^2=R^2(x^2+y^2+z^2). \tag{10}$$

由于原平面族无奇点，且曲面(10)不是平面族的某一个，因此，曲面(10)即为包面. 所求的阴影圆锥为此锥面的内部，即满足不等式

$$r_1^2+r_2^2+r_3^2\leqslant R^2(x^2+y^2+z^2)$$

的空间区域(严格说来，还要除去球前部的区域).

解法 2：

显然，阴影圆锥是由通过坐标原点的球面$(x-x_0)^2+(y-y_0)^2+(z-z_0)^2=R^2$ 的全体切线构成的. 由解析几何知，如果点 $P_1(x_1,y_1,z_1)$不在二次曲面

$$F(x,y,z)=ax^2+by^2+cz^2+2fyz$$
$$+2gxz+2hxy+2px+2qy+2rz+\mathrm{d}$$
$$=\varphi(x,y,z)+2px+2qy+2rz+\mathrm{d}=0 \tag{1}$$

上，则通过点 P_1 而和二次曲面(1)相切的全体切线所构成的锥面方程为

$$[(x-x_1)F'_x(x_1,y_1,z_1)+(y-y_1)F'_y(x_1,y_1,z_1)$$
$$+(z-z_1)F'_z(x_1,y_1,z_1)]^2$$

$$-4\varphi(x-x_1, y-y_1, z-z_1)F(x_1, y_1, z_1)=0. \qquad (2)$$

今有

$$F(x, y, z)=(x-x_0)^2+(y-y_0)^2+(z-z_0)^2-R^2$$

$$=x^2+y^2+z^2-2(x_0x+y_0y+z_0z)+(x_0^2+x_0^2+x_0^2-R^2).$$

由于

$$F'_x(0,0,0)=-2x_0,\ F'_y(0,0,0)=-2y_0,\ F'_z(0,0,0)=-2z_0,$$

故由(2)即得阴影圆锥面的方程为

$$(-2x_0x-2y_0y-2z_0z)^2-4(x^2+y^2+z^2)(x_0^2+y_0^2+z_0^2-R^2)=0$$

或

$$(y_0^2+z_0^2)x^2+(x_0^2+z_0^2)y^2+(x_0^2+y_0^2)z^2-2x_0y_0xy$$

$$-2y_0z_0yz-2z_0x_0zx-R^2(x^2+y^2+z^2)=0.$$

由于

$$(y_0^2+z_0^2)x_0^2+(x_0^2+z_0^2)y_0^2+(x_0^2+y_0^2)z_0^2-2x_0^2y_0^2-2y_0^2z_0^2$$

$$-2z_0^2x_0^2-R^2(x_0^2+y_0^2+z_0^2)=-R^2(x_0^2+y_0^2+z_0^2)<0,$$

故所求的阴影圆锥为此锥面的内部,即满足不等式

$$(y_0^2+z_0^2)x^2+(z_0^2+x_0^2)y^2+(x_0^2+y_0^2)z^2-2x_0y_0xy$$

$$-2y_0z_0yz-2z_0x_0zx-R^2(x^2+y^2+z^2)\leqslant 0$$

或

$$\begin{vmatrix} x & y \\ x_0 & y_0 \end{vmatrix}^2+\begin{vmatrix} y & z \\ y_0 & z_0 \end{vmatrix}^2+\begin{vmatrix} z & x \\ z_0 & x_0 \end{vmatrix}^2\leqslant R^2(x^2+y^2+z^2)$$

的空间区域(严格说来,还要除去前部的区域).

解法 3:

如图 6.33 所示,由三角形的面积公式$\frac{1}{2}|\vec{r}|\cdot|\vec{l}_0|\sin\alpha$ 得到

$$|\vec{r}\times\vec{l}_0| = |\vec{r}|\cdot|\vec{l}_0|\frac{R}{|\vec{l}_0|},$$

其中 $\vec{l}_0 = \{x_0, y_0, z_0\}$, $\vec{r} = \{x, y, z\}$,而 $P(x, y, z)$为锥面上的任意一点.平方之,即得圆锥曲面的方程为

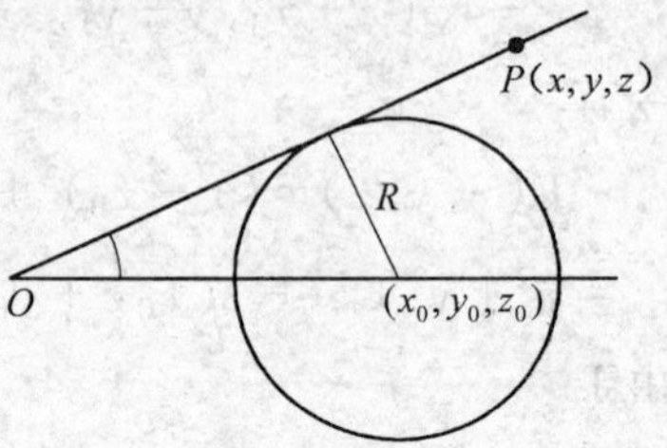

$$|\vec{r}\times\vec{l}_0|^2 = R^2|\vec{r}|^2.$$

图 6.33

于是,所求的阴影圆锥为适合不等式$|\vec{r}\times\vec{l}_0|^2 \leqslant R^2|\vec{r}|^2$, 即

$$\begin{vmatrix} x & y \\ x_0 & y_0 \end{vmatrix}^2 + \begin{vmatrix} y & z \\ y_0 & z_0 \end{vmatrix}^2 + \begin{vmatrix} z & x \\ z_0 & x_0 \end{vmatrix}^2 \leqslant R^2(x^2+y^2+z^2)$$

的空间区域(严格说来,还要除去球前部的区域).

【3580】 若参变量 p 和 q 受方程

$$p^2+q^2=1$$

的限制,求平面族

$$z-z_0=p(x-x_0)+q(y-y_0)$$

的包面.

解 解法1:

引进辅助函数

$$F(x, y, z, p, q) = z-z_0-p(x-x_0)-q(y-y_0) + \lambda(p^2+q^2-1),$$

则包面方程由方程组

$$\begin{cases} z-z_0=p(x-x_0)+q(y-y_0), & (1) \\ p^2+q^2=1. & (2) \\ F'_p=-(x-x_0)+2\lambda p=0, & (3) \\ F'_q=-(y-y_0)+2\lambda q=0 & (4) \end{cases}$$

确定.

(3)×p+(4)×q,得 $2\lambda = z - z_0$. 于是,由(3),(4)得

$$p = \frac{x - x_0}{z - z_0}, \qquad q = \frac{y - y_0}{z - z_0}. \tag{5}$$

将(5)式代入(1)式,得

$$(z - z_0)^2 = (x - x_0)^2 + (y - y_0)^2.$$

由于原平面族无奇点,且显见上述曲面不是平面,故上述曲面即为包面.

解法 2:

引入新参数 θ,令 $p = \sin\theta$, $q = \cos\theta$.

$$\begin{cases} z - z_0 = \cos\theta \cdot (x - x_0) + \sin\theta \cdot (y - y_0), & (1) \\ \sin\theta \cdot (x - x_0) = \cos\theta \cdot (y - y_0). & (2) \end{cases}$$

于是,

$$\sin\theta = \frac{\pm (y - y_0)}{\sqrt{(x - x_0)^2 + (y - y_0)^2}},$$

$$\cos\theta = \frac{\pm (x - x_0)}{\sqrt{(x - x_0)^2 + (y - y_0)^2}}.$$

代入(1)式,得

$$(z - z_0)^2 = (x - x_0)^2 + (y - y_0)^2.$$

由于原平面族无奇点,且上述曲面不是平面,故上述曲面即为包面.

§6. 台劳公式

1° 台劳公式 若函数 $f(x,y)$ 在点 (a,b) 的某邻域内有直到 $n+1$ 阶(连 $n+1$ 阶的在内)的一切连续偏导函数,则在此邻域内下面的公式成立

$$f(x,y)=f(a,b)+\sum_{i=1}^{n}\frac{1}{i!}\left[(x-a)\frac{\partial}{\partial x}+(y-b)\frac{\partial}{\partial y}\right]^{i}\cdot f(a,b)+R_n(x,y), \qquad (1)$$

其中

$$R_n(x,y)=\frac{1}{(n+1)!}\left[(x-a)\frac{\partial}{\partial x}+(y-b)\frac{\partial}{\partial y}\right]^{n+1}\cdot f[a+\theta_n(x-a),b+\theta_n(y-b)] \quad (0<\theta_n<1).$$

2° 台劳级数 若函数 $f(x,y)$ 可以无穷次地微分及 $\lim\limits_{n\to\infty}R_n(x,y)=0$,则此函数可表成幂级数的形状

$$f(x,y)=f(a,b)+\sum_{i+j\geqslant 1}^{\infty}\frac{1}{i!j!}f_{x^iy^j}^{(i+j)}(a,b)(x-a)^i(y-b)^j \qquad (2)$$

特别情形,当 $a=b=0$ 时分式(1)和(2)分别名为马克老林公式和马克老林级数.

对于多于两个变量的函数有类似的公式.

3° 平面曲线的奇点 设在某点 $M_0(x_0,y_0)$ 可微分两次的曲线 $F(x,y)=0$ 适合下列条件

$$F(x_0,y_0)=0,\quad F'_x(x_0,y_0)=0,\quad F'_y(x_0,y_0)=0$$

及数

$$A=F''_{xx}(x_0,y_0),\quad B=F''_{xy}(x_0,y_0),\quad C=F''_{yy}(x_0,y_0)$$

不全为零.于是,若

(1) $AC-B^2>0$,则 M_0—孤立点;

(2) $AC-B^2<0$,则 M_0—二重点(节);

(3) $AC-B^2=0$,则 M_0—上升点或孤立点.

在 $A=B=C=0$ 的情形,奇点的种类可能更复杂.至于不属于光滑的曲线类 $C^{(2)}$ 的曲线,奇点还可能有更复杂的类型:中断的点,角点等等.

【3581】 在点 $A(1,-2)$ 的邻域内根据台劳公式展开函数

$$f(x,y)=2x^2-xy-y^2-6x-3y+5.$$

解 $\frac{\partial f}{\partial x}=4x-y-6,\qquad \frac{\partial f}{\partial y}=-x-2y-3;$

$$\frac{\partial^2 f}{\partial x^2}=4,\qquad \frac{\partial^2 f}{\partial x\partial y}=-1,\qquad \frac{\partial^2 f}{\partial y^2}=-2.$$

所有三阶偏导函数均为零,因此,有 $R_2(x,y)=0$. 在点 $A(1,-2)$ 处,

$$f(1,-2)=5,\qquad \frac{\partial f}{\partial x}=0,\qquad \frac{\partial f}{\partial y}=0,$$

$$\frac{\partial^2 f}{\partial x^2}=4,\qquad \frac{\partial^2 f}{\partial x\partial y}=-1,\qquad \frac{\partial^2 f}{\partial y^2}=-2.$$

于是,

$$f(x,y)=5+2(x-1)^2-(x-1)(y+2)-(y+2)^2.$$

【3582】 在点 $A(1,1,1)$ 的邻域内根据台劳公式展开函数

$$f(x,y,z)=x^3+y^3+z^3-3xyz.$$

解 $\frac{\partial f}{\partial x}=3x^2-3yz,\quad \frac{\partial f}{\partial y}=3y^2-3xz,\quad \frac{\partial f}{\partial z}=3z^2-3xy;$

$$\frac{\partial^2 f}{\partial x^2}=6x,\qquad \frac{\partial^2 f}{\partial y^2}=6y,\qquad \frac{\partial^2 f}{\partial z^2}=6z;$$

$$\frac{\partial^2 f}{\partial x\partial y}=-3z,\qquad \frac{\partial^2 f}{\partial y\partial z}=-3x,\qquad \frac{\partial^2 f}{\partial x\partial z}=-3y;$$

$$\frac{\partial^3 f}{\partial x^3}=\frac{\partial^3 f}{\partial y^3}=\frac{\partial^3 f}{\partial z^3}=6,\qquad \frac{\partial^3 f}{\partial x\partial y\partial z}=-3,$$

其余的三阶混合偏导函数均为零;所有的四阶偏导函数均为零,因此,$R_3(x,y,z)=0$. 在点 $A(1,1,1)$ 处,

$$f(1,1,1)=0,\quad \frac{\partial f}{\partial x}=\frac{\partial f}{\partial y}=\frac{\partial f}{\partial z}=0,\quad \frac{\partial^2 f}{\partial x^2}=\frac{\partial^2 f}{\partial y^2}=\frac{\partial^2 f}{\partial z^2}=6,$$

$$\frac{\partial^2 f}{\partial x\partial y}=\frac{\partial^2 f}{\partial y\partial z}=\frac{\partial^2 f}{\partial x\partial z}=-3,\qquad \frac{\partial^3 f}{\partial x^3}=\frac{\partial^3 f}{\partial y^3}=\frac{\partial^3 f}{\partial z^3}=6,$$

$$\frac{\partial^3 f}{\partial x\partial y\partial z}=-3,\ \frac{\partial^3 f}{\partial x^2\partial y}=\cdots=\frac{\partial^3 f}{\partial z^2\partial x}=0,$$

于是,

$$\begin{aligned}&f(x,y,z)=f(1,1,1)\\&\quad+\sum_{i=1}^{3}\frac{1}{i!}\left[(x-1)\frac{\partial}{\partial x}+(y-1)\frac{\partial}{\partial y}+(z-1)\frac{\partial}{\partial z}\right]^i f(1,1,1)\\&=3[(x-1)^2+(y-1)^2+(z-1)^2\\&\quad-(x-1)(y-1)-(x-1)(z-1)-(y-1)(z-1)]\\&\quad+(x-1)^3+(y-1)^3+(z-1)^3-3(x-1)(y-1)(z-1).\end{aligned}$$

【3583】 当从 $x=1,y=-1$ 变到 $x_1=1+h,y_1=-1+k$ 时,求函数 $f(x,y)=x^2y+xy^2-2xy$ 的增量.

解 记 $A(1,-1)$及 $P(1+h,-1+k)$,则

$$\left.\frac{\partial f}{\partial x}\right|_A=(2xy+y^2-2y)\Big|_A=1,$$

$$\left.\frac{\partial f}{\partial y}\right|_A=(x^2+2xy-2x)\Big|_A=-3;$$

$$\left.\frac{\partial^2 f}{\partial x^2}\right|_A=2y\Big|_A=-2,\qquad \left.\frac{\partial^2 f}{\partial y^2}\right|_A=2x\Big|_A=2,$$

$$\left.\frac{\partial^2 f}{\partial x\partial y}\right|_A=(2x+2y-2)\Big|_A=-2;$$

$$\left.\frac{\partial^3 f}{\partial x^3}\right|_A=\left.\frac{\partial^3 f}{\partial y^3}\right|_A=0,\qquad \left.\frac{\partial^3 f}{\partial x^2\partial y}\right|_A=\left.\frac{\partial^3 f}{\partial x\partial y^2}\right|_A=2;$$

所有四阶偏导函数均为零,因此,$R_3(x,y)=0$. 于是,按台劳公式即得

$$\Delta f=f(P)-f(A)=\sum_{i=1}^{3}\frac{1}{i!}\left(h\frac{\partial}{\partial x}+k\frac{\partial}{\partial y}\right)^i f(A)$$

$$=(h-3k)+(-h^2-2hk+k^2)+hk(h+k).$$

【3584】 设：

$$f(x,y,z)=Ax^2+By^2+Cz^2+2Dxy+2Exz+2Fyz,$$

按数 h,k 和 l 的正整数幂展开 $f(x+h,y+k,z+l)$.

解 $\frac{\partial f}{\partial x}=2(Ax+Dy+Ez)$, $\frac{\partial^2 f}{\partial x^2}=2A$, $\frac{\partial^2 f}{\partial x\partial y}=2D$,

$\frac{\partial f}{\partial y}=2(By+Dx+Fz)$, $\frac{\partial^2 f}{\partial y^2}=2B$, $\frac{\partial^2 f}{\partial y\partial z}=2F$,

$\frac{\partial f}{\partial z}=2(Cz+Ex+Fy)$, $\frac{\partial^2 f}{\partial z^2}=2C$, $\frac{\partial^2 f}{\partial z\partial x}=2E$.

所有三阶偏导函数均为零，因此 $R_2(x,y)=0$. 于是，按台劳公式即得

$$\begin{aligned}
&f(x+h,y+k,z+l)\\
&=f(x,y,z)+\sum_{i=1}^{2}\frac{1}{i!}\left(h\frac{\partial}{\partial x}+k\frac{\partial}{\partial y}+l\frac{\partial}{\partial z}\right)^i f(x,y,z)\\
&=f(x,y,z)+2[h(Ax+Dy+Ez)+k(By+Dx+Fz)\\
&\quad+l(Cz+Ex+Fy)]+[Ah^2+Bk^2+Cl^2+2Dhk+2Ehl+2Fkl]\\
&=f(x,y,z)+2[h(Ax+Dy+Ez)+k(Dx+By+Fz)\\
&\quad+l(Ex+Fy+Cz)]+f(h,k,l).
\end{aligned}$$

【3585】 写出函数

$$f(x,y)=x^y$$

在点 $A(1,1)$ 的邻域内的展开式，到二次项为止.

解 $\frac{\partial f}{\partial x}=yx^{y-1}$, $\frac{\partial f}{\partial y}=x^y\ln x$,

$\frac{\partial^2 f}{\partial x^2}=y(y-1)x^{y-2}$, $\frac{\partial^2 f}{\partial x\partial y}=x^{y-1}+yx^{y-1}\ln x$,

$\frac{\partial^2 f}{\partial y^2}=x^y\ln^2 x$, $\frac{\partial^2 f}{\partial x^3}=y(y-1)(y-2)x^{y-3}$,

$$\frac{\partial^3 f}{\partial y^3}=x^y\ln^3 x,\quad \frac{\partial^3 f}{\partial x^2\partial y}=(2y-1)x^{y-2}+y(y-1)x^{y-2}\ln x,$$

$$\frac{\partial^3 f}{\partial x\partial y^2}=yx^{y-1}\ln^2 x+2x^{y-1}\ln x.$$

于是,按台劳公式在点(1,1)附近展到二次项,得

$$x^y=1+(x-1)+(x-1)(y-1)$$
$$+R_2[1+\theta(x-1),1+\theta(y-1)]\quad 0<\theta<1,$$

其中余项

$$R_2(x,y)=\frac{1}{3!}\{y(y-1)(y-2)x^{y-3}\mathrm{d}x^3$$
$$+3[(2y-1)x^{y-2}+y(y-1)x^{y-2}\ln x]\mathrm{d}x^2\mathrm{d}y$$
$$+3[yx^{y-1}\ln^2 x+2x^{y-1}\ln x]\mathrm{d}x\mathrm{d}y^2+x^y\ln^3 x\mathrm{d}y^3\}$$
$$=\frac{1}{6}x^y\left[\left(\frac{y}{x}\mathrm{d}x+\ln x\mathrm{d}y\right)^3+3\left(\frac{y}{x}\mathrm{d}x+\ln x\mathrm{d}y\right)\right.$$
$$\left.\cdot\left(-\frac{y}{x^2}\mathrm{d}x^2+\frac{2}{x}\mathrm{d}x\mathrm{d}y\right)+\left(\frac{2y}{x^3}\mathrm{d}x^3-\frac{3}{x^2}\mathrm{d}x^2\mathrm{d}y\right)\right]$$

$$\mathrm{d}x=x-1,\qquad \mathrm{d}y=y-1.$$

【3586】 根据马克老林公式展开函数

$$f(x,y)=\sqrt{1-x^2-y^2}$$

到四次项为止.

解 由于

$$(1+x)^{\frac{1}{2}}=1+\frac{1}{2}x\ \frac{\left(\frac{1}{2}\right)\left(\frac{1}{2}-1\right)}{2!}x^2+\frac{\left(\frac{1}{2}\right)\left(\frac{1}{2}-1\right)\left(\frac{1}{2}-2\right)}{3!}x^3+\cdots$$
$$\approx 1+\frac{1}{2}x-\frac{1}{8}x^2+\frac{1}{16}x^3,$$

故得

$$f(x,y)=\sqrt{1-x^2-y^2}=[1+(-x^2-y^2)]^{\frac{1}{2}}$$

$$\approx 1-\frac{1}{2}(x^2+y^2)-\frac{1}{8}(x^2+y^2)^2.$$

【3587】 若$|x|$和$|y|$同1比较为很小的量，对于下列二式

(1) $\dfrac{\cos x}{\cos y}$； (2) $\arctan\dfrac{1+x+y}{1-x+y}$；

推出准确到二次项的近似公式.

解 (1) $\dfrac{\cos x}{\cos y}=\cos x(1-\sin^2 y)^{-\frac{1}{2}}$

$$=(1-\frac{x^2}{2}+\cdots)(1+\frac{1}{2}\sin^2 y+\cdots)\approx(1-\frac{x^2}{2})(1+\frac{1}{2}\sin^2 y)$$

$$\approx(1-\frac{x^2}{2})(1+\frac{1}{2}y^2)\approx 1-\frac{1}{2}(x^2-y^2).$$

(2) $$\arctan\frac{1+x+y}{1-x+y}=\arctan\frac{1+\dfrac{x}{1+y}}{1-\dfrac{x}{1+y}}$$

$$=\frac{\pi}{4}+\arctan\frac{x}{1+y}=\frac{\pi}{4}+(\frac{x}{1+y})-\frac{1}{3}(\frac{x}{1+y})^3+\cdots$$

$$\approx\frac{\pi}{4}+x(1-y+y^2)\approx\frac{\pi}{4}+x-xy.$$

【3588】 假定 x,y,z 的绝对值是很小的量，简化下式

$$\cos(x+y+z)-\cos x\cos y\cos z.$$

解 我们简化上式到二次项.

$$\cos(x+y+z)-\cos x\cos y\cos z$$

$$\approx 1-\frac{1}{2}(x+y+z)^2-(1-\frac{1}{2}x^2)(1-\frac{1}{2}y^2)(1-\frac{1}{2}z^2)$$

$$\approx 1-\frac{1}{2}(x^2+y^2+z^2)-(xy+yz+zx)$$

$$-(1-\frac{1}{2}x^2-\frac{1}{2}y^2-\frac{1}{2}z^2)=-(xy+yz+zx).$$

【3589】 依 h 的乘幂把函数

$$F(x,y)=\frac{1}{4}[f(x+h,y)+f(x,y+h)$$

$$+f(x-h,y)+f(x,y-h)]-f(x,y)$$

展开,准确到 h^4.

解 记$\dfrac{\partial f(x,y)}{\partial x}=\dfrac{\partial f}{\partial x}$ 及 $\dfrac{\partial f(x,y)}{\partial y}=\dfrac{\partial f}{\partial y},\cdots$,余类似,即得

$$\begin{aligned}F(x,y)=&\frac{1}{4}\{[f(x+h,y)-f(x,y)+[f(x,y+h)-f(x,y)]\\&+[f(x-h,y)-f(x,y)]+[f(x,y-h)-f(x,y)]\}\\\approx&\frac{1}{4}\left\{\left[h\frac{\partial f}{\partial x}+\frac{1}{2}h^2\frac{\partial^2 f}{\partial x^2}+\frac{1}{6}h^3\frac{\partial^3 f}{\partial x^3}+\frac{1}{24}h^4\frac{\partial^4 f}{\partial x^4}\right]\right.\\&+\left[h\frac{\partial f}{\partial y}+\frac{1}{2}h^2\frac{\partial^2 f}{\partial y^2}+\frac{1}{6}h^3\frac{\partial^3 f}{\partial y^3}+\frac{1}{24}h^4\frac{\partial^4 f}{\partial y^4}\right]\\&+\left[-h\frac{\partial f}{\partial x}+\frac{1}{2}h^2\frac{\partial^2 f}{\partial x^2}-\frac{1}{6}h^3\frac{\partial^3 f}{\partial x^3}+\frac{1}{24}h^4\frac{\partial^4 f}{\partial x^4}\right]\\&\left.+\left[-h\frac{\partial f}{\partial y}+\frac{1}{2}h^2\frac{\partial^2 f}{\partial y^2}-\frac{1}{6}h^3\frac{\partial^3 f}{\partial y^3}+\frac{1}{24}h^4\frac{\partial^4 f}{\partial y^4}\right]\right\}\\=&\frac{h^2}{4}\left(\frac{\partial^2 f}{\partial x^2}+\frac{\partial^2 f}{\partial y^2}\right)+\frac{h^4}{48}\left(\frac{\partial^4 f}{\partial x^4}+\frac{\partial^4 f}{\partial y^4}\right).\end{aligned}$$

【3590】 已知中心在点 $P(x,y)$半径为 ρ 的圆周,设 $f(P)=f(x,y)$及 $P_i(x_i,y_i)(i=1,2,3)$为已知圆周之内接正三角形的顶点,并且 $x_1=x+\rho,\ y_1=y$.依 ρ 的正整数幂把函数

$$F(\rho)=\frac{1}{3}[f(P_1)+f(P_2)+f(P_3)]$$

展开准确到 ρ^2.

解 如图 6.34 所示.$\Delta P_1P_2P_3$ 之三顶点分别为

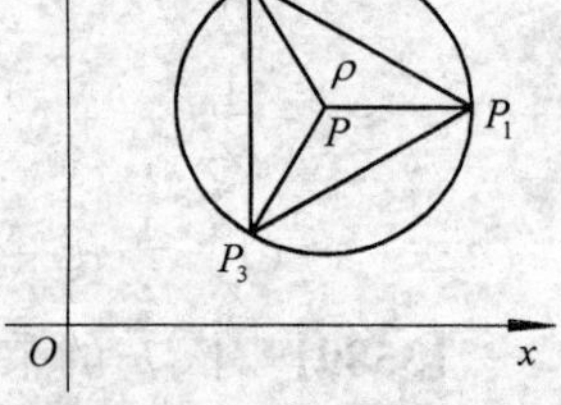

图 6.34

$$P_1(x+\rho,y),$$

$$P_2(x-\frac{\rho}{2}, y+\frac{\sqrt{3}}{2}\rho), \quad P_3(x-\frac{\rho}{2}, y-\frac{\sqrt{3}}{2}\rho).$$

于是,

$$F(\rho)=\frac{1}{3}[f(P_1)+f(P_2)+f(P_3)]$$

$$\approx\frac{1}{3}\left\{\left[f(P)+\rho\frac{\partial f}{\partial x}+\frac{\rho^2}{2}\frac{\partial^2 f}{\partial x^2}\right]+\left[f(P)+\left(-\frac{\rho}{2}\right)\frac{\partial f}{\partial x}\right.\right.$$

$$\left.+\frac{\sqrt{3}}{2}\rho\frac{\partial f}{\partial y}+\frac{\rho^2}{8}\frac{\partial^2 f}{\partial x^2}+\frac{3\rho^2}{8}\frac{\partial^2 f}{\partial y^2}-\frac{\sqrt{3}\rho^2}{4}\frac{\partial^2 f}{\partial x\partial y}\right]$$

$$+\left[f(P)+\left(-\frac{\rho}{2}\right)\frac{\partial f}{\partial x}+\left(-\frac{\sqrt{3}}{2}\right)\rho\frac{\partial f}{\partial y}+\frac{\rho^2}{8}\frac{\partial^2 f}{\partial x^2}\right.$$

$$\left.\left.+\frac{3\rho^2}{8}\frac{\partial^2 f}{\partial y^2}+\frac{\sqrt{3}\rho^2}{4}\frac{\partial^2 f}{\partial x\partial y}\right]\right\}=f(P)+\frac{\rho^2}{4}\left(\frac{\partial^2 f}{\partial x^2}+\frac{\partial^2 f}{\partial y^2}\right).$$

【3591】 依 h 与 k 的乘幂把函数

$$\Delta_{xy}f(x,y)=f(x+h,y+k)-f(x+h,y)$$
$$-f(x,y+k)+f(x,y)$$

展开.

解 $\Delta_{xy}f(x,y)=\left[f(x,y)+h\frac{\partial f}{\partial x}+k\frac{\partial f}{\partial y}\right.$

$$\left.+\sum_{n=2}^{\infty}\sum_{m=0}^{n}\frac{h^m k^{n-m}}{m!(n-m)!}\frac{\partial^n f}{\partial x^m\partial y^{n-m}}\right]$$

$$-\left[f(x,y)+\sum_{n=1}^{\infty}\frac{h^n}{n!}\frac{\partial^n f}{\partial x^n}\right]$$

$$-\left[f(x,y)+\sum_{n=1}^{\infty}\frac{k^n}{n!}\frac{\partial^n f}{\partial y^n}\right]+f(x,y)$$

$$=\sum_{n=2}^{\infty}\sum_{m=1}^{n-1}\frac{h^m k^{n-m}}{m!(n-m)!}\frac{\partial^n f}{\partial x^m\partial y^{n-m}}$$

$$=hk\left[\frac{\partial^2 f}{\partial x\partial y}+\sum_{n=3}^{\infty}\sum_{m=1}^{n-1}\frac{h^{m-1}k^{n-m-1}}{m!(n-m)!}\frac{\partial^n f}{\partial x^m\partial y^{n-m}}\right].$$

【3592】 依 ρ 的乘幂把函数

$$F(\rho)=\frac{1}{2\pi}\int_0^{2\pi} f(x+\rho\cos\varphi, y+\rho\sin\varphi)\mathrm{d}\varphi$$

展开.

解
$$F(\rho)=\frac{1}{2\pi}\int_0^{2\pi}\left[f(x,y)+\sum_{n=1}^{\infty}\sum_{m=0}^{n}\frac{\rho^n\cos^m\varphi\sin^{n-m}\varphi}{m!(n-m)!}\frac{\partial^n f(x,y)}{\partial x^m\partial y^{n-m}}\right]\mathrm{d}\varphi$$
$$=f(x,y)+\sum_{n=1}^{\infty}\sum_{m=0}^{n}\frac{\rho^n}{m!(n-m)!}\frac{\partial^n f(x,y)}{\partial x^m\partial y^{n-m}}\cdot\frac{1}{2\pi}\int_0^{2\pi}\cos^m\varphi\sin^{n-m}\varphi\mathrm{d}\varphi.$$

下面计算上式中的积分.

$$\frac{1}{2\pi}\int_0^{2\pi}\cos^m\varphi\sin^{n-m}\varphi\mathrm{d}\varphi$$
$$=\frac{1}{2\pi}\int_0^{\frac{\pi}{2}}\cos^m\varphi\sin^{n-m}\varphi\mathrm{d}\varphi+\frac{1}{2\pi}\int_0^{\frac{\pi}{2}}\cos^m(\pi-\varphi)\sin^{n-m}(\pi-\varphi)\mathrm{d}\varphi$$
$$+\frac{1}{2\pi}\int_0^{\frac{\pi}{2}}\cos^m(\pi+\varphi)\sin^{n-m}(\pi+\varphi)\mathrm{d}\varphi$$
$$+\frac{1}{2\pi}\int_0^{\frac{\pi}{2}}\cos^m(2\pi-\varphi)\sin^{n-m}(2\pi-\varphi)\mathrm{d}\varphi$$
$$=\frac{1}{2\pi}[1+(-1)^m+(-1)^n+(-1)^{n-m}]\int_0^{\frac{\pi}{2}}\cos^m\varphi\sin^{n-m}\varphi\mathrm{d}\varphi.$$

当 m,n 中至少有一个为奇数时,显见上述积分为零.

当 m,n 均为偶数时,由 2290 题的结果知:

$$\frac{1}{2\pi}\int_0^{2\pi}\cos^{2m}\varphi\sin^{2n-2m}\varphi\mathrm{d}\varphi=\frac{4}{2\pi}\int_0^{\frac{\pi}{2}}\cos^{2m}\varphi\sin^{2n-2m}\varphi\mathrm{d}\varphi$$
$$=\frac{2}{\pi}\frac{\pi(2m)!(2n-2m)!}{2^{2n+1}m!n!(n-m)!}=\frac{(2m)!(2n-2m)!}{2^{2n}m!n!(n-m)!}.$$

代入原式,并注意到其中的 m、n 只能为偶数,适当改变一下指标的编号,即得

$$F(\rho)=f(x,y)+\sum_{n=1}^{\infty}\sum_{m=0}^{n}\frac{\rho^{2n}}{(2m)!(2n-2m)!}\frac{\partial^{2n}f(x,y)}{\partial x^{2m}\partial y^{2n-2m}}$$

$$\cdot\frac{(2m)!(2n-2m)}{2^{2n}m!n!(n-m)!}$$

$$=f(x,y)\sum_{n=1}^{\infty}\frac{1}{(n!)^2}\left(\frac{\rho}{2}\right)^{2n}\sum_{m=0}^{n}\frac{n!}{m!(n-m)!}\frac{\partial^{2n}f(x,y)}{\partial x^{2m}\partial y^{2n-2m}}$$

$$=f(x,y)+\sum_{n=1}^{\infty}\frac{1}{(n!)^2}\left(\frac{\rho}{2}\right)^{2n}\left(\frac{\partial^2}{\partial x^2}+\frac{\partial^2}{\partial y^2}\right)^n f(x,y).$$

将下列函数展开成马克老林级数:

【3593】 $f(x,y)=(1+x)^m(1+y)^n$.

解 $f(x,y)=(1+x)^m(1+y)^n$

$$=[1+mx+\frac{m(m-1)}{2!}x^2+\cdots][1+ny+\frac{n(n-1)}{2!}y^2+\cdots]$$

$$=1+(mx+ny)+\frac{1}{2!}[m(m-1)x^2+2mnxy$$

$$+n(n-1)y^2]+\cdots\qquad(|x|<1,\ |y|<1).$$

【3594】 $f(x,y)=\ln(1+x+y)$.

解 $f(x,y)=\ln[1+(x+y)]=\sum_{k=1}^{\infty}\frac{(-1)^{k-1}}{k}(x+y)^k$

$$=\sum_{k=1}^{\infty}\left[\sum_{m=0}^{k}\frac{(-1)^{k-1}}{k}\frac{k!}{m!(k-m)!}x^my^{k-m}\right]$$

$$=\sum_{k=1}^{\infty}\sum_{m=0}^{k}\frac{(-1)^{k-1}(k-1)!}{m!(k-m)!}x^my^{k-m}\qquad(1)$$

$$=\sum_{m=0}^{\infty}\sum_{n=0}^{\infty}\frac{(-1)^{n+m-1}(m+n-1)!}{m!n!}x^my^n.\qquad(2)$$

当 $m=0$, $n=0$ 时,分子出现 $(-1)!$,规定该项为零.下面讨论一下收敛区间.(1)式成立,只要求 $|x+y|<1$ 即可.但从

(1)式到(2)式,必须要求(1)式绝对收敛,这样才能将各项重新排列.不难看出(1)式级数各项取绝对值后即函数 $-\ln[1-(|x|+|y|)]$的展开式,它的收敛要求$|x|+|y|<1$.这就是$f(x,y)$的展开式的收敛区域.

【3595】 $f(x,y)=e^x\sin y$.

解 $$f(x,y)=\left[\sum_{m=0}^{\infty}\frac{x^m}{m!}\right]\left[\sum_{n=0}^{\infty}(-1)^n\frac{y^{2n+1}}{(2n+1)!}\right]$$

$$=\sum_{m=0}^{\infty}\sum_{n=0}^{\infty}(-1)^n\frac{x^m y^{2n+1}}{m!(2n+1)!}\quad(|x|<+\infty,\ |y|<+\infty).$$

【3596】 $f(x,y)=e^x\cos y$.

解 $$f(x,y)=\left[\sum_{m=0}^{\infty}\frac{x^m}{m!}\right]\left[\sum_{n=0}^{\infty}(-1)^n\frac{y^{2n}}{(2n)!}\right]$$

$$=\sum_{m=0}^{\infty}\sum_{n=0}^{\infty}(-1)^n\frac{x^m y^{2n}}{m!(2n)!}\quad(|x|<+\infty,\ |y|<+\infty).$$

【3597】 $f(x,y)=\sin x\,\mathrm{sh}\,y$.

解 $$\mathrm{sh}\,y=\frac{e^y-e^{-y}}{2}=\frac{1}{2}\left[\sum_{n=0}^{\infty}\frac{y^n}{n!}-\sum_{n=0}^{\infty}(-1)^n\frac{y^n}{n!}\right]$$

$$=\sum_{n=0}^{\infty}\frac{y^{2n+1}}{(2n+1)!}\qquad(|y|<+\infty).$$

于是,

$$f(x,y)=\left[\sum_{m=0}^{\infty}(-1)^m\frac{x^{2m+1}}{(2m+1)!}\right]\left[\sum_{n=0}^{\infty}\frac{y^{2n+1}}{(2n+1)!}\right]$$

$$=\sum_{m=0}^{\infty}\sum_{n=0}^{\infty}(-1)^m\frac{x^{2m+1}y^{2n+1}}{(2m+1)!(2n+1)!}$$

$$(|x|<+\infty,\ |y|<+\infty).$$

【3598】 $f(x,y)=\cos x\,\mathrm{ch}\,y$.

解 $$\mathrm{ch}\,y=\frac{e^y+e^{-y}}{2}=\sum_{n=0}^{\infty}\frac{y^{2n}}{(2n)!}\quad(|y|<+\infty).$$

于是,

$$f(x,y)=\left[\sum_{m=0}^{\infty}(-1)^m\frac{x^{2m}}{(2m)!}\right]\left[\sum_{n=0}^{\infty}\frac{y^{2n}}{(2n)!}\right]$$

$$=\sum_{m=0}^{\infty}\sum_{n=0}^{\infty}(-1)^m\frac{x^{2m}y^{2n}}{(2m)!(2n)!}\quad(|x|<+\infty,\ |y|<+\infty).$$

【3599】 $f(x,y)=\sin(x^2+y^2)$.

解 $f(x,y)=\sum_{n=0}^{\infty}(-1)^n\frac{(x^2+y^2)^{2n+1}}{(2n+1)!}$

$$=\sum_{n=0}^{\infty}\sum_{k=0}^{2n+1}(-1)^n\frac{x^{2k}y^{2(2n+1-k)}}{k!(2n+1-k)!}$$

$$=\sum_{m,n=0}^{\infty}\left(\sin\frac{n+m}{2}\pi\right)\frac{x^{2n}y^{2m}}{m!n!}\quad(x^2+y^2<+\infty).$$

【3600】 $f(x,y)=\ln(1+x)\ln(1+y)$.

解 $f(x,y)=\left[\sum_{m=1}^{\infty}(-1)^{m-1}\frac{x^m}{m}\right]\left[\sum_{n=1}^{\infty}(-1)^{n-1}\frac{y^n}{n}\right]$

$$=\sum_{m=1}^{\infty}\sum_{n=1}^{\infty}(-1)^{m+n}\frac{x^my^n}{mn}\quad(|x|<1,\ |y|<1).$$

【3601】 写出函数

$$f(x,y)=\int_0^1(1+x)^{t^2y}\mathrm{d}t$$

的马克劳林级数前面不为零的三项.

解 $(1+x)^{t^2y}=\mathrm{e}^{t^2y\ln(1+x)}$

$$\approx1+t^2y\ln(1+x)+\frac{1}{2!}[t^2y\ln(1+x)]^2$$

$$\approx1+t^2y\left(x-\frac{x^2}{2}\right)=1+t^2xy-\frac{t^2}{2}x^2y.$$

于是,

$$f(x,y)\approx\int_0^1\left(1+t^2xy-\frac{t^2}{2}x^2y\right)\mathrm{d}t=1+\frac{1}{3}y\left(x-\frac{x^2}{2}\right).$$

【3602】 按二项式 $x-1$ 和 $y+1$ 的正整数幂将函数 e^{x+y} 展开成幂级数.

解 $\mathrm{e}^{x+y}=\mathrm{e}^{(x-1)+(y+1)}=\mathrm{e}^{x-1}\mathrm{e}^{y+1}$

$$=\sum_{m=0}^{\infty}\sum_{n=0}^{\infty}\frac{(x-1)^m(y+1)^n}{m!\,n!}$$

$$(|x|<+\infty,\ |y|<+\infty).$$

【3603】 写出函数 $f(x,y)=\frac{x}{y}$ 在点 $M(1,1)$ 的邻域内的台劳级数展开式.

解 令 $x=1+h$, $y=1+k$, 则得

$$\frac{x}{y}=\frac{1+h}{1+k}=(1+h)\sum_{n=0}^{\infty}(-1)^nk^n$$

$$=\sum_{n=0}^{\infty}(-1)^n[1+(x-1)](y-1)^n$$

$$(|x|<+\infty,\ 0<y<2).$$

【3604】 设 z 为由方程 $z^3-2xz+y=0$ 所定义的 x 和 y 的隐函数, 当 $x=1$ 和 $y=1$ 时它的值为 $z=1$.

写出函数 z 按二项式 $x-1$ 和 $y-1$ 的升幂排列的展开式中的若干项.

解 对原方程微分一次, 得

$$3z^2\mathrm{d}z-2x\mathrm{d}z-2z\mathrm{d}x+\mathrm{d}y=0. \tag{1}$$

再微分一次, 得

$$(3z^2-2x)\mathrm{d}^2z+6z\mathrm{d}z^2-4\mathrm{d}x\mathrm{d}z=0. \tag{2}$$

以 $x=1$, $y=1$, $z=1$ 代入(1), (2)两式, 得

$\mathrm{d}z=2\mathrm{d}x-\mathrm{d}y.$

$$\begin{aligned} d^2 z &= (4dx - 6dz)dz = (4dx - 12dx + 6dy)(2dx - dy) \\ &= -16dx^2 + 20dxdy - 6dy^2, \\ &\quad\vdots \end{aligned}$$

于是,可求得在 $x=1$, $y=1$ 处,

$$\frac{\partial z}{\partial x}=2, \qquad \frac{\partial z}{\partial y}=-1;$$

$$\frac{\partial^2 z}{\partial x^2}=-16, \qquad \frac{\partial^2 z}{\partial x \partial y}=10, \qquad \frac{\partial^2 z}{\partial y^2}=-6;$$

$$\vdots$$

从而,有

$$\begin{aligned} z = 1 + 2(x-1) - (y-1) - [8(x-1)^2 \\ - 10(x-1)(y-1) + 3(y-1)^2] + \cdots \end{aligned}$$

研究下列曲线的奇点的种类并大略地绘出这些曲线:

【3605】 $y^2 = ax^2 + x^3$.

解 解方程组

$$\begin{cases} F(x,y) = ax^2 + x^3 - y^2 = 0, \\ F'_x(x,y) = 2ax + 3x^2 = 0, \\ F'_y(x,y) = -2y = 0 \end{cases}$$

得 $x=0$, $y=0$, 故点(0,0)为奇点.

其次,由于

$$A = F''_{xx}(0,0) = 2a, \qquad B = F''_{xy}(0,0) = 0,$$

$$C = F''_{yy}(0,0) = -2, \qquad AC - B^2 = -4a,$$

故当 $a>0$ 时,点(0,0)为二重点;当 $a<0$ 时,点(0,0)为孤立点;当 $a=0$ 时,原方程化为 $y^2=x^3$, 由 3574(2)的讨论知,点(0,0)为尖点.

如图 6.35 所示,点 A_1 为$(-a,0)$

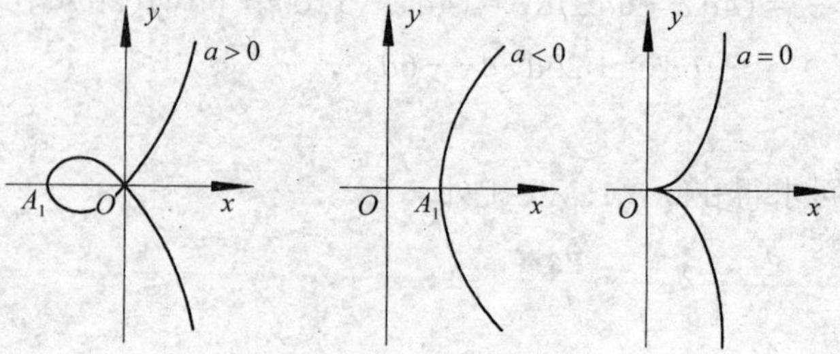

图 6.35

【3606】 $x^3+y^3-3xy=0.$

解 解方程组

$$\begin{cases}F(x,y)=x^3+y^3-3xy=0,\\F'_x(x,y)=3x^2-3y=0,\\F''_y(x,y)=3y^2-3x=0\end{cases}$$

得 $x=0$, $y=0$, 故点(0,0)为奇点.

又因 $A=F''_{xx}(0,0)=0$, $B=F''_{xy}(0,0)=-3$, $C=F''_{yy}(0,0)=0$, 且 $AC-B^2=-9<0$, 故点(0,0)为二重点. 图象参看370题(2).

【3607】 $x^2+y^2=x^4+y^4.$

解 解方程组

$$\begin{cases}F(x,y)=x^2+y^2-x^4-y^4=0,\\F'_x(x,y)=2x-4x^3=0,\\F'_y(x,y)=2y-4y^3=0\end{cases}$$

得 $x=0$, $y=0$, 故点(0,0)为奇点.

又因 $A=F''_{xx}(0,0)=2$, $B=F''_{xy}(0,0)=0$, $C=F''_{yy}(0,0)=2$, 且 $AC-B^2=4>0$, 故点(0,0)为孤立点. 图象参看1542题.

【3608】 $x^2+y^4=x^6$.

解 解方程组

$$\begin{cases}F(x,y)=x^2+y^4-x^6=0,\\F'_x(x,y)=2x-6x^5=0,\\F'_y(x,y)=4y^3=0\end{cases}$$

得 $x=0$, $y=0$, 故点(0,0)为奇点.

又因 $A=F''_{xx}(0,0)=2$, $B=F''_{xy}(0,0)=0$, $C=F''_{yy}(0,0)=0$, 且 $AC-B^2=0$, 故点(0,0)为上升点或孤立点. 本题中, 点(0,0)为孤立点(图 6.36). 事实上, 将原方程改写为 $y^4=x^6-x^2$, 对(0,0)点的很小的邻域内的点($|x|<1$, $|y|<1$), 左端 $y^4\geqslant 0$, 右端 $x^6-x^2=x^2(x^4-1)\leqslant 0$, 除点(0,0)外没有适合方程的点, 故点(0,0)为孤立点.

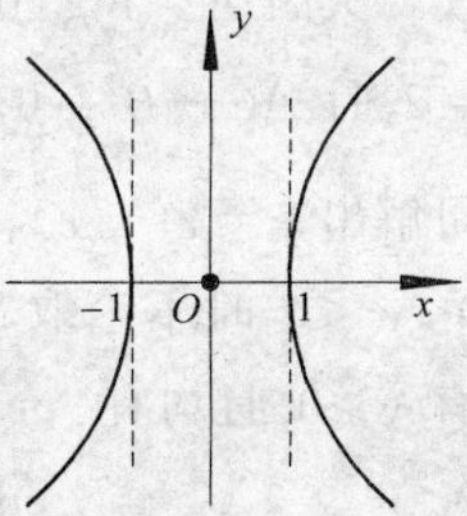

图 6.36

【3609】 $(x^2+y^2)^2=a^2(x^2-y^2)$.

解 解方程组

$$\begin{cases}F(x,y)=(x^2+y^2)^2-a^2(x^2-y^2)=0,\\F'_x(x,y)=4x(x^2+y^2)-2a^2x=0,\\F'_y(x,y)=4y(x^2+y^2)+2a^2y=0\end{cases}$$

得 $x=0$, $y=0$, 故点(0,0)为奇点.

又因 $A=F''_{xx}(0,0)=-2a^2$, $B=F''_{xy}(0,0)=0$, $C=F''_{yy}(0,0)=2a^2$, 且 $AC-B^2=-4a^4<0(a\neq 0)$, 故点(0,0)为二重点. 图象参看 3378 题, 讨论参考 3367 题, 只须将该题中的 1 换成 a.

【3610】 $(y-x^2)^2=x^5$.

解 解方程组

$$\begin{cases}F(x,y)=(y-x^2)^2-x^5=0,\\ F'_x(x,y)=-4x(y-x^2)-5x^4=0,\\ F'_y(x,y)=2(y-x^2)=0\end{cases}$$

得 $x=0$, $y=0$, 故点$(0,0)$为奇点.

又因 $A=F''_{xx}(0,0)=0$, $B=F''_{xy}(0,0)=0$, $C=F''_{yy}(0,0)=2$, 且 $AC-B^2=0$, 故对点$(0,0)$还需要再讨论一下. 由原方程可解出 $y=x^2\pm x^{\frac{5}{2}}$, 右边只允许 $x\geqslant 0$, 当 $0<x<1$ 时不论取"+号"还是"−"号均有 $y>0$, 且均有

$$\lim_{x\to+0}\frac{\mathrm{d}y}{\mathrm{d}x}=0,$$

故点$(0,0)$为尖点. 如图 6.37 所示.

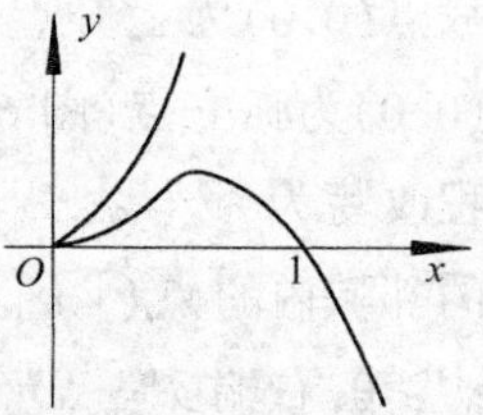

图 6.37

【3611】 $(a+x)y^2=(a-x)x^2$.

解 解方程组

$$\begin{cases}F(x,y)=(a+x)y^2-(a-x)x^2=0, & (1)\\ F'_x(x,y)=y^2-2ax+3ax^2=0, & (2)\\ F'_y(x,y)=2(a+x)y=0. & (3)\end{cases}$$

由(3)得 $x=-a$ 或 $y=0$.

将 $y=0$ 代入(1)、(2), 得 $x=0$.

将 $x=-a$ 代入(1)式, 得$(a-x)x^2=0$. 若 $a\neq 0$, 则得出矛盾的结果. 若 $a=0$, 则也得到 $x=0$, $y=0$, 故点$(0,0)$为奇点.

又因 $A=F''_{xx}(0,0)=-2a$, $B=F''_{xy}(0,0)=0$, $C=F''_{yy}(0,$

$0)=2a$，且 $AC-B^2=-4a^2$，故当 $a\neq 0$ 时，点$(0,0)$为二重点；当 $a=0$ 时，方程转化为 $xy^2=-x^3$，从而曲线为 $x=0$，点$(0,0)$为上升点.

如图 6.38 所示，图中点 A_1 为$(a,0)$.

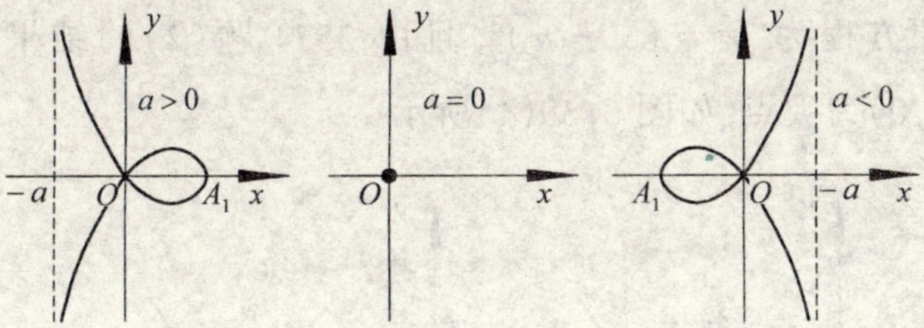

图 6.38

【3612】 研究参变量 a,b,c $(a\leqslant b\leqslant c)$的值与曲线 $y^2=(x-a)(x-b)(x-c)$的形状之关系.

解 解方程组

$$\begin{cases} F(x,y)=y^2-(x-a)(x-b)(x-c)=0, & (1)\\ F'_x(x,y)=-(x-a)(x-b)-(x-a)(x-c) & \\ \qquad\qquad -(x-b)(x-c)=0, & (2)\\ F'_y(x,y)=2y=0. & (3)\end{cases}$$

由(3)得 $y=0$，代入(1)，联立(1)，(2)求解.

当 $a<b<c$ 时，(1)，(2)无解. 因此无奇点，此时曲线如图 6.39(1)所示；

当 $a=b<c$ 时，显然(1)，(2)有解 $x=a$，$y=0$，由于 $A=F''_{xx}(a,0)=-2(a-c)$，$B=F''_{xy}(a,0)=0$，$C=F''_{yy}(a,0)=2$，且 $AC-B^2=-4(a-c)>0$，故点 $A_1(a,0)$为孤立点，如图 6.39(2)所示；

当 $a<b=c$ 时，显然(1)，(2)有解 $x=b$，$y=0$. 由于 $A=$

$F''_{xx}(b,0)=-2(c-a)$, $B=F''_{xy}(b,0)=0$, $C=F''_{yy}(b,0)=2$, 且 $AC-B^2=-4(c-a)<0$, 故点 $A_2(b,0)$ 为二重点, 如图 6.39(3)所示;

当 $a=b=c$ 时, 显然有解 $x=a$, $y=0$. 由于 $AC-B^2=0$, 此时原方程为 $y^2=(x-a)^3$, 且由 3574 题(2)的结果知, 点 $A_1(a,0)$ 为尖点, 如图 6.39(4)所示.

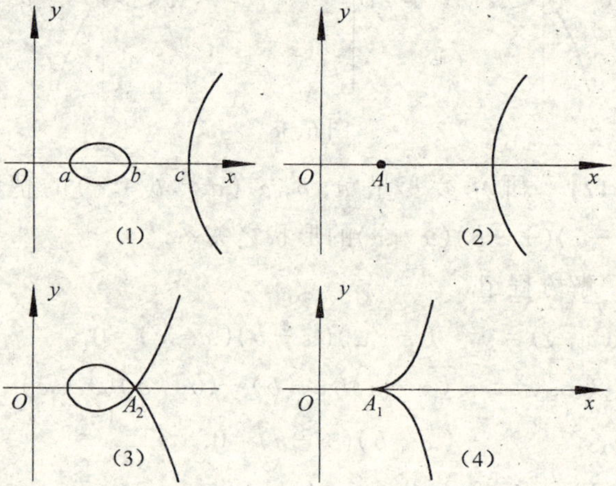

图 6.39

研究超越曲线的奇点:

【3613】 $y^2=1-e^{-x^2}$.

解 解方程组

$$\begin{cases} F(x,y)=y^2-1+e^{-x^2}=0, \\ F'_x(x,y)=-2xe^{-x^2}=0, \\ F'_y(x,y)=2y=0 \end{cases}$$

得 $x=0$, $y=0$, 故点 $(0,0)$ 为奇点.

又 $A=F''_{xx}(0,0)=-2$, $B=F''_{xy}(0,0)=0$, $C=F''_{yy}(0,0)=2$, 且 $AC-B^2=-4<0$, 故点$(0,0)$为二重点.

【3614】 $y^2=1-e^{-x^3}$.

解 解方程组

$$\begin{cases}F(x,y)=y^2-1+e^{-x^3}=0,\\ F'_x(x,y)=-3x^2e^{-x^3}=0,\\ F'_y(x,y)=2y=0\end{cases}$$

得 $x=0$, $y=0$, 故点$(0,0)$为奇点.

又 $A=F''_{xx}(0,0)=-0$, $B=F''_{xy}(0,0)=0$, $C=F''_{yy}(0,0)=2$, 且 $AC-B^2=0$, 故对点$(0,0)$还需再讨论一下.原式可解为 $x=-\sqrt[3]{\ln(1-y^2)}>0$, 在$(0,0)$附近, 第一及第四象限各有原曲线的一支, 因此, 点$(0,0)$为尖点.

【3615】 $y=x\ln x$.

解 $F(x,y)=x\ln x-y$,

$F'_x(x,y)=1+\ln x$,

$F'_y(x,y)=-1\neq 0$,

故无奇点.如图 6.40 所示.

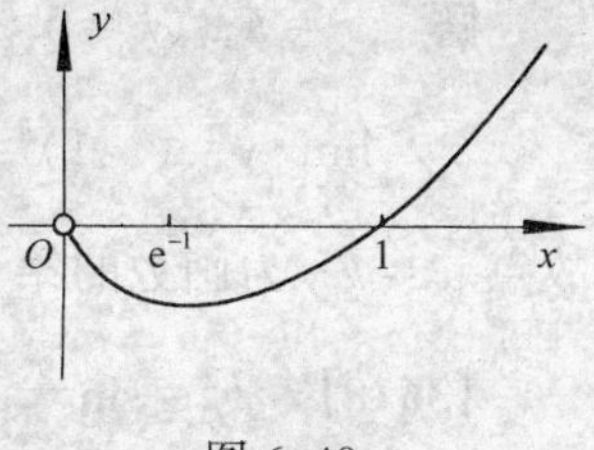

图 6.40

【3616】 $y=\dfrac{x}{1+e^{\frac{1}{x}}}$.

解 在 $x=0$ 处, 由于 $\lim\limits_{x\to+0}y=\lim\limits_{x\to-0}y=0$, 故 $x=0$ 为"可移去"的第一类不连续点, 补充函数在该点的值为零后, 即得知函数

$$y=\begin{cases}\dfrac{x}{1+e^{\frac{1}{x}}}, & x\neq 0,\\ 0, & x=0\end{cases}$$

在点 $x=0$ 连续. 由于 $F'_y(x,y)=1\neq0$, 故无奇点. 当 $x\neq0$ 时, 由于

$$y'=\frac{\left(1+\frac{1}{x}\right)e^{\frac{1}{x}}+1}{\left(1+e^{\frac{1}{x}}\right)^2},$$

$$\lim_{x\to+0}y'=\lim_{z\to+\infty}\frac{(1+z)e^z+1}{(1+e^z)^2}$$

$$=\lim_{z\to+\infty}\frac{e^z(z+2)}{2e^z(1+e^z)}$$

$$=\lim_{z\to+\infty}\frac{z+2}{2(1+e^z)}=0,$$

$$\lim_{x\to-0}y'=\lim_{z\to+\infty}\frac{(1-z)e^{-z}+1}{(1+e^{-z})^2}=1,$$

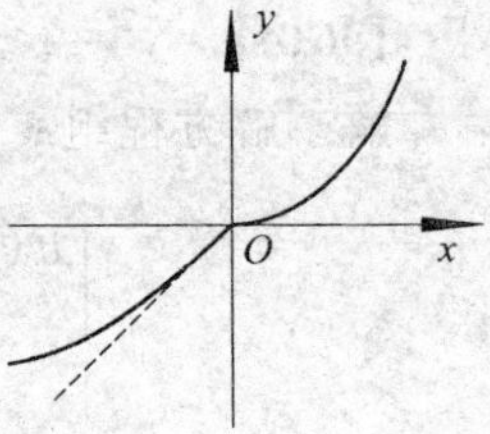

图 6.41

故点(0,0)为角点. 如图 6.41 所示.

【3617】 $y=\arctan\left(\frac{1}{\sin x}\right)$.

解 $x=k\pi$ $(k=0,\pm1,\pm2,\cdots)$点为不连续点. 由于

$$\lim_{x\to k\pi-0}y=(-1)^k\frac{\pi}{2},\qquad \lim_{x\to k\pi-0}y=(-1)^{k+1}\frac{\pi}{2},$$

故点 $x=k\pi$ 为函数的第一类不连续点.

【3618】 $y^2=\sin\frac{\pi}{x}$.

解 $y=\pm\sqrt{\sin\frac{\pi}{x}}$ 它在 $\left(\frac{1}{2k},\frac{1}{2k-1}\right)$ $(k=\pm1,\pm2,\cdots)$ 内无定义.

在边界点 $x=\frac{1}{2k}$ 及 $x=\frac{1}{2k-1}$, $y=0$. 函数图象有上下两支.

设 $F(x,y)=y^2-\sin\frac{\pi}{x}$, 则在边界点, 由于 $F'_x\neq0$, $F'_y=0$, 故也无奇点.

在(0,0)点的任何邻域内,有无穷多个曲线的封闭分支,这些分支没有一个过(0,0)点,它不属于任何一种类型,但它是函数的第二类不连续点.

【3619】 $y^2=\sin x^2$

解 解方程组

$$\begin{cases}F(x,y)=y^2-\sin x^2=0,\\F'_x(x,y)=-2x\cos x^2=0,\\F'_y(x,y)=2y=0\end{cases}$$

得 $x=0$, $y=0$,故点(0,0)为奇点.

又因 $A=F''_{xx}(0,0)=-2$, $B=F''_{xy}(0,0)=0$, $C=F''_{yy}(0,0)=2$,且 $AC-B^2=-4<0$,故点(0,0)为二重点.

【3620】 $y^2=\sin^3 x$.

解 显见,函数 y 的周期为 2π,在 $(2k\pi,(2k+1)\pi)$ 内函数有定义,而在 $((2k-1)\pi,2k\pi)$ $(k=0,\pm1,\pm2,\cdots)$ 内无定义.

解方程组

$$\begin{cases}F(x,y)=y^2-\sin^3 x=0,\\F'_x(x,y)=-3\sin^2 x\cos x=0,\\F'_y(x,y)=2y=0\end{cases}$$

得 $x=0$, $y=0$,故点(0,0)为奇点.

在点(0,0)的左侧(指充分小的范围,下同,不再说明)无曲线的点,而在右侧的第一、第四象限分别有曲线的两枝,因此,点(0,0)为尖点,如图 6.42 所示.

由周期性可知,点 $(k\pi,0)$ $(k=\pm1,\pm2,\cdots)$ 也为尖点.只是当 k 是偶数时,右侧才有曲线的两枝;当 k 是奇数时,左侧才有曲线的两枝.

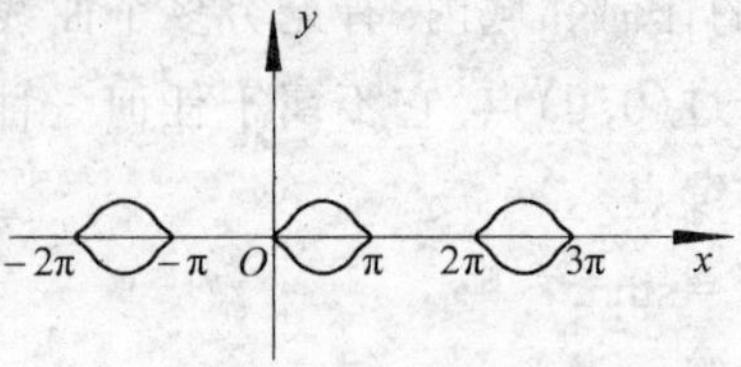

图 6.42

§7. 多变量函数的极值

1° 极值的定义　若函数 $f(P)=f(x_1,\cdots,x_n)$于点 P_0 的邻域内有定义并且当 $0<\rho(P_0,P)<\delta$ 时, $f(P_0)>f(P)$或 $f(P_0)<f(P)$, 则说, 函数 $f(P)$在点 P_0 有极值(相应地为极大值或极小值). *

2° 极值的必要条件　可微分的函数 $f(P)$仅在静止点 P_0, 即是说在 $df(P_0)=0$ 的点 P_0 能达到极值. 所以, 函数 $f(P)$的极值点应当满足方程组 $f'_{x_i}(x_1,\cdots,x_n)=0\ (i=1,\cdots,n)$.

3° 极值的充分条件　函数 $f(P)$于点 P_0 有:

(1) 极大值, 若 $df(P_0)=0,\ d^2f(P_0)<0$,

(2) 极小值, 若 $df(P_0)=0,\ d^2f(P_0)>0$.

研究二次微分 $d^2f(P_0)$的符号可用化相应的二次式成典式的方法来进行.

特别是, 对于两个自变量 x 和 y 的函数 $f(x,y)$在静止点(x_0,y_0) $[df(x_0,y_0)=0]$, $D=AC-B^2\neq 0$[其中 $A=f''_{xx}(x_0,y_0)$, $B=f''_{xy}(x_0,y_0)$, $C=f''_{yy}(x_0,y_0)$]成立时, 有:

(1) 极小值, 若 $D>0,\ A>0\ (C>0)$;

(2) 极大值, 若 $D>0,\ A<0\ (C<0)$;

---

* 作者注: 若将不等式 $f(P_0)>f(P)$[或 $f(P_0)<f(P)$]换为不等式 $f(P_0)\geqslant f(P)$[或 $f(P_0)\leqslant f(P)$], 则称 $f(P)$在点 P_0 有弱极大值(或弱极小值).

(3) 极值不存在,若 $D<0$.

4° 条件极值 在关系式 $\varphi_i(P)=0$ $(i=1,\cdots,m;\ m<n)$存在的条件下,求函数 $f(P_0)=f(x_1,x_2,\cdots,x_n)$的极值的问题,可归结为对于拉格朗日函数

$$L(P)=f(P)+\sum_{i=1}^{m}\lambda_i\varphi_i(P)$$

[其中 $\lambda_i(i=1,\cdots,m)$为常数因子]求普通极值的问题.关于条件极值的存在和性质的问题,在最简单的情况,根据研究函数 $L(P)$于静止点 P_0 的二次微分 $\mathrm{d}^2L(P_0)$的符号,并在变量 $\mathrm{d}x_1,\mathrm{d}x_2,\cdots,\mathrm{d}x_n$ 由下面的关系式

$$\sum_{j=1}^{n}\frac{\partial\varphi_i}{\partial x_j}\mathrm{d}x_j=0\quad(i=1,\cdots,m)$$

所限制的条件下,得到解决.

5° 绝对极值 于有界且封闭的区域内可微分的函数 $f(P)$在此域内或于静止点,或于域的边界点达到自己的最大值和最小值.

研究下列多变量函数的极值:

【3621】 $z=x^2+(y-1)^2$.

解 解方程组

$$\begin{cases}\dfrac{\partial z}{\partial x}=2x=0,\\ \dfrac{\partial z}{\partial y}=2(y-1)=0\end{cases}$$

得静止点 $P_0(0,1)$. 显然 $z(0,1)=0$, 且当$(x,y)\neq(0,1)$时 $z>0$,故函数 z 在点 P_0 取得极小值 $z(P_0)=0$(实际是最小值).

【3622】 $z=x^2-(y-1)^2$.

解 解方程组

$$\begin{cases}\dfrac{\partial z}{\partial x}=2x=0,\\ \dfrac{\partial z}{\partial y}=-2(y-1)=0\end{cases}$$

得静止点 $P_0(0,1)$. 由于 $A=z''_{xx}(0,1)=2$, $B=z''_{xy}(0,1)=0$, $C=z''_{yy}(0,1)=-2$ 且 $AC-B^2=-4<0$, 故极值不存在(或用该点附近的 z 值可正可负说明).

【3623】 $z=(x-y+1)^2$.

解 解方程组

$$\begin{cases}\dfrac{\partial z}{\partial x}=2(x-y+1)=0,\\[2ex]\dfrac{\partial z}{\partial y}=-2(x-y+1)=0\end{cases}$$

得静止点分布在直线 $x-y+1=0$ 上. 对于此直线上的点均有 $z=0$, 但是 $z\geqslant0$ 恒成立. 因此, 函数 z 在直线 $x-y+1=0$ 上的各点取得弱极小值 $z=0$.

【3624】 $z=x^2-xy+y^2-2x+y$.

解 解方程组

$$\begin{cases}\dfrac{\partial z}{\partial x}=2x-y-2=0,\\[2ex]\dfrac{\partial z}{\partial y}=-x+2y+1=0\end{cases}$$

得静止点 $P_0(1,0)$. 由于 $A=z''_{xx}(1,0)=2$, $B=z''_{xy}(1,0)=-1$, $C=z''_{yy}(1,0)=2$ 且 $AC-B^2=3>0$, 故函数 z 在点 P_0 取得极小值 $z(P_0)=-1$.

【3625】 $z=x^2y^3(6-x-y)$.

解 解方程组

$$\begin{cases}\dfrac{\partial z}{\partial x}=xy^3(12-3x-2y)=0,\\[2ex]\dfrac{\partial z}{\partial y}=x^2y^2(18-3x-4y)=0\end{cases}$$

得静止点 $P_0(2,3)$. 并且直线 $x=0$ 及直线 $y=0$ 上的点都是静止点.

不难断定在 P_0 点, $A=-162$, $B=-108$, $C=-144$, $AC-B^2>0$, 故函数 z 在点 P_0 取得极大值 $z(P_0)=108$.

在直线 $x=0$ 及 $y=0$ 上的各点均有 $z=0$. 先分析直线 $y=0$的情况. 在直线上 $x\neq0$ 及 $x\neq6$ 处, $x^2(6-x-y)\neq0$, 在确定点的足够小的邻域内也不变号, 但是 y^3 可正可负, 因此函数 z 变号, 即在上述情况下没有极值. 当 $x=0$ 及 $x=6$ 类似地可判断也无极值.

其次, 分析直线 $x=0$ 的情况. 在直线上 $y=0$ 及 $y=6$ 的点的情况类似地可判断无极值, 但当 $0<y<6$ 时, $y^3(6-x-y)>0$, 且在所讨论点的足够小的邻域内保持正号. 因此, 在足够小的邻域内, $z=x^2y^3(6-x-y)\geqslant0$ 也成立, 但邻域内任意近处总有 $z=0$ 的点. 于是, 对于 $x=0$, $0<y<6$ 的点函数 z 取得弱极小值 $z=0$. 同法可判定, 对于直线 $x=0$ 上 $y<0$ 及 $y>6$ 的各点处, 函数 z 取得弱极大值 $z=0$.

【3626】 $z=x^3+y^3-3xy$.

解 解方程组

$$\begin{cases}\dfrac{\partial z}{\partial x}=3x^2-3y=0,\\[2mm]\dfrac{\partial z}{\partial y}=3y^2-3x=0\end{cases}$$

得静止点 $P_0(0,0)$及 $P_1(1,1)$.

不难断定, 在点 P_0 有 $A=0$, $B=-3$, $C=0$ 及 $AC-B^2=-9<0$, 故无极限; 而在点 P_1 有 $A=6$, $B=-3$, $C=6$ 及 $AC-B^2=27>0$, 故函数 z 在该点取得极小值 $z(P_1)=-1$.

【3627】 $z=x^4+y^4-x^2-2xy-y^2$.

解 解方程组

$$\begin{cases}\dfrac{\partial z}{\partial x}=4x^3-2x-2y=0,\\ \dfrac{\partial z}{\partial y}=4y^3-2x-2y=0\end{cases}$$

得静止点 $P_0(0,0)$, $P_1(1,1)$及 $P_2(-1,-1)$.

在点 P_0 附近, 当 $x=y$ 且足够小时, 有 $z=2x^4-4x^2<0$; 但当 $x=-y$ 时, $z=2x^4>0$, 因此, 在点 P_0 无极值.

不难断定, 在点 P_1 及 P_2 均有 $A=10$, $B=-2$, $C=10$ 及 $AC-B^2=96>0$, 故函数 z 在点 P_1 及 P_2 取得极小值 $z=-2$.

【3628】 $z=xy+\dfrac{50}{x}+\dfrac{20}{y}$ $(x>0,\ y>0)$.

解 解方程组

$$\begin{cases}\dfrac{\partial z}{\partial x}=y-\dfrac{50}{x^2}=0,\\ \dfrac{\partial z}{\partial y}=x-\dfrac{20}{y^2}=0\end{cases}$$

得静止点 $P_0(5,2)$. 不难断定, 在该点有 $A=\dfrac{4}{5}$, $B=1$, $C=5$ 及 $AC-B^2=3>0$, 故函数 z 在该点取得极小值 $z(P_0)=30$.

【3629】 $z=xy\sqrt{1-\dfrac{x^2}{a^2}-\dfrac{y^2}{b^2}}$ $(a>0,\ b>0)$.

解 考虑函数 $u=z^2=x^2y^2\left(1-\dfrac{x^2}{a^2}-\dfrac{y^2}{b^2}\right)$, $\dfrac{x^2}{a^2}+\dfrac{y^2}{b^2}\leqslant 1$. 显然 z 的极值均为 u 的极值; 且 u 在点(x,y)取得的极值不为零时, z 也在点(x,y)取得极值; u 在点(x,y)取得的极值为零时, 情况复杂一些, 但对 z 也不难讨论.

解方程组

$$\begin{cases}\dfrac{\partial u}{\partial x}=2xy^2\left(1-\dfrac{x^2}{a^2}-\dfrac{y^2}{b^2}\right)-\dfrac{2}{a^2}x^3y^2=0,\\[2ex]\dfrac{\partial u}{\partial y}=2x^2y\left(1-\dfrac{x^2}{a^2}-\dfrac{y^2}{b^2}\right)-\dfrac{2}{b^2}x^2y^3=0\end{cases}$$

得静止点 $P_0(0,0)$, $P_1\left(\dfrac{a}{\sqrt{3}},\dfrac{b}{\sqrt{3}}\right)$, $P_2\left(-\dfrac{a}{\sqrt{3}},-\dfrac{b}{\sqrt{3}}\right)$,

$$P_3\left(\frac{a}{\sqrt{3}},-\frac{b}{\sqrt{3}}\right)\quad 及\quad P_4\left(-\frac{a}{\sqrt{3}},\frac{b}{\sqrt{3}}\right).$$

由于 z 在点 P_0 附近变号,所以 $z(P_0)$不是极值.

$$\frac{\partial^2 u}{\partial x^2}=2y^2\left(1-\frac{6x^2}{a^2}-\frac{y^2}{b^2}\right),$$

$$\frac{\partial^2 u}{\partial y^2}=2x^2\left(1-\frac{x^2}{a^2}-\frac{6y^2}{b^2}\right),$$

$$\frac{\partial^2 u}{\partial x\partial y}=4xy\left(1-\frac{2x^2}{a^2}-\frac{2y^2}{b^2}\right).$$

在 P_1,P_2,P_3,P_4 各点,得

$$A=-\frac{8}{9}b^2,\quad B=\pm\frac{4}{9}ab,\quad C=-\frac{8}{9}a^2,$$

$$AC-B^2=\left(\frac{64}{81}-\frac{16}{81}\right)a^2b^2>0,$$

故函数 u 取得极大值.于是,相应地函数 z 在点 P_1 及 P_2 取得极大值 $z(P_1)=z(P_2)=\dfrac{ab}{3\sqrt{3}}$;而在点 P_3 及 P_4 取得极小值 $z(P_3)=z(P_4)=-\dfrac{ab}{3\sqrt{3}}$.

【3630】 $z=\dfrac{ax+bx+c}{\sqrt{x^2+y^2+1}}\quad(a^2+b^2+c^2\neq 0)$.

解 令 $x=r\cos\varphi$, $y=r\sin\varphi$,则

$$z(x,y)=z(r\cos\varphi,r\sin\varphi)=\frac{ar\cos\varphi+br\sin\varphi+c}{\sqrt{r^2+1}}.$$

解方程组

$$\begin{cases}\dfrac{\partial z}{\partial r}=\dfrac{a\cos\varphi+b\sin\varphi-cr}{(1+r^2)^{\frac{3}{2}}}=0, & (1)\\[2ex] \dfrac{\partial z}{\partial \varphi}=\dfrac{-ar\sin\varphi+br\cos\varphi}{(1+r^2)^{\frac{1}{2}}}=0. & (2)\end{cases}$$

先设 a,b 不同时为零.由(2)考虑到 $r=0$ 不是解($r=0$, φ 为任意值不满足(1)式,故有 $a\sin\varphi=b\cos\varphi$.于是,

$$\cos\varphi=\frac{\pm a}{\sqrt{a^2+b^2}},\qquad \sin\varphi=\frac{\pm b}{\sqrt{a^2+b^2}}. \tag{3}$$

显见当 $c=0$ 时无解[因由(1)有 $a\cos\varphi+b\sin\varphi=0$,再由(3)得 $a=b=0$.与 a,b 不同时为零之假定矛盾].当 $c\neq0$ 时,

$$r=\frac{a\cos\varphi+b\sin\varphi}{c}=\pm\frac{\sqrt{a^2+b^2}}{c}.$$

为保证 $r>0$,在 $\cos\varphi$ 及 $\sin\varphi$ 前取与 c 一致的符号.此时,有

$$x=\frac{a}{c},\qquad y=\frac{b}{c}.$$

由于这时 $z''_{rr}=-\dfrac{c(1+3r^2)}{(1+r^2)^{\frac{5}{2}}}$, $z''_{\varphi\varphi}=-\dfrac{cr^2}{(1+r^2)^{\frac{1}{2}}}$, $z''_{r\varphi}=0$ 及 $z''_{rr}z''_{\varphi\varphi}-(z''_{r\varphi})^2>0$.故当 $c>0$ 时 $z''_{rr}<0$,函数 z 在点 $\left(\dfrac{a}{c},\dfrac{b}{c}\right)$ 取得极大值 $z=\sqrt{a^2+b^2+c^2}$;当 $c<0$ 时 $z''_{rr}>0$,函数 z 在点 $\left(\dfrac{a}{c},\dfrac{b}{c}\right)$ 取得极小值 $z=-\sqrt{a^2+b^2+c^2}$.

下设 $a=b=0$.由假定 $a^2+b^2+c^2\neq0$ 知 $c\neq0$.此时解方

程组(1),(2)得 $r=0$, φ 任意;即 $x=0$, $y=0$. 由于这时 $z=\dfrac{c}{\sqrt{x^2+y^2+1}}$,故显然知:当 $c>0$ 时 z 在点(0,0)取极大值 $z=c$;当 $c<0$ 时,z 在点(0,0)取极小值 $z=c$.

综合上述结果,得结论:若 $c>0$,则 z 在点$\left(\dfrac{a}{c},\dfrac{b}{c}\right)$取极大值 $z_{极大}=\sqrt{a^2+b^2+c^2}$;若 $c<0$,则 z 在点$\left(\dfrac{a}{c},\dfrac{b}{c}\right)$取极小值 $z_{极小}=-\sqrt{a^2+b^2+c^2}$;若 $c=0$(由假定,这时 $a^2+b^2\neq0$),则 z 无极值.

注 此题也可不作变量代换 $x=r\cos\varphi$, $y=r\sin\varphi$ (极坐标),而直接在直角坐标 x, y 下进行讨论,即解方程组$\dfrac{\partial z}{\partial x}=0$, $\dfrac{\partial z}{\partial y}=0$ 并计算$\dfrac{\partial^2 z}{\partial x^2}$, $\dfrac{\partial^2 z}{\partial x\partial y}$, $\dfrac{\partial^2 z}{\partial y^2}$之值. 但此法计算较繁,没有用极坐标简单.

【3631】 $z=1-\sqrt{x^2+y^2}$.

解 $\dfrac{\partial z}{\partial x}=-\dfrac{x}{\sqrt{x^2+y^2}}$, $\dfrac{\partial z}{\partial y}=-\dfrac{y}{\sqrt{x^2+y^2}}$.

点(0,0)为偏导函数无意义的点. 当$(x,y)\neq(0,0)$时,$z<1$,故 $z(0,0)=1$ 为极大值.

【3632】 $z=e^{2x+3y}(8x^2-6xy+3y^2)$.

解 解方程组

$$\begin{cases}\dfrac{\partial z}{\partial x}=2e^{2x+3y}(8x^2-6xy+3y^2+8x-3y)=0,\\ \dfrac{\partial z}{\partial y}=3e^{2x+3y}(8x^2-6xy+3y^2-2x+2y)=0\end{cases}$$

得静止点 $P_0(0,0)$及 $P_1\left(-\dfrac{1}{4},-\dfrac{1}{2}\right)$.

$$\frac{\partial^2 z}{\partial x^2}=4e^{2x+3y}(8x^2-6xy+3y^2+16x-6y+4),$$

$$\frac{\partial^2 z}{\partial y^2}=9e^{2x+3y}\left(8x^2-6xy+3y^2-4x+4y+\frac{2}{3}\right),$$

$$\frac{\partial^2 z}{\partial x\partial y}=6e^{2x+3y}(8x^2-6xy+3y^2+6x-y-1).$$

在点 P_0, $A=16$, $B=-6$, $C=6$ 及 $AC-B^2=60>0$, 故函数 z 取得极小值 $z(P_0)=0$; 在点 P_1, $A=14e^{-2}$, $B=-9e^{-2}$, $C=\frac{3}{2}e^{-2}$ 及 $AC-B=-60e^{-4}<0$, 故无极值.

【3633】 $z=e^{x^2-y}(5-2x+y)$.

解 解方程组

$$\begin{cases}\dfrac{\partial z}{\partial x}=2e^{x^2-y}(5x-2x^2+xy-1)=0,\\ \dfrac{\partial z}{\partial y}=e^{x^2-y}(2x-y-4)=0\end{cases}$$

得静止点 $P_0(1,-2)$.

$$\frac{\partial^2 z}{\partial x^2}=2e^{x^2-y}(10x^2-4x^3+2x^2y-6x+y+5),$$

$$\frac{\partial^2 z}{\partial y^2}=e^{x^2-y}(3-2x+y),$$

$$\frac{\partial^2 z}{\partial x\partial y}=2e^{x^2-y}(2x^2-xy-4x+1).$$

在点 P_0, $A=-2e^3$, $B=2e^3$, $C=-e^3$ 及 $AC-B^2=-2e^6<0$, 故无极值.

【3634】 $z=(5x+7y-25)e^{-(x^2+xy+y^2)}$.

解 解方程组

$$\begin{cases}\dfrac{\partial z}{\partial x}=5e^{-(x^2+xy+y^2)}-(5x+7y-25)(2x+y)e^{-(x^2+xy+y^2)}=0, & (1)\\ \dfrac{\partial z}{\partial y}=7e^{-(x^2+xy+y^2)}-(5x+7y-25)(x+2y)e^{-(x^2+xy+y^2)}=0. & (2)\end{cases}$$

(1)×7−(2)×5,消去因子 $e^{-(x^2+xy+y^2)}$,得

$$3(5x+7y-25)(3x-y)=0.$$

以 $5x+7y-25=0$ 代入(1),(2),显然矛盾,故必有 $5x+7y-25\neq0$,从而 $y=3x$.代入(1),得

$$26x^2-25x-1=0,$$

解得静止点 $P_0(1,3)$及 $P_1\left(-\frac{1}{26},\ -\frac{3}{26}\right)$.在点 P_0,

$$\begin{aligned}A&=z''_{xx}(P_0)=[z'_x(x,3)]'_x\Big|_{x=1}\\&=\{e^{-(x^2+3x+9)}[5-(5x-4)(2x+3)]\}'_x\Big|_{x=1}\\&=[e^{-(x^2+3x+9)}]'\Big|_{x=1}[5-(5x-4)(2x+3)]\Big|_{x=1}\\&\quad+[e^{-(x^2+3x+9)}]\Big|_{x=1}[5-(5x-4)(2x+3)]'\Big|_{x=1}\\&=-27e^{-13}.\end{aligned}$$

同法可求得

$$B=z''_{xy}(P_0)=-36e^{-13},\ C=z''_{yy}(P_0)=-51e^{-13}.$$

于是,$AC-B^2=81e^{-26}>0$,故函数 z 在点 P_0 取得极大值

$$z(P_0)=e^{-13}\approx2.26\times10^{-6}.$$

同法可得函数 z 在点 P_1 取得极小值

$$z(P_1)=-26e^{-\frac{1}{52}}\approx-25.50.$$

【3635】 $z=x^2+xy+y^2-4\ln x-10\ln y$.

解 解方程组

$$\begin{cases}\dfrac{\partial z}{\partial x}=2x+y-\dfrac{4}{x}=0,\\[2ex]\dfrac{\partial z}{\partial y}=x+2y-\dfrac{10}{y}=0\end{cases}\qquad(x>0,\ y>0)$$

得静止点 $P_0(1,2)$.在点 P_0,

$$A=6,\quad B=1,\quad C=\frac{9}{2},\quad AC-B^2=26>0,$$

故函数 z 在点 P_0 取得极小值 $\quad z(P_0)=7-10\ln2\approx0.0685$.

【3636】 $z=\sin x+\cos y+\cos(x-y)\ (0\leqslant x\leqslant\frac{\pi}{2};0\leqslant y\leqslant\frac{\pi}{2})$.

解 解方程组

$$\begin{cases}\dfrac{\partial z}{\partial x}=\cos x-\sin(x-y)=0, & (1)\\ \dfrac{\partial z}{\partial y}=-\sin y+\sin(x-y)=0. & (2)\end{cases}$$

(1)+(2), $\cos x=\sin y$. 由于 x,y 均为锐角, 故有 $y=\frac{\pi}{2}-x$, 代入(1), 得

$$\cos x-\sin\left(2x-\frac{\pi}{2}\right)=\cos x+\cos2x=2\cos\frac{x}{2}\cos\frac{3x}{2}=0.$$

但是 $\cos\frac{x}{2}\neq0$, 故 $\cos\frac{3x}{2}=0$. 从而得静止点 $P_0(\frac{\pi}{3},\frac{\pi}{6})$. 由于

$$\frac{\partial^2 z}{\partial x^2}=-\sin x-\cos(x-y),$$

$$\frac{\partial^2 z}{\partial y^2}=-\cos y-\cos(x-y),$$

$$\frac{\partial^2 z}{\partial x\partial y}=\cos(x-y),$$

故在点 P_0, 有 $A=-\sqrt{3},\ B=\frac{\sqrt{3}}{2},\ C=-\sqrt{3},\ AC-B^2=\frac{9}{4}>0$.

于是, 函数 z 在点 P_0 取得极大值 $z(P_0)=\frac{3}{2}\sqrt{3}$.

【3637】 $z=\sin x\sin y\sin(x+y)\ (0\leqslant x\leqslant\pi;\ 0\leqslant y\leqslant\pi)$.

解 解方程组

$$\begin{cases}\dfrac{\partial z}{\partial x}=\sin y\sin(2x+y)=0, & (1)\\ \dfrac{\partial z}{\partial y}=\sin x\sin(x+2y)=0. & (2)\end{cases}$$

由(1)及(2)可得下列四个方程组:

$$\text{Ⅰ}:\begin{cases}\sin x=0,\\ \sin y=0.\end{cases}\qquad \text{Ⅱ}:\begin{cases}\sin x=0,\\ \sin(2x+y)=0.\end{cases}$$

$$\text{Ⅲ}:\begin{cases}\sin y=0,\\ \sin(x+2y)=0.\end{cases}\qquad \text{Ⅳ}:\begin{cases}\sin(2x+y)=0,\\ \sin(x+2y)=0.\end{cases}$$

考虑到 $0\leqslant x\leqslant\pi$; $0\leqslant y\leqslant\pi$, 于是得原方程组(1)与(2)的六个解

$$P_1(0,0),\qquad P_2(0,\pi),\qquad P_3(\pi,0),$$

$$P_4(\pi,\pi),\quad P_5\left(\frac{\pi}{3},\frac{\pi}{3}\right),\quad P_6\left(\frac{2\pi}{3},\frac{2\pi}{3}\right).$$

由于所考虑的区域是闭正方形 $0\leqslant x\leqslant\pi$; $0\leqslant y\leqslant\pi$, 故点 P_1, P_2, P_3, P_4 都是此区域的边界点. 因此 P_1, P_2, P_3, P_4 不是函数 z 达极值的点(根据极值的定义, 首先要求函数在所考虑的点的某邻域中有定义). 由于

$$z''_{xx}=2\sin y\cos(2x+y),\qquad z''_{xy}=\sin2(x+y),$$

$$z''_{yy}=2\sin x\cos(x+2y).$$

在点 P_5 有

$$AC-B^2=(-\sqrt{3})(-\sqrt{3})-\left(-\frac{\sqrt{3}}{2}\right)^2>0$$

且 $A=-\sqrt{3}<0$, 故函数 z 在点 P_5 取得极大值 $z(P_5)=\dfrac{3\sqrt{3}}{8}$; 在点 P_6 有 $AC-B^2=(\sqrt{3})(\sqrt{3})-\left(\dfrac{\sqrt{3}}{2}\right)^2>0$ 且 $A=\sqrt{3}>0$, 故函数 z 在点 P_6 取得极小值 $z(P_6)=-\dfrac{3\sqrt{3}}{8}$.

【3638】 $z=x-2y+\ln\sqrt{x^2+y^2}+3\arctan\dfrac{y}{x}$.

解 解方程组

$$\begin{cases}\dfrac{\partial z}{\partial x}=1+\dfrac{x}{x^2+y^2}-\dfrac{3y}{x^2+y^2}=0,\\ \dfrac{\partial z}{\partial y}=-2+\dfrac{y}{x^2+y^2}+\dfrac{3x}{x^2+y^2}=0\end{cases}$$

得静止点 $P_0(1,1)$.

$$\frac{\partial^2 z}{\partial x^2}=\frac{-x^2+6xy+y^2}{(x^2+y^2)^2},\qquad \frac{\partial^2 z}{\partial y^2}=\frac{x^2-6xy-y^2}{(x^2+y^2)^2},$$

$$\frac{\partial^2 z}{\partial x\partial y}=\frac{-3x^2-2xy+3y^2}{(x^2+y^2)^2}.$$

在点 P_0 有 $A=\dfrac{3}{2}$, $B=-\dfrac{1}{2}$, $C=-\dfrac{3}{2}$及 $AC-B^2=-\dfrac{5}{2}<0$, 故无极值.

【3639】 $z=xy\ln(x^2+y^2)$.

解 解方程组

$$\begin{cases}\dfrac{\partial z}{\partial x}=y\ln(x^2+y^2)+\dfrac{2x^2y}{x^2+y^2}=0, & (1)\\ \dfrac{\partial z}{\partial y}=x\ln(x^2+y^2)+\dfrac{2xy^2}{x^2+y^2}=0. & (2)\end{cases}$$

将(1)式乘以 x 减去(2)式乘以 y, 得

$$\frac{2xy}{x^2+y^2}(x^2+y^2)=0.$$

于是, $x=0$, $y=0$, $x=y$, $x=-y$ 为四组解, 对应地得静止点

$$P_1(0,1),\quad P_2(0,-1),\quad P_3(1,0),\quad P_4(-1,0)$$

$$P_5\left(\frac{1}{\sqrt{2e}},\frac{1}{\sqrt{2e}}\right),\qquad P_6\left(-\frac{1}{\sqrt{2e}},-\frac{1}{\sqrt{2e}}\right)$$

$$P_7\left(\frac{1}{\sqrt{2e}},-\frac{1}{\sqrt{2e}}\right) \quad 及 \quad P_8\left(-\frac{1}{\sqrt{2e}},\frac{1}{\sqrt{2e}}\right).$$

代入原式，不难看出，函数 z 在点 P_1、P_2、P_3 及 P_4 均无极值(邻域内函数值可正可负).由于

$$\frac{\partial^2 z}{\partial x^2}=\frac{2xy(x^2+3y^2)}{(x^2+y^2)^2}, \qquad \frac{\partial^2 z}{\partial y^2}=\frac{2xy(3x^2+y^2)}{(x^2+y^2)^2},$$

$$\frac{\partial^2 z}{\partial x\partial y}=\ln(x^2+y^2)+\frac{2(x^4+y^4)}{(x^2+y^2)^2}.$$

在点 P_5 及 P_6，$A=2$，$B=0$，$C=2$ 及 $AC-B^2=4>0$，故函数 z 在点 P_5 及 P_6 取得极小值 $z(P_5)=z(P_6)=-\frac{1}{2e}\approx-0.184$.

在点 P_7 及 P_8，$A=-2$，$B=0$，$C=-2$ 及 $AC-B^2=4>0$，故函数 z 在点 P_7 及 P_8 取极大值 $z(P_7)=z(P_8)=\frac{1}{2e}\approx 0.184$.

【3640】 $z=x+y+4\sin x\sin y$.

解 解方程组

$$\begin{cases}\dfrac{\partial z}{\partial x}=1+4\cos x\sin y=0, & (1)\\[2mm] \dfrac{\partial z}{\partial y}=1+4\sin x\cos y=0. & (2)\end{cases}$$

(2) − (1)得 $\sin(x-y)=0$，故 $x-y=n\pi$；

(2) + (1)得 $\sin(x+y)=\frac{1}{2}$，故 $x+y=m\pi-(-1)^m\frac{\pi}{6}$.

于是，得静止点 $P_0(x_0,y_0)$，其中

$$\begin{cases}x_0=(-1)^{m+1}\dfrac{\pi}{12}+(m+n)\dfrac{\pi}{2},\\[2mm] y_0=(-1)^{m+1}\dfrac{\pi}{12}+(m-n)\dfrac{\pi}{2}.\end{cases}\quad (m,n=0,\pm1,\pm2,\cdots)$$

在点 P_0，有

$$AC-B^2=(-4\sin x_0\sin y_0)(-4\sin x_0\sin y_0)-(4\cos x_0\cos y_0)^2$$
$$=16(\sin x_0\sin y_0-\cos x_0\cos y_0)(\sin x_0\sin y_0+\cos x_0\cos y_0)$$
$$=-16\cos(x_0+y_0)\cos(x_0-y_0)$$
$$=-16\cos\left[m\pi-(-1)^m\frac{\pi}{6}\right]\cos n\pi=-16(-1)^{m+n}\cos\frac{\pi}{6}.$$

当 m 及 n 有相同的奇偶性时, $m+n$ 为偶数, $AC-B^2<0$ 故无极值, 当 m 及 n 有不同的奇偶性时, $m+n$ 为奇数, $AC-B^2>0$, 故有极值, 看 A 的符号决定取得极大值还是极小值. 由于

$$A=-4\sin x_0\sin y_0=2[\cos(x_0+y_0)-\cos(x_0-y_0)]$$
$$=2\left\{(-1)^m\cos\frac{\pi}{6}-(-1)^n\right\},$$

故当 m 为奇数及 n 为偶数时, $A<0$, 取得极大值; 当 m 为偶数及 n 为奇数时, $A>0$, 取得极小值. 极值为

$$z(x_0,y_0)=m\pi+\left(\frac{\pi}{6}+\sqrt{3}\right)(-1)^{m+1}+2(-1)^n.$$

【3641】 $z=(x^2+y^2)e^{-(x^2+y^2)}$.

解 解方程组

$$\begin{cases}\dfrac{\partial z}{\partial x}=2xe^{-(x^2+y^2)}(1-x^2-y^2)=0,\\[2ex]\dfrac{\partial z}{\partial y}=2ye^{-(x^2+y^2)}(1-x^2-y^2)=0\end{cases}$$

得静止点 $P_0(0,0)$ 及 $P(x_0,y_0)$, 其中 $x_0^2+y_0^2=1$.

在点 P_0 有 $z=0$, 而当 $(x,y)\neq(0,0)$ 时 $z>0$, 故函数 z 在点 P_0 取得极小值 $z=0$.

由 1437 题知, 在满足 $x_0^2+y_0^2=1$ 的点 (x_0,y_0) 的邻域内, 不论是 $x^2+y^2>1$ 还是 $x^2+y^2<1$, 均有

$$z(x,y)=(x^2+y^2)e^{-(x^2+y^2)}<e^{-1}.$$

但是点(x_0, y_0)的邻域内总有 $x^2+y^2=1$ 的点(x, y)，因此，函数 z 在点(x_0, y_0)取得弱极大值 $z=e^{-1}$.

【3642】 $u=x^2+y^2+z^2+2x+4y-6z$.

解 $du=2(x+1)dx+2(y+2)dy+2(z-3)dz$.

令

$$\frac{\partial u}{\partial x}=2(x+1)=0,\quad \frac{\partial u}{\partial y}=2(y+2)=0,\quad \frac{\partial u}{\partial z}=2(z-3)=0,$$

得静止点 $P_0(-1,-2,3)$. 在该点由于

$$d^2u=2(dx^2+dy^2+dz^2)>0\quad (\text{当 } dx^2+dy^2+dz^2\neq 0 \text{ 时}),$$

故函数 u 在点 P_0 取得极小值 $u(P_0)=-14$.

【3643】 $u=x^3+y^2+z^2+12xy+2z$.

解 $du=(3x^2+12y)dx+(2y+12x)dy+(2z+2)dz$.

令

$$\frac{\partial u}{\partial x}=3x^2+12y=0,\quad \frac{\partial u}{\partial y}=2y+12x=0,\quad \frac{\partial u}{\partial z}=2z+2=0,$$

得静止点 $P_0(0,0,-1)$及 $P_1(24,-144,-1)$.

$$d^2u=6x\,dx^2+2dy^2+2dz^2+24dx\,dy.$$

在点 P_0，有

$$d^2u=2dy^2+2dz^2+24dx\,dy=2dz^2+2dy(dy+12dx),$$

当 $dz=0$, $dy>0$ 及 $dy+12dx<0$ 时，$d^2u<0$；而当 dx、dy 及 dz 均大于零时，$d^2u>0$. 因此 d^2u 的符号不定，故无极值.

在点 P_1，有

$$\begin{aligned} d^2u &= 144dx^2+2dy^2+2dz^2+24dx\,dy \\ &= (12dx+dy)^2+dy^2+2dz^2>0 \\ &\qquad\qquad (\text{当 } dx^2+dy^2+dz^2\neq 0 \text{ 时}), \end{aligned}$$

故函数 u 在点 P_1 取得极小值 $u(P_1)=-6913$.

【3644】 $u=x+\frac{y^2}{4x}+\frac{z^2}{y}+\frac{2}{z}\quad(x>0,\ y>0,\ z>0)$.

解 $du=\left(1-\frac{y^2}{4x^2}\right)dx+\left(\frac{y}{2x}-\frac{z^2}{y^2}\right)dy+\left(\frac{2z}{y}-\frac{2}{z^2}\right)dz$.

令 $\frac{\partial u}{\partial x}=\frac{\partial u}{\partial y}=\frac{\partial u}{\partial z}=0$，得方程组

$$\begin{cases}1-\frac{y^2}{4x^2}=0,\\ \frac{y}{2x}-\frac{z^2}{y^2}=0,\\ \frac{2z}{y}-\frac{2}{z^2}=0.\end{cases}$$

解之得静止点 $P_0\left(\frac{1}{2},1,1\right)$.

$$\begin{aligned}d^2u&=\frac{y^2}{2x^3}dx^2-\frac{y}{x^2}dx\,dy+\left(\frac{1}{2x}+\frac{2z^2}{y^3}\right)dy^2\\&\quad-\frac{4z}{y^2}dy\,dz+\left(\frac{2}{y}+\frac{4}{z^3}\right)dz^2.\end{aligned}$$

在点 P_0，有

$$\begin{aligned}d^2u&=4dx^2-4dx\,dy+3dy^2-4dy\,dz+6dz^2\\&=(2dx-dy)^2+dy^2+(dy-2dz)^2+2dz^2>0\\&\qquad(\text{当 } dx^2+dy^2+dz^2\neq 0 \text{ 时}),\end{aligned}$$

故函数 u 在点 P_0 取得极小值 $u(P_0)=4$.

【3645】 $u=xy^2z^3(a-x-2y-3z)\quad(a>0)$.

解 $du=y^2z^3(a-2x-2y-3z)dx+2xyz^3(a-x-3y-3z)dy+3xy^2z^2(a-x-2y-4z)dz$.

令 $\frac{\partial u}{\partial x}=\frac{\partial u}{\partial y}=\frac{\partial u}{\partial z}=0$，得方程组

$$\begin{cases}y^2z^3(a-2x-2y-3z)=0,\\2xyz^3(a-x-3y-3z)=0,\\3xy^2z^2(a-x-2y-4z)=0.\end{cases}$$

解之得静止点 $P_0(\frac{a}{7},\frac{a}{7},\frac{a}{7})$；直线 $x=0,\ 2y+3z=a$；平面 $y=0$；平面 $z=0$.

同 3625 题的方法，不难确定：直线 $x=0,\ 2y+3z=a$ 及平面 $z=0$ 上的点不取得极值. $y=0$ 时，当 $xz^3(a-x-3z)>0$ 取得弱极小值 $u=0$；当 $xz^3(a-x-3z)<0$ 取得弱极大值 $u=0$；当 $xz^3(a-x-3z)=0$ 不取得极值.

在点 P_0，有

$$\begin{aligned}\mathrm{d}^2u&=-\frac{2a^5}{7^5}(\mathrm{d}x^2+3\mathrm{d}y^2+6\mathrm{d}z^2+2\mathrm{d}x\mathrm{d}y+6\mathrm{d}y\mathrm{d}z+3\mathrm{d}x\mathrm{d}z)\\&=-\frac{a^5}{7^5}[(\mathrm{d}x+2\mathrm{d}y+3\mathrm{d}z)^2+\mathrm{d}x^2+2\mathrm{d}y^2+3\mathrm{d}z^2]<0\\&\qquad(\text{当 }\mathrm{d}x^2+\mathrm{d}y^2+\mathrm{d}z^2\neq0\text{ 时}),\end{aligned}$$

故函数 u 在点 P_0 取得极大值 $u(P_0)=\frac{a^7}{7^7}$.

【3646】 $u=\frac{a^2}{x}+\frac{x^2}{y}+\frac{y^2}{z}+\frac{z^2}{b}(x>0,y>0,z>0,a>0,b>0)$.

解 $\mathrm{d}u=\left(\frac{2x}{y}-\frac{a^2}{x^2}\right)\mathrm{d}x+\left(\frac{2y}{z}-\frac{x^2}{y^2}\right)\mathrm{d}y+\left(\frac{2z}{b}-\frac{y^2}{z^2}\right)\mathrm{d}z$

令 $\frac{\partial u}{\partial x}=\frac{\partial u}{\partial y}=\frac{\partial u}{\partial z}=0$，得方程组

$$\begin{cases}\dfrac{2x}{y}-\dfrac{a^2}{x^2}=0,\\[2ex]\dfrac{2y}{z}-\dfrac{x^2}{y^2}=0,\\[2ex]\dfrac{2z}{b}-\dfrac{y^2}{z^2}=0.\end{cases}$$

解之得静止点 $P_0\left(\frac{1}{2}\sqrt[15]{16a^{14}b},\frac{1}{4}\sqrt[5]{16a^4b},\frac{1}{2}\sqrt[15]{\frac{1}{4}a^8b^7}\right)$.

$$\begin{aligned}d^2u&=\frac{2a^2}{x^3}dx+\frac{2}{y}dx^2-\frac{4x}{y^2}dxdy+\frac{2}{z}dy^2+\frac{2x^2}{y^3}dy^2\\&\quad-\frac{4y}{z^2}dydz+\frac{2}{b}dz^2+\frac{2y^2}{z^3}dz^2\\&=\frac{2a^2}{x^3}dx^2+\frac{2}{y}\left(dx-\frac{x}{y}dy\right)^2+\frac{2}{z}\left(dy-\frac{y}{z}dz\right)^2+\frac{2}{b}dz^2.\end{aligned}$$

在点 P_0, $x>0,y>0,z>0,d^2u>0$(当 $dx^2+dy^2+dz^2\neq 0$ 时),故函数 u 在点 P_0 取得极小值 $u(P_0)=\frac{15a}{4}\sqrt[15]{\frac{a}{16b}}$.

【3647】 $u=\sin x+\sin y+\sin z-\sin(x+y+z)$

$(0\leqslant x\leqslant\pi;\ 0\leqslant y\leqslant\pi;\ 0\leqslant z\leqslant\pi)$.

解 $du=[\cos x-\cos(x+y+z)]dx+[\cos y-\cos(x+y+z)]dy+[\cos z-\cos(x+y+z)]dz$.

令 $\frac{\partial u}{\partial x}=\frac{\partial u}{\partial y}=\frac{\partial u}{\partial z}=0$,得方程组

$$\begin{cases}\cos x-\cos(x+y+z)=0,\\\cos y-\cos(x+y+z)=0,\\\cos z-\cos(x+y+z)=0.\end{cases}$$

注意到 $0\leqslant x\leqslant\pi;0\leqslant y\leqslant\pi;0\leqslant z\leqslant\pi$,解之得静止点 $P_0(0,0,0)$, $P_1(\frac{\pi}{2},\frac{\pi}{2},\frac{\pi}{2})$及 $P_2(\pi,\pi,\pi)$.

在点 P_1，有

$$d^2u = -\sin x\,dx^2 - \sin y\,dy^2 - \sin z\,dz^2 + \sin(x+y+z)[d(x+y+z)]^2 = -dx^2 - dy^2 - dz^2 - (dx+dy+dz)^2 < 0,$$

故函数 u 在点 P_1 取得极大值 $u(P_1)=4$.

由于 P_0 与 P_2 是所考虑区域 $0\leqslant x\leqslant\pi;0\leqslant y\leqslant\pi;0\leqslant z\leqslant\pi$ 的边界点，故函数在点 P_0 与 P_2 不达极值(根据极值定义，首先要求函数在所考虑的点的某邻域中有定义). 但如果放宽要求，对于边界点，仅将其函数值与属于所考虑的区域而与此边界点很接近的点的函数值相比较，则在边界点也可引入达极值和达弱极值的概念. 今对于点 P_0 及 P_2 的邻域中且属于上述区域的点 (x,y,z)，显然有 $\sin x\geqslant 0$，$\sin y\geqslant 0$，$\sin z\geqslant 0$. 又

$$\sin(x+y+z) = \sin x\cos y\cos z - \sin x\sin y\sin z + \cos x\sin y\cos z + \cos x\cos y\sin z \leqslant \sin x + \sin y + \sin z - \sin x\sin y\sin z,$$

故 $u\geqslant 0$. 而当 $x=y=0$ 时或 $x=y=\pi$ 时都恒有 $u=0$. 因此，函数 u 在点 P_0 及 P_2 都达到弱极小值 $u(P_0)=u(P_2)=0$(按上述边界点达极值的意义).

【3648】 $u = x_1x_2^2\cdots x_n^n(1-x_1-2x_2-\cdots-nx_n)$

$$(x_1>0, x_2>0, \cdots, x_n>0).$$

解 先考虑满足 $1-x_1-2x_1-\cdots-nx_n=0$，$x_1>0, x_2>0, \cdots, x_n>0$ 的点 $(x_1,x_2,\cdots,x_n)$. 显然函数 u 在这种点不达到极值(因为，例如，若保持 $x_2,x_3,\cdots,x_n$ 不变，而将 x_1 增大任意小的值，就有 $u<0$，但将 x_1 减小任意小的值，则有 $u>0$)，故下面只需考察满足 $1-\sum\limits_{k=1}^{n}kx_k\neq 0$，$x_1>0,\cdots,x_n>0$ 的点 $(x_1,x_2,\cdots,x_n)$. 我们有

$$du = u\sum_{k=1}^{n}\frac{k}{x_k}dx_k - \frac{u}{1-\sum\limits_{k=1}^{n}kx_k}\sum_{k=1}^{n}k\,dx_k$$

$$= u\left[\sum_{k=1}^{n}\left(\frac{k}{x_k}-\frac{k}{1-\sum\limits_{k=1}^{n}kx_k}\right)dx_k\right],$$

考虑到 $x_k>0$ 及 $1-\sum\limits_{k=1}^{n}kx_k\neq 0$,故有 $u\neq 0$.解方程组

$$\frac{k}{x_k}-\frac{k}{1-\sum\limits_{k=1}^{n}kx_k}=0 \quad (k=1,2,\cdots,n)$$

得静止点 $P_0(x_1,x_2,\cdots,x_n)$,其中

$$x_1=x_2=\cdots=x_n=\frac{2}{n^2+n+2}=x_0.$$

$$d^2u=\left[\sum_{k=1}^{n}\left(\frac{k}{x_k}-\frac{k}{1-\sum\limits_{k=1}^{n}kx_k}\right)dx_k\right]du+u\left[\sum_{k=1}^{n}\left(-\frac{k}{x_k^2}\right)dx_k^2\right.$$

$$\left.+\frac{1}{\left(1-\sum\limits_{k=1}^{n}k\,dx_k\right)^2}\left(\sum_{k=1}^{n}k\,dx_k\right)\left(-\sum_{k=1}^{n}k\,dx_k\right)\right]$$

在点 P_0,有

$$d^2u=-\frac{u}{x_0^2}\left[\sum_{k=1}^{n}k\,dx_k^2+\left(\sum_{k=1}^{n}k\,dx_k\right)^2\right]$$

$$=-x_0^{\frac{n(n+1)}{2}-1}\left[\sum_{k=1}^{n}k\,dx_k^2+\left(\sum_{k=1}^{n}k\,dx_k\right)^2\right]<0$$

$$(\text{当}\sum_{k=1}^{n}dx_x^2\neq 0\text{时}),$$

故函数 u 在点 P_0 取得极大值 $u(P_0)=\left(\frac{2}{n^2+n+2}\right)^{\frac{n^2+n+2}{2}}$.

【3649】 $u=x_1+\frac{x_2}{x_1}+\frac{x_3}{x_2}+\cdots+\frac{x_n}{x_{n-1}}+\frac{2}{x_n}$ ($x_i>0$, $i=1,2,\cdots,n$).

解 设 $y_1=x_1, y_2=\frac{x_2}{x_1},\cdots, y_k=\frac{x_k}{x_{k-1}},\cdots, y_n=\frac{x_n}{x_{n-1}}$, 则 $x_n=y_1y_2\cdots y_n$, $y_k>0$ ($k=1,2,\cdots,n$), 且

$$u=y_1+y_2+y_3+\cdots+y_n+\frac{2}{y_1y_2\cdots y_n}.$$

记 $A=y_1y_2\cdots y_n$, 则可得

$$\mathrm{d}u=\sum_{k=1}^{n}\left(1-\frac{2}{Ay_k}\right)\mathrm{d}y_k.$$

令 $\frac{\partial u}{\partial y_k}=0$ 得方程组 $1-\frac{2}{Ay_k}=0$ ($k=1,2,\cdots,n$). 解之得静止点 $P_0(y_1,y_2,\cdots,y_n)$, 其中

$$y_1=y_2=\cdots=y_n=2^{\frac{1}{n+1}}=y_0.$$

在点 P_0, 有

$$\mathrm{d}^2u\bigg|_{P=P_0}=\frac{2}{A}\sum_{k=1}^{n}\frac{1}{y_k^2}\mathrm{d}y_k^2+\frac{2}{A}\left(\sum_{k=1}^{n}\frac{1}{y_k}\mathrm{d}y_k\right)^2\bigg|_{P=P_0}$$

$$=\frac{1}{y_0}\left[\sum_{k=1}^{n}\mathrm{d}y_k^2+\left(\sum_{k=1}^{n}\mathrm{d}y_k\right)^2\right]>0 \quad (\text{当} \sum_{k=1}^{n}\mathrm{d}y_k^2\neq 0 \text{ 时}),$$

故函数 u 在 P_0 点取得极小值, 也即在

$$x_1=y_1=2^{\frac{1}{n+1}},$$

$$x_2=y_2x_1=2^{\frac{2}{n+1}},$$

$$\vdots$$

$$x_k=y_kx_{k-1}=2^{\frac{k}{n+1}},$$

$$\vdots$$

$$x_n = y_n x_{n+1} = 2^{\frac{n}{n+1}}$$

处,函数 u 取得极小值 $u = (n+1)2^{\frac{1}{n+1}}$.

【3650】 惠更斯问题.在 a 和 b 二正数间插入 n 个数 $x_1, x_2, \cdots, x_n$,使得分数

$$u = \frac{x_1 x_2 \cdots x_n}{(a+x_1)(x_1+x_2)\cdots(x_n+b)}$$

的值是最大.

解 记 $w = \frac{1}{u} = (a+x_1)\left(1+\frac{x_2}{x_1}\right)\left(1+\frac{x_3}{x_2}\right)\cdots\left(1+\frac{b}{x_n}\right)$.

设 $y_1 = \frac{x_2}{x_1}, y_2 = \frac{x_3}{x_2}, \cdots, y_n = \frac{b}{x_n}$,并记 $A = y_1 y_2 \cdots y_n$,则有

$$x_1 = \frac{b}{y_1 y_2 \cdots y_n} = \frac{b}{A},$$

$$w = \left(a + \frac{b}{A}\right)(1+y_1)(1+y_2)\cdots(1+y_n).$$

又记 $m = a + \frac{b}{A}$,则有

$$\begin{aligned} \mathrm{d}w &= \sum_{k=1}^{n} \frac{w}{1+y_k}\mathrm{d}y_k - \frac{wb}{mA}\sum_{k=1}^{n}\frac{\mathrm{d}y_k}{y_k} \\ &= w\sum_{k=1}^{n}\left(\frac{y_k}{1+y_k} - \frac{b}{mA}\right)\frac{\mathrm{d}y_k}{y_k}. \end{aligned}$$

令 $\frac{\partial w}{\partial y_k} = 0$ 得方程组 $\frac{y_k}{1+y_k} = \frac{b}{mA}$ $(k = 1, 2, \cdots, n)$.解之得静止点 $P_0(y_1, y_2, \cdots, y_n)$,其中

$$y_1 = y_2 = \cdots = y_n = \left(\frac{b}{a}\right)^{\frac{1}{n+1}} = y_0.$$

在点 P_0,有

$$\mathrm{d}^2 w\Big|_{P=P_0} = w\sum_{k=1}^{n}\mathrm{d}\left(\frac{y_k}{1+y_k} - \frac{b}{mA}\right)\frac{\mathrm{d}y_k}{y_k}\Big|_{P=P_0}$$

$$= w\sum_{k=1}^{n} \mathrm{d}\left(\frac{y_k}{1+y_k}\right)\left(\frac{\mathrm{d}y_k}{y_0}\right)\bigg|_{P=P_0} - w\sum_{k=1}^{n}\frac{\mathrm{d}y_k}{y_0}\left[\mathrm{d}\left(\frac{1}{1+\frac{a}{b}A}\right)\right]\bigg|_{P=P_0}$$

$$= \frac{w(P_0)}{y_0(1+y_0)^2}\sum_{k=1}^{n}\mathrm{d}y_k^2 + \frac{w(P_0)}{y_0\left(1+\frac{a}{b}A\right)^2_{P=P_0}}\sum_{k=1}^{n}\left[\mathrm{d}y_k\right.$$

$$\left.\cdot\left(\sum_{k=1}^{n}\frac{aA}{by_k}\mathrm{d}y_k\right)\right]_{P=P_0}$$

$$= \frac{w(P_0)}{y_0(1+y_0)^2}\left[\sum_{k=1}^{n}\mathrm{d}y_k^2 + \left(\sum_{k=1}^{n}\mathrm{d}y_k\right)^2\right] > 0 \quad (\text{当} \sum_{k=1}^{n}\mathrm{d}y_k^2 \neq 0 \text{时}),$$

故函数 w 在点 P_0 取得极小值. 从而, 函数 u 在

$$\begin{cases} x_1 = \dfrac{b}{A} = \dfrac{b}{y_0^n} = \dfrac{b}{a}ay_0^{-n} = ay_0^{n+1}y_0^{-n} = ay_0, \\ x_2 = x_1y_1 = ay_0^2, \\ x_3 = x_2y_2 = ay_0^3, \\ \quad\vdots \\ x_n = \dfrac{b}{y_n} = \dfrac{b}{a}ay_0^{-1} = ay_0^{n+1}y_0^{-1} = ay_0^n, \end{cases}$$

即数 $a, x_1, x_2, \cdots, x_n, b$, 构成有公比 $y_0 = \left(\frac{b}{a}\right)^{\frac{1}{n+1}}$ 的几何级数时, 其值最大, 并且 u 的最大值为

$$u = \frac{1}{a(1+y_0)^{n+1}} = \left(a^{\frac{1}{n+1}} + b^{\frac{1}{n+1}}\right)^{-(n+1)}.$$

求变量 x 和 y 的隐函数 z 的极值:

【3651】 $x^2+y^2+z^2-2x+2y-4z-10=0.$

解 微分得

$$(x-1)\mathrm{d}x + (y+1)\mathrm{d}y + (z-2)\mathrm{d}z = 0.$$

$z=-2$. 又 $z=2$ 时为不可微的. 为判断极值, 求二阶微分, 得

$$dx^2+dy^2+(z-2)d^2z+dz^2=0.$$

以 $x=1,\ y=-1,\ z=6$, 代入, 并考虑 $dz=0$, 得

$$d^2z=-\frac{1}{4}(dx^2+dy^2)<0 \quad (\text{当 } dx^2+dy^2\neq 0 \text{ 时}),$$

故当 $x=1, y=-1$ 时, 隐函数 z 取得极大值 $z=6$. 同法可判断得: 当 $x=1,\ y=-1$ 时, 隐函数 z 也取得极小值, 且其值为 $z=-2$.

不难看出, $z=2$ 是球的切平面平行于 Oz 轴的地方, 因此, 函数 z 不取得极值.

【3652】 $x^2+y^2+z^2-xz-yz+2x+2y+2z-2=0$.

解 微分一次, 得

$$(2x-z+2)dx+(2y-z+2)dy+(2z-x-y+2)dz=0.$$

解方程组

$$\begin{cases}2x-z+2=0,\\ 2y-z+2=0,\\ x^2+y^2+z^2-xz-yz+2x+2y+2z-2=0\end{cases}$$

得 $x_1=y_1=-(3+\sqrt{6}),\qquad z_1=-(4+2\sqrt{6})$;

$x_2=y_2=-(3-\sqrt{6}),\qquad z_2=2\sqrt{6}-4$.

再微分一次, 并注意到 $dz=0$, 即得

$$2dx^2+2dy^2+(2z-x-y+2)d^2z=0.$$

在点 (x_1, y_1, z_1), $d^2z=\dfrac{1}{\sqrt{6}}(dx^2+dz^2)>0$, 故当 $x=y=-(3+\sqrt{6})$时, 取得极小值 $z=-(4+2\sqrt{6})$. 同法可知, 当 $x=y=-(3-\sqrt{6})$时, 取得极大值 $z=2\sqrt{6}-4$.

对于 dz 的系数 $2z-x-y+2=0$ 时代表的情况, 与上题类似也不取得极值.

【3653】 $(x^2+y^2+z^2)^2=a^2(x^2+y^2-z^2)$.

解 微分一次,得

$$2(x^2+y^2+z^2)(x\mathrm{d}x+y\mathrm{d}y+z\mathrm{d}z)=a^2(x\mathrm{d}x+y\mathrm{d}y-z\mathrm{d}z).$$

令 $\mathrm{d}z=0$,得方程

$$[2(x^2+y^2+z^2)-a^2](x\mathrm{d}x+y\mathrm{d}y)=0.$$

解之,得 $x=y=0$ 及 $x^2+y^2+z^2=\frac{a^2}{2}$.

以 $x=y=0$ 代入原方程,解得 $z=0$. 这是隐函数的一个奇点. 把原式看作 z^2 的一个方程,舍去增根,可解出

$$z^2=-(a^2+x^2+y^2)+\sqrt{a^4+3a^2(x^2+y^2)},$$

显然 z 有正负两支在(0,0,0)点相交. 因此,不认为 z 在(0,0,0)点取得极值.

以 $x^2+y^2+z^2=\frac{a^2}{2}$代入原方程,解得

$$x^2+y^2=\frac{3}{8}a^2,\qquad z^2=\frac{a^2}{8}.$$

为考虑极值,将一次微分式改写为

$$[2(x^2+y^2+z^2)-a^2](x\mathrm{d}x+y\mathrm{d}y)+[2(x^2+y^2+z^2)+a^2]z\mathrm{d}z=0.$$

将上式再微分一次,注意到 $\mathrm{d}z=0$ 及 $x^2+y^2+z^2=\frac{a^2}{2}$,即得

$$a^2z\mathrm{d}^2z=-2(x\mathrm{d}x+y\mathrm{d}y)^2,$$

故当 $x^2+y^2=\frac{3}{8}a^2$, $z=\frac{a}{2\sqrt{2}}$,时, $\mathrm{d}^2z\leqslant0$, 函数 z 取得弱极大值 $z=\frac{a}{2\sqrt{2}}$;当 $x^2+y^2=\frac{3}{8}a^2$, $z=-\frac{a}{2\sqrt{2}}$时, $\mathrm{d}^2z\geqslant0$, 函数 z 取得弱极小值 $z=-\frac{a}{2\sqrt{2}}$.

求下列函数的条件极值点：

【3654】 $z=xy$，若 $x+y=1$.

解 设 $F(x,y)=xy+\lambda(x+y-1)$. 解方程组

$$\begin{cases}\dfrac{\partial F}{\partial x}=y+\lambda=0,\\ \dfrac{\partial F}{\partial y}=x+\lambda=0,\\ x+y=1\end{cases}$$

得 $x=y=-\lambda=\dfrac{1}{2}$，$z=\dfrac{1}{4}$. 由于当 $x\to\pm\infty$ 时，$y\to\mp\infty$，故 $z=xy\to-\infty$. 从而得知：点 $x=\dfrac{1}{2}$，$y=\dfrac{1}{2}$ 为条件极值点，且 $z=\dfrac{1}{4}$ 为极大值.

如将 $z=xy$ 改写为 $z=y(1-y)$，则成为普通极值. 易知极大值点为 $y=\dfrac{1}{2}$，从而 $x=1-\dfrac{1}{2}=\dfrac{1}{2}$，$z=\dfrac{1}{4}$.

【3655】 $z=\dfrac{x}{a}+\dfrac{y}{b}$，若 $x^2+y^2=1$.

解 设 $F(x,y)=\dfrac{x}{a}+\dfrac{y}{b}+\lambda(x^2+y^2-1)$. 解方程组

$$\begin{cases}\dfrac{\partial F}{\partial x}=\dfrac{1}{a}+2\lambda x=0,\\ \dfrac{\partial F}{\partial y}=\dfrac{1}{b}+2\lambda y=0,\\ x^2+y^2=1\end{cases}$$

可得

$$\lambda=\pm\frac{\sqrt{a^2+b^2}}{2|ab|},\quad x=\mp\frac{b\varepsilon}{\sqrt{a^2+b^2}},\quad y=\mp\frac{a\varepsilon}{\sqrt{a^2+b^2}},$$

其中 $\varepsilon=\operatorname{sgn}ab\neq 0$. 相应地, $z=\mp\frac{\sqrt{a^2+b^2}}{|ab|}$.

由于函数 z 在闭圆周 $x^2+y^2=1$ 上连续且不为常数, 故必取得最大值和最小值并且最大值与最小值不相等. 这里可疑点仅两个.

因此, 当 $x=-\frac{b\varepsilon}{\sqrt{a^2+b^2}}$, $y=-\frac{a\varepsilon}{\sqrt{a^2+b^2}}$ 时, 函数值 $z=-\frac{\sqrt{a^2+b^2}}{|ab|}$ 必为最小值, 从而是极小值; 当 $x=\frac{b\varepsilon}{\sqrt{a^2+b^2}}$, $y=\frac{a\varepsilon}{\sqrt{a^2+b^2}}$ 时, $z=\frac{\sqrt{a^2+b^2}}{|ab|}$ 为最大值, 从而是极大值.

【3656】$^+$ $z=x^2+y^2$, 若 $\frac{x}{a}+\frac{y}{b}=1$.

解 设 $F(x,y)=x^2+y^2+\lambda\left(\frac{x}{a}+\frac{y}{b}-1\right)$. 解方程组

$$\begin{cases}\frac{\partial F}{\partial x}=2x+\frac{1}{a}\lambda=0,\\ \frac{\partial F}{\partial y}=2y+\frac{1}{b}\lambda=0,\\ \frac{x}{a}+\frac{y}{b}=1\end{cases}$$

可得

$$\lambda=-\frac{2a^2b^2}{a^2+b^2},\quad x=\frac{ab^2}{a^2+b^2},\quad y=\frac{a^2b}{a^2+b^2}.$$

由于当 $x\to\infty$, $y\to\infty$ 时, $z\to+\infty$, 故函数 z 必在有限处取得最小值. 这里可疑点仅一个. 因此, 当 $x=\frac{ab^2}{a^2+b^2}$, $y=\frac{a^2b}{a^2+b^2}$ 时, 函数 z 取得极小值 $z=\frac{a^2b^2}{a^2+b^2}$.

注 如果用二阶微分判别,则易从 $d^2z=2(dx^2+dy^2)>0$(不论 dx, dy 之间有何约束条件,此式恒成立)可知 $z=\frac{a^2b^2}{a^2+b^2}$ 为极小值.

【3657】 $z=Ax^2+2Bxy+Cy^2$,若 $x^2+y^2=1$.

解 设 $F(x,y)=Ax^2+2Bxy+Cy^2-\lambda(x^2+y^2-1)$.解方程组

$$\begin{cases}\frac{\partial F}{\partial x}=2[(A-\lambda)x+By]=0, & (1)\\ \frac{\partial F}{\partial y}=2[Bx+(C-\lambda)y]=0, & (2)\\ x^2+y^2=1. & (3)\end{cases}$$

由 $x^2+y^2=1$ 知 x,y 不全为零,故 λ 必须满足方程

$$\begin{vmatrix}A-\lambda & B\\ B & C-\lambda\end{vmatrix}=\lambda^2-(A+C)\lambda+(AC-B^2)=0. \quad (4)$$

当 $(A-C)^2+4B^2=0$ 时,所研究的函数为常数;当 $(A-C)^2+4B^2\neq 0$ 时,方程(4)有两个不等的实根,记为 λ_1 和 λ_2($\lambda_1>\lambda_2$).由方程组(1)、(2)、(3)可解出

$$x_{1,2}=\frac{\pm(\lambda_1-C)}{\sqrt{B^2+(\lambda_1-C)^2}},\quad y_{1,2}=\frac{\pm(\lambda_1-A)}{\sqrt{B^2+(\lambda_1-A)^2}},$$

$$x_{3,4}=\frac{\pm(\lambda_2-C)}{\sqrt{B^2+(\lambda_2-C)^2}},\quad y_{3,4}=\frac{\pm(\lambda_2-A)}{\sqrt{B^2+(\lambda_2-A)^2}}.$$

相应地,有

$$\begin{aligned}z(x_1,y_1)&=Ax_1^2+2Bx_1y_1+Cy_1^2\\&=(Ax_1+By_1)x_1+(Bx_1+Cy_1)y_1.\end{aligned}$$

由(1)、(2)可解得

$$Ax_1+By_1=\lambda_1x_1,\qquad Bx_1+Cy_1=\lambda_1y_1,$$

故得

$$z(x_1,y_1)=\lambda_1x_1^2+\lambda_1y_1^2=\lambda_1(x_1^2+y_1^2)=\lambda_1.$$

同理可得

$$z(x_2,y_2)=\lambda_1,\qquad z(x_3,y_3)=z(x_4,y_4)=\lambda_2.$$

由于函数 z 在单位球面上连续且不为常数,故必取得最大值和最小值并且最大值和最小值不相等.这里可疑点仅四个,$(x_i, y_i)(i=1,2,3,4)$,而且 $z(x_1,y_1)=z(x_2,y_2)=\lambda_1$,$z(x_3,y_3)=z(x_4,y_4)=\lambda_2$.于是,当 $x=x_{1,2}$,$y=y_{1,2}$时,函数 z 取得最大值 $z=\lambda_1$,因而也是极大值;当 $x=x_{3,4}$,$y=y_{3,4}$时,函数 z 取得最小值 $z=\lambda_2$,因而也是极小值.

【3658】 $z=\cos^2x+\cos^2y$,若 $x-y=\dfrac{\pi}{4}$.

解 设 $F(x,y)=\cos^2x+\cos^2y+\lambda\left(x-y-\dfrac{\pi}{4}\right)$.解方程组

$$\begin{cases}\dfrac{\partial F}{\partial x}=-\sin2x+\lambda=0,\\ \dfrac{\partial F}{\partial y}=-\sin2y-\lambda=0,\\ x-y=\dfrac{\pi}{4}\end{cases}$$

可得

$$x_k=\frac{\pi}{8}+\frac{k\pi}{2},\quad y_k=-\frac{\pi}{8}+\frac{k\pi}{2}\quad(k=0,\pm1,\pm2,\cdots).$$

相应地,当 k 为偶数时,$z=1+\dfrac{1}{\sqrt{2}}$;当 k 为奇数时,$z=1-\dfrac{1}{\sqrt{2}}$.

由于所给连续函数 z 必在任意有限区域内取得最大值和最小值,而且 z 又是关于 x、y 的周期(周期为 π)函数,故当 k 为偶数时,函数 z 在点(x_k,y_k)取得最大值 $z=1+\dfrac{1}{\sqrt{2}}$,从而是极

大值；当 k 为奇数时，函数 z 在点 (x_k, y_k) 取得最小值 $z=1-\frac{1}{\sqrt{2}}$,从而是极小值.

【3659】 $u=x-2y+2z$,若 $x^2+y^2+z^2=1$.

解 设 $F(x,y,z)=x-2y+2z+\lambda(x^2+y^2+z^2-1)$.解方程组

$$\begin{cases}\frac{\partial F}{\partial x}=1+2\lambda x=0,\\ \frac{\partial F}{\partial y}=-2+2\lambda y=0,\\ \frac{\partial F}{\partial z}=2+2\lambda z=0,\\ x^2+y^2+z^2=1\end{cases}$$

可得

$$x=\pm\frac{1}{3},\qquad y=\mp\frac{2}{3},\qquad z=\pm\frac{2}{3}.$$

相应地,$u=\pm 3$.

由于所给函数在闭球面上连续且不为常数,故必取得最大值及最小值并且最大值与最小值不相等.这里可疑点仅两个,于是,当 $x=\frac{1}{3}$, $y=-\frac{2}{3}$, $z=\frac{2}{3}$时,函数 u 取得最大值 $u=3$,因而也是极大值;当 $x=-\frac{1}{3}$, $y=\frac{2}{3}$, $z=-\frac{2}{3}$时,函数 u 取得最小值 $u=-3$,因而也是极小值.

【3660】 $u=x^m y^n z^p$,若 $x+y+z=a$ $(m>0, n>0, p>0, a>0)$*.

---

* 作者注:应加上条件 $x>0, y>0, z>0$.

解 设 $w=\ln u=m\ln x+n\ln y+p\ln z$.

$$F(x,y,z)=w-\frac{1}{\lambda}(x+y+z-a).$$

解方程组

$$\begin{cases}\dfrac{\partial F}{\partial x}=\dfrac{m}{x}-\dfrac{1}{\lambda}=0,\\ \dfrac{\partial F}{\partial y}=\dfrac{n}{y}-\dfrac{1}{\lambda}=0,\\ \dfrac{\partial F}{\partial z}=\dfrac{p}{z}-\dfrac{1}{\lambda}=0,\\ x+y+z=a\end{cases}$$

可得

$$x=\frac{am}{m+n+p},\quad y=\frac{an}{m+n+p},\quad z=\frac{ap}{m+n+p}.$$

相应地，$u=\dfrac{a^{(m+n+p)}m^m n^n p^p}{(m+n+p)^{m+n+p}}$.

连续函数 w 定义在平面 $x+y+z=a$ 于第一卦限内的部分，边界由三条直线

$$\begin{cases}x+y=a,\\ z=0,\end{cases}\qquad\begin{cases}y+z=a,\\ x=0,\end{cases}\qquad\begin{cases}z+x=a,\\ y=0\end{cases}$$

组成. 当点 P 趋于边界上的点时，显然有 $w\to-\infty$. 因此，函数 w 在区域内取得最大值. 由于可疑点仅一个，故当 $x=\dfrac{am}{m+n+p}$, $y=\dfrac{an}{m+n+p}$, $z=\dfrac{ap}{m+n+p}$ 时，函数 u 取得最大值 $u=\dfrac{a^{m+n+p}m^m n^n p^p}{(m+n+p)^{m+n+p}}$，因而也是极大值.

【3661】 $u=x^2+y^2+z^2$，若 $\dfrac{x^2}{a^2}+\dfrac{y^2}{b^2}+\dfrac{z^2}{c^2}=1(a>b>c>0)$.

解 设 $F(x,y,z)=x^2+y^2+z^2+\lambda\left(\frac{x^2}{a^2}+\frac{y^2}{b^2}+\frac{z^2}{c^2}-1\right)$.
解方程组

$$\begin{cases}\frac{\partial F}{\partial x}=2x\left(1+\frac{\lambda}{a^2}\right)=0,\\ \frac{\partial F}{\partial y}=2y\left(1+\frac{\lambda}{b^2}\right)=0,\\ \frac{\partial F}{\partial z}=2z\left(1+\frac{\lambda}{c^2}\right)=0,\\ \frac{x^2}{a^2}+\frac{y^2}{b^2}+\frac{z^2}{c^2}=1\end{cases}$$

可得

$x=\pm a,\ y=z=0;\quad x=z=0,\ y=\pm b;\quad x=y=0,\ z=\pm c$.
相应地,有

$$u(\pm a,0,0)=a^2,\quad u(0,\pm b,0)=b^2,\quad u(0,0,\pm c)=c^2.$$

由于 $a>b>c>0$,故连续函数 u 在点$(\pm a,0,0)$取得最大值 a^2,因而也是极大值;在点$(0,0,\pm c)$取得最小值 c^2,因而也是极小值.

在点$(0,\pm b,0)$处,对应的 $\lambda=-b^2$,且

$$\begin{aligned}d^2F&=2\left(1+\frac{\lambda}{a^2}\right)dx^2+2\left(1+\frac{\lambda}{b^2}\right)dy^2+2\left(1+\frac{\lambda}{c^2}\right)dz^2\\&=2\left(1-\frac{b^2}{a^2}\right)dx^2+2\left(1-\frac{b^2}{c^2}\right)dz^2.\end{aligned}$$

把 x,z 当作自变量,y 看成由条件 $\frac{x^2}{a^2}+\frac{y^2}{b^2}+\frac{z^2}{c^2}=1$ 所确定的 x 和 z 的函数. 在点$(0,\pm b,0)$,有 $d^2u=d^2F$,而 $1-\frac{b^2}{a^2}>0$,$1-\frac{b^2}{c^2}<0$. 因此,d^2u 的符号不定,从而函数 u 在点$(0,\pm b,0)$

不取得极值.

【3662】 $u=xy^2z^3$,若

$$x+2y+3z=\frac{a}{6}\quad(x>0,y>0,z>0,a>0).$$

解 设 $w=\ln u=\ln x+2\ln y+3\ln z$,

$$F(x,y,z)=w-\frac{1}{\lambda}(x+2y+3z-a).$$

解方程组

$$\begin{cases}\frac{\partial F}{\partial x}=\frac{1}{x}-\frac{1}{\lambda}=0,\\ \frac{\partial F}{\partial y}=\frac{2}{y}-\frac{2}{\lambda}=0,\\ \frac{\partial F}{\partial z}=\frac{3}{z}-\frac{3}{\lambda}=0,\\ x+2y+3z=a\end{cases}$$

可得

$$x=y=z=\frac{a}{6}.$$

类似3660题的讨论可知,函数 u 当 $x=y=z=\frac{a}{6}$时取得极大值 $u=\left(\frac{a}{6}\right)^6$.

【3663】 $u=xyz$,若 $x^2+y^2+z^2=1$, $x+y+z=0$.

解 设

$$F(x,y,z)=xyz+\lambda(x^2+y^2+z^2-1)+\mu(x+y+z).$$

解方程组

$$\begin{cases}\dfrac{\partial F}{\partial x}=yz+2\lambda x+\mu=0, & (1)\\ \dfrac{\partial F}{\partial y}=xz+2\lambda y+\mu=0, & (2)\\ \dfrac{\partial F}{\partial z}=xy+2\lambda z+\mu=0, & (3)\\ x^2+y^2+z^2=1, & (4)\\ x+y+z=0. & (5)\end{cases}$$

(1) − (2), (2) − (3), 得

$$\begin{cases}(x-y)(2\lambda-z)=0, & (6)\\ (y-z)(2\lambda-x)=0. & (7)\end{cases}$$

由(6), 若 $x-y=0$, 代入(5)得 $z=-2x$. 再代入(4), 解得静止点 $P_1\left(\frac{1}{\sqrt{6}},\frac{1}{\sqrt{6}},-\frac{2}{\sqrt{6}}\right)$ 和 $P_2\left(-\frac{1}{\sqrt{6}},-\frac{1}{\sqrt{6}},\frac{2}{\sqrt{6}}\right)$. 如果 $x-y\neq 0$, 则 $z=2\lambda$. 由(7), 若 $y-z=0$, 类似上面解法可解得静止点 $P_3\left(-\frac{2}{\sqrt{6}},\frac{1}{\sqrt{6}},\frac{1}{\sqrt{6}}\right)$ 和 $P_4\left(\frac{2}{\sqrt{6}},-\frac{1}{\sqrt{6}},-\frac{1}{\sqrt{6}}\right)$; 若 $y-z\neq 0$, 则 $x=2\lambda$, 故 $x=z$, 类似上面解法又可得静止点 $P_5\left(\frac{1}{\sqrt{6}},-\frac{2}{\sqrt{6}},\frac{1}{\sqrt{6}}\right)$ 和 $P_6\left(-\frac{1}{\sqrt{6}},\frac{2}{\sqrt{6}},-\frac{1}{\sqrt{6}}\right)$. 相应地, 有

$$u(P_1)=u(P_3)=u(P_5)=-\frac{1}{3\sqrt{6}},$$

$$u(P_2)=u(P_4)=u(P_6)=\frac{1}{3\sqrt{6}}.$$

类似前面各题的讨论可知, 函数 u 在点 P_1, P_3 及 P_5 取得极小值 $u=-\frac{1}{3\sqrt{6}}$; 在点 P_2, P_4 及 P_6 取得极大值 $u=\frac{1}{3\sqrt{6}}$.

【3664】 $u=\sin x\sin y\sin z$，若

$$x+y+z=\frac{\pi}{2}\ (x>0,y>0,z>0).$$

解 由 $x+y+z=\frac{\pi}{2}$及 $x>0,y>0,z>0$ 不难得出 $0<x<\frac{\pi}{2}$，$0<y<\frac{\pi}{2}$，$0<z<\frac{\pi}{2}$. 设

$$w=\ln u=\ln\sin x+\ln\sin y+\ln\sin z,$$

$$F(x,y,z)=w+\lambda\left(x+y+z-\frac{\pi}{2}\right)$$

解方程组

$$\begin{cases}\dfrac{\partial F}{\partial x}=\cot x+\lambda=0,\\ \dfrac{\partial F}{\partial y}=\cot y+\lambda=0,\\ \dfrac{\partial F}{\partial z}=\cot z+\lambda=0,\\ x+y+z=\dfrac{\pi}{2}\end{cases}$$

并注意到点 $P(x,y,z)$在第一卦限,即得静止点 $P_0\left(\frac{\pi}{6},\frac{\pi}{6},\frac{\pi}{6}\right)$

类似 3660 题的讨论,当点(x,y,z)趋于平面 $x+y+z=\frac{\pi}{2}$在第一卦限部分的边界时,$u\to0$;而在边界内部 $u>0$.因此,函数 u 在边界内部取得最大值,故在点 P_0 取得极大值 $u(P_0)=\frac{1}{8}$.

【3665】 $u=\frac{x^2}{a^2}+\frac{y^2}{b^2}+\frac{z^2}{c^2}$,若 $x^2+y^2+z^2=1$，$x\cos\alpha+y\cos\beta+z\cos\gamma=0$ $(a>b>0,\cos^2\alpha+\cos^2\beta+\cos^2\gamma=1)$.

解 设
$$F(x,y,z)=\frac{x^2}{a^2}+\frac{y^2}{b^2}+\frac{z^2}{c^2}-\lambda(x^2+y^2+z^2-1)+\mu(x\cos\alpha+y\cos\beta+z\cos\gamma).$$

解方程组

$$\begin{cases}\dfrac{\partial F}{\partial x}=2\left(\dfrac{1}{a^2}-\lambda\right)x+\mu\cos\alpha=0, & (1)\\ \dfrac{\partial F}{\partial y}=2\left(\dfrac{1}{b^2}-\lambda\right)y+\mu\cos\beta=0, & (2)\\ \dfrac{\partial F}{\partial z}=2\left(\dfrac{1}{c^2}-\lambda\right)z+\mu\cos\lambda=0, & (3)\\ x^2+y^2+z^2=1, & (4)\\ x\cos\alpha+y\cos\beta+z\cos\gamma=0, & (5)\\ \cos^2\alpha+\cos^2\beta+\cos^2\gamma=1, & (6)\end{cases}$$

将(1)、(2)、(3)三式分别乘以 x、y、z 然后相加,并注意到(4)、(5)两式,即得

$$\lambda=\frac{x^2}{a^2}+\frac{y^2}{b^2}+\frac{z^2}{c^2}=u(x,y,z). \tag{7}$$

再将(1)、(2)、(3)三式分别乘以 $\cos\alpha$、$\cos\beta$、$\cos\gamma$,然后相加,并注意到(5)、(6)两式,即得

$$\mu=-2\left(\frac{x\cos\alpha}{a^2}+\frac{y\cos\beta}{b^2}+\frac{z\cos\gamma}{c^2}\right). \tag{8}$$

将(8)式代入(1)、(2)、(3),得

$$\begin{cases}\left(\dfrac{\sin^2\alpha}{a^2}-\lambda\right)x-\dfrac{\cos\alpha\cos\beta}{b^2}y-\dfrac{\cos\alpha\cos\gamma}{c^2}z=0,\\ -\dfrac{\cos\alpha\cos\beta}{a^2}x+\left(\dfrac{\sin^2\beta}{b^2}-\lambda\right)y-\dfrac{\cos\beta\cos\gamma}{c^2}z=0,\\ -\dfrac{\cos\alpha\cos\gamma}{a^2}x-\dfrac{\cos\beta\cos\gamma}{b^2}y+\left(\dfrac{\sin^2\gamma}{c^2}-\lambda\right)z=0.\end{cases} \tag{9}$$

要 $\dfrac{x}{a^2},\dfrac{y}{b^2},\dfrac{z}{c^2}$ 为方程组(9)的非零解,必须有

$$\begin{vmatrix} \sin^2\alpha - a^2\lambda & -\cos\alpha\cos\beta & -\cos\alpha\cos\gamma \\ -\cos\alpha\cos\beta & \sin^2\beta - b^2\lambda & -\cos\beta\cos\gamma \\ -\cos\alpha\cos\gamma & -\cos\beta\cos\gamma & \sin^2\gamma - c^2\lambda \end{vmatrix} = 0.$$

展开计算得

$$\lambda\left[\lambda^2 - \left(\frac{\sin^2\alpha}{a^2} + \frac{\sin^2\beta}{b^2} + \frac{\sin^2\gamma}{c^2}\right)\lambda + \left(\frac{\cos^2\alpha}{b^2c^2} + \frac{\cos^2\beta}{c^2a^2} + \frac{\cos^2\gamma}{a^2b^2}\right)\right] = 0. \tag{10}$$

由(7)知 $\lambda \neq 0$,且不难验证(10)式在消去 λ 后得到的二次方程有两个不等的实根 $\lambda_1 < \lambda_2$.

固定 $\lambda = \lambda_1$,代入方程组(9),可得到关于(x, y, z)有一个自由度的一个解系,再代入方程(4),可得对应于 $\lambda = \lambda_1$ 的两个静止点 $P_1(x_1, y_1, z_1)$ 和 $P_2(x_2, y_2, z_2)$. 由(7)知,对应的 $u(P_1) = u(P_2) = \lambda_1$. 同理可求得对应于 $\lambda = \lambda_2$ 的两个静止点 $P_3(x_3, y_3, z_3)$和 $P_4(x_4, y_4, z_4)$,且有 $u(P_3) = u(P_4) = \lambda_2$.

P_1, P_2, P_3, P_4 为满足方程组(1)~(5)的一切解所对应的点. 类似前面各题的讨论可知,函数 u 在点P_1 及 P_2 取得极小值 λ_1,而在点 P_3 及 P_4 取得极大值 λ_2.

【3666】$^+$ $u = (x-\xi)^2 + (y-\eta)^2 + (z-\zeta)^2$,若

$$Ax + By + Cz = 0,\ x^2 + y^2 + z^2 = R^2,\ \frac{\xi}{\cos\alpha} = \frac{\eta}{\cos\beta} = \frac{\zeta}{\cos\gamma},$$

其中 $$\cos^2\alpha + \cos^2\beta + \cos^2\gamma = 1.$$

解 设
$$F(x, y, z) = (x-\xi)^2 + (y-\eta)^2 + (z-\zeta)^2 + \lambda(Ax + By + Cz) + \mu(x^2 + y^2 + z^2 - R^2).$$

记 $\xi = \rho\cos\alpha$,$\eta = \rho\cos\beta$,$\zeta = \rho\cos\gamma$,$\rho = \sqrt{\xi^2 + \eta^2 + \zeta^2}$.

解方程组

$$\begin{cases}\dfrac{\partial F}{\partial x}=2(x-\rho\cos\alpha)+\lambda A+2\mu x=0, & (1)\\ \dfrac{\partial F}{\partial y}=2(y-\rho\cos\beta)+\lambda B+2\mu y=0, & (2)\\ \dfrac{\partial F}{\partial z}=2(z-\rho\cos\gamma)+\lambda C+2\mu z=0, & (3)\\ x^2+y^2+z^2=R^2, & (4)\\ Ax+By+Cz=0, & (5)\\ \cos^2\alpha+\cos^2\beta+\cos^2\gamma=1. & (6)\end{cases}$$

将(1)、(2)、(3)三式分别乘以 A、B、C，然后相加，并注意到(5)式，即得

$$-2\rho(A\cos\alpha+B\cos\beta+C\cos\gamma)+\lambda(A^2+B^2+C^2)=0,$$

$$\lambda=\frac{2\rho(A\cos\alpha+B\cos\beta+C\cos\gamma)}{A^2+B^2+C^2}. \qquad (7)$$

再将(1)、(2)、(3)三式分别乘以 x、y、z，然后相加，并注意到(4)式和(5)式，即得

$$2(1+\mu)R^2=2\rho(x\cos\alpha+y\cos\beta+z\cos\gamma). \qquad (8)$$

又将(1)、(2)、(3)三式分别乘以 $\cos\alpha$、$\cos\beta$、$\cos\gamma$，然后相加，并注意到(6)式，即得

$$\begin{aligned}&2(1+\mu)(x\cos\alpha+y\cos\beta+z\cos\gamma)\\ &=2\rho-\lambda(A\cos\alpha+B\cos\beta+C\cos\gamma)\\ &=2\rho\left[1-\frac{(A\cos\alpha+B\cos\beta+C\cos\gamma)^2}{A^2+B^2+C^2}\right]. \qquad (9)\end{aligned}$$

由(8)，(9)可得

$$\begin{aligned}(1+\mu)^2R^2&=(1+\mu)\rho(x\cos\alpha+y\cos\beta+z\cos\gamma)\\ &=\rho^2\left[1-\frac{(A\cos\alpha+B\cos\beta+C\cos\gamma)^2}{A^2+B^2+C^2}\right],\end{aligned}$$

即

$$1+\mu=\pm\frac{\rho}{R}\sqrt{1-\frac{(A\cos\alpha+B\cos\beta+C\cos\gamma)^2}{A^2+B^2+C^2}}. \qquad (10)$$

由(1),(2),(3)可得

$$x=\frac{2\rho\cos\alpha-\lambda A}{2(1+\mu)},\quad y=\frac{2\rho\cos\beta-\lambda\beta}{2(1+\mu)},\quad z=\frac{2\rho\cos\gamma-\lambda C}{2(1+\mu)}.$$

把(7)式和(10)式代入上式,即可得 $P_1(x_1,y_1,z_1)$和 $P_2(x_2,y_2,z_2)$,其中 P_1 对应于(10)式取正号,而 P_2 对应于(10)式取负号.下面求 $u(P_1)$和 $u(P_2)$.由(9)、(10)可得

$$x\cos\alpha+y\cos\beta+z\cos\gamma=\pm R\sqrt{1-\frac{(A\cos\alpha+B\cos\beta+C\cos\gamma)^2}{A^2+B^2+C^2}}.$$

于是,

$$\begin{aligned}u(P_1)&=(x_1-\rho\cos\alpha)^2+(y_1-\rho\cos\beta)^2+(z_1-\rho\cos\gamma)^2\\&=(x_1^2+y_1^2+z_1^2)-2\rho(x_1\cos\alpha+y_1\cos\beta+z_1\cos\gamma)+\rho^2\\&=R^2+\rho^2-2\rho R\sqrt{1-\frac{(A\cos\alpha+B\cos\beta+C\cos\gamma)^2}{A^2+B^2+C^2}}.\end{aligned}$$

同理可得

$$u(P_2)=R^2+\rho^2+2\rho R\sqrt{1-\frac{(A\cos\alpha+B\cos\beta+C\cos\gamma)^2}{A^2+B^2+C^2}}.$$

类似以前各题的讨论可知:$u(P_2)$为最大值,$u(P_1)$为最小值.

【3667】 $u=x_1^2+x_2^2+\cdots+x_n^2$,若 $\frac{x_1}{a_1}+\frac{x_2}{a_2}+\cdots+\frac{x_n}{a_n}=1$ $(a_i>0;\ i=1,2,\cdots,n)$.

解 设 $F(x_1,x_2,\cdots,x_n)=x_1^2+x_2^2+\cdots$

$$+x_n^2+\lambda\left(\frac{x_1}{a_1}+\frac{x_2}{a_2}+\cdots+\frac{x_n}{a_n}-1\right).$$

解方程组

$$\begin{cases}\dfrac{\partial F}{\partial x_i} = 2x_i + \dfrac{\lambda}{a_i} = 0\ (i = 1,2,\cdots,n),\\ \displaystyle\sum_{i=1}^{n} \frac{x_i}{a_i} = 1\end{cases}$$

可得静止点 $P_0(x_1, x_2, \cdots, x_n)$, 其中

$$x_i = \frac{1}{a_i}\left(\sum_{j=1}^{n} \frac{1}{a_j^2}\right)^{-1} \quad (i=1,2,\cdots,n).$$

由于 $d^2u = d^2F = 2\sum_{i=1}^{n} dx_i^2 > 0$ (它不受约束条件的限制), 故当 $x_i = \frac{1}{a_i}\left(\sum_{j=1}^{n}\frac{1}{a_j^2}\right)^{-1}$ 时, 函数 u 取得极小值

$$u = \sum_{i-1}^{n}\left[\frac{1}{a_i}\left(\sum_{j=1}^{n}\frac{1}{a_j^2}\right)^{-1}\right]^2 = \left(\sum_{j=1}^{n}\frac{1}{a_j^2}\right)^{-1}.$$

【3668】 $u = x_1^p + x_2^p + \cdots + x_n^p\ (p>1)$, 若 $x_1 + x_2 + \cdots + x_n = a\ (a>0)$.

解 设 $F(x_1, x_2, \cdots, x_n) = x_1^p + x_2^p + \cdots + x_n^p + \lambda(x_1 + x_2 + \cdots + x_n - a)$. 解方程组

$$\begin{cases}\dfrac{\partial F}{\partial x_i} = px_i^{p-1} + \lambda = 0\ (i = 1,2,\cdots,n),\\ \displaystyle\sum_{i=1}^{n} x_i = a\end{cases}$$

得 $x_i = \frac{a}{n}\ (i=1,2,\cdots,n)$. 由于

$$\frac{\partial^2 F}{\partial x_i \partial x_j} = \begin{cases} p(p-1)x_i^{p-2} & (i=j),\\ 0 & (i\neq j),\end{cases}$$

故当 $x_i = \frac{a}{n}\ (i=1,2,\cdots,n)$时,

$$d^2F=p(p-1)\sum_{i=1}^{n}\left(\frac{a}{n}\right)^{p-2}dx_i^2>0\quad(当\sum_{i=1}^{n}dx_i^2\neq0时),$$

它不受约束条件的限制,故函数 u 取得极小值 $u=\frac{a^p}{n^{p-1}}$.

这里应该指出的是,对于一般的实数 p,应限定 $x_i>0$.

【3669】 $u=\frac{\alpha_1}{x_1}+\frac{\alpha_2}{x_2}+\cdots+\frac{\alpha_n}{x_n}$,若 $\beta_1x_1+\beta_2x_2+\cdots+\beta_nx_n=1$ $(\alpha_i>0,\beta_i>0;\ i=1,2,\cdots,n)^*$.

解 设 $F(x_1,x_2,\cdots,x_n)=\frac{\alpha_1}{x_1}+\frac{\alpha_2}{x_2}+\cdots+\frac{\alpha_n}{x_n}+\lambda(\beta_1x_1+\beta_2x_2+\cdots+\beta_nx_n-1)$.解方程组

$$\begin{cases}\frac{\partial F}{\partial x_i}=-\frac{\alpha_i}{x_i^2}+\lambda\beta_i=0\ (i=1,2,\cdots,n),\\ \sum_{i=1}^{n}\beta_ix_i=1\end{cases}$$

得 $$x_i=\sqrt{\frac{\alpha^i}{\beta_i}}\left(\sum_{j=1}^{n}\sqrt{\alpha_j\beta_j}\right)^{-1}\quad(i=1,2,\cdots,n).$$

由于 $$d^2F=2\sum_{i=1}^{n}\frac{\alpha_i}{x_i^3}dx_i^2>0\quad(\sum_{i=1}^{n}dx_i^2\neq0),$$

故当 $x_i=\sqrt{\frac{\alpha_i}{\beta_i}}\left(\sum_{j=1}^{n}\sqrt{\alpha_j\beta_j}\right)^{-1}$ 时,函数 u 取得极小值

$$u=\left(\sum_{j=1}^{n}\sqrt{\alpha_j\beta_j}\right)^2.$$

【3670】 $u=x_1^{\alpha_1}x_2^{\alpha_2}\cdots x_n^{\alpha_n}$,若 $x_1+x_2+\cdots+x_n=a$ $(a>0,\alpha_i>1,\ i=1,2,\cdots,n)^{**}$.

---

* 作者注:本题应加条件 $x_i>0\ (i=1,2,\cdots,n)$.

** 作者注:本题应加条件 $x_i>0\ (i=1,2,\cdots,n)$.

解 设 $w=\ln u=\sum\limits_{i=1}^{n}\alpha_i\ln x_i$,

$$F(x_1,x_2,\cdots,x_n)=w-\frac{1}{\lambda}\left(\sum_{i=1}^{n}x_i-a\right)=\sum_{i=1}^{n}\left(\alpha_i\ln x_i-\frac{x_i}{\lambda}\right)+\frac{a}{\lambda}.$$

解方程组

$$\begin{cases}\dfrac{\partial F}{\partial x_i}=\dfrac{\alpha_i}{x_i}-\dfrac{1}{\lambda}=0 \quad (i=1,2,\cdots,n),\\ \sum\limits_{i=1}^{n}x_i=a\end{cases}$$

得

$$x_i=\frac{a\alpha_i}{\alpha_1+\alpha_2+\cdots+\alpha_n}\quad (i=1,2,\cdots,n).$$

由于

$$\mathrm{d}^2w=-\sum_{i=1}^{n}\frac{\alpha_i}{x_i}\mathrm{d}x_i^2<0\quad (\text{当}\sum_{i=1}^{n}\mathrm{d}x_i^2\neq 0\text{时})$$

不论 $\mathrm{d}x_i$ 之间有什么约束条件恒成立,故函数 w 当 $x_i=\dfrac{a\alpha_i}{\alpha_1+\alpha_2+\cdots+\alpha_n}$ $(i=1,2,\cdots,n)$时取得极大值,即函数 u 当 $x_i=\dfrac{a\alpha_i}{\alpha_1+\alpha_2+\cdots+\alpha_n}$时取得极大值

$$u=\left(\frac{a}{\alpha_1+\alpha_2+\cdots+\alpha_n}\right)^{\alpha_1+\alpha_2+\cdots+\alpha_n}\alpha_1^{\alpha_1}\alpha_2^{\alpha_2}\cdots\alpha_n^{\alpha_n}.$$

【3671】 若 $\sum\limits_{i=1}^{n}x_i^2=1$,求二次型 $u=\sum\limits_{i,j=1}^{n}a_{ij}x_ix_j(a_{ij}=a_{ji})$ 的极值.

解 设 $F(x_1,x_2,\cdots,x_n)=u-\lambda(x_1^2+x_2^2+\cdots+x_n^2-1)$.
解方程组

$$\begin{cases} \frac{1}{2}\frac{\partial F}{\partial x_1} = (a_{11}-\lambda)x_1 + a_{12}x_2 + \cdots + a_{1n}x_n = 0, & (1) \\ \frac{1}{2}\frac{\partial F}{\partial x_2} = a_{21}x_1 + (a_{22}-\lambda)x_2 + \cdots + a_{2n}x_n = 0, & (2) \\ \vdots & \\ \frac{1}{2}\frac{\partial F}{\partial x_n} = a_{n1}x_1 + a_{n2}x_2 + \cdots + (a_{nn}-\lambda)x_n = 0, & (n) \\ x_1^2 + x_2^2 + \cdots + x_n^2 = 1. & (n+1) \end{cases}$$

前 n 个方程要有非零解，必须矩阵(a_{ij})的特征方程$|A-\lambda E|=0$有解，其中 A 为以 a_{ij}为元素的实对称矩阵，E 为单位矩阵. 由线性代数中关于欧氏空间的理论知，此特征方程必有 n 个实根，即有 $\lambda_1 \geqslant \lambda_2 \geqslant \cdots \geqslant \lambda_n$ 满足$|A-\lambda E|=0$. 对于任一根 λ_k，代入方程(1)～(n)，可求得$(x_1, x_2, \cdots, x_n)$的一个解空间，解空间的维数，等于 λ_k 的重数. 解空间中的单位元素即方程组(1)～($n+1$)的根. 当 λ_k 是单重根时，解空间是一维的，单位元素只有两个. 当 λ_k 是多重根时，对应 λ_k 的单位元素就有无穷多个了.

对于 λ_k 的解$(x_1, x_2, \cdots, x_n)$，显然满足方程组(1)～($n+1$). 因此，有 $\sum\limits_{j=1}^{n} a_{ij}x_j = \lambda_k x_i (i=1,2,\cdots,n)$，从而得

$$\begin{aligned} u(x_1, x_2, \cdots, x_n) &= \sum_{i,j=1}^{n} a_{ij}x_i x_j = \sum_{i=1}^{n} x_i \left(\sum_{j=1}^{n} a_{ij}x_j\right) \\ &= \sum_{i=1}^{n} \lambda_k x_i^2 = \lambda_k \sum_{i=1}^{n} x_i^2 = \lambda_k. \end{aligned}$$

由于函数 u 在 n 维球面 $x_1^2 + x_2^2 + \cdots + x_n^2 = 1$ 上连续，故必取得最大值和最小值. 于是，对应于 λ_1 和 λ_n 的解，分别使函数 u 取得最大值λ_1 和最小值 λ_n，因而也是 u 的极大值和极小值，或是

u 的弱极大值和弱极小值,视 λ_1 和 λ_n 的重数而定(多重时为弱极值).由线性代数中把 d^2F 化标准型的方法,可证:对于不等于 λ_1 和 λ_n 的 λ_k,二次型不取得极值.

【3672】 若 $n\geqslant 1$ 及 $x\geqslant 0$, $y\geqslant 0$,证明不等式

$$\frac{x^n+y^n}{2}\geqslant\left(\frac{x+y}{2}\right)^n.$$

证 考虑函数 $z=\dfrac{x^n+y^n}{2}$ 在条件 $x+y=a(a>0, x\geqslant 0, y\geqslant 0)$ 下的极值问题.设

$$F(x,y)=\frac{1}{2}(x^n+y^n)+\lambda(x+y-a).$$

解方程组

$$\begin{cases}\dfrac{\partial F}{\partial x}=\dfrac{n}{2}x^{n-1}+\lambda=0,\\ \dfrac{\partial F}{\partial y}=\dfrac{n}{2}y^{n-1}+\lambda=0,\\ x+y=a\end{cases}$$

可得 $x=y=\dfrac{a}{2}$.

将点$\left(\dfrac{a}{2},\dfrac{a}{2}\right)$与边界点$(0,a)$、$(a,0)$的函数值进行比较(注意到 $n\geqslant 1$):

$$z(0,a)=z(a,0)=\frac{a^n}{2}\geqslant\left(\frac{a}{2}\right)^n=z\left(\frac{a}{2},\frac{a}{2}\right)\ (n>1),$$

即知函数 z 当 $x+y=a$ 时的最小值为$\left(\dfrac{a}{2}\right)^n$.从而有

$$\frac{x^n+y^n}{2}\geqslant\left(\frac{a}{2}\right)^n\quad(\text{当 } x+y=a, x\geqslant 0, y\geqslant 0\text{ 时}).\qquad(1)$$

下面我们证明

$$\frac{x^n+y^n}{2}\geqslant\left(\frac{x+y}{2}\right)^n \quad (当\ x\geqslant0, y\geqslant0\ 时). \qquad (2)$$

当 $x=y=0$ 时,不等式(2)取等号,显然成立;当 $x\geqslant0$, $y\geqslant0$ 且 x, y 不同时为零时,令 $x+y=a$,则 $a>0$. 于是,由不等式(1)即得

$$\frac{x^n+y^n}{2}\geqslant\left(\frac{a}{2}\right)^n=\left(\frac{x+y}{2}\right)^n.$$

由此可知,不等式(2)成立. 证毕.

【3673】 证明:和尔窦不等式

$$\sum_{i=1}^{n} a_i x_i\leqslant\left(\sum_{i=1}^{n} a_i^k\right)^{\frac{1}{k}}\left(\sum_{i=1}^{n} x_i^{k'}\right)^{\frac{1}{k'}}$$

$$\left(a_i\geqslant0, x_i\geqslant0;\ i=1,2,\cdots,n;\ k>1, \frac{1}{k}+\frac{1}{k'}=1\right).$$

证 我们首先证明函数

$$u=\left(\sum_{i=1}^{n} a_i^k\right)^{\frac{1}{k}}\left(\sum_{i=1}^{n} x_i^{k'}\right)^{\frac{1}{k'}}$$

在条件 $\sum\limits_{i=1}^{n} a_i x_i=A\,(A>0)$ 下的最小值是 A. 为此,对 n 用数学归纳法.

当 $n=1$ 时,显然有 $(a_1^k)^{\frac{1}{k}}(x_1^{k'})^{\frac{1}{k'}}=a_1x_1=A$.

设当 $n=m$ 时,命题为真. 故对任意 m 个数 $a_1, a_2, \cdots, a_m$ $(a_i\geqslant0)$,当 $\sum\limits_{i=1}^{m} a_i x_i=A\,(x_1\geqslant0, \cdots, x_m\geqslant0)$ 时,必有

$$A\leqslant\left(\sum_{i=1}^{m} a_i^k\right)^{\frac{1}{k}}\left(\sum_{i=1}^{m} x_i^{k'}\right)^{\frac{1}{k'}}.$$

我们证明当 $n=m+1$ 时命题也真. 设 $\sum\limits_{i=1}^{m+1} a_i x_i=A$, $u=\alpha^{\frac{1}{k}}\left(\sum\limits_{i=1}^{m+1} x_i^{k'}\right)^{\frac{1}{k'}}$,其中 $\alpha=\sum\limits_{i=1}^{m+1} a_i^k$,求 u 的最小值. 令

$$F(x_1,x_2,\cdots,x_{m+1})=u(x_1,x_2,\cdots,x_{m+1})-\lambda\left(\sum_{i=1}^{m+1}a_ix_i-A\right).$$

解方程组

$$\begin{cases}\dfrac{\partial F}{\partial x_i}=\dfrac{\alpha^{\frac{1}{k}}}{k'}\left(\sum\limits_{i=1}^{m+1}x_i^{k'}\right)^{\frac{1}{k'}-1}(k'x_i^{k'-1})-\lambda a_i=0\\ \sum\limits_{i=1}^{m+1}a_ix_i=A\qquad(i=1,2,\cdots,m+1),\end{cases}$$

可得

$$\frac{x^{k'-1}}{a_i}=\frac{\lambda}{\alpha^{\frac{1}{k}}}\left(\sum_{i=1}^{m+1}x_i^{k'}\right)^{\frac{1}{k'}}=\mu^{k'-1}\quad(i=1,2,\cdots,m+1).$$

(这里引入了记号 μ), 即 $x_i=(a_i\mu^{k'-1})^{\frac{1}{k'-1}}=a_i^{\frac{1}{k'-1}}\mu=\mu a_i^{k-1}$, 从而有

$$\mu\sum_{i=1}^{m+1}a_ia_i^{k-1}=\mu\sum_{i=1}^{m+1}a_i^k=\mu\alpha=A,\qquad\mu=\frac{A}{\alpha}.$$

于是,解得满足极值必要条件的惟一解

$$x_i^0=\frac{A}{\alpha}a_i^{k-1}\quad(i=1,2,\cdots,m+1).$$

对应的函数值为

$$\begin{aligned}u_0&=u(x_1^0,x_2^0,\cdots,x_{m+1}^0)=\alpha^{\frac{1}{k}}\left[\sum_{i=1}^{m+1}\left(\frac{A}{\alpha}a_i^{k-1}\right)^{k'}\right]^{\frac{1}{k'}}\\&=\alpha^{\frac{1}{k}}\frac{A}{\alpha}\left[\sum_{i=1}^{m+1}a_i^{(k-1)k'}\right]^{\frac{1}{k'}}=\alpha^{\frac{1}{k}-1}A\left(\sum_{i=1}^{m+1}a_i^k\right)^{\frac{1}{k'}}\\&=A\alpha^{\frac{1}{k}-1}\alpha^{\frac{1}{k'}}=A.\end{aligned}$$

所研究的区域 $\sum\limits_{i=1}^{m+1}a_ix_i=A$, $x_i\geqslant0(i=1,2,\cdots,m+1)$是 $m+1$ 维空间中一个 m 维平面在第一卦限的部分,其边界由 $m+1$ 个 $m-1$ 维平面(之一部分)所组成: $x_i=0$, $\sum\limits_{j=1}^{m+1}a_jx_j=A$ $(a_j\geqslant0$,

E1 UPSELL PRO RECUR-zztexts-grandview-heights-43212

Title	Code	Q.
mathematical analysis Solutions to Problem Set Question 5 (3rd Edition) [Paperback] [2000] FEI DING HUI ， ZHOU XUE SHENG	7533101030	1
Comments		

$x_j \geqslant 0$; $i=1,2,\cdots,m+1$)在这些边界面上,求

$$u(x_1,x_2,\cdots,x_{m+1})=u(x_1,x_2,\cdots,x_{i-1},0,x_{i+1},\cdots,x_{m+1})$$
$$=\alpha^{\frac{1}{k}}\Big(\sum_{j=1}^{i-1}x_j^{k'}+\sum_{j=i+1}^{m+1}x_j^{k'}\Big)^{\frac{1}{k'}}$$

的最小值变为求 m 个变量的最小值.以估计 $x_{m+1}=0$, $\sum\limits_{i=1}^{m}a_ix_i=A$ 的最小值为例.根据数学归纳法假设,注意到 $\alpha=\sum\limits_{i=1}^{m+1}a_i^k \geqslant \sum\limits_{i=1}^{m}a_i^k$,即有

$$u(x_1,x_2,\cdots,x_m,0)=\alpha^{\frac{1}{k}}\Big(\sum_{i=1}^{m}x_i^{k'}\Big)^{\frac{1}{k'}}$$
$$\geqslant\Big(\sum_{i=1}^{m}a_i^k\Big)^{\frac{1}{k}}\Big(\sum_{i=1}^{m}x_i^{k'}\Big)^{\frac{1}{k'}}\geqslant\sum_{i=1}^{m}a_ix_i=A.$$

因此,u 在边界面上的最小值不小于 A.由此可知,u 在区域上的最小值为 $u(x_1^0,x_2^0,\cdots,x_{m+1}^0)=A$,故命题当 $n=m+1$ 时为真.于是,由数学归纳法可知,

$$\Big(\sum_{i=1}^{n}a_i^k\Big)^{\frac{1}{k}}\Big(\sum_{i=1}^{n}x_i^{k'}\Big)^{\frac{1}{k'}}\geqslant A, \tag{1}$$

当 $\sum\limits_{i=1}^{n}a_ix_i=A$, $x_i\geqslant 0$ $(i=1,2,\cdots,n)$时.

下面我们证明和尔窦不等式

$$\sum_{i=1}^{n}a_ix_i\leqslant\Big(\sum_{i=1}^{n}a_i^k\Big)^{\frac{1}{k}}\Big(\sum_{i=1}^{n}x_i^{k'}\Big)^{\frac{1}{k'}}\quad(a_i\geqslant 0,x_i\geqslant 0) \tag{2}$$

成立.事实上,若 $\sum\limits_{i=1}^{n}a_ix_i=0$,则(2)式显然成立;若 $\sum\limits_{i=1}^{n}a_ix_i>0$,令 $\sum\limits_{i=1}^{n}a_ix_i=A$,则 $A>0$.于是,根据不等式(1)知

$$\Big(\sum_{i=1}^{n}a_i^k\Big)^{\frac{1}{k}}\Big(\sum_{i=1}^{n}x_i^{k'}\Big)^{\frac{1}{k'}}\geqslant A=\sum_{i=1}^{n}a_ix_i,$$

故不等式(2)成立.证毕.

注 和尔窦(Holder)不等式是一个重要而常用的不等式,而且还可推广到一般的形式,证明方法也很多.例如,可参看 G. H. Hardy, J. E. Littlewood, G. Pólya 合著的名著“Inequalities”(Second Edition, 1952), Chapter Ⅱ, 2.7~2.8.

【3674】 对于 n 阶行列式 $A=|a_{ij}|$,证明:哈达马不等式

$$A^2\leqslant\prod_{i=1}^{n}\left(\sum_{j=1}^{n}a_{ij}^2\right).$$

证 证法1:

为区别起见,以下用 A 表矩阵(a_{ij}),$|A|$表行列式$|a_{ij}|$.考虑函数 $u=|A|=|a_{ij}|$在条件 $\sum\limits_{j=1}^{n}a_{ij}^2=S_i(i=1,2,\cdots,n)$下的极值问题.其中 $S_i>0\ (i=1,2,\cdots,n)$.

由于上述 n 个条件限制下的 n^2 元点集是有界闭集,故连续函数 u 必在其上取得最大值和最小值.下面我们求函数 u 满足条件极值的必要条件.设

$$F=u-\sum_{i=1}^{n}\lambda_i\left(\sum_{j=1}^{n}a_{ij}^2-S_i\right).$$

由于函数 u 是多项式.当按第 i 行展开时,有

$$u=|A|=\sum_{j=1}^{n}a_{ij}A_{ij},$$

其中 A_{ij}是a_{ij}的代数余子式.解方程组

$$\frac{\partial F}{\partial a_{ij}}=A_{ij}-2\lambda_i a_{ij}=0\quad(i,j=1,2,\cdots,n)$$

得 $a_{ij}=\dfrac{A_{ij}}{2\lambda_i}$.当 $i\neq k$ 时,有

$$\sum_{j=1}^{n}a_{ij}a_{kj}=\sum_{j=1}^{n}\frac{A_{ij}a_{kj}}{2\lambda_i}=\frac{1}{2\lambda_i}\sum_{j=1}^{n}A_{ij}a_{kj}=0,$$

故当函数 u 满足极值的必要条件时，行列式不同的两行所对应的向量必直交. 若以 A' 表示 A 的转置矩阵，则由行列式的乘法得

$$u^2=|A'|\cdot|A|=\begin{vmatrix} S_1 & 0 & \cdots & 0 \\ 0 & S_2 & \cdots & 0 \\ \vdots & \vdots & & \vdots \\ 0 & 0 & \cdots & S_n \end{vmatrix}=\prod_{i=1}^{n} S_i .$$

因此，函数 u 满足极值的必要条件时，必有

$$u=\pm\sqrt{\prod_{i=1}^{n} S_i} .$$

显然由于函数 u 在条件 $\sum_{j=1}^{n} a_{ij}^2=S_i(i=1,2,\cdots,n)$ 下不恒为常数，故

$$u_{\max}=\sqrt{\prod_{i=1}^{n} S_i},\quad u_{\min}=-\sqrt{\prod_{i=1}^{n} S_i} .$$

从而，

$$|A|^2\leqslant\prod_{i=1}^{n} S_i,\quad 当 \sum_{j=1}^{n} a_{ij}^2=S_i(i=1,2,\cdots,n)时. \tag{1}$$

下面我们证明

$$|A|^2\leqslant\prod_{i=1}^{n}\left(\sum_{j=1}^{n} a_{ij}^2\right) . \tag{2}$$

若至少有一个 i，使 $\sum_{j=1}^{n} a_{ij}^2=0$，则 $a_{ij}=0(j=1,2,\cdots,n)$. 从而，$|A|=0$. 于是，不等式(2)显然成立.

若对一切 $i(i=1,2,\cdots,n)$，都有 $\sum_{j=1}^{n} a_{ij}^2\neq 0$. 令 $S_i=\sum_{j=1}^{n} a_{ij}^2$，则 $S_i>0\ (i=1,2,\cdots,n)$. 于是，根据不等式(1)即得

$$|A|^2 \leqslant \prod_{i=1}^{n} S_i = \prod_{i=1}^{n}\left(\sum_{j=1}^{n} a_{ij}^2\right),$$

故不等式(2)成立.证毕.

证法 2:

如将原题归一化,则也可获证.设

$$\bar{a}_{ij} = \frac{a_{ij}}{\left(\sum\limits_{j=1}^{n} a_{ij}^2\right)^{\frac{1}{2}}} \quad (i, j = 1, 2, \cdots, n),$$

则有

$$\sum_{j=1}^{n} \bar{a}_{ij}^2 = 1 \qquad (i = 1, 2, \cdots, n).$$

从而原命题就可转化为证明不等式 $|A| \leqslant 1$,其中

$$\sum_{j=1}^{n} a_{ij}^2 = 1 \ (i = 1, 2, \cdots, n), \quad A = (a_{ij}), \quad |A| = |a_{ij}|.$$

设 $F = |A| + \sum\limits_{i=1}^{n} \lambda_i \left(\sum\limits_{j=1}^{n} a_{ij}^2 - 1\right)$.解方程组

$$\frac{\partial F}{\partial a_{ij}} = A_{ij} + 2\lambda_i a_{ij} = 0,$$

其中 A_{ij} 为 a_{ij} 的代数余子式 $(i, j = 1, 2, \cdots, n)$.于上式两端乘以 a_{ij},并对 $j = 1, 2, \cdots, n$ 求和,即得 $|A| + 2\lambda_i = 0 \ (i = 1, 2, \cdots, n)$.

从而有 $\lambda_i = -\frac{|A|}{2} \ (i = 1, 2, \cdots, n)$,也即 $A_{ij} = a_{ij}|A| \ (i, j = 1, 2, \cdots, n)$,故得

$$\begin{vmatrix} A_{11} & \cdots & A_{1n} \\ \vdots & & \vdots \\ A_{n1} & \cdots & A_{nn} \end{vmatrix} = \begin{vmatrix} a_{11}|A| & \cdots & a_{1n}|A| \\ \vdots & & \vdots \\ a_{n1}|A| & \cdots & a_{nn}|A| \end{vmatrix},$$

上式左端的行列式叫做 $|A|$ 的附属行列式,记为 $|A^*|$.由线性代数知识可知,当 $|A| = 0$ 时, $|A^*| = 0$.当 $|A| \neq 0$ 时,

$$|A|\cdot|A^*|=\begin{vmatrix}|A| & 0 & \cdots & 0\\ 0 & |A| & \cdots & 0\\ \vdots & \vdots & & \vdots\\ 0 & 0 & \cdots & |A|\end{vmatrix}=|A|^n,$$

故有$|A^*|=|A|^{n-1}$. 于是, $|A|^{n-1}=|A|^{n+1}$.

由于$|A|$的极值必须满足上式, 故不难推知$|A|_{\max}=1$, $|A|_{\min}=-1$. 从而得知: 当 $\sum\limits_{j=1}^{n}a_{ij}^2=1\ (i=1,2,\cdots,n)$时, 恒有

$$|A|^2\leqslant 1 \quad 或 \quad |A|\leqslant 1.$$

求下列函数在指定域内的上确界(sup)和下确界(inf):

【3675】 $z=x-2y-3$, 若$0\leqslant x\leqslant 1, 0\leqslant y\leqslant 1, 0\leqslant x+y\leqslant 1$.

解 以 D 表区域$0\leqslant x\leqslant 1, 0\leqslant y\leqslant 1, 0\leqslant x+y\leqslant 1$, 它是一个有界闭区域(为一闭三角形), 故连续函数 z 在其上必有最大值和最小值. 由于 z 是 x, y 的线性函数, 故不存在静止点, 因此, 最大值与最小值都在 D 的边界上达到. D 的边界为三条直线段: $y=0(0\leqslant x\leqslant 1)$, $x=0(0\leqslant y\leqslant 1)$, $x+y=1(0\leqslant x\leqslant 1)$; 在其上 z 分别变成一元函数: $z=x-3(0\leqslant x\leqslant 1)$, $z=-2y-3$ $(0\leqslant y\leqslant 1)$, $z=3x-5(0\leqslant x\leqslant 1)$. 由于这些函数都是一元线性函数, 故也无静止点, 其最大值与最小值必在此三线段的端点(即点$(0,0)$, 点$(1,0)$, 点$(0,1)$)达到. 由此可知, z 在D 上的最大值与最小值必在此三点$(0,0)$, $(1,0)$, $(0,1)$中达到.

由于 $z(0,0)=-3$, $z(1,0)=-2$, $z(0,1)=-5$, 故

$$\sup z=-2 \qquad \inf z=-5.$$

【3676】 $z=x^2+y^2-12x+16y$, 若 $x^2+y^2\leqslant 25$.

解 考虑函数 z 在区域$x^2+y^2<25$ 内的静止点:

$$\begin{cases}\dfrac{\partial z}{\partial x}=2x-12=0,\\ \dfrac{\partial z}{\partial y}=2y+16=0.\end{cases}$$

在区域内无解，故连续函数 z 的最大值与最小值必在边界 $x^2+y^2=25$ 上达到.

考虑函数 z 在边界 $x^2+y^2=25$ 上的条件极值. 设 $F(x,y)=z-\lambda(x^2+y^2-25)$. 解方程组

$$\begin{cases}\dfrac{\partial F}{\partial x}=2x-12-2\lambda x=0,\\ \dfrac{\partial F}{\partial y}=2y+16-2\lambda y=0,\\ x^2+y^2=25\end{cases}$$

可得静止点 $P_1(3,-4)$ 及 $P_2(-3,4)$. 由于 $z(3,-4)=-75$，$z(-3,4)=125$，故得

$$\sup z=125,\qquad \inf z=-75.$$

【3677】 $z=x^2-xy+y^2$，若 $|x|+|y|\leqslant 1$.

解 求函数 z 在区域 $|x|+|y|<1$ 内的静止点：

$$\begin{cases}\dfrac{\partial z}{\partial x}=2x-y=0,\\ \dfrac{\partial z}{\partial y}=2y-x=0,\end{cases}$$

解得静止点 $P_0(0,0)$. 相应地，$z(P_0)=0$.

再在边界：$x\geqslant 0, y\geqslant 0, x+y=1$ 上求静止点. 设

$$F_1=x^2-xy+y^2-\lambda(x+y-1)$$

解方程组

$$\begin{cases}\dfrac{\partial F_1}{\partial x}=2x-y-\lambda=0,\\ \dfrac{\partial F_1}{\partial y}=2y-x-\lambda=0,\\ x+y=1\end{cases}$$

得静止点 $P_1\left(\frac{1}{2},\frac{1}{2}\right)$. 相应地, $z(P_1)=\frac{1}{4}$.

同法可在另外三条边界线: $x\geqslant 0, y\leqslant 0, x-y=1$ 上; $x\leqslant 0, y\geqslant 0, x-y=-1$ 上; $x\leqslant 0, y\leqslant 0, x+y=-1$ 分别求得静止点 $P_2\left(\frac{1}{2},-\frac{1}{2}\right)$, $P_3\left(-\frac{1}{2},\frac{1}{2}\right)$ 及 $P_4\left(-\frac{1}{2},-\frac{1}{2}\right)$. 相应地,

$$z(P_2)=z(P_3)=\frac{3}{4},\quad z(P_4)=\frac{1}{4}.$$

最后, 在上述四条边界线的端点 $P_5(1,0)$, $P_6(0,1)$, $P_7(-1,0)$ 及 $P_8(0,-1)$ 上求得函数值:

$$z(P_5)=z(P_6)=z(P_7)=z(P_8)=1.$$

比较 $z(P_i)$ $(i=0,1,2,\cdots,8)$, 即得

$$\sup z=1,\qquad \inf z=0.$$

【3678】 $u=x^2+2y^2+3z^2$, 若 $x^2+y^2+z^2\leqslant 100$.

解 容易求得函数 u 在区域 $x^2+y^2+z^2<100$ 内的静止点为 $P_0(0,0,0)$, 而在边界 $x^2+y^2+z^2=100$ 上的静止点为 $P_1(10,0,0)$, $P_2(-10,0,0)$, $P_3(0,10,0)$, $P_4(0,-10,0)$, $P_5(0,0,10)$ 及 $P_6(0,0,-10)$. 相应地 $u(P_0)=0$, $u(P_1)=u(P_2)=100$, $u(P_3)=u(P_4)=200$, $u(P_5)=u(P_6)=300$. 于是,

$$\sup u=300,\qquad \inf u=0.$$

【3679】 $u=x+y+z$, 若 $x^2+y^2\leqslant z\leqslant 1$.

解 所讨论的立体区域由曲面 $x^2+y^2=z\,(0\leqslant z\leqslant 1)$ 和平

面 $z=1, x^2+y^2\leqslant 1$ 所围成，两个曲面的交线为 $x^2+y^2=z=1$.

显见在立体区域内部无静止点. 在边界面 $z=1, x^2+y^2\leqslant 1$ 的内部，$u(x,y,1)=x+y+1$ 也无静止点. 在边界面 $x^2+y^2=z$ $(0\leqslant z\leqslant 1)$上，有

$$u=x+y+x^2+y^2 \quad (x^2+y^2\leqslant 1).$$

解方程组

$$\begin{cases}\dfrac{\partial u}{\partial x}=1+2x=0,\\ \dfrac{\partial u}{\partial y}=1+2y=0\end{cases}$$

得静止点 $P_1\left(-\dfrac{1}{2},-\dfrac{1}{2},\dfrac{1}{2}\right)$. 相应地，$u(P_1)=-\dfrac{1}{2}$.

在边界线 $x^2+y^2=z=1$ 上，设 $F(x,y)=x+y+1+\lambda(x^2+y^2-1)$. 解方程组

$$\begin{cases}\dfrac{\partial F}{\partial x}=1+2\lambda x=0,\\ \dfrac{\partial F}{\partial y}=1+2\lambda y=0,\\ x^2+y^2=1\end{cases}$$

得静止点 $P_2\left(\dfrac{1}{\sqrt{2}},\dfrac{1}{\sqrt{2}},1\right)$ 及 $P_3\left(-\dfrac{1}{\sqrt{2}},-\dfrac{1}{\sqrt{2}},1\right)$. 相应地，$u(P_2)=1+\sqrt{2}$, $u(P_3)=1-\sqrt{2}$. 于是，

$$\sup u=1+\sqrt{2}, \qquad \inf u=-\frac{1}{2}.$$

【3680】 求函数

$$u=(x+y+z)e^{-(x+2y+3z)}$$

在域 $x>0, y>0, z>0$ 内的下确界(inf)与上确界(sup).

解 函数 u 在区域 $x\geqslant 0, y\geqslant 0, z\geqslant 0$ 上是连续函数，因此，

把区域扩大包括边界时，上、下确界不变，下面就扩大后的区域加以讨论.

显然当 $x\geqslant0, y\geqslant0, z\geqslant0$ 时 $u\geqslant0$，且 $u(0,0,0)=0$，故 $\inf u=0$.

在区域内部，由于

$$\frac{\partial u}{\partial x}=\mathrm{e}^{-(x+2y+3z)}[1-(x+y+z)],$$

$$\frac{\partial u}{\partial y}=\mathrm{e}^{-(x+2y+3z)}[1-2(x+y+z)],$$

$$\frac{\partial u}{\partial z}=\mathrm{e}^{-(x+2y+3z)}[1-3(x+y+z)],$$

而 $\mathrm{e}^{-(x+2y+3z)}\neq0$，故函数 u 在域内无静止点.

又因

$$u=(x+y+z)\mathrm{e}^{-(x+2y+3z)}=(x+y+z)\mathrm{e}^{-(x+y+z)}\mathrm{e}^{-(y+2z)}$$

$$\leqslant(x+y+z)\mathrm{e}^{-(x+y+z)}\to0[(x+y+z)\to+\infty],$$

故函数 u 的最大值必在有限的边界上达到. 考虑界面：

$x=0$； $u(0,y,z)=(y+z)\mathrm{e}^{-(2y+3z)}$， $y\geqslant0$，$z\geqslant0$.

$y=0$； $u(x,0,z)=(x+z)\mathrm{e}^{-(x+3z)}$， $x\geqslant0$，$z\geqslant0$.

$z=0$； $u(x,y,0)=(x+y)\mathrm{e}^{-(x+2y)}$， $x\geqslant0$，$y\geqslant0$.

同样可证明，这些界面上无静止点.

最后考虑边界线：$x=0, y=0, z\geqslant0$，$u(0,0,z)=z\mathrm{e}^{-3z}$ 可解得静止点 $P_1(0,0,\frac{1}{3})$. 相应地，$u(P_1)=\frac{1}{3}\mathrm{e}^{-1}$. 同法在边界线：$x=0, z=0, y\geqslant0$ 上可解得静止点 $P_2(0,\frac{1}{2},0)$；在边界线：$y=0, z=0, x\geqslant0$ 上可解得静止点 $P_3(1,0,0)$. 相应地，$u(P_2)=\frac{1}{2}\mathrm{e}^{-1}$，$u(P_3)=\mathrm{e}^{-1}$. 至于边界线的一端为原点，另一端伸向

无穷远,均已讨论过.于是,

$$\sup u = e^{-1}.$$

【3681】 证明:函数 $z=(1+e^y)\cos x - ye^y$ 有无穷多个极大值而无一极小值.

证 解方程组

$$\begin{cases} \dfrac{\partial z}{\partial x} = -(1+e^y)\sin x = 0, \\ \dfrac{\partial z}{\partial y} = e^y(\cos x - 1 - y) = 0 \end{cases}$$

得 $x=k\pi, y=(-1)^k-1(k=0, \pm 1, \pm 2, \cdots)$.由于

$$\frac{\partial^2 z}{\partial x^2} = -(1+e^y)\cos x, \quad \frac{\partial^2 z}{\partial x \partial y} = -e^y \sin x,$$

$$\frac{\partial^2 z}{\partial y^2} = e^y(\cos x - 2 - y),$$

故在点 $(2m\pi, 0)(m=0, \pm 1, \cdots)$, $A=-2, B=0, C=-1$ 及 $AC-B^2=2>0$,此时函数 z 取得极大值;而在点 $((2m+1)\pi, -2)(m=0, \pm 1, \cdots)$, $A=1+e^{-2}, B=0, C=-e^{-2}$ 及 $AC-B^2=-e^{-2}-e^{-4}<0$,此时函数 z 无极值.

【3682】 函数 $f(x,y)$ 在点 $M_0(x_0, y_0)$ 有极小值的充分条件是否为此函数在沿着过点 M_0 的每一条直线上有极小值呢?

解 研究函数

$$f(x,y)=(x-y^2)(2x-y^2).$$

对于每一条通过原点的直线:$y=kx(-\infty<x<+\infty)$ 均有

$$f(x,kx)=(x-k^2x^2)(2x-k^2x^2)=x^2(1-k^2x)(2-k^2x),$$

当 $0<|x|<\dfrac{1}{k^2}$ 时,$f(x,kx)>0$.但是 $f(0,0)=0$,因此,函数 $f(x,y)$ 在直线 $y=kx$ 上在原点取得极小值零.

对于通过原点的另一条直线：$x=0$，有 $f(0,y)=y^4$，故在原点也取得极小值零.

因此，函数 $f(x,y)$ 在一切通过原点的直线上均有极小值. 但是，

$$f(a,\sqrt{1.5a})=-0.25a^2<0 \quad (a>0),$$

因此，函数 $f(x,y)$ 在(0,0)点不取得极小值.

此例说明：尽管 $f(x,y)$ 在沿着过点 M_0 的每一条直线上在 M_0 均有极小值，但却不能保证 $f(x,y)$ 作为二元函数在点 M_0 一定有极小值.

【3683】 分解已知正数 a 为 n 个正的因数，使得它们的倒数的和为最小.

解 按题设，我们应求函数 $u=\sum\limits_{i=1}^{n}\frac{1}{x_i}$ 在条件 $a=\prod\limits_{i=1}^{n}x_i$ 或 $\ln a=\sum\limits_{i=1}^{n}\ln x_i(a>0, x_i>0)$ 下的极值. 设 $F(x_1,x_2,\cdots,x_n)=u+\lambda(\sum\limits_{i=1}^{n}\ln x_i-\ln a)$. 解方程组

$$\begin{cases}\dfrac{\partial F}{\partial x_i}=-\dfrac{1}{x_i^2}+\dfrac{\lambda}{x_i}=0 \quad (i=1,2,\cdots,n),\\ a=\prod\limits_{i=1}^{n}x_i\end{cases}$$

可得 $x_i=\frac{1}{\lambda}$ $(i=1,2,\cdots,n)$. 从而解得

$$x_1^0=x_2^0=\cdots=x_n^0=a^{\frac{1}{n}}, \quad u(x_1^2,x_2^0,\cdots,x_n^0)=na^{-\frac{1}{n}}.$$

当点 $P(x_1,x_2,\cdots,x_n)$ 趋于边界时，至少有一个 $x_i\to 0$，即 $\frac{1}{x_i}\to+\infty$，而 $u>\frac{1}{x_i}$，故 $u\to+\infty$. 因此，函数 u 必在区域内部

取得最小值.于是,将正数 a 分为 n 个相等的正的因数 $a^{\frac{1}{n}}$ 时,其倒数和 $na^{-\frac{1}{n}}$ 最小.

【3684】 分解已知正数 a 为 n 个相加数,使得它们的平方和为最小.

解 考虑函数 $u=\sum_{i=1}^{n}x_i^2$ 在条件 $a=\sum_{i=1}^{n}x_i\,(a>0)$ 下的极值.设 $F(x_1,x_2,\cdots,x_n)=u+\lambda(\sum_{i=1}^{n}x_i-a)$.解方程组

$$\begin{cases}\dfrac{\partial F}{\partial x_i}=2x_i+\lambda=0 \quad (i=1,2,\cdots,n),\\ \prod_{i=1}^{n}x_i=a\end{cases}$$

得

$$x_1^0=x_2^0=\cdots=x_n^0=\frac{a}{n},\quad u(x_1^0,x_2^0,\cdots,x_n^0)=\frac{a^2}{n}.$$

当 n 个相加数中有若干个相加数 $\to\pm\infty$ 时,平方和 $\to+\infty$.因此,函数 u 必在有限区域内取得最小值.于是,将正数 a 分解为 n 个相等的相加数 $\frac{a}{n}$ 时,其平方和 $\frac{a^2}{n}$ 最小.

【3685】 分解已知正数 a 为 n 个正的因数,使得它们的已知正乘幂的和为最小.

解 考虑函数 $u=\sum_{i=1}^{n}x_i^{\alpha_i}\,(\alpha_i>0)$ 在条件 $\ln a=\sum_{i=1}^{n}\ln x_i$ $(a>0,x_i>0)$ 下的极值.设 $F=u-\lambda(\sum_{j=1}^{n}\ln x_i-\ln a)$.解方程组

$$\begin{cases}\dfrac{\partial F}{\partial x_i}=\alpha_i x_i^{\alpha_i-1}-\dfrac{\lambda}{x_i}=0, & (1)\\ \qquad\qquad\qquad\qquad\qquad (i=1,2,\cdots,n). \\ \sum\limits_{i=1}^{n}\ln x_i=\ln a & (2)\end{cases}$$

由(1)得 $x_i=\left(\dfrac{\lambda}{\alpha_i}\right)^{\frac{1}{\alpha_i}}$.代入(2),得

$$\ln a+\sum_{i=1}^{n}\frac{\ln\alpha_i}{\alpha_i}=\ln\lambda\sum_{i=1}^{n}\frac{1}{\alpha_i}.$$

令 $\beta=\sum\limits_{i=1}^{n}\dfrac{1}{\alpha_i}$,则有

$$\lambda=a^{\frac{1}{\beta}}\prod_{i=1}^{n}\alpha_i^{\frac{1}{\beta\alpha_i}}=\left(a\prod_{i=1}^{n}\alpha_i^{\frac{1}{\alpha_i}}\right)^{\frac{1}{\beta}},$$

$$x_i^0=\frac{\left(a\prod\limits_{i=1}^{n}\alpha_i^{\frac{1}{\alpha_i}}\right)^{\frac{\frac{1}{\alpha_i}}{\sum\limits_{i=1}^{n}\frac{1}{\alpha_i}}}}{(\alpha)^{\frac{1}{\alpha_i}}}\qquad(i=1,2,\cdots,n),$$

$$u=\sum_{i=1}^{n}\frac{\lambda}{\alpha_i}=\beta\lambda=\left(\sum_{i=1}^{n}\frac{1}{\alpha_i}\right)\left(a\prod_{i=1}^{n}\alpha_i^{\frac{1}{\alpha_i}}\right)^{\frac{1}{\sum\limits_{i=1}^{n}\frac{1}{\alpha_i}}}$$

显然,函数 u 在区域内部达到最小值,于是,所求得的 u 即为最小值.

【3686】 已知在平面上的 n 个质点 $P_1(x_1,y_1)$, $P_2(x_2,y_2)$, $\cdots$, $P_n(x_n,y_n)$,其质量分别为 $m_1,m_2,\cdots m_n$.

$P(x,y)$点在怎样的位置,这一体系对于此点的转动惯量为最小?

解 设 $f(x,y)=\sum\limits_{i=1}^{n}m_i[(x-x_i)^2-(y-y_i)^2]$.解方程组

$$\begin{cases}\dfrac{\partial f}{\partial x}=2\sum\limits_{i=1}^{n}m_i(x-x_i)=0,\\ \dfrac{\partial f}{\partial y}=2\sum\limits_{i=1}^{n}m_i(y-y_i)=0\end{cases}$$

得

$$x_0=\frac{1}{M}\sum_{i=1}^{n}m_ix_i,\qquad y_0=\frac{1}{M}\sum_{i=1}^{n}m_iy_i,$$

其中 $M=\sum\limits_{i=1}^{n}m_i$.

当 $x\to\infty$ 或 $y\to\infty$ 时,显然 $f\to+\infty$.因此,点 $P(x_0,y_0)$即为所求.

【3687】 已知容积为 V 的开顶长方浴盆,当其尺寸怎样时,有最小的表面积?

解 设浴盆长、宽、高分别为 x、y、h,则考虑函数 $S=2(x+y)h+xy$ 在条件 $V=xyh(x>0,y>0,h>0)$下的极值.

设 $F(x,y,h)=S-\lambda(xyh-V)$.解方程组

$$\begin{cases}\dfrac{\partial F}{\partial x}=y+2h-\lambda yh=0, & (1)\\ \dfrac{\partial F}{\partial y}=x+2h-\lambda xh=0, & (2)\\ \dfrac{\partial F}{\partial h}=2(x+y)-\lambda xy=0, & (3)\\ xyh=V.\end{cases}$$

(1),(2),(3)可改写为

$$\frac{1}{h}+\frac{2}{y}=\lambda=\frac{1}{h}+\frac{2}{x}=\frac{2}{x}+\frac{2}{y},$$

故有

$$x_0=y_0=2h_0=\sqrt[3]{2V},\quad h_0=\frac{1}{2}\sqrt[3]{2V}=\sqrt[3]{\frac{V}{4}}.$$

从实际问题的常识可以断定，一定在某一处达到最小. 因此，当长宽均为 $\sqrt[3]{2V}$，高为 $\sqrt[3]{\frac{V}{4}}$ 时，浴盆的表面积最小，且最小表面积为 $S=3\sqrt[3]{4V^2}$.

从数学上来考虑，应讨论 x,u,h 趋于边界的情况. 当 x,y,h 中有任一个趋于零，例如，$h\to+0$，则由 $V=xyh$ 即可断定 $xy\to+\infty$. 但是，$S>xy$，故 $S\to+\infty$. 当 x,y,h 中有任一个趋于 $+\infty$ 时，一定引起至少有另一个趋于零. 重复上面的讨论可知，$S\to+\infty$. 因此，连续函数 S 必在区域内部取得最小值.

【3688】 横断面为半圆形的圆柱形的张口浴盆，其表面积等于 S，当其尺寸怎样时，此盆有最大的容积?

解 设圆柱半径为 r，高为 h，则考虑函数 $V=\frac{1}{2}\pi r^2h$ 在条件 $S=\pi(r^2+rh)(r>0,h>0)$ 下的极值. 为简单起见，忽略系数 $\frac{1}{2}\pi$. 设 $F=r^2h-\lambda(r^2+rh-\frac{S}{\pi})$. 解方程组

$$\begin{cases}\frac{\partial F}{\partial r}=2rh-\lambda(2r+h)=0,\\ \frac{\partial F}{\partial h}=r^2-\lambda r=0,\\ r^2+rh=\frac{S}{\pi}\end{cases}$$

得

$$r_0=\sqrt{\frac{S}{3\pi}},\qquad h_0=2\sqrt{\frac{S}{3\pi}},$$

从而有 $V_0=\frac{1}{2}\pi r_0^2h_0=\sqrt{\frac{S^3}{27\pi}}$.

由实际情况知，V 一定达到最大体积. 因此，当 $h_0=2r_0=$

$2\sqrt{\frac{S}{3\pi}}$时，体积 $V_0=\sqrt{\frac{S^3}{27\pi}}$最大.

从数学角度看，由 $r^2+rh=\frac{S}{\pi}$知 r^2 和 rh 恒有界. 当 $r\to+0$或 $h\to+0$ 时必有 $V\to 0$. 当 $h\to+\infty$时，由 rh 有界可推出 $r\to+0$. 因而 $V\to 0$(显然不可能 $r\to+\infty$). 于是，体积 V 必在区域内部达到最大值.

【3689】 在球面 $x^2+y^2+z^2=1$ 上求出一点，这点到 n 个已知点 $M_i(x_i,y_i,z_i)(i=1,2,\cdots,n)$距离的平方和为最小.

解 考虑函数 $u=\sum_{i=1}^{n}[(x-x_i)^2+(y-y_i)^2+(z-z_i)^2]$ 在条件 $x^2+y^2+z^2=1$ 下的极值. 设 $F(x,y,z)=u-\lambda(x^2+y^2+z^2-1)$. 解方程组

$$\begin{cases}\frac{\partial F}{\partial x}=2\left[\sum_{i=1}^{n}(x-x_i)-\lambda x\right]=2\left[(n-\lambda)x-\sum_{i=1}^{n}x_i\right]=0, & (1)\\ \frac{\partial F}{\partial y}=2\left[(n-\lambda)y-\sum_{i=1}^{n}y_i\right]=0, & (2)\\ \frac{\partial F}{\partial z}=2\left[(n-\lambda)z-\sum_{i=1}^{n}z_i\right]=0, & (3)\\ x^2+y^2+z^2=1, & (4)\end{cases}$$

由(1),(2),(3)得

$$x=\frac{1}{n-\lambda}\sum_{i=1}^{n}x_i,\quad y=\frac{1}{n-\lambda}\sum_{i=1}^{n}y_i,\quad z=\frac{1}{n-\lambda}\sum_{i=1}^{n}z_i,$$

代入(4)，得

$$(n-\lambda)^2=\left(\sum_{i=1}^{n}x_i\right)^2+\left(\sum_{i=1}^{n}y_i\right)^2+\left(\sum_{i=1}^{n}z_i\right)^2=N^2\quad(N>0).$$

于是，得

$$x' = \frac{1}{N}\sum_{i=1}^{n} x_i, \quad y' = \frac{1}{N}\sum_{i=1}^{n} y_i, \quad z' = \frac{1}{N}\sum_{i=1}^{n} z_i,$$

及

$$x'' = -\frac{1}{N}\sum_{i=1}^{n} x_i, \quad y'' = -\frac{1}{N}\sum_{i=1}^{n} y_i, \quad z'' = -\frac{1}{N}\sum_{i=1}^{n} z_i.$$

从而,

$$u(x', y', z') = \sum_{i=1}^{n} [(x' - x_i)^2 + (y' - y_i)^2 + (z' - z_i)^2]$$

$$= n(x'^2 + y'^2 + z'^2) - 2x'\sum_{i=1}^{n} x_i - 2y'\sum_{i=1}^{n} y_i - 2z'\sum_{i=1}^{n} z_i$$

$$+ \sum_{i=1}^{n} (x_i^2 + y_i^2 + z_i^2)$$

$$= n - \frac{2}{N}\left[\left(\sum_{i=1}^{n} x_i\right)^2 + \left(\sum_{i=1}^{n} y_i\right)^2 + \left(\sum_{i=1}^{n} z_i\right)^2\right] + \sum_{i=1}^{n} (x_i^2 + y_i^2 + z_i^2)$$

$$= n - 2N + \sum_{i=1}^{n} (x_i^2 + y_i^2 + z_i^2).$$

同法可求得

$$u(x'', y'', z'') = n + 2N + \sum_{i=1}^{n} (x_i^2 + y_i^2 + z_i^2) > u(x', y', z').$$

由于函数 u 在闭球面 $x^2 + y^2 + z^2 = 1$ 上连续,故必取得最大值及最小值.于是,当 $x = x'$, $y = y'$, $z = z'$ 时, u 最小(同时也证明了当 $x = x''$, $y = y''$, $z = z''$ 时, u 最大).

【3690】 由直圆柱及以直圆锥作顶构成一个体.当已知体的全表面积等于 Q 时,求它的尺寸大小,使得体的体积为最大.

解 设圆柱部分的底半径为 R,高为 h;圆锥部分的母线与底面的夹角为 α,则有 $\pi R^2 + 2\pi Rh + \dfrac{\pi R^2}{\cos\alpha} = Q$(常数)($R>0$, $h>0$, $0\leqslant\alpha<\dfrac{\pi}{2}$).考虑函数 $V(\alpha, h, R) = \pi R^2 h + \dfrac{1}{3}\pi R^3\tan\alpha$ 在

上述条件下的极值. 设

$$F(\alpha,h,R)=3R^2h+R^3\tan\alpha-\lambda\left(R^2+2Rh+\frac{R^2}{\cos\alpha}-\frac{Q}{\pi}\right),$$

解方程组

$$\begin{cases}\dfrac{\partial F}{\partial\alpha}=\dfrac{R^3}{\cos^2\alpha}-\dfrac{\lambda R^2\sin\alpha}{\cos^2\alpha}=0, & (1)\\ \dfrac{\partial F}{\partial h}=3R^2-2R\lambda=0, & (2)\\ \dfrac{\partial F}{\partial R}=6Rh+3R^2\tan\alpha-\left(2R+2h+\dfrac{2R}{\cos\alpha}\right)\lambda=0, & (3)\\ R^2+2Rh+\dfrac{R^2}{\cos\alpha}=\dfrac{Q}{\pi}. & (4)\end{cases}$$

由(2)得 $\lambda=\frac{3}{2}R$. 代入(1), 得 $\sin\alpha=\frac{2}{3}$. 由于 $0\leqslant\alpha<\frac{\pi}{2}$, 故由 $\sin\alpha=\frac{2}{3}$ 得 $\cos\alpha=\frac{\sqrt{5}}{3}$, $\tan\alpha=\frac{2}{\sqrt{5}}$. 代入(3), 得

$$6Rh+\frac{6}{\sqrt{5}}R^2=3R^2+3Rh+\frac{9}{\sqrt{5}}R^2,$$

即

$$Rh=R^2+\frac{R^2}{\sqrt{5}}\quad 或\quad h=\left(1+\frac{1}{\sqrt{5}}\right)R.$$

代入(4), 得

$$R^2+\left(2+\frac{2}{\sqrt{5}}\right)R^2+\frac{3}{\sqrt{5}}R^2=\frac{Q}{\pi}.$$

于是, $R=\frac{\sqrt{2}(\sqrt{5}-1)}{4}\sqrt{\frac{Q}{\pi}}$. 相应地, 有

$$V_0=\pi R^2h+\frac{1}{3}\pi R^3\tan\alpha=\left(1+\frac{1}{\sqrt{5}}+\frac{2}{3\sqrt{5}}\right)\pi R^3$$

$$=\left(1+\frac{5}{3\sqrt{5}}\right)\pi R^2R=\frac{3+\sqrt{5}}{3}\pi\,\frac{3-\sqrt{5}}{4}\,\frac{Q}{\pi}\,\frac{\sqrt{2}(\sqrt{5}-1)}{4}\sqrt{\frac{Q}{\pi}}$$

$$=\frac{\sqrt{2}(\sqrt{5}-1)}{12}\sqrt{\frac{Q^3}{\pi}}.$$

现在讨论边界情况. 由(4)知, R^2, Rh 及 $\frac{R^2}{\cos\alpha}$ 均为正的有界量.

(ⅰ) 当 $R\to+0$ 时, 由 Rh 及 $\frac{R^2}{\cos\alpha}$ 有界可知

$$V=\pi(Rh)R+\frac{\pi}{3}\left(\frac{R^2}{\cos\alpha}\right)R\sin\alpha\to 0.$$

(ⅱ) 当 $h\to+0$(所研究的体退化为圆锥)时, 需要求当圆锥全表面积 $\pi R^2+\frac{\pi R^2}{\cos\alpha}=Q$(常数)时圆锥体积 $V=\frac{1}{3}\pi R^3\tan\alpha$ 的最大值. 用 l 表圆锥的斜高, 即

$$l=\frac{R}{\cos\alpha},\qquad R\tan\alpha=\sqrt{\frac{R^2}{\cos^2\alpha}-R^2}=\sqrt{l^2-R^2}.$$

于是, $l=\frac{Q-\pi R^2}{\pi R}$, $V=\frac{1}{3}\pi R^2\sqrt{l^2-R^2}$, 故

$$V^2=\frac{1}{9}QR^2(Q-2\pi R^2)\quad\left(0<R<\sqrt{\frac{Q}{\pi}}\right).$$

由此易知 V^2(从而 V)当 $R^2=\frac{Q}{4\pi}$(即 $R=\frac{1}{2}\sqrt{\frac{Q}{\pi}}$)时达最大值, 并且最大体积 $V_1=\frac{1}{6\sqrt{2}}\sqrt{\frac{Q^3}{\pi}}$. 不难验证 $V_1<V_0$.

(ⅲ) 当 $h\to+\infty$ 时, 由 Rh 有界知 $R\to+0$. 由(ⅰ)知 $V\to 0$.

(ⅳ) 当 $\alpha\to\frac{\pi}{2}-0$ 时, 由 $\frac{R^2}{\cos\alpha}$ 有界可知 $R\to+0$, 由(ⅰ)知 $V\to 0$.

(ⅴ) 当 $\alpha\to+0$(所研究的体退化为圆柱)时, 可以求得达到最大体积的尺寸为 $h=2R$ 及 $Q=\sqrt[3]{54\pi V_2^2}$(参看 1563 题),

即$V_2=\sqrt{\dfrac{Q^3}{54\pi}}=\dfrac{\sqrt{6}}{18}\sqrt{\dfrac{Q^3}{\pi}}$.不难证明 $V_2<V_0$.

综上所述,我们得到当 $R=\dfrac{\sqrt{2}(\sqrt{5}-1)}{4}\sqrt{\dfrac{Q}{\pi}}$, $\alpha=\arcsin\dfrac{2}{3}$ 时,所研究的体积 V 达到最大值

$$V_0=\frac{\sqrt{2}(\sqrt{5}-1)}{12}\sqrt{\frac{Q^3}{\pi}}.$$

【3691】 一个体,其体积等于 V,形为直角平行直六面体,上底及下底为正的四角锥.当角锥的侧面对它们的底成怎样的倾角,体的全表面积为最小?

解 设长方体两底(正方形)边长为 a,高为 h,棱锥侧面与底面的夹角为 α,则 $V=a^2h+\dfrac{1}{3}a^3\tan\alpha$.考虑函数 $S=4ah+\dfrac{2a^2}{\cos\alpha}$在上述条件下的极值.设 $F=S-\lambda(a^2h+\dfrac{1}{3}a^3\tan\alpha-V)$.解方程组

$$\begin{cases}\dfrac{\partial F}{\partial a}=4h+\dfrac{4a}{\cos\alpha}-2\lambda ah-\lambda a^2\tan\alpha=0, & (1)\\ \dfrac{\partial F}{\partial h}=4a-\lambda a^2=0, & (2)\\ \dfrac{\partial F}{\partial \alpha}=\dfrac{2a^2\sin\alpha}{\cos^2\alpha}-\dfrac{\lambda a^3}{3\cos^2\alpha}=0, & (3)\\ a^2h+\dfrac{1}{3}a^3\tan\alpha=V. & (4)\end{cases}$$

由(2),(3)可得 $\alpha=\arcsin\dfrac{2}{3}$.同 3690 题进一步可求出 a 和 h

类似 3687 题的讨论,当 $a\to+0$, $a\to+\infty$, $h\to+\infty$, $\alpha\to\dfrac{\pi}{2}-0$ 等情况均能证明 $S\to+\infty$.对于边界为 $\alpha=0$ 及 $h=0$ 这

两种退化情况，类似3690题，可证明此时的全表面积比 $\alpha=\arcsin\dfrac{2}{3}$ 时的全表面积为大. 于是，当 $\alpha=\arcsin\dfrac{2}{3}$ 时，体的全表面积最小.

【3692】 已知矩形的周长为 $2p$，将它绕其一边旋转而构成一体积，求所得体积为最大的那个矩形.

解 设矩形的边长为 x 及 y，则考虑函数 $V=\pi y^2 x$ 在条件 $x+y=p$ 下的极值. 设 $F=V-\lambda(x+y-p)$. 解方程组

$$\begin{cases}\dfrac{\partial F}{\partial x}=\pi y^2-\lambda=0,\\ \dfrac{\partial F}{\partial y}=2\pi xy-\lambda=0,\\ x+y=p\end{cases}$$

得 $x=\dfrac{p}{3}$，$y=\dfrac{2p}{3}$.

由于在边界上，一边为零，一边为 p，推出 $V=0$. 于是，当矩形的两边分别为 $\dfrac{p}{3}$ 及 $\dfrac{2p}{3}$ 时，旋转体的体积最大.

【3693】 已知三角形的周长为 $2p$，求出这样的三角形，当它绕着自己的一边旋转所构成的体积最大.

解 如图6.43所示，以 AC 为轴旋转，取参数：高 h 及二角 α、β. 考虑函数

$$V=\frac{1}{3}\pi h^3(\tan\alpha+\tan\beta)$$

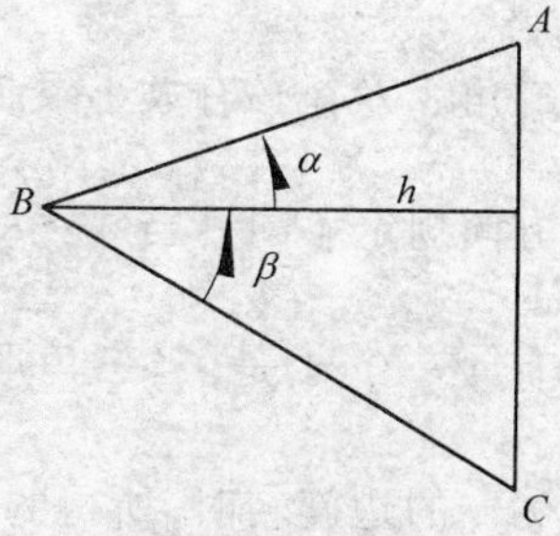

图 6.43

在条件 $\dfrac{h}{\cos\alpha}+\dfrac{h}{\cos\beta}+h(\tan\alpha+\tan\beta)$

$=2p$ 下的极值.为计算简单起见,略去常数$\frac{1}{3}\pi$.设 $F=h^3(\tan\alpha+\tan\beta)-\lambda\left(\frac{h}{\cos\alpha}+\frac{h}{\cos\beta}+h\tan\alpha+h\tan\beta-2p\right)$.解方程组

$$\begin{cases}\frac{\partial F}{\partial h}=3h^2(\tan\alpha+\tan\beta)-\lambda\left(\frac{1}{\cos\alpha}+\frac{1}{\cos\beta}+\tan\alpha+\tan\beta\right)=0, & (1)\\ \frac{\partial F}{\partial \alpha}=\frac{h^3}{\cos^2\alpha}-\lambda h\left(\frac{\sin\alpha}{\cos^2\alpha}+\frac{1}{\cos^2\alpha}\right)=0, & (2)\\ \frac{\partial F}{\partial \beta}=\frac{h^3}{\cos^2\beta}-\lambda h\left(\frac{\sin\beta}{\cos^2\beta}+\frac{1}{\cos^2\beta}\right)=0, & (3)\\ h\left(\frac{1}{\cos\alpha}+\frac{1}{\cos\beta}+\tan\alpha+\tan\beta\right)=2p. & (4)\end{cases}$$

由(2)及(3)得 $\alpha=\beta$ 及 $\lambda=\frac{h^2}{1+\sin\alpha}=\frac{h^2}{1+\sin\beta}$.代入(1)式,得 $\sin\alpha=\sin\beta=\frac{1}{3}$.于是,$h\tan\alpha=\frac{h}{3\cos\alpha}$,代入(4)式,即得$\frac{h}{\cos\alpha}=\frac{3}{4}p$.从而,得三边分别为

$$AB=BC=\frac{3}{4}p,\quad AC=2h\tan\alpha=\frac{p}{2}.$$

讨论边界情况.当 $h\to+0$ 或 $h\to p$ 时,显然有 $V\to0$.对于二角 α 及β 必有大小限制:$0\leqslant\alpha<\frac{\pi}{2}$, $-\alpha\leqslant\beta\leqslant\alpha$(注意 α,β 的方向规定不同),当 $\alpha\to+0$ 或 $\alpha\to\frac{\pi}{2}-0$ 或 $\beta\to-\alpha$ 时,同样均有 $V\to0$.于是,当三角形的三边长分别为$\frac{p}{2}$,$\frac{3p}{4}$及$\frac{3p}{4}$,并绕长为$\frac{p}{2}$的边旋转时,所得的体积最大.

【3694】 在半径为 R 的半球内嵌入有最大体积的直角平行六面体.

解 不妨设此长方形的一个底面与半球所在的底面重合,

另外四个顶点在半球球面上,且半球面在直角坐标系下的方程为

$$x^2+y^2+z^2=R^2,\quad z\geqslant 0.$$

又设长方体的长、宽、高分别为 $2x$、$2y$ 及 $z(x>0, y>0, z>0)$. 考虑函数 $V=4xyz$ 在上述条件下的极值. 设 $F=xyz-\lambda(x^2+y^2+z^2-R^2)$. 解方程组

$$\begin{cases}\dfrac{\partial F}{\partial x}=yz-2\lambda x=0,\\[2mm] \dfrac{\partial F}{\partial y}=xz-2\lambda y=0,\\[2mm] \dfrac{\partial F}{\partial z}=xy-2\lambda z=0,\\[2mm] x^2+y^2+z^2=R^2\end{cases}$$

可得 $x=y=z=\dfrac{R}{\sqrt{3}}$.

由于在边界上(即 $x\to+0$ 或 $y\to+0$ 或 $z\to+0$ 时)显然 $V\to 0$, 故当直角平行六面体的长、宽、高为$\dfrac{2R}{\sqrt{3}}$, $\dfrac{2R}{\sqrt{3}}$ 及$\dfrac{R}{\sqrt{3}}$时, 其体积最大.

【3695】 在已知的直圆锥内嵌入有最大体积的直角平行六面体.

解 不妨设直圆锥的底面半径为 R, 高为 H, 且长方形的一个面与直圆锥的底面重合, 两个边长为 $2x$ 和 $2y$, 四个顶点在直圆锥面上, 高为 z. 过直圆锥的高和长方体底面的对角线作一截面, 如图 6.44 所示, 则 $CD=H$, $EK=FG=z$, $AD=R$, $DE=\sqrt{x^2+y^2}$, $(H-z)R=H\sqrt{x^2+y^2}$(R、H 为常数). 考虑函数 $V=4xyz$ 在上述条件下的极值($x>0$, $y>0$, $z>0$). 为计算

简单计,略去常数 4. 设

$$F = xyz - \lambda[H\sqrt{x^2+y^2} - (H-z)R].$$

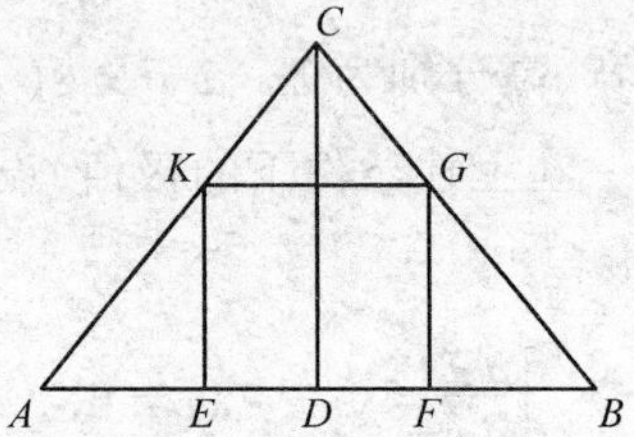

图 6.44

解方程组

$$\begin{cases} \dfrac{\partial F}{\partial x} = yz - \dfrac{\lambda H x}{\sqrt{x^2+y^2}} = 0, & (1) \\ \dfrac{\partial F}{\partial y} = xz - \dfrac{\lambda H y}{\sqrt{x^2+y^2}} = 0, & (2) \\ \dfrac{\partial F}{\partial z} = xy - \lambda R = 0, & (3) \\ (H-z)R = H\sqrt{x^2+y^2}. & (4) \end{cases}$$

由(1)、(2)得 $x = y$, 代入(3), 得 $x = y = \sqrt{\lambda R}$. 又由(1)可得 $z = \dfrac{\lambda H}{\sqrt{2\lambda R}}$. 将 x, y, z 代入(4)得 $H - \dfrac{\lambda H}{\sqrt{2\lambda R}} = \dfrac{H}{R}\sqrt{2\lambda R}$, 解之得 $\lambda = \dfrac{2}{9}R$, 从而有

$$x = y = \frac{\sqrt{2}}{3}R, \quad z = \frac{1}{3}H; \quad V = \frac{\sqrt{2}}{36}R^2 H$$

显然, 在所论区域的边界上(即 $x \to +0$ 或 $y \to +0$ 或 $z \to +0$ 时), 有 $V \to 0$, 故当直角平行六面体的高等于 $\dfrac{1}{3}$ 圆锥的高时, 其体积最大.

【3696】 在椭球

$$\frac{x^2}{a^2}+\frac{y^2}{b^2}+\frac{z^2}{c^2}=1$$

内嵌入有最大体积的直角平行六面体.

解 此直角平行六面体的对称中心为原点.设其一个顶点为(x,y,z),则按题意,我们应考虑函数 $V=8xyz$ 在条件$\frac{x^2}{a^2}+\frac{y^2}{b^2}+\frac{z^2}{c^2}=1(x>0,y>0,z>0)$下的极值.为计算简单计,略去常数8.设 $F=xyz-\lambda(\frac{x^2}{a^2}+\frac{y^2}{b^2}+\frac{z^2}{c^2}-1)$.解方程组

$$\begin{cases}\dfrac{\partial F}{\partial x}=yz-2\lambda\dfrac{x}{a^2}=0,\\ \dfrac{\partial F}{\partial y}=xz-2\lambda\dfrac{y}{b^2}=0,\\ \dfrac{\partial F}{\partial z}=xy-2\lambda\dfrac{z}{c^2}=0,\\ \dfrac{x^2}{a^2}+\dfrac{y^2}{b^2}+\dfrac{z^2}{c^2}=1\end{cases}$$

得 $x=\frac{a}{\sqrt{3}},y=\frac{b}{\sqrt{3}},z=\frac{c}{\sqrt{3}}$,这时 $V=\frac{8}{3\sqrt{3}}abc>0$.

现在讨论边界情况.当 $x\to a-0,y\to b-0,z\to c-0$ 中有任一个成立时,则另两个变量必皆趋于零;又若 x,y,z 中有一个趋于零时,则体积 V 趋于零.总之,在边界上,恒有 $V\to 0$.于是,具有最大体积的直角平行六面体的长、宽、高分别为$\frac{2a}{\sqrt{3}},\frac{2b}{\sqrt{3}},\frac{2c}{\sqrt{3}}$.

【3697】 直圆锥的母线 l 与底平面成倾角 α. 试在此直圆锥中嵌入具最大全表面积的直角平行六面体.

解 设圆锥的底半径为 R, 高为 H, 则有 $R = l\cos\alpha$, $H = l\sin\alpha$, $\frac{H}{R} = \tan\alpha$ 内接长方形的放置方法与3695题相同. 设底面的两边分别为 $2d\cos\theta$ 和 $2d\sin\theta$, 高为 h, 则 $0<d<R$, $0<h<H$, $0<\theta<\frac{\pi}{2}$, 且 h, d 由条件 $\frac{H-h}{H}=\frac{d}{R}$ 约束, 此条件可改写为

$$d\tan\alpha + h = H = l\sin\alpha.$$

所求的全表面积为 $S = 4(d^2\sin2\theta + dh\sin\theta + dh\cos\theta)$.

(ⅰ) 固定 d 和 h, 考虑 $S=S(\theta)$ 的变化情况. 由一元函数极值求法, 不难断定, 仅有 $S'(\frac{\pi}{2})=0$. $S(\theta)$ 在 $\frac{\pi}{4}$ 处达到最大值 $S=4(d^2+\sqrt{2}dh)$, 即底面为正方形时, S 才取得最大值. 因此, 原问题可化为在条件 $d\tan\alpha + h = l\sin\alpha$ $(d>0, h>0)$ 下, 求函数 $S=4(d^2+\sqrt{2}dh)$ 的极值.

(ⅱ) 此问题的边界值: 当 $d\to+0$ (此时 $h\to H-0$) 时, 显然 $S\to0$; 而当 $h\to+0$ (这时 $d\to R-0$) 时, $S\to4R^2$. 在后一种情况下, 全表面积退化为上、下两个正方形面积之和.

(ⅲ) 在区域内部, 设

$$F=4(d^2+\sqrt{2}dh)-\lambda(d\tan\alpha+h-l\sin\alpha).$$

解方程组

$$\begin{cases}\frac{\partial F}{\partial d}=8d+4\sqrt{2}h-\lambda\tan\alpha=0, & (1)\\ \frac{\partial F}{\partial h}=4\sqrt{2}d-\lambda=0, & (2)\\ d\tan\alpha+h=l\sin\alpha & (3)\end{cases}$$

由(2)得 $\lambda=4\sqrt{2}d$, 代入(1), 得

$$h=(\tan\alpha-\sqrt{2})d. \tag{4}$$

由 $h>0$ 及 $d>0$ 知，当 $\tan\alpha\leqslant\sqrt{2}$ 时，方程组在所研究的区域内无解．此时，S 的最大值必在边界上达到，即在 $h\to+0$ 时达到 $4R^2$．当 $\tan\alpha>\sqrt{2}$ 时，将(4)式代入(3)式，可得

$$d=\frac{l\sin\alpha}{2\tan\alpha-\sqrt{2}},\qquad h=l\sin\alpha\ \frac{\tan\alpha-\sqrt{2}}{2\tan\alpha-\sqrt{2}}.$$

此时

$$S=4(d^2+\sqrt{2}dh)=\frac{2l^2\sin\alpha}{\sqrt{2}\tan\alpha-1}=\frac{2R^2\tan^2\alpha}{\sqrt{2}\tan\alpha-1}.$$

由于

$$(\tan\alpha-\sqrt{2})^2=\tan^2\alpha-2(\sqrt{2}\tan\alpha-1)>0,$$

故 $\dfrac{\tan^2\alpha}{\sqrt{2}\tan\alpha-1}>2$．从而，$S>4R^2$，即在该点的值大于边界上的值．因此，它为最大值．于是，当 $\tan\alpha>\sqrt{2}$，长方体底面为正方形，边长为 $2d\sin\dfrac{\pi}{4}=\dfrac{l\sin\alpha}{\sqrt{2}\tan\alpha-1}$，高 $h=l\sin\alpha\ \dfrac{\tan\alpha-\sqrt{2}}{2\tan\alpha-\sqrt{2}}$ 时，全表面积为最大．

【3698】 在椭圆抛物面 $\dfrac{z}{c}=\dfrac{x^2}{a^2}+\dfrac{y^2}{b^2}$，$z=c$ 的一段中嵌入有最大体积的直角平行六面体．

解 设长方体的长、宽、高为 $2x$，$2y$ 及 $h=c-z$，则按题设考虑函数 $V=4xyh=4xy(c-z)$ 在条件 $\dfrac{x^2}{a^2}+\dfrac{y^2}{b^2}=\dfrac{z}{c}$（$x>0$，$y>0$，$0<z<c$）下的极值．为计算简单起见，作 F 时略去常数 4．令

$$F=xy(c-z)-\lambda\left(\frac{x^2}{a^2}+\frac{y^2}{b^2}-\frac{z}{c}\right).$$

解方程组

$$\begin{cases}\dfrac{\partial F}{\partial x}=y(c-z)-2\lambda\dfrac{x}{a^2}=0, & (1)\\ \dfrac{\partial F}{\partial y}=x(c-z)-2\lambda\dfrac{y}{b^2}=0. & (2)\\ \dfrac{\partial F}{\partial z}=-xy+\dfrac{\lambda}{c}=0, & (3)\\ \dfrac{x^2}{a^2}+\dfrac{y^2}{b^2}=\dfrac{z}{c}. & (4)\end{cases}$$

得(1)、(2)、(3)三式分别乘以 x、y、$(c-z)$，比较即得

$$\frac{x^2}{a^2}=\frac{y^2}{b^2}=\frac{c-z}{2c}.$$

代入(4)式，可得

$$x=\frac{a}{2},\quad y=\frac{b}{2},\quad z=\frac{c}{2},\quad h=c-z=\frac{c}{2}.$$

由于边界上 V 趋于零，故长方体的最大值必在区域内达到. 于是，当平行六面体的尺寸为 a、b 及$\frac{c}{2}$时，其体积最大.

【3699】 求点 $M_0(x_0,y_0,z_0)$至平面 $Ax+By+Cz+D=0$ 的最短距离.

解 按题设，我们应求函数

$$r^2=(x-x_0)^2+(y-y_0)^2+(z-z_0)^2$$

在条件 $Ax+By+Cz+D=0$ 下的极值. 设

$$F(x,y,z)=r^2+\lambda(Ax+By+Cz+D).$$

解方程组

$$\begin{cases} \dfrac{\partial F}{\partial x}=2(x-x_0)+\lambda A=0, & (1)\\ \dfrac{\partial F}{\partial y}=2(y-y_0)+\lambda B=0. & (2)\\ \dfrac{\partial F}{\partial z}=2(z-z_0)+\lambda C=0, & (3)\\ Ax+By+Cz+D=0. & (4)\end{cases}$$

由(1)、(2)、(3)可得

$$x=x_0-\frac{1}{2}\lambda A,\ y=y_0-\frac{1}{2}\lambda B,\ z=z_0-\frac{1}{2}\lambda C. \quad (5)$$

代入(4),得

$$\lambda=\frac{2(Ax_0+By_0+Cz_0+D)}{A^2+B^2+C^2}, \quad (6)$$

将(5),(6)代入 $r^2=(x-x_0)^2+(y-y_0)^2+(z-z_0)^2$ 中,得

$$r=\frac{|Ax_0+By_0+Cz_0+D|}{\sqrt{A^2+B^2+C^2}}$$

当 x,y,z 中有任一个趋于无穷时,r 趋于无穷.因此,在区域内 r 必取最小值.

于是,点 $M_0(x_0,y_0,z_0)$至平面 $Ax+By+Cz+D=0$ 的最短距离为

$$r=\frac{|Ax_0+By_0+Cz_0+D|}{\sqrt{A^2+B^2+C^2}}.$$

【3700】 求空间二直线

$$\frac{x-x_1}{m_1}=\frac{y-y_1}{n_1}=\frac{z-z_1}{p_1}$$

和

$$\frac{x-x_2}{m_2}=\frac{y-y_2}{n_2}=\frac{z-z_2}{p_2}$$

之间的最短距离.

解 显然,当两直线不平行时,直线上一点趋于无穷远处时,与另一直线上各点的距离,都趋于无穷.因此,不平行两直线的最短距离必在有限处达到.

为了书写简洁,我们采用向量的表达形式.用

$$\vec{r}_1(t)=\vec{l}_1 t+\vec{r}_{10} \text{ 表示直线 } \frac{x-x_1}{m_1}=\frac{y-y_1}{n_1}=\frac{z-z_1}{p_1} \qquad (1)$$

$$\vec{r}_2(s)=\vec{l}_2 s+\vec{r}_{20} \text{ 表示直线 } \frac{x-x_2}{m_2}=\frac{y-y_2}{n_2}=\frac{z-z_2}{p_2} \qquad (2)$$

其中 t,s 为参数,

$$\vec{l}_1=\{m_1,n_1,p_1\},\qquad \vec{l}_2=\{m_2,n_2,p_2\},$$

$$\vec{r}_{10}=\{x_1,y_1,z_1\},\qquad \vec{r}_{20}=\{x_2,y_2,z_2\}.$$

又记

$$\vec{r}_0=\vec{r}_{10}-\vec{r}_{20}=\{x_1-x_2,y_1-y_2,z_1-z_2\}.$$

始端在直线(2)上,终端在直线(1)上的向量为:

$$\vec{u}(t,s)=(\vec{l}_1 t+\vec{r}_{10})-(\vec{l}_2 s+\vec{r}_{20})=\vec{l}_1 t-\vec{l}_2 s+\vec{r}_0. \qquad (3)$$

本题即求 $|\vec{u}(t,s)|$ 的最小值,它必在有限的 t,s 上取得.令

$$\begin{aligned} w&=|\vec{u}(t,s)|^2=|\vec{l}_1 t-\vec{l}_2 s+\vec{r}_0|^2\\ &=l_1^2t^2+l_2^2s^2+r_0^2-2(\vec{l}_1\cdot\vec{l}_2)st+2(\vec{l}_1\cdot\vec{r}_0)t-2(\vec{l}_2\cdot\vec{r}_0)s, \end{aligned}$$

其中

$$l_1^2=\vec{l}_1\cdot\vec{l}_1,\qquad l_2^2=\vec{l}_2\cdot\vec{l}_2,\qquad r_0^2=\vec{r}_0\cdot\vec{r}_0.$$

w 取得极值的必要条件为

$$\frac{\partial w}{\partial t}=2[l_1^2t-(\vec{l}_1\cdot\vec{l}_2)s+(\vec{l}_1\cdot\vec{r}_0)]=0,$$

$$\frac{\partial w}{\partial s}=2[l_2^2 s-(\vec{l}_1\cdot\vec{l}_2)t-(\vec{l}_2\cdot\vec{r}_0)]=0.$$

由此可解得惟一的静止点(t_0, s_0):

$$t_0=-\frac{l_2^2(\vec{l}_1\cdot\vec{r}_0)-(\vec{l}_1\cdot\vec{l}_2)(\vec{l}_2\cdot\vec{r}_0)}{l_1^2\cdot l_2^2-(\vec{l}_1\cdot\vec{l}_2)^2},$$

$$s_0=\frac{l_1^2(\vec{l}_2\cdot\vec{r}_0)-(\vec{l}_1\cdot\vec{l}_2)(\vec{l}_1\cdot\vec{r}_0)}{l_1^2 l_2^2-(\vec{l}_1\cdot\vec{l}_2)^2}.$$

于是,$|\vec{u}(t_0, s_0)|$即为所求的最短距离. 下面计算$|\vec{u}(t_0, s_0)|$. 令

$$\Delta=\sqrt{l_1^2 l_2^2-(\vec{l}_1\cdot\vec{l}_2)^2},$$

显然有

$$\begin{aligned}\Delta^2&=|\vec{l}_1|^2\cdot|\vec{l}_2|^2-[|\vec{l}_1|\cdot|\vec{l}_2|\cos(\widehat{\vec{l}_1, \vec{l}_2})]^2\\&=|\vec{l}_1|^2\cdot|\vec{l}_2|^2\sin^2(\widehat{\vec{l}_1, \vec{l}_2})=|\vec{l}_1\times\vec{l}_2|^2\end{aligned}$$

即 $\Delta=|\vec{l}_1\times\vec{l}_2|$. 将 t_0 及 s_0 代入(3)式,得

$$\begin{aligned}\vec{u}(t_0, s_0)=&-\frac{1}{\Delta^2}(\vec{l}_1, \vec{r}_0)[l_2^2\vec{l}_1-(\vec{l}_1\cdot\vec{l}_2)\vec{l}_2]\\&-\frac{1}{\Delta^2}(\vec{l}_2\cdot\vec{r}_0)[l_1^2\vec{l}_2-(\vec{l}_1\cdot\vec{l}_2)\vec{l}_1]+\vec{r}_0.\end{aligned}$$

通过计算,不难看出

$$\begin{aligned}\vec{u}(t_0, s_0)\cdot\vec{l}_1=&-\frac{1}{\Delta^2}(\vec{l}_1\cdot\vec{r}_0)[l_2^2 l_1^2-(\vec{l}_1\cdot\vec{l}_2)^2]-\frac{1}{\Delta^2}(\vec{l}_2\cdot\vec{r}_0)\\&\cdot[l_1^2(\vec{l}_1\cdot\vec{l}_2)-(\vec{l}_1\cdot\vec{l}_2)l_1^2]+(\vec{r}_0\cdot\vec{l}_1)=0,\end{aligned}$$

$$\vec{u}(t_0, s_0)\cdot\vec{l}_2=0.$$

因此,得知

$$\vec{u}(t_0,s_0)/\!/\vec{l}_1\times\vec{l}_2.$$

令 $\vec{n}_0=\dfrac{\vec{l}_1\times\vec{l}_2}{\Delta}$,则 $|\vec{n}_0|=1$,

$$\begin{aligned}|\vec{u}_0(t_0,s_0)|&=|\vec{u}(t_0,s_0)\cdot\vec{n}_0|=\frac{|\vec{r}_0\cdot(\vec{l}_1\times\vec{l}_2)|}{\Delta}\\&=\pm\frac{1}{\Delta}\begin{vmatrix}x_1-x_2&y_1-y_2&z_1-z_2\\m_1&n_1&p_1\\m_2&n_2&p_2\end{vmatrix},\end{aligned}$$

其中

$$\Delta=\sqrt{\begin{vmatrix}m_1&n_1\\m_2&n_2\end{vmatrix}^2+\begin{vmatrix}n_1&p_1\\n_2&p_2\end{vmatrix}^2+\begin{vmatrix}p_1&m_1\\p_2&m_2\end{vmatrix}^2},$$

且正负号的选取保证所得结果为正值.

【3701】 求抛物线 $y=x^2$ 和直线 $x-y-2=0$ 之间的最短距离.

解 设(x_1,y_1)为抛物线 $y=x^2$ 上任一点,(x_2,y_2)为直线 $x-y-2=0$ 上的任一点.按题意,我们应求函数

$$r^2=(x_2-x_1)^2+(y_2-y_1)^2$$

在条件 $y_1-x_1^2=0$ 及 $x_2-y_2-1=0$ 下的极值.显然,由几何知,当两点(x_1,y_1)和(x_2,y_2)至少有一伸向无穷时,r 也必趋于无穷大,故 r 的最小值必在有限处达到.

设 $F(x_1,x_2,y_1,y_2)=r^2+\lambda_1(y_1-x_1^2)+\lambda_2(x_2-y_2-2)$.解方程组

$$\begin{cases}\dfrac{\partial F}{\partial x_1}=-2(x_2-x_1)-2\lambda_1x_1=0,\\\dfrac{\partial F}{\partial x_2}=2(x_2-x_1)+\lambda_2=0,\\\dfrac{\partial F}{\partial y_1}=-2(y_2-y_1)+\lambda_1=0,\\\dfrac{\partial F}{\partial y_2}=2(y_2-y_1)-\lambda_2=0,\\y_1=x_1^2,\\x_2-y_2-2=0\end{cases}$$

得惟一的一组解 $x_1=\dfrac{1}{2}$，$y_1=\dfrac{1}{4}$；$x_2=\dfrac{11}{8}$，$y_2=-\dfrac{5}{8}$.

于是,所求的最短距离为

$$r_0=\sqrt{\left(\frac{11}{8}-\frac{1}{2}\right)^2+\left(-\frac{5}{8}-\frac{1}{4}\right)^2}=\frac{7}{8}\sqrt{2}.$$

【3702】 求有心二次曲线

$$Ax^2+2Bxy+Cy^2=1$$

的半轴.

解 设(x_0,y_0)为二次曲线 $Ax^2+2Bxy+Cy^2=1$ 上的点,则$(-x_0,-y_0)$也为该曲线上点.因此,原点$(0,0)$即为曲线的中心.按题意,应求函数 $u=x^2+y^2$ 在条件 $Ax^2+2Bxy+Cy^2=1$ 下的极值.设 $F=x^2+y^2-\lambda(Ax^2+2Bxy+Cy^2-1)$.解方程组

$$\begin{cases}-\dfrac{1}{2}\dfrac{\partial F}{\partial x}=(\lambda A-1)x+\lambda By=0,\\-\dfrac{1}{2}\dfrac{\partial F}{\partial y}=\lambda Bx+(\lambda C-1)y=0,\\Ax^2+2Bxy+Cy^2=1.\end{cases}$$

要上述方程组有非零解，λ 必须满足二次方程

$$\begin{vmatrix} \lambda A-1 & \lambda B \\ \lambda B & \lambda C-1 \end{vmatrix}=0. \tag{1}$$

由题设知二次曲线为有心的，因此 $AC^2-B^2\neq 0$.

由方程(1)可求得两根 λ_1 和 $\lambda_2(\lambda_1\geqslant\lambda_2)$. 将 λ 的值代入方程组，求得对应于 λ_1 的解(x_1,y_1)及对应于 λ_2 的解(x_2,y_2). 相应地，有

$$\begin{aligned} u(x_1,y_1)&=x_1^2+y_1^2=x_1[\lambda_1(Ax_1+By_1)]+y_1[\lambda_1(Bx_1+Cy_1)] \\ &=\lambda_1(Ax_1^2+2Bx_1y_1+Cy_1^2)=\lambda_1, \end{aligned}$$

同理 $u(x_2,y_2)=x_2^2+y_2^2=\lambda_2$.

(i) 当 $AC-B^2>0$ 且 $A+C>0$(或 $A>0$)时，由(1)解得

$$\lambda_i=\frac{(A+C)\pm\sqrt{(A+C)^2-4(AC-B^2)}}{2(AC-B^2)}>0,$$

即有 $\lambda_1\geqslant\lambda_2>0$. 显然 u 的最大值及最小值必在区域内达到. 因此，λ_1 及 λ_2 分别为 u 的最大值及最小值. 此时，所对应的曲线为椭圆，长、短半轴的平方分别为 λ_1 及 λ_2. 当 $\lambda_1=\lambda_2(A=C,B=0)$时为圆.

当 $A+C<0$(或 $A<0$)时，两根 λ_i 均为负，相应曲线无轨迹.

(ii) 当 $AC-B^2<0$ 时，$\lambda_1>0,\lambda_2<0$. 此时只有一个极值 λ_1. 对应的曲线为双曲线. λ_1 为实半轴的平方(λ_2 表面上无意义，但实质上为虚半轴的平方)，其中特别是 $B=0$ 时，曲线退化为一对相交直线.

【3703】 求有心二次曲面

$$Ax^2+By^2+Cz^2+2Dxy+2Eyz+2Fxz=1$$

的半轴.

解 同 3702 题可知,曲面的中心为(0,0,0).按题意,达到曲面半轴的点(x,y,z)一定是函数 $u(x,y,z)=x^2+y^2+z^2$ 在条件

$$Ax^2+By^2+Cz^2+2Dxy+2Eyz+2Fxz=1$$

下的静止点(但不一定是极值点.例如,椭球面的中间轴所在的点).设

$$F=u-\lambda(Ax^2+By^2+Cz^2+2Dxy+2Eyz+2Fxz-1).$$

解方程组

$$\begin{cases}-\dfrac{1}{2}\dfrac{\partial F}{\partial x}=(\lambda A-1)x+\lambda Dy+\lambda Fz=0,\\ -\dfrac{1}{2}\dfrac{\partial F}{\partial y}=\lambda Dx+(\lambda B-1)y+\lambda Ez=0,\\ -\dfrac{1}{2}\dfrac{\partial F}{\partial z}=\lambda Fx+\lambda Ey+(\lambda C-1)z=0,\\ Ax^2+By^2+Cz^2+2Dxy+2Eyz+2Fxz=1.\end{cases}$$

要上述方程组有非零解,λ 必须满足三次方程

$$\begin{vmatrix}\lambda A-1 & \lambda D & \lambda F\\ \lambda D & \lambda B-1 & \lambda E\\ \lambda F & \lambda E & \lambda C-1\end{vmatrix}=0.$$

设三根为 $\lambda_1\geqslant\lambda_2\geqslant\lambda_3$.对应于此三根可求出满足方程组的静止点.与 3702 题相同,可证明在这些静止点处 $u(x,y,z)$的值恰为 $\lambda_i(i=1,2,3)$,即 λ_i 为曲面半轴的平方(严格地说,当 $\lambda_i<0$ 时不能认为它是半轴的平方).

与二次曲线的情况类似,根据 λ_i 的正负可讨论曲面半轴的虚、实等问题,这对熟悉二次曲面分类的读者无实质性的困难,因此,省略掉这些烦琐的讨论.

【3704】 求用平面

$$Ax+By+Cz=0$$

与椭圆柱面

$$\frac{x^2}{a^2}+\frac{y^2}{b^2}=1$$

相交所成椭圆的面积.

解 我们只要确定所得椭圆的长短半轴 $\bar{a}$ 及 $\bar{b}$,即可按公式 $S=\pi\,\bar{a}\,\bar{b}$ 求得椭圆的面积.

注意到原点(0,0,0)在原椭圆柱面的中心轴上,且截平面 $Ax+By+Cz=0$ 又通过它.因此,原点是截线椭圆的中心,从而长短半轴 $\bar{a}$ 及 $\bar{b}$ 的平方 $\bar{a}^2$ 及 $\bar{b}^2$,分别为函数 $u=x^2+y^2+z^2$ 在条件 $Ax+By+Cz=0$ 及 $\frac{x^2}{a^2}+\frac{y^2}{b^2}=1$ 下的最大值和最小值.设

$$F=u+2\lambda(Ax+By+Cz)-\mu\left(\frac{x^2}{a^2}+\frac{y^2}{b^2}-1\right).$$

于是,达到最大值、最小值的点的坐标必须满足方程组

$$\begin{cases}\frac{1}{2}\frac{\partial F}{\partial x}=\left(1-\frac{\mu}{a^2}\right)x+\lambda A=0, & (1)\\ \frac{1}{2}\frac{\partial F}{\partial y}=\left(1-\frac{\mu}{b^2}\right)y+\lambda B=0, & (2)\\ \frac{1}{2}\frac{\partial F}{\partial z}=z+\lambda C=0, & (3)\\ Ax+By+Cz=0, & (4)\\ \frac{x^2}{a^2}+\frac{y^2}{b^2}=1. & (5)\end{cases}$$

将(1)、(2)、(3)三式分别乘以 x、y、z 后,然后相加,得 x^2+y^2

$+z^2=\mu$，即从方程组可解得 $u(x,y,z)=\mu$. 由(1)、(2)、(3)、(4)知，若要 x,y,z 及 λ 不全为零，μ 必须满足下列方程(同时 μ 只要满足下列方程，静止点(x,y,z)也一定有解)：

$$\begin{vmatrix} 1-\dfrac{\mu}{a^2} & 0 & 0 & A \\ 0 & 1-\dfrac{\mu}{b^2} & 0 & B \\ 0 & 0 & 1 & C \\ A & B & C & 0 \end{vmatrix}=0$$

展开后，得

$$\frac{C^2}{a^2b^2}\mu^2-\left(\frac{B^2}{a^2}+\frac{A^2}{b^2}+\frac{C^2}{a^2}+\frac{C^2}{b^2}\right)\mu+(A^2+B^2+C^2)=0.$$

此方程有两正根. 显然即为最大值及最小值 $\bar{a}^2$、$\bar{b}^2$. 由韦达定理知

$$\bar{a}^2\bar{b}^2=\frac{a^2b^2(A^2+B^2+C^2)}{C^2},$$

故椭圆面积 $\pi\bar{a}\,\bar{b}=\dfrac{\pi ab\sqrt{A^2+B^2+C^2}}{|C|}\quad(C\neq 0)$.

当 $C=0$ 时，平面 $Ax+By=0$ 过 Oz 轴，显然得不到椭圆截面.

【3705】 求用平面

$$x\cos\alpha+y\cos\beta+z\cos\gamma=0$$

(其中 $\cos^2\alpha+\cos^2\beta+\cos^2\gamma=1$)与椭球面

$$\frac{x^2}{a^2}+\frac{y^2}{b^2}+\frac{z^2}{c^2}=1$$

相截所成截面的面积.

解 截面为一椭圆. 与 3704 题一样，我们只要先考虑函数

$u=x^2+y^2+z^2$ 在条件

$$x\cos\alpha+y\cos\beta+b\cos\gamma=0 \quad 及 \quad \frac{x^2}{a^2}+\frac{y^2}{b^2}+\frac{z^2}{c^2}=1$$

下的极值($a>0, b>0, c>0$).设

$$F=u+2\lambda_1(x\cos\alpha+y\cos\beta+z\cos\gamma)-\lambda_2\left(\frac{x^2}{a^2}+\frac{y^2}{b^2}+\frac{z^2}{c^2}-1\right).$$

解方程组

$$\begin{cases}\frac{1}{2}\frac{\partial F}{\partial x}=\left(1-\frac{\lambda_2}{a^2}\right)x+\lambda_1\cos\alpha=0, & (1)\\ \frac{1}{2}\frac{\partial F}{\partial y}=\left(1-\frac{\lambda_2}{b^2}\right)y+\lambda_1\cos\beta=0, & (2)\\ \frac{1}{2}\frac{\partial F}{\partial z}=\left(1-\frac{\lambda_2}{c^2}\right)z+\lambda_1\cos\gamma=0, & (3)\\ x\cos\alpha+y\cos\beta+z\cos\gamma=0, & (4)\\ \frac{x^2}{a^2}+\frac{y^2}{b^2}+\frac{z^2}{c^2}=1. & (5)\end{cases}$$

将(1),(2),(3)三式分别乘以 x, y, z,然后相加,即得

$$u=x^2+y^2+z^2=\lambda_2.$$

由(1)、(2)、(3)、(4)知,若要 x、y、z 及 λ_1 不全为零,λ_2 必须满足下列方程

$$\begin{vmatrix}1-\frac{\lambda_2}{a^2} & 0 & 0 & \cos\alpha\\ 0 & 1-\frac{\lambda_2}{b^2} & 0 & \cos\beta\\ 0 & 0 & 1-\frac{\lambda_2}{c^2} & \cos\gamma\\ \cos\alpha & \cos\beta & \cos\gamma & 0\end{vmatrix}=0.$$

展开整理得

$$\left(\frac{\cos^2\alpha}{b^2c^2}+\frac{\cos^2\beta}{c^2a^2}+\frac{\cos^2\gamma}{a^2b^2}\right)\lambda_2^2-\left(\frac{\cos^2\alpha}{b^2}+\frac{\cos^2\alpha^2}{c^2}\right.$$

$$\left.+\frac{\cos^2\beta}{c^2}+\frac{\cos^2\beta}{a^2}+\frac{\cos^2\gamma}{a^2}+\frac{\cos^2\gamma}{b^2}\right)\lambda_2+1=0.$$

此方程有两正根，显然即为椭圆的长短半轴的平方 $\bar{a}^2$、$\bar{b}^2$. 由韦达定理知

$$\bar{a}^2\bar{b}^2=\frac{a^2b^2c^2}{a^2\cos^2\alpha+b^2\cos^2\beta+c^2\cos^2\gamma}.$$

于是，所求椭圆的面积为

$$S=\pi\,\bar{a}\bar{b}=\frac{\pi abc}{\sqrt{a^2\cos^2\alpha+b^2\cos^2\beta+c^2\cos^2\gamma}}.$$

【3706】 根据飞耳马原则，从点 A 射出而达于点 B 的光线，沿着需要最短时间的曲线传播.

假定点 A 和点 B 位于以平面所分开的不同的光介质中，并且光散播的速度在第一介质中等于 v_1，而在第二介质中等于 v_2，推出光的折射定律.

解 如图 6.45 所示，光线从点 A 射出，沿着折线 AMB 到达点 B. 由 A、B 作垂直于 l 的直线 AC 及 BD，并与直线 l 交于点 C 及点 D. 设 $AC=a$, $BD=b$, $CD=d$. 选择角度 α,β 为变量，则

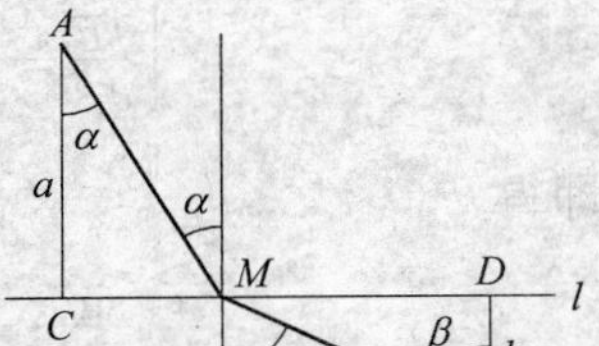

图 6.45

$$AM=\frac{a}{\cos\alpha},\quad BM=\frac{b}{\cos\beta},$$

$$CM=a\tan\alpha,\quad MD=b\tan\beta.$$

于是，我们的问题就是求函数

$$f(\alpha,\beta)=\frac{a}{v_1\cos\alpha}+\frac{b}{v_2\cos\beta}$$

在条件 $a\tan\alpha+b\tan\beta=d$ 下的最小值，其中 $-\frac{\pi}{2}<\alpha<\frac{\pi}{2}$，$-\frac{\pi}{2}<\beta<\frac{\pi}{2}$，(当 M 在 C 与 D 之间时，$\alpha>0,\beta>0$；当 M 在点 C 的左边时，$\alpha<0,\beta>0$；当 M 在点 D 的右边时 $\alpha>0,\beta<0$). 显然 $f(\alpha,\beta)$ 是连续函数；又当 $\alpha\to\frac{\pi}{2}-0$ 时(这时点 M 从右边伸向无穷远，$\beta\to-\frac{\pi}{2}+0$)，显然 $f(\alpha,\beta)\to+\infty$；当 $\alpha\to-\frac{\pi}{2}+0$ 时(这时点 M 从左边伸向无穷远，$\beta\to\frac{\pi}{2}-0$)，显然也有 $f(\alpha,\beta)\to+\infty$. 由此可知 $f(\alpha,\beta)$ 在有限处达到最小值，此处必为静止点. 设

$$F=\frac{a}{v_1\cos\alpha}+\frac{b}{v_1\cos\beta}-\lambda(a\tan\alpha+b\tan\beta-d)$$

注意到由

$$\begin{cases}\dfrac{\partial F}{\partial\alpha}=\dfrac{a\sin\alpha}{v_1\cos^2\alpha}-\dfrac{\lambda a}{\cos^2\alpha}=0,\\[2ex]\dfrac{\partial F}{\partial\beta}=\dfrac{b\sin\beta}{v_2\cos^2\beta}-\dfrac{\lambda b}{\cos^2\beta}=0,\end{cases}$$

即得

$$\frac{\sin\alpha}{v_1}=\lambda,\qquad\frac{\sin\beta}{v_2}=\lambda.$$

于是，在静止点必满足

$$\frac{\sin\alpha}{\sin\beta}=\frac{v_1}{v_2}.$$

由此可知，光的传播路径必满足上面的关系. 这就是著名的光线折射定律. 此时，由点 A 到点 B 的光线传播所需要的时间最短.

【3707】 当投射角怎样时,光线的折射(即投射线与出射线之间的角)为最小?(此光线经过棱镜的折射角为 α,折射系数为 n).求出此最小的折射.

解 如图 6.46 所示,ABC 为棱镜. $\angle BAC=\alpha$ 为棱镜顶角(即棱镜的折射角),DE 为入射光线,折射后从 F 点折射出棱镜,射出线为 FG. IH 和 JH 分别为入射点和射出点的法线,它们相交于 H($IH\perp AC$,$JH\perp AB$). 入射线 DE 的延长线 DM 与射出线的反向延长线 FL 交于 K. 令 $\angle DEI=\beta$, $\angle GFJ=\gamma$, $\angle GKM=\delta$, $\angle HEF=\lambda$, $\angle EFH=\mu$.

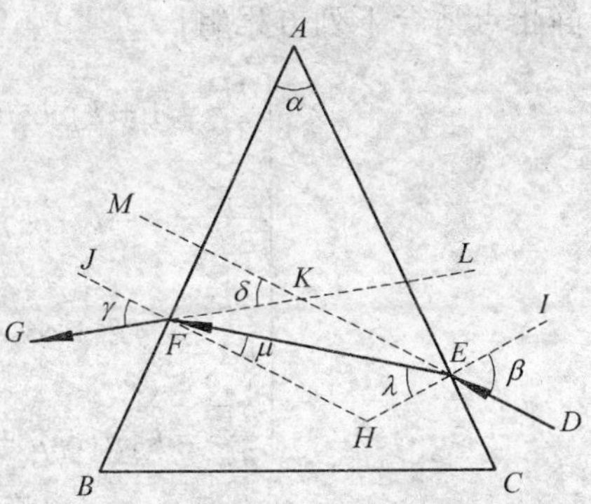

图 6.46

按题意即问:当 β 在$(0,\frac{\pi}{2})$之间的一定范围内变化时,δ 何时达到最小值.这本是一元函数的极值问题,然因牵涉的变量关系太多,因此把它看作多元函数的条件极值问题.

由折射定律(3706 题)可知:

$$\sin\beta=n\sin\lambda, \tag{1}$$

$$\sin\gamma=n\sin\mu. \tag{2}$$

由几何关系不难求出 α、β、γ、δ、λ 及 μ 之间的关系:

$$\lambda+\mu=\alpha \tag{3}$$

$$\delta=\beta+\gamma-\alpha. \tag{4}$$

由于 α 为常数,故从(1)、(2)、(3)、(4)四式中消去 λ、μ 及 γ 就

得到δ作为β的函数.令

$$F(\beta,\gamma,\lambda,\mu)=\beta+\gamma-\alpha+k_1(\sin\beta-n\sin\lambda)$$
$$+k_2(n\sin\mu-\sin\gamma)+k_3(\lambda+\mu-\alpha).$$

静止点适合下列方程组

$$\begin{cases}\dfrac{\partial F}{\partial\beta}=1+k_1\cos\beta=0, & (5)\\[2mm] \dfrac{\partial F}{\partial\gamma}=1-k_2\cos\gamma=0, & (6)\\[2mm] \dfrac{\partial F}{\partial\lambda}=-k_1n\cos\lambda+k_3=0, & (7)\\[2mm] \dfrac{\partial F}{\partial\mu}=k_2n\cos\mu+k_3=0. & (8)\end{cases}$$

由(7)、(8)消去k_3,得

$$k_1\cos\lambda=-k_2\cos\mu. \tag{9}$$

由(5)、(6)得$k_1=-\dfrac{1}{\cos\beta}$, $k_2=\dfrac{1}{\cos\gamma}$,代入(9),两边平方,即得

$$\frac{\cos^2\lambda}{\cos^2\beta}=\frac{\cos^2\mu}{\cos^2\gamma}\quad\text{或}\quad\frac{1-\sin^2\lambda}{1-\sin^2\beta}=\frac{1-\sin^2\mu}{1-\sin^2\gamma}. \tag{10}$$

将(1)、(2)代入(10),得

$$\frac{1-\sin^2\lambda}{1-n^2\sin^2\lambda}=\frac{1-\sin^2\mu}{1-n^2\sin^2\mu},$$

整理后得

$$(n^2-1)(\sin^2\lambda-\sin^2\mu)=0.$$

由于$0<\lambda<\dfrac{\pi}{2}$,$0<\mu<\dfrac{\pi}{2}$,故$\sin\lambda=\sin\mu$或$\lambda=\mu$.代入(3),得

$\lambda=\mu=\dfrac{\alpha}{2}$.从而,$\beta=\gamma=\arcsin(n\sin\dfrac{\alpha}{2})$.于是,

$$\delta=\beta+\gamma-\alpha=2\arcsin\left(n\sin\frac{\alpha}{2}\right)-\alpha.$$

所求得的 β 即为惟一的静止点.

根据物理知识,作为本题所讨论的对象:顶角较小的分光棱镜,在区域内确实存在着最小的折射.于是,当入射角

$$\beta=\arcsin\left(n\sin\frac{\alpha}{2}\right)$$

时,则

$$\delta=2\arcsin\left(n\sin\frac{\alpha}{2}\right)-\alpha$$

应为最小折射.至于作其他用途的各种棱镜,光线的折射路径不仅与顶角有关,而且大部分与整个棱镜的构造有关,这已不属于本题所考虑的对象,因而,也不再对它们进行讨论.

【3708】 变量 x 和 y 满足线性方程式

$$y=ax+b,$$

它的系数需要确定.由于一系列的等精确测定的结果,对于量 x 和 y 得到值 $x_i,y_i(i=1,2,\cdots,n)$.

利用最小二乘方的方法,求系数 a 和 b 的最可靠数值.

解 根据最小二乘方的方法,系数 a 和 b 的最可靠数值是这样的:对于它们,误差的平方和

$$M=\sum_{i=1}^{n}(ax_i+b-y_i)^2$$

为最小.因此,上述问题可以通过求方程组

$$\begin{cases}\dfrac{\partial M}{\partial a}=2\sum\limits_{i=1}^{n}(ax_i+b-y_i)x_i=0,\\[2ex]\dfrac{\partial M}{\partial b}=2\sum\limits_{i=1}^{n}(ax_i+b-y_i)=0\end{cases}$$

的解来解决.记

$$[x,y]=\sum_{i=1}^{n}x_iy_i,\qquad [x,x]=\sum_{i=1}^{n}x_i^2,$$

$$[x,1]=\sum_{i=1}^{n}x_i\qquad [y,1]=\sum_{i=1}^{n}y_i,$$

则上述方程组化为

$$\begin{cases}a[x,x]+b[x,1]=[x,y],\\ a[x,1]+bn=[y,1].\end{cases}$$

系数行列式

$$\Delta=\begin{vmatrix}[x,x] & [x,1]\\ [x,1] & n\end{vmatrix}=n\sum_{i=1}^{n}x_i^2-\left(\sum_{i=1}^{n}x_i\right)^2$$

$$=(n-1)\sum_{i=1}^{n}x_i^2-2\sum_{i\neq j}x_ix_j=\sum_{i\neq j}(x_i-x_j)^2.$$

当 $\Delta\neq 0$ 时,方程组有惟一的一组解,且

$$a=\frac{\begin{vmatrix}[x,y] & [x,1]\\ [y,1] & n\end{vmatrix}}{\begin{vmatrix}[x,x] & [x,1]\\ [x,1] & n\end{vmatrix}}=\frac{n\sum\limits_{i=1}^{n}x_iy_i-\left(\sum\limits_{i=1}^{n}x_i\right)\left(\sum\limits_{i=1}^{n}y_i\right)}{\sum\limits_{i\neq j}(x_i-x_j)^2},$$

$$b=\frac{\begin{vmatrix}[x,x] & [x,y]\\ [x,1] & [y,1]\end{vmatrix}}{\begin{vmatrix}[x,x] & [x,1]\\ [x,1] & n\end{vmatrix}}=\frac{\left(\sum\limits_{i=1}^{n}x_i^2\right)\left(\sum\limits_{i=1}^{n}y_i\right)-\left(\sum\limits_{i=1}^{n}x_iy_i\right)\left(\sum\limits_{i=1}^{n}x_i\right)}{\sum\limits_{i\neq j}(x_i-x_j)^2}.$$

显然,此时 M 为最小.因此,上述 a 和 b 即为所求.

【3709】 在平面上已知 n 个点 $M_i(x_i,y_i)(i=1,2,\cdots,n)$.直线 $x\cos\alpha+y\sin\alpha-p=0$ 在怎样的位置时,已知点与此直线的偏差的平方和为最小?

解 已知点与直线的偏差平方和

$$M(\alpha,p)=\sum_{i=1}^{n}(x_i\cos\alpha+y_i\sin\alpha-p)^2.$$

记

$$\overline{x}=\frac{1}{n}\sum_{i=1}^{n}x_i,\qquad \overline{y}=\frac{1}{n}\sum_{i=1}^{n}y_i.$$

$$\overline{xy}=\frac{1}{n}\sum_{i=1}^{n}x_iy_i,\quad \overline{x}^2=\frac{1}{n}\sum_{i=1}^{n}x_i^2,\quad \overline{y}^2=\frac{1}{n}\sum_{i=1}^{n}y_i^2,$$

则所求直线的参数 α 和 p 应满足方程

$$\frac{\partial M}{\partial \alpha}=2\sum_{i=1}^{n}(x_i\cos\alpha+y_i\sin\alpha-p)(y_i\cos\alpha-x_i\sin\alpha)$$

$$=2\sum_{i=1}^{n}\left[x_iy_i\cos2\alpha+(y_i^2-x_i^2)\frac{\sin2\alpha}{2}-y_ip\cos\alpha+x_ip\sin\alpha\right]$$

$$=n[2\,\overline{xy}\cos2\alpha+(\overline{y}^2-\overline{x}^2)\sin2\alpha-2p(\overline{y}\cos\alpha-\overline{x}\sin\alpha)]=0, \tag{1}$$

$$\frac{\partial M}{\partial p}=-2\sum_{i=1}^{n}(x_i\cos\alpha+y_i\sin\alpha-p)=-2n(\overline{x}\cos\alpha+\overline{y}\sin\alpha-p)$$

$$=0. \tag{2}$$

由(2)式,解得

$$p=\overline{x}\cos\alpha+\overline{y}\sin\alpha. \tag{3}$$

将(3)式代入(1)式,即可解出

$$\tan2\alpha=\frac{2(\overline{x}\cdot\overline{y}-\overline{xy})}{[\overline{x}^2-(\overline{x})^2][\overline{y}^2-(\overline{y})^2]}^{*)}. \tag{4}$$

在$[0,2\pi)$范围内,(4)式的解 α 共有四个:

$$\alpha_0;\quad \alpha_0+\frac{\pi}{2};\quad \alpha_0+\pi;\quad \alpha_0+\frac{3\pi}{2};$$

其中 $0\leqslant\alpha_0<\frac{\pi}{2}$. 将这四个解代入(3)式可以求出 p. 根据习惯,取 $p\geqslant0$, 故上述四个 α 只有两个满足 $p\geqslant0$ 的要求**). 记为 α_1,p_1; α_2,p_2, 这样就得到两条互相垂直的直线:

$$\begin{cases}x\cos\alpha_1+y\sin\alpha_1-p_1=0, & (5)\\ x\cos\alpha_2+y\sin\alpha_2-p_2=0. & (6)\end{cases}$$

显然，$M(\alpha, p)$一定在 p 为有限值的点上取得最小值. 因此，只要比较 $M(\alpha_1, p_1)$和 $M(\alpha_2, p_2)$的值，M 较小的那条直线即为所求***).

*) 当(4)式分母为零而分子不为零时，解为 $2\alpha=\frac{\pi}{2}, \frac{3\pi}{2}, \frac{5\pi}{2}, \frac{7\pi}{2}$. 当分子分母同时为零时，有无穷多个解，即任意一条过 n 个点的重心的直线均使 $M(\alpha, p)$为最小，具体的讨论不进行了.

**) 也可能同时有一对或两对 α 使 $p=0$，但此时代表的直线仍只有互相垂直的两条，只是直线方程(5)或(6)有两种不同的表示法而已.

***) 特殊情况下也可能有 $M(\alpha_1, p_1)=M(\alpha_2, p_2)$，此时使 M 取得最小值的直线有两条.

【3710】 在区间(1, 3)内用线性函数 $ax+b$，来近似地代替函数 x^2，使得绝对偏差

$$\Delta=\sup|x^2-(ax+b)| \quad (1\leqslant x\leqslant 3)$$

为最小.

解 考虑函数

$$u(a,b)=\Delta^2=\sup_{1\leqslant x\leqslant 3}[x^2-(ax+b)]^2,$$

$$f(x,a,b)=x^2-(ax+b).$$

由于$\frac{\partial f}{\partial x}=2x-a$，故当固定 a, b 时，$f(x,a,b)$只在 $x=\frac{a}{2}$处达到极值 $f(\frac{a}{2},a,b)$. 当限制 $1\leqslant x\leqslant 3$ 时，只有当 $2<a<6$ 时，$f(x,a,b)$才可能在 $1<x<3$ 内部达到极值. 于是，

$$u(a,b)=\begin{cases}\max\left\{f^2(1,a,b), f^2(3,a,b), f^2\left(\frac{a}{2},a,b\right)\right\}, & 2<x<6;\\ \max\{f^2(1,a,b), f^2(3,a,b)\}, & a\leqslant 2 \text{ 或 } a\geqslant 6.\end{cases}$$

从上式得知，对一切(a,b)均有 $u(a,b)>0$.

设从上式已解出平面区域 Ω_1,Ω_2 及 Ω_3，使得

$$u(a,b)=\begin{cases} f^2(1,a,b)=(1-a-b)^2, & (a,b)\in\Omega_1; \\ f^2(3,a,b)=(9-3a-b)^2, & (a,b)\in\Omega_2; \\ f^2\left(\dfrac{a}{2},a,b\right)=\left(\dfrac{a^2}{4}+b\right)^2, & (a,b)\in\Omega_3, \end{cases} \quad 2<a<6.$$

由于 $u(a,b)>0$，不难看出 $u(a,b)$ 在区域 $\Omega_i(i=1,2,3)$ 内部均无静止点.再看区域边界的状况.以 Ω_1 及 Ω_3 的边界为例.根据 $u(a,b)$ 的连续性，即知在边界上有 $u(a,b)=(1-a-b)^2$，且满足条件

$$(1-a-b)^2=\left(\frac{a^2}{4}+b\right)^2.$$

下面我们求满足条件极值的必要条件的点.设

$$F(a,b)=(1-a-b)^2+\lambda\left[(1-a-b)^2-\left(\frac{a^2}{4}+b\right)^2\right],$$

则

$$\begin{cases} \dfrac{\partial F}{\partial a}=-2(1+\lambda)(1-a-b)-\lambda a\left(\dfrac{a^2}{4}+b\right), \\ \dfrac{\partial F}{\partial b}=-2(1+\lambda)(1-a-b)-2\lambda\left(\dfrac{a^2}{4}+b\right). \end{cases}$$

使 $\dfrac{\partial F}{\partial a}=0$，$\dfrac{\partial F}{\partial b}=0$ 且满足条件 $1-a-b\neq0$，$\dfrac{a^2}{4}+b\neq0$ 的点没有.

同法可证：在 Ω_1,Ω_2 及 Ω_2,Ω_3 的边界上也无静止点，但是，$u(a,b)$ 一定在区域内达到最小值.因此，只能在 $\Omega_1,\Omega_2,\Omega_3$ 的边界交点上取得最小值，即在满足方程

$$(1-a-b)^2=(9-3a-b)^2=\left(\frac{a^2}{4}+b\right)^2 \qquad (1)$$

的点 (a,b) 上取得最小值.方程(1)可转化为下面四组方程

$$\begin{cases} 1-a-b=9-3a-b=-\left(\dfrac{a^2}{4}+b\right), & (2) \\ 1-a-b=9-3a-b=\dfrac{a^2}{4}+b, & (3) \\ 1-a-b=-(9-3a-b)=-\left(\dfrac{a^2}{4}+b\right), & (4) \\ 1-a-b=-(9-3a-b)=\dfrac{a^2}{4}+b. & (5) \end{cases}$$

方程组(2)无解.

方程组(3)的解为 $a=4$, $b=-\dfrac{7}{2}$.对应的 $\Delta=\dfrac{1}{2}$.

方程组(4)的解为 $a=2$, $b=1.$,对应的 $\Delta=2$.

方程组(5)的解为 $a=6$, $b=-7$,对应的 $\Delta=2$.

综上所述,可知:在区间(1,3)内,用线性函数 $4x-\dfrac{7}{2}$来近似地代替函数 x^2,即可使绝对偏差 Δ 为最小,且 $\Delta_{\min}=\dfrac{1}{2}$.

第七章　带参数的积分

§1.　带参数的常义积分

1° 积分的连续性　若函数 $f(x,y)$ 于有界的域 $R[a \leqslant x \leqslant A;\ b \leqslant y \leqslant B]$ 内有定义并且是连续的，则

$$F(y)=\int_a^A f(x,y)\mathrm{d}x$$

是在闭区间 $b \leqslant y \leqslant B$ 上的连续函数.

2° 积分符号下的微分法　若除在 1°中所已指明的条件之外，并且偏导函数 $f'_y(x,y)$ 在区域 R 内连续，则当 $b<y<B$ 时莱布尼兹公式

$$\frac{\mathrm{d}}{\mathrm{d}y}\int_a^A f(x,y)\mathrm{d}x=\int_a^A f'_y(x,y)\mathrm{d}x$$

为真.

在更普遍的情况下，当积分的限为参数 y 的可微分函数 $\varphi(y)$ 和 $\psi(y)$ 并且当 $b<y<B$ 时 $a \leqslant \varphi(y) \leqslant A$，$a \leqslant \psi(y) \leqslant A$，有

$$\frac{\mathrm{d}}{\mathrm{d}y}\int_{\varphi(y)}^{\psi(y)} f(x,y)\mathrm{d}x=f[\psi(y),y]\psi'(y)-f[\varphi(y),y]\varphi'(y)+\int_{\varphi(y)}^{\psi(y)} f'_y(x,y)\mathrm{d}x \qquad (b<y<B).$$

3° 积分符号下的积分法　在 1°的条件下有

$$\int_b^B \mathrm{d}y\int_a^A f(x,y)\mathrm{d}x=\int_a^A \mathrm{d}x\int_b^B f(x,y)\mathrm{d}y.$$

【3711】　证明：不连续函数 $f(x,y)=\operatorname{sgn}(x-y)$ 的积分

$$F(y)=\int_0^1 f(x,y)\mathrm{d}x$$

为连续函数.作出函数 $u=F(y)$的图形.

证 当 $-\infty<y<0$ 时, $F(y)=\int_0^1 1\cdot\mathrm{d}x=1$;

当 $0\leqslant y\leqslant 1$ 时, $F(y)=\int_0^y(-1)\mathrm{d}x+\int_y^1 1\cdot\mathrm{d}x=1-2y$;

当 $1<y<+\infty$时, $F(y)=\int_0^1(-1)\mathrm{d}x=-1$.

由于

$$\lim_{y\to+0}F(y)=\lim_{y\to+0}(1-2y)=1,\quad \lim_{y\to-0}F(y)=1$$

且 $F(0)=1$,即有

$$F(+0)=F(-0)=F(0),$$

故 $u=F(y)$当 $y=0$ 时为连续的.

同法可证 $u=F(y)$当 $y=1$ 时为连续的.当 $y\neq 0, y\neq 1$ 时, $u=F(y)$显然连续.于是, $u=F(y)$在整个 Oy 轴上均为连续的.如图 7.1 所示.

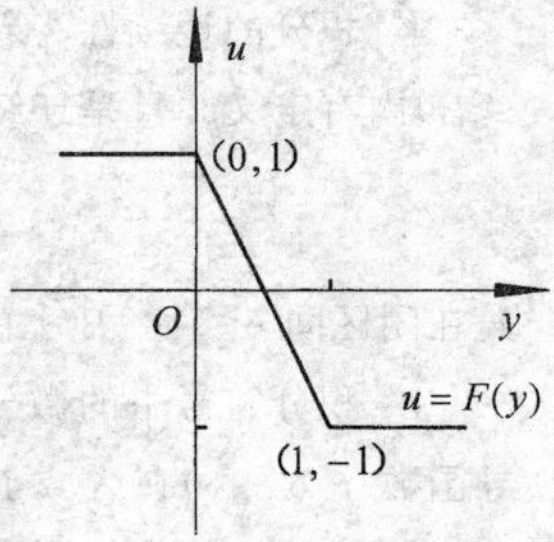

图 7.1

【3712】 研究函数

$$F(y)=\int_0^1\frac{yf(x)}{x^2+y^2}\mathrm{d}x$$

的连续性,其中 $f(x)$在闭区间$[0,1]$上是正的连续函数.

解 当 $y\neq 0$ 时,被积函数是连续的.因此, $F(y)$为连续函数.

当 $y=0$ 时,显然有 $F(0)=0$.

当 $y>0$ 时,设 m 为$f(x)$在$[0,1]$上的最小值,则 $m>0$.由于

$$F(y)\geqslant m\int_0^1\frac{y}{x^2+y^2}\mathrm{d}x=m\arctan\frac{1}{y}\quad 及\quad \lim_{y\to+0}\arctan\frac{1}{y}=\frac{\pi}{2},$$

故有

$$\lim_{y\to+0}F(y)\geqslant\frac{m\pi}{2}>0.$$

于是，$F(y)$当 $y=0$ 时不连续.

【3713】 求：

(1) $\lim\limits_{\alpha\to0}\int_{\alpha}^{1+\alpha}\frac{dx}{1+x^2+\alpha^2}$；　(2) $\lim\limits_{\alpha\to0}\int_{-1}^{1}\sqrt{x^2+\alpha^2}dx$；

(3) $\lim\limits_{\alpha\to0}\int_{0}^{2}x^2\cos\alpha x\,dx$；　(4) $\lim\limits_{n\to\infty}\int_{0}^{1}\frac{dx}{1+\left(1+\frac{x}{n}\right)^n}$.

解 (1) 因$\frac{1}{1+x^2+\alpha^2}$，α，$1+\alpha$ 都是连续函数，故含参变量 α 的积分$F(\alpha)=\int_{\alpha}^{1+\alpha}\frac{dx}{1+x^2+\alpha^2}$ 是 α 在 $-\infty<\alpha<+\infty$上的连续函数，因此，

$$\lim_{\alpha\to0}\int_{\alpha}^{1+\alpha}\frac{dx}{1+x^2+\alpha^2}=\lim_{\alpha\to0}F(\alpha)=F(0)$$

$$=\int_{0}^{1}\frac{dx}{1+x^2}=\arctan x\Big|_0^1=\frac{\pi}{4}.$$

(2) 同样，$F(\alpha)=\int_{-1}^{1}\sqrt{x^2+a^2}dx$ 是 $-\infty<\alpha<+\infty$上的连续函数，因此，

$$\lim_{\alpha\to0}\int_{-1}^{1}\sqrt{x^2+\alpha^2}dx=\lim_{\alpha\to0}F(\alpha)=F(0)=\int_{-1}^{1}\sqrt{x^2}dx=2\int_0^1x\,dx=1.$$

(3) 同样，$F(\alpha)=\int_0^2x^2\cos\alpha x\,dx$ 是 $-\infty<\alpha<+\infty$上的连续函数，故$\lim\limits_{\alpha\to0}\int_0^2x^2\cos\alpha x\,dx=\lim\limits_{\alpha\to0}F(\alpha)=F(0)=\int_0^2x^2dx=\frac{8}{3}$.

(4) 考虑二元函数

$$f(x,y)=\begin{cases}\dfrac{1}{1+(1+xy)^{\frac{1}{y}}}, & \text{当 } 0\leqslant x\leqslant 1, 0<y\leqslant 1 \text{ 时;}\\ \dfrac{1}{1+e^x}, & \text{当 } 0\leqslant x\leqslant 1, y=0 \text{ 时}.\end{cases}$$

由 $\lim\limits_{u\to+0}(1+u)^{\frac{1}{u}}=e$ 易知 $f(x,y)$ 是 $0\leqslant x\leqslant 1, 0\leqslant y\leqslant 1$ 上的连续函数. 从而, 积分 $F(y)=\int_0^1 f(x,y)dx$ 是 $0\leqslant y\leqslant 1$ 上的连续函数, 因此, $\lim\limits_{y\to+0}F(y)=F(0)$, 从而, 更有

$$\lim_{n\to\infty}\int_0^1\frac{dx}{1+\left(1+\frac{x}{n}\right)^n}=\lim_{n\to\infty}F\left(\frac{1}{n}\right)=F(0)=\int_0^1 f(x,0)dx$$

$$=\int_0^1\frac{dx}{1+e^x}=\ln\frac{e^x}{1+e^x}\bigg|_0^1=\ln\frac{2e}{1+e}.$$

【3714】 设函数 $f(x)$ 在闭区间 $[a,A]$ 上连续. 证明:

$$\lim_{h\to+0}\frac{1}{h}\int_a^x[f(t+h)-f(t)]dt=f(x)-f(a)\quad (a<x<A).$$

证 由于 $f(x)$ 在 $[a,A]$ 上连续, 故在 $[a,A]$ 上存在原函数 $F(x)$. 于是,

$$\lim_{h\to+0}\frac{1}{h}\int_a^x[f(t+h)-f(t)]dt$$

$$=\lim_{h\to+0}\frac{1}{h}[F(x+h)-F(a+h)-F(x)+F(a)]$$

$$=\lim_{h\to+0}\frac{F(x+h)-F(x)}{h}-\lim_{h\to+0}\frac{F(a+h)-F(a)}{h}$$

$$=F'(x)-F'(a)=f(x)-f(a).$$

【3715】 在下式中可否于积分符号下完成极限运算

$$\lim_{y\to0}\int_0^1\frac{x}{y^2}e^{-\frac{x^2}{y^2}}dx?$$

解 不能.事实上,

$$\lim_{y\to0}\int_0^1 \frac{x}{y^2}e^{-\frac{x^2}{y^2}}dx=\lim_{y\to0}\left(-\frac{1}{2}e^{-\frac{x^2}{y^2}}\Big|_0^1\right)=\lim_{y\to0}\left(\frac{1}{2}-\frac{1}{2}e^{-\frac{1}{y^2}}\right)=\frac{1}{2},$$

而

$$\int_0^1\left(\lim_{y\to0}\frac{x}{y^2}e^{-\frac{x^2}{y^2}}\right)dx=\int_0^1 0\cdot dx=0.$$

【3716】 当 $y=0$ 时,可否根据莱布尼兹法则计算函数

$$F(y)=\int_0^1 \ln\sqrt{x^2+y^2}\,dx$$

的导数?

解 不能.事实上,我们有:当 $y\neq0$ 时,

$$F(y)=\int_0^1 \ln\sqrt{x^2+y^2}\,dx=x\ln\sqrt{x^2+y^2}\Big|_{x=0}^{x=1}-\int_0^1\frac{x^2}{x^2+y^2}dx$$

$$=\ln\sqrt{1+y^2}-\int_0^1\left(1-\frac{y^2}{x^2+y^2}\right)dx=\ln\sqrt{1+y^2}-1+y\arctan\frac{1}{y}.$$

又有

$$F(0)=\int_0^1 \ln x\,dx=x\ln x\Big|_0^1-\int_0^1 dx=-1.$$

由此可知

$$F'_+(0)=\lim_{y\to+0}\frac{F(y)-F(0)}{y}=\lim_{y\to+0}\left[\frac{\ln(1+y^2)}{2y}+\arctan\frac{1}{y}\right]=\frac{\pi}{2},$$

$$F'_-(0)=\lim_{y\to-0}\frac{F(y)-F(0)}{y}=\lim_{y\to-0}\left[\frac{\ln(1+y^2)}{2y}+\arctan\frac{1}{y}\right]=-\frac{\pi}{2},$$

故 $F'(0)$ 不存在.

另一方面,当 $x>0$ 时,

$$\left(\frac{\partial}{\partial y}\ln\sqrt{x^2+y^2}\right)\Big|_{y=0}=\frac{y}{x^2+y^2}\Big|_{y=0}\equiv0,$$

故

$$\int_0^1 \left(\frac{\partial}{\partial y} \ln \sqrt{x^2+y^2} \right) \bigg|_{y=0} dx = 0.$$

由此可知,当 $y=0$ 时不能在积分号下求导数,就是求右导数或求左导数也不行,因为

$$F'_+(0) = \frac{\pi}{2} \neq 0 = \int_0^1 \left(\frac{\partial}{\partial y} \ln \sqrt{x^2+y^2} \right) \bigg|_{y=0} dx,$$

$$F'_-(0) = -\frac{\pi}{2} \neq 0 = \int_0^1 \left(\frac{\partial}{\partial y} \ln \sqrt{x^2+y^2} \right) \bigg|_{y=0} dx,$$

【3717】 若

$$F(x) = \int_x^{x^2} e^{-xy^2} dy,$$

计算 $F'(x)$.

解 $F'(x) = \frac{d}{dx}(x^2) e^{-xy^2} \bigg|_{y=x^2} - \frac{dx}{dx} e^{-xy^2} \bigg|_{y=x}$

$$+ \int_x^{x^2} \frac{\partial}{\partial x}(e^{-xy^2}) dy = 2x e^{-x^5} - e^{x^3} - \int_x^{x^2} y^2 e^{-xy^2} dy.$$

【3718】 设:

(1) $F(\alpha) = \int_{\sin\alpha}^{\cos\alpha} e^{\alpha\sqrt{1-x^2}} dx$;

(2) $F(\alpha) = \int_{a+\alpha}^{b+\alpha} \frac{\sin \alpha x}{x} dx$;

(3) $F(\alpha) = \int_0^{\alpha} \frac{\ln(1+\alpha x)}{x} dx$;

(4) $F(\alpha) = \int_0^{\alpha} f(x+\alpha, x-\alpha) dx$;

(5) $F(\alpha) = \int_0^{\alpha^2} dx \int_{x-\alpha}^{x+\alpha} \sin(x^2+y^2-\alpha^2) dy$,

求 $F'(\alpha)$.

解 (1) $F'(\alpha) = -\sin\alpha e^{\alpha|\sin\alpha|} - \cos\alpha e^{\alpha|\cos\alpha|}$

$$+\int_{\sin\alpha}^{\cos\alpha}\sqrt{1-x^2}\,\mathrm{e}^{\alpha\sqrt{1-x^2}}\mathrm{d}x.$$

(2) $F'(\alpha)=\dfrac{\sin\alpha(b+\alpha)}{b+\alpha}-\dfrac{\sin\alpha(a+\alpha)}{a+\alpha}+\displaystyle\int_{a+\alpha}^{b+\alpha}\cos\alpha x\,\mathrm{d}x$

$$=\left(\frac{1}{\alpha}+\frac{1}{b+\alpha}\right)\sin\alpha(b+\alpha)-\left(\frac{1}{\alpha}+\frac{1}{a+\alpha}\right)\sin\alpha(a+\alpha).$$

(3) $F'(\alpha)=\dfrac{1}{\alpha}\ln(1+\alpha^2)+\displaystyle\int_0^\alpha\frac{1}{1+\alpha x}\mathrm{d}x=\frac{2}{\alpha}\ln(1+\alpha^2).$

(4)设 $u=x+\alpha$, $v=x-\alpha$, 则 $F(\alpha)=\displaystyle\int_0^\alpha f(u,v)\mathrm{d}x.$
于是,

$$F'(\alpha)=f(2\alpha,0)+\int_0^\alpha[f'_u(u,v)-f'_v(u,v)]\mathrm{d}x$$

$$=f(2\alpha,0)+2\int_0^\alpha f'_u(u,v)\mathrm{d}x-\int_0^\alpha[f'_u(u,v)+f'_v(u,v)]\mathrm{d}x$$

$$=f(2\alpha,0)+2\int_0^\alpha f'_u(u,v)\mathrm{d}x-\int_0^\alpha\frac{\mathrm{d}}{\mathrm{d}x}f(u,v)\mathrm{d}x$$

$$=f(2\alpha,0)+2\int_0^\alpha f'_u(u,v)\mathrm{d}x-f(x+\alpha,x-\alpha)\Big|_{x=0}^{x=\alpha}$$

$$=f(2\alpha,0)+2\int_0^\alpha f'_u(u,v)\mathrm{d}x-[f(2\alpha,0)-f(\alpha,-\alpha)]$$

$$=f(\alpha,-\alpha)+2\int_0^\alpha f'_u(u,v)\mathrm{d}x.$$

(5) $F'(\alpha)=2\alpha\displaystyle\int_{\alpha^2-\alpha}^{\alpha^2+\alpha}\sin(\alpha^4+y^2-\alpha^2)\mathrm{d}y$

$$+\int_0^{\alpha^2}\left[\frac{\partial}{\partial\alpha}\int_{x-\alpha}^{x+\alpha}\sin(x^2+y^2-\alpha^2)\mathrm{d}y\right]\mathrm{d}x$$

$$=2\alpha\int_{\alpha^2-a}^{\alpha^2+\alpha}\sin(\alpha^4+y^2-\alpha^2)\mathrm{d}y+\int_0^{\alpha^2}\Big\{\sin[x^2+(x+\alpha)^2-\alpha^2]$$

$$-\sin[x^2+(x-\alpha)^2-\alpha^2](-1)+\int_{x-\alpha}^{x+\alpha}(-2\alpha)\cos(x^2$$

$$+y^2-\alpha^2)\mathrm{d}y\Big\}\mathrm{d}x$$

$$=2\alpha\int_{\alpha^2-\alpha}^{\alpha^2+\alpha}\sin(\alpha^4+y^2-\alpha^2)\mathrm{d}y+\int_0^{\alpha^2}\Big\{\sin(2x^2+2\alpha x)$$

$$+\sin(2x^2-2\alpha x)+\int_{x-\alpha}^{x+\alpha}(-2\alpha)\cos(x^2+y^2-\alpha^2)\mathrm{d}y\Big\}\mathrm{d}x$$

$$=2\alpha\int_{\alpha^2-\alpha}^{\alpha^2+\alpha}\sin(\alpha^4+y^2-\alpha^2)\mathrm{d}y+2\int_0^{\alpha^2}\sin2x^2\cos2\alpha x\,\mathrm{d}x$$

$$-2\alpha\int_0^{\alpha^2}\mathrm{d}x\int_{x-\alpha}^{x+\alpha}\cos(x^2+y^2-\alpha^2)\mathrm{d}y.$$

【3719】 若

$$F(x)=\int_0^x(x+y)f(y)\mathrm{d}y,$$

其中 $f(x)$为可微分的函数,求 $F''(x)$.

解 $F'(x)=2xf(x)+\int_0^x f(y)\mathrm{d}y,$

$$F''(x)=2f(x)+2xf'(x)+f(x)=3f(x)+2xf'(x).$$

【3720】 设:

$$F(x)=\int_a^b f(y)|x-y|\mathrm{d}y,$$

其中 $a<b$ 及$f(y)$为可微分的函数,求 $F''(x)$.

解 当 $x\in(a,b)$时,由于

$$F(x)=\int_a^x(x-y)f(y)\mathrm{d}y+\int_x^b(y-x)f(y)\mathrm{d}y,$$

故有

$$F'(x)=\frac{\mathrm{d}}{\mathrm{d}x}\int_a^x(x-y)f(y)\mathrm{d}y-\frac{\mathrm{d}}{\mathrm{d}x}\int_b^x(y-x)f(y)\mathrm{d}y$$

$$=\int_a^x\frac{\partial}{\partial x}[(x-y)f(y)]\mathrm{d}y-\int_b^x\frac{\partial}{\partial x}[(y-x)f(y)]\mathrm{d}y$$

$$=\int_a^x f(y)\mathrm{d}y+\int_b^x f(y)\mathrm{d}y,$$

$$F''(x)=f(x)+f(x)=2f(x).$$

当 $x\overline{\in}(a,b)$时，例如 $x\leqslant a$，则 $F(x)=\int_a^b (y-x)f(y)\mathrm{d}y$，
故有

$$F'(x)=\int_a^b \frac{\partial}{\partial x}[(y-x)f(y)]\mathrm{d}y=-\int_a^b f(y)\mathrm{d}y,$$

$$F''(x)=0;$$

同理，对于 $x\geqslant b$ 也可得$F''(x)=0$. 总之，

$$F''(x)=\begin{cases}2f(x), & \text{当 } x\in(a,b);\\ 0, & \text{当 } x\overline{\in}(a,b).\end{cases}$$

【3721】 设：

$$F(x)=\frac{1}{h^2}\int_0^h \mathrm{d}\xi\int_0^h f(x+\xi+\eta)\mathrm{d}\eta \quad (h>0),$$

其中 $f(x)$为连续函数，求 $F''(x)$.

解 $F(x)=\frac{1}{h^2}\int_0^h \mathrm{d}\xi\int_0^h f(x+\xi+\eta)\mathrm{d}\eta$

$$=\frac{1}{h^2}\int_0^h \mathrm{d}\xi\int_{x+\xi}^{x+\xi+h} f(u)\mathrm{d}u.$$

于是，

$$F'(x)=\frac{1}{h^2}\int_0^h\left[\frac{\partial}{\partial x}\int_{x+\xi}^{x+\xi+h} f(u)\mathrm{d}u\right]\mathrm{d}\xi$$

$$=\frac{1}{h^2}\int_0^h [f(x+\xi+h)-f(x+\xi)]\mathrm{d}\xi$$

$$=\frac{1}{h^2}\left[\int_{x+h}^{x+2h} f(u)\mathrm{d}u-\int_x^{x+h} f(u)\mathrm{d}u\right],$$

$$F''(x)=\frac{1}{h^2}[f(x+2h)-f(x+h)-f(x+h)+f(x)]$$

$$=\frac{1}{h^2}[f(x+2h)-2f(x+h)+f(x)].$$

【3722】 设：

$$F(x)=\int_0^x f(t)(x-t)^{n-1}\mathrm{d}t,$$

求 $F^{(n)}(x)$.

解 $F'(x)=\int_0^x \frac{\partial}{\partial x}[f(t)(x-t)^{n-1}]\mathrm{d}t$

$$=(n-1)\int_0^x f(t)(x-t)^{n-2}\mathrm{d}t,$$

$$F''(x)=(n-1)(n-2)\int_0^x f(t)(x-t)^{n-3}\mathrm{d}t,$$

$$\vdots$$

$$F^{(n-1)}(x)=(n-1)!\int_0^x f(t)\mathrm{d}t,$$

最后得

$$F^{(n)}(x)=(n-1)!\ f(x).$$

【3723】 在区间 $1\leqslant x\leqslant 3$ 上用线性函数 $a+bx$ 近似地代替函数 $f(x)=x^2$，使得

$$\int_1^3 (a+bx-x^2)^2\mathrm{d}x=\min.$$

解 设 $F(a,b)=\int_1^3 (a+bx-x^2)^2\mathrm{d}x$，则由于 $F(a,b)$ 是 a 和 b 的二元连续函数，并且易知当 $r=\sqrt{a^2+b^2}\to+\infty$ 时，$F(a,b)\to+\infty$，故 $F(a,b)$ 必在有限处取得最小值. 解方程组

$$\begin{cases}\dfrac{\partial F}{\partial a}=2\int_1^3(a+bx-x^2)\mathrm{d}x=4a+8b-\dfrac{52}{3}=0,\\ \dfrac{\partial F}{\partial b}=2\int_1^3 x(a+bx-x^2)\mathrm{d}x=8a+\dfrac{52}{3}b-40=0\end{cases}$$

得惟一的一组解 $a=-\dfrac{11}{3}$，$b=4$.

于是,当 $a=-\dfrac{11}{3}$, $b=4$,时 $F(a,b)$达最小值,即所求的线性函数为 $4x-\dfrac{11}{3}$.

【3724】 依条件:函数 $a+bx$ 及 $\sqrt{1+x^2}$在已知区间$[0,1]$上的平均平方差为最小,求近似公式

$$\sqrt{1+x^2}\approx a+bx \quad (0\leqslant x\leqslant 1).$$

解 按题设,即在区间 $0\leqslant x\leqslant 1$ 上用线性函数 $a+bx$ 近似代替函数 $f(x)=\sqrt{1+x^2}$,使得

$$\int_0^1 (a+bx-\sqrt{1+x^2})^2\mathrm{d}x=\min.$$

设 $F(a,b)=\int_0^1 (a+bx-\sqrt{1+x^2})^2\mathrm{d}x$,则 $F(a,b)$是 a 和 b 的二元连续函数,并且易知当 $r=\sqrt{a^2+b^2}\to+\infty$时,$F(a,b)\to+\infty$,故 $F(a,b)$必在有限处取得最小值.解方程组

$$\begin{cases}\dfrac{\partial F}{\partial a}=2\int_0^1 (a+bx-\sqrt{1+x^2})\mathrm{d}x=2a+b-[\sqrt{2}+\ln(1+\sqrt{2})]=0,\\ \dfrac{\partial F}{\partial b}=2\int_0^1 x(a+bx-\sqrt{1+x^2})\mathrm{d}x=a+\dfrac{2}{3}b-\dfrac{2}{3}(2\sqrt{2}-1)=0\end{cases}$$

得惟一的一组解 $a\approx 0.934$, $b\approx 0.427$.

于是,当 $a\approx 0.934$, $b\approx 0.427$ 时,$F(a,b)$为最小值,即所求的近似公式为

$$\sqrt{1+x^2}\approx 0.934+0.427x \quad (0\leqslant x\leqslant 1).$$

【3725】 求完全椭圆积分

$$E(k)=\int_0^{\frac{\pi}{2}} \sqrt{1-k^2\sin^2\varphi}\,\mathrm{d}\varphi$$

及

$$F(k)=\int_0^{\frac{\pi}{2}}\frac{\mathrm{d}\varphi}{\sqrt{1-k^2\sin^2\varphi}}\quad(0<k<1)$$

的导函数并以函数 $E(k)$和 $F(k)$来表示它们.

证明:$E(k)$满足微分方程式

$$E''(k)+\frac{1}{k}E'(k)+\frac{E(k)}{1-k^2}=0.$$

解 $E'(k)=-\int_0^{\frac{\pi}{2}}\frac{k\sin^2\varphi}{\sqrt{1-k^2\sin^2\varphi}}\mathrm{d}\varphi=\frac{1}{k}\int_0^{\frac{\pi}{2}}\frac{1-k^2\sin^2\varphi-1}{\sqrt{1-k^2\sin^2\varphi}}\mathrm{d}\varphi$

$$=\frac{1}{k}\left[\int_0^{\frac{\pi}{2}}\sqrt{1-k^2\sin^2\varphi}\,\mathrm{d}\varphi\right]-\int_0^{\frac{\pi}{2}}\frac{\mathrm{d}\varphi}{\sqrt{1-k^2\sin^2\varphi}}$$

$$=\frac{E(k)-F(k)}{k}.\tag{1}$$

$$F'(k)=\int_0^{\frac{\pi}{2}}\frac{k\sin^2\varphi}{(1-k^2\sin^2\varphi)^{\frac{3}{2}}}\mathrm{d}\varphi=-\frac{1}{k}\int_0^{\frac{\pi}{2}}\frac{(1-k^2\sin^2\varphi)-1}{(1-k^2\sin^2\varphi)^{\frac{3}{2}}}\mathrm{d}\varphi$$

$$=-\frac{1}{k}\int_0^{\frac{\pi}{2}}\frac{\mathrm{d}\varphi}{\sqrt{1-k^2\sin^2\varphi}}+\frac{1}{k}\int_0^{\frac{\pi}{2}}\frac{\mathrm{d}\varphi}{(1-k^2\sin^2\varphi)^{\frac{3}{2}}}.$$

我们易证

$$(1-k^2\sin^2\varphi)^{-\frac{3}{2}}=\frac{1}{1-k^2}(1-k^2\sin^2\varphi)^{\frac{1}{2}}$$

$$-\frac{k^2}{1-k^2}\frac{\mathrm{d}}{\mathrm{d}\varphi}[\sin\varphi\cos\varphi(1-k^2\sin\varphi)^{-\frac{1}{2}}]$$

故有

$$\int_0^{\frac{\pi}{2}}(1-k^2\sin^2\varphi)^{-\frac{3}{2}}\mathrm{d}\varphi=\frac{1}{1-k^2}\int_0^{\frac{\pi}{2}}(1-k^2\sin^2\varphi)^{\frac{1}{2}}\mathrm{d}\varphi.$$

于是,

$$F'(k)=-\frac{F(k)}{k}+\frac{E(k)}{k(1-k^2)}.\tag{2}$$

由(1)式,对 k 再求导数,并注意到(2)式,即得

$$E''(k)=\frac{[E'(k)-F'(k)]k-[E(k)-F(k)]}{k^2}$$

$$=\frac{\left[\frac{E(k)-F(k)}{k}+\frac{F(k)}{k}-\frac{E(k)}{k(1-k^2)}\right]k-kE'(k)}{k^2}$$

$$=-\frac{E(k)}{1-k^2}-\frac{E'(k)}{k},$$

即

$$E''(k)+\frac{E(k)}{1-k^2}+\frac{E'(k)}{k}=0.$$

【3726】 证明:足指数 n 为整数的贝塞耳函数

$$J_n(x)=\frac{1}{\pi}\int_0^{\pi}\cos(n\varphi-x\sin\varphi)\mathrm{d}\varphi$$

满足贝塞尔方程式

$$x^2J_n''(x)+xJ_n'(x)+(x^2-n^2)J_n(x)=0.$$

证 $J_n'(x)=\frac{1}{\pi}\int_0^{\pi}\sin\varphi\cdot\sin(n\varphi-x\sin\varphi)\mathrm{d}\varphi,$

$$J_n''(x)=-\frac{1}{\pi}\int_0^{\pi}\sin^2\varphi\cdot\cos(n\varphi-x\sin\varphi)\mathrm{d}\varphi.$$

于是,

$$x^2J_n''(x)+xJ_n'(x)+(x^2-n^2)J_n(x)$$

$$=-\frac{1}{\pi}\int_0^{\pi}[(x^2\sin^2\varphi+n^2-x^2)\cos(n\varphi-x\sin\varphi)$$

$$-x\sin\varphi\cdot\sin(n\varphi-x\sin\varphi)]\mathrm{d}\varphi$$

$$=-\frac{1}{\pi}\int_0^{\pi}[(n^2-x^2\cos^2\varphi)\cos(n\varphi-x\sin\varphi)$$

$$-x\sin\varphi\cdot\sin(n\varphi-x\sin\varphi)]\mathrm{d}\varphi$$

$$=-\frac{1}{\pi}(n+x\cos\varphi)\cdot\sin(n\varphi-x\sin\varphi)\Big|_0^{\pi}=0,$$

本题获证.

【3727】 设：

$$I(\alpha)=\int_0^\alpha \frac{\varphi(x)\mathrm{d}x}{\sqrt{\alpha-x}},$$

其中函数 $\varphi(x)$及其导函数 $\varphi'(x)$在闭区间 $0\leqslant x\leqslant a$ 上连续.

证明：当 $0<\alpha<a$ 时，有

$$I'(\alpha)=\frac{\varphi(0)}{\sqrt{\alpha}}+\int_0^\alpha \frac{\varphi'(x)}{\sqrt{\alpha-x}}\mathrm{d}x.$$

证 当 $x=\alpha$ 时，一般说来被积函数变成无穷，所以我们不能直接在积分号下求导数. 设 $x=\alpha t$，则此积分变成以下形式

$$I(\alpha)=\sqrt{\alpha}\int_0^1 \frac{\varphi(\alpha t)}{\sqrt{1-t}}\mathrm{d}t.$$

由于$\frac{1}{\sqrt{1-t}}$在$[0,1]$上绝对可积，故可利用积分号下求导数的公式. 于是，

$$I'(\alpha)=\frac{1}{2\sqrt{\alpha}}\int_0^1 \frac{\varphi(\alpha t)}{\sqrt{1-t}}\mathrm{d}t+\sqrt{\alpha}\int_0^1 \frac{t\varphi'(\alpha t)}{\sqrt{1-t}}\mathrm{d}t.$$

再将 $x=\alpha t$ 代入上式，得

$$I'(\alpha)=\frac{1}{2\alpha}\int_0^\alpha \frac{\varphi(x)}{\sqrt{\alpha-x}}\mathrm{d}x+\frac{1}{\alpha}\int_0^\alpha \frac{x\varphi'(x)}{\sqrt{\alpha-x}}\mathrm{d}x. \tag{1}$$

利用分部积分法可得

$$\frac{1}{\alpha}\int_0^\alpha \frac{\varphi(x)}{\sqrt{\alpha-x}}\mathrm{d}x=\frac{2}{\sqrt{\alpha}}\varphi(0)+\frac{2}{\alpha}\int_0^\alpha \sqrt{\alpha-x}\varphi'(x)\mathrm{d}x. \tag{2}$$

另一方面，又有

$$\int_0^\alpha \frac{x\varphi'(x)}{\sqrt{\alpha-x}}\mathrm{d}x=-\int_0^\alpha \sqrt{\alpha-x}\,\varphi'(x)\mathrm{d}x+\alpha\int_0^\alpha \frac{\varphi'(x)}{\sqrt{\alpha-x}}\mathrm{d}x. \tag{3}$$

将(2)式及(3)式代入(1)式，最后得

$$I'(\alpha)=\frac{\varphi(0)}{\sqrt{\alpha}}+\int_0^\alpha \frac{\varphi'(x)}{\sqrt{\alpha-x}}\mathrm{d}x.$$

【3728】 设有函数

$$u(x)=\int_0^1 K(x,y)v(y)\mathrm{d}y,$$

其中

$$K(x,y)=\begin{cases}x(1-y), & 若\ x\leqslant y;\\ y(1-x), & 若\ x>y,\end{cases}$$

及 $v(y)$都是连续的.证明:已知函数满足方程式

$$u''(x)=-v(x)\quad(0\leqslant x\leqslant 1).$$

证 由题设得

$$u(x)=\int_0^x y(1-x)v(y)\mathrm{d}y+\int_x^1 x(1-y)v(y)\mathrm{d}y.$$

于是,求导数即得

$$\begin{aligned}u'(x)&=x(1-x)v(x)-\int_0^x yv(y)\mathrm{d}y\\&\quad -x(1-x)v(x)+\int_x^1(1-y)v(y)\mathrm{d}y\\&=-\int_0^x yv(y)\mathrm{d}y+\int_x^1(1-y)v(y)\mathrm{d}y,\end{aligned}$$

$$u''(x)=-xv(x)-(1-x)v(x)=-v(x),$$

所以,函数 $u(x)$满足方程

$$u''(x)=-v(x)\quad(0\leqslant x\leqslant 1).$$

【3729】 设:

$$F(x,y)=\int_{\frac{x}{y}}^{xy}(x-yz)f(z)\mathrm{d}z,$$

其中 $f(z)$为可微分的函数,求 $F''_{xy}(x,y)$.

解 $F'_x(x,y)=y(x-xy^2)f(xy)+\int_{\frac{x}{y}}^{xy}f(z)\mathrm{d}z,$

$F''_{xy}=(x-xy^2)f(xy)+y(-2xy)f(xy)$

$$+y(x-xy^2)f'(xy)x+xf(xy)+\frac{x}{y^2}f\left(\frac{x}{y}\right)$$
$$=x(2-3y^2)f(xy)+x^2y(1-y^2)f'(xy)+\frac{x}{y^2}f\left(\frac{x}{y}\right).$$

【3730】 设 $f(x)$ 为可微分两次的函数及 $F(x)$ 为可微分的函数.证明:函数

$$u(x,t)=\frac{1}{2}[f(x-at)+f(x+at)]+\frac{1}{2a}\int_{x-at}^{x+at}F(z)\mathrm{d}z$$

满足弦振动的方程式

$$\frac{\partial^2 u}{\partial t^2}=a^2\frac{\partial^2 u}{\partial x^2}$$

及初值条件: $u(x,0)=f(x)$, $u'_t(x,0)=F(x)$.

证 $\dfrac{\partial u}{\partial t}=\dfrac{1}{2}[-af'(x-at)+af'(x+at)]$

$$+\frac{1}{2}F(x+at)+\frac{1}{2}F(x-at),$$

$$\frac{\partial^2 u}{\partial t^2}=\frac{1}{2}[a^2f''(x-at)+a^2f''(x+at)]$$

$$+\frac{a}{2}F'(x+at)-\frac{a}{2}F'(x-at). \qquad (1)$$

$$\frac{\partial u}{\partial x}=\frac{1}{2}[f'(x-at)+f'(x+at)]$$

$$+\frac{1}{2a}F(x+at)-\frac{1}{2a}F(x-at),$$

$$\frac{\partial^2 u}{\partial x^2}=\frac{1}{2}[f''(x-at)+f''(x+at)]$$

$$+\frac{1}{2a}F'(x+at)-\frac{1}{2a}F'(x-at). \qquad (2)$$

比较(1)式及(2)式,即得 $\dfrac{\partial^2 u}{\partial t^2}=a^2\dfrac{\partial^2 u}{\partial x^2}$. 此外,还有

$$u(x,0)=\frac{1}{2}[f(x-0\cdot t)+f(x+0\cdot t)]+\frac{1}{2a}\int_{x-0\cdot t}^{x+0\cdot t}F(z)\mathrm{d}z$$

$$= f(x),$$

$$u_t'(x,0) = \frac{1}{2}[-af'(x) + af'(x)] + \frac{1}{2}F(x) + \frac{1}{2}F(x)$$
$$= F(x).$$

本题获证.

【3731】 证明:若函数 $f(x)$ 在闭区间 $[0, l]$ 上连续及当 $0 \leqslant \xi \leqslant l$ 时 $(x-\xi)^2 + y^2 + z^2 \neq 0$,则函数

$$u(x, y, z) = \int_0^l \frac{f(\xi)\mathrm{d}\xi}{\sqrt{(x-\xi)^2 + y^2 + z^2}}$$

满足拉普拉斯方程式

$$\frac{\partial^2 u}{\partial x^2} + \frac{\partial^2 u}{\partial y^2} + \frac{\partial^2 u}{\partial z^2} = 0.$$

证 利用积分号下的求导法则,得

$$\frac{\partial u}{\partial x} = -\int_0^l \frac{2(x-\xi)f(\xi)\mathrm{d}\xi}{2[(x-\xi)^2 + y^2 + z^2]^{\frac{3}{2}}}$$
$$= -\int_0^l \frac{(x-\xi)f(\xi)\mathrm{d}\xi}{[(x-\xi)^2 + y^2 + z^2]^{\frac{3}{2}}},$$

$$\frac{\partial^2 u}{\partial x^2} = \int_0^l \frac{f(\xi)[2(x-\xi)^2 - y^2 - z^2]}{[(x-\xi)^2 + y^2 + z^2]^{\frac{5}{2}}}\,\mathrm{d}\xi. \qquad (1)$$

同法可得

$$\frac{\partial^2 u}{\partial y^2} = \int_0^l \frac{f(\xi)[-(x-\xi)^2 + 2y^2 - z^2]}{[(x-\xi)^2 + y^2 + z^2]^{\frac{5}{2}}}\,\mathrm{d}\xi. \qquad (2)$$

$$\frac{\partial^2 u}{\partial z^2} = \int_0^l \frac{f(\xi)[-(x-\xi)^2 - y^2 - 2z^2]}{[(x-\xi)^2 + y^2 + z^2]^{\frac{5}{2}}}\mathrm{d}\xi. \qquad (3)$$

将(1)、(2)、(3)三式相加,即证得

$$\frac{\partial^2 u}{\partial x^2} + \frac{\partial^2 u}{\partial y^2} + \frac{\partial^2 u}{\partial z^2} = 0.$$

应用对参数的微分法，计算下列积分：

【3732】 $\int_0^{\frac{\pi}{2}} \ln(a^2\sin^2 x + b^2\cos^2 x)\mathrm{d}x$.

解 将 b 视为常数，a 视为参变量. 令

$$I(a) = \int_0^{\frac{\pi}{2}} \ln(a^2\sin^2 x + b^2\cos^2 x)\mathrm{d}x.$$

先设 $a>0, b>0$ 我们有

$$I'(a) = \int_0^{\frac{\pi}{2}} \frac{2a\sin^2 x}{a^2\sin^2 x + b^2\cos^2 x}\,\mathrm{d}x;$$

若 $a=b$，有 $I'(b) = \frac{2}{b}\int_0^{\frac{\pi}{2}} \sin^2 x\,\mathrm{d}x = \frac{\pi}{2b}$.

若 $a \neq b$，则作代换 $t=\tan x$，得

$$I'(a) = \frac{2}{a}\int_0^{+\infty} \frac{t^2\mathrm{d}t}{(t^2+1)\left(t^2+\frac{b^2}{a^2}\right)}$$

$$= \frac{2}{a}\left(\frac{a^2}{a^2-b^2}\arctan t - \frac{b^2}{a^2-b^2}\,\frac{a}{b}\arctan\frac{at}{b}\right)\Bigg|_0^{+\infty} = \frac{\pi}{a+b}.$$

因此

$$I'(a) = \frac{\pi}{a+b} \quad (0<a<+\infty).$$

积分之，得

$$I(a) = \pi\ln(a+b) + C \quad (0<a<+\infty),$$

其中 C 为某常数. 令 $a=b$，得

$$I(b) = \pi\ln 2b + C,$$

而 $I(b) = \int_0^{\frac{\pi}{2}} \ln b^2\mathrm{d}x = \pi\ln b$，代入，解之，得 $C = \pi\ln\frac{1}{2}$. 于是，

$$I(a) = \pi\ln(a+b) + \pi\ln\frac{1}{2} = \pi\ln\frac{a+b}{2} \quad (0<a<+\infty).$$

若 $a<0$ 或 $b<0$,则可化为 $a>0$ 且 $b>0$ 的情形,得

$$I(a)=\int_0^{\frac{\pi}{2}}\ln(a^2\sin^2x+b^2\cos^2x)\mathrm{d}x$$

$$=\int_0^{\frac{\pi}{2}}\ln(|a|^2\sin^2x+|b|^2\cos^2x)\mathrm{d}x$$

$$=I(|a|)=\pi\ln\frac{|a|+|b|}{2}.$$

于是,不论 a, b 是正是负,在任何情形,均有

$$\int_0^{\frac{\pi}{2}}\ln(a^2\sin^2x+b^2\cos^2x)\mathrm{d}x=\pi\ln\frac{|a|+|b|}{2}.$$

【3733】 $\int_0^{\pi}\ln(1-2a\cos x+a^2)\mathrm{d}x.$

解 设 $I(a)=\int_0^{\pi}\ln(1-2a\cos x+a^2)\mathrm{d}x$. 当 $|a|<1$ 时,由于 $1-2a\cos x+a^2\geqslant1-2|a|+a^2=(1-|a|)^2>0$, 故 $\ln(1-2a\cos x+a^2)$为连续函数且具有连续导数,从而可在积分号下求导数. 将 $I(a)$对 a 求导数,得

$$I'(a)=\int_0^{\pi}\frac{-2\cos x+2a}{1-2a\cos x+a^2}\mathrm{d}x=\frac{1}{a}\int_0^{\pi}\left(1+\frac{a^2-1}{1-2a\cos x+a^2}\right)\mathrm{d}x$$

$$=\frac{\pi}{a}-\frac{1-a^2}{a}\int_0^{\pi}\frac{\mathrm{d}x}{(1+a^2)-2a\cos x}$$

$$=\frac{\pi}{a}-\frac{1-a^2}{a(1+a^2)}\int_0^{\pi}\frac{\mathrm{d}x}{1+\left(\frac{-2a}{1+a^2}\right)\cos x}$$

$$=\frac{\pi}{a}-\frac{2}{a}\arctan\left(\frac{1+a}{1-a}\tan\frac{x}{2}\right)\Bigg|_0^{\pi^{*)}}=\frac{\pi}{a}-\frac{2}{a}\frac{\pi}{2}=0.$$

于是,当 $|a|<1$ 时, $I(a)=C$(常数). 但是, $I(0)=0$, 故 $C=0$. 从而, $I(a)=0$.

当 $|a|>1$ 时,令 $b=\frac{1}{a}$,则 $|b|<1$,并有 $I(b)=0$. 于是,我

们有

$$I(a)=\int_0^{\pi}\ln\left(\frac{b^2-2b\cos x+1}{b^2}\right)dx=I(b)-2\pi\ln|b|$$

$$=-2\pi\ln|b|=2\pi\ln|a|.$$

当$|a|=1$时,有

$$I(1)=\int_0^{\pi}\ln2(1-\cos x)dx=\int_0^{\pi}\left(\ln4+2\ln\sin\frac{x}{2}\right)dx$$

$$=2\pi\ln2+4\int_0^{\frac{\pi}{2}}\ln\sin t\,dt=2\pi\ln2+4\left(-\frac{\pi}{2}\ln2\right)^{**)}=0;$$

同法可求得 $I(-1)=0$.

综上所述,故知

$$\int_0^{\pi}\ln(1-2a\cos x+a^2)dx=\begin{cases}0, & \text{当}|a|\leqslant1;\\ 2\pi\ln|a|, & \text{当}|a|>1.\end{cases}$$

*) 利用 2028 题(1)的结果.

**) 利用 2353 题(1)的结果.

【3734】 $\int_0^{\frac{\pi}{2}}\frac{\arctan(a\tan x)}{\tan x}dx.$

解 令 $I(a)=\int_0^{\frac{\pi}{2}}f(x,a)dx$,其中 $f(x,a)=\frac{\arctan(a\tan x)}{\tan x}$.
本来 $f(x,a)$在 $x=0$ 和 $x=\frac{\pi}{2}$时无定义,但因 $\lim\limits_{x\to+0}f(x,a)=a$,
$\lim\limits_{x\to\frac{\pi}{2}-0}f(x,a)=0$,故若补充定义 $f(0,a)=a$, $f\left(\frac{\pi}{2},a\right)=0$,则
$f(x,a)$为 $0\leqslant x\leqslant\frac{\pi}{2}$, $-\infty<a<+\infty$上的连续函数.

又当 $0<x<\frac{\pi}{2}$, $-\infty<a<+\infty$,时

$$f'_a(x,a)=\frac{1}{\tan x}\frac{\tan x}{1+a^2\tan^2x}=\frac{1}{1+a^2\tan^2x}.$$

而按规定 $f(0,a)=a$, $f\left(\frac{\pi}{2},a\right)=0$,故

$$f'_a(0,a)=1,\quad f'_a\left(\frac{\pi}{2},a\right)=0.$$

由此可知,

$$f'_a(x,a)=\begin{cases}\dfrac{1}{1+a^2\tan^2 x}, & \text{当 } 0\leqslant x<\dfrac{\pi}{2},\ -\infty<a<+\infty\text{时};\\ 0, & \text{当 } x=\dfrac{\pi}{2},\ -\infty<a<+\infty\text{时}.\end{cases}$$

显然 $f'_a(x,a)$在 $0\leqslant x\leqslant\frac{\pi}{2}$, $0<a<+\infty$上连续,在 $0\leqslant x\leqslant\frac{\pi}{2}$, $-\infty<a<0$ 上也连续(注意,在点 $x=\frac{\pi}{2}$, $a=0$ 不连续),故由积分号下求导数法则知,

$$I'(a)=\int_0^{\frac{\pi}{2}}\frac{dx}{1+a^2\tan^2 x}\quad(0<a<+\infty\ \text{或}\ -\infty<a<0).$$

作代换 $\tan x=t$,得(当 $a^2\neq1$ 时)

$$\int_0^{\frac{\pi}{2}}\frac{dx}{1+a^2\tan^2 x}=\int_0^{+\infty}\frac{dt}{(1+t^2)(1+a^2t^2)}$$
$$=\frac{1}{1-a^2}\int_0^{+\infty}\left(\frac{1}{1+t^2}-\frac{a^2}{a^2t^2+1}\right)dt=\frac{\pi}{2(1+|a|)}.$$

若 $a^2=1$,则

$$\int_0^{\frac{\pi}{2}}\frac{dx}{1+a^2\tan^2 x}=\int_0^{\frac{\pi}{2}}\cos^2 x\,dx=\frac{1}{2}\int_0^{\frac{\pi}{2}}(1+\cos2x)\,dx=\frac{\pi}{4}.$$

总之,有

$$I'(a)=\frac{\pi}{2(1+|a|)}\quad(0<a<+\infty\ \text{或}\ -\infty<a<0).$$

积分之,得

$$I(a)=\frac{\pi}{2}\ln(1+a)+C_1\quad(0<a<+\infty),$$

$$I(a)=-\frac{\pi}{2}\ln(1-a)+C_2 \quad (-\infty<a<0),$$

其中 C_1, C_2 是两个常数.由于上面已述 $f(x,a)$ 在 $0\leqslant x\leqslant\frac{\pi}{2}$, $-\infty<a<+\infty$ 上连续,故 $I(a)$ 在 $-\infty<a<+\infty$ 上连续,因此 $\lim\limits_{a\to0+0}I(a)=\lim\limits_{a\to0-0}I(a)=I(0)$;但 $I(0)=0$, $\lim\limits_{a\to0+0}I(a)=C_1$, $\lim\limits_{a\to0-0}I(a)=C_2$,故 $C_1=C_2=0$.于是,最后得

$$I(a)=\frac{\pi}{2}\operatorname{sgn}a\ln(1+|a|) \quad (-\infty<a<+\infty).$$

【3735】 $\displaystyle\int_0^{\frac{\pi}{2}}\ln\frac{1+a\cos x}{1-a\cos x}\frac{\mathrm{d}x}{\cos x} \quad (|a|<1).$

解 解法1:

设 $I(a)=\displaystyle\int_0^{\frac{\pi}{2}}\ln\frac{1+a\cos x}{1-a\cos x}\frac{\mathrm{d}x}{\cos x}$.由于

$$\frac{1+a\cos x}{1-a\cos x}=\frac{1-a^2\cos^2x}{1-2a\cos x+a^2\cos^2x}\geqslant\frac{1-a^2}{1+2|a|+a^2}$$

$$=\frac{1-a^2}{(1+|a|)^2}>0,$$

故 $\ln\dfrac{1+a\cos x}{1-a\cos x}$ 为连续函数.又由于

$$\lim_{x\to\frac{\pi}{2}-0}\frac{1}{\cos x}\cdot\ln\frac{1+a\cos x}{1-a\cos x}=\lim_{t\to0}\frac{\ln(1+at)-\ln(1-at)}{t}$$

$$=\lim_{t\to0}\frac{\frac{a}{1+at}-\frac{-a}{1-at}}{1}=2a,$$

今补充被积函数在 $x=\frac{\pi}{2}$ 处的值为 $2a$,即易知被积函数为连续函数,且它对 a 有连续导数,从而,可在积分号下求导数,得

$$I'(a)=\int_0^{\frac{\pi}{2}}\left(\frac{1}{1+a\cos x}+\frac{1}{1-a\cos x}\right)\mathrm{d}x$$

$$=\frac{2}{\sqrt{1-a^2}}\left[\arctan\left(\sqrt{\frac{1-a}{1+a}}\tan\frac{x}{2}\right)+\arctan\left(\sqrt{\frac{1+a}{1-a}}\tan\frac{x}{2}\right)\right]\Bigg|_0^{\frac{\pi}{2}}{}^{*)}$$

$$=\frac{\pi}{\sqrt{1-a^2}},$$

从而，$I(a)=\pi\arcsin a+C\ (|a|<1)$. 又 $I(0)=0$, 故 $C=0$. 于是，

$$\int_0^{\frac{\pi}{2}}\ln\frac{1+a\cos x}{1-a\cos x}\frac{dx}{\cos x}=\pi\arcsin a\quad(|a|<1).$$

*) 利用 2028 题(1)的结果.

解法 2:

把被积函数表成下述积分形式

$$\frac{1}{\cos x}\cdot\ln\frac{1+a\cos x}{1-a\cos x}=2a\int_0^1\frac{dy}{1-a^2y^2\cos^2 x}.$$

注意，此式当 $x=\frac{\pi}{2}$ 时也成立，此时左端应理解为其极限值

$$\lim_{x\to\frac{\pi}{2}-0}\frac{1}{\cos x}\cdot\ln\frac{1+a\cos x}{1-a\cos x}=2a.$$

于是，当 $a\neq0$ 时，

$$\int_0^{\frac{\pi}{2}}\ln\frac{1+a\cos x}{1-a\cos x}\frac{dx}{\cos x}$$

$$=2a\int_0^{\frac{\pi}{2}}dx\int_0^1\frac{dy}{1-a^2y^2\cos^2 x}=2a\int_0^1 dy\int_0^{\frac{\pi}{2}}\frac{dx}{1-a^2y^2\cos^2 x}$$

$$=2a\int_0^1\frac{\pi}{2\sqrt{1-a^2y^2}}dy^{**)}=\pi a\cdot\frac{1}{a}\arcsin ay\Big|_0^1=\pi\arcsin a;$$

当 $a=0$ 时，原积分显然为零. 因此，

$$\int_0^{\frac{\pi}{2}}\ln\frac{1+a\cos x}{1-a\cos x}\cdot\frac{dx}{\cos x}=\pi\arcsin a\quad(|a|<1).$$

**) 利用 2028 题(1)的结果，即得

$$\int_0^{\frac{\pi}{2}}\frac{dx}{1-a^2y^2\cos^2x}=\frac{1}{2}\int_0^{\frac{\pi}{2}}\left(\frac{1}{1+ay\cos x}+\frac{1}{1-ay\cos x}\right)dx$$

$$=\frac{1}{2}\frac{2}{\sqrt{1-a^2y^2}}\left[\arctan\left(\sqrt{\frac{1-ay}{1+ay}}\tan\frac{x}{2}\right)+\arctan\left(\sqrt{\frac{1+ay}{1-ay}}\tan\frac{x}{2}\right)\right]\Bigg|_0^{\frac{\pi}{2}}$$

$$=\frac{1}{2}\frac{2}{\sqrt{1-a^2y^2}}\frac{\pi}{2}=\frac{\pi}{2\sqrt{1-a^2y^2}}.$$

【3736】 利用公式

$$\frac{\arctan x}{x}=\int_0^1\frac{dy}{1+x^2y^2}.$$

计算积分 $\int_0^1\frac{\arctan x}{x}\frac{dx}{\sqrt{1-x^2}}$.

解 $\int_0^1\frac{\arctan x}{x}\frac{dx}{\sqrt{1-x^2}}=\int_0^1\frac{dx}{\sqrt{1-x^2}}\int_0^1\frac{dy}{1+x^2y^2}$.

由于函数 $\frac{1}{1+x^2y^2}$ 在 $0\leqslant x\leqslant1$, $0\leqslant y\leqslant1$, 上连续, 且 $\frac{1}{\sqrt{1-x^2}}$ 在 $[0,1]$ 上绝对可积, 故上述积分号可交换

$$\int_0^1\frac{\arctan x}{x}\frac{dx}{\sqrt{1-x^2}}=\int_0^1 dy\int_0^1\frac{dx}{\sqrt{1-x^2}(1+x^2y^2)}. \qquad (1)$$

作代换 $x=\cos t$, 可得

$$\int_0^1\frac{dx}{\sqrt{1-x^2}(1+x^2y^2)}=\int_0^{\frac{\pi}{2}}\frac{dt}{1+y^2\cos^2t}$$

$$=\frac{1}{\sqrt{1+y^2}}\arctan\left(\frac{\tan t}{\sqrt{1+y^2}}\right)\Bigg|_0^{\frac{\pi}{2}}=\frac{\pi}{2\sqrt{1+y^2}}. \qquad (2)$$

于是, 由(1)式及(2)式即得

$$\int_0^1\frac{\arctan x}{x}\frac{dx}{\sqrt{1-x^2}}=\int_0^1\frac{\pi dy}{2\sqrt{1+y^2}}$$

$$=\frac{\pi}{2}\ln(y+\sqrt{1+y^2})\Big|_0^1=\frac{\pi}{2}\ln(1+\sqrt{2}).$$

【3737】 应用积分符号下的积分法,计算积分

$$\int_0^1 \frac{x^b - x^a}{\ln x} dx \quad (a>0, b>0).$$

解 首先注意,因为 $\lim\limits_{x\to+0} \frac{x^b - x^a}{\ln x} = 0$,

$$\lim_{x\to 1-0} \frac{x^b - x^a}{\ln x} = \lim_{x\to 1-0} \frac{bx^{b-1} - ax^{a-1}}{x^{-1}} = \lim_{x\to 1-0} (bx^b - ax^a) = b - a,$$

故 $\int_0^1 \frac{x^b - x^a}{\ln x} dx$ 不是广义积分,并且,如果补充定义被积函数在 $x=0$ 时的值为 0,在 $x=1$ 时的值为 $b-a$,则可理解为[0,1]上连续函数的积分.由于

$$\frac{x^b - x^a}{\ln x} = \int_a^b x^y dy \quad (0 \leqslant x \leqslant 1)$$

(注意,$x=0$ 时左端规定为 0,$x=1$ 时右端规定为 $b-a$),而函数 x^y 在 $0\leqslant x\leqslant 1$, $a\leqslant y\leqslant b$ 上连续(不妨设 $a<b$),故有

$$\int_0^1 \frac{x^b - x^a}{\ln x} dx = \int_0^1 dx \int_a^b x^y dy = \int_a^b dy \int_0^1 x^y dx$$
$$= \int_a^b \frac{dy}{1+y} = \ln \frac{1+b}{1+a}.$$

【3738】 计算积分:

(1) $\int_0^1 \sin\left(\ln \frac{1}{x}\right) \frac{x^b - x^a}{\ln x} dx$;

(2) $\int_0^1 \cos\left(\ln \frac{1}{x}\right) \frac{x^b - a^a}{\ln x} dx \quad (a>0, b>0)$.

解 (1)不妨设 $a<b$.

$$\int_0^1 \sin\left(\ln \frac{1}{x}\right) \frac{x^b - x^a}{\ln x} dx = \int_0^1 \sin\left(\ln \frac{1}{x}\right) dx \int_a^b x^y dy$$
$$= \int_a^b dy \int_0^1 \sin\left(\ln \frac{1}{x}\right) x^y dx,$$

这里,当 $x=0$ 时,$\sin(\ln \frac{1}{x}) x^y$ 理解为零,从而 $\sin(\ln \frac{1}{x}) x^y$ 在

$0\leqslant x\leqslant 1, a\leqslant y\leqslant b$ 上连续,故可应用积分号下的积分法交换积分次序.

作代换 $x=\mathrm{e}^{-t}$,可得

$$\int_0^1 \sin\left(\ln\frac{1}{x}\right)x^y\mathrm{d}x=\int_0^{+\infty}\mathrm{e}^{-(y+1)t}\sin t\,\mathrm{d}t$$

$$=\frac{1}{1+(1+y)^2}[-(y+1)\sin t-\cos t]\mathrm{e}^{-(y+1)t}\Big|_0^{+\infty\,*)}$$

$$=\frac{1}{1+(1+y)^2}.$$

于是,最后得

$$\int_0^1 \sin\left(\ln\frac{1}{x}\right)\frac{x^b-x^a}{\ln x}\mathrm{d}x=\int_a^b\frac{\mathrm{d}y}{1+(1+y)^2}=\arctan(1+y)\Big|_a^b$$

$$=\arctan(1+b)-\arctan(1+a)=\arctan\frac{b-a}{1+(1+b)(1+a)}.$$

(2)同(1)并利用 1828 题的结果易得

$$\int_0^1 \cos\left(\ln\frac{1}{x}\right)\frac{x^b-x^a}{\ln x}\mathrm{d}x=\int_a^b\mathrm{d}y\int_0^1\cos\left(\ln\frac{1}{x}\right)x^y\mathrm{d}x$$

$$=\int_a^b\frac{1+y}{1+(1+y)^2}\mathrm{d}y=\frac{1}{2}\ln[1+(1+y)^2]\Big|_a^b=\frac{1}{2}\ln\frac{b^2+2b+2}{a^2+2a+2}.$$

*) 利用 1829 题的结果.

【3739】 设 $F(k)$和 $E(k)$为完全椭圆积分(参阅问题 3725).证明公式:

(1) $\int_0^k F(k)k\,\mathrm{d}k=E(k)-k_1^2F(k)$;

(2) $\int_0^k E(k)k\,\mathrm{d}k=\frac{1}{3}[(1+k^2)E(k)-k_1^2F(k)]$,

其中 $k_1^2=1-k^2$.

证 (1)利用 3725 题的结果,可得

$$[E(k)-k_1^2F(k)]'=E'(k)+2kF(k)-(1-k^2)F'(k)$$

$$=\frac{E(k)-F(k)}{k}+2kF(k)-(1-k^2)\left[\frac{E(k)}{k(1-k^2)}-\frac{F(k)}{k}\right]=kF(k).$$

于是,

$$E(k)-k_1^2F(k)=\int_0^k kF(k)\mathrm{d}k+C,$$

其中 C 为常数.但当 $k=0$ 时,上式左端为 $E(0)-F(0)=\frac{\pi}{2}-\frac{\pi}{2}=0$,而右端等于 C,故 $C=0$.最后证得

$$\int_0^k kF(k)\mathrm{d}k=E(k)-k_1^2F(k).$$

(2) 由于

$$\frac{1}{3}[(1+k^2)E(k)-k_1^2F(k)]'$$

$$=\frac{1}{3}[2kE(k)+(1+k^2)E'(k)+2kF(k)-(1-k^2)F'(k)]$$

$$=\frac{1}{3}\left\{2kE(k)+(1+k^2)\cdot\frac{E(k)-F(k)}{k}\right.$$

$$\left.+2kF(k)-(1-k^2)\cdot\left[\frac{E(k)}{k(1-k^2)}-\frac{F(k)}{k}\right]\right\}=kE(k),$$

故

$$\frac{1}{3}[(1+k^2)E(k)-k_1^2F(k)]=\int_0^k kE(k)\mathrm{d}k+C,$$

以 $k=0$ 代入上式,得 $C=0$.于是,最后证得

$$\int_0^k kE(k)\mathrm{d}k=\frac{1}{3}[(1+k^2)E(k)-k_1^2F(k)].$$

【3740】 证明公式

$$\int_0^x xJ_0(x)\mathrm{d}x=xJ_1(x),$$

其中 $J_0(x)$及 $J_1(x)$为足指数是 0 与 1 的贝塞耳函数(参阅问

题 3726).

证

$$\int_0^x uJ_0(u)\mathrm{d}u=\frac{1}{\pi}\int_0^x u\mathrm{d}u\int_0^x\cos(-u\sin\varphi)\mathrm{d}\varphi$$

$$=\frac{1}{\pi}\int_0^x u\mathrm{d}u\int_0^\pi[\cos(\varphi-u\sin\varphi)\cos\varphi+\sin(\varphi-u\sin\varphi)\sin\varphi]\mathrm{d}\varphi$$

$$=\frac{1}{\pi}\int_0^x \mathrm{d}u\int_0^\pi u\cos(\varphi-u\sin\varphi)\cos\varphi\mathrm{d}\varphi+\frac{1}{\pi}\int_0^x\mathrm{d}u\int_0^\pi u\sin(\varphi-u\sin\varphi)\sin\varphi\mathrm{d}\varphi$$

$$=\frac{1}{\pi}\int_0^x \mathrm{d}u\int_0^\pi\cos(\varphi-u\sin\varphi)\mathrm{d}(u\sin\varphi)+\frac{1}{\pi}\int_0^\pi\mathrm{d}\varphi\int_0^x u\sin(\varphi-u\sin\varphi)\mathrm{d}(u\sin\varphi-\varphi)$$

$$=\frac{1}{\pi}\int_0^x \mathrm{d}u\int_0^\pi\cos(\varphi-u\sin\varphi)\mathrm{d}(u\sin\varphi-\varphi)$$

$$+\frac{1}{\pi}\int_0^x \mathrm{d}u\int_0^\pi\cos(\varphi-u\sin\varphi)\mathrm{d}\varphi+\frac{1}{\pi}\int_0^\pi\mathrm{d}\varphi\int_0^x u\mathrm{d}\cos(\varphi-u\sin\varphi)$$

$$=\frac{1}{\pi}\int_0^x \mathrm{d}u\int_0^\pi\cos(\varphi-u\sin\varphi)\mathrm{d}\varphi+\frac{1}{\pi}\int_0^\pi x\cos(\varphi-x\sin\varphi)\mathrm{d}\varphi$$

$$-\frac{1}{\pi}\int_0^\pi\mathrm{d}\varphi\int_0^x\cos(\varphi-u\sin\varphi)\mathrm{d}u$$

$$=\frac{1}{\pi}\int_0^x \mathrm{d}u\int_0^\pi\cos(\varphi-u\sin\varphi)\mathrm{d}\varphi+\frac{1}{\pi}\int_0^\pi x\cos(\varphi-x\sin\varphi)\mathrm{d}\varphi$$

$$-\frac{1}{\pi}\int_0^x\mathrm{d}u\int_0^\pi\cos(\varphi-u\sin\varphi)\mathrm{d}\varphi$$

$$=\frac{1}{\pi}\int_0^\pi x\cos(\varphi-x\sin\varphi)\mathrm{d}\varphi=xJ_1(x),$$

上述各式中的被积函数显然为 u 及 φ 的二元连续函数,因此,交换积分顺序是合理的.本题获证.

§2. 带参数的广义积分．积分的一致收敛性

1° 一致收敛性的定义　若对于任何的 $\varepsilon>0$，都存在有数 $B=B(\varepsilon)$，使得在 $b\geqslant B$ 的条件下有

$$\left|\int_b^{+\infty} f(x,y)\mathrm{d}x\right|<\varepsilon \quad (y_1<y<y_2),$$

则称广义积分

$$\int_a^{+\infty} f(x,y)\mathrm{d}x \tag{1}$$

(其中函数 $f(x,y)$ 于域 $a\leqslant x<+\infty, y_1<y<y_2$ 内是连续的）在区间 (y_1,y_2) 内一致收敛.

积分(1)的一致收敛与形状如下的一切级数

$$\sum_{n=0}^{\infty}\int_{a_0}^{a_{n+1}} f(x,y)\mathrm{d}x \tag{2}$$

(其中 $a=a_0<a_1<a_2<\cdots<a_n<a_{n+1}<\cdots$ 且 $\lim\limits_{n\to\infty}a_n=+\infty$）的一致收敛等价.

若积分(1)在区间 (y_1,y_2) 中一致收敛，则在这个区间内它是参数 y 的连续函数.

2° 哥西判别法则　积分(1)在区间 (y_1,y_2) 内一致收敛的充分而且必要的条件为，对于任何的 $\varepsilon>0$ 便存在有数 $B=B(\varepsilon)$，使得只要是 $b'>B$ 及 $b''>B$ 则当 $y_1<y<y_2$ 时

$$\left|\int_{b'}^{b''} f(x,y)\mathrm{d}x\right|<\varepsilon.$$

3° 外尔什特拉斯判别法　对于积分(1)一致收敛的充分条件为，与参数 y 无关的强函数 $F(x)$ 存在，使得

(1) 当 $a\leqslant x<+\infty$ 时 $|f(x,y)|\leqslant F(x)$

及

(2) $\int_a^{+\infty} F(x)\mathrm{d}x<+\infty$.

4° 对于不连续函数的广义积分有类似的定理.

求积分的收敛域：

【3741】 $\int_a^{+\infty}\frac{e^{-ax}}{1+x^2}dx$.

解 当 $a\geqslant 0$ 时，$\frac{e^{-ax}}{1+x^2}\leqslant\frac{1}{1+x^2}$. 而积分

$$\int_a^{+\infty}\frac{dx}{1+x^2}=\arctan x\Big|_0^{+\infty}=\frac{\pi}{2}$$

故原积分收敛.

当 $a<0$ 时，原积分显然发散. 于是，积分 $\int_a^{+\infty}\frac{e^{ax}}{1+x^2}dx$ 的收敛域为 $a\geqslant 0$ 的一切 a 值.

【3742】 $\int_\pi^{+\infty}\frac{x\cos x}{x^p+x^q}dx$.

解 首先注意

$$\left(\frac{x}{x^p+x^q}\right)'=\frac{(1-p)x^p+(1-q)x^q}{(x^p+x^q)^2}.$$

若 $\max(p,q)>1$，则显然当 x 充分大时 $\left(\frac{x}{x^p+x^q}\right)'<0$，从而，当 x 充分大时函数 $\frac{x}{x^p+x^q}$ 是递减的，并且很明显，这时 $\lim\limits_{x\to+\infty}\frac{x}{x^p+x^q}=0$. 又因 $\left|\int_\pi^A\cos x\,dx\right|=|\sin A|\leqslant 1$ (对任何 $A>\pi$)，故知 $\int_\pi^{+\infty}\frac{x\cos x}{x^p+x^q}dx$ 收敛.

若 $\max(p,q)\leqslant 1$，则恒有 $\left(\frac{x}{x^p+x^q}\right)'\geqslant 0$，故函数 $\frac{x}{x^p+x^q}$ 在 $x\geqslant\pi$ 上是递增的. 于是，对于任何正整数 n，有

$$\int_{2n\pi}^{2n\pi+\frac{\pi}{4}}\frac{x\cos x}{x^p+x^q}dx>\frac{\sqrt{2}}{2}\int_{2n\pi}^{2n\pi+\frac{\pi}{4}}\frac{x}{x^p+x^q}dx\geqslant\frac{\sqrt{2}}{2}\,\frac{\pi}{\pi^p+\pi^q}\,\frac{\pi}{4}$$

$$=\frac{\pi^2\sqrt{2}}{8(\pi^p+\pi^q)}=\text{常数}>0,$$

故不满足柯西收敛准则，因此，积分 $\int_{\pi}^{+\infty}\frac{x\cos x}{x^p+x^q}\mathrm{d}x$ 发散．

【3743】 $\int_0^{+\infty}\frac{\sin x^q}{x^p}\mathrm{d}x$．

解 若 $q=0$，则由于积分 $\int_A^{+\infty}\frac{1}{x^p}\mathrm{d}x$ 仅当 $p>1$ 时收敛，而积分 $\int_0^A\frac{1}{x^p}\mathrm{d}x$ 仅当 $p>1$ 时收敛，故积分 $\int_0^{+\infty}\frac{\sin 1}{x^p}\mathrm{d}x$ 对于任何的 p 值及 $q=0$ 发散．

若 $q\neq 0$，则积分 $\int_0^{+\infty}\frac{\sin x^q}{x^p}\mathrm{d}x=\int_0^{+\infty}x^{-p}\sin x^q\mathrm{d}x$，利用 2380 题的结果即知：当 $\left|\frac{1-p}{q}\right|<1$ 时，原积分收敛．

【3744】 $\int_0^2\frac{\mathrm{d}x}{|\ln x|^p}$．

解 考虑积分

$$\int_0^1\frac{\mathrm{d}x}{|\ln x|^p}=\int_0^1\frac{\mathrm{d}x}{\ln^p\left(\frac{1}{x}\right)}=\int_0^1\ln^{-p}\left(\frac{1}{x}\right)\mathrm{d}x,$$

利用 2362 题的结果即知：它当 $-p>-1$ 或 $p<1$ 时收敛．

再考虑积分 $\int_1^2\frac{\mathrm{d}x}{|\ln x|^p}=\int_1^2\frac{\mathrm{d}x}{\ln^p x}$．由于

$$\lim_{x\to 1+0}(x-1)^p\frac{1}{\ln^p x}=\left[\lim_{x\to 1+0}\frac{x-1}{\ln x}\right]^p=\left[\lim_{x\to 1+0}\frac{1}{x^{-1}}\right]^p=1.$$

故积分 $\int_1^2\frac{\mathrm{d}x}{\ln^p x}$ 与积分 $\int_1^2\frac{\mathrm{d}x}{(x-1)^p}$ 具有相同的敛散性，而后者显然当 $p<1$ 时收敛，$p\geqslant 1$ 时发散，从而，前者亦然．

于是，仅当 $p<1$ 时，积分 $\int_0^2\frac{\mathrm{d}x}{|\ln x|^p}$ 收敛．

【3745】 $\int_0^1 \frac{\cos\frac{1}{1-x}}{\sqrt[n]{1-x^2}}dx$.

解 $\int_0^1 \frac{\cos\frac{1}{1-x}}{\sqrt[n]{1-x^2}}dx = \int_0^1 \frac{\cos\frac{1}{1-x}}{\sqrt[n]{1-x}\ \sqrt[n]{1+x}}dx$.

由于当 $0 \leqslant x \leqslant 1$ 时，对于任意的 n，$\sqrt[n]{1+x}$ 与 $\frac{1}{\sqrt[n]{1+x}}$ 都是单调有界函数，故原积分与积分 $\int_0^1 \frac{\cos\frac{1}{1-x}}{\sqrt[n]{1-x}}dx$ 同敛散. 对此积分代换 $t=\frac{1}{1-x}$，则得

$$\int_0^1 \frac{\cos\frac{1}{1-x}}{\sqrt[n]{1-x}}dx = \int_1^{+\infty} \frac{\cos t}{t^{2-\frac{1}{n}}}dt.$$

易知积分 $\int_1^{+\infty} \frac{\cos t}{t^{\alpha}}dt$ 仅当 $\alpha>0$ 时收敛. 事实上，当 $\alpha>0$ 时它显然收敛. 当 $\alpha=0$ 时它显然发散. 当 $\alpha<0$ 时，令 $\beta=-\alpha(\beta>0)$，则对于正整数 n 有

$$\int_{2n\pi}^{2n\pi+\frac{\pi}{4}} t^{\beta}\cos t\,dt > (2n\pi)^{\beta}\frac{1}{\sqrt{2}}\ \frac{\pi}{4} \to +\infty \quad (n\to\infty),$$

故积分 $\int_1^{+\infty} t^{\beta}\cos t\,dt$ 发散.

于是，积分 $\int_0^1 \frac{\cos\frac{1}{1-x}}{\sqrt[n]{1-x^2}}dx$ 仅当 $2-\frac{1}{n}>0$ 时收敛，即仅当 $n<0$或 $n>\frac{1}{2}$时收敛.

【3746】 $\int_0^{+\infty} \frac{\sin x}{x^p+\sin x}dx \quad (p>0)$.

解 因为

$$\lim_{x\to+0}\frac{\sin x}{x^p+\sin x}=\lim_{x\to\infty}\frac{\frac{\sin x}{x}}{x^{p-1}+\frac{\sin x}{x}}=\begin{cases}1,\ 当\ p>1\ 时;\\ \frac{1}{2},当\ p=1\ 时;\\ 0,\ 当\ 0<p<1\ 时,\end{cases}$$

故 $x=0$ 不是积分 $\int_0^{+\infty}\frac{\sin x}{x^p+\sin x}dx$ 的瑕点,因此,只要讨论积分 $\int_2^{+\infty}\frac{\sin x}{x^p+\sin x}dx(p>0)$的敛散性.由于

$$\frac{\sin x}{x^p+\sin x}=\frac{\sin x}{x^p}-\frac{\sin^2 x}{x^p(x^p+\sin x)},$$

而 $\int_2^{+\infty}\frac{\sin x}{x^p}dx$ 收敛(当 $p>0$ 时),故只要讨论

$$\int_2^{+\infty}\frac{\sin^2 x}{x^p(x^p+\sin x)}dx$$

的敛散性.但当 $p>0$, $x\geqslant 2$ 时,

$$0\leqslant\frac{1}{2}\left[\frac{1}{x^p(x^p+1)}-\frac{\cos 2x}{x^p(x^p+1)}\right]=\frac{\sin^2 x}{x^p(x^p+1)}$$

$$\leqslant\frac{\sin^2 x}{x^p(x^p+\sin x)}\leqslant\frac{\sin^2 x}{x^p(x^p-1)}\leqslant\frac{1}{x^p(x^p-1)}.$$

而易知 $\int_2^{+\infty}\frac{\cos 2x}{x^p(x^p+1)}dx$ 恒收敛(当 $p>0$ 时),积分 $\int_2^{+\infty}\frac{dx}{x^p(x^p+1)}$ 当 $0<p\leqslant\frac{1}{2}$ 时发散,积分 $\int_2^{+\infty}\frac{dx}{x^p(x^p-1)}$ 当 $p>\frac{1}{2}$ 时收敛,故积分 $\int_2^{+\infty}\frac{\sin^2 x}{x^p(x^p+\sin x)}dx$ 当 $p>\frac{1}{2}$ 时收敛,当 $0<p\leqslant\frac{1}{2}$ 时发散.由此可知,积分 $\int_0^{+\infty}\frac{\sin x}{x^p+\sin x}dx(p>0)$ 仅当 $p>\frac{1}{2}$ 时收敛.

利用与级数比较的方法研究下列积分的收敛性:

【3747】 $\int_0^{+\infty}\frac{\cos x}{x+a}dx$.

解 设 $a>0$. 我们证明:对任何叙列

$$0=a_0<a_1<a_2<\cdots<a_n<\cdots(a_n\to+\infty).$$

级数 $\sum_{n=0}^{\infty}\int_{a_n}^{a_{n+1}}\frac{\cos x}{x+a}dx$ 都收敛. 事实上,有

$$\int_{a_n}^{a_{n+1}}\frac{\cos x}{x+a}dx=\frac{\sin x}{x+a}\bigg|_{a_n}^{a_{n+1}}+\int_{a_n}^{a_{n+1}}\frac{\sin x}{(x+a)^2}dx$$

故

$$\sum_{n=m}^{m+p-1}\int_{a_n}^{a_{n+1}}\frac{\cos x}{x+a}dx=\frac{\sin a_{m+p}}{a_{m+p}+a}-\frac{\sin a_m}{a_m+a}+\int_{a_m}^{a_{m+p}}\frac{\sin x}{(x+a)^2}dx.$$

从而,

$$\left|\sum_{n=m}^{m+p-1}\int_{a_n}^{a_{n+1}}\frac{\cos x}{x+a}dx\right|\leqslant\frac{1}{a_{m+p}+a}+\frac{1}{a_m+a}+\int_{a_m}^{a_{m+1}}\frac{dx}{(x+a)^2}$$

$$=\frac{1}{a_{m+p}+a}+\frac{1}{a_m+a}+\left(\frac{1}{a_m+a}-\frac{1}{a_{m+p}+a}\right)=\frac{2}{a_m+a},$$

由此可知,满足柯西收敛准则,从而,级数 $\sum_{n=0}^{\infty}\int_{a_n}^{a_{n+1}}\frac{\cos x}{x+a}dx$ 收敛. 因此,积分 $\int_0^{+\infty}\frac{\cos x}{x+a}dx$ 收敛.

若 $a=0$, 显然瑕积分 $\int_0^{\frac{\pi}{2}}\frac{\cos x}{x}dx$ 发散, 故广义积分 $\int_0^{+\infty}\frac{\cos x}{x}dx$ 发散.

下设 $a<0$. 若 $a=-(n+\frac{1}{2})\pi$ $(n=0,1,2,\cdots)$, 则

$$\int_0^{+\infty}\frac{\cos x}{x+a}dx=\int_0^{(n+1)\pi}\frac{\cos x}{x+a}dx+\int_{(n+1)\pi}^{+\infty}\frac{\cos x}{x+a}dx$$

$$= \int_0^{(n+1)\pi} \frac{\cos x}{x+a} dx + (-1)^{n+1} \int_0^{+\infty} \frac{\cos t}{t+\frac{\pi}{2}} dt .$$

由上所证，右端第二个积分收敛；又由于

$$\lim_{x \to (n+\frac{1}{2})\pi} \frac{\cos x}{x+a} = (-1)^{n+1},$$

故右端第一个积分收敛（它不是广义积分，补充定义被积函数在 $x=(n+\frac{1}{2})\pi$ 时的值为 $(-1)^{n+1}$ 后即为连续函数的积分）；从而，此时积分 $\int_0^{+\infty} \frac{\cos x}{x+a} dx$ 收敛．

若 $a<0$ 但 $a \neq -(n+\frac{1}{2})\pi$ $(n=0,1,2,\cdots)$，此时 $\cos(-a) \neq 0$．由连续性，可取 $\delta>0$，使当 $-a \leqslant x \leqslant -a+\delta$ 时 $\cos x$ 保持定号且 $|\cos x| \geqslant \frac{1}{2}|\cos(-a)|$．于是，

$$\left| \int_{-a}^{-a+\delta} \frac{\cos x}{x+a} dx \right| \geqslant \frac{1}{2} |\cos(-a)| \int_{-a}^{-a+\delta} \frac{dx}{x+a} = +\infty .$$

由此可知，瑕积分 $\int_{-a}^{-a+\delta} \frac{\cos x}{x+a} dx$ 发散．从而，积分 $\int_0^{+\infty} \frac{\cos x}{x+a} dx$ 更是发散．

综上所述，积分 $\int_0^{+\infty} \frac{\cos x}{x+a} dx$ 仅当 $a>0$ 及 $a=-(n+\frac{1}{2})\pi$ $(n=0,1,2,\cdots)$ 时收敛．

【3748】 $\int_0^{+\infty} \frac{x dx}{1+x^n \sin^2 x}$ $(n>0)$．

解 由于被积函数非负，故只要考虑化为一种特殊的（正项）级数即可．我们有

$$\int_0^{+\infty} \frac{x dx}{1+x^n \sin^2 x} = \int_0^{\frac{\pi}{4}} \frac{x dx}{1+x^n \sin^2 x} + \sum_{k=1}^{\infty} \int_{(k-1)\pi+\frac{\pi}{4}}^{k\pi-\frac{\pi}{4}} \frac{x dx}{1+x^n \sin^2 x}$$

$$+\sum_{k=1}^{\infty}\int_{k\pi-\frac{\pi}{4}}^{k\pi+\frac{\pi}{4}}\frac{x\mathrm{d}x}{1+x^n\sin^2x}.$$

又积分

$$0<\int_{(k-1)\pi+\frac{\pi}{4}}^{k\pi-\frac{\pi}{4}}\frac{x\mathrm{d}x}{1+x^n\sin^2x}<\int_{(k-1)\pi+\frac{\pi}{4}}^{k\pi-\frac{\pi}{4}}\frac{k\pi\mathrm{d}x}{1+[(k-1)\pi]^n\sin^2x},$$

$$\int_{k\pi-\frac{\pi}{4}}^{k\pi+\frac{\pi}{4}}\frac{(k-1)\pi\mathrm{d}x}{1+[(k+1)\pi]^n\sin^2x}<\int_{k\pi-\frac{\pi}{4}}^{k\pi+\frac{\pi}{4}}\frac{x\mathrm{d}x}{1+x^n\sin^2x}$$

$$<\int_{k\pi-\frac{\pi}{4}}^{k\pi+\frac{\pi}{4}}\frac{(k+1)\pi\mathrm{d}x}{1+[(k-1)\pi]^n\sin^2x},$$

且

$$\int_{(k-1)\pi+\frac{\pi}{4}}^{k\pi-\frac{\pi}{4}}\frac{\mathrm{d}x}{1+a^2\sin^2x}=\frac{-1}{\sqrt{1+a^2}}\arctan\left(\frac{\cot x}{\sqrt{1+a^2}}\right)\Bigg|_{(k-1)\pi+\frac{\pi}{4}}^{k\pi-\frac{\pi}{4}}$$

$$=\frac{2}{\sqrt{1+a^2}}\arctan\frac{1}{\sqrt{1+a^2}}<\frac{2}{\sqrt{1+a^2}}\ \frac{\pi}{4}=\frac{\pi}{2\sqrt{1+a^2}},$$

$$\int_{k\pi-\frac{\pi}{4}}^{k\pi+\frac{\pi}{4}}\frac{\mathrm{d}x}{1+a^2\sin^2x}=\frac{1}{\sqrt{1+a^2}}\arctan(\sqrt{1+a^2}\tan x)\Bigg|_{k\pi-\frac{\pi}{4}}^{k\pi+\frac{\pi}{4}}$$

$$=\frac{2}{\sqrt{1+a^2}}\arctan\sqrt{1+a^2}.$$

由于 $\frac{\pi}{4}<\arctan\sqrt{1+a^2}<\frac{\pi}{2}$，从而，

$$\frac{\pi}{2\sqrt{1+a^2}}<\int_{k\pi-\frac{\pi}{4}}^{k\pi+\frac{\pi}{4}}\frac{\mathrm{d}x}{1+a^2\sin^2x}<\frac{\pi}{\sqrt{1+a^2}}.$$

于是，

$$0<\int_{(k-1)\pi+\frac{\pi}{4}}^{k\pi-\frac{\pi}{4}}\frac{x\mathrm{d}x}{1+x^n\sin^2x}<\frac{k\pi^2}{2\sqrt{1+[(k-1)\pi]^n}},$$

$$\frac{(k-1)\pi^2}{2\sqrt{1+[(k+1)\pi]^n}}<\int_{k\pi-\frac{\pi}{4}}^{k\pi+\frac{\pi}{4}}\frac{x\,dx}{1+x^n\sin^2x}<\frac{(k+1)\pi^2}{\sqrt{1+[(k-1)\pi]^n}}.$$

由于当 $n>4$ 时，级数

$$\sum_{k=1}^{\infty}\frac{k\pi^2}{2\sqrt{1+[(k-1)\pi]^n}}\quad 及\quad \sum_{k=1}^{\infty}\frac{(k+1)\pi^2}{\sqrt{1+[(k-1)\pi]^n}}$$

收敛；而当 $n\leqslant 4$ 时，级数 $\sum\limits_{k=1}^{\infty}\frac{(k-1)\pi^2}{2\sqrt{1+[(k+1)\pi]^n}}$ 发散，故级数 $\sum\limits_{k=1}^{\infty}\int_{(k-1)\pi+\frac{\pi}{4}}^{k\pi-\frac{\pi}{4}}\frac{x\,dx}{1+x^n\sin^2x}$ 当 $n>4$ 时收敛，而级数

$$\sum_{k=1}^{\infty}\int_{k\pi-\frac{\pi}{4}}^{k\pi+\frac{\pi}{4}}\frac{x\,dx}{1+x^n\sin^2x}$$

仅当 $n>4$ 时收敛.

因此，积分 $\int_0^{+\infty}\frac{x\,dx}{1+x^n\sin^2x}$ 仅当 $n>4$ 时收敛.

【3749】 $\int_{\pi}^{+\infty}\frac{dx}{x^p\sqrt[3]{\sin^2x}}$.

解 由于被积函数非负，故只要考虑化为一种特殊的(正项)级数即可.我们有

$$\int_{\pi}^{+\infty}\frac{dx}{x^p\sqrt[3]{\sin^2x}}=\sum_{n=1}^{\infty}\int_{n\pi}^{(n+1)\pi}\frac{dx}{x^p\sqrt[3]{\sin^2x}}$$

$$=\sum_{n=1}^{\infty}\int_0^{\pi}\frac{dx}{(x+n\pi)^p\sqrt[3]{\sin^2x}}.$$

于是，

$$\int_0^{\pi}\frac{dx}{\sqrt[3]{\sin^2x}}\cdot\sum_{n=1}^{\infty}\frac{1}{(n+1)^p\pi^p}<\int_{\pi}^{+\infty}\frac{dx}{x^p\sqrt[3]{\sin^2x}}$$

$$<\int_0^{\pi}\frac{dx}{\sqrt[3]{\sin^2x}}\cdot\sum_{n=1}^{\infty}\frac{1}{n^p\pi^p}.$$

易证积分 $\int_0^{\pi}\frac{\mathrm{d}x}{\sqrt[3]{\sin^2 x}}$ 收敛,且级数 $\sum_{n=1}^{\infty}\frac{1}{n^p}$ 当 $p>1$ 时收敛;当 $p\leqslant 1$ 时发散.因此,原积分仅当 $p>1$ 时收敛.

【3750】 $\int_0^{+\infty}\frac{\sin(x+x^2)}{x^n}\mathrm{d}x$.

解 我们有

$$\int_0^{+\infty}\frac{\sin(x+x^2)}{x^n}\mathrm{d}x=\int_0^{1}\frac{\sin(x+x^2)}{x^n}\mathrm{d}x+\int_1^{+\infty}\frac{\sin(x+x^2)}{x^n}\mathrm{d}x.$$

易知右端第一个积分($x=0$ 可能是瑕点)当 $n<2$ 时收敛,当 $n\geqslant 2$时发散.下面研究右端第二个积分.先设 $n>-1$.对任何叙列 $1=a_0<a_1<\cdots<a_k<\cdots\ (a_k\to+\infty)$,

$$\int_{a_k}^{a_{k+1}}\frac{\sin(x+x^2)}{x^n}\mathrm{d}x=-\int_{a_k}^{a_{k+1}}\frac{\mathrm{d}[\cos(x+x^2)]}{x^n(1+2x)}$$

$$=-\frac{\cos(x+x^2)}{x^n(1+2x)}\Bigg|_{a_k}^{a_{k+1}}-\int_{a_k}^{a_{k+1}}\frac{[2(n+1)x+n]\cos(x+x^2)}{x^{n+1}(1+2x)^2}\mathrm{d}x,$$

故

$$\sum_{k=m}^{m+p-1}\int_{a_k}^{a_{k+1}}\frac{\sin(x+x^2)}{x^n}\mathrm{d}x=-\frac{\cos(x+x^2)}{x^n(1+2x)}\Bigg|_{a_m}^{a_{m+p}}$$

$$-\int_{a_m}^{a_{m+p}}\frac{[2(n+1)x+n]\cos(x+x^2)}{x^{n+1}(1+2x)^2}\mathrm{d}x,$$

从而

$$\left|\sum_{k=m}^{m+p-1}\int_{a_k}^{a_{k+1}}\frac{\sin(x+x^2)}{x^n}\mathrm{d}x\right|$$

$$\leqslant\frac{1}{2a_m^{n+1}}+\frac{1}{2a_{m+p}^{n+1}}+\int_{a_m}^{a_{m+p}}\frac{2(n+1)x+|n|}{x^{n+1}(1+2x)^2}\mathrm{d}x.$$

易知积分 $\int_1^{+\infty}\frac{2(n+1)x+|n|}{x^{n+1}(1+2x)^2}\mathrm{d}x$

收敛(因为 $\lim\limits_{x\to+\infty}x^{n+2}\frac{2(n+1)x+|n|}{x^{n+1}(1+2x)^2}=\frac{n+1}{2}>0,\ n+2>1$).

由此可知，对任给的 $\varepsilon>0$，必存在 N，使当 $n>N$ 时，对 $p=1,2,3,\cdots$，均有

$$\left|\sum_{k=m}^{m+p-1}\int_{a_k}^{a_{k+1}}\frac{\sin(x+x^2)}{x^n}\mathrm{d}x\right|<\varepsilon.$$

于是，根据柯西收敛准则，级数 $\sum\limits_{k=0}^{\infty}\int_{a_k}^{a_{k+1}}\frac{\sin(x+x^2)}{x^n}\mathrm{d}x$ 收敛，从而，积分 $\int_1^{+\infty}\frac{\sin(x+x^2)}{x}\mathrm{d}x$ 收敛．

再设 $n\leqslant-1$．令 ξ_k 和 η_k 分别表方程 $x^2+x=2k\pi+\frac{\pi}{4}$ 和 $x^2+x=2k\pi+\frac{\pi}{2}$ 的（惟一）正根，其中 $k=1,2,3,\cdots$；即令

$$\xi_k=\frac{1}{2}(\sqrt{1+8k\pi+\pi}-1),\quad \eta_k=\frac{1}{2}(\sqrt{1+8k\pi+2\pi}-1).$$

于是，$\eta_k>\xi_k\to+\infty$（当 $k\to\infty$ 时）．我们有（注意 $-n\geqslant1$）

$$\int_{\xi_k}^{\eta_k}\frac{\sin(x+x^2)}{x^n}\mathrm{d}x>\frac{1}{\sqrt{2}}\int_{\xi_k}^{\eta_k}x^{-n}\mathrm{d}x\geqslant\frac{1}{\sqrt{2}}\int_{\xi_k}^{\eta_k}x\mathrm{d}x>\frac{1}{\sqrt{2}}\xi_k(\eta_k-\xi_k)$$

$$=\frac{\pi}{4\sqrt{2}}\frac{\sqrt{1+8k\pi+\pi}-1}{\sqrt{1+8k\pi+2\pi}+\sqrt{1+8k\pi+\pi}}\to\frac{\pi}{8\sqrt{2}}\quad(\text{当 } k\to\infty \text{ 时}).$$

由此可知，此时积分 $\int_1^{+\infty}\frac{\sin(x+x^2)}{x^n}\mathrm{d}x$ 发散．

综上所述，积分 $\int_0^{+\infty}\frac{\sin(x+x^2)}{x^n}\mathrm{d}x$ 仅当 $-1<n<2$ 时收敛．

【3751】 在肯定的意义上表达出来，什么是积分

$$\int_0^{+\infty}f(x,y)\mathrm{d}x$$

在已知区间 (y_1,y_2) 内不一致收敛？

解 若对于某个正数 ε_0，不论 B 取得多大，恒存在 $b_0\geqslant B$

以及 $y_0 \in (y_1, y_2)$(b_0 与 y_0 都依赖于 B),使得

$$\left| \int_{b_0}^{+\infty} f(x, y_0) \mathrm{d}x \right| \geqslant \varepsilon_0,$$

则 $\int_a^{+\infty} f(x, y) \mathrm{d}x$ 在区间(y_1, y_2)内不一致收敛.

【3752】 证明:若(ⅰ)积分 $\int_a^{+\infty} f(x) \mathrm{d}x$ 收敛;(ⅱ)函数 $\varphi(x, y)$有界并关于 x 是单调的,则积分 $\int_a^{+\infty} f(x) \varphi(x, y) \mathrm{d}x$ 一致收敛(在对应的域内).

证 设$|\varphi(x, y)| \leqslant L$,则由题设(ⅰ)知:对于任给的 $\varepsilon > 0$,总存在数 $B = B(\varepsilon)$,使当 $A' > A > B$ 时,就有不等式

$$\left| \int_A^{A'} f(x) \mathrm{d}x \right| < \frac{\varepsilon}{2L}. \tag{1}$$

由积分第二中值定理知:存在 $\xi \in [A, A']$,使有下述等式

$$\int_A^{A'} f(x) \varphi(x, y) \mathrm{d}x = \varphi(A+0, y) \cdot \int_A^{\xi} f(x) \mathrm{d}x + \varphi(A'-0, y) \cdot \int_{\xi}^{A'} f(x) \mathrm{d}x. \tag{2}$$

由(1)式,得

$$\left| \int_A^{\xi} f(x) \mathrm{d}x \right| < \frac{\varepsilon}{2L}, \qquad \left| \int_{\xi}^{A'} f(x) \mathrm{d}x \right| < \frac{\varepsilon}{2L}.$$

于是,由(2)式,可得

$$\left| \int_A^{A'} f(x) \varphi(x, y) \mathrm{d}x \right| < L \frac{\varepsilon}{2L} + L \frac{\varepsilon}{2L} = \varepsilon,$$

即积分 $\int_a^{+\infty} f(x) \varphi(x, y) \mathrm{d}x$ 在对应的 y 域内一致收敛.

【3753】 证明:一致收敛的积分

$$I = \int_1^{+\infty} \mathrm{e}^{-\frac{1}{y^2}\left(x - \frac{1}{y}\right)^2} \mathrm{d}x \quad (0 < y < 1)$$

不能以与参数无关的收敛积分为强函数.

证 任给 $\varepsilon>0$. 取 $A_0>1$ 充分大, 使 $\int_{A_0-\frac{\sqrt{\pi}}{\varepsilon}}^{+\infty} e^{-u^2}du<\varepsilon$.

下证: 当 $A>A_0$ 时, 对一切 $0<y<1$, 均有

$$\int_A^{+\infty} e^{-\frac{1}{y^2}\left(x-\frac{1}{y}\right)^2}dx<\varepsilon.$$

事实上, 当 $\frac{\varepsilon}{\sqrt{\pi}}\leqslant y<1$ 时,

$$\int_A^{+\infty} e^{-\frac{1}{y^2}\left(x-\frac{1}{y}\right)^2}dx<\int_A^{+\infty} e^{-\left(x-\frac{1}{y}\right)^2}dx$$

$$=\int_{A-\frac{1}{y}}^{+\infty} e^{-u^2}\leqslant\int_{A-\frac{\sqrt{\pi}}{\varepsilon}}^{+\infty} e^{-u^2}du<\int_{A_0-\frac{\sqrt{\pi}}{\varepsilon}}^{+\infty} e^{-u^2}du<\varepsilon;$$

当 $0<y<\frac{\varepsilon}{\sqrt{\pi}}$ 时,

$$\int_A^{+\infty} e^{-\frac{1}{y^2}\left(x-\frac{1}{y}\right)^2}dx<\int_1^{+\infty} e^{-\frac{1}{y^2}\left(x-\frac{1}{y}\right)^2}dx$$

$$=\int_1^{\frac{1}{y}} e^{-\frac{1}{y^2}\left(x-\frac{1}{y}\right)^2}dx+\int_{\frac{1}{y}}^{+\infty} e^{-\frac{1}{y^2}\left(x-\frac{1}{y}\right)^2}dx$$

$$=\int_0^{\frac{1}{y}-1} e^{-\frac{1}{y^2}t^2}dt+\int_0^{+\infty} e^{-\frac{1}{y^2}t^2}dt<2\int_0^{+\infty} e^{-\frac{t^2}{y^2}}dt$$

$$=2y\int_0^{+\infty} e^{-u^2}du=2y\frac{\sqrt{\pi}}{2}<\varepsilon.$$

由此可知, 积分 $\int_1^{+\infty} e^{-\frac{1}{y^2}\left(x-\frac{1}{y}\right)^2}dx$ 在 $0<y<1$ 上一致收敛.

最后证明, 不存在这样的函数 $\varphi(x)$ $(x\geqslant1)$, 使

$$0<e^{-\frac{1}{y^2}\left(x-\frac{1}{y}\right)^2}\leqslant\varphi(x)\quad(x\geqslant1,\ 0<y<1)\tag{1}$$

并且 $\int_1^{+\infty}\varphi(x)dx$ 收敛. 用反证法. 假定有这样的函数 $\varphi(x)$ 存

在，则由 $\int_1^{+\infty}\varphi(x)\,dx$ 的收敛性可知，必存在点 $x_0>1$ 使 $\varphi(x_0)<1$. 于是，令 $y_0=\frac{1}{x_0}$，则 $0<y_0<1$ 且

$$e^{-\frac{1}{y_0^2}\left(x_0-\frac{1}{y_0}\right)^2}=1>\varphi(x_0),$$

此显然与(1)式矛盾. 由此可知，一致收敛的积分 I 的被积函数不能以与参数 y 无关的具收敛积分的函数为强函数. 证毕.

【3754】 证明：积分

$$I=\int_0^{+\infty}\alpha e^{-\alpha x}dx$$

(1) 在任何区间 $0<a\leqslant\alpha\leqslant b$ 内一致收敛；

(2) 在区间 $0\leqslant\alpha\leqslant b$ 内非一致收敛.

证 显然，积分 I 对于每一个定值 $\alpha\geqslant0$ 是收敛的. 事实上，当 $\alpha=0$ 时，$\int_0^{+\infty}\alpha e^{-\alpha x}dx=0$；当 $\alpha>0$ 时，

$$\int_0^{+\infty}\alpha e^{-\alpha x}dx=-e^{-\alpha x}\Big|_0^{+\infty}=1.$$

(1) 如果 $0<a\leqslant\alpha\leqslant b$，则由于 $0<\int_A^{+\infty}\alpha e^{-\alpha x}dx=e^{-\alpha A}\leqslant e^{-aA}$，故对于任给的 $\varepsilon>0$，可以找到不依赖于 α 的数 $A_0=\frac{1}{a}\ln\frac{1}{\varepsilon}$，使当 $A>A_0$ 时，就有 $\int_A^{+\infty}\alpha e^{-\alpha x}dx<e^{-aA_0}=\varepsilon$. 于是，在区间 $0<a\leqslant\alpha\leqslant b$ 上积分 I 一致收敛.

(2) 如果 $0\leqslant\alpha\leqslant b$，则不存在这样的数 A_0. 事实上，取 $0<\varepsilon<1$ 就办不到. 由于当 $\alpha\to+0$ 时，$e^{-A\alpha}\to1$，故对于足够小的 α 值，$e^{-A\alpha}$ 就比任意一个小于 1 的数 ε 为大. 因此，在区间 $0\leqslant\alpha\leqslant b$ 上，积分 I 对 α 的收敛是不一致的.

【3755】 证明：迪里黑里积分

$$I=\int_0^{+\infty}\frac{\sin\alpha x}{x}\mathrm{d}x$$

(1) 在每一个不含数值 $\alpha=0$ 的闭区间 $[a,b]$ 上一致收敛，

(2) 在含数值 $\alpha=0$ 的每一个闭区间 $[a,b]$ 上非一致收敛．

证 不失一般性，我们只考虑 α 的正值．

(1) 由于积分 $\int_0^{+\infty}\frac{\sin z}{z}\mathrm{d}z=\frac{\pi}{2}$ 是收敛的，故对于任给的 $\varepsilon>0$，存在数 A_0，使当 $A>A_0$ 时，恒有

$$\left|\int_A^{+\infty}\frac{\sin z}{z}\mathrm{d}z\right|<\varepsilon.$$

当 $\alpha>0$ 时，由于 $\int_A^{+\infty}\frac{\sin\alpha x}{x}\mathrm{d}x=\int_{A\alpha}^{+\infty}\frac{\sin z}{z}\mathrm{d}z$，故取 $A>\frac{A_0}{a}$，对于 $\alpha\geqslant a>0$，就有

$$\left|\int_A^{+\infty}\frac{\sin\alpha x}{x}\mathrm{d}x\right|<\varepsilon.$$

于是，在区间 $0<a\leqslant\alpha\leqslant b$ 上，积分 I 是一致收敛的．

(2) 对于任何的 $A>0$，当 $\alpha\to+0$ 时，

$$\int_A^{+\infty}\frac{\sin\alpha x}{x}\mathrm{d}x=\int_{A\alpha}^{+\infty}\frac{\sin z}{z}\mathrm{d}z\to\int_0^{+\infty}\frac{\sin z}{z}\mathrm{d}z=\frac{\pi}{2}.$$

因此，当 $\alpha>0$ 且充分小时，有

$$\int_A^{+\infty}\frac{\sin\alpha x}{x}\mathrm{d}x>\frac{\pi}{4}.$$

于是，在区间 $0\leqslant a\leqslant b\,(b>0)$ 上，积分 I 不一致收敛．

研究下列积分在所指定区间内的一致收敛性：

【3756】 $\int_0^{+\infty}\mathrm{e}^{-\alpha x}\sin x\,\mathrm{d}x\quad(0<\alpha_0\leqslant\alpha<+\infty)$.

解 由于当 $0<\alpha_0\leqslant\alpha<+\infty$ 时，$|\mathrm{e}^{-\alpha x}\sin x|\leqslant\mathrm{e}^{-\alpha_0 x}$，且积

分 $\int_0^{+\infty} \mathrm{e}^{-\alpha_0 x}\mathrm{d}x=\frac{1}{\alpha_0}$收敛，故积分 $\int_0^{+\infty} \mathrm{e}^{-\alpha x}\sin x\mathrm{d}x$ 在区间 $0<\alpha_0\leqslant\alpha<+\infty$上一致收敛.

【3757】 $\int_1^{+\infty} x^\alpha \mathrm{e}^{-x}\mathrm{d}x \quad (a\leqslant\alpha\leqslant b)$.

解 当 $a\leqslant\alpha\leqslant b$ 且 $x\geqslant1$ 时，$0<x^\alpha\mathrm{e}^{-x}\leqslant x^b\mathrm{e}^{-x}$. 由于

$$\lim_{x\to+\infty} x^2\cdot x^b\mathrm{e}^{-x}=\lim_{x\to+\infty}\frac{x^{b+2}}{\mathrm{e}^x}=0,$$

故积分 $\int_1^{+\infty} x^b\mathrm{e}^{-x}\mathrm{d}x$ 收敛，从而，积分 $\int_1^{+\infty} x^\alpha\mathrm{e}^{-x}\mathrm{d}x$ 在区间 $a\leqslant\alpha\leqslant b$上一致收敛.

【3758】 $\int_{-\infty}^{+\infty}\frac{\cos\alpha x}{1+x^2}\mathrm{d}x \quad (-\infty<\alpha<+\infty)$

解 由于$\left|\frac{\cos\alpha x}{1+x^2}\right|\leqslant\frac{1}{1+x^2}$，且积分$\int_{-\infty}^{+\infty}\frac{\mathrm{d}x}{1+x^2}=\pi$收敛，故积分$\int_{-\infty}^{+\infty}\frac{\cos\alpha x}{1+x^2}\mathrm{d}x$ 在$-\infty<\alpha<+\infty$上一致收敛.

【3759】 $\int_0^{+\infty}\frac{\mathrm{d}x}{(x+\alpha)^2+1} \quad (0\leqslant\alpha<+\infty)$.

解 由于$0<\frac{1}{(x+\alpha)^2+1}\leqslant\frac{1}{1+x^2}$ $(0\leqslant\alpha\leqslant+\infty)$，且积分$\int_0^{+\infty}\frac{\mathrm{d}x}{1+x^2}=\frac{\pi}{2}$收敛，故积分$\int_0^{+\infty}\frac{\mathrm{d}x}{(x+\alpha)^2+1}$在$0\leqslant\alpha<+\infty$上一致收敛.

【3760】 $\int_0^{+\infty}\frac{\sin x}{x}\mathrm{e}^{-\alpha x}\mathrm{d}x \quad (0\leqslant\alpha<+\infty)$

解 首先注意，因为$\lim_{x\to+0}\frac{\sin x}{x}\mathrm{e}^{\alpha x}=1$. 故 $x=0$ 不是瑕点.

证法 1:

由于$\left|\int_0^A \sin x\mathrm{d}x\right|=|1-\cos A|\leqslant2$，而当 $0\leqslant\alpha<+\infty$时，

函数$\frac{e^{-\alpha x}}{x}$在 $x>0$ 关于 x 递减，并且当 $x\to+\infty$ 时它关于 $\alpha(0\leqslant\alpha<+\infty)$ 一致趋于零（因为 $0\leqslant\alpha<+\infty$, $x>0$ 时，$0<\frac{e^{-\alpha x}}{x}\leqslant\frac{1}{x}$），故由迪里黑里判别法知，积分 $\int_0^{+\infty}\frac{\sin x}{x}e^{-\alpha x}dx$ 在$0\leqslant\alpha<+\infty$上一致收敛．

证法 2：

由积分学第二中值定理知：当 $A'>A>0$ 时，

$$\left|\int_A^{A'}\frac{\sin x}{x}e^{-\alpha x}dx\right|=\left|\frac{1}{A}\int_A^{\xi}e^{-\alpha x}\sin x\,dx\right|,$$

其中 $A\leqslant\xi\leqslant A'$．我们知道 $e^{-\alpha x}\sin x$ 的原函数是

$$F_\alpha(x)=-\frac{\alpha\sin x+\cos x}{1+\alpha^2}e^{-\alpha x},$$

显然，当 $\alpha\geqslant0$, $x>0$ 时，

$$|F_\alpha(x)|\leqslant\frac{\alpha+1}{1+\alpha^2}\leqslant\frac{2\alpha}{1+\alpha^2}+\frac{1}{1+\alpha^2}<2,$$

故当 $A'>A>0$, $0\leqslant\alpha<+\infty$，时

$$\left|\int_A^{A'}\frac{\sin x}{x}e^{-\alpha x}dx\right|=\left|\frac{1}{A}[F_\alpha(\xi)-F_\alpha(A)]\right|<\frac{4}{A}.$$

由此，利用一致收敛的哥西收敛准则，即知积分

$$\int_0^{+\infty}\frac{\sin x}{x}e^{-\alpha x}dx$$

在 $0\leqslant\alpha<+\infty$上一致收敛．证毕．

【3761】 $\int_1^{+\infty}e^{-\alpha x}\frac{\cos x}{x^p}dx$ $(0\leqslant\alpha<+\infty)$其中 $p>0$ 是常数．

解 由于

$$\left|\int_1^A\cos x\,dx\right|=|\sin A-\sin 1|\leqslant2,$$

而当 $0\leqslant\alpha<+\infty$ 时,函数 $\dfrac{e^{-\alpha x}}{x^p}$ 在 $x\geqslant1$ 关于 x 递减且当 $x\to+\infty$ 时关于 $\alpha(0\leqslant\alpha<+\infty)$ 一致趋于零(因为 $0\leqslant\alpha<+\infty$, $x\geqslant1$ 时, $0<\dfrac{e^{-\alpha x}}{x^p}\leqslant\dfrac{1}{x^p}$), 故由迪里黑里判别法即知, $\int_1^{+\infty} e^{-\alpha x}\dfrac{\cos x}{x^p}dx$ 在 $0\leqslant\alpha<+\infty$ 上一致收敛.

注意,也可仿 3760 题证法 2, 利用积分学第二中值定理来证明.

【3762】 $\int_0^{+\infty}\sqrt{\alpha}\,e^{-\alpha x^2}dx\quad(0\leqslant\alpha<+\infty)$.

解 此积分是收敛的. 事实上,当 $\alpha=0$ 时,积分为零;当 $\alpha>0$ 时,设 $\sqrt{\alpha}x=t$,则得

$$\int_0^{+\infty}\sqrt{\alpha}\,e^{-\alpha x^2}dx=\int_0^{+\infty}e^{-t^2}dt=\frac{\sqrt{\pi}}{2}.$$

但是,此积分却不一致收敛. 事实上,对于任何的 $A>0$, 由于

$$\lim_{\alpha\to+0}\int_A^{+\infty}\sqrt{\alpha}\,e^{-\alpha x^2}dx=\lim_{\alpha\to+0}\int_{\sqrt{\alpha}A}^{+\infty}e^{-t^2}dt=\int_0^{+\infty}e^{-t^2}dt=\frac{\sqrt{\pi}}{2},$$

故对于 $0<\varepsilon_0<\dfrac{\sqrt{\pi}}{2}$, 必存在 $\alpha_0>0$, 使有

$$\int_A^{+\infty}\sqrt{\alpha_0}\,e^{-\alpha_0x^2}dx>\varepsilon_0,$$

即此积分不是一致收敛的.

【3763】 $\int_{-\infty}^{+\infty}e^{-(x-\alpha)^2}dx$, (1) $a<\alpha<b$; (2) $-\infty<\alpha<+\infty$.

解 显然,对任何固定的 α, 积分 $\int_{-\infty}^{+\infty}e^{-(x-\alpha)^2}dx$ 都收敛, 并且(作代换 $x-\alpha=t$)

$$\int_{-\infty}^{+\infty}e^{-(x-\alpha)^2}dx=\int_{-\infty}^{+\infty}e^{-t^2}dt=\sqrt{\pi}.$$

(1) 取正数 R 充分大, 使 $-R<a<b<R$. 显然, 当 $|x|\geqslant R$ 时, 对一切 $a<\alpha<b$, 有

$$0<\mathrm{e}^{-(x-\alpha)^2}<\mathrm{e}^{-(|x|-R)^2},$$

显然积分 $\int_{-\infty}^{+\infty}\mathrm{e}^{-(|x|-R)^2}\mathrm{d}x=2\int_{-\infty}^{+\infty}\mathrm{e}^{-(x-R)^2}\mathrm{d}x$ 收敛, 故积分 $\int_{-\infty}^{+\infty}\mathrm{e}^{-(x-\alpha)^2}\mathrm{d}x$ 对 $a<\alpha<b$ 一致收敛.

(2) 对任何 $A>0$, 有

$$\lim_{\alpha\to+\infty}\int_A^{+\infty}\mathrm{e}^{-(x-\alpha)^2}\mathrm{d}x=\lim_{\alpha\to+\infty}\int_{A-\alpha}^{+\infty}\mathrm{e}^{-t^2}\mathrm{d}t=\int_{-\infty}^{+\infty}\mathrm{e}^{-t^2}\mathrm{d}t=\sqrt{\pi},$$

故当 α 充分大时, $\int_A^{+\infty}\mathrm{e}^{-(x-\alpha)^2}\mathrm{d}x>\frac{\sqrt{\pi}}{2}$; 由此可知 $\int_0^{+\infty}\mathrm{e}^{-(x-\alpha)^2}\mathrm{d}x$ 在 $-\infty<\alpha<+\infty$ 上非一致收敛, 当然 $\int_{-\infty}^{+\infty}\mathrm{e}^{-(x-\alpha)^2}\mathrm{d}x$ 在 $-\infty<\alpha<+\infty$ 上更非一致收敛.

【3764】 $\int_0^{+\infty}\mathrm{e}^{-x^2(1+y^2)}\sin x\,\mathrm{d}y\quad(-\infty<x<+\infty)$.

解 此积分对任一个固定的 x 值, 显然是收敛的, 且当 $x>0$时,

$$\int_0^{+\infty}\mathrm{e}^{-x^2(1+y^2)}\sin x\,\mathrm{d}y=\frac{\sin x}{x}\mathrm{e}^{-x^2}\cdot\frac{\sqrt{\pi}}{2}.$$

但是, 它对 $-\infty<x<+\infty$ 却不是一致收敛的. 事实上, 对于任何的 $A>0$, 当 $x>0$ 时,

$$\int_A^{+\infty}\mathrm{e}^{-x^2(1+y^2)}\sin x\,\mathrm{d}y=\frac{\sin x}{x}\mathrm{e}^{-x^2}\int_{Ax}^{+\infty}\mathrm{e}^{-t^2}\mathrm{d}t\to\int_0^{+\infty}\mathrm{e}^{-t^2}\mathrm{d}t=\frac{\sqrt{\pi}}{2}\quad(x\to+0),$$

由此可知积分不一致收敛.

【3765】 $\int_0^{+\infty}\frac{\sin(x^2)}{1+x^p}\mathrm{d}x\quad(p\geqslant0)$.

解 由 2380 题易知，积分 $\int_0^{+\infty}\sin(x^2)\,dx$ 收敛，又 $\frac{1}{1+x^p}$ $(p\geqslant 0)$在 $x\geqslant 0$ 上对 x 单调递减且一致有界：

$$0<\frac{1}{1+x^p}\leqslant 1\quad(p\geqslant 0,x\geqslant 0),$$

故由亚伯耳判别法知，积分 $\int_0^{+\infty}\frac{\sin(x^2)}{1+x^p}dx$ 对 $p\geqslant 0$ 一致收敛.

【3766】 $\int_0^1 x^{p-1}\ln^q\frac{1}{x}dx$, (1) $p\geqslant p_0>0$; (2) $p>0$ $(q>-1)$.

解 注意到 $x=0$ 和 $x=1$ 都可能是瑕点. 作代换 $x=e^{-t}$，得

$$\int_0^1 x^{p-1}\ln^q\frac{1}{x}dx=-\int_{+\infty}^0 e^{-(p-1)t}t^qe^{-t}dt=\int_0^{+\infty}e^{-pt}t^qdt,$$

右端的积分当 $p>0(q>-1)$时是收敛的*)，从而，左端的积分此时也收敛. 更由于($\varepsilon,\varepsilon'>0$ 很小)

$$\int_\varepsilon^{1-\varepsilon'}x^{p-1}\ln^q\frac{1}{x}dx=\int_{\ln\frac{1}{1-\varepsilon'}}^{\ln\frac{1}{\varepsilon}}e^{-pt}t^qdt,$$

故 $\int_0^1 x^{p-1}\ln^q\frac{1}{x}dx$ 的一致收敛性等价于 $\int_0^{+\infty}e^{-pt}t^qdt$ 的一致收敛性.

(1) 当 $p\geqslant p_0>0$ 时，由于

$$0<e^{-pt}t^q\leqslant e^{-p_0t}t^q\quad(0<t<+\infty)$$

而积分 $\int_0^{+\infty}e^{-p_0t}t^q$ 收敛，故积分 $\int_0^{+\infty}e^{-pt}t^qdt$ 一致收敛(对于 $p\geqslant p_0>0$). 从而，原积分 $\int_0^1 x^{p-1}\ln^q\frac{1}{x}dx$ 当 $p\geqslant p_0>0$ 时一致收敛.

(2) 对任何 $A>0$, $p>0$，作代换 $pt=s$，则

$$\int_A^{+\infty}e^{-pt}t^qdt=\frac{1}{p^{q+1}}\int_{pA}^{+\infty}s^qe^{-s}ds,$$

由于 $q>-1$，故积分 $\int_0^{+\infty} s^q e^{-s} ds$ 收敛，且显然

$$0<\int_0^{+\infty} s^q e^{-s} ds<+\infty,$$

于是，有

$$\lim_{p\to+0}\int_A^{+\infty} e^{-pt}t^q dt=+\infty,$$

由此即知，积分 $\int_0^{+\infty} e^{-pt}t^q dt$ 在 $p>0$ 上非一致收敛. 从而，原积分 $\int_0^1 x^{p-1}\ln^q \frac{1}{x}dx$ 当 $p>0$ 时非一致收敛.

*) 利用 2361 题的结果(在其中作代换 $pt=s$).

【3767】 $\int_0^1 \frac{x^n}{\sqrt{1-x^2}}dx \quad (0\leqslant n<+\infty)$.

解 注意，$x=1$ 是瑕点. 由于当 $0\leqslant x<1$ 时，有

$$0\leqslant\frac{x^n}{\sqrt{1-x^2}}<\frac{1}{\sqrt{1-x^2}} \quad (0\leqslant n<+\infty),$$

而积分 $\int_0^1 \frac{dx}{\sqrt{1-x^2}}=\arcsin x\Big|_0^1=\frac{\pi}{2}$ 收敛，故由外氏判别法知，积分 $\int_0^1 \frac{x^n}{\sqrt{1-x^2}}dx$ 当 $0\leqslant n<+\infty$ 时一致收敛.

【3768】 $\int_0^1 \sin\frac{1}{x}\frac{dx}{x^n} \quad (0<n<2)$.

解 作代换 $\frac{1}{x}=t$，则

$$\int_0^1 \sin\frac{1}{x}\frac{dx}{x^n}=\int_1^{+\infty} t^{n-2}\sin t\,dt,$$

并且，很明显，$\int_0^1 \sin\frac{1}{x}\frac{dx}{x^n}$ 的一致收敛相当于 $\int_1^{+\infty} t^{n-2}\sin t\,dt$ 的一致收敛. 显然，当 $n<2$ 时，积分 $\int_1^{+\infty} t^{n-2}\sin t\,dt$ 是收敛的.

下证:当 $0<n<2$ 时,它不一致收敛.事实上,当 $0<n<2$ 时,对任何正整数 m,有

$$\int_{2m\pi+\frac{\pi}{4}}^{2m\pi+\frac{\pi}{2}} t^{n-2}\sin t\,dt>\frac{\sqrt{2}}{2}\int_{2m\pi+\frac{\pi}{4}}^{2m\pi+\frac{\pi}{2}}\frac{dt}{t^{2-n}}>\frac{\sqrt{2}}{2}\cdot\frac{\pi}{4}\cdot\frac{1}{\left(2m\pi+\frac{\pi}{2}\right)^{2-n}}.$$

由于 $\lim\limits_{n\to 2-0}\dfrac{1}{\left(2m\pi+\frac{\pi}{2}\right)^{2-n}}=1$,故当 n 在 $0<n<2$ 内且与 2 充分接近时,必有 $\dfrac{1}{\left(2m\pi+\frac{\pi}{2}\right)^{2-n}}>\dfrac{1}{2}$.于是,这时

$$\int_{2m\pi+\frac{\pi}{4}}^{2m\pi+\frac{\pi}{2}} t^{n-2}\sin t\,dt>\frac{\sqrt{2}\pi}{16}=\text{常数}>0,$$

故 $\int_1^{+\infty} t^{n-2}\sin t\,dt$ 在 $0<n<2$ 上非一致收敛.

【3769】 $\displaystyle\int_0^2\frac{x^{\alpha}dx}{\sqrt[3]{(x-1)(x-2)^2}}\quad\left(|\alpha|<\frac{1}{2}\right).$

解 首先注意 $x=1$, $x=2$ 是瑕点;$x=0$ 可能是瑕点.将积分分成在(0,1)及(1,2)上两个积分.

当 $0<x<1$ 且 $|\alpha|<\dfrac{1}{2}$ 时,

$$\left|\frac{x^{\alpha}}{\sqrt[3]{(x-1)(x-2)^2}}\right|<\frac{1}{x^{\frac{1}{2}}(1-x)^{\frac{1}{3}}(x-2)^{\frac{2}{3}}};$$

当 $1<x<2$ 且 $|\alpha|<\dfrac{1}{2}$ 时,

$$\left|\frac{x^{\alpha}}{\sqrt[3]{(x-1)(x-2)^2}}\right|<\frac{\sqrt{2}}{(1-x)^{\frac{1}{3}}(x-2)^{\frac{2}{3}}}.$$

易知上述两个不等式右端的函数分别在区间(0,1)及(1,2)

上的积分收敛，故由外氏判别法知，积分 $\int_0^2 \frac{x^\alpha}{\sqrt[3]{(x-1)(x-2)^2}}\mathrm{d}x$ 对 $|\alpha|<\frac{1}{2}$ 一致收敛.

【3770】 $\int_0^1 \frac{\sin\alpha x}{\sqrt{|x-\alpha|}}\mathrm{d}x$．$(0\leqslant\alpha\leqslant1)$.

解 $\int_0^1 \frac{\sin\alpha x}{\sqrt{|x-\alpha|}}\mathrm{d}x=\int_0^\alpha \frac{\sin\alpha x}{\sqrt{\alpha-x}}\mathrm{d}x+\int_\alpha^1 \frac{\sin\alpha x}{\sqrt{x-\alpha}}\mathrm{d}x$.

对于积分 $\int_0^\alpha \frac{\sin\alpha x}{\sqrt{\alpha-x}}\mathrm{d}x$，由于

$$\left|\int_{\alpha-\eta}^\alpha \frac{\sin\alpha}{\sqrt{\alpha-x}}\mathrm{d}x\right|\leqslant\int_{\alpha-\eta}^\alpha \frac{\mathrm{d}x}{\sqrt{\alpha-x}}=2\sqrt{\eta},$$

故对于任给的 $\varepsilon>0$，只要取 $0<\eta<\frac{\varepsilon^2}{4}$，即有

$$\left|\int_{\alpha-\eta}^\alpha \frac{\sin\alpha}{\sqrt{\alpha-x}}\mathrm{d}x\right|<\varepsilon.$$

因此，对 $0\leqslant\alpha\leqslant1$ 它是一致收敛的.

对于积分 $\int_\alpha^1 \frac{\sin\alpha x}{\sqrt{x-\alpha}}\mathrm{d}x$，由于

$$\left|\int_\alpha^{\alpha+\eta} \frac{\sin\alpha x}{\sqrt{x-\alpha}}\mathrm{d}x\right|\leqslant\int_\alpha^{\alpha+\eta} \frac{\mathrm{d}x}{\sqrt{x-\alpha}}=2\sqrt{\eta},$$

故对于任给的 $\varepsilon>0$，只要取 $0<\eta<\frac{\varepsilon^2}{4}$，即有

$$\left|\int_\alpha^{\alpha+\eta} \frac{\sin\alpha x}{\sqrt{x-\alpha}}\mathrm{d}x\right|<\varepsilon.$$

因此，对 $0\leqslant\alpha\leqslant1$ 它是一致收敛的.

于是，积分 $\int_0^1 \frac{\sin\alpha x}{\sqrt{|x-\alpha|}}\mathrm{d}x$ 对 $0\leqslant\alpha\leqslant1$ 一致收敛.

【3771】 若积分在参数的已知值的某邻域内一致收敛，则称此积分对参数的已知值一致收敛．证明积分

$$I=\int_0^{+\infty}\frac{\alpha\,\mathrm{d}x}{1+\alpha^2x^2}$$

在每一个 $\alpha\neq0$ 的值一致收敛，而在 $\alpha=0$ 非一致收敛．

证 设 α_0 为任一不为零的数，不妨设 $\alpha_0>0$．今取 $\delta>0$，使 $\alpha_0-\delta>0$．下面证明积分 I 在 $(\alpha_0-\delta,\alpha_0+\delta)$ 内一致收敛．事实上，当 $\alpha\in(\alpha_0-\delta,\alpha_0+\delta)$ 时，由于

$$0<\frac{\alpha}{1+\alpha^2x^2}<\frac{\alpha_0+\delta}{1+(\alpha_0-\delta^2)x^2},$$

且积分 $\int_0^{+\infty}\frac{\alpha_0+\delta}{1+(\alpha_0-\delta)^2x^2}\mathrm{d}x$ 收敛，故由外氏判别法知，积分 $\int_0^{+\infty}\frac{\alpha\,\mathrm{d}x}{1+\alpha^2x^2}$ 在 $(\alpha_0-\delta,\alpha_0+\delta)$ 内一致收敛，从而在 α_0 点一致收敛．由 α_0 的任意性知，积分 I 在每一个 $\alpha\neq0$ 的值一致收敛．

其次，我们证明积分 I 在 $\alpha=0$ 非一致收敛．事实上，对原点的任何邻域 $(-\delta,\delta)$ 均有下述结果：

对任何的 $A>0$，有

$$\int_A^{+\infty}\frac{\alpha\,\mathrm{d}x}{1+\alpha^2x^2}=\int_{\alpha A}^{+\infty}\frac{\mathrm{d}t}{1+t^2}\quad(\alpha>0).$$

由于

$$\lim_{\alpha\to+0}\int_{\alpha A}^{+\infty}\frac{\mathrm{d}t}{1+t^2}=\int_0^{+\infty}\frac{\mathrm{d}t}{1+t^2}=\frac{\pi}{2},$$

故取 $0<\varepsilon_0<\frac{\pi}{2}$，在 $(-\delta,\delta)$ 中必存在某一个 $\alpha_0>0$，使有

$$\left|\int_{\alpha_0A}^{+\infty}\frac{\mathrm{d}t}{1+t^2}\right|>\varepsilon_0\quad\text{即}\quad\left|\int_A^{+\infty}\frac{\alpha_0\mathrm{d}x}{1+\alpha_0^2x^2}\right|>\varepsilon_0.$$

因此，积分 I 在 $\alpha=0$ 点的任一邻域 $(-\delta,\delta)$ 内非一致收敛，从

而,积分 I 在 $\alpha=0$ 时非一致收敛.

【3772】 在下式中

$$\lim_{\alpha\to+0}\int_0^{+\infty}\alpha e^{-\alpha x}dx$$

把极限移到积分号内合理吗?

解 不合理.事实上,由3754题(2)的结果知,积分 $\int_0^{+\infty}\alpha e^{-\alpha x}dx$ 对 $0\leqslant\alpha\leqslant b\ (b>0)$ 的收敛并非一致,故一般不能应用积分符号与极限符号的交换定理.对于本题,实际上也不能交换,这是由于

$$\int_0^{+\infty}(\lim_{\alpha\to+0}\alpha e^{-\alpha x})dx=0,$$

而

$$\lim_{\alpha\to+0}\int_0^{+\infty}\alpha e^{-\alpha x}dx=\lim_{\alpha\to+0}(-e^{-\alpha x})\Big|_0^{+\infty}=1,$$

故得

$$\lim_{\alpha\to+0}\int_0^{+\infty}\alpha e^{-\alpha x}dx\neq\int_0^{+\infty}(\lim_{\alpha\to+0}\alpha e^{-\alpha x})dx.$$

【3773】 函数 $f(x)$ 在区间 $(0,+\infty)$ 内可积分,证明:公式

$$\lim_{\alpha\to+0}\int_0^{+\infty}e^{-\alpha x}f(x)dx=\int_0^{+\infty}f(x)dx.$$

证 容许有有限个瑕点.为叙述简单起见,例如,设只有一个瑕点 $x=0$.已知积分 $\int_0^{+\infty}f(x)dx$ 收敛且被积函数中不含有 α,故它关于 α 一致收敛.又因函数 $e^{-\alpha x}$ 对于固定的 $0\leqslant\alpha\leqslant1$,关于 $x(x>0)$ 是递减的,并且一致有界:$0<e^{-\alpha x}\leqslant1(0\leqslant\alpha\leqslant1,x>0)$,故根据亚贝尔判别法知,$\int_0^{+\infty}e^{-\alpha x}f(x)dx$ 在 $0\leqslant\alpha\leqslant1$

上一致收敛. 于是, 对于任给的 $\varepsilon>0$, 可取 $\eta>0$, $A_0>0$ $(\eta<A_0)$, 使

$$\left|\int_0^{\eta} e^{-\alpha x}f(x)dx\right|<\frac{\varepsilon}{5},$$

$$\left|\int_{A_0}^{+\infty} e^{-\alpha x}f(x)dx\right|<\frac{\varepsilon}{5}\quad(0\leqslant\alpha\leqslant1).$$

由于 $f(x)$ 在 $[\eta, A_0]$ 上常义可积, 故有界, 即存在常数 M_0 使 $|f(x)|\leqslant M_0(\eta\leqslant x\leqslant A_0)$. 再根据二元函数 $e^{-\alpha x}$ 在 $0\leqslant\alpha\leqslant1$, $\eta\leqslant x\leqslant A_0$ 上的一致连续性知, 必存在 $\delta>0(\delta<1)$, 使当 $0<\alpha<\delta$ 时, 对一切 $\eta\leqslant x\leqslant A_0$, 皆有 $0\leqslant 1-e^{-\alpha x}<\frac{\varepsilon}{5A_0M_0}$. 于是, 当 $0<\alpha<\delta$ 时, 恒有

$$\begin{aligned}&\left|\int_0^{+\infty} e^{-\alpha x}f(x)dx-\int_0^{+\infty} f(x)dx\right|\\
=&\left|\int_{\eta}^{A_0}(e^{-\alpha x}-1)f(x)dx+\int_{A_0}^{+\infty} e^{-\alpha x}f(x)dx\right.\\
&\left.-\int_{A_0}^{+\infty} f(x)dx+\int_0^{\eta} e^{-\alpha x}f(x)dx-\int_0^{\eta} f(x)dx\right|\\
<&M_0A_0\frac{\varepsilon}{5A_0M_0}+\frac{\varepsilon}{5}+\frac{\varepsilon}{5}+\frac{\varepsilon}{5}+\frac{\varepsilon}{5}=\varepsilon.\end{aligned}$$

由此可知,

$$\lim_{\alpha\to+0}\int_0^{+\infty} e^{-\alpha x}f(x)dx=\int_0^{+\infty} f(x)dx.$$

【3774】 若 $f(x)$ 在区间 $(0,+\infty)$ 内绝对可积, 证明:

$$\lim_{n\to\infty}\int_0^{+\infty} f(x)\sin nx\,dx=0.$$

证 由 $f(x)$ 在区间 $(0,+\infty)$ 内的绝对可积性可知: 对于任给的 $\varepsilon>0$, 存在 $A>0$, 使有

$$\int_A^{+\infty}|f(x)|\mathrm{d}x<\frac{\varepsilon}{3}.$$

于是，

$$\left|\int_0^{+\infty}f(x)\sin nx\mathrm{d}x\right|\leqslant\left|\int_0^A f(x)\sin nx\mathrm{d}x\right|+\frac{\varepsilon}{3}.$$

先设 $f(x)$ 在 $[0,A]$ 中无瑕点．我们在 $[0,A]$ 中插入分点 $0=t_0<t_1<t_2<\cdots<t_{m-1}<t_m=A$，并设 $f(x)$ 在 $[t_{k-1},t_k]$ 上的下确界为 m_k，则有

$$\int_0^A f(x)\sin nx\mathrm{d}x=\sum_{k=1}^m\int_{t_{k-1}}^{t_k}f(x)\sin nx\mathrm{d}x$$

$$=\sum_{k=1}^m\int_{t_{k-1}}^{t_k}[f(x)-m_k]\sin nx\mathrm{d}x+\sum_{k=1}^m m_k\int_{t_{k-1}}^{t_k}\sin nx\mathrm{d}x,$$

从而有

$$\left|\int_0^A f(x)\sin nx\mathrm{d}x\right|\leqslant\sum_{k=1}^m w_k\Delta t_k+\sum_{k=1}^m|m_k|\cdot\frac{|\cos nt_{k-1}-\cos nt_k|}{n}$$

$$\leqslant\sum_{k=1}^m w_k\Delta t_k+\frac{2}{n}\sum_{k=1}^m|m_k|,$$

其中 w_k 为 $f(x)$ 在区间 $[t_{k-1},t_k]$ 上的振幅，$\Delta t_k=t_k-t_{k-1}$．

由于 $f(x)$ 在 $[0,A]$ 上可积，故可取某一分法，使有

$$\left|\sum_{k=1}^m w_k\Delta t_k\right|<\frac{\varepsilon}{3}.$$

对于这样固定的分法，$\sum\limits_{k=1}^m|m_k|$ 为一定值，因而存在 N，使当 $n>N$ 时，恒有

$$\frac{2}{n}\sum_{k=1}^m|m_k|<\frac{\varepsilon}{3}.$$

于是，对于上述所选取的 N，当 $n>N$ 时，

$$\left|\int_0^{+\infty}f(x)\sin nx\mathrm{d}x\right|\leqslant\left|\int_0^A f(x)\sin nx\mathrm{d}x\right|+\left|\int_A^{+\infty}f(x)\sin nx\mathrm{d}x\right|$$

$$\leqslant \sum_{k=1}^{m} w_k \Delta t_k + \frac{2}{n} \sum_{k=1}^{m} |m_k| + \int_A^{+\infty} |f(x)| dx < \frac{\varepsilon}{3} + \frac{\varepsilon}{3} + \frac{\varepsilon}{3} = \varepsilon,$$

即

$$\lim_{n\to\infty}\int_0^{+\infty} f(x)\sin nx\, dx = 0.$$

其次，设 $f(x)$在区间$[0, A]$中有瑕点．为简便起见，不妨设只有一个瑕点，且为0．于是，对于任给的 $\varepsilon>0$，存在 $\eta>0$，使有

$$\int_0^{\eta} |f(x)| dx < \frac{\varepsilon}{3}.$$

但是，$f(x)$在$[\eta, A]$上无瑕点，故应用上述结果可知：存在 N，使当 $n>N$ 时，恒有

$$\left|\int_{\eta}^{A} f(x)\sin nx\, dx\right| < \frac{\varepsilon}{3}.$$

于是，当 $n>N$ 时，有

$$\left|\int_0^{+\infty} f(x)\sin nx\, dx\right| \leqslant \int_0^{\eta} |f(x)| dx + \left|\int_{\eta}^{A} f(x)\sin nx\, dx\right| + \int_A^{+\infty} |f(x)| dx < \frac{\varepsilon}{3} + \frac{\varepsilon}{3} + \frac{\varepsilon}{3} = \varepsilon.$$

即

$$\lim_{n\to\infty}\int_0^{+\infty} f(x)\sin nx\, dx = 0.$$

总之，当 $f(x)$在$(0, +\infty)$内绝对可积，不论 $f(x)$在$(0, +\infty)$内有无瑕点，均可证得

$$\lim_{n\to\infty}\int_0^{+\infty} f(x)\sin nx\, dx = 0.$$

【3775】 证明：若(1)在每一个有穷区间(a, b)内 $f(x, y) \rightrightarrows f(x, y_0)$；(2)$|f(x, y)| \leqslant F(x)$，其中$\int_a^{+\infty} F(x) dx < +\infty$，则

$$\lim_{y\to y_0}\int_a^{+\infty} f(x,y)\mathrm{d}x=\int_a^{+\infty}\lim_{y\to y_0}f(x,y)\mathrm{d}x.$$

证 条件(1)表示当 $y\to y_0$ 时，当 x 在任何有穷区间 (a,b) 上，$f(x,y)$ 都一致趋于 $f(x,y_0)$．于是，有

$$\lim_{y\to y_0}\int_a^b f(x,y)\mathrm{d}x=\int_a^b f(x,y_0)\mathrm{d}x\quad(\text{对任何 } b>a).$$

又在不等式 $|f(x,y)|\leqslant F(x)$ 中令 $y\to y_0$(任意固定 x)，得 $|f(x,y_0)|\leqslant F(x)$，故 $\int_a^{+\infty} f(x,y_0)\mathrm{d}x$ 收敛．

任给 $\varepsilon>0$．由于 $\int_a^{+\infty}F(x)\mathrm{d}x<+\infty$，故可取定某 $b>a$，使 $\int_b^{+\infty}F(x)\mathrm{d}x<\frac{\varepsilon}{3}$．对此 b，又可取 $\delta>0$，使当 $0<|y-y_0|<\delta$ 时，恒有

$$\left|\int_a^b f(x,y)\mathrm{d}x-\int_a^b f(x,y_0)\mathrm{d}x\right|<\frac{\varepsilon}{3}.$$

于是，当 $0<|y-y_0|<\delta$ 时，恒有

$$\begin{aligned}&\left|\int_a^{+\infty} f(x,y)\mathrm{d}x-\int_a^{+\infty} f(x,y_0)\mathrm{d}x\right|\\ \leqslant&\left|\int_a^b f(x,y)\mathrm{d}x-\int_a^b f(x,y_0)\mathrm{d}x\right|+\int_b^{+\infty}|f(x,y)|\mathrm{d}x\\ &+\int_b^{+\infty}|f(x,y_0)|\mathrm{d}x\\ <&\frac{\varepsilon}{3}+\int_b^{+\infty}F(x)\mathrm{d}x+\int_b^{+\infty}F(x)\mathrm{d}x<\frac{\varepsilon}{3}+\frac{\varepsilon}{3}+\frac{\varepsilon}{3}=\varepsilon.\end{aligned}$$

由此可知，

$$\lim_{y\to y_0}\int_a^{+\infty} f(x,y)\mathrm{d}x=\int_a^{+\infty} f(x,y_0)\mathrm{d}x=\int_a^{+\infty}\lim_{y\to y_0}f(x,y)\mathrm{d}x.$$

证毕．

注 本题中应假定：对任何 $b>a$，$f(x,y)$ 关于 x 在 $[a,b]$ 上可积．

【3776】 利用积分符号与极限号互换，计算积分

$$\int_0^{+\infty} e^{-x^2}dx = \int_0^{+\infty} \lim_{n\to\infty}\left[\left(1+\frac{x^2}{n}\right)^{-n}\right]dx.$$

解 先证积分符号与极限号能互换. 事实上，(1) 函数 $\left(1+\frac{x^2}{n}\right)^{-n}$ 在 $0\leqslant x\leqslant A$ 上连续(任何 $A>0$)，故它在 $[0, A]$ 上可积；(2) 又 $\left(1+\frac{x^2}{n}\right)^{-n}$ 在 $[0, A]$ 上关于 n 为单调减小的，且 $\lim\limits_{n\to\infty}\left(1+\frac{x^2}{n}\right)^{-n}=e^{-x^2}$ 为连续函数，故按狄尼定理，当 $n\to\infty$ 时，函数 $\left(1+\frac{x^2}{n}\right)^{-n}$ 在 $[0, A]$ 上一致趋向于 e^{-x^2}；(3) 由于 $0<\left(1+\frac{x^2}{n}\right)^{-n}\leqslant\frac{1}{1+x^2}$ $(n=1,2,\cdots)$，且 $\int_0^{+\infty}\frac{dx}{1+x^2}=\frac{\pi}{2}<+\infty$，故积分 $\int_0^{+\infty}\left(1+\frac{x^2}{n}\right)^{-n}dx$ 关于 n 一致收敛. 因此，我们可以应用积分符号与极限号的互换定理 *)，从而，得

$$\int_0^{+\infty} e^{-x^2}dx = \lim_{n\to\infty}\int_0^{+\infty}\frac{dx}{\left(1+\frac{x^2}{n}\right)^n}.$$

而

$$\int_0^{+\infty}\frac{dx}{\left(1+\frac{x^2}{n}\right)^n}=\sqrt{n}\int_0^{+\infty}\frac{dt}{(1+t^2)^n}=\sqrt{n}I_n,$$

又由于

$$\begin{aligned}I_{n-1}&=\int_0^{+\infty}\frac{dt}{(1+t^2)^{n-1}}\\&=\frac{t}{(1+t^2)^{n-1}}\bigg|_0^{+\infty}+2(n-1)\int_0^{+\infty}\frac{t^2}{(1+t^2)^n}dt\\&=2(n-1)I_{n-1}-2(n-1)I_n,\end{aligned}$$

故得

$$I_n=\frac{2n-3}{2n-2}I_{n-1}.$$

又因 $I_1=\int_0^{+\infty}\frac{\mathrm{d}t}{1+t^2}=\frac{\pi}{2}$,将上式递推即得

$$I_n=\frac{1\cdot3\cdots(2n-3)}{2\cdot4\cdots(2n-2)}\ \frac{\pi}{2}=\frac{(2n-3)!!}{(2n-2)!!}\ \frac{\pi}{2}.$$

于是,

$$\int_0^{+\infty}\mathrm{e}^{-x^2}\mathrm{d}x=\lim_{n\to\infty}\frac{(2n-3)!!}{(2n-2)!!}\ \frac{\pi\sqrt{n}}{2}.$$

根据瓦里斯公式,我们有

$$\frac{\pi}{2}=\lim_{n\to\infty}\frac{[(2n)!!]^2}{(2n+1)[(2n-1)!!]^2}=\lim_{n\to\infty}\frac{[(2n-2)!!]^2}{(2n-1)[(2n-3)!!]^2}.$$

最后得

$$\int_0^{+\infty}\mathrm{e}^{-x^2}\mathrm{d}x=\frac{\pi}{2}\lim_{n\to\infty}\frac{(2n-3)!!\sqrt{n}}{(2n-2)!!}$$

$$=\frac{\pi}{2}\lim_{n\to\infty}\frac{(2n-3)!!\sqrt{2n-1}}{(2n-2)!!}\ \sqrt{\frac{n}{2n-1}}=\frac{\pi}{2}\ \sqrt{\frac{2}{\pi}}\ \sqrt{\frac{1}{2}}=\frac{\sqrt{\pi}}{2}.$$

*) 参看菲赫金哥尔茨著《微积分学教程》第二卷 480 目定理Ⅰ.

【3777】 证明:积分

$$F(a)=\int_0^{+\infty}\mathrm{e}^{-(x-a)^2}\mathrm{d}x$$

是参数 a 的连续函数.

证 $F(a)=\int_0^{+\infty}\mathrm{e}^{-(x-a)^2}\mathrm{d}x=\int_{-a}^{+\infty}\mathrm{e}^{-x^2}\mathrm{d}x$

$$=\int_{-a}^{0}\mathrm{e}^{-x^2}\mathrm{d}x+\int_0^{+\infty}\mathrm{e}^{-x^2}\mathrm{d}x=\int_0^{a}\mathrm{e}^{-x^2}\mathrm{d}x+\frac{\sqrt{\pi}}{2}.$$

由变上限积分的性质知,积分 $\int_0^a\mathrm{e}^{-x^2}\mathrm{d}x$ 是 $a(-\infty<a<+\infty)$

的连续函数，故 $F(a)$也是 $a(-\infty<a<+\infty)$的连续函数.

【3778】 求函数

$$F(a)=\int_0^{+\infty}\frac{\sin(1-a^2)x}{x}\mathrm{d}x$$

的不连续点.作出函数 $y=F(a)$的图形.

解 当 $1-a^2>0$ 即 $|a|<1$ 时，

$$F(a)=\int_0^{+\infty}\frac{\sin(1-a^2)x}{(1-a^2)x}\mathrm{d}[(1-a^2)x]=\int_0^{+\infty}\frac{\sin t}{t}\mathrm{d}t=\frac{\pi}{2}.$$

当 $1-a^2<0$ 即 $|a|>1$ 时，

$$F(a)=-\int_0^{+\infty}\frac{\sin(a^2-1)x}{(a^2-1)x}\mathrm{d}[(a^2-1)x]$$

$$=-\int_0^{+\infty}\frac{\sin t}{t}\mathrm{d}t=-\frac{\pi}{2}.$$

当 $1-a^2=0$ 即 $|a|=1$ 时，$F(a)=0$.

于是，$a=\pm1$ 为 $F(a)$不连续点.如图 7.2 所示

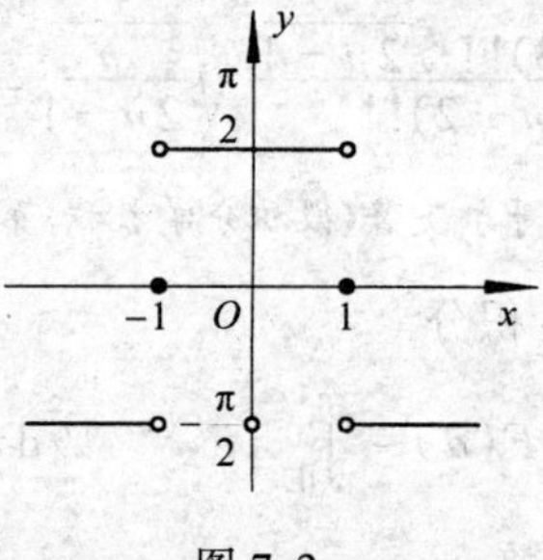

图 7.2

研究下列函数在所指定区间内的连续性：

【3779】 $F(\alpha)=\displaystyle\int_0^{+\infty}\frac{x\mathrm{d}x}{2+x^{\alpha}}$ 当 $\alpha>2$.

解 对于积分 $\displaystyle\int_1^{+\infty}\frac{x\mathrm{d}x}{2+x^{\alpha}}$.由于当 $x\geqslant1$ 时，

$$0<\frac{x}{2+x^{\alpha}}<\frac{x}{x^{\alpha}}\leqslant\frac{1}{x^{\alpha_0-1}},$$

其中 $\alpha\geqslant\alpha_0>2$，且积分 $\int_1^{+\infty}\frac{\mathrm{d}x}{x^{\alpha_0-1}}$ 收敛，故积分 $\int_1^{+\infty}\frac{x\,\mathrm{d}x}{2+x^{\alpha}}$ 对 $\alpha\geqslant\alpha_0$ 一致收敛，从而积分 $\int_0^{+\infty}\frac{x\,\mathrm{d}x}{2+x^{\alpha}}$ 对 $\alpha\geqslant\alpha_0$ 一致收敛．因此，$F(\alpha)$ 当 $\alpha\geqslant\alpha_0$ 时连续．由于 $\alpha_0>2$ 的任意性，故知 $F(\alpha)$ 当 $\alpha>2$ 时连续．

【3780】 $F(\alpha)=\int_1^{+\infty}\frac{\cos x}{x^{\alpha}}\mathrm{d}x$ 当 $\alpha>0$．

解 对于任何 $A>1$，均有

$$\left|\int_1^{A}\cos x\,\mathrm{d}x\right|\leqslant 2.$$

而函数 $\frac{1}{x^{\alpha}}$ 在 $x\geqslant1$，$\alpha>0$ 关于 x 单调递减，且由

$$0<\frac{1}{x^{\alpha}}\leqslant\frac{1}{x^{\alpha_0}}\quad(x\geqslant1,\alpha\geqslant\alpha_0>0)$$

知：当 $x\to+\infty$ 时 $\frac{1}{x^{\alpha}}$ 在 $\alpha\geqslant\alpha_0$ 时一致趋于零．因此，由迪里黑里判别法知，积分

$$\int_1^{+\infty}\frac{\cos x}{x^{\alpha}}\mathrm{d}x$$

对 $\alpha\geqslant\alpha_0>0$ 一致收敛．于是，函数 $F(\alpha)$ 当 $\alpha\geqslant\alpha_0$ 时连续．由 $\alpha_0>0$ 的任意性，故知 $F(\alpha)$ 当 $\alpha>0$ 时连续．

【3781】 $F(a)=\int_0^{\pi}\frac{\sin x}{x^{\alpha}(\pi-x)^{\alpha}}\mathrm{d}x$ 当 $0<\alpha<2$．

解 $$F(\alpha)=\int_0^{\frac{\pi}{2}}\frac{\sin x}{x^{\alpha}(\pi-x)^{\alpha}}\mathrm{d}x+\int_{\frac{\pi}{2}}^{\pi}\frac{\sin x}{x^{\alpha}(\pi-x)^{\alpha}}\mathrm{d}x$$

$$=\int_0^{\frac{\pi}{2}}\frac{\sin x}{x^{\alpha}(\pi-x)^{\alpha}}\mathrm{d}x-\int_{\frac{\pi}{2}}^{0}\frac{\sin(\pi-t)}{(\pi-t)^{\alpha}t^{\alpha}}\mathrm{d}t$$

$$=2\int_0^{\frac{\pi}{2}}\frac{\sin x}{x^{\alpha}(\pi-x)^{\alpha}}dx.$$

由于当 $0<\eta<1$, $0<\alpha_0\leqslant\alpha\leqslant\alpha_1<2$ 时,有

$$\int_0^{\eta}\frac{|\sin x|}{x^{\alpha}(\pi-x)^{\alpha}}dx\leqslant\left(\frac{2}{\pi}\right)^{\alpha}\int_0^{\eta}\frac{dx}{x^{\alpha-1}}$$

$$\leqslant\left(\frac{2}{\pi}\right)^{\alpha_0}\int_0^{\eta}\frac{dx}{x^{\alpha_1-1}}=\left(\frac{1}{\pi}\right)^{\alpha_0}\frac{1}{2-\alpha_1}\eta^{2-\alpha_1},$$

故对于任给的 $\varepsilon>0$,当

$$0<\eta<\delta=\min\left\{1,(2-\alpha_1)^{\frac{1}{2-\alpha_1}}\left(\frac{\pi}{2}\right)^{\frac{\alpha_0}{2-\alpha_1}}\varepsilon^{\frac{1}{2-\alpha_1}}\right\}$$

时,对一切 $\alpha_0\leqslant\alpha\leqslant\alpha_1$ 皆有

$$\left|\int_0^{\eta}\frac{\sin x}{x^{\alpha}(\pi-x)^{\alpha}}dx\right|\leqslant\int_0^{\eta}\frac{|\sin x|}{x^{\alpha}(\pi-x)^{\alpha}}dx<\varepsilon.$$

因此,瑕积分 $\int_0^{\frac{\pi}{2}}\frac{\sin x}{x^{\alpha}(\pi-x)^{\alpha}}dx$ 当 $\alpha_0\leqslant\alpha\leqslant\alpha_1$ 时一致收敛. 从而 $F(\alpha)$在 $\alpha_0\leqslant\alpha\leqslant\alpha_1$ 上连续. 由 $0<\alpha_0<\alpha_1<2$ 的任意性即知 $F(\alpha)$在 $0<\alpha<2$ 上连续.

【3782】 $F(\alpha)=\int_0^{+\infty}\frac{e^{-x}}{|\sin x|^{\alpha}}dx$ 当 $0<\alpha<1$.

解 $F(\alpha)=\sum_{n=0}^{\infty}\int_{n\pi}^{(n+1)\pi}\frac{e^{-x}}{|\sin x|^{\alpha}}dx=\sum_{n=0}^{\infty}\int_0^{\pi}\frac{e^{-(n\pi+t)}}{\sin^{\alpha}t}dt.$

当 $0<\alpha\leqslant\alpha_0<1$ 时,

$$\int_0^{\pi}\frac{e^{-(n\pi+t)}}{\sin^{\alpha}t}dt\leqslant e^{-n\pi}\int_0^{\pi}\frac{1}{\sin^{\alpha_0}t}dt.$$

显然,积分

$$\int_0^{\pi}\frac{dt}{\sin^{\alpha_0}t}=2\int_0^{\frac{\pi}{2}}\frac{dt}{\sin^{\alpha_0}t},$$

且 $\lim\limits_{t\to+0} t^{\alpha_0}\dfrac{1}{\sin^{\alpha_0}t}=1$，故它是收敛的．而级数 $\sum\limits_{n=1}^{\infty} e^{-n\pi}$ 为公比等于 $e^{-\pi}<1$ 的几何级数，它也收敛．于是，由外氏判别法知，级数

$$\sum_{n=0}^{\infty}\int_0^{\pi}\frac{e^{-(n\pi+t)}}{\sin^{\alpha}t}dt.$$

对 $0<\alpha\leqslant\alpha_0$ 一致收敛．从而，注意到被积函数是正的，即知积分

$$\int_0^{+\infty}\frac{e^{-x}}{|\sin x|^{\alpha}}dx$$

对 $0<\alpha\leqslant\alpha_0$ 一致收敛．因此，$F(\alpha)$ 在 $0<\alpha\leqslant\alpha_0$ 上连续．由 $\alpha_0<1$ 的任意性知，$F(\alpha)$ 当 $0<\alpha<1$ 时连续．

【3783】 $F(\alpha)=\int_0^{+\infty}\alpha e^{-x\alpha^2}dx$ 当 $-\infty<\alpha<+\infty$.

解 当 $\alpha\neq0$ 时，$F(\alpha)=-\dfrac{1}{\alpha}e^{-x\alpha^2}\Big|_0^{+\infty}=\dfrac{1}{\alpha}$，显然它是连续的．

当 $\alpha=0$ 时，$F(0)=\int_0^{+\infty}0\cdot e^{-0}dx=0$．于是，显见 $F(\alpha)$ 当 $\alpha=0$ 时不连续．

§3. 广义积分中的变量代换．广义积分号下的微分法及积分法

1° 对参数的微分法　若 1)函数 $f(x,y)$于域 $a\leqslant x<+\infty, y_1<y<y_2$ 内是连续的并对参数 y 可微分;2) $\int_a^{+\infty} f(x,y)dx$ 收敛;3) $\int_a^{+\infty} f'_y(x,y)dx$ 于区间(y_1,y_2)内一致收敛,则当 $y_1<y<y_2$ 时

$$\frac{d}{dy}\int_a^{+\infty} f(x,y)dx=\int_a^{+\infty} f'_y(x,y)dx \quad (\text{莱布尼兹法则}).$$

2° 对参数积分的公式　若 1)函数 $f(x,y)$当 $x\geqslant a$ 及 $y_1\leqslant y\leqslant y_2$ 时是连续的; 2) $\int_a^{+\infty} f(x,y)dx$ 在有穷的区间(y_1,y_2)内一致收敛,则

$$\int_{y_1}^{y_2} dy\int_a^{+\infty} f(x,y)dx=\int_a^{+\infty} dx\int_{y_1}^{y_2} f(x,y)dy. \qquad (1)$$

若 $f(x,y)\geqslant 0$,则公式(1)在假定等式(1)的一端有意义时,对于无穷的区间(y_1,y_2)也正确.

【3784】 利用公式

$$\int_0^1 x^{n-1}dx=\frac{1}{n} \quad (n>0),$$

计算积分 $I=\int_0^1 x^{n-1}\ln^m x\,dx$,其中 m 为自然数.

解 $\frac{dx^{n-1}}{dn}=x^{n-1}\ln x$ ($n>0$ 为任意实数).积分

$$\int_0^1 x^{n-1}\ln x\,dx \qquad (1)$$

对于 $n\geqslant n_0>0$ 为一致收敛.事实上,当 $0<x\leqslant 1$, $n\geqslant n_0>0$ 时,

$$|x^{n-1}\ln x|\leqslant -x^{n_0-1}\ln x,$$

而积分 $\int_0^1 x^{n_0-1}\ln x\,dx$ 显然收敛*）．因此，由外氏判别法即知，积分(1)对 $n\geqslant n_0>0$ 一致收敛．于是，积分

$$\int_0^1 x^{n-1}dx$$

对参数 $n\geqslant n_0$ 求导数时，积分号与导数符号可交换，即

$$\frac{d}{dn}\int_0^1 x^{n-1}dx=\int_0^1\frac{dx^{n-1}}{dn}dx=\int_0^1 x^{n-1}\ln x\,dx.$$

由 $n_0>0$ 的任意性知，上式对任意 $n>0$ 均成立．

同理对 n 逐次求导数，也可在积分号下求导数，即

$$\frac{d^2}{dn^2}\int_0^1 x^{n-1}dx=\int_0^1\frac{d}{dn}(x^{n-1}\ln x)dx=\int_0^1 x^{n-1}\ln^2 x\,dx$$

$$\vdots$$

由数学归纳法，可得

$$\frac{d^m}{dn^m}\int_0^1 x^{n-1}dx=\int_0^1 x^{n-1}\ln^m x\,dx.$$

但是，$\int_0^1 x^{n-1}dx=\frac{1}{n}\ (n>0)$，故有

$$\frac{d^m}{dx^m}\int_0^1 x^{n-1}dx=\frac{(-1)^m m!}{n^{m+1}}.$$

从而得 $\int_0^1 x^{n-1}\ln^m x\,dx=\frac{(-1)^m m!}{n^{m+1}}$.

*） 利用 2362 题的结果．

【3785】 利用公式

$$\int_0^{+\infty}\frac{dx}{x^2+a}=\frac{\pi}{2\sqrt{a}}\quad(a>0),$$

计算积分

$$I=\int_0^{+\infty}\frac{dx}{(x^2+a)^{n+1}}\quad(\text{其中 } n \text{ 为自然数}).$$

解 $\frac{\partial}{\partial a}\left(\frac{1}{x^2+a}\right)=-\frac{1}{(x^2+a)^2}$. 积分

$$\int_0^{+\infty}\frac{\mathrm{d}x}{(x^2+a)^2} \tag{1}$$

对 $a \geqslant a_0>0$ 一致收敛. 事实上, 当 $x \geqslant 0, a \geqslant a_0>0$ 时,

$$\frac{1}{(x^2+a)^2} \leqslant \frac{1}{(x^2+a_0)^2},$$

而积分 $\int_0^{+\infty}\frac{\mathrm{d}x}{(x^2+a_0)^2}$ 显然收敛. 因此, 由外氏判别法知, 积分 (1) 当 $a \geqslant a_0>0$ 时一致收敛. 于是, 利用莱布尼兹法则, 即得

$$\frac{\mathrm{d}}{\mathrm{d}a}\int_0^{+\infty}\frac{\mathrm{d}x}{x^2+a}=\int_0^{+\infty}\frac{\partial}{\partial a}\left(\frac{1}{x^2+a}\right)\mathrm{d}x=-\int_0^{+\infty}\frac{\mathrm{d}x}{(x^2+a)^2}.$$

由 $a_0>0$ 的任意性知, 上式对一切 $a>0$ 均成立.

同理对积分 $\int_0^{+\infty}\frac{\mathrm{d}x}{x^2+a}$ 逐次求导数, 得

$$\frac{\mathrm{d}^n}{\mathrm{d}a^n}\int_0^{+\infty}\frac{\mathrm{d}x}{x^2+a}=(-1)^n n!\int_0^{+\infty}\frac{\mathrm{d}x}{(x^2+a)^{n+1}}.$$

但是,

$$\frac{\mathrm{d}}{\mathrm{d}a}\int_0^{+\infty}\frac{\mathrm{d}x}{x^2+a}=\frac{\mathrm{d}}{\mathrm{d}a}\left(\frac{\pi}{2\sqrt{a}}\right)=-\frac{\pi}{2^2}\frac{1}{\sqrt{a^3}},$$

$$\frac{\mathrm{d}^2}{\mathrm{d}a^2}\int_0^{+\infty}\frac{\mathrm{d}x}{x^2+a}=\frac{\mathrm{d}}{\mathrm{d}a}\left(-\frac{\pi}{2^2}\frac{1}{\sqrt{a^3}}\right)=\frac{1\cdot 3\pi}{2^3}\frac{1}{\sqrt{a^5}},$$

$$\vdots$$

由数学归纳法, 可得

$$\frac{\mathrm{d}^n}{\mathrm{d}a^n}\int_0^{+\infty}\frac{\mathrm{d}x}{x^2+a}=\frac{(2n-1)!!\pi}{2^{n+1}}(-1)^n\cdot a^{-\left(n+\frac{1}{2}\right)},$$

最后得 $I=\frac{\pi}{2}\frac{(2n-1)!!}{(2n)!!}a^{-\left(n+\frac{1}{2}\right)}$.

【3786】 证明:迪里黑里积分

$$I(\alpha)=\int_0^{+\infty}\frac{\sin\alpha x}{x}\,dx$$

当 $\alpha\neq0$ 时有导函数,但不能用莱布尼兹法则来求它.

证 当 $\alpha>0$ 时,令 $\alpha x=y$,得

$$I(\alpha)=\int_0^{+\infty}\frac{\sin y}{y}dy=\frac{\pi}{2}.$$

当 $\alpha<0$ 时,$I(\alpha)=-I(-\alpha)=-\frac{\pi}{2}$.于是,当 $\alpha\neq0$ 时,$I'(\alpha)=0$.

但是,如果利用莱布尼兹法则来求,即得错误的结果.事实上,积分

$$\int_0^{+\infty}\frac{\partial}{\partial\alpha}\left(\frac{\sin\alpha x}{x}\right)dx=\int_0^{+\infty}\cos\alpha x\,dx$$

发散,而 $I'(\alpha)=0(\alpha\neq0)$存在,因此,本题不能应用莱布尼兹法则求 $I'(\alpha)$.

【3787】 证明:函数

$$F(\alpha)=\int_0^{+\infty}\frac{\cos x}{1+(x+\alpha)^2}\,dx$$

在区域 $-\infty<\alpha<+\infty$ 内连续并且可微分的.

证 设 α_0 为$(-\infty,+\infty)$内任意一点.记 $M=\max(|\alpha_0-1|,|\alpha_0+1|)$,则当 $x>M$,$\alpha\in(\alpha_0-1,\alpha_0+1)$时,恒有

$$\left|\frac{\cos x}{1+(x+\alpha)^2}\right|\leqslant\frac{1}{1+(x-M)^2},$$

$$\left|\frac{\partial}{\partial\alpha}\left[\frac{\cos x}{1+(x+\alpha)^2}\right]\right|=\left|\frac{2(x+\alpha)\cos x}{[1+(x+\alpha)^2]^2}\right|\leqslant\frac{2}{1+(x-M)^2}.$$

由于积分$\int_0^{+\infty}\frac{dx}{1+(x-M)^2}$收敛,故积分

$$\int_0^{+\infty}\frac{\cos x}{1+(x+\alpha)^2}dx \quad 及 \quad \int_0^{+\infty}\frac{\partial}{\partial\alpha}\left[\frac{\cos x}{1+(x+\alpha)^2}\right]dx$$

在(α_0-1,α_0+1)内一致收敛.从而,$F(\alpha)$在(α_0-1,α_0+1)内连续且可微分,且可在积分号下求导数.由α_0的任意性,即知$F(\alpha)$在$(-\infty,+\infty)$内连续且可微分.

【3788】 从等式

$$\frac{e^{-ax}-e^{-bx}}{x}=\int_a^b e^{-xy}dy$$

出发,计算积分

$$\int_0^{+\infty}\frac{e^{-ax}-e^{-bx}}{x}dx \quad (a>0,b>0).$$

解 不妨设$a<b$,注意到e^{-xy}在域:$x\geqslant 0,a\leqslant y\leqslant b$上连续.又积分$\int_0^{+\infty}e^{-xy}dx$对$a\leqslant y\leqslant b$是一致收敛的.事实上,当$x\geqslant 0,a\leqslant y\leqslant b$,时,$0<e^{-xy}\leqslant e^{-ax}$,但积分$\int_0^{+\infty}e^{-ax}dx$收敛.故积分$\int_0^{+\infty}e^{-xy}dx$是一致收敛的.于是,利用对参数的积分公式,即得

$$\int_0^{+\infty}dx\int_a^b e^{-xy}dy=\int_a^b dy\int_0^{+\infty}e^{-xy}dx.$$

上式左端为$\int_0^{+\infty}\frac{e^{-ax}-e^{bx}}{x}dx$,右端为$\int_a^b\frac{dy}{y}=\ln\frac{b}{a}$.从而得

$$\int_0^{+\infty}\frac{e^{-ax}-e^{-bx}}{x}dx=\ln\frac{b}{a} \quad (a>0,b>0).$$

【3789】 证明:傅茹兰公式

$$\int_0^{+\infty}\frac{f(ax)-f(bx)}{x}dx=f(0)\ln\frac{b}{a} \quad (a>0,b>0),$$

式中$f(x)$为连续函数及积分$\int_A^{+\infty}\frac{f(x)}{x}dx$对任何的$A>0$都有意义.

证 对任何的 $A>0$, 有

$$\int_A^{+\infty}\frac{f(ax)-f(bx)}{x}\mathrm{d}x=\int_A^{+\infty}\frac{f(ax)}{x}\mathrm{d}x-\int_A^{+\infty}\frac{f(bx)}{x}\mathrm{d}x$$

$$=\int_{Aa}^{+\infty}\frac{f(t)}{t}\mathrm{d}t-\int_{Ab}^{+\infty}\frac{f(t)}{t}\mathrm{d}t=\int_{Aa}^{Ab}\frac{f(t)}{t}\mathrm{d}t=f(\xi)\int_{Aa}^{Ab}\frac{\mathrm{d}t}{t}$$

$$=f(\xi)\ln\frac{b}{a}\quad(Aa<\xi<Ab).$$

当 $A\to+0$ 时, $\xi\to+0$. 由 $f(x)$在点 $x=0$ 的连续性, 即得

$$\int_0^{+\infty}\frac{f(ax)-f(bx)}{x}\mathrm{d}x=f(0)\ln\frac{b}{a}.$$

利用傅茹兰公式, 计算积分:

【3790】 $\displaystyle\int_0^{+\infty}\frac{\cos ax-\cos bx}{x}\mathrm{d}x\quad(a>0,b>0).$

解 由于 $\cos x$ 在$[0,+\infty)$内连续, 且对任何 $A>0$, 积分 $\displaystyle\int_A^{+\infty}\frac{\cos x}{x}\mathrm{d}x$ 存在, 故由傅茹兰公式, 有

$$\int_0^{+\infty}\frac{\cos ax-\cos bx}{x}\mathrm{d}x=\cos 0\cdot\ln\frac{b}{a}=\ln\frac{b}{a}.$$

【3791】 $\displaystyle\int_0^{+\infty}\frac{\sin ax-\sin bx}{x}\mathrm{d}x\quad(a>0,b>0).$

解 同 3790 题, 由于 $\sin 0=0$, 故

$$\int_0^{+\infty}\frac{\sin ax-\sin bx}{x}\mathrm{d}x=0.$$

【3792】 $\displaystyle\int_0^{+\infty}\frac{\arctan ax-\arctan bx}{x}\mathrm{d}x\quad(a>0,b>0).$

解 令 $f(x)=\dfrac{\pi}{2}-\arctan x$, 则 $f(x)$在 $0\leqslant x<+\infty$上连续.

由于 $f(x)>0$ 且(利用洛比塔法则)

$$\lim_{x\to+\infty} x^2\frac{f(x)}{x}=\lim_{x\to+\infty}\frac{\frac{\pi}{2}-\arctan x}{x^{-1}}=\lim_{x\to+\infty}\frac{-\frac{1}{1+x^2}}{-\frac{1}{x^2}}=1,$$

故对任何 $A>0$, 积分 $\int_A^{+\infty}\frac{f(x)}{x}dx$ 都收敛. 因此, 由傅茹兰公式, 有

$$\int_0^{+\infty}\frac{\left(\frac{\pi}{2}-\arctan ax\right)-\left(\frac{\pi}{2}-\arctan bx\right)}{x}dx=\frac{\pi}{2}\ln\frac{b}{a},$$

故

$$\int_0^{+\infty}\frac{\arctan ax-\arctan bx}{x}dx=\frac{\pi}{2}\ln\frac{a}{b}.$$

利用对参数的微分法计算下列积分:

【3793】 $\int_0^{+\infty}\frac{e^{-\alpha x^2}-e^{-\beta x^2}}{x}dx\quad(\alpha>0,\beta>0)$.

解 由于

$$\lim_{x\to+0}\frac{e^{-\alpha x^2}-e^{-\beta x^2}}{x}=\lim_{x\to+0}\frac{-2\alpha x e^{-\alpha x^2}+2\beta x e^{-\beta x^2}}{1}=0,$$

故 $x=0$ 不是瑕点. 又由于

$$\lim_{x\to+\infty} x^2\cdot\frac{e^{-\alpha x^2}-e^{-\beta x^2}}{x}=\lim_{x\to+\infty}\left(\frac{x}{e^{\alpha x^2}}-\frac{x}{e^{\beta x^2}}\right)=0,$$

故对任何 $\alpha>0,\beta>0$ 积分 $\int_0^{+\infty}\frac{e^{-\alpha x^2}-e^{-\beta x^2}}{x}dx$ 都收敛. 今将 $\beta>0$ 固定, 而把所求积分视为含参变量 $\alpha(\alpha>0)$的积分, 即令

$$I(\alpha)=\int_0^{+\infty}\frac{e^{-\alpha x^2}-e^{-\beta x^2}}{x}dx\quad(\alpha>0).$$

而

$$\int_0^{+\infty}\frac{\partial}{\partial\alpha}\left(\frac{e^{-\alpha x^2}-e^{-\beta x^2}}{x}\right)dx=-\int_0^{+\infty}xe^{-\alpha x^2}dx.$$

下证右端积分在 $\alpha\geqslant\alpha_0>0$ 时一致收敛. 事实上, 当 $\alpha\geqslant\alpha_0$, $0\leqslant x<+\infty$时, $0\leqslant xe^{-\alpha x^2}\leqslant xe^{-\alpha_0 x^2}$, 而积分 $\int_0^{+\infty}xe^{-\alpha_0 x^2}dx=\frac{1}{2\alpha_0}$ 收敛, 故积分 $\int_0^{+\infty}xe^{-\alpha x^2}dx$ 在 $\alpha\geqslant\alpha_0$ 时一致收敛. 因此, 当 $\alpha\geqslant\alpha_0$ 时, 可在积分号下对参数求导数:

$$I'(\alpha)=-\int_0^{+\infty}xe^{-\alpha x^2}dx=-\frac{1}{2\alpha}.$$

由 $\alpha_0>0$ 的任意性知, 上式对一切 $\alpha>0$ 皆成立. 积分之, 得

$$I(\alpha)=-\frac{1}{2}\ln\alpha+C\quad(0<\alpha<+\infty),$$

其中 C 为待定的常数. 在此式中令 $\alpha=\beta$, 并注意到,

$$I(\beta)=\int_0^{+\infty}\frac{e^{-\beta x^2}-e^{-\beta x^2}}{x}dx=0,$$

即得 $0=I(\beta)=-\frac{1}{2}\ln\beta+C$, 由此知 $C=\frac{1}{2}\ln\beta$. 于是,

$$I(\alpha)=-\frac{1}{2}\ln\alpha+\frac{1}{2}\ln\beta=\frac{1}{2}\ln\frac{\beta}{\alpha}\quad(\alpha>0),$$

即

$$\int_0^{+\infty}\frac{e^{-\alpha x^2}-e^{-\beta x^2}}{x}dx=\frac{1}{2}\ln\frac{\beta}{\alpha}\quad(\alpha>0,\beta>0).$$

注 本题中, 实际应考察积分 $I(\alpha)=\int_0^{+\infty}f(x,\alpha)dx$, 其中

$$f(x,\alpha)=\begin{cases}\dfrac{e^{-\alpha x^2}-e^{-\beta x^2}}{x}, & \text{当 } 0<x<+\infty \text{ 时},\\ 0, & \text{当 } x=0 \text{ 时}.\end{cases}$$

易知 $f(x,\alpha)$是 $0\leqslant x<+\infty$, $0<\alpha<+\infty$ 上的连续函数($\beta>0$ 固定). 我

们证明:

$$f'_\alpha(x,\alpha)=-x\mathrm{e}^{-\alpha x^2}\quad(0\leqslant x<+\infty,0<\alpha<+\infty).$$

事实上,当 $0<x<+\infty$ 时,此式显然成立.由于 $f(0,\alpha)\equiv 0(0<\alpha<+\infty)$,故 $f'_\alpha(0,\alpha)=0\ (0<\alpha<+\infty)$. 因此,上式当 $x=0$ 时也成立. $f'_\alpha(x,\alpha)$ 显然是 $0\leqslant x<+\infty$, $0<\alpha<+\infty$ 上的连续函数.

在以下许多题中,我们都应作此理解,但不必写出 $f(x,\alpha)$. 函数 $\dfrac{\mathrm{e}^{-\alpha x^2}-\mathrm{e}^{-\beta x^2}}{x}$ 就代表 $f(x,\alpha)$($x=0$ 时规定其函数值为其极限值0),而公式

$$\frac{\partial}{\partial\alpha}\left(\frac{\mathrm{e}^{-\alpha x^2}-\mathrm{e}^{-\beta x^2}}{x}\right)=-x\mathrm{e}^{-\alpha x^2}$$

当 $x=0$ 时也成立(如上述).这样,才严格符合莱布尼兹法则(积分号下求导数)的条件.

另外,本题若利用逐次积分来作可更简单一些.今作如下:易知(不妨设 $\alpha<\beta$)

$$\frac{\mathrm{e}^{-\alpha x^2}-\mathrm{e}^{-\beta x^2}}{x}=\int_\alpha^\beta x\mathrm{e}^{-yx^2}\mathrm{d}y,$$

而积分 $\int_0^{+\infty}x\mathrm{e}^{-yx^2}\mathrm{d}x$ 当 $\alpha\leqslant y\leqslant\beta$ 时一致收敛(因为 $0\leqslant x\mathrm{e}^{-yx^2}\leqslant x\mathrm{e}^{-\alpha x^2}$,而 $\int_0^{+\infty}x\mathrm{e}^{-\alpha x^2}\mathrm{d}x$ 收敛),故可交换积分次序,得

$$\int_0^{+\infty}\frac{\mathrm{e}^{-\alpha x^2}-\mathrm{e}^{-\beta x^2}}{x}\mathrm{d}x=\int_0^{+\infty}\mathrm{d}x\int_\alpha^\beta x\mathrm{e}^{-yx^2}\mathrm{d}y$$

$$=\int_\alpha^\beta\mathrm{d}y\int_0^{+\infty}x\mathrm{e}^{-yx^2}\mathrm{d}x=\int_\alpha^\beta\frac{\mathrm{d}y}{2y}=\frac{1}{2}\ln\frac{\beta}{\alpha}.$$

【3794】 $\displaystyle\int_0^{+\infty}\left(\frac{\mathrm{e}^{-\alpha x}-\mathrm{e}^{-\beta x}}{x}\right)^2\mathrm{d}x\quad(\alpha>0,\beta>0).$

解 由于

$$\lim_{x\to+0}\frac{\mathrm{e}^{-\alpha x}-\mathrm{e}^{-\beta x}}{x}=\lim_{x\to+0}\frac{-\alpha\mathrm{e}^{-\alpha x}+\beta\mathrm{e}^{-\beta x}}{x}=\beta-\alpha,$$

故 $x=0$ 不是瑕点.又由于

$$\lim_{x\to+\infty} x^2\left(\frac{e^{-\alpha x}-e^{-\beta x}}{x}\right)^2=0,$$

故积分 $\int_0^{+\infty}\left(\frac{e^{-\alpha x}-e^{-\beta x}}{x}\right)^2 dx$ 收敛($\alpha>0,\beta>0$).

同样,将 $\beta>0$ 固定考虑含参变量 α 的积分:

$$I(\alpha)=\int_0^{+\infty}\left(\frac{e^{-\alpha x}-e^{-\beta x}}{x}\right)^2 dx\quad(\alpha>0).$$

由于

$$\int_0^{+\infty}\frac{\partial}{\partial\alpha}\left(\frac{e^{-\alpha x}-e^{-\beta x}}{x}\right)^2 dx=-2\int_0^{+\infty}\frac{e^{-2\alpha x}-e^{-(\alpha+\beta)x}}{x}dx$$

$$=-2\ln\frac{\alpha+\beta}{2\alpha}^{*)}\quad(\alpha>0).$$

而当 $\alpha\geqslant\alpha_0>0,1\leqslant x<+\infty$ 时,$\left|\frac{e^{-2\alpha x}-e^{-(\alpha+\beta)x}}{x}\right|\leqslant\frac{2e^{-\alpha_0 x}}{x}$,且 $\int_1^{+\infty}\frac{e^{-\alpha_0 x}}{x}dx$ 收敛(因为 $\lim\limits_{x\to+\infty}x^2\frac{e^{-\alpha_0 x}}{x}=0$),故 $\int_1^{+\infty}\frac{e^{-2\alpha x}-e^{-(\alpha+\beta)x}}{x}dx$ 当 $\alpha\geqslant\alpha_0$ 时一致收敛,从而,$\int_0^{+\infty}\frac{e^{-2\alpha x}-e^{-(\alpha+\beta)x}}{x}dx$ 当 $\alpha\geqslant\alpha_0$ 时一致收敛(注意,因为 $\lim\limits_{x\to+0}\frac{e^{-2\alpha x}-e^{-(\alpha+\beta)x}}{x}=\beta-\alpha$,故 $x=0$ 不是瑕点).因此,根据莱布尼兹法则,当 $\alpha\geqslant\alpha_0$ 时可在积分号下求导数:

$$I'(\alpha)=\int_0^{+\infty}\frac{\partial}{\partial\alpha}\left(\frac{e^{-\alpha x}-e^{-\beta x}}{x}\right)^2 dx=-2\ln\frac{\alpha+\beta}{2\alpha}.$$

由 $\alpha_0>0$ 的任意性知,上式对一切 $\alpha>0$ 皆成立.积分之,并注意到

$$\int\ln\frac{\alpha+\beta}{2\alpha}d\alpha=\alpha\ln\frac{\alpha+\beta}{2\alpha}+\beta\ln(\alpha+\beta)+C,$$

即得

$$I(\alpha)=-2\alpha\ln\frac{\alpha+\beta}{2\alpha}-2\beta\ln(\alpha+\beta)+C_1,$$

其中 C_1 是待定常数.令 $\alpha=\beta$,则由于 $I(\beta)=0$,得

$$0=-2\beta\ln\frac{2\beta}{2\beta}-2\beta\ln2\beta+C_1,$$

故 $C_1=2\beta\ln2\beta$.于是,得

$$I(\alpha)=\ln\left(\frac{2\alpha}{\alpha+\beta}\right)^{2\alpha}-2\beta\ln(\alpha+\beta)+2\beta\ln2\beta$$

$$=\ln\frac{(2\alpha)^{2\alpha}(2\beta)^{2\beta}}{(\alpha+\beta)^{2\alpha+2\beta}},$$

即

$$\int_0^{+\infty}\left(\frac{e^{-\alpha x}-e^{-\beta x}}{x}\right)^2dx=\ln\frac{(2\alpha)^{2\alpha}(2\beta)^{2\beta}}{(\alpha+\beta)^{2\alpha+2\beta}}\quad(\alpha>0,\beta>0)$$

*) 利用 3788 题的结果.

【3795】 $\int_0^{+\infty}\frac{e^{-\alpha x}-e^{-\beta x}}{x}\sin mx\,dx\quad(\alpha>0,\beta>0)$.

解 当 $m=0$ 时,$\int_0^{+\infty}\frac{e^{-\alpha x}-e^{-\beta x}}{x}\sin mx\,dx=0$,故下设 $m\neq0$.由于

$$\lim_{x\to+0}\frac{e^{-\alpha x}-e^{-\beta x}}{x}\sin mx=0,$$

故 $x=0$ 不是瑕点,从而被积函数在域:$0\leqslant x<+\infty$ 及 $\alpha>0$,$\beta>0$内连续($x=0$ 时的函数值理解为极限值).又由于

$$\left|\frac{e^{-\alpha x}-e^{-\beta x}}{x}\sin mx\right|<\frac{e^{-\alpha x}-e^{-\beta x}}{x}\quad(x>0),$$

而积分 $\int_1^{+\infty}\frac{e^{-\alpha x}-e^{-\beta x}}{x}dx$ 收敛,故积分 $\int_1^{+\infty}\frac{e^{-\alpha x}-e^{-\beta x}}{x}\sin mx\,dx$ 收敛,从而积分 $\int_0^{+\infty}\frac{e^{-\alpha x}-e^{-\beta x}}{x}\sin mx\,dx$ 收敛.当 $\alpha\geqslant\alpha_0>0$

时，积分

$$\int_0^{+\infty}\frac{\partial}{\partial\alpha}\left(\frac{e^{-\alpha x}-e^{-\beta x}}{x}\sin mx\right)dx=-\int_0^{+\infty}e^{-\alpha x}\sin mx\,dx$$

是一致收敛的．事实上，

$$|e^{-\alpha x}\sin mx|\leqslant e^{-\alpha_0 x}\quad(x\geqslant 0),$$

而积分 $\int_0^{+\infty}e^{-\alpha_0 x}dx=\frac{1}{\alpha_0}$ 收敛．于是，对于积分

$$I(\alpha)=\int_0^{+\infty}\frac{e^{-\alpha x}-e^{-\beta x}}{x}\sin mx\,dx$$

当 $\alpha\geqslant\alpha_0$ 时可应用莱布尼兹法则，得

$$I'(\alpha)=-\int_0^{+\infty}e^{-\alpha x}\sin mx\,dx=-\frac{m}{\alpha^2+m^2}\ ^{*)}.$$

由 $\alpha_0>0$ 的任意性知，上式对一切 $\alpha>0$ 均成立．从而

$$I(\alpha)=-\int\frac{m}{\alpha^2+m^2}d\alpha=-\arctan\frac{\alpha}{m}+C,$$

其中 C 是待定常数．令 $\alpha=\beta$，则得

$$I(\beta)=0=-\arctan\frac{\beta}{m}+C,$$

故 $C=\arctan\frac{\beta}{m}$．最后得

$$\int_0^{+\infty}\frac{e^{-\alpha x}-e^{-\beta x}}{x}\sin mx\,dx=\arctan\frac{\beta}{m}-\arctan\frac{\alpha}{m}\quad(m\neq 0).$$

*) 利用 1829 题的结果．

【3796】 $\int_0^{+\infty}\frac{e^{-\alpha x}-e^{-\beta x}}{x}\cos mx\,dx\quad(\alpha>0,\beta>0).$

解 同 3795 题，我们可证明：当 $\alpha\geqslant\alpha_0>0$ 时，对积分

$$I(\alpha)=\int_0^{+\infty}\frac{e^{-\alpha x}-e^{-\beta x}}{x}\cos mx\,dx$$

可应用莱布尼兹法则,得

$$I'(\alpha)=\int_0^{+\infty}\frac{\partial}{\partial\alpha}\left(\frac{e^{-\alpha x}-e^{-\beta x}}{x}\cos mx\right)dx$$

$$=-\int_0^{+\infty}e^{-\alpha x}\cos mx\,dx=-\frac{\alpha}{\alpha^2+m^2}^{*)}.$$

由 $\alpha_0>0$ 的任意性知,上式对一切 $\alpha>0$ 均成立.从而

$$I(\alpha)=-\int\frac{\alpha\,d\alpha}{\alpha^2+m^2}=-\frac{1}{2}\ln(\alpha^2+m^2)+C.$$

其中 C 是待定常数.令 $\alpha=\beta$,则得

$$I(\beta)=0=-\frac{1}{2}\ln(\beta^2+m^2)+C,$$

故 $C=\frac{1}{2}\ln(\beta^2+m^2)$.最后得

$$\int_0^{+\infty}\frac{e^{-\alpha x}-e^{-\beta x}}{x}\cos mx\,dx=\frac{1}{2}\ln\frac{\beta^2+m^2}{\alpha^2+m^2}\quad(\alpha>0,\beta>0).$$

*) 利用 1828 题的结果.

计算下列积分:

【3797】 $\int_0^1\frac{\ln(1-\alpha^2x^2)}{x^2\sqrt{1-x^2}}dx\quad(|\alpha|\leqslant 1)$.

解 由于

$$\lim_{x\to+0}\frac{\ln(1-\alpha^2x^2)}{x^2\sqrt{1-x^2}}=\lim_{x\to+0}\frac{\ln(1-\alpha^2x^2)}{x^2}=\lim_{x\to+0}\frac{-\frac{2\alpha^2x}{1-\alpha^2x^2}}{2x}$$

$$=-\alpha^2,$$

故 $x=0$ 不是瑕点.从而被积函数在域:$0\leqslant x<1$ 及 $|\alpha|\leqslant 1$ 内连续($x=0$ 时的函数值理解为极限值).又由于当 $|\alpha|\leqslant 1$ 时,

$$\left|\frac{\ln(1-\alpha^2x^2)}{x^2\sqrt{1-x^2}}\right|\leqslant-\frac{\ln(1-x^2)}{x^2\sqrt{1-x^2}}\quad(0<x<1),$$

而积分 $\int_0^1 \frac{\ln(1-x^2)}{x^2\sqrt{1-x^2}}dx$ 收敛$\left(\text{因为} \lim_{x\to 1-0}(1-x)^{\frac{2}{3}}\cdot\frac{\ln(1-x^2)}{x^2\sqrt{1-x^2}}\right.$ $\left.=\lim_{x\to 1-0}(1-x)^{\frac{1}{6}}\cdot\frac{\ln(1-x^2)}{x^2\sqrt{1+x}}=0\right)$，故积分 $\int_0^1 \frac{\ln(1-\alpha^2x^2)}{x^2\sqrt{1-x}}dx$ 对 $|\alpha|\leqslant 1$ 一致收敛．从而为 α 的连续函数 $(-1\leqslant\alpha\leqslant 1)$．另一方面，易知积分

$$\int_0^1 \frac{\partial}{\partial\alpha}\left[\frac{\ln(1-\alpha^2x^2)}{x^2\sqrt{1-x^2}}\right]dx=-2\alpha\int_0^1\frac{dx}{(1-\alpha^2x^2)\sqrt{1-x^2}}$$

对 $|\alpha|\leqslant\alpha_0<1$ 一致收敛．事实上，

$$\left|\frac{-2\alpha}{(1-\alpha^2x^2)\sqrt{1-x^2}}\right|\leqslant\frac{2}{1-\alpha_0^2}\frac{1}{\sqrt{1-x^2}}\quad(0\leqslant x<1),$$

而积分 $\int_0^1\frac{dx}{\sqrt{1-x^2}}=\frac{\pi}{2}$ 收敛．于是，对积分

$$I(\alpha)=\int_0^1\frac{\ln(1-\alpha^2x^2)}{x^2\sqrt{1-x^2}}dx$$

当 $|\alpha|\leqslant\alpha_0$ 时可应用莱布尼兹法则，得

$$I'(\alpha)=-2\alpha\int_0^1\frac{dx}{(1-\alpha^2x^2)\sqrt{1-x^2}}.$$

由 $\alpha_0<1$ 的任意性知，上式对一切 $|\alpha|<1$ 均成立．先求不定积分

$$I_1=\int\frac{dx}{(1-\alpha^2x^2)\sqrt{1-x^2}}$$

作代换 $x=\sin t$，易得

$$I_1=\int\frac{dt}{1-\alpha^2\sin^2t}=\frac{1}{2}\left(\int\frac{dt}{1-\alpha\sin t}+\int\frac{dt}{1+\alpha\sin t}\right).$$

再对右端两个积分作代换 $u=\tan\frac{t}{2}$，可得

$$\int\frac{\mathrm{d}t}{1-\alpha\sin t}=\frac{2}{\sqrt{1-\alpha^2}}\arctan\left(\frac{\tan\frac{t}{2}-\alpha}{\sqrt{1-\alpha^2}}\right)+C_1,$$

$$\int\frac{\mathrm{d}t}{1+\alpha\sin t}=\frac{2}{\sqrt{1-\alpha^2}}\arctan\left(\frac{\tan\frac{t}{2}+\alpha}{\sqrt{1-\alpha^2}}\right)+C_2.$$

从而,

$$\begin{aligned}I'(\alpha)&=-2\alpha\int_0^{\frac{\pi}{2}}\frac{1}{2}\left(\frac{1}{1-\alpha\sin t}+\frac{1}{1+\alpha\sin t}\right)\mathrm{d}t\\&=-\frac{2\alpha}{\sqrt{1-\alpha^2}}\left[\arctan\left(\frac{\tan\frac{t}{2}-\alpha}{\sqrt{1-\alpha^2}}\right)+\arctan\left(\frac{\tan\frac{t}{2}+\alpha}{\sqrt{1-\alpha^2}}\right)\right]\Bigg|_0^{\frac{\pi}{2}}\\&=-\frac{\pi\alpha}{\sqrt{1-\alpha^2}}\quad(|\alpha|<1).\end{aligned}$$

两端积分,得

$$I(\alpha)=-\pi\int\frac{\alpha\mathrm{d}\alpha}{\sqrt{1-\alpha^2}}=\pi\sqrt{1-\alpha^2}+C\quad(|\alpha|<1).$$

其中 C 是待定常数. 令 $\alpha=0$, 得

$$I(0)=0=\pi+C,$$

故 $C=-\pi$, 从而

$$I(\alpha)=-\pi(1-\sqrt{1-\alpha^2})\quad(|\alpha|<1).$$

在此式两端令 $\alpha\to1-0$ 及 $\alpha\to-1+0$ 取极限, 并注意到 $I(\alpha)$ 在 $-1\leqslant\alpha\leqslant1$ 上的连续性, 即得

$$I(1)=I(-1)=-\pi.$$

于是, 当 $|\alpha|\leqslant1$ 时,

$$\int_0^1\frac{\ln(1-\alpha^2x^2)}{x^2\sqrt{1-x^2}}\mathrm{d}x=-\pi(1-\sqrt{1-\alpha^2}).$$

【3798】 $\int_0^1 \frac{\ln(1-\alpha^2x^2)}{\sqrt{1-x^2}}$ $(|\alpha|\leqslant 1)$.

解 同 3797 题，我们可以证明：

$$I(\alpha)=\int_0^1 \frac{\ln(1-\alpha^2x^2)}{\sqrt{1-x^2}}\mathrm{d}x$$

当 $-1\leqslant\alpha\leqslant 1$ 时连续，且当 $|\alpha|\leqslant\alpha_0<1$ 时可应用莱布尼兹法则．于是，

$$I'(\alpha)=\int_0^1 \frac{\partial}{\partial\alpha}\left[\frac{\ln(1-\alpha^2x^2)}{\sqrt{1-x^2}}\right]\mathrm{d}x=\int_0^1 \frac{-2\alpha x^2}{(1-\alpha^2x^2)\sqrt{1-x^2}}\mathrm{d}x$$

$$=\frac{2}{\alpha}\int_0^1 \frac{(1-\alpha^2x^2)-1}{(1-\alpha^2x^2)\sqrt{1-x^2}}\mathrm{d}x$$

$$=\frac{2}{\alpha}\int_0^1 \frac{\mathrm{d}x}{\sqrt{1-x^2}}-\frac{2}{\alpha}\int_0^1 \frac{\mathrm{d}x}{(1-\alpha^2x^2)\sqrt{1-x^2}}$$

$$=\frac{2}{\alpha}\,\frac{\pi}{2}-\frac{2}{\alpha}\,\frac{\pi}{\sqrt{1-\alpha^2}}=\frac{\pi}{\alpha}-\frac{\pi}{\alpha\sqrt{1-\alpha^2}}\quad(|\alpha|\leqslant\alpha_0,\ \alpha\neq 0).$$

由 $\alpha_0<1$ 的任意性知，上式对一切 $0<|\alpha|<1$ 均成立．积分得

$$I(\alpha)=\int\left(\frac{\pi}{\alpha}-\frac{\pi}{\alpha\sqrt{1-\alpha^2}}\right)\mathrm{d}\alpha=\pi\ln|\alpha|+\pi\ln\left|\frac{1+\sqrt{1-\alpha^2}}{\alpha}\right|+C$$

$$=\pi\ln(1+\sqrt{1-\alpha^2})+C,$$

其中 $|\alpha|<1$，$\alpha\neq 0$，C 为待定常数．令 $\alpha\to 0$，并注意到 $I(\alpha)$ 在 $\alpha=0$ 的连续性，即得

$$I(0)=0=\pi\ln 2+C,$$

故 $C=-\pi\ln 2$，从而得

$$I(\alpha)=\pi\ln\frac{1+\sqrt{1-\alpha^2}}{2}\quad(|\alpha|<1).$$

在上式中令 $\alpha\to 1-0$ 及 $\alpha\to -1+0$，并注意到 $I(\alpha)$ 在 $-1\leqslant\alpha\leqslant 1$ 上的连续性，即知上式当 $\alpha=\pm 1$ 时也成立，即

$$\int_0^1 \frac{\ln(1-\alpha^2 x^2)}{\sqrt{1-x^2}}\mathrm{d}x = \pi\ln\frac{1+\sqrt{1-\alpha^2}}{2} \quad (|\alpha|\leqslant 1).$$

【3799】 $\displaystyle\int_1^{+\infty}\frac{\arctan\alpha x}{x^2\sqrt{x^2-1}}\mathrm{d}x$.

解 设 $I(\alpha)=\displaystyle\int_1^{+\infty}\frac{\arctan\alpha x}{x^2\sqrt{x^2-1}}\mathrm{d}x$. 显然有 $I(0)=0$. 当 $\alpha>0$ 时，由于 $\displaystyle\lim_{x\to+\infty}x^3\frac{\arctan\alpha x}{x^2\sqrt{x^2-1}}=\frac{\pi}{2}$，故 $I(\alpha)$ 收敛. 其次，易知积分

$$\int_1^{+\infty}\frac{\partial}{\partial\alpha}\left(\frac{\arctan\alpha x}{x^2\sqrt{x^2-1}}\right)\mathrm{d}x$$

$$=\int_1^{+\infty}\frac{\mathrm{d}x}{x(1+\alpha^2x^2)\sqrt{x^2-1}}=\int_0^1\frac{t^2\mathrm{d}t}{\sqrt{1-t^2}(t^2+\alpha^2)}$$

对 $\alpha\geqslant 0$ 一致收敛. 事实上，当 $\alpha\geqslant 0$, $0\leqslant t<1$, 时，有

$$\left|\frac{t^2}{\sqrt{1-t^2}(t^2+\alpha^2)}\right|\leqslant\frac{1}{\sqrt{1-t^2}},$$

且 $\displaystyle\int_0^1\frac{\mathrm{d}t}{\sqrt{1-t^2}}$ 收敛. 于是，可应用莱布尼兹法则，得

$$I'(\alpha)=\int_1^{+\infty}\frac{\partial}{\partial\alpha}\left(\frac{\arctan\alpha x}{x^2\sqrt{x^2-1}}\right)\mathrm{d}x=\int_0^1\frac{t^2\mathrm{d}t}{\sqrt{1-t^2}(t^2+\alpha^2)}$$

$$=\int_0^1\frac{(t^2+\alpha^2)-\alpha^2}{\sqrt{1-t^2}(t^2+\alpha^2)}\mathrm{d}t=\int_0^1\frac{\mathrm{d}t}{\sqrt{1-t^2}}-\alpha^2\int_0^1\frac{\mathrm{d}t}{\sqrt{1-t^2}(t^2+\alpha^2)}$$

$$=\frac{\pi}{2}-\alpha^2\frac{\pi}{2\alpha\sqrt{\alpha^2+1}}=\frac{\pi}{2}-\frac{\alpha\pi}{2\sqrt{1+\alpha^2}} \quad (\alpha\geqslant 0).$$

从而有

$$I(\alpha)=\frac{\pi}{2}\alpha-\frac{\pi}{2}\int\frac{\alpha\mathrm{d}\alpha}{\sqrt{1+\alpha^2}}=\frac{\pi}{2}\alpha-\frac{\pi}{2}\sqrt{1+\alpha^2}+C \quad (\alpha\geqslant 0),$$

其中 C 为待定常数. 令 $\alpha=0$，得

$$I(0)=0=-\frac{\pi}{2}+C,$$

故 $C=\frac{\pi}{2}$. 于是, 当 $\alpha\geqslant 0$ 时,

$$\int_1^{+\infty}\frac{\arctan\alpha x}{x^2\sqrt{x^2-1}}\mathrm{d}x=\frac{\pi}{2}(1+\alpha-\sqrt{1+\alpha^2}).$$

当 $\alpha<0$ 时,

$$\begin{aligned}\int_1^{+\infty}\frac{\arctan\alpha x}{x^2\sqrt{x^2-1}}\mathrm{d}x &= -\int_1^{+\infty}\frac{\arctan(-\alpha)x}{x^2\sqrt{x^2-1}}\mathrm{d}x\\ &=-\frac{\pi}{2}(1-\alpha-\sqrt{1+\alpha^2}).\end{aligned}$$

于是, 当 $-\infty<\alpha<\infty$ 时,

$$\int_1^{+\infty}\frac{\arctan\alpha x}{x^2\sqrt{x^2-1}}\mathrm{d}x=\frac{\pi}{2}(1+|\alpha|-\sqrt{1+\alpha^2})\operatorname{sgn}\alpha.$$

【3800】 $\int_0^{+\infty}\frac{\ln(\alpha^2+x^2)}{\beta^2+x^2}\mathrm{d}x$.

解 我们首先计算积分

$$I_\beta(\alpha)=\int_0^{+\infty}\frac{\ln(1+\alpha^2x^2)}{\beta^2+x^2}\mathrm{d}x\quad(\alpha\geqslant 0\text{ 是参数}, \beta>0\text{ 固定}).$$

首先注意, 此积分当 $0\leqslant\alpha\leqslant\alpha_1$($\alpha_1>0$ 为任何有限数)时一致收敛. 事实上, 当 $0\leqslant\alpha\leqslant\alpha_1$ 时,

$$0\leqslant\frac{\ln(1+\alpha^2x^2)}{\beta^2+x^2}\leqslant\frac{\ln(1+\alpha_1^2x^2)}{\beta^2+x^2}\quad(0\leqslant x<+\infty),$$

而积分

$$\int_0^{+\infty}\frac{\ln(1+\alpha_1^2x^2)}{\beta^2x^2}\mathrm{d}x$$

收敛(因为易知 $\lim\limits_{x\to+\infty}x^{\frac{3}{2}}\frac{\ln(1+\alpha_1^2x^2)}{\beta^2+x^2}=0$). 于是, $I_\beta(\alpha)$ 是 $0\leqslant\alpha\leqslant\alpha_1$ 上的连续函数. 由 $\alpha_1>0$ 的任意性知, $I_\beta(\alpha)$ 当 $0\leqslant\alpha<+\infty$ 时

连续.

其次，易证积分

$$\int_0^{+\infty}\frac{\partial}{\partial\alpha}\left[\frac{\ln(1+\alpha^2x^2)}{\beta^2+x^2}\right]\mathrm{d}x$$

$$=\int_0^{+\infty}\frac{2\alpha x^2}{(\beta^2+x^2)(1+\alpha^2x^2)}\mathrm{d}x=\frac{\pi}{\alpha\beta+1}$$

当 $0<\alpha_0\leqslant\alpha\leqslant\alpha_1$ 时是一致收敛的.事实上，此时

$$0\leqslant\frac{2\alpha x^2}{(\beta^2+x^2)(1+\alpha^2x^2)}\leqslant\frac{2\alpha_1x^2}{(\beta^2+x^2)(1+\alpha_0^2x^2)}$$

$$(0\leqslant x<+\infty),$$

而积分 $\int_0^{+\infty}\frac{2\alpha_1x^2}{(\beta^2+x^2)(1+\alpha_0^2x^2)}\mathrm{d}x$ 收敛.于是，根据莱布尼兹法则，当 $0\leqslant\alpha_0\leqslant\alpha\leqslant\alpha_1$ 时，可在积分号下求导数，得

$$I_\beta'(\alpha)=\frac{\pi}{\alpha\beta+1}.$$

由 α_1 与 α_0 的任意性知，上式对一切 $0<\alpha<+\infty$ 均成立.两端积分，得

$$I_\beta(\alpha)=\frac{\pi}{\beta}\ln(1+\alpha\beta)+C\quad(0<\alpha<+\infty),$$

其中 C 是某常数.在此式中令 $\alpha\to+0$ 取极限，并注意到 $I_\beta(\alpha)$ 在 $0\leqslant\alpha<+\infty$ 上连续，得

$$0=I_\beta(0)=0+C,$$

故 $C=0$.因此

$$I_\beta(\alpha)=\frac{\pi}{\beta}\ln(1+\alpha\beta)\quad(0\leqslant\alpha<+\infty).$$

对于所求积分，只要作适当变形即得.当 $\alpha>0,\beta>0$ 时，有

$$\int_0^{+\infty}\frac{\ln(\alpha^2+x^2)}{\beta^2+x^2}\mathrm{d}x=\int_0^{+\infty}\frac{2\ln\alpha+\ln\left(1+\frac{1}{\alpha^2}x^2\right)}{\beta^2+x^2}\mathrm{d}x$$

$$=2\ln\alpha\int_0^{+\infty}\frac{dx}{\beta^2+x^2}+\int_0^{+\infty}\frac{\ln\left(1+\frac{1}{\alpha^2}x^2\right)}{\beta^2+x^2}dx$$

$$=\frac{\pi\ln\alpha}{\beta}+\frac{\pi}{\beta}\ln\left(1+\frac{\beta}{\alpha}\right)=\frac{\pi}{\beta}\ln(\alpha+\beta).$$

此式当 $\alpha=0$ 时也成立,只要在两端令 $\alpha\to+0$ 取极限即可.这是因为积分 $J(\alpha)=\int_0^{+\infty}\frac{\ln(\alpha^2+x^2)}{\beta^2+x^2}dx$ ($\beta>0$ 固定)当 $0\leqslant\alpha\leqslant\frac{1}{2}$ 时一致收敛(易知 $\int_0^{\frac{1}{2}}\frac{\ln(\alpha^2+x^2)}{\beta^2+x^2}dx$ 与 $\int_{\frac{1}{2}}^{+\infty}\frac{\ln(\alpha^2+x^2)}{\beta^2+x^2}dx$ 当 $0\leqslant\alpha\leqslant\frac{1}{2}$ 时都一致收敛,事实上,

$$\left|\frac{\ln(\alpha^2+x^2)}{\beta^2+x^2}\right|\leqslant-\frac{2\ln x}{\beta^2+x^2}\quad\left(0<x\leqslant\frac{1}{2},0\leqslant\alpha\leqslant\frac{1}{2}\right),$$

而 $\int_0^{\frac{1}{2}}\frac{\ln x}{\beta^2+x^2}$ 收敛;

$$0\leqslant\frac{\ln(\alpha^2+x^2)}{\beta^2+x^2}\leqslant\frac{\ln\left(\frac{1}{4}+x^2\right)}{\beta^2+x^2}\quad\left(\frac{1}{2}\leqslant x<+\infty,0\leqslant\alpha\leqslant\frac{1}{2}\right),$$

而 $\int_{\frac{1}{2}}^{+\infty}\frac{\ln\left(\frac{1}{4}+x^2\right)}{\beta^2+x^2}$ 收敛,故 $J(\alpha)$ 在点 $\alpha=0$(右)连续.

对于任意的 α 与 $\beta(\beta\neq0)$,有

$$\int_0^{+\infty}\frac{\ln(\alpha^2+x^2)}{\beta^2+x^2}dx=\int_0^{+\infty}\frac{\ln(|\alpha|^2+x^2)}{|\beta|^2+x^2}dx$$

$$=\frac{\pi}{|\beta|}\ln(|\alpha|+|\beta|).$$

注意,当 $\beta=0$ 时上式不成立,右端无意义,左端的积分 $\int_0^{+\infty}\frac{\ln(\alpha^2+x^2)}{x^2}dx$ 易知是发散的.

【3801】 $\int_0^{+\infty}\frac{\arctan\alpha x\cdot\arctan\beta x}{x^2}\mathrm{d}x$.

解 先设 $\alpha\geqslant0,\beta\geqslant0$. 显然 $x=0$ 不是瑕点,因为

$$\lim_{x\to+0}\frac{\arctan\alpha x\cdot\arctan\beta x}{x^2}=\alpha\beta.$$

由于当 $\alpha\geqslant0,\beta\geqslant0$ 时,

$$\left|\frac{\arctan\alpha x\cdot\arctan\beta x}{x^2}\right|<\frac{\pi^2}{4}\frac{1}{x^2}\quad(1\leqslant x<+\infty).$$

而积分 $\int_1^{+\infty}\frac{\mathrm{d}x}{x^2}\mathrm{d}x$ 收敛,故积分 $\int_1^{+\infty}\frac{\arctan\alpha x\cdot\arctan\beta x}{x^2}\mathrm{d}x$ 在 $\alpha\geqslant0,\beta\geqslant0$ 时一致收敛,从而积分 $\int_0^{+\infty}\frac{\arctan\alpha x\cdot\arctan\beta x}{x^2}\mathrm{d}x$ 也在 $\alpha\geqslant0,\beta\geqslant0$ 时一致收敛. 因此,函数

$$I(\alpha,\beta)=\int_0^{+\infty}\frac{\arctan\alpha x\cdot\arctan\beta x}{x^2}\mathrm{d}x$$

是 $\alpha\geqslant0,\beta\geqslant0$ 上的二元连续函数. 再考察两个积分

$$J(\alpha,\beta)=\int_0^{+\infty}\frac{\partial}{\partial\alpha}\left(\frac{\arctan\alpha x\cdot\arctan\beta x}{x^2}\right)\mathrm{d}x=\int_0^{+\infty}\frac{\arctan\beta x}{x(1+\alpha^2x^2)}\mathrm{d}x,$$

$$K(\alpha,\beta)=\int_0^{+\infty}\frac{\partial}{\partial\beta}\left[\frac{\arctan\beta x}{x(1+\alpha^2x^2)}\right]\mathrm{d}x=\int_0^{+\infty}\frac{\mathrm{d}x}{(1+\alpha^2x^2)(1+\beta^2x^2)}.$$

由于当 $\alpha\geqslant\alpha_0>0,\beta\geqslant0$ 时 $\left|\frac{\arctan\beta x}{x(1+\alpha^2x^2)}\right|<\frac{\pi}{2}\frac{1}{x(1+\alpha_0^2x^2)}$ $(1\leqslant x<+\infty)$, 而积分 $\int_1^{+\infty}\frac{\mathrm{d}x}{x(1+\alpha_0^2x^2)}$ 收敛, 故积分 $\int_1^{+\infty}\frac{\arctan\beta x}{x(1+\alpha^2x^2)}\mathrm{d}x$ 当 $\alpha\geqslant\alpha_0$, $\beta\geqslant0$ 时一致收敛, 从而积分 $\int_0^{+\infty}\frac{\arctan\beta x}{x(1+\alpha^2x^2)}\mathrm{d}x$ 当 $\alpha\geqslant\alpha_0$, $\beta\geqslant0$ 时也一致收敛(因为 $\lim\limits_{x\to+0}\frac{\arctan\beta x}{x(1+\alpha^2x^2)}=\beta$,故 $x=0$ 不是瑕点). 因此, $J(\alpha,\beta)$ 当 $\alpha\geqslant$

$\alpha_0,\beta\geqslant 0$ 时连续,并且此时 $I(\alpha,\beta)$ 可在积分号下对 α 求导数,得

$$I'_\alpha(\alpha,\beta)=\int_0^{+\infty}\frac{\arctan\beta x}{x(1+\alpha^2x^2)}\mathrm{d}x=J(\alpha,\beta).\qquad(1)$$

由 $\alpha_0>0$ 的任意性知,(1)式对一切 $\alpha>0,\beta\geqslant 0$ 成立;并且 $J(\alpha,\beta)$ 是 $\alpha>0,\beta\geqslant 0$ 上的二元连续函数.

其次,由于当 $\beta\geqslant\beta_0>0,\alpha>0$ 时,

$$0<\frac{1}{(1+\alpha^2x^2)(1+\beta^2x^2)}\leqslant\frac{1}{1+\beta_0^2x^2}\quad(0\leqslant x<+\infty),$$

而积分 $\int_0^{+\infty}\frac{\mathrm{d}x}{1+\beta_0^2x^2}$ 收敛,故积分 $\int_0^{+\infty}\frac{\mathrm{d}x}{(1+\alpha^2x^2)(1+\beta^2x^2)}$ 当 $\beta\geqslant\beta_0,\alpha>0$ 时一致收敛. 因此, $K(\alpha,\beta)$ 是 $\alpha>0,\beta\geqslant\beta_0$ 上的连续函数,并且(1)式中的积分当 $\beta\geqslant\beta_0(\alpha>0)$ 时可在积分号下对 β 求导数,得

$$\begin{aligned}I''_{\alpha\beta}(\alpha,\beta)=J'_\beta(\alpha,\beta)&=\int_0^{+\infty}\frac{\mathrm{d}x}{(1+\alpha^2x^2)(1+\beta^2x^2)}\\&=\frac{\alpha^2}{\alpha^2-\beta^2}\int_0^{+\infty}\frac{\mathrm{d}x}{1+\alpha^2x^2}-\frac{\beta^2}{\alpha^2-\beta^2}\int_0^{+\infty}\frac{\mathrm{d}x}{1+\beta^2x^2}\\&=\frac{\alpha\pi}{2(\alpha^2-\beta^2)}-\frac{\beta\pi}{2(\alpha^2-\beta^2)}=\frac{\pi}{2(\alpha+\beta)},\end{aligned}$$

由 $\beta_0>0$ 的任意性知,对任何 $\alpha>0,\beta>0$ 均有

$$I''_{\alpha\beta}(\alpha,\beta)=J'_\beta(\alpha,\beta)=\frac{\pi}{2(\alpha+\beta)}.\qquad(2)$$

(注意,在推导此式时应设 $\alpha\neq\beta$,因为推导过程中分母内有 $\alpha^2-\beta^2$. 但由于 $K(\alpha,\beta)$ 是 $\alpha>0,\beta>0$ 上的连续函数,故通过取极限即知(2)式当 $\alpha=\beta$ 时也成立). 在(2)式中固定 $\alpha>0$,对 β 积分,得

$$I'_\alpha(\alpha,\beta)=J(\alpha,\beta)=\frac{\pi}{2}\ln(\alpha+\beta)+C(\alpha)\quad(0<\beta<+\infty),$$

其中 $C(\alpha)$是依赖于 α 的常数. 在此式中令 $\beta\to+0$, 并注意到 $J(\alpha,\beta)$在 $\alpha>0,\beta\geqslant0$ 上连续, 得

$$0=J(\alpha,0)=\lim_{\beta\to+0}J(\alpha,\beta)=\frac{\pi}{2}\ln\alpha+C(\alpha),$$

故 $C(\alpha)=-\frac{\pi}{2}\ln\alpha$. 因此,

$$I'_\alpha(\alpha,\beta)=\frac{\pi}{2}\ln\frac{\alpha+\beta}{\alpha}\quad(\alpha>0,\beta>0).$$

再固定 $\beta>0$, 对 α 积分(右端利用分部积分法), 得

$$I(\alpha,\beta)=\frac{\pi}{2}\alpha\ln\frac{\alpha+\beta}{\alpha}+\frac{\pi}{2}\beta\ln(\alpha+\beta)+C^*(\beta),$$

其中 $C^*(\beta)$是依赖于 β 的常数. 在此式中令 $\alpha\to+0$, 并注意到 $I(\alpha,\beta)$在 $\alpha\geqslant0,\beta\geqslant0$ 上连续, 得

$$0=I(0,\beta)=\lim_{\alpha\to+0}I(\alpha,\beta)=\frac{\pi}{2}\beta\ln\beta+C^*(\beta),$$

故 $C^*(\beta)=-\frac{\pi}{2}\beta\ln\beta$, 于是,

$$I(\alpha,\beta)=\frac{\pi}{2}\ln\frac{(\alpha+\beta)^{\alpha+\beta}}{\alpha^\alpha\beta^\beta}\quad(\alpha>0,\beta>0).$$

显然, 对于任何 α 与β, 有

$$\int_0^{+\infty}\frac{\arctan\alpha x\cdot\arctan\beta x}{x^2}\mathrm{d}x$$

$$=\begin{cases}\operatorname{sgn}(\alpha\beta)\cdot\frac{\pi}{2}\ln\frac{(|\alpha|+|\beta|)^{|\alpha|+|\beta|}}{|\alpha|^{|\alpha|}\cdot|\beta|^{|\beta|}}, & \text{当 } \alpha\beta\neq0 \text{ 时};\\ 0, & \text{当 } \alpha\beta=0 \text{ 时}.\end{cases}$$

【3802】 $\displaystyle\int_0^{+\infty}\frac{\ln(1+\alpha^2x^2)\ln(1+\beta^2x^2)}{x^4}\mathrm{d}x$.

解 先设 $\alpha\geqslant0,\beta\geqslant0$. 首先, 注意 $x=0$ 不是瑕点, 因为

$$\lim_{x\to+0}\frac{\ln(1+\alpha^2x^2)\ln(1+\beta^2x^2)}{x^4}=\alpha^2\beta^2.$$

由于当 $0\leqslant\alpha\leqslant\alpha_1, 0\leqslant\beta\leqslant\beta_1$ 时, 恒有

$$0\leqslant\frac{\ln(1+\alpha^2x^2)\ln(1+\beta^2x^2)}{x^4}\leqslant\frac{\ln(1+\alpha_1^2x^2)\ln(1+\beta_1^2x^2)}{x^4}$$

而

$$\int_0^{+\infty}\frac{\ln(1+\alpha_1^2x^2)\ln(1+\beta_1^2x^2)}{x^4}dx$$

收敛 (因为 $\lim\limits_{x\to+\infty}x^2\frac{\ln(1+\alpha_1^2x^2)\ln(1+\beta_1^2x^2)}{x^4}=0$), 故积分 $\int_0^{+\infty}\frac{\ln(1+\alpha^2x^2)\ln(1+\beta^2x^2)}{x^4}dx$ 当 $0\leqslant\alpha\leqslant\alpha_1, 0\leqslant\beta\leqslant\beta_1$ 时一致收敛. 因此, 函数

$$I(\alpha,\beta)=\int_0^{+\infty}\frac{\ln(1+\alpha^2x^2)\ln(1+\beta^2x^2)}{x^4}dx \tag{1}$$

是 $0\leqslant\alpha\leqslant\alpha_1, 0\leqslant\beta\leqslant\beta_1$, 上的二元连续函数. 由 $\alpha_1>0, \beta_1>0$, 的任意性知, $I(\alpha,\beta)$ 是 $\alpha\geqslant0, \beta\geqslant0$ 上的二元连续函数. 再考察两个积分

$$J(\alpha,\beta)=\int_0^{+\infty}\frac{\partial}{\partial\alpha}\left[\frac{\ln(1+\alpha^2x^2)\ln(1+\beta^2x^2)}{x^4}\right]dx$$
$$=\int_0^{+\infty}\frac{2\alpha\ln(1+\beta^2x^2)}{x^2(1+\alpha^2x^2)}dx \tag{2}$$

$$K(\alpha,\beta)=\int_0^{+\infty}\frac{\partial}{\partial\beta}\left[\frac{2\alpha\ln(1+\beta^2x^2)}{x^2(1+\alpha^2x^2)}\right]dx$$
$$=\int_0^{+\infty}\frac{4\alpha\beta}{(1+\alpha^2x^2)(1+\beta^2x^2)}dx$$
$$=\frac{2\pi\alpha\beta}{\alpha+\beta}\quad(\alpha>0, \beta>0). \tag{3}$$

由于当 $0<\alpha_0\leqslant\alpha\leqslant\alpha_1, 0\leqslant\beta\leqslant\beta_1$, 时, 恒有

$$0\leqslant\frac{2\alpha\ln(1+\beta^2x^2)}{x^2(1+\alpha^2x^2)}\leqslant\frac{2\alpha_1\ln(1+\beta_1^2x^2)}{x^2(1+\alpha_0^2x^2)}\quad(0<x<+\infty).$$

而易知积分 $\int_0^{+\infty}\frac{2\alpha_1\ln(1+\beta_1^2x^2)}{x^2(1+\alpha_0^2x^2)}\mathrm{d}x$ 收敛,故(2)式中的积分在 $0<\alpha_0\leqslant\alpha\leqslant\alpha_1, 0\leqslant\beta\leqslant\beta_1$ 上一致收敛. 由此可知, $J(\alpha,\beta)$ 是 $\alpha_0\leqslant\alpha\leqslant\alpha_1, 0\leqslant\beta\leqslant\beta_1$ 上的连续函数,并且在其上(1)中的积分可在积分号下对 α 求导数,得

$$I'_\alpha(\alpha,\beta)=\int_0^{+\infty}\frac{2\alpha\ln(1+\beta^2x^2)}{x^2(1+\alpha^2x^2)}\mathrm{d}x=J(\alpha,\beta).\qquad(4)$$

由 $\alpha_1>\alpha_0>0$ 及 $\beta_1>0$ 的任意性知, $J(\alpha,\beta)$ 是 $\alpha>0,\beta\geqslant0$ 上的连续函数,并且(4)式对一切 $\alpha>0,\beta\geqslant0$ 都成立.

其次,当 $0<\alpha\leqslant\alpha_1, 0<\beta_0\leqslant\beta\leqslant\beta_1$ 时,恒有

$$0<\frac{4\alpha\beta}{(1+\alpha^2x^2)(1+\beta^2x^2)}\leqslant\frac{4\alpha_1\beta_1}{1+\beta_0^2x^2}\quad(0<x<+\infty),$$

而积分 $\int_0^{+\infty}\frac{4\alpha_1\beta_1}{1+\beta_0^2x^2}\mathrm{d}x$ 收敛,故(3)式中的积分在 $0<\alpha\leqslant\alpha_1$, $0<\beta_0\leqslant\beta\leqslant\beta_1$ 上一致收敛. 于是,在其上(2)式中的积分可在积分号下对 β 求导数,得

$$I''_{\alpha\beta}(\alpha,\beta)=J'_\beta(\alpha,\beta)=\int_0^{+\infty}\frac{4\alpha\beta}{(1+\alpha^2x^2)(1+\beta^2x^2)}\mathrm{d}x$$

$$=\frac{\pi\alpha\beta}{\alpha+\beta}.\qquad(5)$$

由 $\alpha_1>0,\beta_1>\beta_0>0$ 的任意性知,(5)式对一切 $\alpha>0,\beta>0$ 都成立. (5)式两端对 β 积分之($\alpha>0$ 固定),得

$$I'_\alpha(\alpha,\beta)=J(\alpha,\beta)=2\pi\alpha\beta-2\pi\alpha^2\ln(\alpha+\beta)+C(\alpha)$$

$$(0<\beta<+\infty),$$

其中 $C(\alpha)$ 是依赖于 α 的常数. 在此式中令 $\beta\to+0$, 取极限, 并

注意到 $J(\alpha,\beta)$在 $\alpha>0,\beta\geqslant0$,上连续,得

$$0=J(\alpha,0)=\lim_{\beta\to+0}J(\alpha,\beta)=-2\pi\alpha^2\ln\alpha+C(\alpha),$$

故 $C(\alpha)=2\pi\alpha^2\ln\alpha$．因此,

$$I'_\alpha(\alpha,\beta)=2\pi\alpha\beta-2\pi\alpha^2\ln(\alpha+\beta)+2\pi\alpha^2\ln\alpha\quad(\alpha>0,\beta>0).$$

两端再对 α 积分($\beta>0$ 固定),得

$$\begin{aligned}I(\alpha,\beta)=&\pi\alpha^2\beta-\frac{2}{3}\pi\alpha^3\ln(\alpha+\beta)+\frac{2\pi}{9}(\alpha+\beta)^3-\pi\alpha^2\beta\\&-\frac{2}{3}\pi\beta^3\ln(\alpha+\beta)+\frac{2}{3}\pi\alpha^3\ln\alpha-\frac{2\pi}{9}\alpha^3+C^*(\beta)\\&\qquad(0<\alpha<+\infty),\end{aligned}$$

其中 $C^*(\beta)$是依赖于 β 的常数．在此式两端令 $\alpha\to+0$ 取极限,并注意到 $I(\alpha,\beta)$在 $\alpha\geqslant0,\beta\geqslant0$ 上连续,得

$$0=I(0,\beta)=\lim_{\alpha\to+0}I(\alpha,\beta)=\frac{2\pi}{9}\beta^3-\frac{2}{3}\alpha\beta^3\ln\beta+C^*(\beta),$$

故 $C^*(\beta)=-\frac{2}{9}\pi\beta^3+\frac{2}{3}\pi\beta^3\ln\beta$．于是,

$$\begin{aligned}I(\alpha,\beta)=&-\frac{2}{3}\pi(\alpha^3+\beta^3)\ln(\alpha+\beta)+\frac{2\pi}{9}(\alpha+\beta)^3-\frac{2\pi}{9}\alpha^3\\&-\frac{2}{9}\pi\beta^3+\frac{2}{3}\pi(\alpha^3\ln\alpha+\beta^3\ln\beta)\\=&\frac{2\pi}{3}[\alpha\beta(\alpha+\beta)+\alpha^3\ln\alpha+\beta^3\ln\beta-(\alpha^3+\beta^3)\ln(\alpha+\beta)]\\&\qquad(\alpha>0,\beta>0).\end{aligned}$$

因此,对任意的 α,β 有

$$\int_0^{+\infty}\frac{\ln(1+\alpha^2x^2)\ln(1+\beta^2x^2)}{x^4}dx$$

$$=\begin{cases}\frac{2\pi}{3}[|\alpha\beta|(|\alpha|+|\beta|)+|\alpha|^3\ln|\alpha|+|\beta|^3\ln|\beta|\\\qquad-(|\alpha|^3+|\beta|^3)\ln(|\alpha|+|\beta|)], & \text{当 }\alpha\beta\neq0\text{ 时};\\0, & \text{当 }\alpha\beta=0\text{ 时}.\end{cases}$$

【3803】 从公式

$$I^2=\int_0^{+\infty} e^{-x^2}dx\int_0^{+\infty} xe^{-x^2y^2}dy$$

出发,计算尤拉—普阿桑积分

$$I=\int_0^{+\infty} e^{-x^2}dx.$$

解 在积分 $I=\int_0^{+\infty} e^{-x^2}dx$ 中令 $x=ut$,其中 u 为任意正数,即得

$$I=u\int_0^{+\infty} e^{-u^2t^2}dt.$$

在上式两端乘以 $e^{-u^2}du$,再对 u 从 0 到 $+\infty$ 积分,得

$$I^2=\int_0^{+\infty} e^{-u^2}du\int_0^{+\infty} ue^{-u^2t^2}dt. \qquad (1)$$

由于被积函数 $ue^{-(1+t^2)u^2}$ 是非负的连续函数,并且积分

$$\int_0^{+\infty} e^{-(1+t^2)u^2}u\,du=\frac{1}{2(1+t^2)}$$

及

$$\int_0^{+\infty} e^{-(1+t^2)u^2}u\,dt=e^{-u^2}I$$

分别对于 t 及 u 是连续的,积分互换后的逐次积分显然存在.于是,(1)式中的积分顺序可以互换 *),并且有

$$I^2=\int_0^{+\infty}dt\int_0^{+\infty} e^{-(1+t^2)u^2}u\,du=\frac{1}{2}\int_0^{+\infty}\frac{dt}{1+t^2}=\frac{\pi}{4}.$$

由于 $I>0$,故

$$I=\int_0^{+\infty} e^{-x^2}dx=\frac{\sqrt{\pi}}{2}.$$

*) 参看菲赫金哥尔茨著《微积分学教程》第二卷 483 目定理Ⅴ的系理.

利用尤拉—普阿桑积分,求下列积分之值:

【3804】 $\int_{-\infty}^{+\infty} e^{-(ax^2+2bx+c)}dx \quad (a>0, ac-b^2>0)^{*)}$.

解 $$\int_{-\infty}^{+\infty} e^{-(ax^2+2bx+c)}dx = \int_{-\infty}^{+\infty} e^{-\frac{1}{a}[(ax+b)^2+ac-b^2]}dx$$

$$= e^{\frac{b^2-ac}{a}}\int_{-\infty}^{+\infty} e^{-\frac{1}{a}(ax+b)^2}dx = e^{\frac{b^2-ac}{a}}\int_{-\infty}^{+\infty}\frac{1}{\sqrt{a}}e^{-t^2}dt$$

$$= \frac{2}{\sqrt{a}}e^{\frac{b^2-ac}{a}}\int_0^{+\infty} e^{-t^2}dt = \frac{2}{\sqrt{a}}e^{\frac{b^2-ac}{a}}\cdot\frac{\sqrt{\pi}}{2} = \sqrt{\frac{\pi}{a}}e^{\frac{b^2-ac}{a}}.$$

*) 只要假定 $a>0$,条件 $ac-b^2>0$ 可去掉.

【3805】 $\int_{-\infty}^{+\infty}(a_1x^2+2b_1x+c_1)e^{-(ax^2+2bx+c)}dx$

$(a>0, ac-b^2>0)^{*)}$.

解 设$\frac{1}{\sqrt{a}}(ax+b)=t$,则 $x=\frac{\sqrt{a}t-b}{a}$.代入得

$$\int_{-\infty}^{+\infty}(a_1x^2+2b_1x+c_1)e^{-(ax^2+2bx+c)}dx$$

$$=\frac{1}{\sqrt{a}}e^{\frac{b^2-ac}{a}}\int_{-\infty}^{+\infty}\left[\frac{a_1}{a}t^2+\frac{2(ab_1-a_1b)}{a\sqrt{a}}t+\frac{a_1b^2-2abb_1}{a^2}+c_1\right]e^{-t^2}dt.$$

由于

$$\int_{-\infty}^{+\infty}t^2e^{-t^2}dt = -\frac{1}{2}\int_{-\infty}^{+\infty}t\,d(e^{-t^2})$$

$$= -\frac{1}{2}te^{-t^2}\Big|_{-\infty}^{+\infty}+\frac{1}{2}\int_{-\infty}^{+\infty}te^{-t^2}dt = \frac{\sqrt{\pi}}{2},$$

$$\int_{-\infty}^{+\infty}te^{-t^2}dt=0 \quad 及 \quad \int_{-\infty}^{+\infty}e^{-t^2}dt = 2\int_0^{+\infty}e^{-t^2}dt=\sqrt{\pi},$$

故得

$$\int_{-\infty}^{+\infty}(a_1x^2+2b_1x+c_1)e^{-(ax^2+2bx+c)}dx$$

$$=\frac{1}{\sqrt{a}}e^{\frac{b^2-ac}{a}}\left[\frac{a_1}{1}\frac{\sqrt{\pi}}{2}+\left(\frac{a_1b^2-2abb_1}{a^2}+c_1\right)\sqrt{\pi}\right]$$

$$=\frac{(a+2b^2)a_1-4abb_1+2a^2c_1}{2a^2}\sqrt{\frac{\pi}{a}}e^{\frac{b^2-ac}{a}}.$$

*） 只要假定 $a>0$，条件 $ac-b^2>0$ 可去掉.

【3806】 $\int_{-\infty}^{+\infty}e^{-ax^2}\operatorname{ch}bx\,dx \quad (a>0)$.

解 $\int_{-\infty}^{+\infty}e^{-ax^2}\operatorname{ch}bx\,dx=\frac{1}{2}\int_{-\infty}^{+\infty}e^{-ax^2}(e^{bx}+e^{-bx})dx$

$$=\frac{1}{2}\int_{-\infty}^{+\infty}e^{-(ax^2-bx)}dx+\frac{1}{2}\int_{-\infty}^{+\infty}e^{-(ax^2+bx)}dx$$

$$=\frac{1}{2}\sqrt{\frac{\pi}{a}}e^{\frac{b^2}{4a}}+\frac{1}{2}\sqrt{\frac{\pi}{a}}e^{\frac{b^2}{4a}}\overset{*)}{=}\sqrt{\frac{\pi}{a}}e^{\frac{b^2}{4a}}.$$

*） 利用 3804 题的结果.

【3807】 $\int_0^{+\infty}e^{-\left(x^2+\frac{a^2}{x^2}\right)}dx \quad (a>0)$.

解 由于积分 $\int_0^{+\infty}e^{-x^2}dx=\frac{\sqrt{\pi}}{2}$，故利用 2355 题的结果，即得

$$\int_0^{+\infty}e^{-\left(x^2+\frac{a^2}{x^2}\right)}dx=e^{2a}\int_0^{+\infty}e^{-\left(x+\frac{a}{x}\right)^2}dx=e^{2a}\int_0^{+\infty}e^{-(x^2+4a)}dx$$

$$=e^{-2a}\int_0^{+\infty}e^{-x^2}dx=\frac{\sqrt{\pi}}{2}e^{-2a}.$$

【3808】 $\int_0^{+\infty}\frac{e^{-\alpha x^2}-e^{-\beta x^2}}{x^2}dx \quad (\alpha>0,\beta>0)$.

解 由分部积分法知，

$$\int_0^{+\infty}\frac{e^{-\alpha x^2}-e^{-\beta x^2}}{x^2}dx=-\int_0^{+\infty}(e^{-\alpha x^2}-e^{-\beta x^2})d\left(\frac{1}{x}\right)$$

$$= -\frac{e^{-\alpha x^2}-e^{-\beta x^2}}{x}\bigg|_0^{+\infty} - 2\int_0^{+\infty}(\alpha e^{-\alpha x^2}-\beta e^{-\beta x^2})dx$$

$$= -2\int_0^{+\infty}\sqrt{\alpha}e^{-(\sqrt{\alpha}x)^2}d(\sqrt{\alpha}x) + 2\int_0^{+\infty}\sqrt{\beta}e^{-(\sqrt{\beta}x)^2}d(\sqrt{\beta}x)$$

$$= -2\sqrt{\alpha}\frac{\sqrt{\pi}}{2} + 2\sqrt{\beta}\frac{\sqrt{\pi}}{2} = \sqrt{\pi}(\sqrt{\beta}-\sqrt{\alpha}).$$

【3809】 $\int_0^{+\infty} e^{-ax^2}\cos bx\,dx \quad (a>0).$

解 令 $I(b)=\int_0^{+\infty} e^{-ax^2}\cos bx\,dx$. 由于 $e^{-ax^2}\cos bx$ 与 $\frac{\partial}{\partial b}(e^{-ax^2}\cos bx) = -xe^{-ax^2}\sin bx$ 都是 $x\geqslant 0$, $-\infty<b<+\infty$ 上的连续函数,并且此时

$$|e^{-ax^2}\cos bx|\leqslant e^{-ax^2}, \qquad |xe^{-ax^2}\sin bx|\leqslant xe^{-ax^2},$$

而积分 $\int_0^{+\infty} e^{-ax^2}dx$ 与 $\int_0^{+\infty} xe^{-ax^2}dx$ 都收敛, 故积分 $\int_0^{+\infty} e^{-ax^2}\cos bx\,dx$ 与 $\int_0^{+\infty} xe^{-ax^2}\sin bx\,dx$ 都在 $-\infty<b<+\infty$ 上一致收敛,从而可在积分号下求导数,得

$$I'(b) = -\int_0^{+\infty} xe^{-ax^2}\sin bx\,dx \quad (-\infty<b<+\infty).$$

利用分部积分法,得

$$\int_0^{+\infty} xe^{-ax^2}\sin bx\,dx$$

$$= -\frac{1}{2a}e^{-ax^2}\sin bx\bigg|_0^{+\infty} + \frac{b}{2a}\int_0^{+\infty} e^{-ax^2}\cos bx\,dx = \frac{b}{2a}I(b),$$

故 $I'(b) = -\frac{b}{2a}I(b)\ (-\infty<b<+\infty)$. 于是,

$$\int\frac{I'(b)}{I(b)}db = -\frac{1}{2a}\int b\,db,$$

即

$$\ln I(b)=-\frac{b^2}{4a}+C \quad (-\infty<b<+\infty),$$

其中 C 是待定常数,也即

$$I(b)=C_1\mathrm{e}^{-\frac{b^2}{4a}} \quad (-\infty<b<+\infty),$$

其中 C_1 也是待定常数.但

$$I(0)=\int_0^{+\infty}\mathrm{e}^{-ax^2}\mathrm{d}x=\frac{1}{\sqrt{a}}\int_0^{+\infty}\mathrm{e}^{-t^2}\mathrm{d}t=\frac{1}{2}\sqrt{\frac{\pi}{a}},$$

代入,得 $C_1=\frac{1}{2}\sqrt{\frac{\pi}{a}}$.于是,最后得

$$\int_0^{+\infty}\mathrm{e}^{-ax^2}\cos bx\,\mathrm{d}x=I(b)=\frac{1}{2}\sqrt{\frac{\pi}{a}}\mathrm{e}^{-\frac{b^2}{4a}}$$

$$(-\infty<b<+\infty).$$

【3810】 $\int_0^{+\infty}x\mathrm{e}^{-ax^2}\sin bx\,\mathrm{d}x \quad (a>0).$

解 $\int_0^{+\infty}x\mathrm{e}^{-ax^2}\sin bx\,\mathrm{d}x=-\frac{1}{2a}\int_0^{+\infty}\sin bx\,\mathrm{d}(\mathrm{e}^{-ax^2})$

$$=-\frac{1}{2a}\mathrm{e}^{-ax^2}\sin bx\Big|_0^{+\infty}+\frac{b}{2a}\int_0^{+\infty}\mathrm{e}^{-ax^2}\cos bx\,\mathrm{d}x$$

$$=\frac{b}{2a}\int_0^{+\infty}\mathrm{e}^{-ax^2}\cos bx\,\mathrm{d}x=\frac{b}{4a}\sqrt{\frac{\pi}{a}}\mathrm{e}^{-\frac{b^2}{4a}}\,{}^{*)}.$$

*) 利用 3809 题的结果.

【3811】 $\int_0^{+\infty}x^{2n}\mathrm{e}^{-x^2}\cos 2bx\,\mathrm{d}x \quad (n$ 为自然数).

解 由 3809 题得

$$\int_0^{+\infty}\mathrm{e}^{-x^2}\cos 2bx\,\mathrm{d}x=\frac{\sqrt{\pi}}{2}\mathrm{e}^{-b^2}. \qquad (1)$$

积分

$$\int_0^{+\infty}\frac{\partial^k}{\partial b^k}(\mathrm{e}^{-x^2}\cos 2bx)\mathrm{d}x$$

$$=2^k\int_0^{+\infty} x^k e^{-x^2}\cos\left(2bx+\frac{k\pi}{2}\right)dx, \qquad (2)$$

而

$$\left|x^k e^{-x^2}\cos\left(2bk+\frac{k\pi}{2}\right)\right|\leqslant x^k e^{-x^2} \quad (x\geqslant 0).$$

但是积分 $\int_0^{+\infty} x^k e^{-x^2}dx$ 对于任意的自然数 k 均收敛, 故积分(2)当 $-\infty<b<+\infty$ 时一致收敛. 因此, (1)式的左端可在积分号下求任意次导数, 从而可得

$$\int_0^{+\infty}\frac{\partial^{2n}}{\partial b^{2n}}(e^{-x^2}\cos 2bx)dx=\int_0^{+\infty}2^{2n}x^{2n}e^{-x^2}\cos(2bx+n\pi)dx$$

$$=2^{2n}(-1)^n\int_0^{+\infty}x^{2n}e^{-x^2}\cos 2bx\,dx=\frac{\sqrt{\pi}}{2}\frac{d^{2n}}{db^{2n}}(e^{-b^2}),$$

即

$$\int_0^{+\infty}x^{2n}e^{-x^2}\cos 2bx\,dx=(-1)^n\frac{\sqrt{\pi}}{2^{2n+1}}\frac{d^{2n}}{db^{2n}}(e^{-b^2}).$$

【3812】 从积分

$$I(\alpha)=\int_0^{+\infty}e^{-\alpha x}\frac{\sin\beta x}{x}dx$$

出发, 计算迪里黑里积分

$$D(\beta)=\int_0^{+\infty}\frac{\sin\beta x}{x}dx.$$

解 先设 $\beta>0$, 将 β 固定, α 视为参变量. 仿 3760 题的证法, 可知积分 $\int_0^{+\infty}e^{-\alpha x}\frac{\sin\beta x}{x}dx$ 当 $\alpha\geqslant 0$ 时一致收敛, 从而, $I(\alpha)$ 是 $\alpha\geqslant 0$ 上的连续函数(注意, 上述积分中 $x=0$ 不是瑕点, 因为 $\lim\limits_{x\to+0}e^{-\alpha x}\frac{\sin\beta x}{x}=\beta$). 由于

$$\int_0^{+\infty}\frac{\partial}{\partial\alpha}\left(e^{-\alpha x}\frac{\sin\beta x}{x}\right)dx=-\int_0^{+\infty}e^{-\alpha x}\sin\beta x\,dx=-\frac{\beta}{\alpha^2+\beta^2}$$

易知积分 $\int_0^{+\infty} e^{-\alpha x}\sin\beta x\,dx$ 当 $\alpha\geqslant\alpha_0>0$ 时一致收敛(因为此时 $|e^{-\alpha x}\sin\beta x|\leqslant e^{-\alpha_0 x}$,而 $\int_0^{+\infty} e^{-\alpha_0 x}dx$ 收敛),故知当 $\alpha\geqslant\alpha_0$ 时,积分 $\int_0^{+\infty} e^{-\alpha x}\frac{\sin\beta x}{x}dx$ 可在积分号下求导数,得

$$I'(\alpha)=-\frac{\beta}{\alpha^2+\beta^2}.$$

由 $\alpha_0>0$ 的任意性知,上式对一切 $0<\alpha<+\infty$ 皆成立.两端对 α 积分,得

$$I(\alpha)=-\arctan\frac{\alpha}{\beta}+C\ (0<\alpha<+\infty),\qquad(1)$$

其中 C 是某常数.由 $|\sin u|\leqslant|u|$ 知

$$|I(\alpha)|\leqslant\beta\int_0^{+\infty} e^{-\alpha x}dx=\frac{\beta}{\alpha}\quad(0<\alpha<+\infty),$$

由此可知 $\lim\limits_{\alpha\to+\infty}I(\alpha)=0$.在(1)式两端令 $\alpha\to+\infty$ 取极限,得 $0=-\frac{\pi}{2}+C$,故 $C=\frac{\pi}{2}$.于是,

$$I(\alpha)=-\arctan\frac{\alpha}{\beta}+\frac{\pi}{2}\quad(0<\alpha<+\infty)\qquad(2)$$

在(2)式两端令 $\alpha\to+0$ 取极限,并注意到 $I(\alpha)$ 当 $\alpha\geqslant0$ 时连续,即得

$$D(\beta)=I(0)=\lim_{\alpha\to+0}I(\alpha)=\frac{\pi}{2}.$$

当 $\beta<0$ 时,$D(\beta)=-D(-\beta)=-\frac{\pi}{2}$.又显然有 $D(0)=0$.综上所述,有

$$D(\beta)=\frac{\pi}{2}\operatorname{sgn}\beta.$$

利用迪里黑里和傅茹兰积分，求下列积分之值：

【3813】 $\int_0^{+\infty}\frac{e^{-\alpha x^2}-\cos\beta x}{x^2}dx\quad(\alpha>0)$.

解 令 $I(\beta)=\int_0^{+\infty}\frac{e^{-\alpha x^2}-\cos\beta x}{x^2}dx$．首先注意到 $x=0$ 不是瑕点，因为

$$\lim_{x\to+0}\frac{e^{-\alpha x^2}-\cos\beta x}{x^2}=\lim_{x\to+0}\frac{-2\alpha x e^{-\alpha x^2}+\beta\sin\beta x}{2x}=\frac{\beta^2}{2}-\alpha.$$

由于

$$\left|\frac{e^{-\alpha x^2}-\cos\beta x}{x^2}\right|\leqslant\frac{2}{x^2}\quad(x>0),$$

而 $\int_1^{+\infty}\frac{dx}{x^2}$ 收敛，故 $\int_1^{+\infty}\frac{e^{-\alpha x^2}-\cos\beta x}{x^2}dx$ 在 $-\infty<\beta<+\infty$ 上一致收敛，从而，$\int_0^{+\infty}\frac{e^{-\alpha x^2}-\cos\beta x}{x^2}dx$ 也在 $-\infty<\beta<+\infty$ 上一致收敛．于是，$I(\beta)$ 是 $-\infty<\beta<+\infty$ 上的连续函数．下设 $\beta>0$．由于

$$\int_0^{+\infty}\frac{\partial}{\partial\beta}\left(\frac{e^{-\alpha x^2}-\cos\beta x}{x^2}\right)dx=\int_0^{+\infty}\frac{\sin\beta x}{x}dx=\frac{\pi}{2}^{*)},$$

而积分 $\int_0^{+\infty}\frac{\sin\beta x}{x}dx$ 在 $\beta\geqslant\beta_0>0$ 上一致收敛(因为当 $x\to+\infty$ 时 $\frac{1}{x}$ 单调递减趋于零，而 $\left|\int_0^A\sin\beta x\,dx\right|=\left|\frac{1-\cos\beta x}{x}\right|\leqslant\frac{2}{\beta_0}$，故由迪里黑里判别法知，$\int_0^{+\infty}\frac{\sin\beta x}{x}dx$ 当 $\beta\geqslant\beta_0$ 时一致收敛)．于是，当 $\beta\geqslant\beta_0$ 时，可在积分号下求导数，得

$$I'(\beta)=\int_0^{+\infty}\frac{\sin\beta x}{x}dx=\frac{\pi}{2}.\tag{1}$$

由 $\beta_0>0$ 的任意性知,(1)式对一切 $\beta>0$ 皆成立. 于是,

$$I(\beta)=\frac{\pi}{2}\beta+C \quad (0<\beta<+\infty), \tag{2}$$

其中 C 是某常数. 在(2)式两端令 $\beta\to+0$ 取极限,并注意到 $I(\beta)$在 $-\infty<\beta<+\infty$ 上的连续性,得

$$\int_0^{+\infty}\frac{e^{-\alpha x^2}-1}{x^2}=I(0)=\lim_{\beta\to+0}I(\beta)=C. \tag{3}$$

根据 3808 题的结果知

$$\int_0^{+\infty}\frac{e^{-\alpha x^2}-e^{-\beta x^2}}{x^2}dx=\sqrt{\pi}(\sqrt{\beta}-\sqrt{\alpha}) \quad (\alpha>0,\beta>0). \tag{4}$$

令 $J(\beta)=\int_0^{+\infty}\frac{e^{-\alpha x^2}-e^{-\beta x^2}}{x^2}dx$ $(\alpha>0)$. 仿上面之证,易知 $\int_0^{+\infty}\frac{e^{-\alpha x^2}-e^{-\beta x^2}}{x^2}dx$ 当 $\beta\geqslant0$ 时一致收敛,故 $J(\beta)$是 $\beta\geqslant0$ 上的连续函数. 于是,在(4)式两端令 $\beta\to+0$ 取极限,得

$$\int_0^{+\infty}\frac{e^{-\alpha x^2}-1}{x^2}dx=J(0)=\lim_{\beta\to+0}J(\beta)=-\sqrt{\pi\alpha} \quad (\alpha>0),$$

以此代入(3)式,得 $C=-\sqrt{\pi\alpha}$. 于是,

$$I(\beta)=\frac{\pi}{2}\beta-\sqrt{\pi\alpha} \quad (0\leqslant\beta<+\infty).$$

当 $\beta<0$ 时,$I(\beta)=I(-\beta)=\frac{\pi}{2}(-\beta)-\sqrt{\pi\alpha}$. 总之,得

$$\int_0^{+\infty}\frac{e^{-\alpha x^2}-\cos\beta x}{x^2}dx=\frac{\pi}{2}|\beta|-\sqrt{\pi\alpha} \quad (\alpha>0).$$

*) 利用 3812 题的结果.

【3814】 $\int_0^{+\infty}\frac{\sin\alpha x\sin\beta x}{x}dx$.

解 $\int_0^{+\infty}\frac{\sin\alpha x\sin\beta x}{x}dx$

$$=\frac{1}{2}\int_0^{+\infty}\frac{\cos(\alpha-\beta)x-\cos(\alpha+\beta)x}{x}dx=\frac{1}{2}\ln\left|\frac{\alpha+\beta}{\alpha-\beta}\right|^{*)}.$$

*) 利用 3790 题的结果.

【3815】 $\int_0^{+\infty}\frac{\sin\alpha x\cos\beta x}{x}dx$.

解 $\int_0^{+\infty}\frac{\sin\alpha x\cos\beta x}{x}dx$

$$=\frac{1}{2}\int_0^{+\infty}\frac{\sin(\alpha+\beta)x+\sin(\alpha-\beta)x}{x}dx$$

$$=\frac{1}{2}\int_0^{+\infty}\frac{\sin(\alpha+\beta)x-\sin(\beta-\alpha)x}{x}dx$$

$$=\begin{cases}0, & 若|\alpha|<|\beta|^{*)};\\ \frac{\pi}{4}\operatorname{sgn}\alpha, & 若|\alpha|=|\beta|^{**)};\\ \frac{\pi}{2}\operatorname{sgn}\alpha, & 若|\alpha|>|\beta|^{***)}.\end{cases}$$

*) 利用 3791 题的结果.

)及 *) 利用 3812 题的结果.

【3816】 $\int_0^{+\infty}\frac{\sin^3\alpha x}{x}dx$.

解 由于 $\sin3\alpha x=3\sin\alpha x-4\sin^3\alpha x$，故

$$\int_0^{+\infty}\frac{\sin^3\alpha x}{x}dx=\int_0^{+\infty}\frac{3\sin\alpha x-\sin3\alpha x}{4x}dx$$

$$=\frac{\pi}{2}\operatorname{sgn}\alpha\left(\frac{3}{4}-\frac{1}{4}\right)^{*)}=\frac{\pi}{4}\operatorname{sgn}\alpha.$$

*) 利用 3812 题的结果.

【3817】 $\int_0^{+\infty}\left(\frac{\sin\alpha x}{x}\right)^2 dx$.

解 令 $I(\alpha)=\int_0^{+\infty}\left(\frac{\sin\alpha x}{x}\right)^2 dx$. 先设 $\alpha\geqslant 0$. 显然 $x=0$ 不是瑕点，因为 $\lim\limits_{x\to+0}\left(\frac{\sin\alpha x}{x}\right)^2=\alpha^2$. 而由于 $\left(\frac{\sin\alpha x}{x}\right)^2\leqslant\frac{1}{x^2}$，又 $\int_1^{+\infty}\frac{dx}{x^2}$ 收敛，故 $\int_1^{+\infty}\left(\frac{\sin\alpha x}{x}\right)^2 dx$ 在 $\alpha\geqslant 0$ 上一致收敛，从而，$\int_0^{+\infty}\left(\frac{\sin\alpha x}{x}\right)^2 dx$ 在 $\alpha\geqslant 0$ 时一致收敛. 因此，$I(\alpha)$ 是 $\alpha\geqslant 0$ 上的连续函数.

又因 $\int_0^{+\infty}\frac{\partial}{\partial\alpha}\left(\frac{\sin\alpha x}{x}\right)^2 dx=\int_0^{+\infty}\frac{\sin 2\alpha x}{x}dx=\frac{\pi}{2}$，而积分 $\int_0^{+\infty}\frac{\sin 2\alpha x}{x}dx$ 当 $\alpha\geqslant\alpha_0>0$ 时一致收敛(参看 3813 题的解题过程)，故当 $\alpha\geqslant\alpha_0$ 时可在积分号下求导数，得

$$I'(\alpha)=\int_0^{+\infty}\frac{\sin 2\alpha x}{x}dx=\frac{\pi}{2};\tag{1}$$

由 $\alpha_0>0$ 的任意性知，(1)式对一切 $\alpha>0$ 皆成立. 两端积分，得

$$I(\alpha)=\frac{\pi}{2}\alpha+C\quad(0<\alpha<+\infty).$$

其中 C 是某常数. 在上式两端令 $\alpha\to+0$ 取极限，并注意到 $I(\alpha)$ 在 $\alpha\geqslant 0$ 时的连续性知

$$0=I(0)=\lim_{\alpha\to+0}I(\alpha)=C.$$

于是，$I(\alpha)=\frac{\pi}{2}\alpha$ $(0\leqslant\alpha<+\infty)$. 当 $\alpha<0$ 时，显然 $I(\alpha)=I(-\alpha)=\frac{\pi}{2}(-\alpha)$，故对于任何 α，有

$$\int_0^{+\infty}\left(\frac{\sin\alpha x}{x}\right)^2 dx=I(\alpha)=\frac{\pi}{2}|\alpha|.$$

【3818】 $\int_0^{+\infty}\left(\frac{\sin\alpha x}{x}\right)^3 dx$.

解 $\int_0^{+\infty}\left(\frac{\sin\alpha x}{x}\right)^3 dx=-\frac{1}{2}\int_0^{+\infty}\sin^3\alpha x\, d\left(\frac{1}{x^2}\right)$

$=-\frac{1}{2x^2}\sin^3\alpha x\Big|_0^{+\infty}+\frac{1}{2}\int_0^{+\infty}\frac{3\alpha\sin^2\alpha x\cos\alpha x}{x^2}dx$

$=\frac{3\alpha}{2}\int_0^{+\infty}\frac{\sin^2\alpha x\cos\alpha x}{x^2}dx=-\frac{3\alpha}{2}\int_0^{+\infty}\sin^2\alpha x\cos\alpha x\, d\left(\frac{1}{x}\right)$

$=-\frac{3\alpha}{2x}\sin^2\alpha x\cos\alpha x\Big|_0^{+\infty}+\frac{3\alpha}{2}\int_0^{+\infty}\frac{2\alpha\sin\alpha x\cos^2\alpha x-\alpha\sin^3\alpha x}{x}dx$

$=\frac{3\alpha}{2}\int_0^{+\infty}\frac{2\alpha\sin\alpha x}{x}dx-\frac{3\alpha}{2}\int_0^{+\infty}\frac{3\alpha\sin^3\alpha x}{x}dx$

$=3\alpha^2\cdot\frac{\pi}{2}\operatorname{sgn}\alpha-\frac{9}{2}\alpha^2\cdot\frac{\pi}{4}\operatorname{sgn}\alpha\ ^{*)}=\frac{3\pi}{8}\alpha^2\operatorname{sgn}\alpha=\frac{3\pi}{8}\alpha|\alpha|$.

*） 利用 3816 题的结果.

【3819】 $\int_0^{+\infty}\frac{\sin^4 x}{x^2}dx$.

解 $\int_0^{+\infty}\frac{\sin^4 x}{x^2}dx=-\frac{1}{x}\sin^4 x\Big|_0^{+\infty}+\int_0^{+\infty}\frac{4\sin^3 x\cos x}{x}dx$

$=\int_0^{+\infty}\frac{(3\sin x-\sin 3x)\cos x}{x}dx$

$=\frac{3}{2}\int_0^{+\infty}\frac{\sin 2x}{x}dx-\frac{1}{2}\int_0^{+\infty}\frac{\sin 4x}{x}dx-\frac{1}{2}\int_0^{+\infty}\frac{\sin 2x}{x}dx$

$=\left(\frac{3}{2}-\frac{1}{2}-\frac{1}{2}\right)\frac{\pi}{2}=\frac{\pi}{4}$.

【3820】 $\int_0^{+\infty}\frac{\sin^4\alpha x-\sin^4\beta x}{x}dx$.

解 由于 $\sin^4 x=\frac{1}{8}(\cos 4x-4\cos 2x+3)$，故

$\int_0^{+\infty}\frac{\sin^4\alpha x-\sin^4\beta x}{x}dx$

$=\frac{1}{8}\int_0^{+\infty}\frac{\cos 4\alpha x-\cos 4\beta x}{x}dx-\frac{1}{2}\int_0^{+\infty}\frac{\cos 2\alpha x-\cos 2\beta x}{x}dx$

$$=\frac{1}{8}\ln\left|\frac{\beta}{\alpha}\right|-\frac{1}{2}\ln\left|\frac{\beta}{\alpha}\right|=\frac{3}{8}\ln\left|\frac{\alpha}{\beta}\right|\qquad(\alpha\neq0,\beta\neq0).$$

注 若 $\alpha=\beta=0$，显然积分为零；若 $\alpha=0(\beta\neq0)$ 或 $\beta=0(\alpha\neq0)$，易知积分发散.

【3821】 $\int_0^{+\infty}\frac{\sin(x^2)}{x}\mathrm{d}x$.

解 作代换 $x=\sqrt{t}$，则有

$$\int_0^{+\infty}\frac{\sin(x^2)}{x}\mathrm{d}x=\frac{1}{2}\int_0^{+\infty}\frac{\sin t}{t}\mathrm{d}t=\frac{\pi}{4}.$$

【3822】 $\int_0^{+\infty}\mathrm{e}^{-kx}\frac{\sin\alpha x\sin\beta x}{x^2}\mathrm{d}x\quad(k\geqslant0,\alpha>0,\beta>0)$

解 $\int_0^{+\infty}\mathrm{e}^{-kx}\frac{\sin\alpha x\sin\beta x}{x^2}\mathrm{d}x$

$$=-\frac{1}{x}\mathrm{e}^{-kx}\sin\alpha x\sin\beta x\Big|_0^{+\infty}+\int_0^{+\infty}\frac{1}{x}\{-k\mathrm{e}^{-kx}\sin\alpha x\sin\beta x$$

$$+\mathrm{e}^{-kx}(\alpha\sin\beta x\cos\alpha x+\beta\sin\alpha x\cos\beta x)\}\mathrm{d}x$$

$$=\int_0^{+\infty}\mathrm{e}^{-kx}\frac{\alpha\sin\beta x\cos\alpha x+\beta\sin\alpha x\cos\beta x}{x}\mathrm{d}x$$

$$-k\int_0^{+\infty}\mathrm{e}^{-kx}\frac{\sin\alpha x\sin\beta x}{x}\mathrm{d}x.$$

由于

$$\int_0^{+\infty}\mathrm{e}^{-kx}\frac{\alpha\sin\beta x\cos\alpha x}{x}\mathrm{d}x=\frac{\alpha}{2}\int_0^{+\infty}\mathrm{e}^{-kx}\frac{\sin(\alpha+\beta)x-\sin(\alpha-\beta)x}{x}\mathrm{d}x$$

$$=\frac{\alpha}{2}\left(\arctan\frac{\alpha+\beta}{k}-\arctan\frac{\alpha-\beta}{k}\right)^{*)},$$

$$\int_0^{+\infty}\mathrm{e}^{-kx}\frac{\beta\sin\alpha x\cos\beta x}{x}\mathrm{d}x=\frac{\beta}{2}\left(\arctan\frac{\alpha+\beta}{k}+\arctan\frac{\alpha-\beta}{k}\right),$$

且

$$\int_0^{+\infty}\mathrm{e}^{-kx}\frac{\sin\alpha x\sin\beta x}{x}\mathrm{d}x$$

$$=\int_0^{+\infty}\frac{[(e^{-kx}-1)+1][\cos(\alpha-\beta)x-\cos(\alpha+\beta)x]}{2x}dx$$

$$=\frac{1}{2}\int_0^{+\infty}(e^{-kx}-1)\frac{\cos(\alpha-\beta)x}{x}dx$$

$$-\frac{1}{2}\int_0^{+\infty}(e^{-kx}-1)\frac{\cos(\alpha+\beta)x}{x}dx$$

$$+\frac{1}{2}\int_0^{+\infty}\frac{\cos(\alpha-\beta)x-\cos(\alpha+\beta)x}{x}dx$$

$$=\frac{1}{2}\cdot\frac{1}{2}\ln\frac{(\alpha-\beta)^2}{(\alpha-\beta)^2+k^2}-\frac{1}{2}\cdot\frac{1}{2}\ln\frac{(\alpha+\beta)^2}{(\alpha+\beta)^2+k^2}{}^{**)}$$

$$+\frac{1}{2}\ln\left|\frac{\alpha+\beta}{\alpha-\beta}\right|=\frac{1}{4}\ln\frac{(\alpha+\beta)^2+k^2}{(\alpha-\beta)^2+k^2},$$

故

$$\int_0^{+\infty}e^{-kx}\frac{\sin\alpha x\sin\beta x}{x^2}dx$$

$$=\frac{\alpha+\beta}{2}\arctan\frac{\alpha+\beta}{k}-\frac{\alpha-\beta}{2}\arctan\frac{\alpha-\beta}{k}+\frac{k}{4}\ln\frac{(\alpha-\beta)^2+k^2}{(\alpha+\beta)^2+k^2}.$$

*) 利用 3812 题的结果.

**) 易知 3796 题的结果当 $\alpha>0,\beta=0$ 时也成立.

【3823】 对于不同的 x 值,求迪里黑里间断乘数

$$D(x)=\frac{2}{\pi}\int_0^{+\infty}\sin\lambda\cos\lambda x\,\frac{d\lambda}{\lambda},$$

作出函数 $y=D(x)$的图形.

解 $D(x)=\dfrac{1}{\pi}\displaystyle\int_0^{+\infty}\frac{\sin(1+x)\lambda+\sin(1-x)\lambda}{\lambda}d\lambda.$

当$|x|<1$时,$1+x>0$及$1-x>0$,利用3812题的结果,即得$D(x)=\dfrac{1}{\pi}\left(\dfrac{\pi}{2}+\dfrac{\pi}{2}\right)=1$;

当$|x|=1$时,$1+x$及$1-x$中总有一个为零,一个为正

值，即得$D(x)=\frac{1}{\pi}\frac{\pi}{2}=\frac{1}{2}$；

当$|x|>1$时，$(1+x)(1-x)<0$，即得 $D(x)=0$. 如图 7.3 所示.

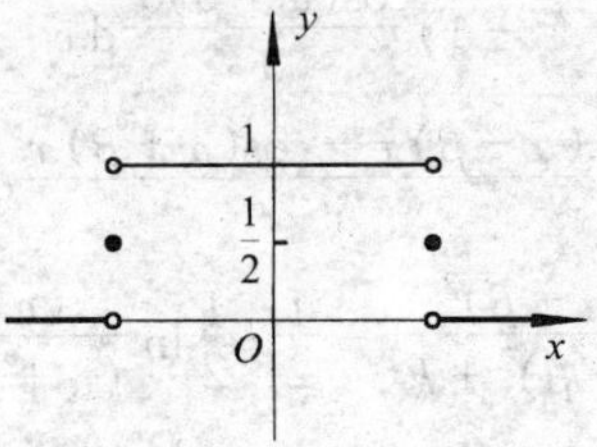

图 7.3

【3824】 计算积分：

(1) $V.P.\int_{-\infty}^{+\infty}\frac{\sin ax}{x+b}dx$；

(2) $V.P.\int_{-\infty}^{+\infty}\frac{\cos ax}{x+b}dx$.

解 (1) $V.P.\int_{-\infty}^{+\infty}\frac{\sin ax}{x+b}dx=V.P.\int_{-\infty}^{+\infty}\frac{\sin a(t-b)}{t}dt$

$$=V.P.\int_{-\infty}^{+\infty}\frac{\sin at\cos ab}{t}dt-V.P.\int_{-\infty}^{+\infty}\frac{\cos at\sin ab}{t}dt$$

$$=2\int_{0}^{+\infty}\frac{\sin at}{t}\cos ab\,dt=\pi\operatorname{sgn}a\cos ab.$$

类似地，可求得

(2) $V.P.\int_{-\infty}^{+\infty}\frac{\cos ax}{x+b}dx=\pi\operatorname{sgn}a\sin ab$.

【3825】 利用公式

$$\frac{1}{1+x^2}=\int_0^{+\infty}e^{-y(1+x^2)}dy,$$

计算拉普拉斯积分

$$L=\int_0^{+\infty}\frac{\cos\alpha x}{1+x^2}dx.$$

解 $L=\int_0^{+\infty}\cos\alpha x\,dx\int_0^{+\infty}e^{-y(1+x^2)}dy$. 由于被积函数 $\cos\alpha x\,e^{-y(1+x^2)}$ 是 $0\leqslant x<+\infty, 0\leqslant y<+\infty$ 上的连续函数, 并且绝对值的积分

$$\int_0^{+\infty}dy\int_0^{+\infty}\left|e^{-y(1+x^2)}\cos\alpha x\right|dx\leqslant\int_0^{+\infty}e^{-y}dy\int_0^{+\infty}e^{-yx^2}dx$$

$$=\frac{\sqrt{\pi}}{2}\int_0^{+\infty}\frac{e^{-y}}{\sqrt{y}}dy=\sqrt{\pi}\int_0^{+\infty}e^{-t^2}dt=\frac{\pi}{2}<+\infty,$$

故原逐次积分可交换积分顺序, 得

$$L=\int_0^{+\infty}e^{-y}dy\int_0^{+\infty}e^{-yx^2}\cos\alpha x\,dx=\int_0^{+\infty}e^{-y}\cdot\frac{1}{2}\sqrt{\frac{\pi}{y}}e^{-\frac{\alpha^2}{4y}}dy^{*)}$$

$$=\int_0^{+\infty}\sqrt{\pi}e^{-\left[t^2+\frac{1}{t^2}\left(\frac{|\alpha|}{2}\right)^2\right]}dt=\sqrt{\pi}\cdot\frac{\sqrt{\pi}}{2}e^{-2\frac{|\alpha|}{2}}{}^{**)}=\frac{\pi}{2}e^{-|\alpha|}.$$

*) 利用 3809 题的结果.

**) 利用 3807 题的结果.

【3826】 计算积分

$$L_1=\int_0^{+\infty}\frac{x\sin\alpha x}{1+x^2}dx.$$

解 由于 $\frac{\partial}{\partial\alpha}\left(\frac{\cos\alpha x}{1+x^2}\right)=-\frac{x\sin\alpha x}{1+x^2}$, 故我们考虑积分 $L=\int_0^{+\infty}\frac{\cos\alpha x}{1+x^2}dx$. 由于 $\left|\frac{\cos\alpha x}{1+x^2}\right|\leqslant\frac{1}{1+x^2}$, 而 $\int_0^{+\infty}\frac{dx}{1+x^2}$ 收敛, 故 $\int_0^{+\infty}\frac{\cos\alpha x}{1+x^2}dx$ 当 $-\infty<\alpha<+\infty$ 时一致收敛, 又由于当 $\alpha\geqslant\alpha_0\geqslant0$ 时, $\left|\int_0^A\sin\alpha x\,dx\right|=\left|\frac{1-\cos\alpha A}{\alpha}\right|\leqslant\frac{2}{\alpha_0}$, 而 $\frac{x}{1+x^2}$ 当 $x>1$ 时递减, 且当 $x\to+\infty$ 时趋于零, 于是, 由迪里黑里判别法

知，积分 $\int_0^{+\infty}\frac{x\sin\alpha x}{1+x^2}\mathrm{d}x$ 当 $\alpha\geqslant\alpha_0$ 时一致收敛. 因此，当 $\alpha\geqslant\alpha_0$ 时可在积分号下求导数，得

$$\frac{\mathrm{d}L}{\mathrm{d}\alpha}=-L_1. \qquad (1)$$

由 $\alpha_0>0$ 的任意性知，(1)式对一切 $\alpha>0$ 成立. 由 3825 题知，当 $\alpha>0$ 时，$L=\frac{\pi}{2}\mathrm{e}^{-\alpha}$. 于是，由(1)式知

$$L_1=-\frac{\mathrm{d}L}{\mathrm{d}\alpha}=\frac{\pi}{2}\mathrm{e}^{-\alpha}\quad(\alpha>0).$$

显然，当 $\alpha<0$ 时，

$$L_1=-\int_0^{+\infty}\frac{x\sin(-\alpha)x}{1+x^2}\mathrm{d}x=-\frac{\pi}{2}\mathrm{e}^{\alpha};$$

而当 $\alpha=0$ 时，$L_1=0$，综上所述，有

$$L_1=\frac{\pi}{2}\operatorname{sgn}\alpha\,\mathrm{e}^{-|\alpha|}.$$

计算积分：

【3827】 $\int_0^{+\infty}\frac{\sin^2 x}{1+x^2}\mathrm{d}x$.

解 $\int_0^{+\infty}\frac{\sin^2 x}{1+x^2}\mathrm{d}x=\frac{1}{2}\int_0^{+\infty}\frac{\mathrm{d}x}{1+x^2}-\frac{1}{2}\int_0^{+\infty}\frac{\cos 2x}{1+x^2}\mathrm{d}x$

$=\frac{1}{2}\cdot\frac{\pi}{2}-\frac{1}{2}\cdot\frac{\pi}{2}\mathrm{e}^{-2\,*)}=\frac{\pi}{4}(1-\mathrm{e}^{-2})$.

*) 利用 3825 题的结果.

【3828】 $\int_0^{+\infty}\frac{\cos\alpha x}{(1+x^2)^2}\mathrm{d}x$.

解 $\int_0^{+\infty}\frac{\cos\alpha x}{(1+x^2)^2}\mathrm{d}x=\int_0^{+\infty}\frac{\cos\alpha x}{1+x^2}\mathrm{d}x-\int_0^{+\infty}\frac{x^2\cos\alpha x}{(1+x^2)^2}\mathrm{d}x$

$=\frac{\pi}{2}\mathrm{e}^{-|\alpha|}+\frac{1}{2}\int_0^{+\infty}x\cos\alpha x\,\mathrm{d}\left(\frac{1}{1+x^2}\right)$

$$=\frac{\pi}{2}e^{-|\alpha|}+\frac{1}{2}\left.\frac{x\cos\alpha x}{1+x^2}\right|_0^{+\infty}-\frac{1}{2}\int_0^{+\infty}\frac{\cos\alpha x-\alpha x\sin\alpha x}{1+x^2}dx$$

$$=\frac{\pi}{2}e^{-|\alpha|}-\frac{1}{2}\int_0^{+\infty}\frac{\cos\alpha x}{1+x^2}dx+\frac{\alpha}{2}\int_0^{+\infty}\frac{x\sin\alpha x}{1+x^2}dx$$

$$=\frac{\pi}{2}e^{-|\alpha|}-\frac{\pi}{4}e^{-|\alpha|}+\frac{\alpha}{2}\frac{\pi}{2}\operatorname{sgn}\alpha\cdot e^{-|\alpha|\,*)}$$

$$=\frac{\pi}{4}(1+|\alpha|)e^{-|\alpha|}.$$

*) 利用 3825 题与 3826 题的结果.

【3829】 $\displaystyle\int_{-\infty}^{+\infty}\frac{\cos\alpha x}{ax^2+2bx+c}dx\quad(a>0,ac-b^2>0)$.

解 $ax^2+2bx+c=a\left[\left(x+\frac{b}{a}\right)^2+\frac{ac-b^2}{a^2}\right]$. 令

$$m=\frac{\sqrt{ac-b^2}}{a},\quad t=\frac{1}{m}\left(x+\frac{b}{a}\right)\quad(m>0),$$

则

$$ax^2+2bx+c=am^2(t^2+1),$$

$$\cos\alpha x=\cos\alpha\left(mt-\frac{b}{a}\right)=\cos\alpha mt\cos\frac{b\alpha}{a}+\sin\alpha mt\sin\frac{b\alpha}{a}.$$

于是,

$$\int_{-\infty}^{+\infty}\frac{\cos\alpha x}{ax^2+2bx+c}dx$$

$$=\frac{1}{am}\int_{-\infty}^{+\infty}\frac{\cos\alpha mt\cos\frac{b\alpha}{a}}{1+t^2}dt+\frac{1}{am}\int_{-\infty}^{+\infty}\frac{\sin\alpha mt\sin\frac{b\alpha}{a}}{1+t^2}dt.$$

由于 $\left|\frac{\cos\alpha mt}{1+t^2}\right|\leqslant\frac{1}{1+t^2}$, 而 $\int_{-\infty}^{+\infty}\frac{dt}{1+t^2}=\pi$ 收敛, 故积分 $\int_{-\infty}^{+\infty}\frac{\cos\alpha mt}{1+t^2}dt$ 收敛. 同理, 积分 $\int_{-\infty}^{+\infty}\frac{\sin\alpha mt}{1+t^2}dt$ 收敛. 又由于 $\frac{\cos\alpha mt}{1+t^2}$ 为偶函数, $\frac{\sin\alpha mt}{1+t^2}$ 为奇函数, 故

$$\int_{-\infty}^{+\infty}\frac{\cos\alpha mt}{1+t^2}dt=2\int_0^{+\infty}\frac{\cos\alpha mt}{1+t^2}dt=\pi e^{-m|\alpha|\,*)},$$

$$\int_{-\infty}^{+\infty}\frac{\sin\alpha mt}{1+t^2}\mathrm{d}t=0.$$

从而得

$$\int_{-\infty}^{+\infty}\frac{\cos\alpha x}{ax^2+2bx+c}\mathrm{d}x=\frac{1}{am}\cos\frac{b\alpha}{a}\cdot\pi\,\mathrm{e}^{-m|\alpha|}$$

$$=\frac{\pi}{\sqrt{ac-b^2}}\cos\frac{b\alpha}{a}\,\mathrm{e}^{-\frac{|\alpha|\sqrt{ac-b^2}}{a}}.$$

*) 利用 3825 题的结果.

【3830】 利用公式

$$\frac{1}{\sqrt{x}}=\frac{2}{\sqrt{\pi}}\int_0^{+\infty}\mathrm{e}^{-xy^2}\mathrm{d}y\quad(x>0),$$

计算傅伦涅尔积分

$$\int_0^{+\infty}\sin(x^2)\mathrm{d}x=\frac{1}{2}\int_0^{+\infty}\frac{\sin x}{\sqrt{x}}\mathrm{d}x$$

及

$$\int_0^{+\infty}\cos(x^2)\mathrm{d}x=\frac{1}{2}\int_0^{+\infty}\frac{\cos x}{\sqrt{x}}\mathrm{d}x.$$

解 在积分$\frac{1}{\sqrt{x}}=\frac{2}{\sqrt{\pi}}\int_0^{+\infty}\mathrm{e}^{-xy^2}\mathrm{d}y$的两端乘以 $\sin x$, 再在 $0<x_0\leqslant x\leqslant x_1$上积分, 则得

$$\int_{x_0}^{x_1}\frac{\sin x}{\sqrt{x}}\mathrm{d}x=\frac{2}{\sqrt{\pi}}\int_{x_0}^{x_1}\mathrm{d}x\int_0^{+\infty}\sin x\cdot\mathrm{e}^{-xy^2}\mathrm{d}y.$$

由于$|\sin x\cdot\mathrm{e}^{-xy^2}|\leqslant\mathrm{e}^{-x_0y^2}$, 而$\int_0^{+\infty}\mathrm{e}^{-x_0y^2}\mathrm{d}y$ 收敛, 故积分 $\int_0^{+\infty}\sin x\cdot\mathrm{e}^{-xy^2}\mathrm{d}y$ 对 $x_0\leqslant x\leqslant x_1$ 一致收敛, 从而可进行积分顺序的互换, 得

$$\int_{x_0}^{x_1}\frac{\sin x}{\sqrt{x}}\mathrm{d}x=\frac{2}{\sqrt{\pi}}\int_0^{+\infty}\mathrm{d}y\int_{x_0}^{x_1}\sin x\cdot\mathrm{e}^{-xy^2}\mathrm{d}x$$

$$=\frac{2}{\sqrt{\pi}}\int_0^{+\infty}\left[-\frac{e^{-xy^2}(y^2\sin x+\cos x)}{1+y^4}\right]\Bigg|_{x_0}^{x_1}dy$$

$$=\frac{2}{\sqrt{\pi}}\sin x_0\int_0^{+\infty}\frac{y^2e^{-x_0y^2}}{1+y^4}dy+\frac{2}{\sqrt{\pi}}\cos x_0\int_0^{+\infty}\frac{e^{-x_0y^2}}{1+y^4}dy$$

$$-\frac{2}{\sqrt{\pi}}\sin x_1\int_0^{+\infty}\frac{y^2e^{-x_1y^2}}{1+y^4}dy-\frac{2}{\sqrt{\pi}}\cos x_1\int_0^{+\infty}\frac{e^{-x_1y^2}}{1+y^4}dy.$$

上述等式右端的诸积分分别对 $0\leqslant x_0<+\infty,0\leqslant x_1<+\infty$ 都是一致收敛的(事实上，$e^{-x_0y^2}\leqslant 1$，$e^{-x_1y^2}\leqslant 1$，且积分 $\int_0^{+\infty}\frac{y^2}{1+y^4}dy$ 及 $\int_0^{+\infty}\frac{dy}{1+y^4}$ 均收敛)．于是，它们分别都是 $x_0,x_1(0\leqslant x_0<+\infty,0\leqslant x_1<+\infty)$ 的连续函数．从而，让 $x_0\to+0$，可在积分号下取极限，得

$$\int_0^{x_1}\frac{\sin x}{\sqrt{x}}dx=\frac{2}{\sqrt{\pi}}\int_0^{+\infty}\frac{dy}{1+y^4}-\frac{2}{\sqrt{\pi}}\sin x_1\int_0^{+\infty}\frac{y^2e^{-x_1y^2}}{1+y^2}dy$$

$$-\frac{2}{\sqrt{\pi}}\cos x_1\int_0^{+\infty}\frac{e^{-x_1y^2}}{1+y^4}dy.$$

由于上式右端的后两个积分均不超过积分 $\int_0^{x_1}e^{-x_1y^2}\frac{1}{2}\sqrt{\frac{\pi}{x_1}}$，且 $\lim\limits_{x_1\to+\infty}\sqrt{\frac{\pi}{x_1}}=0$，故令 $x_1\to+\infty$，即得

$$\int_0^{+\infty}\frac{\sin x}{\sqrt{x}}dx=\frac{2}{\sqrt{\pi}}\int_0^{+\infty}\frac{dy}{1+y^4}=\frac{2}{\sqrt{\pi}}\,\frac{\pi}{2\sqrt{2}}=\sqrt{\frac{\pi}{2}}.$$

最后得

$$\int_0^{+\infty}\sin(x^2)dx=\frac{1}{2}\int_0^{+\infty}\frac{\sin x}{\sqrt{x}}dx=\frac{\sqrt{\pi}}{2\sqrt{2}}.$$

同法可得

$$\int_0^{+\infty}\cos(x^2)\mathrm{d}x=\frac{\sqrt{\pi}}{2\sqrt{2}}.$$

求下列积分之值：

【3831】 $\int_{-\infty}^{+\infty}\sin(ax^2+2bx+c)\mathrm{d}x \quad (a\neq 0).$

解

$$\int_{-\infty}^{+\infty}\sin(ax^2+2bx+c)\mathrm{d}x$$

$$=\int_{-\infty}^{+\infty}\sin a\left[\left(x+\frac{b}{a}\right)^2+\frac{ac-b^2}{a^2}\right]\mathrm{d}x=\int_{-\infty}^{+\infty}\sin\left(at^2+\frac{ac-b^2}{a}\right)\mathrm{d}t$$

$$=\cos\frac{ac-b^2}{a}\int_{-\infty}^{+\infty}\sin at^2\mathrm{d}t+\sin\frac{ac-b^2}{a}\int_{-\infty}^{+\infty}\cos at^2\mathrm{d}t$$

$$=\mathrm{sgn}a\cos\frac{ac-b^2}{a}\frac{1}{\sqrt{|a|}}\int_{-\infty}^{+\infty}\sin y^2\mathrm{d}y+\sin\frac{ac-b^2}{a}\frac{1}{\sqrt{|a|}}\int_{-\infty}^{+\infty}\cos y^2\mathrm{d}y$$

$$=\sqrt{\frac{\pi}{2|a|}}\left(\mathrm{sgn}a\cos\frac{ac-b^2}{a}+\sin\frac{ac-b^2}{a}\right)^{*)}$$

$$=\sqrt{\frac{\pi}{|a|}}\sin\left(\frac{ac-b^2}{a}+\frac{\pi}{4}\mathrm{sgn}a\right).$$

*) 利用 3830 题的结果.

【3832】 $\int_{-\infty}^{+\infty}\sin x^2\cos 2ax\,\mathrm{d}x.$

解 $\int_{-\infty}^{+\infty}\sin x^2\cos 2ax\,\mathrm{d}x$

$$=\frac{1}{2}\int_{-\infty}^{+\infty}[\sin(x^2+2ax)+\sin(x^2-2ax)]\mathrm{d}x$$

$$=\frac{1}{2}\left[\sqrt{\pi}\sin\left(\frac{\pi}{4}-a^2\right)+\sqrt{\pi}\sin\left(\frac{\pi}{4}+a^2\right)\right]^{*)}$$

$$=\sqrt{\pi}\sin\left(\frac{\pi}{4}-a^2\right)=\sqrt{\pi}\cos\left(\frac{\pi}{4}+a^2\right).$$

*) 利用 3831 题的结果.

【3833】 $\int_{-\infty}^{+\infty}\cos x^2\cos 2ax\,dx$.

解 $\int_{-\infty}^{+\infty}\cos x^2\cos 2ax\,dx$

$$=\frac{1}{2}\int_{-\infty}^{+\infty}[\cos(x^2+2ax)+\cos(x^2-2ax)]dx$$

$$=\frac{1}{2}\int_{-\infty}^{+\infty}\left[\sin\left(x^2+2ax+\frac{\pi}{2}\right)+\sin\left(x^2-2ax+\frac{\pi}{2}\right)\right]dx$$

$$=\frac{1}{2}2\sqrt{\pi}\sin\left(\frac{\pi}{2}-a^2+\frac{\pi}{4}\right)^{*)}=\sqrt{\pi}\sin\left(\frac{\pi}{4}+a^2\right).$$

*) 利用3831题的结果.

【3834】 证明公式：

(1) $\int_0^{+\infty}\frac{\cos\alpha x}{a^2-x^2}dx=\frac{\pi}{2a}\sin a\alpha \quad (\alpha\geqslant 0)$;

(2) $\int_0^{+\infty}\frac{x\sin\alpha x}{a^2-x^2}dx=-\frac{\pi}{2}\cos a\alpha \quad (\alpha>0)$

这里 $a\neq 0$，积分应了解为在哥西意义上的主值.

证 (1) $\int_0^{+\infty}\frac{\cos\alpha x}{a^2-x^2}dx$

$$=\lim_{\substack{\eta\to+0\\A\to+\infty}}\left[\int_0^{a-\eta}\frac{\cos\alpha x}{a^2-x^2}dx+\int_{a+\eta}^{A}\frac{\cos\alpha x}{a^2-x^2}dx\right]$$

$$=\frac{1}{2a}\lim_{\substack{\eta\to+0\\A\to+\infty}}\left[\int_0^{a-\eta}\frac{\cos\alpha x}{a-x}dx+\int_0^{a-\eta}\frac{\cos\alpha x}{a+x}dx\right.$$

$$\left.+\int_{a+\eta}^{A}\frac{\cos\alpha x}{a-x}dx+\int_{a+\eta}^{A}\frac{\cos\alpha x}{a+x}dx\right]$$

$$=\frac{1}{2a}\lim_{\substack{\eta\to+0\\A\to+\infty}}\left[-\int_a^{\eta}\frac{\cos\alpha(a-t)}{t}dt+\int_a^{2a-\eta}\frac{\cos\alpha(t-a)}{t}dt\right.$$

$$\left.-\int_{\eta}^{A-a}\frac{\cos\alpha(t+a)}{t}dt+\int_{2a+\eta}^{A+a}\frac{\cos\alpha(t-a)}{t}dt\right]$$

$$=\frac{1}{2a}\lim_{\substack{\eta\to+0\\A\to+\infty}}\left[\int_{\eta}^{A-a}\frac{\cos\alpha(t-a)}{t}dt+\int_{A-a}^{A+a}\frac{\cos\alpha(t-a)}{t}dt\right]$$

$$+\int_{2a+\eta}^{2a-\eta}\frac{\cos\alpha(t-a)}{t}\mathrm{d}t-\int_{\eta}^{A-a}\frac{\cos\alpha(t+a)}{t}\mathrm{d}t\Big]$$

$$=\frac{1}{2a}\lim_{\substack{\eta\to+0\\A\to+\infty}}\Big[\int_{\eta}^{A-a}\frac{\cos\alpha(t-a)-\cos\alpha(t+a)}{t}\mathrm{d}t$$

$$+\int_{A-a}^{A+a}\frac{\cos\alpha(t-a)}{t}\mathrm{d}t-\int_{2a-\eta}^{2a+\eta}\frac{\cos\alpha(t-a)}{t}\mathrm{d}t\Big]$$

$$=\frac{1}{2a}\lim_{\substack{\eta\to+0\\A\to+\infty}}\int_{\eta}^{A-a}\frac{2\sin\alpha t\sin\alpha a}{t}\mathrm{d}t+\frac{1}{2a}\lim_{A\to+\infty}\int_{A-a}^{A+a}\frac{\cos\alpha(t-a)}{t}\mathrm{d}t$$

$$-\frac{1}{2a}\lim_{\eta\to+0}\int_{2a-\eta}^{2a+\eta}\frac{\cos\alpha(t-a)}{t}\mathrm{d}t$$

$$=\frac{\sin a\alpha}{a}\int_{0}^{+\infty}\frac{\sin\alpha t}{t}\mathrm{d}t=\frac{\pi}{2a}\sin a\alpha\ ^{*)}.$$

(2) $$\int_{0}^{+\infty}\frac{x\sin\alpha x}{a^2-x^2}\mathrm{d}x$$

$$=\lim_{\substack{\eta\to+0\\A\to+\infty}}\Big[\int_{0}^{a-\eta}\frac{x\sin\alpha x}{a^2-x^2}\mathrm{d}x+\int_{a+\eta}^{A}\frac{x\sin\alpha x}{a^2-x^2}\mathrm{d}x\Big]$$

$$=-\frac{1}{2}\lim_{\substack{\eta\to+0\\A\to+\infty}}\Big[\int_{0}^{a-\eta}\frac{\sin\alpha x}{x-a}\mathrm{d}x+\int_{0}^{a-\eta}\frac{\sin\alpha x}{x+a}\mathrm{d}x$$

$$+\int_{a+\eta}^{A}\frac{\sin\alpha x}{x-a}\mathrm{d}x+\int_{a+\eta}^{A}\frac{\sin\alpha x}{x+a}\mathrm{d}x\Big]$$

$$=-\frac{1}{2}\lim_{\substack{\eta\to+0\\A\to+\infty}}\Big[\int_{-a}^{-\eta}\frac{\sin\alpha(t+a)}{t}\mathrm{d}t+\int_{a}^{2a-\eta}\frac{\sin\alpha(t-a)}{t}\mathrm{d}t$$

$$+\int_{\eta}^{A-a}\frac{\sin\alpha(t+a)}{t}\mathrm{d}t+\int_{2a+\eta}^{A+a}\frac{\sin\alpha(t-a)}{t}\mathrm{d}t\Big]$$

$$=-\frac{1}{2}\lim_{\substack{\eta\to+0\\A\to+\infty}}\Big[\int_{\eta}^{a}\frac{\sin\alpha(t-a)}{t}\mathrm{d}t+\int_{a}^{2a-\eta}\frac{\sin\alpha(t-a)}{t}\mathrm{d}t$$

$$+\int_{\eta}^{A-a}\frac{\sin\alpha(t+a)}{t}\mathrm{d}t+\int_{2a+\eta}^{A+a}\frac{\sin\alpha(t-a)}{t}\mathrm{d}t\Big]$$

$$=-\frac{1}{2}\lim_{\substack{\eta\to+0\\A\to+\infty}}\Big[\int_{\eta}^{A-a}\frac{\sin\alpha(t-a)+\sin\alpha(t+a)}{t}\mathrm{d}t$$

$$+\int_{A-a}^{A+a}\frac{\sin\alpha(t-a)}{t}\mathrm{d}t+\int_{2a+\eta}^{2a-\eta}\frac{\sin\alpha(t-a)}{t}\mathrm{d}t\Bigg]$$

$$=-\frac{1}{2}\lim_{\substack{\eta\to+0\\A\to+\infty}}\int_{\eta}^{A-a}\frac{2\sin\alpha t\cos\alpha a}{t}\mathrm{d}t-\frac{1}{2}\lim_{A\to+\infty}\int_{A-a}^{A+a}\frac{\sin\alpha(t-a)}{t}\mathrm{d}t$$

$$+\frac{1}{2}\lim_{\eta\to+0}\int_{2a-\eta}^{2a+\eta}\frac{\sin\alpha(t-a)}{t}\mathrm{d}t$$

$$=-\cos a\alpha\int_{0}^{+\infty}\frac{\sin\alpha t}{t}\mathrm{d}t=-\frac{\pi}{2}\cos a\alpha\ ^{*)}.$$

*) 利用 3812 题的结果.

作者注： 原题 1) 应加上条件 $\alpha\geqslant0$. 当 $\alpha<0$ 时,有

$$\int_{0}^{+\infty}\frac{\cos\alpha x}{a^{2}-x^{2}}\mathrm{d}x=\int_{0}^{+\infty}\frac{\cos(-\alpha)x}{a^{2}-x^{2}}\mathrm{d}x=\frac{\pi}{2a}\sin a(-\alpha)=-\frac{\pi}{2a}\sin a\alpha.$$

原题 2) 应加上条件 $\alpha>0$. 当 $\alpha=0$ 时等式显然不成立(左端等于 0, 右端等于 $-\frac{\pi}{2}$);当 $\alpha<0$ 时,有

$$\int_{0}^{+\infty}\frac{x\sin\alpha x}{a^{2}-x^{2}}\mathrm{d}x=-\int_{0}^{+\infty}\frac{x\sin(-\alpha)x}{a^{2}-x^{2}}\mathrm{d}x=-\left[-\frac{\pi}{2}\cos a(-\alpha)\right]=\frac{\pi}{2}\cos a\alpha.$$

【3835】 对于函数 $f(t)$,求拉普拉斯变换

$$F(p)=\int_{0}^{+\infty}\mathrm{e}^{-pt}f(t)\mathrm{d}t\quad(p>0).$$

设:

(1) $f(t)=t^{n}$(n 为自然数);

(2) $f(t)=\sqrt{t}$;

(3) $f(t)=\mathrm{e}^{\alpha t}$;

(4) $f(t)=t\mathrm{e}^{-\alpha t}$;

(5) $f(t)=\cos t$;

(6) $f(t)=\dfrac{1-\mathrm{e}^{-t}}{t}$;

(7) $f(t)=\sin\alpha\sqrt{t}$.

解 (1) $F(p)=\int_0^{+\infty} e^{-pt}t^n dt$

$$=-\frac{1}{p}e^{-pt}t^n\Big|_0^{+\infty}+\frac{n}{p}\int_0^{+\infty} e^{-pt}t^{n-1}dt$$

$$=\frac{n}{p}\int_0^{+\infty} e^{-pt}t^{n-1}dt\overbrace{=\cdots=}^{n-1\text{次}}\frac{n!}{p^n}\int_0^{+\infty} e^{-pt}dt=\frac{n!}{p^{n+1}}.$$

(2) $F(p)=\int_0^{+\infty} e^{-pt}\sqrt{t}\,dt=-\frac{1}{p}e^{-pt}\sqrt{t}\Big|_0^{+\infty}+\frac{1}{2p}\int_0^{+\infty} e^{-pt}\frac{dt}{\sqrt{t}}$

$$=\frac{1}{p}\int_0^{+\infty}e^{-pu^2}du=\frac{\sqrt{\pi}}{2p\sqrt{p}}.$$

(3) $F(p)=\int_0^{+\infty} e^{-pt}e^{\alpha t}dt=\int_0^{+\infty} e^{(\alpha-p)t}dt.$

当 $p>\alpha$ 时,$F(p)=\frac{1}{p-\alpha}$;当 $p\leqslant\alpha$ 时,积分发散.

(4) $F(p)=\int_0^{+\infty} te^{-pt}e^{-\alpha t}dt=\int_0^{+\infty} te^{-(p+\alpha)t}dt$

$$=\frac{1}{(p+\alpha)^2}\qquad(p+\alpha>0)^{*)}.$$

*) 利用本题(1)的结果:$n=1$.

(5) $F(p)=\int_0^{+\infty} e^{-pt}\cos t\,dt=\frac{-p\cos t+\sin t}{p^2+1}e^{-pt}\Big|_0^{+\infty}$

$$=\frac{p}{p^2+1}.$$

(6) $F(p)=\int_0^{+\infty} e^{-pt}\frac{1-e^{-t}}{t}dt.$

由于 $\lim\limits_{t\to+0}\frac{1-e^{-t}}{t}=1$, $\lim\limits_{t\to+\infty}\frac{1-e^{-1}}{t}=0$, 故函数$\frac{1-e^{-t}}{t}$有界:

$$0<\frac{1-e^{-t}}{t}\leqslant M=\text{常数}\quad(0<t<+\infty)$$

由此可知,当 $p>0$ 时,积分$\int_0^{+\infty} e^{-pt}\frac{1-e^{-t}}{t}dt$ 收敛,并且

$$0<F(p)\leqslant M\int_0^{+\infty}e^{-pt}dt=\frac{M}{p}\quad(0<p<+\infty).\qquad(1')$$

再考虑积分

$$\int_0^{+\infty}\frac{\partial}{\partial p}\left(e^{-pt}\frac{1-e^{-t}}{t}\right)dt=\int_0^{+\infty}e^{-pt}(e^{-t}-1)dt$$

$$=\int_0^{+\infty}e^{-(p+1)t}dt-\int_0^{+\infty}e^{-pt}dt=\frac{1}{p+1}-\frac{1}{p}\quad(p>0),$$

它对 $p\geqslant p_0>0$ 是一致收敛的. 因此, 当 $p\geqslant p_0$ 时, 可对函数 $F(p)$应用莱布尼兹法则, 得

$$F'(p)=\frac{1}{p+1}-\frac{1}{p}\quad(\text{当 } p\geqslant p_0 \text{ 时}),$$

由 $p_0>0$ 的任意性知, 上式对一切 $p>0$ 均成立. 两端积分, 得

$$F(p)=\ln\frac{p+1}{p}+C\quad(0<p<+\infty),\qquad(2')$$

其中 C 是某常数. 由(1′)式知,

$$\lim_{p\to+\infty}F(p)=0.$$

于是, 在(2′)式两端令 $p\to+\infty$, 取极限, 得 $C=0$. 由此可知

$$F(p)=\ln\frac{p+1}{p}=\ln\left(1+\frac{1}{p}\right).$$

(7) $F(p)=\int_0^{+\infty}e^{-pt}\sin\alpha\sqrt{t}\,dt=2\int_0^{+\infty}ue^{-pu^2}\sin\alpha u\,du$

$$=\frac{\alpha\sqrt{\pi}}{2p\sqrt{p}}e^{-\frac{\alpha^2}{4p}}\ {}^{*)}$$

*) 利用 3810 题的结果.

【3836】 证明公式(李普希兹积分)

$$\int_0^{+\infty}e^{-at}J_0(bt)dt=\frac{1}{\sqrt{a^2+b^2}}\quad(a>0),$$

其中 $J_0(x)=\frac{1}{\pi}\int_0^{\pi}\cos(x\sin\varphi)d\varphi$ 为足指数是 0 的贝塞耳函数

(参阅 3726 题).

证 $\int_0^{+\infty} e^{-at}J_0(bt)dt = \frac{1}{\pi}\int_0^{+\infty} e^{-at}dt\int_0^{\pi}\cos(bt\sin\varphi)d\varphi$.

由于积分 $\int_0^{+\infty} e^{-at}\cos(bt\sin\varphi)dt$ 对 $0\leqslant\varphi\leqslant\pi$ 是一致收敛的,故可交换积分顺序,得

$$\int_0^{+\infty} e^{-at}J_0(bt)dt = \frac{1}{\pi}\int_0^{\pi}d\varphi\int_0^{+\infty} e^{-at}\cos(bt\sin\varphi)dt$$

$$= \frac{1}{\pi}\int_0^{\pi}\left(\frac{-a\cos(bt\cos\varphi)+b\sin\varphi\sin(bt\sin\varphi)}{a^2+b^2\sin^2\varphi}e^{-at}\Big|_0^{+\infty}\right)d\varphi$$

$$= \frac{a}{\pi}\int_0^{\pi}\frac{d\varphi}{a^2+b^2\sin^2\varphi} = \frac{2a}{\pi}\int_0^{\frac{\pi}{2}}\frac{d\varphi}{a^2+b^2\sin^2\varphi}$$

$$= \frac{2a}{\pi}\int_0^{\frac{\pi}{2}}\frac{d(\tan\varphi)}{(a^2+b^2)\tan^2\varphi+a^2} = \frac{2a}{\pi}\int_0^{+\infty}\frac{dt}{(a^2+b^2)t^2+a^2}$$

$$= \frac{2a}{\pi}\frac{1}{a\sqrt{(a^2+b^2)}}\arctan\frac{\sqrt{(a^2+b^2)}}{a}t\Big|_0^{+\infty} = \frac{1}{\sqrt{(a^2+b^2)}}.$$

【3837】 求外耳什特拉斯变换

$$F(x) = \frac{1}{\sqrt{\pi}}\int_{-\infty}^{+\infty} e^{-(x-y)^2}f(y)dy.$$

设:(1) $f(y)=1$; (2) $f(y)=y^2$;

(3) $f(y)=e^{2ay}$; (4) $f(y)=\cos ay$.

解 (1) $F(x) = \frac{1}{\sqrt{\pi}}\int_{-\infty}^{+\infty} e^{-(x-y)^2}dy = \frac{1}{\sqrt{\pi}}\int_{-\infty}^{+\infty} e^{-u^2}du$

$$= \frac{2}{\sqrt{\pi}}\frac{\sqrt{\pi}}{2} = 1.$$

(2) $F(x) = \frac{1}{\sqrt{\pi}}\int_{-\infty}^{+\infty} e^{-(x-y)^2}y^2dy = \frac{1}{\sqrt{\pi}}\int_{-\infty}^{+\infty} e^{-u^2}(x+u)^2du$

$$= \frac{1}{\sqrt{\pi}}\int_{-\infty}^{+\infty} e^{-u^2}u^2du + \frac{2x}{\sqrt{\pi}}\int_{-\infty}^{+\infty} e^{-u^2}u\,du + \frac{x^2}{\sqrt{\pi}}\int_{-\infty}^{+\infty} e^{-u^2}du.$$

由于

$$\frac{1}{\sqrt{\pi}}\int_{-\infty}^{+\infty}e^{-u^2}u^2du=\frac{2}{\sqrt{\pi}}\int_0^{+\infty}u^2e^{-u^2}du$$

$$=-\frac{1}{\sqrt{\pi}}\int_0^{+\infty}ud(e^{-u^2})=-\frac{1}{\sqrt{\pi}}ue^{-u^2}\Big|_0^{+\infty}+\frac{1}{\sqrt{\pi}}\int_0^{+\infty}e^{-u^2}du$$

$$=\frac{1}{\sqrt{\pi}}\frac{\sqrt{\pi}}{2}=\frac{1}{2},$$

及 $\int_{-\infty}^{+\infty}e^{-u^2}udu=0$，故得

$$F(x)=\frac{1}{2}+\frac{2x^2}{\sqrt{\pi}}\frac{\sqrt{\pi}}{2}=x^2+\frac{1}{2}.$$

(3) $F(x)=\frac{1}{\sqrt{\pi}}\int_{-\infty}^{+\infty}e^{-(x-y)^2}e^{2ay}dy=\frac{1}{\sqrt{\pi}}\int_{-\infty}^{+\infty}e^{-(x-y)^2+2ay}dy$

$$=\frac{1}{\sqrt{\pi}}e^{a^2+2ax}\int_{-\infty}^{+\infty}e^{-(y-x-a)^2}dy=\frac{1}{\sqrt{\pi}}e^{a^2+2ax}2\frac{\sqrt{\pi}}{2}=e^{a^2+2ax}.$$

(4) $F(x)=\frac{1}{\sqrt{\pi}}\int_{-\infty}^{+\infty}e^{-(x-y)^2}\cos ay\,dy$

$$=\frac{1}{\sqrt{\pi}}\int_{-\infty}^{+\infty}e^{-u^2}\cos a(x+u)du$$

$$=\frac{\cos ax}{\sqrt{\pi}}\int_{-\infty}^{+\infty}e^{-u^2}\cos au\,du-\frac{\sin ax}{\sqrt{\pi}}\int_{-\infty}^{+\infty}e^{-u^2}\sin au\,du$$

$$=\frac{\cos ax}{\sqrt{\pi}}\frac{2}{2}\sqrt{\pi}e^{-\frac{a^2}{4}}{}^{*)}-0=e^{-\frac{a^2}{4}}\cos ax.$$

*) 利用 3809 题的结果.

【3838】 契比协夫—厄耳米特多项式由公式

$$H_n(x)=(-1)^ne^{x^2}\frac{d^n}{dx^n}(e^{-x^2})\quad(n=0,1,2,\cdots)$$

而定义，证明

$$\int_{-\infty}^{+\infty} H_m(x)H_n(x)e^{-x^2}dx = \begin{cases} 0, & 若\ m\neq n; \\ 2^n n!\sqrt{\pi}, & 若\ m=n. \end{cases}$$

证 由 1231 题的结果知，$H_n(x)$为一个 n 次多项式，且 x^n 的系数为 2^n. 不妨设 $m\leqslant n$，则

$$\begin{aligned}
&\int_{-\infty}^{+\infty} H_m(x)H_n(x)e^{-x^2}dx \\
&=\int_{-\infty}^{+\infty}(-1)^n H_m(x)\frac{d^n}{dx^n}(e^{-x^2})dx \\
&=(-1)^n\int_{-\infty}^{+\infty} H_m(x)d\left[\frac{d^{n-1}}{dx^{n-1}}(e^{-x^2})\right] \\
&=(-1)^{n+1}\int_{-\infty}^{+\infty} H_m'(x)\frac{d^{n-1}}{dx^{n-1}}(e^{-x^2})dx \\
&=\cdots=(-1)^{n+m}\int_{-\infty}^{+\infty} H_m^{(m)}(x)\frac{d^{n-m}}{dx^{n-m}}(e^{-x^2})dx \\
&=\cdots=(-1)^{2n}\int_{-\infty}^{+\infty} H_m^{(n)}(x)e^{-x^2}dx.
\end{aligned}$$

当 $m<n$ 时，$H_m^{(n)}(x)=0$，故，

$$\int_{-\infty}^{+\infty} H_m(x)H_n(x)e^{-x^2}dx=0;$$

当 $m=n$ 时，$H_m^{(n)}(x)=2^n n!$，故

$$\int_{-\infty}^{+\infty} H_m(x)H_n(x)e^{-x^2}dx=2^n n!\int_{-\infty}^{+\infty} e^{-x^2}dx=2^n n!\sqrt{\pi}.$$

【3839】 计算在概率论中有重要意义的积分

$$\varphi(x)=\frac{1}{2\pi\sigma_1\sigma_2}\int_{-\infty}^{+\infty} e^{-\frac{\xi^2}{2\sigma_1^2}}e^{-\frac{(x-\xi)^2}{2\sigma_2^2}}d\xi \quad (\sigma_1>0,\sigma_2>0).$$

解 注意到

$$\frac{\xi^2}{2\sigma_1^2}+\frac{(x-\xi)^2}{2\sigma_2^2}=\frac{1}{2\sigma_1^2\sigma_2^2}[(\sigma_1^2+\sigma_2^2)\xi^2-2\sigma_1^2x\xi+\sigma_1^2x^2]$$

并令

$$a=\frac{\sigma_1^2+\sigma_2^2}{2\sigma_1^2\sigma_2^2},\quad b=-\frac{\sigma_1^2 x}{2\sigma_1^2\sigma_2^2},\quad c=\frac{\sigma_1^2 x^2}{2\sigma_1^2\sigma_2^2},$$

即得

$$\varphi(x)=\frac{1}{2\pi\sigma_1\sigma_2}\int_{-\infty}^{+\infty}e^{-(a\xi^2+2b\xi+c)}d\xi=\frac{1}{2\pi\sigma_1\sigma_2}\sqrt{\frac{\pi}{a}}e^{-\frac{ac-b^2}{a}}\ {}^{*)}$$

将 a,b,c 的表达式代入上式,并令 $\sigma=\sqrt{\sigma_1^2+\sigma_2^2}$,化简整理得

$$\varphi(x)=\frac{1}{\sigma\sqrt{2\pi}}e^{-\frac{x^2}{2a^2}}.$$

*) 利用 3804 题的结果.

【3840】 设函数 $f(x)$ 在区间 $(-\infty,+\infty)$ 内连续且绝对可积分*). 证明:积分

$$u(x,t)=\frac{1}{2a\sqrt{\pi t}}\int_{-\infty}^{+\infty}f(\xi)e^{-\frac{(\xi-x)^2}{4a^2t}}d\xi$$

满足热传导方程式

$$\frac{\partial u}{\partial t}=a^2\frac{\partial^2 u}{\partial x^2}$$

及初值条件

$$\lim_{t\to+0}u(x,t)=f(x).$$

证 当 $t>0$, $-\infty<x<+\infty$ 时, $\left|f(\xi)e^{-\frac{(\xi-a)^2}{4a^2t}}\right|\leqslant|f(\xi)|$,而 $\int_{-\infty}^{+\infty}|f(\xi)|d\xi<+\infty$,故积分 $\int_{-\infty}^{+\infty}f(\xi)e^{-\frac{(\xi-x)^2}{4a^2t}}d\xi$ 在 $t>0$, $-\infty<x<+\infty$ 上一致收敛,从而, $u(x,t)$ 是 $t>0$, $-\infty<x<+\infty$ 上的连续函数. 考虑积分

$$\int_{-\infty}^{+\infty}\frac{\partial}{\partial t}\left(f(\xi)e^{-\frac{(\xi-x)^2}{4a^2t}}\right)d\xi=\int_{-\infty}^{+\infty}f(\xi)e^{-\frac{(\xi-x)^2}{4a^2t}}\frac{(\xi-x^2)^2}{4a^2t^2}d\xi,\quad(1)$$

$$\int_{-\infty}^{+\infty}\frac{\partial}{\partial x}\left(f(\xi)\mathrm{e}^{-\frac{(\xi-x)^2}{4a^2t}}\right)\mathrm{d}\xi=\int_{-\infty}^{+\infty}f(\xi)\mathrm{e}^{-\frac{(\xi-x)^2}{4a^2t}}\frac{\xi-x}{2a^2t}\mathrm{d}\xi,\quad(2)$$

$$\int_{-\infty}^{+\infty}\frac{\partial}{\partial x^2}\left(f(\xi)\mathrm{e}^{-\frac{(\xi-x)^2}{4a^2t}}\right)\mathrm{d}\xi=\int_{-\infty}^{+\infty}f(\xi)\mathrm{e}^{-\frac{(\xi-x)^2}{4a^2t}}\left[-\frac{1}{2a^2t}+\frac{(\xi-x)^2}{4a^2t^2}\right]\mathrm{d}\xi,\quad(3)$$

先考察(1)式中的积分.

由于对$|x|\leqslant x_0$, $0<t_0\leqslant t\leqslant t_1$($x_0$, t_0, t_1任意固定),当$|\xi|>x_0$时,有

$$\left|f(\xi)\mathrm{e}^{-\frac{(\xi-x)^2}{4a^2t}}\frac{(\xi-x)^2}{4a^2t^2}\right|\leqslant|f(\xi)|\mathrm{e}^{-\frac{(|\xi|-x_0)^2}{4a^2t_1}}\frac{(|\xi|-x_0)^2}{4a^2t_0^2},$$

而

$$\lim_{|\xi|\to+\infty}\mathrm{e}^{-\frac{(|\xi|-x_0)^2}{4a^2t_1}}\frac{(|\xi|-x_0)^2}{4a^2t_0}=0,$$

故当$|\xi|>x_0$时,有

$$\left|f(\xi)\mathrm{e}^{-\frac{(\xi-x)^2}{4a^2t}}\frac{(\xi-x)^2}{4a^2t^2}\right|\leqslant M|f(\xi)|,$$

其中M是某常数.于是,根据$\int_{-\infty}^{+\infty}|f(\xi)|\mathrm{d}\xi<+\infty$,由外氏判别法知,(1)式中的积分在$|x|\leqslant x_0$, $0<t_0\leqslant t\leqslant t_1$上一致收敛.

同理可证,(2)式中的积分和(3)式中的积分都在$|x|\leqslant x_0$, $0<t_0\leqslant t\leqslant t_1$上一致收敛.于是,在其上可应用莱布尼兹法则在积分号下求导数,得

$$\frac{\partial u}{\partial t}=\frac{1}{4at\sqrt{\pi t}}\int_{-\infty}^{+\infty}f(\xi)\mathrm{e}^{-\frac{(\xi-x)^2}{4a^2t}}\left[\frac{(\xi-x)^2}{2a^2t}-1\right]\mathrm{d}\xi,\quad(4)$$

$$\frac{\partial u}{\partial x}=\frac{1}{2at\sqrt{\pi t}}\int_{-\infty}^{+\infty}f(\xi)\mathrm{e}^{-\frac{(\xi-x)^2}{4a^2t}}\frac{\xi-x}{2a^2t}\mathrm{d}\xi,\quad(5)$$

$$\frac{\partial^2 u}{\partial x^2}=\frac{1}{4a^3t\sqrt{\pi t}}\int_{-\infty}^{+\infty}f(\xi)e^{-\frac{(\xi-x)^2}{4a^2t}}\left[\frac{(\xi-x)^2}{2a^2t}-1\right]d\xi. \quad (6)$$

由 x_0, t_0, t_1 的任意性知, (4)、(5)、(6) 三式对一切 $-\infty<x<+\infty$, $t>0$ 都成立. 根据(4)式及(6)式, 即得

$$\frac{\partial u}{\partial t}=a^2\frac{\partial^2 u}{\partial x^2} \quad (-\infty<x<+\infty, t>0).$$

下面证明

$$\lim_{t\to+0}u(x,t)=f(x) \quad (-\infty<x<+\infty). \quad (7)$$

任意固定 x, 易知($t>0$, 作变量代换 $u=\frac{\xi-x}{2a\sqrt{t}}$)

$$\int_{-\infty}^{+\infty}e^{-\frac{(\xi-x)^2}{4a^2t}}d\xi=2a\sqrt{t}\int_{-\infty}^{+\infty}e^{-u^2}du=2a\sqrt{\pi t},$$

故

$$u(x,t)-f(x)=\frac{1}{2a\sqrt{\pi t}}\int_{-\infty}^{+\infty}[f(\xi)-f(x)]e^{-\frac{(\xi-x)^2}{4a^2t}}d\xi.$$

任给 $\varepsilon>0$. 根据 $f(x)$ 在点 x 的连续性, 可取某 $\delta>0$, 使当 $|\xi-x|\leqslant\delta$ 时, 恒有 $|f(\xi)-f(x)|<\frac{\varepsilon}{3}$. 我们有

$$\begin{aligned}&u(x,t)-f(x)\\&=\frac{1}{2a\sqrt{\pi t}}\left(\int_{-\infty}^{x-\delta}+\int_{x-\delta}^{x+\delta}+\int_{x+\delta}^{+\infty}\right)[f(\xi)-f(x)]e^{-\frac{(\xi-x)^2}{4a^2t}}d\xi\\&=I_1+I_2+I_3.\end{aligned}$$

下面分别估计 I_1, I_2 与 I_3, 我们有

$$\begin{aligned}|I_2|&=\left|\frac{1}{2a\sqrt{\pi t}}\int_{x-\delta}^{x+\delta}[f(\xi)-f(x)]e^{-\frac{(\xi-x)^2}{4a^2t}}d\xi\right|\\&<\frac{\varepsilon}{3}\left(\frac{1}{2a\sqrt{\pi t}}\int_{x-\delta}^{x+\delta}e^{-\frac{(\xi-x)^2}{4a^2t}}d\xi\right)\end{aligned}$$

$$< \frac{\varepsilon}{3}\left(\frac{1}{2a\sqrt{\pi t}}\int_{-\infty}^{+\infty} e^{-\frac{(\xi-x)^2}{4a^2 t}} d\xi\right) = \frac{\varepsilon}{3}.$$

又有

$$|I_3| = \left|\frac{1}{2a\sqrt{\pi t}}\int_{x+\delta}^{+\infty}\left[f(\xi)-f(x)e^{-\frac{(\xi-x)^2}{4a^2t}}d\xi\right]e^{-\frac{(\xi-x)^2}{4a^2t}}d\xi\right|$$

$$\leqslant \frac{1}{2a\sqrt{\pi t}}e^{-\frac{\delta^2}{4a^2t}}\int_{x+\delta}^{+\infty}|f(\xi)|d\xi + \frac{|f(x)|}{2a\sqrt{\pi t}}\int_{x+\delta}^{+\infty}e^{-\frac{(\xi-x)^2}{4a^2t}}d\xi$$

$$\leqslant \frac{1}{2a\sqrt{\pi t}}e^{-\frac{\delta^2}{4a^2t}}\int_{-\infty}^{+\infty}|f(\xi)|d\xi + \frac{|f(x)|}{\sqrt{\pi}}\int_{\frac{\delta}{2a\sqrt{t}}}^{+\infty}e^{-u^2}du,$$

由此可知 $\lim\limits_{t\to+0} I_3 = 0$. 同理可证 $\lim\limits_{t\to+0} I_1 = 0$. 于是, 存在 $\eta > 0$, 使当 $0 < t < \eta$ 时, 恒有

$$|I_3| < \frac{\varepsilon}{3}, \qquad |I_1| < \frac{\varepsilon}{3}.$$

由此, 当 $0 < t < \eta$ 时, 恒有

$$|u(x,t) - f(x)| < \frac{\varepsilon}{3} + \frac{\varepsilon}{3} + \frac{\varepsilon}{3} = \varepsilon,$$

故(7)式成立, 证毕.

*) **作者注**: 本题原书把 $\frac{\partial u}{\partial t} = a^2\frac{\partial^2 u}{\partial x^2}$ 误写为 $\frac{\partial u}{\partial t} = \frac{1}{a^2}\frac{\partial^2 u}{\partial x^2}$. 另外原书只假定 $f(x)$ 在 $(-\infty, +\infty)$ 上绝对可积, 这是不够的. 应加上假定 $f(x)$ 在 $(-\infty, +\infty)$ 上连续. 否则, 结论 $\lim\limits_{t\to+0} u(x,t) = f(x)$ 就可能不成立了. 例如, 令

$$f(x) = \begin{cases} 1, & \text{当 } x = 0 \text{ 时};\\ 0, & \text{当 } x \neq 0 \text{ 时},\end{cases}$$

则显然 $f(x)$ 在 $(-\infty, +\infty)$ 绝对可积. 这时

$$u(x,t) \equiv 0 \quad (t > 0, -\infty < x < +\infty),$$

故 $\lim\limits_{t\to+0} u(0,t) = 0 \neq 1 = f(0)$.

§4. 尤拉积分

1° Γ-函数　当 $x>0$ 有：

$$\Gamma(x)=\int_0^{+\infty} t^{x-1}e^{-t}\,dt$$

Γ-函数的基本性质由下面的递推公式所表示出来

$$\Gamma(x+1)=x\Gamma(x).$$

设 n 为正整数，则 $\Gamma(n)=(n-1)!$；

$$\Gamma\left(n+\frac{1}{2}\right)=\frac{1\cdot3\cdots(2n-1)}{2^n}\sqrt{\pi}.$$

2° 余元公式　当 x 不等于正整数时有

$$\Gamma(x)\Gamma(1-x)=\frac{\pi}{\sin\pi x}.$$

此公式可用来定义自变量为负值的 Γ 函数.

3° B-函数　当 $x>0$ 及 $y>0$ 有

$$B(x,y)=\int_0^1 t^{x-1}(1-t)^{y-1}dt.$$

下公式正确

$$B(x,y)=\frac{\Gamma(x)\Gamma(y)}{\Gamma(x+y)}.$$

【3841】 证明 Γ-函数 $\Gamma(x)$ 在域 $x>0$ 内是连续的并有各阶连续导函数.

证 $\Gamma(x)=\int_0^{+\infty} t^{x-1}e^{-t}dt=\int_0^1 t^{x-1}e^{-t}dt+\int_1^{+\infty} t^{x-1}e^{-t}dt$,

当 $x\geqslant x_0>0$ 时，$0<t^{x-1}e^{-t}\leqslant t^{x_0-1}e^{-t}\ (0<t<1)$，而 $\int_0^1 t^{x_0-1}e^{-t}dt$ 收敛，故 $\int_0^1 t^{x-1}e^{-t}dt$ 当 $x\geqslant x_0$ 时一致收敛；又当 $x\leqslant x_1$时，$t^{x-1}e^{-t}\leqslant t^{x_1-1}e^{-t}\ (t\geqslant1)$，而 $\int_1^{+\infty} t^{x_1-1}e^{-t}dt$ 收敛，故当 $x\leqslant x_1$ 时 $\int_1^{+\infty} t^{x-1}e^{-t}dt$ 一致收敛. 由此可知，积分 $\int_0^{+\infty} t^{x-1}e^{-t}dt$

当 $0<x_0\leqslant x\leqslant x_1$ 时一致收敛. 因此, $\Gamma(x)$ 在 $x_0\leqslant x\leqslant x_1$ 上连续. 由 x_0 及 $x_1(x_1>x_0>0)$ 的任意性, 即知 $\Gamma(x)$ 在整个域 $x>0$ 上连续.

考虑积分

$$\int_0^{+\infty}\frac{\partial}{\partial x}(t^{x-1}\mathrm{e}^{-t})\mathrm{d}x=\int_0^{+\infty}t^{x-1}\ln t\cdot\mathrm{e}^{-t}\mathrm{d}t$$

$$=\int_0^1 t^{x-1}\ln t\cdot\mathrm{e}^{-t}\mathrm{d}t+\int_1^{+\infty}t^{x-1}\ln t\cdot\mathrm{e}^{-t}\mathrm{d}t.$$

当 $x\geqslant x_0>0$ 时, $|t^{x-1}\ln t\cdot\mathrm{e}^{-t}|\leqslant t^{x_0-1}|\ln t|(0<t\leqslant 1)$, 而积分 $\int_0^1 t^{x_0-1}|\ln t|\mathrm{d}t$ 收敛(这是因为 $\lim\limits_{t\to+0}t^{1-\frac{x_0}{2}}\cdot t^{x_0-1}|\ln t|=\lim\limits_{x\to+0}(-t^{\frac{x_0}{2}}\ln t)=0$), 故积分 $\int_0^1 t^{x-1}\ln t\cdot\mathrm{e}^{-t}\mathrm{d}t$ 当 $x\geqslant x_0>0$ 时一致收敛. 同样, 当 $x\leqslant x_1$ 时, $|t^{x-1}\ln t\cdot\mathrm{e}^{-t}|\leqslant t^{x_1}\mathrm{e}^{-t}(t\geqslant 1)$, 这是因为 $t\geqslant 1$ 时 $0\leqslant\ln t<t$; 而积分 $\int_1^{+\infty}t^{x_1}\mathrm{e}^{-t}\mathrm{d}t$ 收敛, 故积分 $\int_1^{+\infty}t^{x-1}\ln t\cdot\mathrm{e}^{-t}\mathrm{d}t$ 当 $x\leqslant x_1$ 时一致收敛. 因此, 积分 $\int_0^{+\infty}t^{x-1}\ln t\cdot\mathrm{e}^{-t}\mathrm{d}t$ 当 $0<x_0\leqslant x\leqslant x_1$ 时一致收敛. 由此可知 $\Gamma(x)$ 在 $x_0\leqslant x\leqslant x_1$ 上具有连续的导函数 $\Gamma'(x)$ 且可在积分号下求导数, 得

$$\Gamma'(x)=\int_0^{+\infty}t^{x-1}\ln t\cdot\mathrm{e}^{-t}\mathrm{d}t \tag{1}$$

由 x_0,x_1 的任意性可知 $\Gamma'(x)$ 在 $x>0$ 上连续, 且(1)式对一切 $x>0$ 皆成立.

完全类似地, 可证 $\Gamma''(x)$ 在 $x>0$ 上连续, 且可在(1)式积分号下求导数. 一般地, 由数学归纳法可知, 对任何正整数 n, $\Gamma^{(n)}(x)$ 在 $x>0$ 上都存在连续, 并且可在积分号下求导数, 得

$$\Gamma^{(n)}(x)=\int_0^{+\infty}t^{x-1}(\ln t)^n\cdot\mathrm{e}^{-t}\mathrm{d}t\quad(x>0).$$

【3842】 证明 B - 函数 $B(x,y)$ 在域 $x>0, y>0$ 内是连续的并有各阶连续导函数.

证 由于当 $x\geqslant x_0>0, y\geqslant y_0>0$ 时，恒有

$$0<t^{x-1}(1-t)^{y-1}\leqslant t^{x_0-1}(1-t)^{y_0-1}\quad(0<t<1),$$

而积分 $\int_0^1 t^{x_0-1}(1-t)^{y_0-1}$ 收敛，故积分 $\int_0^1 t^{x-1}(1-t)^{y-1}\mathrm{d}t$ 在 $x\geqslant x_0, y\geqslant y_0$ 上 致收敛，从而 $B(x,y)$ 是 $x\geqslant x_0, y\geqslant y_0$ 上的二元连续函数. 由 $x_0>0, y_0>0$ 的任意性知，$B(x,y)$ 在整个域 $x>0, y>0$ 上连续.

考虑积分

$$\int_0^1 \frac{\partial}{\partial x}[t^{x-1}(1-t)^{y-1}]\mathrm{d}t=\int_0^1 t^{x-1}(1-t)^{y-1}\ln t\,\mathrm{d}t.$$

由于当 $x\geqslant x_0>0, y\geqslant y_0>0$ 时，恒有

$$|t^{x-1}(1-t)^{y-1}\ln t|\leqslant t^{x_0-1}(1-t)^{y_0-1}|\ln t|\quad(0<t<1),$$

而积分 $\int_0^1 t^{x_0-1}(1-t)^{y_0-1}|\ln t|\mathrm{d}t$ 收敛

$$\left(\text{因为}\lim_{t\to+0} t^{1-\frac{x_0}{2}}t^{x_0-1}(1-t)^{y_0-1}|\ln t|=-\lim_{t\to+0}t^{\frac{x_0}{2}}\ln t=0,\right.$$

$$\left.\lim_{t\to1-0}(1-t)^{1-\frac{y_0}{2}}\cdot t^{x_0-1}(1-t)^{y_0-1}|\ln t|=-\lim_{t\to1-0}(1-t)^{\frac{y_0}{2}}\ln t=0\right),$$

故积分 $\int_0^1 t^{x-1}(1-t)^{y-1}\ln t\,\mathrm{d}t$ 当 $x\geqslant x_0, y\geqslant y_0$ 时一致收敛. 因此，当 $x\geqslant x_0, y\geqslant y_0$, 时可在积分号下对 x 求导数，得

$$B_x'(x,y)=\int_0^1 t^{x-1}(1-t)^{y-1}\ln t\,\mathrm{d}t,\qquad(1)$$

并且 $B_x'(x,y)$ 是 $x\geqslant x_0, x\geqslant y_0$ 上的连续函数. 由 $x_0>0, y_0>0$ 的任意性知，(1)式对一切 $x>0, y>0$ 皆成立，并且 $B'_x(x,y)$ 是域 $x>0, y>0$ 上的二元连续函数. 同理可证 $B_y'(x,y)$ 是域 x

$>0, y>0$ 上的二元连续函数，并且 $x>0, y>0$ 时，可在积分号下对 y 求导数，得

$$B'_y(x,y)=\int_0^1 t^{x-1}(1-t)^{y-1}\ln(1-t)\mathrm{d}t.$$

完全类似地，利用数学归纳法，可证 $\frac{\partial^n B(x,y)}{\partial x^i \partial y^{n-i}}$ 在域 $x>0, y>0$ 上存在连续，并且

$$\frac{\partial^n B(x,y)}{\partial x^i \partial y^{n-i}}=\int_0^1 t^{x-1}(1-t)^{y-1}(\ln t)^i[\ln(1-t)]^{n-i}\mathrm{d}t.$$

利用尤拉积分计算下列积分：

【3843】 $\int_0^1 \sqrt{x-x^2}\mathrm{d}x$.

解 $\int_0^1 \sqrt{x-x^2}\mathrm{d}x=\int_0^1 x^{\frac{1}{2}}(1-x)^{\frac{1}{2}}\mathrm{d}x$

$$=B\left(\frac{3}{2},\frac{3}{2}\right)=\frac{\left[\Gamma\left(\frac{3}{2}\right)\right]^2}{\Gamma(3)}=\frac{\left[\frac{1}{2}\Gamma\left(\frac{1}{2}\right)\right]^2}{2!}.$$

由于

$$\left[\Gamma\left(\frac{1}{2}\right)\right]^2=\Gamma\left(\frac{1}{2}\right)\Gamma\left(1-\frac{1}{2}\right)=\frac{\pi}{\sin\frac{\pi}{2}}=\pi,$$

故 $\Gamma\left(\frac{1}{2}\right)=\sqrt{\pi}$. 于是，$\int_0^1 \sqrt{x-x^2}\mathrm{d}x=\frac{\pi}{8}$.

【3844】 $\int_0^a x^2\sqrt{a^2-x^2}\mathrm{d}x \quad (a>0)$.

解 $\int_0^a x^2\sqrt{a^2-x^2}\mathrm{d}x=a^4\int_0^a\left(\frac{x}{a}\right)^2\sqrt{1-\left(\frac{x}{a}\right)^2}\mathrm{d}\left(\frac{x}{a}\right)$

$$=a^4\int_0^1 u^2(1-u^2)^{\frac{1}{2}}\mathrm{d}u=\frac{a^4}{2}\int_0^1 u(1-u^2)^{\frac{1}{2}}\mathrm{d}(u^2)$$

$$=\frac{a^4}{2}\int_0^1 t^{\frac{1}{2}}(1-t^2)^{\frac{1}{2}}\mathrm{d}t=\frac{a^4}{2}B\left(\frac{3}{2},\frac{3}{2}\right)=\frac{\pi a^4}{16}.$$

【3845】 $\int_0^{+\infty}\frac{\sqrt[4]{x}}{(1+x)^2}dx$.

解 设$\frac{x}{1+x}=t$，则 $x=\frac{t}{1-t}$， $dx=\frac{1}{(1-t)^2}dt$，代入即得

$$\int_0^{+\infty}\frac{\sqrt[4]{x}}{(1+x)^2}dx=\int_0^1 t^{\frac{1}{4}}(1-t)^{-\frac{1}{4}}dt=B\left(\frac{5}{4},\frac{3}{4}\right)$$

$$=\frac{\Gamma\left(\frac{5}{4}\right)\Gamma\left(\frac{3}{4}\right)}{\Gamma(2)}=\frac{1}{4}\Gamma\left(\frac{1}{4}\right)\Gamma\left(\frac{3}{4}\right)=\frac{1}{4}\ \frac{\pi}{\sin\frac{\pi}{4}}=\frac{\pi}{2\sqrt{2}}.$$

【3846】 $\int_0^{+\infty}\frac{dx}{1+x^3}$.

解 设 $x^3=t$，则 $\int_0^{+\infty}\frac{dx}{1+x^3}=\frac{1}{3}\int_0^{+\infty}\frac{t^{-\frac{2}{3}}}{1+t}dt$. 再作代换 $\frac{t}{1+t}=u$，即得

$$\int_0^{+\infty}\frac{dx}{1+x^3}=\frac{1}{3}\int_0^1 u^{-\frac{2}{3}}(1-u)^{-\frac{1}{3}}du=\frac{1}{3}B\left(\frac{1}{3},\frac{2}{3}\right)$$

$$=\frac{1}{3}\ \frac{\Gamma\left(\frac{1}{3}\right)\Gamma\left(\frac{2}{3}\right)}{\Gamma(1)}=\frac{1}{3}\ \frac{\pi}{\sin\frac{\pi}{3}}=\frac{2\pi}{3\sqrt{3}}.$$

【3847】 $\int_0^{+\infty}\frac{x^2dx}{1+x^4}$.

解 设 $x^4=t$，则 $\int_0^{+\infty}\frac{x^2dx}{1+x^4}=\frac{1}{4}\int_0^{+\infty}\frac{t^{-\frac{1}{4}}}{1+t}dt$.. 再作代换 $\frac{t}{1+t}=u$，即得

$$\int_0^{+\infty}\frac{x^2dx}{1+x^4}=\frac{1}{4}\int_0^1 u^{-\frac{1}{4}}(1-u)^{-\frac{3}{4}}du=\frac{1}{4}B\left(\frac{3}{4},\frac{1}{4}\right)$$

$$=\frac{1}{4}\frac{\Gamma\left(\frac{3}{4}\right)\Gamma\left(\frac{1}{4}\right)}{\Gamma(1)}=\frac{1}{4}\frac{\pi}{\sin\frac{\pi}{4}}=\frac{\pi}{2\sqrt{2}}.$$

【3848】 $\int_0^{\frac{\pi}{2}}\sin^6 x\cos^4 x\,dx$.

解 设 $t=\sin x$，则 $\int_0^{\frac{\pi}{2}}\sin^6 x\cos^4 x\,dx=\int_0^1 t^6(1-t^2)^{\frac{3}{2}}dt$. 再作代换 $t=\sqrt{u}$，即得

$$\int_0^{\frac{\pi}{2}}\sin^6 x\cos^4 x\,dx=\frac{1}{2}\int_0^1 u^{\frac{5}{2}}(1-u)^{\frac{3}{2}}du=\frac{1}{2}B\left(\frac{7}{2},\frac{5}{2}\right)$$

$$=\frac{1}{2}\frac{\Gamma\left(\frac{7}{2}\right)\Gamma\left(\frac{5}{2}\right)}{\Gamma(6)}=\frac{1}{2}\frac{\frac{5}{2}\cdot\frac{3}{2}\cdot\frac{1}{2}\sqrt{\pi}\cdot\frac{3}{2}\cdot\frac{1}{2}\sqrt{\pi}}{5!}=\frac{3\pi}{512}.$$

【3849】 $\int_0^1\frac{dx}{\sqrt[n]{1-x^n}}\quad(n>0)$.

解 设 $x^n=t$，即得

$$\int_0^1\frac{dx}{\sqrt[n]{1-x^n}}dx=\frac{1}{n}\int_0^1 t^{\frac{1-n}{n}}(1-t)^{-\frac{1}{n}}dt$$

$$=\frac{1}{n}B\left(\frac{1}{n},\frac{n-1}{n}\right)=\frac{1}{n}\frac{\Gamma\left(\frac{1}{n}\right)\Gamma\left(\frac{n-1}{n}\right)}{\Gamma(1)}=\frac{\pi}{n\sin\frac{\pi}{n}}.$$

【3850】 $\int_0^{+\infty}x^{2n}e^{-x^2}dx$ （n 为正整数）.

解 $\int_0^{+\infty}x^{2n}e^{-x^2}dx=\frac{1}{2}\int_0^{+\infty}x^{2n-1}e^{-x^2}d(x^2)$

$$=\frac{1}{2}\int_0^{+\infty}t^{\frac{2n-1}{2}}e^{-t}dt=\frac{1}{2}\Gamma\left(\frac{2n+1}{2}\right)$$

$$=\frac{1}{2}\cdot\frac{1\cdot3\cdots(2n-1)}{2^n}\sqrt{\pi}=\frac{(2n-1)!!}{2^{n+1}}\sqrt{\pi}.$$

求下列积分的存在域,并用尤拉积分来表示下面这些积分:

【3851】 $\int_0^{+\infty}\frac{x^{m-1}}{1+x^n}dx \quad (n>0).$

解 令 $x^n=t$,再令$\frac{t}{1+t}=u$,即得

$$\int_0^{+\infty}\frac{x^{m-1}}{1+x^n}dx=\frac{1}{n}\int_0^{+\infty}\frac{t^{\frac{m-n}{n}}}{1+t}dt=\frac{1}{n}\int_0^1 u^{\frac{m}{n}-1}(1-u)^{\frac{n-m}{n}-1}du,$$

此积分的存在域为$\frac{m}{n}>0$ 及$\frac{n-m}{n}>0$,即 $0<m<n$.此时,我们有

$$\int_0^{+\infty}\frac{x^{m-1}}{1+x^n}dx=\frac{1}{n}B\left(\frac{m}{n},\frac{n-m}{n}\right)$$

$$=\frac{1}{n}\frac{\Gamma\left(\frac{m}{n}\right)\Gamma\left(1-\frac{m}{n}\right)}{\Gamma(1)}=\frac{\pi}{n\sin\frac{m\pi}{n}}.$$

【3852】 $\int_0^{+\infty}\frac{x^{m-1}}{(1+x)^n}dx.$

解 设 $\frac{x}{1+x}=t$,即得

$$\int_0^{+\infty}\frac{x^{m-1}}{(1+x)^n}dx=\int_0^1 t^{m-1}(1-t)^{n-m-1}dt=B(m,n-m),$$

存在域为 $m>0$ 及 $n-m>0$,即 $0<m<n$.

【3853】 $\int_0^{+\infty}\frac{x^m dx}{(a+bx^n)^p} \quad (a>0,b>0,n>0).$

解 设 $\frac{bx^n}{a+bx^n}=t$,则有

$$x=\left(\frac{a}{b}\right)^{\frac{1}{n}}\left(\frac{t}{1-t}\right)^{\frac{1}{n}},\quad dx=\frac{1}{n}\left(\frac{a}{b}\right)^{\frac{1}{n}}\frac{t^{\frac{1}{n}-1}}{(1-t)^{\frac{1}{n}+1}}dt,$$

代入即得

$$\int_0^{+\infty}\frac{x^m}{(a+bx^n)^p}\mathrm{d}x=\frac{1}{b^p}\int_0^{+\infty}\left(\frac{bx^n}{a+bx^n}\right)^p x^{m-np}\mathrm{d}x$$

$$=\frac{a^{-p}}{n}\left(\frac{a}{b}\right)^{\frac{m+1}{n}}\int_0^1 t^{\frac{m+1}{n}-1}(1-t)^{p-\frac{m+1}{n}-1}\mathrm{d}t$$

$$=\frac{a^{-p}}{n}\left(\frac{a}{b}\right)^{\frac{m+1}{n}}B\left(\frac{m+1}{n},p-\frac{m+1}{n}\right),$$

存在域为 $\frac{m+1}{n}>0$ 及 $p-\frac{m+1}{n}>0$，即 $0<\frac{m+1}{n}<p$.

【3854】 $\int_a^b\frac{(x-a)^m(b-x)^n}{(x+c)^{m+n+2}}\mathrm{d}x$.

解 设 $\frac{b+c}{b-a}\cdot\frac{x-a}{x+c}=t$，则 $x=\frac{a+lct}{1-lt}$，其中 $l=\frac{b-a}{b+c}$，且

$$x-a=\frac{(a+c)lt}{1-lt},\quad x-b=\frac{(a-b)+(b+c)lt}{1-lt},$$

$$x+c=\frac{a+c}{1-lt},\qquad \mathrm{d}x=\frac{(a+c)l}{(1-lt)^2}\mathrm{d}t.$$

代入即得

$$\int_a^b\frac{(x-a)^m(b-x)^n}{(x+c)^{m+n+2}}\mathrm{d}x$$

$$=(-1)^n\frac{l^{m+1}}{(a+c)^{n+1}}\int_0^1 t^m[(a-b)+(b+c)lt]^n\mathrm{d}t$$

$$=\frac{(b-a)^{m+n+1}}{(a+c)^{n+1}(b+c)^{m+1}}\int_0^1 t^m(1-t)^n\mathrm{d}t$$

$$=\frac{(b-a)^{m+n+1}}{(a+c)^{n+1}(b+c)^{m+1}}B(m+1,n+1),$$

存在域为 $m>-1$ 及 $n>-1$.

【3855】 $\int_0^1\frac{\mathrm{d}x}{\sqrt[n]{1-x^m}}\quad(m>0)$.

解 设 $x^m=t$，即得

$$\int_0^1 \frac{\mathrm{d}x}{\sqrt[n]{1-x^m}} = \frac{1}{m}\int_0^1 t^{\frac{1}{m}-1}(1-t)^{-\frac{1}{n}}\mathrm{d}t = \frac{1}{m}B\left(\frac{1}{m}, 1-\frac{1}{n}\right),$$

存在域为 $1-\frac{1}{n}>0$，即 $n<0$ 或 $n>1$.

【3856】 $\int_0^{\frac{\pi}{2}} \sin^m x\cos^n x\,\mathrm{d}x$.

解 令 $\sin x = t$，再令 $t^2 = u$，即得

$$\int_0^{\frac{\pi}{2}} \sin^m x\cos^n x\,\mathrm{d}x = \int_0^1 t^m(1-t^2)^{\frac{n-1}{2}}\mathrm{d}t$$

$$= \frac{1}{2}\int_0^1 u^{\frac{m-1}{2}}(1-u)^{\frac{n-1}{2}}\mathrm{d}u = \frac{1}{2}B\left(\frac{m+1}{2}, \frac{n+1}{2}\right),$$

存在域为 $m>-1$ 及 $n>-1$.

【3857】 $\int_0^{\frac{\pi}{2}} \tan^n x\,\mathrm{d}x$.

解 令 $\sin x = t$，再令 $t^2 = u$，即得

$$\int_0^{\frac{\pi}{2}}\tan^n x\,\mathrm{d}x = \int_0^1 t^n(1-t^2)^{-\frac{n+1}{2}}\mathrm{d}t = \frac{1}{2}\int_0^1 u^{\frac{n-1}{2}}(1-u)^{-\frac{n+1}{2}}\mathrm{d}u$$

$$= \frac{1}{2}B\left(\frac{n+1}{2}, \frac{1-n}{2}\right) = \frac{1}{2}\,\frac{\Gamma\left(\frac{n+1}{2}\right)\Gamma\left(1-\frac{n+1}{2}\right)}{\Gamma(1)}$$

$$= \frac{1}{2}\,\frac{\pi}{\sin\frac{n+1}{2}\pi} = \frac{\pi}{2\cos\frac{n\pi}{2}},$$

存在域为 $\frac{n+1}{2}>0$ 及 $\frac{1-n}{2}>0$，即 $|n|<1$.

【3858】 $\int_0^{\pi} \frac{\sin^{n-1}x}{(1+k\cos x)^n}\mathrm{d}x \quad (0<|k|<1)$.

解 设 $\tan\frac{t}{2} = \sqrt{\frac{1-k}{1+k}}\tan\frac{x}{2}$，则有 $\tan\frac{x}{2} = \sqrt{\frac{1+k}{1-k}}\tan\frac{t}{2}$，利用三角恒等式，可得

$$\sin x=\frac{\sqrt{1-k^2}\sin t}{1-k\cos t},\qquad \cos x=\frac{\cos t-k}{1-k\cos t},$$

$$1+k\cos x=\frac{1-k^2}{1-k\cos t},\quad \mathrm{d}x=\frac{\sqrt{1-k^2}}{1-k\cos t}\mathrm{d}t,$$

代入即得

$$\int_0^{\pi}\frac{\sin^{n-1}x}{(1+k\cos x)^n}\mathrm{d}x=(1-k^2)^{-\frac{n}{2}}\int_0^{\pi}\sin^{n-1}t\,\mathrm{d}t$$

$$=2^{n-1}(1-k^2)^{-\frac{n}{2}}\int_0^{\pi}\sin^{n-1}\frac{t}{2}\cos^{n-1}\frac{t}{2}\mathrm{d}t.$$

在上式右端的最后一个积分中,依次作代换 $\sin\frac{t}{2}=u,u^2=y$,即得

$$\int_0^{\pi}\frac{\sin^{n-1}x}{(1+k\cos x)^n}\mathrm{d}x=2^{n-1}(1-k^2)^{-\frac{n}{2}}\int_0^1 2u^{n-1}(1-u^2)^{\frac{n-2}{2}}\mathrm{d}u$$

$$=2^{n-1}(1-k^2)^{-\frac{n}{2}}\int_0^1 y^{\frac{n-2}{2}}(1-y)^{\frac{n-2}{2}}\mathrm{d}y$$

$$=2^{n-1}(1-k^2)^{-\frac{n}{2}}B\left(\frac{n}{2},\frac{n}{2}\right),$$

存在域为 $n>0$.

【3859】 $\int_0^{+\infty}\mathrm{e}^{-x^n}\mathrm{d}x\quad(n>0)$.

解 设 $x^n=t$,即得

$$\int_0^{+\infty}\mathrm{e}^{-x^n}\mathrm{d}x=\frac{1}{n}\int_0^{+\infty}t^{\frac{1}{n}-1}\mathrm{e}^{-t}\mathrm{d}t=\frac{1}{n}\Gamma\left(\frac{1}{n}\right),$$

存在域为 $\frac{1}{n}>0$,即 $n>0$.

【3860】 $\int_0^{+\infty}x^m\mathrm{e}^{-x^n}\mathrm{d}x$.

解 当 $n>0$ 时,作代换 $x^n=t$,则得

$$\int_0^{+\infty}x^m\mathrm{e}^{-x^n}\mathrm{d}x=\frac{1}{n}\int_0^{+\infty}t^{\frac{m+1}{n}-1}\mathrm{e}^{-t}\mathrm{d}t=\frac{1}{n}\Gamma\left(\frac{m+1}{n}\right);$$

当 $n<0$ 时，仍作代换 $x^n=t$，则得

$$\int_0^{+\infty} x^m e^{-x} dx = \frac{1}{n}\int_{+\infty}^0 t^{\frac{m+1}{n}} e^{-t} dt$$

$$= -\frac{1}{n}\int_0^{+\infty} t^{\frac{m+1}{n}-1} e^{-t} dt = -\frac{1}{n}\Gamma\left(\frac{m+1}{n}\right).$$

将上式结果合并，即得：当 $n\neq 0$ 时，

$$\int_0^{+\infty} x^m e^{-x} dx = \frac{1}{|n|}\Gamma\left(\frac{m+1}{n}\right);$$

当 $n=0$ 时，积分 $\int_0^{+\infty} x^m e^{-1} dx$. 显然发散. 因此，积分 $\int_0^{+\infty} x^m e^{-x^n} dx$ 的存在域为 $\frac{m+1}{n}>0$.

【3861】 $\int_0^1 \left(\ln\frac{1}{x}\right)^p dx$.

解 设 $x=e^{-t}$，即得

$$\int_0^1 \left(\ln\frac{1}{x}\right)^p dx = -\int_{+\infty}^0 t^p e^{-t} dt = \int_0^{+\infty} t^p e^{-t} dt = \Gamma(p+1),$$

存在域为 $p>-1$

【3862】 $\int_0^{+\infty} x^p e^{-ax} \ln x\, dx \quad (a>0)$.

解 由 3841 题的证明过程可知，积分

$$\int_0^{+\infty} x^p e^{-ax} \ln x\, dx$$

关于 p 在 $-1<p_0\leqslant p\leqslant p_1$ 时一致收敛. 因此，当 $p_0\leqslant p\leqslant p_1$ 时，

$$\frac{\partial}{\partial p}\int_0^{+\infty} x^p e^{-ax} dx = \int_0^{+\infty} x^p e^{-ax} \ln x\, dx.$$

但是，

$$\int_0^{+\infty} x^p e^{-ax} dx = \frac{1}{a^{p+1}}\int_0^{+\infty} t^p e^{-t} dt = \frac{\Gamma(p+1)}{a^{p+1}},$$

故

$$\int_0^{+\infty} x^p e^{-ax}\ln x\,dx=\frac{d}{dp}\left[\frac{\Gamma(p+1)}{a^{p+1}}\right]\quad(p_0\leqslant p\leqslant p_1).$$

由 $-1<p_0<p_1$ 的任意性,即知上式对一切 $p>-1$ 均成立.

【3863】 $\int_0^{+\infty}\frac{x^{p-1}\ln x}{1+x}dx\quad(p>0)$.

解 由 3852 题的结果知

$$B(p,1-p)=\int_0^{+\infty}\frac{x^{p-1}}{1+x}dx\quad(0<p<1).$$

显然,所求积分

$$\int_0^{+\infty}\frac{x^{p-1}\ln x}{1+x}dx=\int_0^{+\infty}\frac{\partial}{\partial p}\left(\frac{x^{p-1}}{1+x}\right)dx.$$

下证积分

$$\int_0^{+\infty}\frac{x^{p-1}\ln x}{1+x}dx=\int_0^1\frac{x^{p-1}\ln x}{1+x}dx+\int_1^{+\infty}\frac{x^{p-1}\ln x}{1+x}dx$$

在 $0<p_0\leqslant p\leqslant p_1<1$ 上一致收敛.事实上,此时

$$\left|\frac{x^{p-1}\ln x}{1+x}\right|\leqslant\frac{x^{p_0-1}|\ln x|}{1+x}\quad(0<x\leqslant 1),$$

而积分 $\int_0^1\frac{x^{p_0-1}|\ln x|}{1+x}dx$ 收敛

(因为 $\lim\limits_{x\to+0}x^{1-\frac{p_0}{2}}\frac{x^{p_0-1}|\ln x|}{1+x}=\lim\limits_{x\to+0}(-x^{\frac{p_0}{2}}\ln x)=0$),

故积分 $\int_0^1\frac{x^{p-1}\ln x}{1+x}dx$ 当 $p_0\leqslant p\leqslant p_1$ 时一致收敛.另一方面,当 $p_0\leqslant p\leqslant p_1$ 时,有

$$0\leqslant\frac{x^{p-1}\ln x}{1+x}\leqslant\frac{x^{p_1-1}\ln x}{1+x}\leqslant x^{p_1-2}\ln x\quad(x\geqslant 1),$$

而积分 $\int_1^{+\infty}x^{p_1-2}\ln x\,dx$ 收敛

（因为 $\lim\limits_{x\to+\infty} x^{1+\frac{1}{2}(1-p_1)}x^{p_1-2}\ln x=\lim\limits_{x\to+\infty} x^{-\frac{1}{2}(1-p_1)}\ln x=0$），

故积分 $\int_1^{+\infty}\frac{x^{p-1}\ln x}{1+x}dx$ 当 $p_0\leqslant p\leqslant p_1$ 时一致收敛. 由此可知，积分 $\int_0^{+\infty}\frac{x^{p-1}\ln x}{1+x}dx$ 当 $p_0\leqslant p\leqslant p_1$ 时一致收敛. 从而，当 $p_0\leqslant p\leqslant p_1$ 时，可在积分号下求导数，得

$$\frac{d}{dp}B(p,1-p)=\int_0^{+\infty}\frac{x^{p-1}\ln x}{1+x}dx.$$

由 p_0,p_1 的任意性知，上式对一切 $0<p<1$ 皆成立. 由于

$$\frac{d}{dp}B(p,1-p)=\frac{d}{dp}\left(\frac{\pi}{\sin p\pi}\right)=-\frac{\pi^2\cos p\pi}{\sin^2 p\pi}\quad(0<p<1),$$

故最后得

$$\int_0^{+\infty}\frac{x^{p-1}\ln x}{1+x}dx=-\frac{\pi^2\cos p\pi}{\sin^2 p\pi}\quad(0<p<1).$$

【3864】 $\int_0^{+\infty}\frac{x^{p-1}\ln^2 x}{1+x}dx\quad(p>0)$.

解 在 3863 题的基础上，考虑积分

$$\int_0^{+\infty}\frac{\partial}{\partial p}\left(\frac{x^{p-1}\ln x}{1+x}\right)dx=\int_0^{+\infty}\frac{x^{p-1}\ln^2 x}{1+x}dx.$$

仿 3863 题的证明过程，可证积分 $\int_0^{+\infty}\frac{x^{p-1}\ln^2 x}{1+x}dx$ 当 $0<p_0\leqslant p\leqslant p_1<1$ 时一致收敛，从而积分 $\int_0^{+\infty}\frac{x^{p-1}}{1+x}dx$ 可在积分号下对 p 求导数两次（当 $p_0\leqslant p\leqslant p_1$ 时），得

$$\int_0^{+\infty}\frac{x^{p-1}\ln^2 x}{1+x}dx=\frac{d^2}{dp^2}B(p,1-p)=\frac{d^2}{dp^2}\left(\frac{\pi}{\sin^2 p\pi}\right)$$

$$=-\frac{d}{dp}\left(\frac{\pi^2\cos p\pi}{\sin^2 p\pi}\right)=\frac{\pi^3(1+\cos^2 p\pi)}{\sin^3 p\pi}$$

由 p_0,p_1 的任意性知，此式对一切 $0<p<1$ 皆成立.

【3865】 $\int_0^{+\infty}\frac{x^{p-1}-x^{q-1}}{(1+x)\ln x}dx$.

解 易知,当 $0<p<1,0<q<1$ 时,积分 $\int_0^{+\infty}\frac{x^{p-1}-x^{q-1}}{(1+x)\ln x}dx$ 收敛.事实上,设 $p<q$,则由

$$\lim_{x\to+0}x^{1-p}\left|\frac{x^{p-1}-x^{q-1}}{(1+x)\ln x}\right|=\lim_{x\to+0}\left|\frac{1-x^{q-p}}{(1+x)\ln x}\right|=0,$$

$$\lim_{x\to+\infty}x^{2-q}\left|\frac{x^{p-1}-x^{q-1}}{(1+x)\ln x}\right|=\lim_{x\to+\infty}\left|\frac{x^{1-(q-p)}-x}{(1+x)\ln x}\right|=0$$

即知.考虑积分

$$\int_0^{+\infty}\frac{\partial}{\partial p}\left[\frac{x^{p-1}-x^{q-1}}{(1+x)\ln x}\right]dx=\int_0^{+\infty}\frac{x^{p-1}}{1+x}dx$$

$$=B(p,1-p)^{*)}=\frac{\pi}{\sin p\pi}.$$

易知积分 $\int_0^{+\infty}\frac{x^{p-1}}{1+x}dx$ 当 $0<p_0\leqslant p\leqslant p_1<1$ 时一致收敛(事实上,这时

$$0<\frac{x^{p-1}}{1+x}\leqslant\frac{x^{p_0-1}}{1+x}\quad(0<x\leqslant1),$$

$$0<\frac{x^{p-1}}{1+x}\leqslant\frac{x^{p_1-1}}{1+x}\quad(1\leqslant x<+\infty)$$

而积分 $\int_0^1\frac{x^{p_0-1}}{1+x}dx$ 和 $\int_0^{+\infty}\frac{x^{p_1-1}}{1+x}dx$ 都收敛),故当 $0<p_0\leqslant p\leqslant p_1<1$ 时,可在积分号下对 p 求导数,得

$$I'(p)=\frac{\pi}{\sin p\pi},\tag{1}$$

其中 $I(p)=\int_0^{+\infty}\frac{x^{p-1}-x^{q-1}}{(1+x)\ln x}dx$($q$ 固定,$0<q<1$).

由 p_0,p_1 的任意性知,(1)式对一切 $0<p<1$ 均成立.两端积分,得

$$I(p)=\ln\left|\tan\frac{p\pi}{2}\right|+C\quad(0<p<1),$$

其中 C 是某常数.在上式中令 $p=q$,并注意到 $I(q)=0$,即得 $0=I(q)=\ln\left|\tan\frac{q\pi}{2}\right|+C$,故 $C=-\ln\left|\tan\frac{q\pi}{2}\right|$.由此可知

$$\int_0^{+\infty}\frac{x^{p-1}-x^{q-1}}{(1+x)\ln x}dx=I(p)=\ln\left|\frac{\tan\frac{p\pi}{2}}{\tan\frac{q\pi}{2}}\right|$$

$$(0<p<1,0<q<1).$$

*) 利用 3852 题的结果.

【3866】 $\int_0^1\frac{x^{p-1}-x^{-p}}{1-x}dx\quad(0<p<1).$

解 首先,由于

$$\lim_{x\to1-0}\frac{x^{p-1}-x^{-p}}{1-x}=\lim_{x\to1-0}\frac{(p-1)x^{p-2}+px^{-p-1}}{-1}=1-2p,$$

故 $x=1$ 不是瑕点.令 $p_0=\max\{p,1-p\}$,则 $0<p_0<1$.取 $p_0<p_0^*<1$.由于

$$\lim_{x\to+0}x^{p_0^*}\left|\frac{x^{p-1}-x^{-p}}{1-x}\right|=\lim_{x\to+0}\left|\frac{x^{p_0^*-(1-p)}-x^{p_0^*-p}}{1-x}\right|=0,$$

故积分 $\int_0^1\frac{x^{p-1}-x^{-p}}{1-x}dx$ 绝对收敛$(0<p<1)$.

考察积分(含参变量 $\varepsilon,0\leqslant\varepsilon<1$)

$$I(\varepsilon)=\int_0^1\frac{x^{p-1}-x^{-p}}{(1-x)^{1-\varepsilon}}dx.$$

由于

$$\frac{|x^{p-1}-x^{-p}|}{(1-x)^{1-\varepsilon}}\leqslant\frac{|x^{p-1}-x^{-p}|}{1-x}\quad(0<x<1),$$

而上面已证积分 $\int_0^1\frac{|x^{p-1}-x^{-p}|}{1-x}dx$ 收敛,故积分

$\int_0^1 \frac{x^{p-1}-x^{-p}}{(1-x)^{1-\varepsilon}}dx$ 当 $0\leqslant\varepsilon<1$ 时一致收敛. 由此可知, $I(\varepsilon)$ 是 $0\leqslant\varepsilon<1$ 上的连续函数. 但是, 显然当 $0<\varepsilon<1$ 时, 有

$$\int_0^1 \frac{x^{p-1}-x^{-p}}{(1-x)^{1-\varepsilon}}dx = B(p,\varepsilon)-B(1-p,\varepsilon).$$

于是, 由 $I(\varepsilon)$ 在 $\varepsilon=0$ 的(右)连续性, 得

$$\int_0^1 \frac{x^{p-1}-x^{-p}}{1-x}dx = I(0)=\lim_{\varepsilon\to+0} I(\varepsilon)$$

$$=\lim_{\varepsilon\to+0}[B(p,\varepsilon)-B(1-p,\varepsilon)].$$

根据 Γ - 函数与 B - 函数的关系以及 $\Gamma(x)$ 和 $\Gamma'(x)$ 在 $x>0$ 时的连续性, 得

$$\lim_{\varepsilon\to+0}[B(p,\varepsilon)-B(1-p,\varepsilon)]$$

$$=\lim_{\varepsilon\to+0}\frac{\Gamma(\varepsilon)[\Gamma(p)\Gamma(1-p+\varepsilon)-\Gamma(1-p)\Gamma(p+\varepsilon)]}{\Gamma(p+\varepsilon)\Gamma(1-p+\varepsilon)}$$

$$=\lim_{\varepsilon\to+0}\frac{1}{\Gamma(p+\varepsilon)\Gamma(1-p+\varepsilon)\Gamma(1-\varepsilon)}$$

$$\cdot\lim_{\varepsilon\to+0}\Gamma(\varepsilon)\Gamma(1-\varepsilon)[\Gamma(p)\Gamma(1-p+\varepsilon)-\Gamma(1-p)\Gamma(p+\varepsilon)]$$

$$=\frac{1}{\Gamma(p)\Gamma(1-p)\Gamma(1)}\cdot\lim_{\varepsilon\to+0}\Gamma(\varepsilon)\Gamma(1-\varepsilon)[\Gamma(p)\Gamma(1-p+\varepsilon)$$

$$-\Gamma(1-p)\Gamma(p+\varepsilon)]$$

$$=\sin\pi p\lim_{\varepsilon\to+0}\frac{\Gamma(p)\Gamma(1-p+\varepsilon)-\Gamma(1-p)\Gamma(p+\varepsilon)}{\sin\pi\varepsilon}$$

$$=\sin\pi p\lim_{\varepsilon\to+0}\frac{\Gamma(p)\Gamma'(1-p+\varepsilon)-\Gamma(1-p)\Gamma'(p+\varepsilon)}{\pi\cos\pi\varepsilon}$$

$$=\frac{\sin\pi p}{\pi}[\Gamma(p)\Gamma'(1-p)-\Gamma(1-p)\Gamma'(p)].$$

但是, 显然

$$\Gamma(p)\Gamma'(1-p)-\Gamma(1-p)\Gamma'(p)]$$

$$=-\frac{d}{dp}[\Gamma(p)\Gamma(1-p)]=-\frac{d}{dp}\left(\frac{\pi}{\sin p\pi}\right)=\frac{\pi^2\cos p\pi}{\sin^2 p\pi}$$

故最后得

$$\int_0^1 \frac{x^{p-1}-x^{-p}}{1-x}dx=\pi\cot p\pi \quad (0<p<1).$$

【3867】 $\int_0^{+\infty}\frac{\text{sh}\alpha x}{\text{sh}\beta x}dx \quad (0<\alpha<\beta).$

解 $\int_0^{+\infty}\frac{\text{sh}\alpha x}{\text{sh}\beta x}dx=\int_0^{+\infty}\frac{e^{\alpha x}-e^{-\alpha x}}{e^{\beta x}-e^{-\beta x}}dx$

$$=-\frac{1}{2\beta}\int_0^{+\infty}\frac{e^{(\alpha+\beta)x}-e^{(\beta-\alpha)x}}{1-e^{-2\beta x}}d(e^{-2\beta x})$$

$$=-\frac{1}{2\beta}\int_1^0\frac{t^{-\frac{\alpha+\beta}{2\beta}}-t^{-\frac{\beta-\alpha}{2\beta}}}{1-t}dt=\frac{1}{2\beta}\int_0^1\frac{t^{\frac{\beta-\alpha}{2\beta}-1}-t^{-\frac{\beta-\alpha}{2\beta}}}{1-t}dt$$

$$=\frac{\pi}{2\beta}\cot\frac{(\beta-\alpha)\pi}{2\beta}^{*)}=\frac{\pi}{2\beta}\tan\frac{\alpha\pi}{2\beta}.$$

*) 利用 3866 题的结果.

【3868】 $\int_0^1 \ln\Gamma(x)dx.$

解 设 $1-x=t$,则有

$$\int_0^1\ln\Gamma(x)dx=\int_0^1\ln\Gamma(1-t)dt=\int_0^1\ln\Gamma(1-x)dx.$$

相加即得

$$2\int_0^1\ln\Gamma(x)dx=\int_0^1\ln[\Gamma(x)\Gamma(1-x)]dx$$

$$=\int_0^1\ln\frac{\pi}{\sin\pi x}dx=\ln\pi-\int_0^1\ln\sin\pi x\,dx=\ln\pi-\frac{1}{\pi}\int_0^\pi\ln\sin t\,dt$$

$$=\ln\pi-\frac{1}{\pi}\left[\int_0^{\frac{\pi}{2}}\ln\sin t\,dt+\int_{\frac{\pi}{2}}^{\pi}\ln\sin t\,dt\right]$$

$$=\ln\pi-\frac{2}{\pi}\int_0^{\frac{\pi}{2}}\ln\sin t\,dt=\ln\pi-\frac{2}{\pi}\left(-\frac{\pi}{2}\ln 2\right)^{*)}=\ln 2\pi.$$

于是,

$$\int_0^1 \ln\Gamma(x)\mathrm{d}x = \frac{1}{2}\ln 2\pi = \ln\sqrt{2\pi}.$$

*) 利用 2353 题(1)的结果.

【3869】 $\int_a^{a+1} \ln\Gamma(x)\mathrm{d}x \quad (a>0)$.

解 设

$$F(a) = \int_a^{a+1} \ln\Gamma(x)\mathrm{d}x = \int_0^{a+1} \ln\Gamma(x)\mathrm{d}x - \int_0^a \ln\Gamma(x)\mathrm{d}x,$$

则有

$$F'(a) = \ln\Gamma(a+1) - \ln\Gamma(a) = \ln\frac{\Gamma(a+1)}{\Gamma(a)} = \ln a.$$

两端积分,得

$$F(a) = a(\ln a - 1) + C,$$

其中 C 为某常数.让 $a\to+0$,得 $C=\ln\sqrt{2\pi}$ *).于是,

$$\int_0^{a+1} \ln\Gamma(x)\mathrm{d}x = a(\ln a - 1) + \ln\sqrt{2\pi}.$$

*) 利用 3868 题的结果.

【3870】 $\int_0^1 \ln\Gamma(x)\sin\pi x\,\mathrm{d}x$.

解 设 $x=1-t$,则有

$$\int_0^1 \ln\Gamma(x)\sin\pi x\,\mathrm{d}x = \int_0^1 \ln\Gamma(1-t)\sin\pi t\,\mathrm{d}t$$

$$= \int_0^1 \ln\Gamma(1-x)\sin\pi x\,\mathrm{d}x.$$

相加即得

$$2\int_0^1 \ln\Gamma(x)\sin\pi x\,\mathrm{d}x = \int_0^1 \ln[\Gamma(x)\Gamma(1-x)\sin\pi x\,\mathrm{d}x]$$

$$= \int_0^1 \left(\ln\frac{\pi}{\sin\pi x}\right)\sin\pi x\,\mathrm{d}x = \ln\pi\int_0^1 \sin\pi x\,\mathrm{d}x - \int_0^1 \sin\pi x\ln\sin\pi x\,\mathrm{d}x.$$

由于 $\int_0^1 \sin\pi x\,dx = -\frac{1}{\pi}\cos\pi x\Big|_0^1 = \frac{2}{\pi}$ 及

$$\int_0^1 \sin\pi x \ln\sin\pi x\,dx = \frac{1}{\pi}\int_0^{\pi} \sin t \ln\sin t\,dt$$

$$= \frac{2}{\pi}\int_0^{\pi} \sin\frac{t}{2}\cos\frac{t}{2}\left[\ln 2 + \ln\sin\frac{t}{2} + \frac{1}{2}\ln\left(1-\sin^2\frac{t}{2}\right)\right]dt$$

$$= \frac{4}{\pi}\int_0^1 u\left[\ln 2 + \ln u + \frac{1}{2}\ln(1-u^2)\right]du$$

$$= \frac{4}{\pi}\left[\frac{1}{2}u^2\ln 2 + \frac{1}{2}u^2\left(\ln u - \frac{1}{2}\right)\Big|_0^1 - \frac{1}{4}\int_0^1 \ln(1-u^2)d(1-u^2)\right]$$

$$= \frac{4}{\pi}\left[\frac{1}{2}\ln 2 - \frac{1}{4} + \frac{1}{4}\int_0^1 \ln t\,dt\right] = \frac{2}{\pi}\ln 2 - \frac{1}{\pi} + \frac{1}{\pi}(t\ln t - t)\Big|_0^1$$

$$= \frac{2}{\pi}\ln 2 - \frac{2}{\pi},$$

故最后得

$$\int_0^1 \ln\Gamma(x)\sin\pi x\,dx = \frac{1}{2}\ \frac{2}{\pi}\ln\pi - \frac{1}{2}\left(\frac{2}{\pi}\ln 2 - \frac{2}{\pi}\right) = \frac{1}{\pi}\left(1+\ln\frac{\pi}{2}\right).$$

【3871】 $\int_0^1 \ln\Gamma(x)\cos 2n\pi x\,dx$ （n 为自然数）.

解 设 $x = 1-t$，则有

$$\int_0^1 \ln\Gamma(x)\cos 2n\pi x\,dx = \int_0^1 \ln\Gamma(1-t)\cos 2n\pi t\,dt$$

$$= \int_0^1 \ln\Gamma(1-x)\cos 2n\pi x\,dx.$$

等式两端同加 $\int_0^1 \ln\Gamma(x)\cos 2n\pi x\,dx$，得

$$2\int_0^1 \ln\Gamma(x)\cos 2n\pi x\,dx$$

$$= \int_0^1 \ln[\Gamma(x)\Gamma(1-x)]\cos 2n\pi x\,dx$$

$$= \int_0^1 (\ln\pi - \ln\sin\pi x)\cos 2n\pi x\,dx$$

$$= -\int_0^1 \cos 2n\pi x \ln\sin\pi x\,dx = -\frac{1}{\pi}\int_0^{\pi} \cos 2nt \ln\sin t\,dt$$

$$= -\frac{1}{2n\pi}\sin 2nt \ln\sin t\Big|_0^{\pi} + \frac{1}{2n\pi}\int_0^{\pi}\frac{\sin 2nt\cos t}{\sin t}dt$$

$$= \frac{1}{2n\pi}\int_0^{\pi}\frac{\sin 2nt\cos t}{\sin t}dt$$

$$= \frac{1}{4n\pi}\left[\int_0^{\pi}\frac{\sin(2n+1)t}{\sin t}dt + \int_0^{\pi}\frac{\sin(2n-1)t}{\sin t}dt\right]$$

$$= \frac{1}{4n\pi}(\pi+\pi)^{*)} = \frac{1}{2n}.$$

于是,

$$\int_0^1 \ln\Gamma(x)\cos 2n\pi x\,dx = \frac{1}{4n}.$$

*) 利用 2291 题的结果.

证明等式:

【3872】 $\int_0^1 \frac{dx}{\sqrt{1-x^4}}\int_0^1\frac{x^2dx}{\sqrt{1-x^4}} = \frac{\pi}{4}$.

证 首先,我们将积分

$$\int_0^1 x^{p-1}(1-x^m)^{q-1}dx \quad (p>0, q>0, m>0)$$

表成 B - 函数或 Γ - 函数. 作代换 $x^m = u$,即得

$$\int_0^1 x^{p-1}(1-x^m)^{q-1}dx = \frac{1}{m}\int_0^1 u^{\frac{p}{m}-1}(1-u)^{q-1}du$$

$$= \frac{1}{m}B\left(\frac{p}{m}, q\right) = \frac{1}{m}\frac{\Gamma(\frac{p}{m})\Gamma(q)}{\Gamma(\frac{p}{m}+q)}.$$

利用此结果,即可证得

$$\int_0^1 \frac{dx}{\sqrt{1-x^4}}\int_0^1\frac{x^2dx}{\sqrt{1-x^4}} = \frac{1}{4^2}\frac{\Gamma\left(\frac{1}{4}\right)\Gamma\left(\frac{1}{2}\right)\Gamma\left(\frac{3}{4}\right)\Gamma\left(\frac{1}{2}\right)}{\Gamma\left(\frac{1}{4}+\frac{1}{2}\right)\Gamma\left(\frac{3}{4}+\frac{1}{2}\right)}$$

$$=\frac{1}{4^2}\frac{\Gamma\left(\frac{1}{4}\right)\Gamma\left(\frac{3}{4}\right)\left[\Gamma\left(\frac{1}{2}\right)\right]^2}{\frac{1}{4}\Gamma\left(\frac{3}{4}\right)\Gamma\left(\frac{1}{4}\right)}=\frac{\pi}{4}.$$

【3873】 $\int_0^{+\infty}e^{-x^4}dx\int_0^{+\infty}x^2e^{-x^4}dx=\frac{\pi}{8\sqrt{2}}$.

证 首先,我们将积分

$$\int_0^{+\infty}x^m e^{-x^n}dx\quad(m>0,n>0)$$

表成 B - 函数或 Γ - 函数. 作代换 $x^n=t$,即得

$$\int_0^{+\infty}x^m e^{-x^n}dx=\frac{1}{n}\int_0^{+\infty}t^{\frac{m+1}{n}-1}e^{-t}dt=\frac{1}{n}\Gamma\left(\frac{m+1}{n}\right).$$

利用此结果,即可证得

$$\int_0^{+\infty}e^{-x^4}dx\int_0^{+\infty}x^2e^{-x^4}dx=\frac{1}{4}\Gamma\left(\frac{1}{4}\right)\cdot\frac{1}{4}\Gamma\left(\frac{3}{4}\right)$$

$$=\frac{1}{4^2}\frac{\pi}{\sin\frac{\pi}{4}}=\frac{\pi}{8\sqrt{2}}.$$

【3874】 $\prod_{m=1}^{n}\int_0^{+\infty}x^{m-1}e^{-x^n}dx=\left(\frac{1}{n}\right)^{n+\frac{1}{2}}(2\pi)^{\frac{n-1}{2}}$.

证 利用 3873 题证明过程的一个结果,即得

$$\prod_{m=1}^{n}\int_0^{+\infty}x^{m-1}e^{-x^n}dx=\prod_{m=1}^{n}\frac{1}{n}\Gamma\left(\frac{m}{n}\right)=\left(\frac{1}{n}\right)^n\prod_{m=1}^{n-1}\Gamma\left(\frac{m}{n}\right).$$

令 $E=\prod_{m=1}^{n-1}\Gamma\left(\frac{m}{n}\right)=\prod_{m=1}^{n-1}\Gamma\left(\frac{n-m}{n}\right)$, 则

$$E^2=\prod_{m=1}^{n-1}\Gamma\left(\frac{m}{n}\right)\Gamma\left(\frac{n-m}{n}\right)=\prod_{m=1}^{n-1}\frac{\pi}{\sin\frac{m\pi}{n}}=\frac{\pi^{n-1}}{\prod_{m=1}^{n-1}\sin\frac{m\pi}{n}}.$$

由于

$$\frac{z^n-1}{z-1}=\prod_{m=1}^{n-1}\left(z-\cos\frac{2m\pi}{n}-i\sin\frac{2m\pi}{n}\right),$$

其中 $i=\sqrt{-1}$. 让 $z\to 1$, 取极限即得

$$n=\prod_{m=1}^{n-1}\left|1-\cos\frac{2m\pi}{n}-i\sin\frac{2m\pi}{n}\right|=2^{n-1}\prod_{m=1}^{n-1}\sin\frac{m\pi}{n},$$

故有

$$\prod_{m=1}^{n-1}\sin\frac{m\pi}{n}=\frac{n}{2^{n-1}}.$$

从而得

$$\prod_{m=1}^{n}\int_0^{+\infty}x^{m-1}e^{-x^n}dx=\left(\frac{1}{n}\right)^n E=\frac{1}{n^n}\cdot\pi^{\frac{n-1}{2}}\cdot\left(\frac{2^{n-1}}{n}\right)^{\frac{1}{2}}$$

$$=\left(\frac{1}{n}\right)^{n+\frac{1}{2}}(2\pi)^{\frac{n-1}{2}}.$$

【3875】 $\lim\limits_{n\to\infty}\int_0^{+\infty}e^{-x^n}dx=1.$

解 $\int_0^{+\infty}e^{-x^n}dx=\int_0^{+\infty}\frac{1}{n}t^{\frac{1}{n}-1}e^{-t}dt=\frac{1}{n}\Gamma\left(\frac{1}{n}\right)$

由 3841 题知, $\Gamma(x)$ 当 $x>0$ 时是连续函数, 故得

$$\lim_{n\to\infty}\int_0^{+\infty}e^{-x^n}dx=\lim_{n\to\infty}\frac{1}{n}\Gamma\left(\frac{1}{n}\right)=\lim_{n\to\infty}\Gamma\left(\frac{1}{n}+1\right)=\Gamma(1)=1.$$

利用等式 $\frac{1}{x^m}=\frac{1}{\Gamma(m)}\int_0^{+\infty}t^{m-1}e^{-xt}dt$ $(x>0)$, 求积分:

【3876】 $\int_0^{+\infty}\frac{\cos ax}{x^m}dx\quad(0<m<1).$

解 我们有

$$\int_0^{+\infty}\frac{\cos ax}{x^m}dx=\frac{1}{\Gamma(m)}\int_0^{+\infty}\cos ax\,dx\int_0^{+\infty}t^{m-1}e^{-xt}dt$$

$$=\frac{1}{\Gamma(m)}\int_0^{+\infty}t^{m-1}dt\int_0^{+\infty}e^{-xt}\cos ax\,dx^{*)}=\frac{1}{\Gamma(m)}\int_0^{+\infty}t^{m-1}\frac{t}{a^2+t^2}dt$$

$$=\frac{1}{\Gamma(m)}\int_0^{\frac{\pi}{2}}(a\tan u)^m\cdot\frac{1}{a^2\sec^2u}\cdot a\sec^2u\,du=\frac{a^{m-1}}{\Gamma(m)}\int_0^{\frac{\pi}{2}}\tan^m u\,du$$

$$=\frac{\pi a^{m-1}}{2\Gamma(m)\cos\frac{m\pi}{2}}^{**)}\quad(a>0).$$

*) 交换积分顺序的合理性证明如下:令

$$f(x,t)=\cos ax\cdot t^{m-1}e^{-xt}\quad(0<m<1,a>0).$$

对任何 $A>0$,我们有

$$\int_0^A dx\int_0^{+\infty}|f(x,t)|dt\leqslant\int_0^A dx\int_0^{+\infty}t^{m-1}e^{-xt}dt=\Gamma(m)\int_0^A\frac{dx}{x^m}<+\infty,$$

故对于 $\int_0^A dx\int_0^{+\infty}f(x,t)dt$ 可交换积分顺序,得

$$\int_0^A dx\int_0^{+\infty}f(x,t)dt=\int_0^{+\infty}dt\int_0^A f(x,t)dx.\tag{1}$$

但

$$\int_0^{+\infty}dt\int_0^A f(x,t)dx=\int_0^{+\infty}t^{m-1}dt\int_0^A e^{-xt}\cos ax\,dx$$

$$=\int_0^{+\infty}t^{m-1}\left[\frac{e^{-At}(a\sin aA-t\cos aA)}{a^2+t^2}+\frac{t}{a^2+t^2}\right]dt,\tag{2}$$

而

$$\left|\frac{a\sin aA-t\cos aA}{a^2+t^2}\right|\leqslant\frac{a+t}{a^2+t^2}\leqslant M\quad(0<t<+\infty),$$

其中 M 是某常数,故

$$\int_0^{+\infty}\left|t^{m-1}\cdot\frac{e^{-At}(a\sin aA-t\cos aA)}{a^2+t^2}\right|dt\leqslant M\int_0^{+\infty}t^{m-1}e^{-At}dt$$

$$=\frac{M}{A^m}\int_0^{+\infty}y^{m-1}e^{-y}dy=\frac{M\Gamma(m)}{A^m}.$$

由此可知

$$\lim_{A\to+\infty}\int_0^{+\infty}t^{m-1}\cdot\frac{e^{-At}(a\sin aA-t\cos aA)}{a^2+t^2}dt=0.$$

再注意到积分 $\int_0^{+\infty}t^{m-1}\cdot\frac{t}{a^2+t^2}dt$ 收敛,在(2)式两端令 $A\to+\infty$ 取极限,得

$$\lim_{A\to+\infty}\int_0^{+\infty}dt\int_0^A f(x,t)dx=\int_0^{+\infty}t^{m-1}\cdot\frac{t}{a^2+t^2}dt;$$

但是,

$$\int_0^{+\infty} t^{m-1}\cdot\frac{t}{a^2+t^2}\mathrm{d}t=\int_0^{+\infty} t^{m-1}\mathrm{d}t\int_0^{+\infty}\mathrm{e}^{-xt}\cos ax\,\mathrm{d}x=\int_0^{+\infty}\mathrm{d}t\int_0^{+\infty} f(x,t)\mathrm{d}x.$$

于是，在(1)式两端令 $A\to+\infty$ 取极限(由于右端极限存在，故左端极限也存在)，得

$$\int_0^{+\infty}\mathrm{d}x\int_0^{+\infty} f(x,t)\mathrm{d}t=\int_0^{+\infty}\mathrm{d}t\int_0^{+\infty} f(x,t)\mathrm{d}x.$$

**) 利用 3857 题的结果.

【3877】 $\int_0^{+\infty}\frac{\sin ax}{x^m}\mathrm{d}x\quad(0<m<2)$.

解 我们有

$$\int_0^{+\infty}\frac{\sin ax}{x^m}\mathrm{d}x=\frac{1}{\Gamma(m)}\int_0^{+\infty}\sin ax\,\mathrm{d}x\int_0^{+\infty} t^{m-1}\mathrm{e}^{-xt}\mathrm{d}t$$

$$=\frac{1}{\Gamma(m)}\int_0^{+\infty} t^{m-1}\mathrm{d}t\int_0^{+\infty}\mathrm{e}^{-xt}\sin ax\,\mathrm{d}x^{*)}$$

$$=\frac{1}{\Gamma(m)}\int_0^{+\infty} t^{m-1}\cdot\frac{a}{a^2+t^2}\mathrm{d}t=\frac{a^{m-1}}{\Gamma(m)}\int_0^{\frac{\pi}{2}}\tan^{m-1}u\,\mathrm{d}u$$

$$=\frac{\pi a^{m-1}}{2\Gamma(m)\cos\frac{m-1}{2}\pi}=\frac{\pi a^{m-1}}{2\Gamma(m)\sin\frac{m\pi}{2}}\qquad(a>0).$$

*) 交换积分顺序的合理性可仿 3876 题证明之，只要注意到 $|\sin ax|\leqslant ax\ (a>0,x>0)$. 于是，当 $0<m<2$ 时，对任何 $A>0$，有

$$\int_0^{A}\mathrm{d}x\int_0^{+\infty}|\sin ax\cdot t^{m-1}\mathrm{e}^{-xt}|\mathrm{d}t\leqslant\int_0^{A}\mathrm{d}x\int_0^{+\infty} ax\cdot t^{m-1}\mathrm{e}^{-xt}\mathrm{d}t$$

$$=a\Gamma(m)\int_0^{A}\frac{\mathrm{d}x}{x^{m-1}}<+\infty.$$

【3878】 证明尤拉公式：

(i) $\int_0^{+\infty} t^{x-1}\mathrm{e}^{-\lambda t\cos\alpha}\cos(\lambda t\sin\alpha)\mathrm{d}t=\frac{\Gamma(x)}{\lambda^x}\cos\alpha x$；

(ii) $\int_0^{+\infty} t^{x-1}\mathrm{e}^{-\lambda t\cos\alpha}\sin(\lambda t\sin\alpha)\mathrm{d}t=\frac{\Gamma(x)}{\lambda^x}\sin\alpha x$

$$\left(\lambda>0,\ x>0,\ -\frac{\pi}{2}<\alpha<\frac{\pi}{2}\right)$$

证 由于当 $0<t<+\infty$ 时,

$$\left|t^{x-1}\mathrm{e}^{-\lambda t\cos\alpha}\cos(\lambda t\sin\alpha)\right|\leqslant t^{x-1}\mathrm{e}^{-\lambda t\cos\alpha},$$

而(作代换 $\lambda t\cos\alpha=u$)

$$\int_0^{+\infty}t^{x-1}\mathrm{e}^{-\lambda t\cos\alpha}\mathrm{d}t=\frac{1}{(\lambda\cos\alpha)^x}\int_0^{+\infty}u^{x-1}\mathrm{e}^{-u}\mathrm{d}u$$

$$=\frac{\Gamma(x)}{(\lambda\cos\alpha)^x}<+\infty,$$

故积分 $\int_0^{+\infty}t^{x-1}\mathrm{e}^{-\lambda t\cos\alpha}\cos(\lambda t\sin\alpha)\mathrm{d}t$ 收敛. 同理可证积分 $\int_0^{+\infty}t^{x-1}\mathrm{e}^{-\lambda t\cos\alpha}\sin(\lambda t\sin\alpha)\mathrm{d}t$ 也收敛. 令(固定 $\lambda>0,x>0$)

$$I(\alpha)=\int_0^{+\infty}t^{x-1}\mathrm{e}^{-\lambda t\cos\alpha}\cos(\lambda t\sin\alpha)\mathrm{d}t\quad\left(-\frac{\pi}{2}<\alpha<\frac{\pi}{2}\right),$$

$$I_1(\alpha)=\int_0^{+\infty}t^{x-1}\mathrm{e}^{-\lambda t\cos\alpha}\sin(\lambda t\sin\alpha)\mathrm{d}t\quad\left(-\frac{\pi}{2}<\alpha<\frac{\pi}{2}\right).$$

我们有

$$\frac{\partial}{\partial\alpha}\left[t^{x-1}\mathrm{e}^{-\lambda t\cos\alpha}\cos(\lambda t\sin\alpha)\right]$$

$$=\lambda t^x\mathrm{e}^{-\lambda t\cos\alpha}\left[\sin\alpha\cos(\lambda t\sin\alpha)-\cos\alpha\sin(\lambda t\sin\alpha)\right],$$

故当 $-\frac{\pi}{2}+\varepsilon\leqslant\alpha\leqslant\frac{\pi}{2}-\varepsilon$ 时, 恒有

$$\left|t^x\mathrm{e}^{-\lambda t\cos\alpha}\left[\sin\alpha\cos(\lambda t\sin\alpha)-\cos\alpha\sin(\lambda t\sin\alpha)\right]\right|\leqslant 2t^x\mathrm{e}^{-\lambda t\cos\alpha},$$

而

$$\int_0^{+\infty}t^x\mathrm{e}^{-\lambda t\cos\alpha}\mathrm{d}t=\frac{\Gamma(x+1)}{(\lambda\sin\varepsilon)^{x-1}}<+\infty,$$

故积分

$$\int_0^{+\infty}\frac{\partial}{\partial\alpha}\left[t^{x-1}\mathrm{e}^{-\lambda t\cos\alpha}\cos(\lambda t\sin\alpha)\right]\mathrm{d}t$$

在 $-\frac{\pi}{2}+\varepsilon\leqslant\alpha\leqslant\frac{\pi}{2}-\varepsilon$ 上一致收敛. 于是, 可在积分号下求导

数，得(当 $-\frac{\pi}{2}+\varepsilon\leqslant\alpha\leqslant\frac{\pi}{2}-\varepsilon$ 时)

$$I'(\alpha)=\int_0^{+\infty}\frac{\partial}{\partial\alpha}[t^{x-1}e^{-\lambda t\cos\alpha}\cos(\lambda t\sin\alpha)]dt$$

$$=\int_0^{+\infty}\lambda t^x e^{-\lambda t\cos\alpha}[\sin\alpha\cos(\lambda t\sin\alpha)-\cos\alpha\sin(\lambda t\sin\alpha)]dt$$

$$=\int_0^{+\infty}t^x e^{-\lambda t\cos\alpha}d[\sin(\lambda t\sin\alpha)]+\int_0^{+\infty}t^x\sin(\lambda t\sin\alpha)d[e^{-\lambda t\cos\alpha}]$$

$$=t^x e^{-\lambda t\cos\alpha}\sin(\lambda t\sin\alpha)\Big|_0^{+\infty}-\int_0^{+\infty}\sin(\lambda t\sin\alpha)d[t^x e^{-\lambda t\cos\alpha}]$$

$$+t^x e^{-\lambda t\cos\alpha}\sin(\lambda t\sin\alpha)\Big|_0^{+\infty}-\int_0^{+\infty}e^{-\lambda t\cos\alpha}d[t^x\sin(\lambda t\sin\alpha)]$$

$$=-\int_0^{+\infty}xt^{x-1}e^{-\lambda t\cos\alpha}\sin(\lambda t\sin\alpha)dt+\int_0^{+\infty}\lambda t^x e^{-\lambda t\cos\alpha}\cos\alpha\sin(\lambda t\sin\alpha)dt$$

$$-\int_0^{+\infty}xt^{x-1}e^{-\lambda t\cos\alpha}\sin(\lambda t\sin\alpha)dt-\int_0^{+\infty}\lambda t^x e^{-\lambda t\cos\alpha}\sin\alpha\cos(\lambda t\sin\alpha)dt$$

$$=-2x\int_0^{+\infty}t^{x-1}e^{-\lambda t\cos\alpha}\sin(\lambda t\sin\alpha)dt$$

$$-\int_0^{+\infty}\lambda t^x e^{-\lambda t\cos\alpha}[\sin\alpha\cos(\lambda t\sin\alpha)-\cos\alpha\sin(\lambda t\sin\alpha)dt]$$

$$=-2xI_1(\alpha)-I'(\alpha),$$

故(当 $-\frac{\pi}{2}+\varepsilon\leqslant\alpha\leqslant\frac{\pi}{2}-\varepsilon$ 时)

$$I'(\alpha)=-xI_1(\alpha).\qquad(1)$$

由 $\varepsilon>0$ 的任意性知，(1)式对一切 $-\frac{\pi}{2}<\alpha<\frac{\pi}{2}$ 皆成立. 同理可证

$$I_1'(\alpha)=xI(\alpha)\quad\left(-\frac{\pi}{2}<\alpha<\frac{\pi}{2}\right).\qquad(2)$$

由(1)式与(2)式，得

$$I''(\alpha)+x^2I(\alpha)=0\quad\left(-\frac{\pi}{2}<\alpha<\frac{\pi}{2}\right).$$

解此微分方程，得

$$I(\alpha)=C_1\cos\alpha x+C_2\sin\alpha x\quad\left(-\frac{\pi}{2}<\alpha<\frac{\pi}{2}\right),\qquad(3)$$

其中 C_1, C_2 是两个常数. 在(3)式中令 $\alpha=0$，得

$$C_1=I(0)=\int_0^{+\infty}t^{x-1}e^{-2t}dt=\frac{\Gamma(x)}{\lambda^x}.$$

又在(1)式中令 $\alpha=0$，得

$$I'(0)=-xI_1(0).\qquad(4)$$

但是，根据(3)式

$$I'(0)=I'(\alpha)\Big|_{\alpha=0}=(C_1x\sin\alpha x+C_2x\cos\alpha x)\Big|_{\alpha=0}=C_2x,$$

又显然知 $I_1(0)=0$；故由(4)式得 $C_2=0$. 于是，最后得

$$I(\alpha)=\frac{\Gamma(x)}{\lambda^x}\cos\alpha x;\quad\left(-\frac{\pi}{2}<\alpha<\frac{\pi}{2}\right),$$

$$I_1(\alpha)=-\frac{1}{x}I'(\alpha)=\frac{\Gamma(x)}{\lambda^x}\sin\alpha x\quad\left(-\frac{\pi}{2}<\alpha<\frac{\pi}{2}\right).$$

证毕

【3879】 求曲线

$$r^n=a^n\cos n\varphi\quad(a>0,\ n\text{ 为自然数})$$

的弧长.

解 所求的弧长为

$$s=2n\int_0^{\frac{\pi}{2n}}\sqrt{r^2+\left(\frac{dr}{d\varphi}\right)^2}\,d\varphi=2na\int_0^{\frac{\pi}{2n}}\cos^{\frac{1}{n}-1}n\varphi\,d\varphi$$

$$=2a\int_0^{\frac{\pi}{2}}\cos^{\frac{1}{n}-1}t\,dt=aB\left(\frac{1}{2},\frac{1}{2n}\right)^{*)}.$$

*) 利用 3856 题的结果.

【3880】 求由曲线

$$|x|^n+|y|^n=a^n\quad(n>0,\ a>0)$$

所界的面积.

解 所求的面积为

$$A=4\int_0^a (a^n-x^n)^{\frac{1}{n}}\mathrm{d}x=\frac{4a^2}{n}\int_0^1 t^{\frac{1}{n}-1}(1-t)^{\frac{1}{n}}\mathrm{d}t$$

$$=\frac{4a^2}{n}B\left(\frac{1}{n},\frac{1}{n}+1\right)=\frac{4a^2}{n}\frac{\Gamma\left(\frac{1}{n}\right)\Gamma\left(\frac{1}{n}+1\right)}{\Gamma\left(\frac{2}{n}+1\right)}=\frac{2a^2}{n}\frac{\left[\Gamma\left(\frac{1}{n}\right)\right]^2}{\Gamma\left(\frac{2}{n}\right)}.$$

§5. 福里叶积分公式

1° 用福里叶积分表示函数 如果：1)函数 $f(x)$在 $-\infty<x<+\infty$ 内有定义；2)在每一个有穷的区间内此函数和它的导函数 $f'(x)$皆是逐段连续；3)在区间$(-\infty,+\infty)$内绝对可积分，则在函数连续的一切点，可把函数表成福里叶积分的形式

$$f(x)=\int_0^{+\infty}[a(\lambda)\cos\lambda x+b(\lambda)\sin\lambda x]\mathrm{d}\lambda, \tag{1}$$

式中

$$a(\lambda)=\frac{1}{\pi}\int_{-\infty}^{+\infty}f(\xi)\cos\lambda\xi\mathrm{d}\xi \quad 及 \quad b(\lambda)=\frac{1}{\pi}\int_{-\infty}^{+\infty}f(\xi)\sin\lambda\xi\mathrm{d}\xi.$$

在函数 $f(x)$不连续的各点，公式(1)的左端应用$\frac{1}{2}[f(x+0)+f(x-0)]$代换.

对于偶函数 $f(x)$关于不连续的点应加以同样的附注，公式(1)给出：

$$f(x)=\int_0^{+\infty}a(\lambda)\cos\lambda x\mathrm{d}\lambda. \tag{2}$$

其中

$$a(\lambda)=\frac{2}{\pi}\int_0^{+\infty}f(\xi)\cos\lambda\xi\mathrm{d}\xi.$$

同样对于奇函数 $f(x)$可得：

$$f(x)=\int_0^{+\infty}b(\lambda)\sin\lambda x\mathrm{d}\lambda, \tag{3}$$

其中

$$b(\lambda)=\frac{2}{\pi}\int_0^{+\infty}f(\xi)\sin\lambda\xi\mathrm{d}\xi.$$

2° 在区间$(0,+\infty)$内用福里叶积分表示函数 已知函数 $f(x)$于区间$(0,+\infty)$内绝对可积分并有性质(2),则在已知区间内可按我们的愿望用公式(2)(偶式展拓的时候),或用公式(3)(奇式展拓的时候)来表示出函数 $f(x)$.

用福里叶积分表示下列函数:

【3881】 $f(x)=\begin{cases}1, & 若|x|<1;\\ 0, & 若|x|>1.\end{cases}$

解 由于函数 $f(x)$在$|x|\neq1$上有定义,且 $f(x)$和 $f'(x)$在任何有穷区间上皆逐段连续,特别是 $f(x)$在$(-\infty,+\infty)$内绝对可积:

$$\int_{-\infty}^{+\infty}|f(x)|\mathrm{d}x<+\infty,$$

故可将 $f(x)$表成福里叶积分的形式(以下各题如不加说明,均满足福里叶积分展式成立的条件).又由于 $f(x)$为偶函数,故 $b(\lambda)=0$,且

$$a(\lambda)=\frac{2}{\pi}\int_0^{+\infty}f(\xi)\cos\lambda\xi\mathrm{d}\xi=\frac{2}{\pi}\int_0^1\cos\lambda\xi\mathrm{d}\xi=\frac{2\sin\lambda}{\pi\lambda}.$$

于是,当$|x|\neq1$时($|x|\neq1$为 $f(x)$的连续点),有

$$f(x)=\frac{2}{\pi}\int_0^{+\infty}\frac{\sin\lambda}{\lambda}\cos\lambda x\,\mathrm{d}\lambda;$$

而当$|x|=1$时为不连续点,由于

$$\frac{f(1+0)+f(1-0)}{2}=\frac{1}{2},\qquad\frac{f(-1+0)+f(-1-0)}{2}=\frac{1}{2},$$

故有 $\frac{2}{\pi}\int_0^{+\infty}\frac{\sin\lambda}{\lambda}\cos\lambda\,\mathrm{d}\lambda=\frac{1}{2}$ *).

*) 此结果由 3812 题的结果也容易获得. 事实上,

$$\frac{2}{\pi}\int_0^{+\infty}\frac{\sin\lambda}{\lambda}\cos\lambda\,d\lambda=\frac{1}{\pi}\int_0^{+\infty}\frac{\sin2\lambda}{\lambda}d\lambda=\frac{1}{\pi}\cdot\frac{\pi}{2}=\frac{1}{2}.$$

【3882】 $f(x)=\begin{cases}\operatorname{sgn}x, & 若|x|<1;\\ 0, & 若|x|>1.\end{cases}$

解 由于 $f(x)$ 为奇函数, 故 $a(\lambda)=0$, 且

$$b(\lambda)=\frac{2}{\pi}\int_0^{+\infty}f(\xi)\sin\lambda\xi\,d\xi=\frac{2}{\pi}\int_0^1\sin\lambda\xi\,d\xi=\frac{2(1-\cos\lambda)}{\pi\lambda}.$$

于是, 当 $0<|x|\neq1$ 时为连续点, 故有

$$f(x)=\frac{2}{\pi}\int_0^{+\infty}\frac{1-\cos\lambda}{\lambda}\sin\lambda x\,d\lambda,$$

当 $x=0$ 时, 虽为不连续点, 但由于 $\frac{f(0+0)+f(0-0)}{2}=0$, $f(0)=0$, 且右端积分显然为零, 故上式仍成立. 而当 $|x|=1$ 时为不连续点, 由于

$$\frac{f(-1+0)+f(-1-0)}{2}=-\frac{1}{2},\quad\frac{f(1+0)+f(1-0)}{2}=\frac{1}{2},$$

故有

$$\frac{2}{\pi}\int_0^{+\infty}\frac{1-\cos\lambda}{\lambda}\sin\lambda\operatorname{sgn}x\,d\lambda=\frac{1}{2}\operatorname{sgn}x\ ^{*)}.$$

*) 此结果由 3812 题的结果也容易获得. 事实上,

$$\frac{2}{\pi}\operatorname{sgn}x\int_0^{+\infty}\frac{1-\cos\lambda}{\lambda}\sin\lambda\,d\lambda=\frac{2}{\pi}\operatorname{sgn}x\left(\int_0^{+\infty}\frac{\sin\lambda}{\lambda}d\lambda-\frac{1}{2}\int_0^{+\infty}\frac{\sin2\lambda}{\lambda}d\lambda\right)$$

$$=\frac{2}{\pi}\operatorname{sgn}x\left(\frac{\pi}{2}-\frac{\pi}{4}\right)=\frac{1}{2}\operatorname{sgn}x.$$

【3883】 $f(x)=\operatorname{sgn}(x-a)-\operatorname{sgn}(x-b)\quad(b>a)$.

解 $a(\lambda)=\frac{1}{\pi}\int_{-\infty}^{+\infty}f(\xi)\cos\lambda\xi\,d\xi=\frac{1}{\pi}\int_a^b2\cos\lambda\xi\,d\xi$

$$=\frac{2(\sin b\lambda-\sin a\lambda)}{\pi\lambda},$$

$$b(\lambda)=\frac{1}{\pi}\int_{-\infty}^{+\infty}f(\xi)\sin\lambda\xi\mathrm{d}\xi=\frac{1}{\pi}\int_a^b 2\sin\lambda\xi\mathrm{d}\xi$$
$$=\frac{2(\cos a\lambda-\cos b\lambda)}{\pi\lambda},$$

于是,

$$f(x)=\int_0^{+\infty}[a(\lambda)\cos\lambda x+b(\lambda)\sin\lambda x]\mathrm{d}\lambda$$
$$=\frac{2}{\pi}\int_0^{+\infty}\frac{\sin\lambda(x-a)-\sin\lambda(x-b)}{\lambda}\mathrm{d}\lambda,$$

当 $x=a$ 或 b 时, $f(x)=1$, 而 $\frac{f(a+0)+f(a-0)}{2}=1$ 及 $\frac{f(b+0)+f(b-0)}{2}=1$,故上式对于不连续点 a 和 b 也成立.

【3884】 $f(x)=\begin{cases}h\left(1-\frac{|x|}{a}\right), & 若|x|\leqslant a;\\ 0, & 若|x|>a.\end{cases}$

解 由于 $f(x)$为偶函数,故

$$a(\lambda)=\frac{2}{\pi}\int_0^{+\infty}f(\xi)\cos\lambda\xi\mathrm{d}\xi=\frac{2h}{\pi}\int_0^a\left(1-\frac{\xi}{a}\right)\cos\lambda\xi\mathrm{d}\xi$$
$$=\frac{2h(1-\cos a\lambda)}{\pi a\lambda^2}.$$

于是,

$$f(x)=\frac{2h}{\pi a}\int_0^{+\infty}\frac{1-\cos a\lambda}{\lambda^2}\cos\lambda x\,\mathrm{d}\lambda\quad(-\infty<x<+\infty),$$

$f(x)$处处连续,故不再讨论点 $x=\pm a$,以下各题类似,不再一一加以说明.

【3885】 $f(x)=\frac{1}{a^2+x^2}\quad(a>0)$.

解 由于 $f(x)$为连续的偶函数,且绝对可积:

$$\int_{-\infty}^{+\infty}\frac{\mathrm{d}x}{a^2+x^2}=\frac{1}{a}\arctan\frac{x}{a}\Bigg|_{-\infty}^{+\infty}=\frac{\pi}{a}<+\infty,$$

故

$$a(\lambda)=\frac{2}{\pi}\int_0^{+\infty} f(\xi)\cos\lambda\xi\mathrm{d}\xi=\frac{2}{\pi}\int_0^{+\infty}\frac{\cos\lambda\xi}{a^2+\xi^2}\mathrm{d}\xi$$

$$=\frac{2}{a\pi}\int_0^{+\infty}\frac{\cos\lambda ax}{1+x^2}\mathrm{d}x=\frac{2}{a\pi}\cdot\frac{\pi}{2}\mathrm{e}^{-a|\lambda|\,*)}=\frac{1}{a}\mathrm{e}^{-a|\lambda|}.$$

于是,

$$f(x)=\frac{1}{a}\int_0^{+\infty}\mathrm{e}^{-a\lambda}\cos\lambda x\,\mathrm{d}\lambda \quad 或 \quad \frac{1}{a^2+x^2}=\frac{1}{a}\int_0^{+\infty}\mathrm{e}^{-a\lambda}\cos\lambda x\,\mathrm{d}\lambda$$

$$(-\infty<x<+\infty).$$

*) 利用 3825 题的结果.

【3886】 $f(x)=\dfrac{x}{a^2+x^2}\quad(a>0)$.

解 $f(x)$是连续的奇函数,故

$$b(\lambda)=\frac{2}{\pi}\int_0^{+\infty}\frac{\xi\sin\lambda\xi}{a^2+\xi^2}\mathrm{d}\xi=\frac{2}{\pi}\int_0^{+\infty}\frac{x\sin a\lambda x}{1+x^2}\mathrm{d}x$$

$$=\frac{2}{\pi}\cdot\frac{\pi}{2}\mathrm{e}^{-a|\lambda|\,*)}=\mathrm{e}^{-a|\lambda|}.$$

但我们不能根据福里叶积分的理论来断定展式

$$\frac{x}{a^2+x^2}=\int_0^{+\infty}\mathrm{e}^{-a\lambda}\sin\lambda x\,\mathrm{d}\lambda \quad (-\infty<x<+\infty) \qquad (1)$$

成立,这是因为函数 $f(x)=\dfrac{x}{a^2+x^2}$不是绝对可积的:

$$\int_{-\infty}^{+\infty}\left|\frac{x}{a^2+x^2}\right|\mathrm{d}x=2\int_0^{+\infty}\frac{x}{a^2+x^2}\mathrm{d}x=\ln(a^2+x^2)\Big|_0^{+\infty}=+\infty.$$

不过,我们可以直接验证展式(1)是成立的.事实上,我们有

$$\int_0^{+\infty}\mathrm{e}^{-a\lambda}\sin\lambda x\,\mathrm{d}\lambda=\frac{\mathrm{e}^{-a\lambda}(-a\sin\lambda x-x\cos\lambda x)}{a^2+x^2}\Bigg|_{\lambda=0}^{\lambda=+\infty}=\frac{x}{a^2+x^2}$$

$$(-\infty<x<+\infty).$$

故展式(1)成立.

*) 利用 3826 题的结果.

【3887】 $f(x)=\begin{cases}\sin x, & 若|x|\leqslant\pi;\\ 0, & 若|x|>\pi.\end{cases}$

解 由于 $f(x)$ 为连续的奇函数,故

$$b(\lambda)=\frac{2}{\pi}\int_0^{+\infty}f(\xi)\sin\lambda\xi\,d\xi=\frac{2}{\pi}\int_0^{\pi}\sin\xi\sin\lambda\xi\,d\xi=\frac{2\sin\lambda\pi}{\pi(1-\lambda^2)}.$$

于是,

$$f(x)=\frac{2}{\pi}\int_0^{+\infty}\frac{\sin\lambda\pi}{1-\lambda^2}\sin\lambda x\,d\lambda\quad(-\infty<x<+\infty).$$

【3888】 $f(x)=\begin{cases}\cos x, & 若|x|\leqslant\dfrac{\pi}{2};\\ 0, & 若|x|>\dfrac{\pi}{2}.\end{cases}$

解 由于 $f(x)$ 为连续的偶函数,故

$$a(\lambda)=\frac{2}{\pi}\int_0^{+\infty}f(\xi)\cos\lambda\xi\,d\xi=\frac{2}{\pi}\int_0^{\frac{\pi}{2}}\cos\xi\cos\lambda\xi\,d\xi=\frac{2\cos\dfrac{\lambda\pi}{2}}{\pi(1-\lambda^2)}.$$

于是,

$$f(x)=\frac{2}{\pi}\int_0^{+\infty}\frac{\cos\dfrac{\lambda\pi}{2}}{1-\lambda^2}\cos\lambda x\,d\lambda\quad(-\infty<x<+\infty).$$

【3889】 $f(t)=\begin{cases}A\sin\omega t, & 若|t|\leqslant\dfrac{2\pi n}{\omega};\\ 0, & 若|t|>\dfrac{2\pi n}{\omega}.\end{cases}$ (n 为自然数).

解 由于 $f(t)$ 为连续的奇函数,故

$$b(\lambda)=\frac{2}{\pi}\int_0^{+\infty}f(\xi)\sin\lambda\xi\,d\xi=\frac{2A}{\pi}\int_0^{\frac{2\pi n}{\omega}}\sin\omega\xi\sin\lambda\xi\,d\xi$$

$$=\frac{2A\omega\sin\dfrac{2\pi n\lambda}{\omega}}{\pi(\lambda^2-\omega^2)}.$$

于是,

$$f(t)=\frac{2A\omega}{\pi}\int_0^{+\infty}\frac{\sin\frac{2\pi n\lambda}{\omega}}{\lambda^2-\omega^2}\sin\lambda t\,d\lambda\quad(-\infty<t<+\infty).$$

【3890】 $f(x)=e^{-\alpha|x|}\quad(\alpha>0)$.

解 由于 $f(x)$为连续的偶函数,且绝对可积:

$$\int_{-\infty}^{+\infty}e^{-\alpha|x|}dx<+\infty,$$

故

$$a(\lambda)=\frac{2}{\pi}\int_0^{+\infty}f(\xi)\cos\lambda\xi d\xi=\frac{2}{\pi}\int_0^{+\infty}e^{-\alpha\xi}\cos\lambda\xi d\xi=\frac{2\alpha}{\pi(\lambda^2+\alpha^2)}.$$

于是,

$$f(x)=e^{-\alpha|x|}=\frac{2\alpha}{\pi}\int_0^{+\infty}\frac{\cos\lambda x}{\lambda^2+\alpha^2}d\lambda\quad(-\infty<x<+\infty).$$

【3891】 $f(x)=e^{-\alpha|x|}\cos\beta x\quad(\alpha>0)$.

解 由于 $f(x)$为连续的偶函数,且绝对可积:

$$\int_{-\infty}^{+\infty}e^{-\alpha|x|}|\cos\beta x|dx\leqslant\int_{-\infty}^{+\infty}e^{-\alpha|x|}dx<+\infty,$$

故

$$\begin{aligned}a(\lambda)&=\frac{2}{\pi}\int_0^{+\infty}f(\xi)\cos\lambda\xi d\xi=\frac{2}{\pi}\int_0^{+\infty}e^{-\alpha\xi}\cos\beta\xi\cos\lambda\xi d\xi\\&=\frac{1}{\pi}\int_0^{+\infty}[\cos(\lambda+\beta)\xi+\cos(\lambda-\beta)\xi]e^{-\alpha\xi}d\xi\\&=\frac{1}{\pi}\left[\frac{\alpha}{(\lambda+\beta)^2+\alpha^2}+\frac{\alpha}{(\lambda-\beta)^2+\alpha^2}\right].\end{aligned}$$

于是,

$$e^{-\alpha|x|}\cos\beta x=\frac{\alpha}{\pi}\int_0^{+\infty}\left[\frac{1}{(\lambda+\beta)^2+\alpha^2}+\frac{1}{(\lambda-\beta)^2+\alpha^2}\right]\cos\lambda x\,d\lambda$$

$$(-\infty<x<+\infty).$$

【3892】 $f(x)=e^{-\alpha|x|}\sin\beta x \quad (\alpha>0)$.

解 由于 $f(x)$ 为连续的奇函数，且绝对可积：

$$\int_{-\infty}^{+\infty} e^{-\alpha|x|}|\sin\beta x|dx \leqslant \int_{-\infty}^{+\infty} e^{-\alpha|x|}dx<+\infty,$$

故

$$b(\lambda)=\frac{2}{\pi}\int_0^{+\infty} f(\xi)\sin\lambda\xi d\xi=\frac{2}{\pi}\int_0^{+\infty} e^{-\alpha\xi}\sin\beta\xi\sin\lambda\xi d\xi$$
$$=\frac{1}{\pi}\int_0^{+\infty}[\cos(\lambda-\beta)\xi-\cos(\lambda+\beta)\xi]e^{-\alpha\xi}d\xi$$
$$=\frac{1}{\pi}\left[\frac{\alpha}{(\lambda-\beta)^2+\alpha^2}+\frac{\alpha}{(\lambda+\beta)^2+\alpha^2}\right].$$
$$=\frac{4\lambda\alpha\beta}{\pi[(\lambda-\beta)^2+\alpha^2][(\lambda+\beta)^2+\alpha^2]}.$$

于是，

$$e^{-\alpha|x|}\sin\beta x=\frac{4\alpha\beta}{\pi}\int_0^{+\infty}\frac{\lambda\sin\lambda x}{[(\lambda-\beta)^2+\alpha^2][(\lambda+\beta)^2+\alpha^2]}d\lambda$$
$$(-\infty<x<+\infty).$$

【3893】 $f(x)=e^{-x^2}$.

解 由于 $f(x)$ 为连续的偶函数，且绝对可积：

$$\int_{-\infty}^{+\infty} e^{-x^2}dx=\sqrt{\pi}<+\infty,$$

故

$$a(\lambda)=\frac{2}{\pi}\int_0^{+\infty} f(\xi)\cos\lambda\xi d\xi=\frac{2}{\pi}\int_0^{+\infty} e^{-\xi^2}\cos\lambda\xi d\xi$$
$$=\frac{2}{\pi}\cdot\frac{1}{2}\sqrt{\pi}e^{-\frac{\lambda^2}{4}}{}^{*)}=\frac{1}{\sqrt{\pi}}e^{-\frac{\lambda^2}{4}}.$$

于是，

$$e^{-x^2}=\frac{1}{\sqrt{\pi}}\int_0^{+\infty} e^{-\frac{\lambda^2}{4}}\cos\lambda x d\lambda \quad (-\infty<x<+\infty).$$

*） 利用 3809 题的结果.

【3894】 $f(x)=xe^{-x^2}$

解 由于 $f(x)$为连续的奇函数,且绝对可积:

$$\int_{-\infty}^{+\infty}|xe^{-x^2}|dx=2\int_0^{+\infty}xe^{-x^2}dx<+\infty,$$

故

$$b(\lambda)=\frac{2}{\pi}\int_0^{+\infty}f(\xi)\sin\lambda\xi d\xi$$

$$=\frac{2}{\pi}\int_0^{+\infty}\xi e^{-\xi^2}\sin\lambda\xi d\xi=\frac{1}{\pi}\int_0^{+\infty}\sin\lambda\xi d(-e^{-\xi^2})$$

$$=-\frac{1}{\pi}e^{-\xi^2}\sin\lambda\xi\Big|_0^{+\infty}+\frac{\lambda}{\pi}\int_0^{+\infty}e^{-\xi^2}\cos\lambda\xi d\xi$$

$$=\frac{\lambda}{\pi}\int_0^{+\infty}e^{-\xi^2}\cos\lambda\xi d\xi=\frac{\lambda}{\pi}\cdot\frac{1}{2}\sqrt{\pi}e^{-\frac{\lambda^2}{4}}{}^{*)}=\frac{\lambda}{2\sqrt{\pi}}e^{-\frac{\lambda^2}{4}}.$$

于是,

$$xe^{-x^2}=\frac{1}{2\sqrt{\pi}}\int_0^{+\infty}\lambda e^{-\frac{\lambda^2}{4}}\sin\lambda x d\lambda\quad(-\infty<x<+\infty).$$

*） 利用 3809 题的结果.

【3895】 用福里叶积分来表示函数

$$f(x)=e^{-x}\quad(0<x<+\infty).$$

(1)用偶式延拓； (2)用奇式延拓.

解 首先,我们注意到函数 e^{-x}在$[0,+\infty]$内连续且绝对可积:$\int_0^{+\infty}e^{-x}dx=1<+\infty$, 故对于

(1) 若用偶式延拓,则有

$$a(\lambda)=\frac{2}{\pi}\int_0^{+\infty}f(\xi)\cos\lambda\xi d\xi=\frac{2}{\pi}\int_0^{+\infty}e^{-\xi}\cos\lambda\xi d\xi=\frac{2}{\pi(1+\lambda^2)}.$$

于是,

$$e^{-x}=\frac{2}{\pi}\int_0^{+\infty}\frac{\cos\lambda x}{1+\lambda^2}d\lambda \quad (0<x<+\infty).$$

由于按偶式延拓的函数在点 $x=0$ 连续,故上式当 $x=0$ 时也成立,即上式成立的范围是 $0\leqslant x<+\infty$.

(2)若用奇式延拓,则有

$$b(\lambda)=\frac{2}{\pi}\int_0^{+\infty}f(\xi)\sin\lambda\xi d\xi=\frac{2}{\pi}\int_0^{+\infty}e^{-\xi}\sin\lambda\xi d\xi=\frac{2\lambda}{\pi(1+\lambda^2)}.$$

于是,

$$e^{-x}=\frac{2}{\pi}\int_0^{+\infty}\frac{\lambda\sin\lambda x}{1+\lambda^2}d\lambda \quad (0<x<+\infty).$$

但当 $x=0$ 时上式不成立.事实上,左端的值为1,而右端的值为零.

对于函数 $f(t)$,求出福里叶变换

$$F(x)=\frac{1}{\sqrt{2\pi}}\int_{-\infty}^{+\infty}f(t)e^{-itx}dt.$$

若:

【3896】 $f(x)=e^{-\alpha|x|} \quad (\alpha>0)$.

解 $$F(x)=\frac{1}{\sqrt{2\pi}}\int_{-\infty}^{+\infty}e^{-\alpha|t|}e^{-itx}dt$$
$$=\frac{1}{\sqrt{2\pi}}\int_{-\infty}^{+\infty}e^{-\alpha|t|}(\cos tx-i\sin tx)dt$$
$$=\frac{1}{\sqrt{2\pi}}\int_{-\infty}^{+\infty}e^{-\alpha|t|}\cos tx\,dt$$
$$=\sqrt{\frac{2}{\pi}}\int_0^{+\infty}e^{-\alpha t}\cos tx\,dt=\sqrt{\frac{2}{\pi}}\frac{\alpha}{\alpha^2+x^2}.$$

【3897】 $f(x)=xe^{-\alpha|x|} \quad (\alpha>0)$.

解 $$F(x)=\frac{1}{\sqrt{2\pi}}\int_{-\infty}^{+\infty}te^{-\alpha|t|}e^{-itx}dt$$

$$= \frac{1}{\sqrt{2\pi}} \int_{-\infty}^{+\infty} t e^{-\alpha|t|} (\cos tx - i \sin tx) dt$$

$$= -\sqrt{\frac{2}{\pi}} i \cdot \int_0^{+\infty} t e^{-\alpha t} \sin tx dt$$

由于

$$I = \int_0^{+\infty} t e^{-\alpha t} \sin tx dt$$

$$= -\frac{1}{\alpha} e^{-\alpha t} t \sin tx \Big|_0^{+\infty} + \frac{1}{\alpha} \int_0^{+\infty} e^{-\alpha t} (\sin tx + tx \cos tx) dt$$

$$= \frac{1}{\alpha} \int_0^{+\infty} e^{-\alpha t} \sin tx dt + \frac{x}{\alpha} \int_0^{+\infty} t e^{-\alpha t} \cos tx dt$$

$$= \frac{x}{\alpha(\alpha^2 + x^2)} - \frac{x}{\alpha^2} e^{-\alpha t} t \cos tx \Big|_0^{+\infty} + \frac{x}{\alpha^2} \int_0^{+\infty} e^{-\alpha t} (\cos tx - tx \sin tx) dt$$

$$= \frac{x}{\alpha(\alpha^2 + x^2)} + \frac{x}{\alpha^2} \int_0^{+\infty} e^{-\alpha t} \cos tx dt - \frac{x^2}{\alpha^2} \int_0^{+\infty} t e^{-\alpha t} \sin tx dt$$

$$= \frac{x}{\alpha(\alpha^2 + x^2)} + \frac{x\alpha}{\alpha^2(\alpha^2 + x^2)} - \frac{x^2}{\alpha^2} I,$$

故有

$$\left(1 + \frac{x^2}{\alpha^2}\right) I = \frac{2x}{\alpha(\alpha^2 + x^2)} \quad 或 \quad I = \frac{2\alpha x}{(\alpha^2 + x^2)^2}.$$

于是，
$$F(x) = -i \sqrt{\frac{8}{\pi}} \frac{\alpha x}{(\alpha^2 + x^2)^2}.$$

【3898】 $f(x) = e^{-\frac{x^2}{2}}$.

解 $F(x) = \frac{1}{\sqrt{2\pi}} \int_{-\infty}^{+\infty} e^{-\frac{t^2}{2}} e^{-itx} dt$

$$= \frac{1}{\sqrt{2\pi}} \int_{-\infty}^{+\infty} e^{-\frac{t^2}{2}} (\cos tx - i \sin tx) dt$$

$$= \sqrt{\frac{2}{\pi}} \int_0^{+\infty} e^{-\frac{t^2}{2}} \cos tx dt = \sqrt{\frac{2}{\pi}} \cdot \frac{1}{2} \sqrt{2\pi} e^{-\frac{x^2}{2}} {}^{*)}$$

$$= e^{-\frac{x^2}{2}}.$$

*) 利用 3809 题的结果.

【3899】 $f(x)=e^{-\frac{x^2}{2}}\cos\alpha x$.

解 $F(x)=\frac{1}{\sqrt{2\pi}}\int_{-\infty}^{+\infty} e^{-\frac{t^2}{2}}\cos\alpha t\cdot e^{-itx}dt$

$$=\frac{1}{\sqrt{2\pi}}\int_{-\infty}^{+\infty} e^{-\frac{t^2}{2}}\cos\alpha t\cdot(\cos tx-i\sin tx)dt$$

$$=\sqrt{\frac{2}{\pi}}\int_0^{+\infty} e^{-\frac{t^2}{2}}\cos\alpha t\cos tx\,dt$$

$$=\frac{1}{\sqrt{2\pi}}\int_0^{+\infty} e^{-\frac{t^2}{2}}[\cos(\alpha+x)t+\cos(\alpha-x)t]dt$$

$$=\frac{1}{\sqrt{2\pi}}\left[\int_0^{+\infty} e^{-\frac{t^2}{2}}\cos(\alpha+x)t\,dt+\int_0^{+\infty} e^{-\frac{t^2}{2}}\cos(\alpha-x)t\,dt\right]$$

$$=\frac{1}{\sqrt{2\pi}}\left[\frac{1}{2}\sqrt{2\pi}e^{-\frac{(\alpha+x)^2}{2}}+\frac{1}{2}\sqrt{2\pi}e^{-\frac{(\alpha-x)^2}{2}}\right]^{*)}$$

$$=e^{-\frac{\alpha^2+x^2}{2}}\cdot\frac{e^{-\alpha x}+e^{\alpha x}}{2}=e^{-\frac{\alpha^2+x^2}{2}}\operatorname{ch}\alpha x.$$

*) 利用 3809 题的结果.

【3900】 求函数 $\varphi(x)$及 $\psi(x)$,设:

(1) $\int_0^{+\infty}\varphi(y)\cos xy\,dy=\frac{1}{1+x^2}$;

(2) $\int_0^{+\infty}\psi(y)\sin xy\,dy=e^{-x}\quad(x>0)$.

解 (1)令 $f(x)=\frac{1}{1+x^2}$,则 $f(x)$在$[0,+\infty)$上连续且绝对可积,故按偶函数延拓,有展式

$$f(x)=\int_0^{+\infty}\varphi(y)\cos xy\,dy\quad(x\geqslant 0),$$

其中

$$\varphi(y)=\frac{2}{\pi}\int_0^{+\infty} f(\lambda)\cos\lambda y\,d\lambda=\frac{2}{\pi}\int_0^{+\infty}\frac{\cos\lambda y}{1+\lambda^2}d\lambda$$

$$= \frac{2}{\pi} \cdot \frac{\pi}{2} e^{-y *)} = e^{-y}.$$

由此可知,函数 $\varphi(y) = e^{-y} (y \geqslant 0)$ 即满足

$$\frac{1}{1+x^2} = \int_0^{+\infty} \varphi(y) \cos xy \, dy \quad (x \geqslant 0),$$

显然 $x<0$ 时此式也成立,因为

$$\frac{1}{1+x^2} = \frac{1}{1+(-x)^2} = \int_0^{+\infty} \varphi(y) \cos(-x) y \, dy$$

$$= \int_0^{+\infty} \varphi(y) \cos xy \, dy.$$

(2) 同样,令 $g(x) = e^{-x} (x>0)$,则 $g(x)$ 在 $(0, +\infty)$ 上连续且绝对可积,故按奇函数延拓,有展式

$$g(x) = \int_0^{+\infty} \psi(y) \sin xy \, dy \quad (x>0),$$

其中

$$\psi(y) = \frac{2}{\pi} \int_0^{+\infty} g(\lambda) \sin \lambda y \, d\lambda = \frac{2}{\pi} \int_0^{+\infty} e^{-\lambda} \sin \lambda y \, d\lambda$$

$$= \frac{2}{\pi} \frac{y}{1+y^2} \quad (y \geqslant 0).$$

由此可知,函数 $\psi(y) = \frac{2}{\pi} \frac{y}{1+y^2} (y \geqslant 0)$ 即满足

$$e^{-x} = \int_0^{+\infty} \psi(y) \sin xy \, dy \quad (x>0).$$

*) 利用 3825 题的结果.

6.9